THÉORIE

DES

FONCTIONS ALGÉBRIQUES

TOME I

ÉTUDE DES FONCTIONS ANALYTIQUES SUR UNE SURFACE DE RIEMANN

PAR

PAUL APPELL
MEMBRE DE L'INSTITUT
RECTEUR HONORAIRE DE L'UNIVERSITÉ DE PARIS

ÉDOUARD GOURSAT
MEMBRE DE L'INSTITUT
PROFESSEUR A LA FACULTÉ DES SCIENCES

REVUE ET AUGMENTÉE

PAR P. FATOU
ASTRONOME ADJOINT A L'OBSERVATOIRE DE PARIS

CHELSEA PUBLISHING COMPANY, INC.
NEW YORK, N.Y.

Third (unaltered) edition

Théorie des Fonctions Algébriques is a reprint in two volumes, with minor changes, of the second edition of a work originally published in 1929 and 1930, at Paris, also in two volumes. The title has been abridged. The full title of Volume I was Théorie des Fonctions Algébriques et de Leurs Intégrales and that of Volume II was Théorie des Fonctions Algébriques d'une Variable et des Transcendantes qui s'y Rattachent. The present edition is published at New York, N.Y. and is printed on the new 'long-life' acid-free paper, 1976

CIP

Library of Congress Cataloging in Publication Data

Appell, Paul Émile, 1855-1930.
Théorie des fonctions algébriques.

Reprint of the 1929-1930 ed. Vol. 1 had title: Théorie des fonctions algébriques et leurs intégrales; v. 2. Théorie des fonctions algébriques d'une variable et des transcendantes qui s'y rattachent.

CONTENTS: t. 1. Étude des fonctions analytiques sur une surface de Riemann.--t. 2. Fonctions automorphes.

1. Functions, Algebraic. 2. Analytic functions. 3. Riemann surfaces. 4. Functions, Automorphic. I. Goursat, Édouard Jean Baptiste, 1858-1936, joint author. II. Fatou, P., joint author. III. Title.

QA341.A6 1976 515'.9 72-114210
ISBN 0-8284-0285-X (v. 1)

Printed in the United States of America

PRÉFACE

DE LA PREMIÈRE ÉDITION.

Le Mémoire de Puiseux sur les fonctions algébriques, publié en 1854, a ouvert le champ de recherches qui a conduit aux grandes découvertes mathématiques de notre époque. Ces découvertes ont donné à la science du Calcul des principes nécessaires et féconds qui, jusqu'alors, lui avaient manqué ; elles ont remplacé la notion de fonction, restée obscure et incomplète, par une conception précise qui a transformé l'Analyse en lui donnant de nouvelles bases. Puiseux a le premier mis en complète lumière l'insuffisance et le défaut de ce point de vue où l'on se représentait, à l'image des polynomes et des fractions rationnelles, les irrationnelles algébriques et toutes les quantités en nombre infini qui ont leur origine dans le Calcul intégral. En suivant la voie de Cauchy, en considérant la succession des valeurs imaginaires, les chemins décrits simultanément par la variable et les racines d'une équation, l'éminent géomètre a fait connaître, dans ses caractères essentiels, leur nature analytique. Il a découvert le rôle des points critiques, et les circonstances de l'échange des valeurs initiales des racines, lorsque la variable revient à son point de départ, en décrivant un contour fermé comprenant un ou plusieurs de ces points. Il a poursuivi les conséquences de ces résultats dans l'étude des intégrales de différentielles algébriques. Il a reconnu que les divers chemins d'intégration donnent naissance à des déterminations multiples, ce qui l'a conduit à l'origine, jusqu'alors restée entièrement cachée, de la périodicité des fonctions circnlaires, des fonctions elliptiques, des transcendantes à plusieurs variables définies par Jacobi comme fonctions inverses des intégrales hyperelliptiques.

Aux travaux de Puiseux succèdent, en 1857, ceux de Riemann accueillis par une admiration unanime, comme l'événement le plus considérable dans l'Analyse de notre temps. C'est à l'exposition de l'œuvre du grand géomètre, des recherches et des découvertes auxquelles elle a donné lieu qu'est consacré cet Ouvrage.

Une conception singulièrement originale leur sert de fondement, celle des surfaces auxquelles est attaché le nom de l'inventeur, formées de plans superposés, en nombre égal au degré d'une équation algébrique, et reliés par des lignes de passage, qu'on obtient en joignant d'une certaine manière les points critiques. L'établissement de ces lignes est une première question de grande importance, rendue depuis beaucoup plus simple et plus facile par un beau théorème de M. Luroth. S'offre ensuite la notion des surfaces connexes, de leurs ordres de connexion, les théorèmes sur l'abaissement par des coupures des ordres de connexion, puis la formation du système canonique des coupures qui ramènent la surface à être simplement connexe. De ces considérations profondes et délicates résulte une représentation géométrique, qui est un instrument de la plus grande puissance pour l'étude des fonctions algébriques. Il serait trop long de rappeler toutes les découvertes portant l'empreinte du plus grand génie mathématique, auxquelles elle conduit Riemann; j'en indiquerai seulement quelques-unes.

Longtemps avant les travaux de Puiseux, les points critiques s'étaient offerts dans la théorie des courbes algébriques, leur nombre déterminant la classe, ou bien le degré de l'équation de la polaire réciproque. On avait reconnu que la classe d'une courbe s'abaisse lorsqu'elle a des points multiples et qu'alors des points d'inflexion disparaissent, mais ces résultats si intéressants restaient dans le domaine de la Géométrie. Riemann joint la Géométrie à l'Analyse, en leur donnant une notion nouvelle et féconde, celle des substitutions où les coordonnées s'expriment en fonctions rationnelles de deux variables, ces variables étant aussi des fonctions rationnelles des coordonnées. Tantôt on a égard à l'équation de la courbe, on les nomme alors *substitutions birationnelles;* tantôt on en fait obstraction, on les appelle dans ce cas *substitutions de Cremona*, pour rappeler les beaux travaux que leur a consacrés l'illustre géomètre. Les équations en nombre infini qui se déduisent de l'une d'elles par ces transformations sont regardées comme équivalentes, leur ensemble forme une classe, et elles ont toutes un élément commun ayant le rôle d'invariant. C'est un nombre entier que Riemann nomme le *genre* de la courbe et désigne par p; il est lié au nombre des points critiques n, et au degré m, par l'égalité $n = 2(m + p - 1)$.

La conception de classe des équations algébriques, celle du genre et la relation qu'on vient de donner comptent parmi ses plus mémorables découvertes; elles ont conduit à ce résultat imprévu, que les points multiples, qu'on n'avait encore considérés qu'en Géométrie, ont en Analyse un rôle capital, comme éléments caractéristiques des propriétés fondamentales des fonctions algébriques. On a, en effet, ce beau théorème que les équations d'une même classe se ramènent à une équation normale de degré $p + 2$, ayant un nombre de points doubles égal à $\frac{1}{2}p(p - 1)$. En prenant l'énoncé sous la forme simple qui est due à M. Nöther, et où n'entrent que des points doubles à tangentes séparées, j'en rappelle quelques conséquences.

Supposons que p soit nul, l'équation normale est du second degré, ses coordonnées sont des fonctions rationnelles d'un paramètre : il en est donc de même pour toutes les courbes du genre zéro, qui ont le plus grand nombre possible de points doubles pour un degré donné. Ce sont les courbes antérieurement étudiées par M. Cayley, et auxquelles l'illustre géomètre a donné le nom, généralement adopté, d'*unicursales*. Supposons ensuite $p=1$ et $p=2$, ce nombre maximum sera successivement diminué d'une ou de deux unités; il faudra alors s'adjoindre la racine carrée d'un polynome du quatrième ou du sixième degré par rapport à la variable auxiliaire. Les expressions obtenues par cette voie s'appliquent d'abord à l'intégration des fonctions algébriques de genre p, c'est-à-dire de fonctions rationnelles de la variable et de la racine d'une équation de ce genre. Pour $p=0$, ces quantités s'obtiennent sous forme finie; pour $p=1$, elles se ramènent aux intégrales elliptiques; on voit ainsi quelle extension prend la méthode fondée sur l'emploi des substitutions, dont l'usage était auparavant si réstreint. Mais c'est dans un autre ordre de question, dans le théorème d'Abel tout d'abord, que la notion du genre se montre avec toute sa portée et sa puissance.

Abel avait fait la découverte capitale qu'une somme d'un nombre quelconque d'intégrales à limites arbitraires, de la même fonction algébrique, s'exprime par un nombre fixe d'intégrales semblables auxquelles s'ajoute une quantité algébrique et logarithmique.

Riemann établit que ce nombre est le genre de la fonction; il complète ainsi l'œuvre d'Abel et donne a son théorème sa forme définitive par un énoncé d'une simplicité frappante. En même temps, et au moyen de considérations géométriques, il parvient à la définition des intégrales de première, de seconde et de troisième espèce, sous un point de vue entièrement nouveau, qui n'est plus celui de la theorie des fonctions elliptiques, et démontre qu'il existe p intégrales de première espèce et p intégrales de seconde espèce, linéairement independantes. On sait que ce mémorable théorème d'Abel a ouvert, avec la théorie des fonctions elliptiques, le champ de l'Analyse moderme. Jacobi lui découvre, comme il le dit, son véritable sens, en généralisant le problème de l'inversion de l'intégrale elliptique, et définissant les fonctions de plusieurs variables à périodicité multiple qui ont un théorème d'addition comme les fonctions elliptiques. Göpel et Rosenhain résolvent les premiers la question de l'inversion dans le cas de l'intégrale hyperelliptique du premier ordre; M. Weierstrass ensuite la traite pour les intégrales d'ordre quelconque, et obtient l'expression générale des nouvelles transcendantes. Les découvertes de l'illustre analyste dans une question hérissée des difficultés ardues propres aux fonctions de plusieurs variables, se placent parmi les plus importantes et les plus belles qui aient été faites en Analyse. A ses travaux succèdent ceux de Riemann : le problème de l'inversion des intégrales de fonctions algébriques est alors traité dans toute sa généralité, et ce sont de nouveau les fonctions holomorphes à un nombre quelconque de variables, analogues à la transcendante Θ de Jacobi, qui en donnent la solution. Mais le grand géomètre part d'autres principes et suit la voie qui lui est propre; il emploie la marche de la variable sur la surface formée de plans multiples superposés, les lignes de passage entre ces plans, le système des coupures par lesquelles elle est rendue simplement connexe; il tire de ses méthodes originales et profondes d'admirables découvertes.

Les auteurs de ce Livre ont eu pour but d'enseigner ces découvertes : ils se sont proposé d'ouvrir un accès facile aux considérations nouvelles qui en sont le principe; ils se sont attaché à donner des explications détaillées sur la construction des surfaces de Riemann, sur la notion de connexion, à familiariser avec l'emploi des coupures, qui ont remplacé les lacets de Puiseux, dans l'intégration des fonctions algébriques.

Les plus simples de ces fonctions, qui dépendent de la racine carrée d'un polynome, et la surface à deux feuillets correspondant à cette racine sont considérées en premier lieu; leur étude sert de préparation aux théories générales. En suivant cette marche et commençant par un cas particulier, on demande moins d'efforts pour acquérir l'intelligence de méthodes abstraites et délicates, et la difficulté est diminuée pour les aborder ensuite dans toute leur étendue. Dès le début, la notion du genre est donnée sous le point de vue entièrement élémentaire où s'est placé M. Weierstrass; la relation simple entre le genre et le nombre des lignes de passage s'offre alors comme d'elle-même; puis le théorème que sur cette surface les fonctions algébriques considérées sont uniformes avec des discontinuités polaires en nombre fini, et sa réciproque qui est du plus haut intérêt; enfin, en passant de l'Algèbre au Calcul intégral, la définition et les caractères essentiels des intégrales hyperelliptiques des trois espèces. Les mémorables découvertes de Riemann sur ces quantités sont exposées en détail; elles montrent avec éclat la puissance des méthodes qu'il a introduites dans l'Analyse.

Le but essentiel de cet Ouvrage est donc d'initier à ces créations du génie, en exposant avec clarté les questions complexes de connexion, la transformation par des coupures de la surface à deux feuillets en surface simplement connexe, le rôle des coupures comme lignes de discontinuité, cette discontinuité donnant une origine nouvelle aux périodes de Puiseux, nommées *modules de périodicité de l'intégrale*, enfin les relations entre ces modules sur lesquelles se fonde la solution du problème de l'inversion et la définition des intégrales normales. Cette étude des intégrales hyperelliptiques, où se succèdent tant d'idées profondes et fécondes, tant de beaux et importants résultats, est l'enseignement d'un nouvel Art analytique qui se poursuit dans un ordre de questions plus élevées où l'on considère les fonctions algébriques sous le point de vue le plus général. La voie a été éclairée d'avance et s'ouvre plus facile pour le lecteur; il retrouvera sous un jour plus étendu les mêmes recherches, et l'originalité de la méthode ne sera plus un aussi grand obtacle. Il acquerra aussi la connaissance des recherches récentes, des beaux travaux auxquels s'attachent les noms illustres de Klein, de Clebsch et Gordan, de Brill et Nöther, et Luroth, d'autres encore, qui ont ajouté aux découvertes de Riemann et les ont complétées dans des points essentiels.

Un de ces points consiste à ramener, par une transformation birationnelle, une courbe algébrique, quels que soient ses points multiples, à une autre n'ayant que des points doubles, à tangentes distinctes. Il est traité, d'après une indication recueillie d'Halphen, avec les développements que demande son importance. La recherche des intégrales hyperelliptiques s'exprimant sous forme logarithmique, qui a été aussi le sujet des travaux d'Halphen et de M. Picard, les applications à la Géométrie du théorème d'Abel, si fécondes et si interessantes, celles qui concernent spécialement les quartiques planes, bien d'autres encore que je ne puis signaler, appellent l'attention du lecteur.

Ce Livre rendra un grand et signalé service aux élèves des Facultés de Sciences, aux jeunes géomètres auxquels il s'adresse, en leur donnant, sans trop d'efforts, la claire vue, l'intelligence complète de l'œuvre mathématique la plus belle de notre époque par la puissance de l'invention. Il les conviera à s'en inspirer et à suivre la trace des auteurs, M. Appell, M. Goursat, et de tant d'autres disciples de Riemann, dont les travaux, qui occupent une place considérable dans l'Analyse de notre époque, sont une application directe et immédiate des méthodes du grand géomètre.

CH. HERMITE.

INTRODUCTION.

1. Nous supposons connues les propriétés générales des fonctions analytiques d'une variable complexe z. Nous rappelons seulement les définitions et les théorèmes dont nous ferons principalement usage. Nous donnons toutefois dans les derniers paragraphes de cette introduction les démonstrations de quelques principes de la théorie des fonctions que ne l'on trouve pas en général dans les traités classiques et dont nous aurons besoin pour l'exposé de certaines recherches récentes exposées dans le deuxième tome de ces leçons.

Fonctions régulières. Zéros. — Une fonction analytique $f(z)$ est dite *régulière* en un point a si, dans un cercle suffisamment petit de centre a, elle est développable en une série procédant suivant les puissances positives croissantes de $z - a$. Si la fonction s'annule au point a, les premiers termes de cette série ont des coefficients nuls, et si m est l'exposant de la plus petite puissance de $z - a$ dont le coefficient est différent de zéro, on dit que $z = a$ est un *zéro* d'ordre m.

Points singuliers. Pôles. Résidus. — Si, en un point a, la fonction n'est pas régulière, a est un point singulier. C'est un point singulier isolé, s'il est possible de trouver un cercle de centre a ne contenant à son intérieur que le seul point singulier $z = a$. Soit C un cercle de centre a dont le rayon est moindre que la distance du point a au point singulier le plus rapproché. La fonction $f(z)$, étant supposée *uniforme* dans ce cercle, peut, d'après le théorème de Laurent, être représentée par la somme de deux séries convergentes,

$$f(z) = \sum_{\nu=-\infty}^{\nu=+\infty} A_\nu (z-a)^\nu.$$

La partie de ce développement qui contient les puissances négatives de $z-a$

$$\sum_{\nu=-1}^{\nu=-\infty} A_\nu (z-a)^\nu$$

s'appelle la *partie principale* relative au point singulier a; le coefficient A_{-1} de $\frac{1}{z-a}$ est le *résidu* relatif à ce point. Si la partie principale se réduit à un polynome de degré m en $\frac{1}{z-a}$, le point singulier $z=a$ est dit un *pôle* d'ordre m. Si la partie principale comprend un nombre infini de termes, a est un *point singulier essentiel.*

Dans le voisinage d'un pôle, le module de la fonction $f(z)$ augmente indéfiniment; au contraire, dans le voisinage d'un point singulier essentiel, la fonction s'approche autant qu'on le veut de toute valeur donnée à l'avance (1).

En écartant le cas où a est un point singulier essentiel, on peut toujours mettre, dans le voisinage de ce point, la fonction $f(z)$ sous la forme

$$f(z) = (z-a)^q [B_0 + B_1(z-a) + \ldots],$$

q étant nul si le point a n'est ni un pôle ni un zéro, égal à un nombre entier positif si le point a est un zéro d'ordre q, égal à un nombre entier négatif si ce point est un pôle d'ordre $-q$; le coefficient B_0 est supposé différent de zéro. Si $q=0$, la dérivée logarithmique $\frac{d \log f(z)}{dz}$ est régulière au point a; sinon, elle admet le point a pour pôle du premier ordre, avec un résidu égal à q.

2. *Point à l'infini.* — Lorsqu'on veut étudier une fonction $f(z)$ pour les valeurs de z de module très grand, on pose ordinairement $z=\frac{1}{z'}$, et l'on est ramené à étudier une fonction $\varphi(z')$ dans le voisinage du point $z'=0$; mais on peut aussi procéder directement. Appelons *domaine* du point ∞ la portion du plan *extérieure* à une circonférence C ayant son centre à l'origine et de rayon très grand R. Si l'on peut choisir ce rayon assez grand pour

---

(1) E. PICARD, *Traité d'Analyse*, t. II, p. 119.

que, dans le domaine qui vient d'être défini, la fonction $f(z)$ soit représentée par un développement ne contenant que des puissances négatives de z

$$f(z) = A_0 + \frac{A_1}{z} + \frac{A_2}{z^2} + \ldots + \frac{A_k}{z^k} + \ldots,$$

la fonction $f(z)$ est dite *régulière au point* ∞. Elle tend vers une valeur finie A_0, lorsque le module de z augmente indéfiniment. Si les premiers coefficients sont nuls et que le développement commence par un terme en $\frac{1}{z^m}$, le point à l'infini est un zéro d'ordre m.

Si une fonction n'est pas régulière au point ∞, on dira encore que ce point ∞ est un point singulier. Nous ne nous occuperons que du cas où c'est un point sngulier isolé, c'est-à-dire où l'on peut prendre le rayon R assez grand pour qu'à l'extérieur du cercle C la fonction $f(z)$ n'admette aucun point singulier à distance finie, et où la fonction $f(z)$ est uniforme dans ce domaine. Soit C′ un second cercle concentrique au premier C, et de rayon $R' > R$. Dans la couronne circulaire comprise entre les deux cercles C et C′, la fonction $f(z)$ est uniforme et régulière en chaque point; on peut donc lui appliquer le théorème de Laurent. Comme le rayon R′ peut être supposé aussi grand qu'on le veut, et que les coefficients du développement ainsi obtenu ne dépendent pas de ce rayon, on voit que ce développement est valable pour toutes les valeurs de z de module supérieur à R. Par conséquent, lorsque le point à l'infini est un point singulier isolé, on peut déterminer un cercle C de rayon assez grand R pour qu'à l'extérieur de ce cercle la fonction $f(z)$ soit représentée par un développement de la forme

$$f(z) = \sum_{-\infty}^{+\infty} A_\nu \left(\frac{1}{z}\right)^\nu.$$

La partie qui contient les puissances *positives* de z

$$\sum_{\nu=-1}^{-\infty} A_\nu \left(\frac{1}{z}\right)^\nu$$

est ici la partie principale relative au point ∞. Si cette partie principale se réduit à un polynome de degré n, le point ∞ est un pôle d'ordre n; sinon le point ∞ est un point singulier essentiel.

3. *Résidu à l'infini.* — On appelle *résidu* relatif au point à l'infini le coefficient de $\frac{1}{z}$ changé de signe, c'est-à-dire $-A_1$. Pour justifier cette définition, il suffit de remarquer que le nombre ainsi défini jouit de la propriété caractéristique du résidu : l'intégrale $\int f(z)\,dz$, prise le long du contour limitant le domaine d'un point singulier, dans le sens direct, est égale au produit de $2\pi i$ par le résidu relatif à ce point. Dans le cas où nous nous plaçons, c'est la circonférence C qui limite le domaine du point ∞; cette circonférence doit être décrite de façon à laisser à gauche le domaine du point ∞, et, par suite, en sens inverse du sens habituel. Dans l'intégrale

$$\int_{(C)} f(z)\,dz = \sum_{-\infty}^{+\infty} \int_{(C)} A_\nu \frac{dz}{z^\nu},$$

le seul terme qui n'est pas nul provient du terme en $\frac{1}{z}$, et l'on a

$$\int_{(C)} f(z)\,dz = -2\pi i A_1 = 2\pi i R_\infty.$$

Il est à remarquer que le résidu au point ∞ d'une fonction régulière en ce point n'est pas nul en général. Par exemple, la fonction

$$\frac{z-a}{z-b}$$

admet un seul pôle à distance finie $z = b$, avec un résidu $b - a$. Elle est régulière au point ∞, car on peut l'écrire, dans le domaine de ce point,

$$\left(1-\frac{a}{z}\right)\left(1-\frac{b}{z}\right)^{-1} = \left(1-\frac{a}{z}\right)\left(1+\frac{b}{z}+\frac{b^2}{z^2}+\ldots\right),$$

et le résidu en ce point est égal à $a - b$.

Si le point à l'infini n'est pas un point singulier essentiel pour $f(z)$, on peut écrire, dans le domaine de ce point,

$$f(z) = z^k\left(B_0 + B_1\frac{1}{z} + B_2\frac{1}{z^2} + \ldots\right),$$

où B_0 est différent de zéro, k étant nul, positif ou négatif, suivant que la fonction $f(z)$ a une valeur finie et différente de zéro au point ∞, que ce point est un pôle ou un zéro. La dérivée logarithmique est régulière au point ∞, et le résidu est égal à $-k$.

4. Ces définititions étant posées, rappelons encore les théorèmes suivants :

I. *Toute fonction analytique uniforme, régulière pour toute valeur finie de* z *et pour* $z = \infty$, *est une constante.*

II. *Toute fonction analytique uniforme, n'ayant qu'un nombre fini de points singuliers, est définie, à un constante additive près, quand on connaît les parties principales relatives à chaque point singulier.*

III. *Toute fonction analytique uniforme, n'ayant d'autres points singuliers que des pôles, est une fonction rationnelle* [1].

IV. *Si une fonction analytique uniforme n'a qu'un nombre fini de points singuliers, la somme des résidus relatifs à ces points singuliers, et au point à l'infini, est nulle.*

Pour établir cette dernière proposition, décrivons, du point $z = 0$ comme centre, une circonférence C renfermant tous les points singuliers à distance finie de $f(z)$, et considérons l'intégrale

$$\int f(z)\, dz,$$

prise le long de la circonférence C, l'aire du cercle étant à gauche. Cette intégrale est égale, d'une part, d'après le théorème de Cauchy rappelé plus loin, au produit de $2\pi i$ par la somme des résidus de $f(z)$ relatifs à tous les points singuliers à distance finie; d'autre part, d'après la définition du résidu au point ∞, à $-2\pi i R_\infty$. La comparaison de ces deux valeurs de l'intégrale donne le théorème énoncé.

Appliquons ce théorème à la dérivée logarithmique $w = \dfrac{d \log v}{dz}$ d'une fonction rationnelle v de z. Les résidus de la dérivée loga-

---

(1) E. PICARD, *Traité d'Analyse*, t. II, p. 123.

rithmique proviennent exclusivement des pôles et des zéro de v; nous avons remarqué d'ailleurs qu'un zéro d'ordre m de v donne un résidu égal à $+m$ pour w, et qu'un pôle d'ordre n de v donne un résidu égal à $-n$ pour w. Le théorème IV conduit donc à la proposition élémentaire suivante :

V. *Le nombre des zéros d'une fonction rationnelle de z est égal au nombre des pôles, chacun de ces zéros et de ces pôles étant compté avec son degré de multiplicité.*

Nous savons aussi qu'on peut former une fonction rationnelle avec des pôles, et des parties principales correspondantes, données à l'avance d'une façon arbitraire : il suffit, pour obtenir cette fonction, de faire la somme des parties principales données relatives à tous les pôles. On peut de même former une fonction rationnelle avec des zéros et des infinis donnés à l'avance, pourvu qu'ils soient en nombre égal.

5. La notion d'intégrale définie à été étendue aux fonctions d'une variable complexe par Cauchy, qui a démontré le théorème fondamental suivant :

Étant donnée une fonction uniforme $f(z)$ régulière en tous les points à l'intérieur d'une aire A, *limitée par une ou plusieurs courbes distinctes, l'intégrale $\int f(z)\,dz$, prise le long du contour total de* A *dans le sens direct (en laissant à gauche l'aire enveloppée), est nulle.*

Plus généralement, si la fonction $f(z)$ est uniforme et régulière en tous les points d'une aire telle que la précédente, sauf en un nombre fini de points qu'elle admet pour pôles ou pour points singuliers essentiels, l'intégrale $\int f(z)\,dz$, prise le long du contour total de A dans le sens direct, est égale au produit de $2\pi i$ par la somme des résidus de $f(z)$ relatifs à ces points singuliers ([1]).

([1]) E. Picard, *Traité d'Analyse*, t. II, p. 118. — Hermite, *Cours d'Analyse*, 4e édition, p. 109.

Il est à remarquer que l'énoncé précédent s'applique encore au cas où l'aire A s'étend à l'infini, pourvu qu'on ajoute aux résidus relatifs aux points singuliers de $f(z)$ à distance finie le résidu de $f(z)$ relatif au point ∞. Par exemple, supposons que l'aire A soit l'aire illimitée extérieure aux deux courbes C, C′; soit $f(z)$ une fonction régulière dans A, sauf en un nombre fini de points α_1, $\alpha_2, \ldots, \alpha_q$, les résidus correspondants étant $R_1, R_2, \ldots, R_q$. Le point ∞ peut être un point ordinaire pour $f(z)$ ou un point singulier, mais, dans ce cas, c'est nécessairement un point singulier isolé. Soit R_∞ le résidu correspondant. Ajoutons aux contours C, C′, un contour auxiliaire C″ renfermant les deux contours primi-

Fig. *a*.

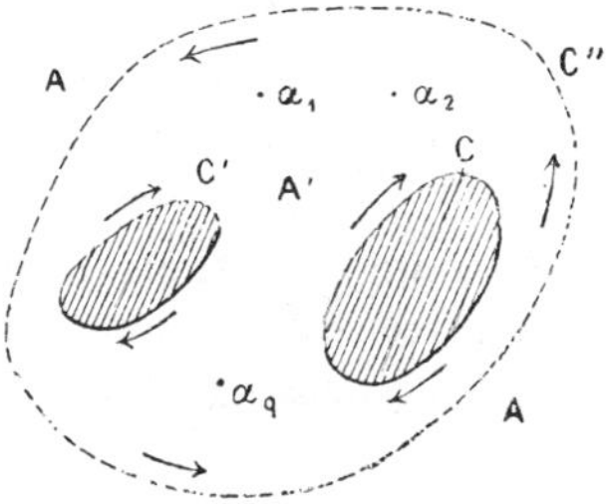

tifs C, C′, ainsi que tous les points singuliers $\alpha_1, \alpha_2, \ldots, \alpha_q$. A l'aire finie A′, limitée par les trois contours C, C′, C″, appliquons le théorème de Cauchy; il vient

$$\sum_{(C)} f(z)\,dz + \int_{(C')} f(z)\,dz + \int_{(C'')} f(z)\,dz = 2\pi i(R_1 + R_2 + \ldots + R_q),$$

les intégrales étant prises comme l'indiquent les flèches. Mais, d'après ce qu'on a vu plus haut sur le résidu au point ∞, la dernière intégrale a pour valeur

$$\int_{(C'')} f(z)\,dz = -2\pi i R_\infty;$$

il reste donc

$$\int_{(C)} f(z)\,xz + \int_{(C')} f(z)\,dz = 2\pi i(R_1 + R_2 + \ldots + R_\infty);$$

c'est la formule que nous voulions établir.

6. Soit $f(z)$ une fonction uniforme dans une aire A, située tout entière à distance finie ou s'étendant à l'infini, mais *limitée par une seule courbe* C, qui est située tout entière à distance finie. Supposons que $f(z)$ n'admette dans A qu'un nombre fini de points singuliers, et soient $R_1, R_2, \ldots, R_i$ les différents résidus de cette fonction dans A, y compris le résidu relatif au point à l'infini, si l'aire A est illimitée. Considérons l'intégrale

$$F(z) = \int_{z_0}^{z} f(z)\,dz,$$

prise suivant un chemin situé tout entier dans l'aire A et joignant deux points z_0, z de A; laissant fixe la limite inférieure z_0 de l'intégrale et faisant varier la limite supérieure z, $F(z)$ devient une fonction analytique de z qui dépend aussi, dans une certaine mesure, du chemin d'intégration. Si tous les résidus de $f(z)$ dans l'aire A sont nuls, il résulte immédiatement du théorème de Cauchy que deux chemins quelconques, situés tout entiers dans A et allant du point z_0 au même point z, donnent la même valeur pour l'intégrale; $F(z)$ *est donc aussi une fonction uniforme dans l'aire* A.

Il n'en est plus de même si tous les résidus de $f(z)$ dans l'aire A ne sont pas nuls; quand on tourne autour d'un point singulier où le résidu est égal à R, l'intégrale $F(z)$ augmente de $2\pi i R$. Cette intégrale admet donc, en chaque point de l'aire A, une infinité de valeurs qui sont comprises dans une formule telle que

$$F(z) = [F(z)] + 2\pi i\{m_1 R_1 + \ldots + m_i R_i\},$$

$[F(z)]$ étant une de ces valeurs et $m_1, m_2, \ldots, m_i$ des nombres entiers quelconques, positifs ou négatifs [1]. Les quantités

$$2\pi i R_1, \quad \ldots, \quad 2\pi i R_i$$

sont appelées *périodes* de l'intégrale $\int f(z)\,dz$. L'étude des intégrales de fonctions algébriques nous conduira à des périodes d'une nature tout à fait différente.

---

[1] HERMITE, *Cours d'Analyse*, 4e édition p. 198-205.

7. Riemann a déduit de la formule de Green une nouvelle formule dont nous aurons à faire usage. Soient A une aire limitée par un contour simple C, P et Q deux fonctions réelles de x et de y, finies et continues, ainsi que leurs dérivées, dans l'aire A et sur le contour C lui-même. D'après la formule de Green ([1]), on a

$$\int_{(C)} P\,dx + Q\,dy = \int\int_{(A)} \left(\frac{\partial Q}{\partial x} - \frac{\partial P}{\partial y}\right) dx\,dy,$$

l'intégrale double étant étendue à l'aire A, et l'intégrale curviligne étant prise le long du contour C dans le sens direct.

Soit maintenant

$$f(z) = X + iY$$

une fonction analytique de la variable complexe z régulière en tous les points à l'intérieur de A et sur le contour C.

Faisons, dans la formule de Green,

$$P = X\frac{\partial Y}{\partial x}, \qquad Q = X\frac{\partial Y}{\partial y};$$

elle devient

$$\int_{(C)} X\,dY = \int\int_{(A)} \left\{ \frac{\partial X}{\partial x}\frac{\partial Y}{\partial y} - \frac{\partial X}{\partial y}\frac{\partial Y}{\partial x} \right\} dx\,dy;$$

mais on a

$$\frac{\partial X}{\partial x} = \frac{\partial Y}{\partial y}, \qquad \frac{\partial X}{\partial y} = -\frac{\partial Y}{\partial x}$$

et, par suite,

$$\int_{(C)} X\,dY = \int\int_{(A)} \left\{ \left(\frac{\partial X}{\partial x}\right)^2 + \left(\frac{\partial X}{\partial y}\right)^2 \right\} dx\,dy.$$

L'intégrale $\int X\,dY$, *prise le long du contour* C *dans le sens direct, a donc une valeur positive.*

Pour que cette intégrale fût nulle, il faudrait que l'on eût

$$\frac{\partial X}{\partial x} = 0, \qquad \frac{\partial X}{\partial y} = 0,$$

et par consequent

$$\frac{\partial Y}{\partial x} = 0, \qquad \frac{\partial Y}{\partial y} = 0.$$

([1]) HERMITE, *Cours d'Analyse*, 4ᵉ édition, p. 66. — E. PICARD, *Traité d'Analyse*, t. I. p. 104.

La fonction $f(z) = X + iY$ se réduirait alors à une constante.

8. Rappelons encore une autre application importante de la formule de Green. Et d'abord remarquons que pour établir cette formule on fait généralement les hypothèses suivantes : le contour C est formé par la réunion d'arcs de courbe, en nombre fini, sur chacun desquels la tangente varie d'une manière continue; d'autre part C est rencontré en un nombre fini de points par les parallèles aux axes de coordonnées. Quant aux fonctions P et Q on les suppose continues ainsi que leurs dérivées premières dans le domaine A, contour compris.

Posons maintenant dans cette formule

$$P = -\varphi\frac{\partial\psi}{\partial y}, \qquad Q = \varphi\frac{\partial\psi}{\partial x},$$

où φ désigne une fonction à dérivées premières continues, ψ une fonction à dérivées premières et secondes continues dans A, contour compris. Désignons par $\Delta\psi$ le *Laplacien*

$$\Delta\psi = \frac{\partial^2\psi}{\partial x^2} + \frac{\partial^2\psi}{\partial y^2}.$$

La formule de Green devient

$$\int\int_A \left(\frac{\partial\varphi}{\partial x}\frac{\partial\psi}{\partial x} + \frac{\partial\varphi}{\partial y}\frac{\partial\psi}{\partial y}\right) dx\, dy + \int\int_A \varphi\,\Delta\psi\, dx\, dy = \int_C \frac{\partial\psi}{\partial x} dy - \frac{\partial\psi}{\partial y} dx.$$

Nous pouvons écrire l'intégrale de ligne du second membre d'une manière un peu différente, en prenant comme variable d'intégration l'arc de la courbe C, le sens positif des arcs étant le sens direct de circulation sur C. On a

$$\frac{dx}{ds} = -\cos(n, y), \qquad \frac{dy}{ds} = \cos(n, x)$$

(n, x) et (n, y) étant les angles de la normale à la courbe dirigée vers l'extérieur avec les directions positives des axes. On obtient alors en introduisant la notation usuelle des dérivées normales

$$\frac{\partial\psi}{\partial x}\cos(n, x) + \frac{\partial\psi}{\partial y}\cos(n, y) = \frac{\partial\psi}{\partial n},$$

la seconde formule de Green sous sa forme usuelle

$$\int\int_A \left(\frac{\partial\varphi}{\partial x}\frac{\partial\psi}{\partial x}+\frac{\partial\varphi}{\partial y}\frac{\partial\psi}{\partial y}\right)dx\,dy+\int\int_A \varphi\,\Delta\psi\,dx\,dy=\int_C \varphi\frac{\partial\psi}{\partial n}\,ds.$$

Si l'aire A est formée par la réunion d'un nombre fini d'aires partielles pour chacune desquelles nos hypothèses sont vérifiées, la formule s'applique à l'aire totale. Car quand on ajoute membre à membre les égalités fournies par les divers domaines $A_1, A_2, \ldots$, les parties de contour de ces domaines partiels qui sont intérieurs au domaine total A étant parcourues deux fois en sens inverse, les intégrales curvilignes correspondantes ont une somme nulle; la formule subsiste donc pour le domaine A. Il s'ensuit que A peut être limité par un nombre fini quelconque n de courbes simples fermées entièrement distinctes; son *ordre de connexion* est alors égal à n, suivant une expression sur laquelle nous reviendrons.

L'intégrale curviligne du second membre doit être prise de manière que chaque partie du contour limite C soit parcourue en laissant l'aire A à sa gauche.

Le même mode de décomposition permet de supposer que la fonction φ, dans la seconde formule de Green, possède des dérivées premières qui éprouvent des discontinuités sur certaines lignes, en nombre fini, intérieures à A ou appartenant à sa frontière. (On supposera, pour éviter toute difficulté, ces lignes décomposables en arcs convexes à tangentes continues.)

Supposons en effet que sur C les dérivées premières de φ cessent d'être continues ou même d'exister, nous pouvons toujours appliquer la formule de Green à un domaine A' complètement intérieur à A, limité par un contour C' infiniment voisin de C; il est visible [1] que l'intégrale curviligne du second membre appliquée à C' a pour limite la même intégrale appliquée à C quand C' tend vers C. Si dans ces conditions chacune des intégrales de surface du premier membre possède une limite indépendante de la loi de variation du contour C', cette limite représentera par définition l'intégrale étendue de l'aire A; on obtiendra donc à la limite la formule de Green pour l'aire A. Il en est toujours ainsi quand les dérivées premières de φ restent bornées au voisinage de la ligne de

---

(1) On suppose que C' a une longueur infiniment voisine de celle de C.

discontinuité. Dans le cas contraire, on devra vérifier pour appliquer la formule que ces intégrales ont un sens.

9. Soit φ une fonction continue dans A à dérivées premières continues ou n'ayant que des discontinuités de l'espèce que nous venons de décrire. On appelle *intégrale de Dirichlet* de la fonction φ et l'on désigne par le symbole $D[\varphi]$ l'expression

$$\int\int_A \left[\left(\frac{\partial\varphi}{\partial x}\right)^2 + \left(\frac{\partial\varphi}{\partial y}\right)^2\right] dx\, dy,$$

qui peut s'écrire également en employant les coordonnées polaires r et θ

$$D[\varphi] = \int\int_A \left[\left(\frac{\partial\varphi}{\partial r}\right)^2 + \frac{1}{r^2}\left(\frac{\partial\varphi}{\partial\theta}\right)^2\right] r\, dr\, d\theta.$$

L'intégrale de Dirichlet possède les propriétés suivantes :

1° On a

$$\{D[\varphi, \psi]\}^2 \leqq D[\varphi]\, D[\psi],$$

en employant la notation

$$D[\varphi, \psi] = \int\int_A \left(\frac{\partial\varphi}{\partial x}\frac{\partial\psi}{\partial x} + \frac{\partial\varphi}{\partial y}\frac{\partial\psi}{\partial y}\right) dx\, dy.$$

Cela résulte de l'identité

$$D[\lambda\varphi + \mu\psi] = \lambda^2 D[\varphi] + 2\lambda\mu\, D[\varphi, \psi] + \mu^2 D[\psi],$$

en remarquant que cette expression est une forme quadratique par rapport aux paramètres λ et μ qui n'est jamais négative ;

2° Si la fonction ψ admet des dérivées secondes continues on a l'identité

$$D[\varphi, \psi] + \int\int_A \varphi\, \Delta\psi\, dx\, dy = \int_C \varphi \frac{\partial\psi}{\partial n}\, ds.$$

C'est une manière abrégée d'écrire la seconde formule de Green ;

3° L'intégrale de Dirichlet est invariante vis-à-vis de tout changement de coordonnées et plus généralement de toute représentation conforme.

Soit la transformation conforme définie par

$$Z = f(z) = u(x, y) + i\, v(x, y),$$

f étant une fonction analytique de $z = x + iy$. On a par cette transformation

$$\varphi(x, y) = \theta(u, v),$$

d'où

$$\frac{\partial\varphi}{\partial x} = \frac{\partial\theta}{\partial u}\frac{\partial u}{\partial x} + \frac{\partial\theta}{\partial v}\frac{\partial v}{\partial x},$$
$$\frac{\partial\varphi}{\partial y} = \frac{\partial\theta}{\partial u}\frac{\partial u}{\partial y} + \frac{\partial\theta}{\partial v}\frac{\partial v}{\partial y},$$

et, en tenant compte de

$$\frac{\partial u}{\partial x} = \frac{\partial v}{\partial y}, \qquad \frac{\partial u}{\partial y} = -\frac{\partial v}{\partial x},$$

l'identité

$$\left(\frac{\partial\varphi}{\partial x}\right)^2 + \left(\frac{\partial\varphi}{\partial y}\right)^2 = \left[\left(\frac{\partial\theta}{\partial u}\right)^2 + \left(\frac{\partial\theta}{\partial v}\right)^2\right]\left[\left(\frac{\partial u}{\partial x}\right)^2 + \left(\frac{\partial u}{\partial y}\right)^2\right].$$

Comme

$$\frac{D(u, v)}{D(x, y)} = \frac{\partial u}{\partial x}\frac{\partial v}{\partial y} - \frac{\partial v}{\partial x}\frac{\partial u}{\partial y} = \left(\frac{\partial u}{\partial x}\right)^2 + \left(\frac{\partial u}{\partial y}\right)^2,$$

on a d'après la règle du changement de variables dans les intégrales doubles

$$\int\int_A \left[\left(\frac{\partial\varphi}{\partial x}\right)^2 + \left(\frac{\partial\varphi}{\partial y}\right)^2\right] dx\, dy = \int\int_{A'} \left[\left(\frac{\partial\theta}{\partial u}\right)^2 + \left(\frac{\partial\theta}{\partial v}\right)^2\right] du\, dv,$$

A' étant le domaine image de A. On peut d'ailleurs se dispenser d'appliquer cette dernière règle en remarquant que

$$\left(\frac{\partial u}{\partial x}\right)^2 + \left(\frac{\partial u}{\partial y}\right)^2 = |f'(z)|^2$$

représente le *grossissement* superficiel au point (xy) dans la représentation de A sur A′. En particulier pour $\varphi = u$ on a

$$D[u] = \int\int_A |f'(r)|^2\, dx\, dy = \text{aire de } A',$$

en remarquant toutefois que certaines parties de A′ peuvent être plusieurs fois recouvertes, l'aire correspondante devant alors être multipliée par l'entier correspondant,

10. Rappelons maintenant quelques propriétés de l'intégrale de

Poisson qui donne la solution du *problème de Dirichlet* dans le cas du cercle, c'est-à-dire la fonction harmonique et régulière à l'intérieur d'un cercle de rayon R et prenant sur la circonférence une suite continue de valeurs données. Si $u(\theta)$ désigne la fonction continue de période 2π qui représente les valeurs *rs* données sur le contour et $u(r, \theta)$ la forme cherchée, on a

$$u(r, \theta) = \frac{1}{2\pi}\int_0^{2\pi} \frac{R^2 - r^2}{R^2 + r^2 - 2Rr\cos(\theta - \omega)} u(\omega)\, d\omega,$$
$$= \frac{1}{2\pi}\int_0^{2\pi} \left[\frac{R e^{i\omega}}{R e^{i\omega} - r e^{i\theta}} + \frac{R e^{-i\omega}}{R e^{-i\omega} - r e^{-i\theta}}\right] u(\omega)\, d\omega,$$

d'où l'on déduit

$$u(r, \theta) = a_0 + \sum_{n=1}^{\infty} (a_n \cos n\theta + b_n \sin n\theta) r^n,$$

développement convergent pour $r < R$, les coefficients a_n, b_n ayant pour valeurs

$$a_n = \frac{1}{\pi R^n}\int_0^{2\pi} u(\omega)\cos n\omega\, d\omega$$
$$b_n = \frac{1}{\pi R^n}\int_0^{2\pi} u(\omega)\sin n\omega\, d\omega \qquad (n > 0),$$
$$a_0 = \frac{1}{2\pi}\int_0^{2\pi} u(\omega)\, d\omega.$$

Écrivons d'une manière abrégée en appelant A_n le terme en r^n:

$$u(r, \theta) = A_0 + A_1 + \ldots + A_n + \ldots.$$

On en déduit la valeur de l'intégrale $\int_0^{2\pi} u^2(r, \theta)\, d\theta$, en appliquant la règle de multiplication des séries absolument convergentes et remarquant qu'une série uniformément convergente peut être intégrée terme à terme. Comme on a

$$\int_0^{2\pi} A_m A_n\, d\theta = 0, \qquad \text{si } m \neq n,$$
$$\int_0^{2\pi} A_n^2\, d\theta = \pi r^{2n}(a_n^2 + b_n^2) \qquad \text{si } n > 0,$$
$$\int_0^{2\pi} A_0^2\, d\theta = 2\pi a_0^2,$$

il vient

$$\frac{1}{\pi}\int_0^{2\pi} u^2(r,\,\theta)\,d\theta = 2a_0^2+\sum_{n=1}^{\infty} r^{2n}(a_n^2+b_n^2).$$

En multipliant les deux membres par r et intégrant par rapport à r, on obtient

$$\frac{1}{\pi r^2}\int_0^r\int_0^{2\pi} u^2(r,\,\theta)\,r\,d\theta\,dr = a_0^2+\sum_1^{\infty}\frac{r^{2n}}{2(n+1)}(a_n^2+b_n^2).$$

Soit $v(r,\theta)$ la fonction harmonique associée à u,

$$v(r,\,\theta) = b_0 + r(a_1\sin\theta - b_1\cos\theta)+\ldots.$$

On a de même

$$\frac{1}{\pi r^2}\int_0^r\int_0^{2\pi} v^2(r,\,\theta)\,r\,d\theta\,dr = b_0^2+\sum_1^{\infty}\frac{r^{2n}}{2(n+1)}(a_n^2+b_n^2),$$

et en ajoutant

$$\frac{1}{\pi r^2}\int\int_\gamma (u^2+v^2)\,d\tau = a_0^2+b_0^2+\sum_1^{\infty}\frac{r^{2n}}{n+1}(a_n^2+b_n^2),$$

$d\tau$ désignant l'élément superficiel et γ le cercle de rayon r. Si l'on pose

$$z = r\,e^{i\theta},$$

$$f(z) = \sum_0^{\infty}(a_n - ib_n)z^n,$$

on a, par conséquent,

$$\frac{1}{\pi r^2}\int\int_\gamma |f^2(z)|\,d\tau \geqq |f^2(0)|,$$

l'égalité n'ayant lieu que si $f(z)$ est une constante. On voit donc que *si une fonction analytique est régulière dans un cercle, la fonction égale au carré du module de cette fonction analytique jouit de cette propriété que sa valeur moyenne dans le cercle est au moins égale à sa valeur au centre du cercle.*

Si dans cette inégalité on remplace la fonction $f(z)$ par sa dérivée

$$f'(z) = \sum_{n=1}^{\infty} n(a_n - ib_n)z^{n-1},$$

on obtient

$$|f'^2(0)| \leqq \frac{1}{\pi r^2} \int\int_\gamma |f'^2(z)|\, d\tau,$$

ce qui peut encore s'écrire

$$\left(\frac{\partial u}{\partial x}\right)_0^2 + \left(\frac{\partial u}{\partial y}\right)_0^2 \leqq \frac{1}{\pi r^2} D_\gamma[u].$$

On a d'ailleurs

$$D_\gamma[u] = \pi r^2 \sum_1^\infty n r^{2(n-1)}(a_n^2 + b_n^2),$$

Faisons croître r jusqu'à la valeur R : la série convergente à termes positifs du second membre a tous ses termes croissants.

Pour que le premier membre reste fini pour $r = R$, il faut et il suffit, comme on le voit facilement, que cette série converge encore pour $r = R$. S'il en est ainsi on a, en appelant Γ le cercle de rayon R,

$$D_\Gamma[z] = \pi R^2 \sum_1^\infty n R^{2(n-1)}(a_n^2 + b_n^2) = \lim_{r=R} D_\gamma[u].$$

11. Voici une autre conséquence de l'intégrale de Poisson. Considérons une suite de fonctions harmoniques $u_i(r, \theta)$ régulières dans le cercle Γ et prenant chacune sur la circonférence une suite continue de valeurs $u_i(\omega)$. Si les fonctions $u_1(\omega)$, $u_2(\omega)\ldots$ convergent uniformément vers la fonction continue $u(\omega)$, les fonctions $u_1(r, \theta)$, $u_2(r, \theta)$, ... convergent uniformément dans le domaine *fermé* Γ vers la fonction harmonique prenant les valeurs $u(\omega)$ sur la circonférence.

En effet, en observant que, si dans l'intégrale de Poisson on remplace $u(\omega)$ par 1, cette intégrale prend elle-même la valeur 1, et que d'autre part cette intégrale a tous ses éléments positifs, il vient

$$|u_n(r, \theta) - u(r, \theta)| = \left|\frac{1}{2\pi}\int_0^{2\pi} \frac{(R^2 - r^2)[u_n(\omega) - u(\omega)]}{R^2 + r^2 - 2Rr\cos(\theta - \omega)} d\omega\right|$$
$$\leqq |u_n(\omega) - u(\omega)|.$$

Et comme $u_n(\omega) - u(\omega)$ tend uniformément vers zéro avec $\frac{1}{n}$, il en est de même de $u_n(r, \theta) - u(r, \theta)$.

12. Soit toujours $u(r, \theta)$ la fonction harmonique qui résout le problème de Dirichlet pour le cercle Γ; soit d'autre part w une fonction arbitraire continue dans Γ, prenant sur la circonférence les mêmes valeurs que u et dont les dérivées premières, en général continues, peuvent devenir discontinues et cesser d'exister sur certaines lignes isolées, mais de manière que l'intégrale de Dirichlet $D_\Gamma[w]$ reste finie (§ 10). S'il en est ainsi, nous allons montrer que $D[u]$ a elle-même une valeur finie et que

$$D[w] \geqq D[u].$$

Comme nous ne savons pas si les dérivées premières de $D[u]$ sont bornées au voisinage de la circonférence, nous ne pouvons pas appliquer directement la seconde formule de Green qui, si cette hypothèse était réalisée, conduirait de suite à la démonstration cherchée.

Pour tourner la difficulté, considérons la fonction $u_n(r, \theta)$, somme des termes du développement trigonométrique de $u(r, \theta)$ jusqu'au terme en $n\theta$ inclus,

$$u_n(r, \theta) = a_0 + \sum_1^n r^p(a_p \cos p\theta + b_p \sin p\theta),$$

d'où

$$r\frac{\partial u_n}{\partial r} = \sum_1^n p r^p (a_p \cos p\theta + b_p \sin p\theta).$$

D'autre part, puisque $u(R, \theta) = w(R, \theta)$ par hypothèse, les séries de Fourier des fonctions $u_n(R, \theta)$ et $w(R, \theta)$ sont identiques jusqu'au terme en $n\theta$ inclus; on a donc pour $p = 0, 1, 2, \ldots, n$

$$\int_0^{2\pi} (w - u_n) \cos p\theta \, d\theta = 0,$$

$$\int_0^{2\pi} (w - u_n) \sin p\theta \, d\theta = 0,$$

en écrivant w et u_n au lieu de $w(R, \theta)$ et $u_n(R, \theta)$. On en conclut

$$\int_0^{2\pi} (w - u_n) \frac{\partial u_n}{\partial R} R \, d\theta = \sum_1^n p \int_0^{2\pi} (w - u_n) \cos p\theta \, d\theta + \sum_1^n p \int_0^{2\pi} (w - u_n) \sin p\theta \, d\theta = 0.$$

On a ensuite

$$D[w] = D[w - u_n + u_n] = D[u_n] + 2D[w - u_n, n_n + D[w - u_n].$$

Mais, comme u_n est un polynome, il est permis d'appliquer la seconde formule de Green en y faisant

$$\psi = u_n, \qquad \varphi = w - u_n,$$

le contour C étant la circonférence de Γ. Comme $\Delta u_n = 0$, on obtient

$$D[w - u_n, u_n] = \int_C (w - u_n) \frac{\partial u_n}{\partial R} R \, d\theta = 0.$$

Par suite

$$D[w] = D[u_n] + D[w - u_n],$$
$$D[u_n] \leqq D[w],$$
$$\pi R^2 \sum_1^n p R^{2(p-1)} (a_p^2 + b_p^2) \leqq D[w].$$

Ceci ayant lieu pour toute valeur de n, et $D[w]$ étant par hypothèse une quantité finie, la série

$$\pi R^2 \sum_1^\infty p R^{2(p-1)} (a_p^2 + b_p^2)$$

est convergente et sa somme qui n'est autre que

$$D_\Gamma[u]$$

est au plus égale à $D[w]$, l'égalité n'ayant lieu que si $u = w$.

Ainsi l'intégrale de Poisson, dans le cas du cercle, résout le problème du minimum, posé par Riemann comme équivalent au problème de Dirichlet, et que nous venons de traiter; mais à la condition que ce problème de minimum ait une solution, ce qui impose certaines restrictions à la fonction $u(\omega)$.

Prenons par exemple $R = 1$ et

$$u(\omega) = \sum_{p=1}^\infty \frac{\cos p^4 \theta}{p^2}.$$

La solution du problème de Dirichlet est évidemment donnée par la série

$$u(r,\theta)=\sum r^{p^4}\frac{\cos p^4\theta}{p^2},$$

qui donne

$$\frac{1}{\pi r^2}D_\Gamma[u]=\sum_{p=1}^{\infty} r^{2(p^4-1)},$$

quantité qui devient infinie pour $r=1$; le problème de Riemann n'a donc ici aucun sens, toutes les intégrales telles que $D_\Gamma[w]$ ayant une valeur infinie (1).

En résumé, si parmi les fonctions w continues en tout point d'un cercle Γ, prenant une suite de valeurs données sur la circonférence, ayant des dérivées premières continues sauf peut-être en des points ou sur des lignes en nombre fini de Γ ou de son contour, il y en a une pour laquelle l'intégrale de Dirichlet $D_\Gamma[w]$ possède une valeur finie; il y en a également une et une seule pour laquelle cette intégrale atteint sa valeur minima et qui n'est autre que la fonction harmonique donnée par la formule de Poisson.

13. On a souvent à faire usage, dans certains problèmes qui se rapportent aux fonctions algébriques, du principe suivant : si une fonction harmonique est régulière à l'intérieur d'un domaine D dont la frontière comprend un segment s de l'axe réel, et continue sur s en chaque point duquel elle prend la valeur zéro, elle est encore harmonique et régulière à l'intérieur du domaine $D+D'$ obtenu en adjoignant à D son symétrique D' par rapport à l'axe réel, et prend des valeurs égales et de signe contraire en deux points P et P' du domaine total, symétriques par rapport à l'axe réel. Autrement dit, la fonction harmonique considérée peut être prolongée analytiquement au delà du segment s dans le domaine D', en lui attribuant des valeurs égales et de signe contraire en deux points symétriques; d'où le nom de *principe de prolongement par symétrie* genéralement donné à ce théorème pour la démonstration duquel nous renverrons aux traités classiques. On en

(1) Cette remarque est due à M. Hadamard (*Bulletin de la Société mathématique*, t. XXXIV, p. 135). *Voir* aussi Goursat, *Cours d'Analyse mathématique*, t. III, p. 198.

déduit les conséquences suivantes : supposons que la fonction

$$Z = f(z)$$

soit analytique et régulière dans un domaine D du plan des z dont la frontière comprend un segment de droite s et fasse la représentation de D sur un domaine Δ du plan des Z et de manière que le segment s corresponde point par point à un segment rectiligne σ de la frontière de Δ; soient alors D' et Δ' les symétriques des domaines D et Δ par rapport aux droites s et σ respectivement, et de même z' et Z' les symétriques des points z et Z par rapport à s et σ. Si au point z' de D' nous faisons correspondre le point Z' de Δ', nous définissons une fonction analytique $Z'(z')$ qui est le prolongement analytique de la fonction $Z(z)$. Cette propriété subsiste si dans l'énoncé on remplace les segments de droite s et σ par des arcs de cercle, la symétrie par rapport aux deux cercles remplaçant la symétrie par rapport aux deux droites.

On démontre également cette proposition plus générale : si deux fonctions analytiques définies et régulières respectivement dans deux domaines D et D′ adjacents le long d'un arc de courbe rectifiable C, sont continues sur C et de plus se *raccordent* entre elles le long de cet arc, chacune d'elles est le prolongement analytique de l'autre.

14. On peut rattacher à ce qui précède une importante proposition due à H. Poincaré : *toute fonction analytique qui fait la représentation biunivoque d'un cercle sur lui-même est rationnelle et du premier degré*. Nous allons démontrer la proposition plus générale que voici : si une fonction analytique

$$Z = f(z)$$

établit une correspondance $(1, n)$ entre les points intérieurs à un cercle C du plan des z et les points intérieurs à un cercle Γ' du plan des Z, de sorte qu'à un point z correspond un seul point Z, et à un point Z n points z, c'est une fonction rationnelle de degré n.

Remarquons d'abord que l'on peut, sans diminuer la généralité, supposer que C et Γ sont les cercles unités de leurs plans respectifs. Si $|z|$ tend vers l'unité, il en sera alors de même de $|Z|$, et cela *uniformément;* si en effet il en était autrement, on pourrait trouver une infinité de points z', z'', z''', ... tendant vers la circonférence $|z| = 1$, tels que leurs homologues Z', Z'', ... restent à l'intérieur d'un cercle de rayon $\rho < 1$ concentrique à Γ, et possèdent un point limite Z_0 tel que $|Z_0| \leqq \rho$.

L'équation

$$f(z) = Z_0$$

définit par hypothèse n points $z_1, z_2, \ldots, z_n$, intérieurs à C (pouvant coïncider en partie s'il y a des racines multiples); si r désigne le plus grand module des z_i, l'équation précédente admet donc n racines à l'intérieur du cercle c défini par

$$|z| \leqq \frac{1+r}{2},$$

et aucune sur son contour. Il en sera de même pour l'équation

$$f(z) = \lambda.$$

si λ est suffisamment voisin de Z_0, puisque ce nombre de racines s'exprimant par l'intégrale

$$\frac{1}{2i\pi}\int_C \frac{f'(z)}{f(z)-\lambda}\,dz$$

est fonction continue de λ au voisinage de $\lambda = Z_0$. Or par hypothèse, il existe des points $Z^{(\nu)}$ aussi rapprochés que l'on veut de Z_0 tels que l'on ait

$$f(z^{(\nu)}) = Z^{(\nu)}$$

et

$$1 - |z_\nu| < \frac{r}{2}.$$

L'équation

$$f(z) = Z^{(\nu)}$$

aurait donc une racine extérieure au cercle c et d'autre part n racines intérieures à c, donc au moins $n+1$ racines dans C, contrairement à l'hypothèse.

Ceci étant, posons

$$f(z) = \mathrm{R}\,e^{i\Theta}.$$
$$\log f(z) = \log \mathrm{R} + i\Theta.$$

La fonction harmonique $\log \mathrm{R}$ est régulière dans une couronne comprise entre la circonférence $|z| = 1$, et une autre intérieure à celle-ci enveloppant les n zéros de $f(z)$. D'après ce que nous venons de démontrer elle est continue pour $|z| = 1$, prenant la valeur zéro en tous les points de cette circonférence. Elle est donc prolongeable au delà de C, de même que la fonction conjuguée Θ. Il s'ensuit que $f(z)$ est elle-même prolongeable au delà de C, prenant des valeurs symétriques par rapport au cercle unité Γ, en deux points symétriques par rapport à C; $f(z)$ possède ainsi en tout point du plan à distance finie ou à l'infini le caractère d'une fonction rationnelle; c'est donc une fonction rationnelle qui donne comme image de C le cercle Γ n fois recouvert, et comme image de l'extérieur de C l'extérieur de Γ n fois recouvert; $f(z)$ qui est par conséquent de degré n possède une expression de la forme suivante :

$$f(z) = \mathrm{A}\frac{z-\alpha_1}{z-\alpha'_1}\,\frac{z-\alpha_2}{z-\alpha'_2}\cdots\frac{z-\alpha_n}{z-\alpha'_n},$$

$\alpha_1, \alpha_2, \ldots, \alpha_n$ étaat des points, distincts ou non, intérieurs à C; $\alpha'_1, \alpha'_2, \ldots, \alpha'_n$ leurs symétriques par rapport à C; toutefois pour $\alpha_i = 0$ le facteur $\frac{z-\alpha_i}{z-\alpha'_i}$ doit être remplacé par z; A est une constante dont le module se détermine par la condition que $|\mathrm{Z}| = 1$ pour $z = +1$. Pour $n = 1$ on obtient le théorème de Poincaré.

Une conséquence immédiate de cette proposition est la suivante : il ne peut pas y avoir plus d'une fonction analytique qui fasse la représentation conforme et biunivoque d'un domaine simplement connexe sur l'intérieur du cercle unité, de manière que deux points donnés à l'avance se correspondent ainsi que deux directions issues de ces points.

Car s'il en existait deux

$$\mathrm{Z} = f(z) \qquad \text{et} \qquad \mathrm{Z}_1 = f_1(z),$$

la fonction $\mathrm{Z}_1(\mathrm{Z})$ ferait la représentation conforme et biunivoque du cercle unité sur lui-même, en laissant invariants un point intérieur au cercle et une direction issue de ce point; ce serait donc une fonction linéaire et l'on constate immédiatement que seule la fonction $\mathrm{Z}_1 = \mathrm{Z}$ satisfait à ces conditions.

15. Nous supposons connues les principales propriétés des ensembles de points à une ou plusieurs dimensions. Nous aurons à faire usage d'une proposition générale connue généralement sous le nom de *lemme de Borel-Lebesgue* et qui, pour les ensembles à deux dimensions, peut s'énoncer ainsi : soit P un ensemble parfait de points dans un plan et supposons donnée une famille de cercles telle que tout point de P soit intérieur, au sens étroit, à l'un au moins de ces cercles ; il existe alors un nombre fini de cercles de la famille considérée qui jouissent de la même propriété.

16. Rappelons enfin l'énoncé d'un important théorème de Cantor : le continu n'est pas dénombrable, ce qui veut dire qu'on ne peut pas établir de correspondance biunivoque entre les points d'un segment de droite et les nombres entiers.

THÉORIE

DES

FONCTIONS ALGÉBRIQUES

ET

DE LEURS INTÉGRALES.

ÉTUDE DES FONCTIONS ANALYTIQUES SUR UNE SURFACE DE RIEMANN.

CHAPITRE I.

SURFACES DE RIEMANN A DEUX FEUILLETS (1).

Relations

$$u^2 = z, \quad u^2 = A(z-e_1)(z-e_2)(z-e_3)(z-e_4),$$
$$u^2 = A(z-e_1)(z-e_2)\dots(z-e_n).$$

— Fonctions uniformes sur une surface de Riemann : zéros, points singuliers, pôles, ordres. — Fonctions rationnelles de z et u : propriétés caractéristiques. — Genre.

1. Nous consacrons ce Chapitre à l'étude des surfaces de Riemann correspondant à une relation de la forme

$$u^2 = A(z-e_1)(z-e_2)\dots(z-e_n)$$

et à la théorie des fonctions uniformes sur ces surfaces. Pour bien faire comprendre la méthode, nous commençons par deux cas particuliers très simples.

Considérons d'abord la relation algébrique

$$u^2 = z,$$

entre la fonction u et la variable z.

---

(1) Ouvrages à consulter : Riemann, *Inaugural dissertation;* Neumann, *Theorie der Abel'schen Integrale.*

A chaque valeur de z

$$z = \rho(\cos\theta + i\sin\theta)$$

correspondent deux valeurs de u égales et de signes contraires

$$u_1 = \rho^{\frac{1}{2}}\left(\cos\frac{\theta}{2} + i\sin\frac{\theta}{2}\right),$$

$$u_2 = \rho^{\frac{1}{2}}\left[\cos\left(\frac{\theta}{2} + \pi\right) + i\sin\left(\frac{\theta}{2} + \pi\right)\right],$$

$$u_1 + u_2 = 0.$$

Si le point z décrit une courbe fermée, C, n'entourant pas l'origine, l'argument de z part d'une certaine valeur θ et revient à cette

Fig. 1.

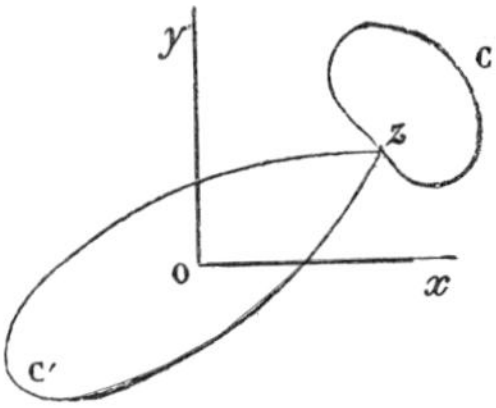

même valeur : chacune des déterminations u_1 et u_2, suivie par continuité, reprend sa valeur initiale quand le point z reprend sa position initiale.

Si le point z décrit une courbe fermée C' entourant une fois l'origine, l'argument θ de z part d'une certaine valeur initiale et reprend cette valeur *augmentée* ou *diminuée* de 2π, suivant le sens dans lequel la courbe est décrite; l'argument $\frac{\theta}{2}$ revient donc à la valeur primitive augmentée ou diminuée de π; la détermination u_1 suivie par continuité prend la valeur u_2 quand le point z revient à son point de départ; inversement u_2 prend la valeur u_1. Donc *les deux déterminations de u se permutent* quand z tourne *une fois* autour de l'origine. D'une manière générale, si le point z revient au point de départ après avoir tourné n fois autour de l'origine, les déterminations u_1 et u_2 reprennent leurs valeurs initiales ou se permutent suivant que n est pair ou impair.

Les deux déterminations u_1 et u_2 ne sont donc pas fonctions *uniformes* de z dans le plan indéfini des z ; mais, dans toute région à *contour simple* ne contenant pas l'origine, elles sont des fonctions analytiques uniformes de z.

2. En suivant la méthode générale donnée par Riemann, on peut remplacer le plan simple, sur lequel u n'est pas une fonction uniforme de z, par deux feuillets indéfinis superposés dont l'ensemble constitue une surface unique, sur laquelle la fonction u devient *uniforme* et qu'on nomme *surface de Riemann*.

Prenons deux plans P_1 et P_2 limités chacun par un cercle de rayon R aussi grand qu'on le veut, ayant pour centre l'origine O d'un système d'axes Ox et Oy ; puis découpons dans chacun de ces plans une petite ouverture rectiligne suivant le rayon Ox, $a_1 b_1 O c_1 d_1$ dans le premier, $a_2 b_2 O c_2 d_2$ dans le deuxième, ces ouvertures ayant une largeur infiniment petite : nous obtiendrons les deux feuillets séparés représentés dans la figure 2.

Fig. 2.

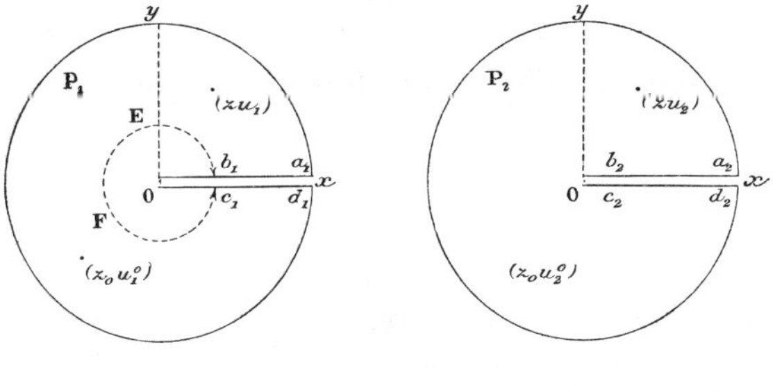

Si l'on part d'un point z_0 du premier plan avec la détermination u_1^0 de la fonction u, cette détermination, suivie par continuité, est une fonction uniforme de u sur le plan ou feuillet P_1, car, à cause de la bande découpée $a_1 b_1 O c_1 d_1$, la variable z ne peut pas tourner autour de O ; de même, la détermination u_2 est uniforme sur le plan P_2. Nous imaginerons qu'en chaque point z du plan P_1 on inscrive la valeur de la détermination u_1 ainsi obtenue par continuité et en chaque point z du plan P_2 la valeur de la détermination u_2.

Il est utile de remarquer que les valeurs de la détermination u_1 aux points situés en face l'un de l'autre sur les bords opposés de l'ouverture $a_1 b_1 c_1 d_1$ sont égales et de signes contraires. Ainsi, en appelant $u_1(b_1)$ et $u_1(c_1)$ les valeurs de u_1 aux points b_1 et c_1 situés en face l'un de l'autre, on a

$$u_1(b_1) = -u_1(c_1).$$

En effet, partons de b_1 avec la détermination $u_1(b_1)$ inscrite en ce point : si la variable z décrivait le contour $b_1\mathrm{EF}b_1$ entourant O et revenait en b_1, la valeur finale de u serait $-u_1(b_1)$; mais z ne peut pas revenir en b_1 à cause de l'ouverture $a_1 b_1 c_1 d_1$; le point z doit s'arrêter au point c_1 sur le bord de cette ouverture en face de b_1. Comme l'ouverture a une largeur infiniment petite, la valeur $u_1(c_1)$ trouvée en c_1 est infiniment peu différente de celle qu'on trouverait en b_1 en achevant le tour; on a donc

$$u_1(c_1) = -u_1(b_1).$$

De même, sur le plan P_2, on a

$$u_2(c_2) = -u_2(b_2).$$

Comme les valeurs de u_1 et u_2 correspondant à une même valeur de z sont égales et de signes contraires, on a enfin

$$u_1(c_1) = -u_2(c_2) = u_2(b_2),$$
$$u_1(b_1) = -u_2(b_2) = u_2(c_2).$$

Nous avons ainsi obtenu, sur deux feuillets entièrement séparés, le tableau complet des différentes déterminations de u. Riemann réunit ces deux feuillets en une surface unique par le procédé suivant : Plaçons le feuillet P_1 au-dessus de P_2, réunissons par une bande de surface les deux bords $a_1 b_1$ et $d_2 c_2$; puis par une autre bande de surface traversant la première les deux bords $a_2 b_2$ et $d_1 c_1$. Nous obtiendrons ainsi une surface unique composée de deux nappes planes qui se traversent suivant une *ligne double* ou *ligne de passage* dirigée suivant un rayon. Pour se représenter cette surface, on n'a qu'à imaginer les deux feuillets placés à une certaine distance l'un au-dessus de l'autre. On peut imaginer, par exemple, que les bords $\mathrm{O}b_1 a_1$ et $\mathrm{O}c_2 d_2$ (*fig.* 3) sont raccordés par une portion de surface engendrée par une droite parallèle aux plans P_1 et P_2 s'appuyant sur les deux directrices rectilignes $\mathrm{OO}_1\mathrm{O}$

et $a_1 d_2$; de même $O c_1 d_1$ et $O b_2 a_2$ sont raccordés par une bande de surface engendrée par une droite parallèle aux deux plans s'appuyant sur OO_1O et $d_1 a_2$. Ces deux surfaces de raccord ont la génératrice commune $O_1 L$ suivant laquelle elles *se traversent* et qu'on appelle *ligne de passage* d'un feuillet dans l'autre.

Fig. 3.

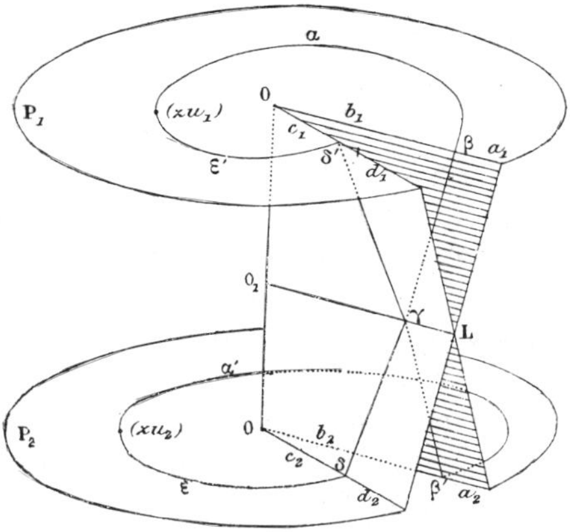

On voit, sur la figure, qu'on peut passer du point (z, u_1) du feuillet supérieur au point (z, u_2) du feuillet inférieur, en suivant le chemin continu

$$(1) \qquad (z, u_1)\,\alpha\beta\gamma\delta\varepsilon\,(z, u_2)$$

qui fait un tour autour de l'axe OO_1O; inversement, on peut remonter du point (z, u_2) au point (z, u_1) en suivant le même chemin en sens contraire, ou en prenant le chemin

$$(2) \qquad (z, u_2)\,\alpha'\beta'\gamma\delta'\varepsilon'\,(z, u_1).$$

De telle sorte que le chemin total formé de ces deux chemins placés à la suite l'un de l'autre

$$(z, u_1)\,\alpha\beta\gamma\delta\varepsilon\,(z, u_2)\,\alpha'\beta'\gamma\delta'\varepsilon'\,(z, u_1)$$

ramène du point (z, u_1) à ce même point après deux tours autour de l'axe OO_1O. La continuité de u est assurée quand on passe d'un feuillet dans l'autre par ce fait que la valeur de u_1 en un point du bord $O b_1 a_1$ dans P_1 est égale à la valeur de u_2 au bord opposé

$Oc_2 d_2$ dans P_2, et que ces deux bords sont précisément ceux qu'on a réunis; il en est de même des deux autres bords $Oc_1 d_1$ et $Ob_2 a_2$.

Nous ferons cette convention que les points des deux feuillets appartenant à la ligne de passage $O_1 L$ sont *absolument distincts;* de sorte que, par convention, le chemin $\gamma\beta\alpha(z, u_1)\varepsilon'\delta'\gamma$, quoique partant du point γ de la ligne de passage et revenant à ce point, ne constitue pas un *chemin fermé*, car le premier élément de ce chemin est dans l'une des nappes qui se croisent suivant $O_1 L$ et le dernier élément dans l'autre. En vertu de cette même convention, les deux chemins (1) et (2) n'ont pas de point commun en γ.

En général, deux chemins aboutissant en un même point de la ligne de passage ne seront considérés comme se coupant sur cette ligne que si leurs deux éléments aboutissant en ce point sont situés sur une même nappe. Cette convention est spéciale à la *ligne de passage :* ainsi, un chemin partant d'un point de l'axe OO_1O et aboutissant en ce même point est toujours un *chemin fermé.*

La figure précédente est une figure dans l'espace : en réalité, on suppose les deux feuillets P_1 et P_2 infiniment l'un près de l'autre, et l'on représente la projection de la figure sur le plan P_2 telle que la verrait un observateur placé à une grande distance au-dessus du plan P_1. De plus, on ne figure pas les lignes $Ob_1 a_1$, $Oc_1 d_1$, ..., qui ne jouent plus aucun rôle. Les deux plans apparaissent alors comme superposés : la ligne de passage se projette en OL. On convient de tracer en traits pleins les chemins situés dans le feuillet supérieur et en traits pointillés les chemins situés dans le feuillet inférieur : ces derniers points étant invisibles pour l'observateur placé au-dessus du plan P_1. Par exemple, les chemins précédents (1) et (2) sont représentés par les tracés ci-contre (*fig.* 4) : la partie $(z, u_1)\alpha\beta\gamma$ étant dans le feuillet supérieur est en trait plein; on traverse ensuite la ligne de passage, on passe dans le feuillet inférieur et l'on a la partie $\gamma\delta\varepsilon(z, u_2)$ en pointillé, conduisant au point (z, u_2) du feuillet inférieur. En continuant à tourner dans le même sens à partir de (z, u_2), on suit le chemin $(z, u_2)(\alpha'\beta'\gamma)$ dans le feuillet inférieur, puis $\gamma\delta'\varepsilon'(z, u_1)$ dans le feuillet supérieur.

3. Pour désigner un point de la surface de Riemann, au lieu de

dire qu'il se projette en z et qu'il est dans le feuillet supérieur ou le feuillet inférieur, on dit souvent le point (z, u_1) ou le point (z, u_2) en indiquant à côté de la variable indépendante z celle des déterminations que l'on prend pour u, ce qui revient à indiquer le

Fig. 4.

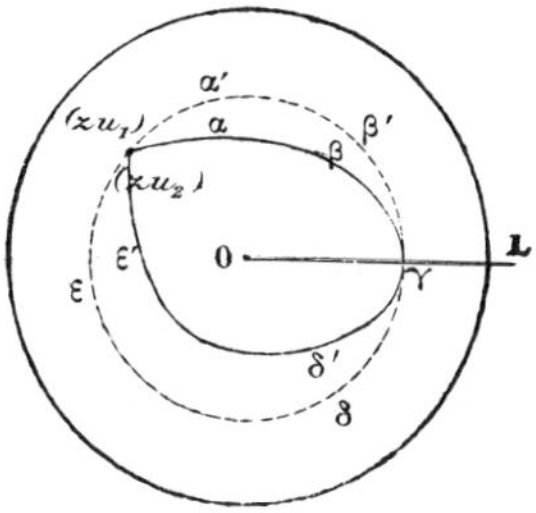

feuillet dans lequel on place le point z. On appelle *point analytique* (z, u) l'ensemble d'une valeur de z et de l'une des déterminations correspondantes de la fonction u. D'après cela, à chaque point analytique correspond un point unique de la surface de Riemann *et réciproquement*.

En particulier, à chaque point γ de la ligne de passage correspond un *point analytique* qui est différent suivant que ce point γ est considéré comme appartenant à l'un ou à l'autre des feuillets qui se croisent suivant OL; c'est ce que nous avons expliqué plus haut en détail. Au point O lui-même les deux feuillets se réunissent; pour $z = 0$, les deux points analytiques $(z, u_1)(z, u_2)$ se réunissent en un seul $(0, 0)$. Ce point se nomme *point de ramification de la surface de Riemann*.

Comme le rayon R est aussi grand qu'on le veut, les considérations précédentes s'étendent à tout le plan des z, qui se trouve ainsi recouvert de deux feuillets indéfinis soudés l'un à l'autre le long d'une ligne de passage OL *indéfinie* dans le sens OL.

4. Pour étudier la fonction u à l'infini, on pose $z = \frac{1}{z'}$ et l'on est ramené à étudier la fonction

$$u^2 = \frac{1}{z'}$$

dans le voisinage de $z' = 0$. A chaque valeur de z' (*fig.* 5), correspondent deux valeurs u_1 et u_2 de u égales et de signes contraires. Ces deux déterminations, suivies par continuité, repren-

Fig. 5.

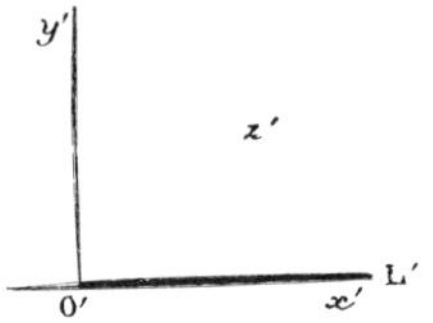

nent les mêmes valeurs quand z' revient au même point sans avoir tourné autour de l'origine O' ou après avoir tourné un nombre pair de fois autour de O'; elles se permutent, au contraire, quand z' tourne un nombre impair de fois autour de O'.

C'est ce que l'on voit immédiatement, comme ci-dessus, pour le point $z = 0$ (n° 1). On pourra donc remplacer le plan simple $x'O'y'$, sur lequel la fonction u de z' n'est pas uniforme, par une surface de Riemann à deux feuillets raccordés le long d'une ligne de passage O'L' issue de O' et indéfinies dans un sens, dans le sens $O'x'$, par exemple. On exprime ce fait, par analogie avec ce qui précède, en disant que la surface de Riemann primitive a un point de ramification *à l'infini*. En ce point $z' = 0$, les deux déterminations de u sont *égales* et *infinies*.

En résumé, la surface de Riemann à deux feuillets, sur laquelle la fonction u est uniforme, a deux points de ramification $z = 0$, $z = \infty$ et une ligne de passage allant de zéro à l'infini, c'est-à-dire de l'*un de ces points à l'autre*.

5. On peut simplifier un peu ces considérations à l'aide de la transformation suivante :

Sur le plan xOy de la variable z, élevons une perpendiculaire OO' égale à 1, et sur OO' comme diamètre, décrivons une sphère (*fig.* 6). Soit z un point du plan des xy, la droite $O'z$ coupe la sphère en un point ζ et le triangle rectangle $O'Oz$, dans lequel $O\zeta$ est la hauteur issue du sommet de l'angle droit, donne

$$O'\zeta . O'z = \overline{OO'}^2 = 1.$$

On peut donc dire que la sphère est la transformée du plan par rayons vecteurs réciproques, le pôle de transformation étant O'.

Nous faisons correspondre ainsi à chaque point z du plan un point ζ de la sphère et inversement ([1]).

Fig. 6.

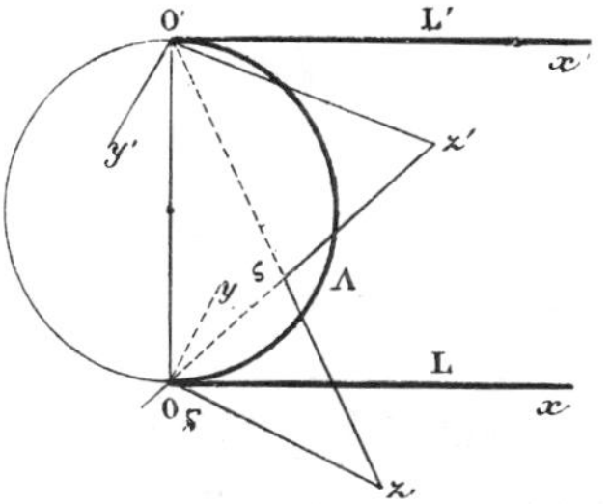

Supposons que le plan xOy soit recouvert par la surface de Riemann à deux feuillets, précédemment définie, avec la ligne de passage indéfinie OL dirigée suivant Ox. Nous avons supposé qu'en chaque point z de chaque feuillet on a inscrit la détermination correspondante de u, de façon que, à chaque point de la surface de Riemann, corresponde un point analytique déterminé (z, u). Si l'on applique à cette surface de Riemann la transformation par rayons vecteurs réciproques que nous venons de définir, chacun des feuillets se transformera en un feuillet sphérique : la surface se transformera en une autre, formée de deux feuillets sphériques appliqués sur la sphère, soudés l'un à l'autre le long de la ligne de passage $O\Lambda O'$ qui est une demi-circonférence transformée de la demi-droite indéfinie OL. A chaque point analytique (z, u) de la surface de Riemann plane correspond un point ζ de la surface de Riemann sphérique, où l'on pourra supposer inscrite la valeur correspondante u et que nous appellerons le point (ζ, u) de la surface sphérique. La valeur de la fonction u, en chaque point de la surface de Riemann sphérique, est ainsi bien déterminée. Quand nous dirons que le point analytique (ζ, u) décrit une courbe sur la surface sphérique à deux feuillets, cela signifiera que le point analytique correspondant (z, u) décrit sur la surface de Riemann plane la courbe correspondante.

L'avantage de cette nouvelle représentation est que la nouvelle

(1) La représentation ainsi obtenue de la sphère sur le plan est désignée en géométrie sous le nom de *projection stéréographiquc*. Nous aurons souvent à y revenir dans le deuxième volume de ces leçons.

surface de Riemann est limitée; les points à l'infini dans le plan des z ont pour image sur la sphère le seul point O' qu'on appelle le point ∞; on voit, d'après cela, que la surface de Riemann sphérique a deux points de ramification O et O' et une ligne de passage $O\Lambda O'$ joignant ces deux points.

Pour étudier la fonction u pour des valeurs très grandes de z, nous avons posé $z = \frac{1}{z'}$. Cette transformation a une interprétation géométrique simple dans la figure précédente. Menons en O' le plan tangent à la sphère et, dans ce plan, un axe $O'x'$, parallèle à Ox et de même sens que Ox, puis un axe $O'y'$ perpendiculaire, dirigé en *sens contraire* de Oy. La droite $O\zeta$ perce le plan $x'O'y'$ en un point z' qui est précisément la représentation du point z', lié à z par la relation $zz' = 1$.

En effet, les deux triangles semblables $OO'z'$ et $O'Oz$ donnent immédiatement

$$Oz.O'z' = 1;$$

de plus, l'angle xOz est égal à $x'O'z'$. Donc, en vertu de l'orientation des axes Oy et $O'y'$, les quantités imaginaires z et z' ont des *arguments égaux et de signes contraires*, ce qui prouve la relation annoncée $zz' = 1$. La surface de Riemann sphérique à deux feuillets est donc aussi la transformée par rayons vecteurs réciproques de la surface de Riemann du plan des $x'y'$ que nous avons introduite pour étudier la fonction u dans le voisinage de $z' = 0$.

Remarque. — Si l'on étudiait de même la fonction

$$u^2 = (z - e_1)(z - e_2),$$

on verrait qu'elle est uniforme, sur une surface plane à deux

Fig. 7.

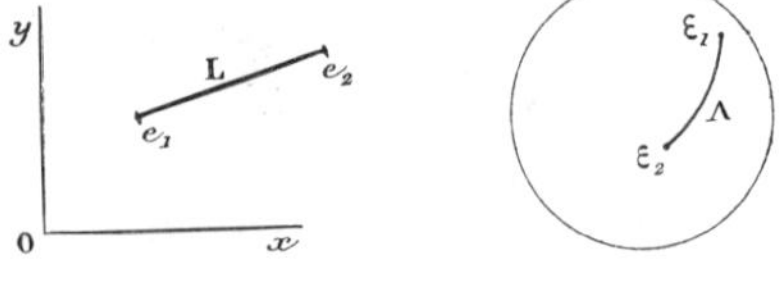

feuillets soudés suivant la ligne de passage e_1Le_2 joignant les deux points de ramification e_1, e_2. A l'infini, les deux feuillets sont séparés : le point ∞ n'est pas un point de ramification (*fig.* 7). En construisant la surface sphérique correspondante, on aurait une surface sphérique à deux feuillets soudés suivant la ligne de passage $\varepsilon_1 \mathrm{A} \varepsilon_2$ transformée de $e_1 \mathrm{L} e_2$. Cette surface serait de même nature que la précédente.

6. Prenons maintenant l'équation

$$u^2 = \mathrm{A}(z-e_1)(z-e_2)(z-e_3)(z-e_4),$$

où e_1, e_2, e_3, e_4 désignent quatre constantes *différentes* et A une constante différente de zéro. A chaque valeur de z répondent encore deux déterminations u_1 et u_2 égales et de signes contraires. Posons

$$\begin{aligned}
z-e_1 &= r_1(\cos\theta_1 + i\sin\theta_1),\\
z-e_2 &= r_2(\cos\theta_2 + i\sin\theta_2),\\
z-e_3 &= r_3(\cos\theta_3 + i\sin\theta_3),\\
z-e_4 &= r_4(\cos\theta_4 + i\sin\theta_4).
\end{aligned}$$

Si nous figurons les points fixes e_1, e_2, e_3, e_4 et le point z, r_1 est la distance $e_1 z$ et θ_1 l'angle de $e_1 z$ avec la parallèle $e_1 x_1$ à l'axe Ox; de même pour $r_2, \theta_2, \ldots$.

On a

$$u_1 = \sqrt{r_1 r_2 r_3 r_4}\sqrt{\mathrm{A}}\left(\cos\frac{\theta_1+\theta_2+\theta_3+\theta_4}{2} + i\sin\frac{\theta_1+\theta_2+\theta_3+\theta_4}{2}\right),$$

$$\begin{aligned}
u_2 = \sqrt{r_1 r_2 r_3 r_4}\sqrt{\mathrm{A}}\Bigg[& \cos\left(\frac{\theta_1+\theta_2+\theta_3+\theta_4}{2}+\pi\right)\\
& + i\sin\left(\frac{\theta_1+\theta_2+\theta_3+\theta_4}{2}+\pi\right)\Bigg],
\end{aligned}$$

où $\sqrt{\mathrm{A}}$ désigne l'une des déterminations de la racine du nombre réel ou imaginaire A. Ces deux déterminations u_1 et u_2 ne peuvent devenir égales à distance finie que si elles sont nulles, car la somme $u_1 + u_2$ est *nulle;* elles ne deviennent donc égales qu'aux quatre points e_1, e_2, e_3, e_4.

Lorsque z décrit une courbe fermée entourant un seul des points e_1, e_2, e_3, e_4, u_1 et u_2 ne font que s'échanger. Par exemple, si z décrit la courbe fermée (*fig.* 8) C entourant une fois le point e_1, lorsque z est revenu au point de départ, θ_1 a augmenté ou diminué de 2π, $\theta_2, \theta_3, \theta_4$ ont repris leurs valeurs primitives. La valeur u_1 suivie par continuité s'est donc changée en u_2 et inversement u_2 en u_1. Si z décrit une courbe fermée entourant une fois deux des points e_1, e_2, e_3, e_4, par exemple C', chacune des deux

Fig. 8.

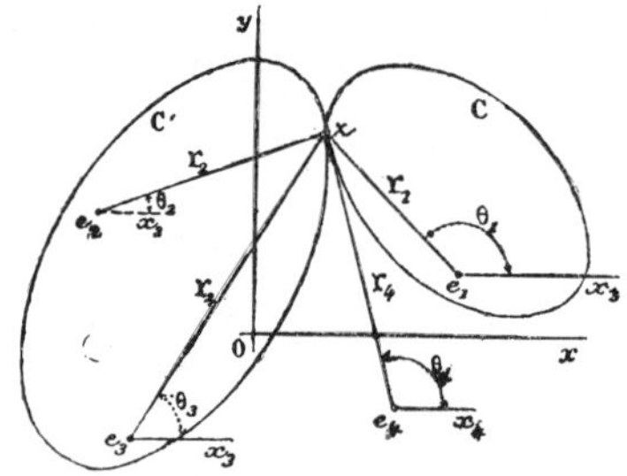

déterminations u_1 et u_2 reprend sa valeur primitive, car deux des arguments θ_1, θ_2, θ_3, θ_4 reprennent la même valeur, chacun des deux autres étant augmenté ou diminué de 2π.

En général, si z décrit une courbe fermée quelconque, les valeurs de u_1 et u_2 restent les mêmes ou s'échangent entre elles suivant que le nombre total des tours faits par la variable z autour de chacun des points e_1, e_2, e_3, e_4 est pair ou impair, c'est-à-dire suivant que la variation de $\theta_1 + \theta_2 + \theta_3 + \theta_4$ est un multiple pair ou impair de 2π.

7. Voici maintenant comment on forme la surface de Riemann correspondante. Prenons deux plans séparés P_1 et P_2 (*fig*. 9)

Fig. 9.

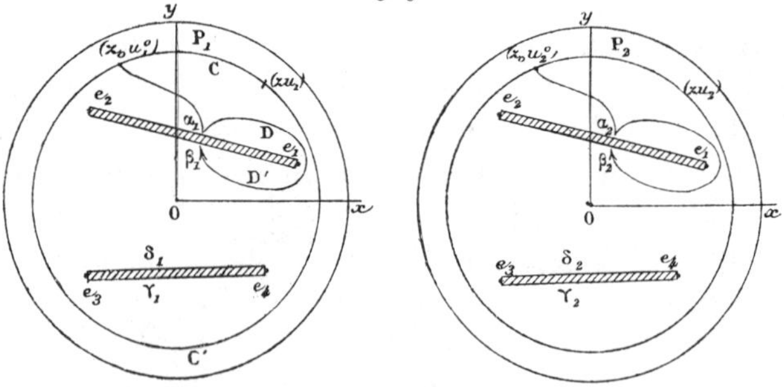

limités l'un et l'autre par un cercle de rayon très grand R décrit de l'origine des coordonnées comme centre : sur chacun de ces plans marquons les points e_1, e_2, e_3, e_4, puis *enlevons des deux plans* les bandes infiniment étroites

$$e_1\alpha_1 e_2\beta_1, \quad e_3\gamma_1 e_4\delta_1, \quad e_1\alpha_2 e_2\beta_2, \quad e_3\gamma_2 e_4\delta_2$$

comprises entre les points e_1 et e_2 d'une part et les points e_3 et e_4 d'autre part. Nous avons ainsi percé dans les deux plans quatre ouvertures de forme linéaire deux à deux égales; nous supposerons que la variable z ne puisse pas franchir ces ouvertures.

Supposons que l'on parte du point z_0 du plan P_1 avec une détermination u_1^0 : comme z ne peut plus passer entre e_1 et e_2 ni entre e_3 et e_4, quel que soit le chemin que suive z pour revenir au point de départ, on obtiendra toujours la même détermination finale de u, car toutes les courbes fermées tracées sur P_1 entourent nécessairement un nombre pair de points e_1, e_2, e_3, e_4. Plus généralement, quel que soit le chemin que suive z pour aller, sur P_1, du point z_0 à un autre point z, la détermination finale u est toujours la même. Ainsi les deux chemins C et C′ conduisent en z à la même détermination de u. En effet, soit u_1 la détermination obtenue en z par le chemin C; pour trouver la valeur que prend u au même point quand z parcourt le chemin C′, on peut faire décrire à z la courbe fermée $z_0 C' z C z_0$ suivie du chemin $z_0 C z$, car cela revient à ajouter au chemin C′ le même chemin $z C z_0$ parcouru deux fois de suite en sens contraire; la courbe fermée $z_0 C' z C z_0$ ramène en z_0 la détermination u_1^0, puis le chemin $z C z_0$ donne en z la détermination u_1 : donc, le chemin C′ donne la même détermination u_1 en z que le chemin C.

Cette détermination u_1 est une fonction uniforme de z sur le plan P_1 avec les deux ouvertures $e_1 e_2$ et $e_3 e_4$. On peut remarquer qu'aux deux bords opposés de l'une des ouvertures les valeurs de u_1 *sont égales et de signes contraires*. En effet, soit $u_1(\alpha_1)$ la valeur de u_1 en α_1; si la variable z pouvait parcourir à partir de α_1 le chemin $\alpha_1 DD' \alpha_1$ entourant une fois le point e_1, la valeur initiale de u étant $u_1(\alpha_1)$, la valeur finale au point α_1 serait $-u_1(\alpha_1)$; mais la variable z ne peut pas revenir jusqu'en α_1 : elle s'arrête sur le bord de l'ouverture $e_1 e_2$ au point β_1 situé en face de α_1. Cette ouverture $e_1 e_2$ étant infiniment étroite, la valeur $u_1(\beta_1)$ trouvée en β_1 diffère infiniment peu de celle qu'on trouverait en α_1

si l'on achevait le tour : on a donc

$$u_1(\beta_1) = - u_1(\alpha_1).$$

De même, sur le plan P_2, la détermination u_2, obtenue en un point de ce plan en prenant pour valeur initiale de u en z_0 l'*autre détermination* u_2^0, est une fonction uniforme de z quand on a pratiqué dans le plan P_2 les deux ouvertures e_1e_2, e_3e_4 égales à celles du plan P_1. La valeur de u_2 en un point z quelconque de P_2 est égale à la valeur de u_1 au même point z de P_1 *changée de signe*. On a en particulier aux points α_1 et α_2, β_1 et β_2

$$u_1(\alpha_1) = - u_2(\alpha_2), \qquad u_1(\beta_1) = - u_2(\beta_2),$$

et comme

$$u_1(\alpha_1) = - u_1(\beta_1)$$

on a

$$u_1(\alpha_1) = u_2(\beta_2), \qquad u_1(\beta_1) = u_2(\alpha_2).$$

Supposons, comme dans l'exemple précédent, que l'on ait inscrit en chaque point z du plan P_1 la détermination correspondante de u, et en chaque point de P_2 la détermination correspondante de u_2. L'ensemble de ces deux plans formera le tableau complet des valeurs de u, chacune n'étant inscrite qu'une fois. Nous pouvons *réunir* ces deux plans en *une surface unique* par le procédé suivant, identique à celui qui a déjà été employé dans l'exemple n° 1.

Plaçons le plan P_1 au-dessus de P_2 de façon à faire coïncider les points e_1, e_2, e_3, e_4 de l'un avec les mêmes points de l'autre. Soudons, par une petite bande de surface, le bord $e_1\alpha_1e_2$ de l'ouverture e_1e_2 du plan P_1 au bord opposé $e_1\beta_2e_2$ de l'ouverture e_1e_2 du plan P_2; et inversement, soudons par une petite bande de surface le bord $e_1\beta_1e_2$ de l'ouverture du plan P_1 au bord opposé $e_1\alpha_2e_2$ de la même ouverture de P_2. Ces deux bandes se croiseront suivant une *ligne* allant de e_1 en e_2, la ligne L_{12} qui sera une ligne de passage pour passer d'un plan à l'autre. Nous ferons la même opération pour souder les deux bords de l'ouverture e_3e_4 du plan P_1 aux bords opposés de la même ouverture du plan P_2, à l'aide de deux petites bandes de surface qui se traverseront suivant une ligne de passage L_{34}.

Nous obtenons ainsi une surface unique formée de deux feuillets superposés, et soudés comme nous venons de le dire.

Cette surface est analogue à celle qui est représentée par la figure 10, avec cette différence que, dans la réalité, les deux feuillets sont infiniment rapprochés et les ouvertures infiniment

Fig. 10.

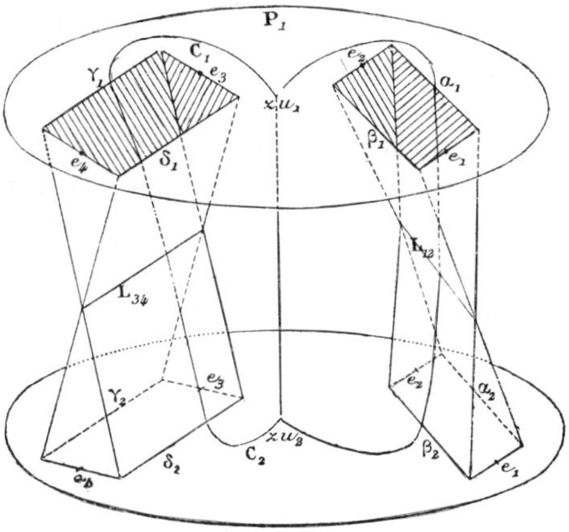

étroites. On a figuré la surface telle que la verrait un observateur debout sur le feuillet supérieur. Les droites joignant les points correspondants des deux plans parallèles P_1 et P_2 sont supposées perpendiculaires à ces plans, par exemple $\overline{e_1 e_1}$, $\overline{e_2 e_2}$, et la droite $\overline{zu_1}$, $\overline{zu_2}$: cette dernière seule est tracée.

A chaque point de cette surface de Riemann correspond une valeur de u (celle qui est inscrite en ce point) et réciproquement. En appelant point analytique (z, u) l'ensemble formé par une valeur de z et l'*une* des déterminations de u, on peut dire qu'à chaque point de la surface correspond un point analytique (z, u) et un seul. Quand le point z se déplace d'une manière continue sur la surface, la valeur correspondante de u varie d'une manière continue.

On a représenté la courbe suivie par le point de la surface de Riemann ou point analytique, quand z tourne autour du point e_3 ; on part du point (z, u_1) du feuillet supérieur, puis z décrivant la courbe C_1 arrive en γ_1 sur le bord de l'ouverture $e_3 e_4$; le point analytique descend alors par la bande qui joint le bord γ_1 de $e_1 e_2$ au bord opposé δ_2 de l'ouverture $e_3 e_4$ du plan inférieur et arrive en δ_2, d'où il suit enfin une courbe C_2 qui l'amène au point (z, u_2) placé au-dessous du point de départ (z, u_1).

On a figuré également le chemin suivi par le point analytique pour remonter de (z, u_2) en (z, u_1) quand z tourne autour de e_2. Les quatre points e_1, e_2, e_3, e_4 sont les points de *ramification* de la surface. Les lignes de passage sont représentées en L_{12} et L_{34}; les deux nappes qui se traversent suivant ces lignes sont regardées comme *absolument indépendantes* l'une de l'autre. Une courbe qui part d'un point de la ligne de passage et aboutit en ce même point n'est considérée comme *fermée* que si son premier et son dernier élément sont dans la même *nappe*. C'est ce que nous avons expliqué en détail à propos de l'exemple I.

Si l'on convient de représenter la surface de Riemann par sa projection sur le plan P_2, telle que la verrait un observateur placé très loin au-dessus de P_1, on obtient la figure ci-dessous (*fig.* 11),

Fig. 11.

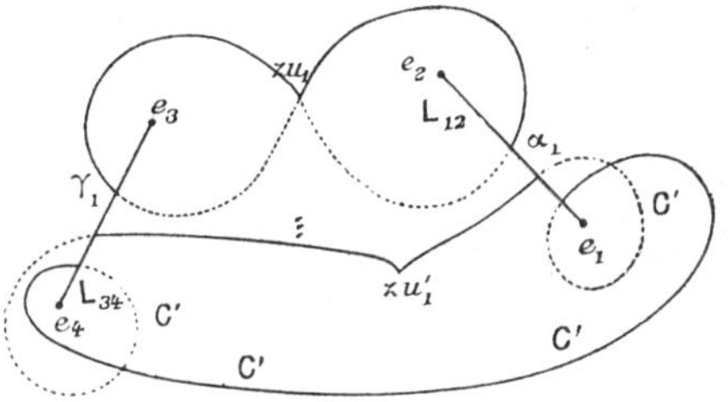

où sont représentés les quatre points de ramification et les deux lignes de passage. Les chemins situés sur le feuillet supérieur sont en traits pleins, les chemins situés sur le feuillet inférieur sont ponctués C'est ainsi que les deux chemins figurés dans la figure 10 sont représentés sur cette nouvelle figure. On a figuré aussi une courbe C' partant d'un point (z', u'_1) du feuillet supérieur et revenant à ce point après avoir tourné plusieurs fois autour des points e_1, e_4; on remarquera que chaque fois qu'on traverse une ligne de passage on change de feuillet : deux lignes qui se croisent sur la figure ne se rencontrent que si elles sont tracées près du point de croisement toutes deux en traits pleins ou toutes deux en pointillé, car autrement elles se trouvent dans des feuillets différents.

Point ∞. — Faisons $z = \frac{1}{z'}$, nous aurons

$$u = \sqrt{A}\,\frac{1}{z'^2}\sqrt{(1 - e_1 z')(1 - e_2 z')(1 - e_3 z')(1 - e_4 z')} = \frac{1}{z'^2}\varphi(z').$$

Dans le voisinage de $z' = 0$, le radical qui figure dans cette formule a deux déterminations qui sont l'une et l'autre régulières, c'est-à-dire développables en une série convergente ordonnée suivant les puissances entières de z'. Par exemple, celle des déterminations du radical qui se réduit à $+\sqrt{A}$ pour $z' = 0$ est donnée par une série de la forme

$$\varphi(z') = \sqrt{A}\left[1 - \frac{1}{2}(e_1 + e_2 + e_3 + e_4)z' + A_2 z'^2 + A_3 z'^3 + \ldots\right];$$

l'autre est donnée par la série $-\varphi(z')$. On a donc pour u, dans le voisinage de $z' = 0$, les deux déterminations

$$\frac{\varphi(z')}{z'^2}, \quad -\frac{\varphi(z')}{z'^2}$$

uniformes toutes deux; en outre le point $z' = 0$ est un pôle de second ordre pour chacune d'elles. On peut donc dire que les deux déterminations de u sont uniformes dans le voisinage du point ∞ qui est un pôle du second ordre pour chacune d'elles : d'après la convention spéciale faite pour le résidu au point ∞ (*voir* Introduction), le résidu relatif au point ∞ est $-A_3$ pour la première détermination et $+A_3$ pour la seconde.

Les deux feuillets de la surface de Riemann sont donc entièrement distincts à l'infini, car on ne passe pas d'un feuillet à l'autre en tournant autour du point $z' = 0$. Le point ∞ n'est pas un point de ramification de la surface : ce point est, dans chaque feuillet, un pôle du second ordre de la fonction u.

8. Si nous représentons la surface de Riemann sur la sphère (*fig.* 12), comme nous l'avons fait dans le premier exemple, nous aurons, sur la sphère, une surface formée de deux feuillets superposés avec quatre points de ramification ε_1, ε_2, ε_3, ε_4, images des points e_1, e_2, e_3, e_4, et deux lignes de passages A_{12} et A_{34}. On a

tracé sur la sphère les chemins correspondant à ceux de la figure 11, dont ils sont les images sphériques.

Fig. 12.

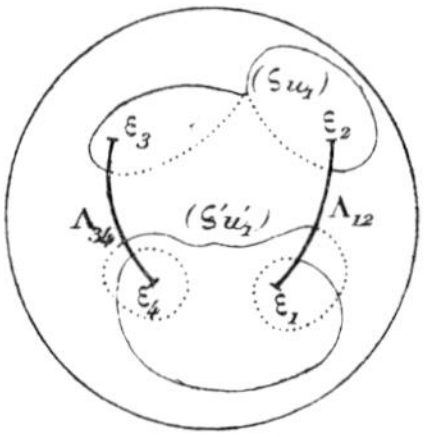

9. Soit enfin une équation générale

$$u^2 = A(z - e_1)(z - e_2)\ldots(z - e_n),$$

où A est une constante différente de zéro, $e_1, e_2, \ldots, e_n$, *n constantes différentes.*

Marquons dans le plan des z les points $e_1, e_2, \ldots, e_n$. La fonction u a deux déterminations u_1 et u_2 égales et de signes contraires, ne pouvant devenir égales pour une valeur finie de z que si elles sont nulles toutes deux; ces déterminations sont donc égales à distance finie aux seuls points $e_1, e_2, \ldots, e_n$. Si l'on part d'un point z_0 du plan avec une détermination u_1^0 et si l'on fait décrire à la variable z une courbe fermée, on retrouve en z_0 la détermination u_1^0 ou l'autre détermination u_2^0 suivant que z tourne un nombre pair ou impair de fois autour de certains des points $e_1, e_2, \ldots, e_n$.

Pour former les surfaces de Riemann correspondantes et étudier leurs ramifications, il faut distinguer deux cas, suivant que n est pair ou impair.

10. *Premier cas : n impair.* — Soit $n = 2p + 1$. Prenons deux plans séparés P_1 et P_2, marquons sur chacun d'eux les points $e_1, e_2, \ldots, e_n$; puis, perçons ces plans d'ouvertures respectivement égales et de forme linéaire, les deux premières $e_1\alpha_1 e_2\beta_1$ et $e_1\alpha_2 e_2\beta_2$ joignant les points e_1, e_2, les deux suivantes joignant les points $e_3, e_4, \ldots$, les avant-dernières joignant les points e_{2p-1}, e_{2p}, enfin les deux dernières allant de e_{2p+1} à l'infini suivant la même direction dans les deux plans (*fig.* 13).

On suppose que les ouvertures ainsi pratiquées ne se croisent pas, ce que l'on peut toujours réaliser en numérotant les points $e_1, e_2, \ldots, e_{2p+1}$ dans un ordre convenable. D'ailleurs il n'est pas nécessaire que les ouvertures soient rectilignes comme

Fig. 13.

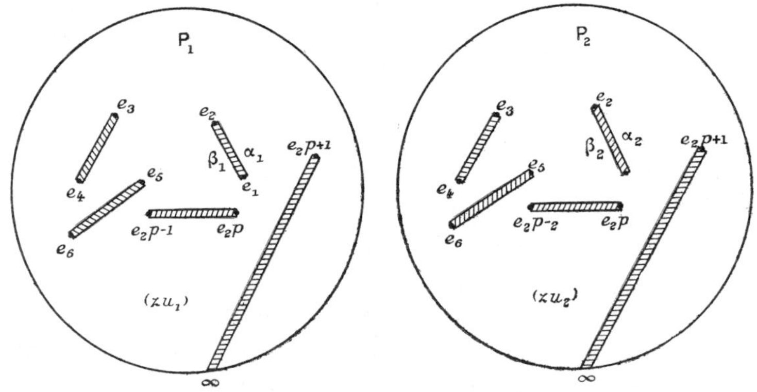

nous le supposons : on peut leur donner telle forme que l'on veut.

Sur les plans P_1 et P_2 ainsi découpés, les deux déterminations u_1 et u_2 sont respectivement *uniformes;* aux points placés en face l'un de l'autre sur les deux bords opposés d'une ouverture, chacune des déterminations prend des valeurs égales et de signes contraires : par exemple, aux bords de l'ouverture $e_1 e_2$, on a dans le plan P_1

$$u_1(\alpha_1) = -u_1(\beta_1),$$

et dans le plan P_2

$$u_2(\alpha_2) = -u_2(\beta_2);$$

d'où, comme $u_1 + u_2$ est nul constamment, pour une même valeur de z,

$$u_1(\alpha_1) = u_2(\beta_2), \qquad u_1(\beta_1) = u_2(\alpha_2).$$

En supposant inscrites en chaque point z de chaque plan P_1 et P_2 les déterminations correspondantes de u_1 et u_2, on obtient un tableau *complet* des valeurs de u où chaque valeur est inscrite une fois. On peut dire encore qu'à chaque point analytique (z, u) répond un point de l'un des deux plans et inversement.

Pour obtenir la surface de Riemann, superposons les deux plans de façon à faire coïncider les points $e_1, e_2, \ldots, e_{2p+1}$; soudons, à l'aide de petites bandes de surfaces, chaque bord d'une ouverture du plan P_1 au bord opposé de l'ouverture correspondante du plan P_2. Par exemple, le bord $e_1\alpha_1e_2$ sera soudé à $e_1\beta_2e_2$ et $e_1\beta_1e_2$ à $e_1\alpha_2e_2$ par deux bandes de surfaces qui se croisent suivant une ligne de passage L_{12}; de même les deux bandes soudant en croix les bords des deux ouvertures superposées e_3e_4 se croisent suivant une ligne de passage L_{34}, ..., enfin les deux bandes soudant les bords opposés des deux ouvertures e_{2p+1}, ∞ se croiseront suivant une ligne indéfinie L_{2p+1}, ∞.

On obtient ainsi une surface de Riemann à deux feuillets avec $2p+1$ points de ramification $e_1, e_2, \ldots, e_{2p+1}$ à distance finie et $p+1$ lignes de passage

$$L_{12},\quad L_{34},\quad \ldots,\quad L_{2p-1,p},\quad L_{2p+1,\infty}.$$

A chaque point de cette surface répond un point analytique (z, u), et réciproquement; quand z varie d'une manière continue sur la surface de Riemann, la valeur correspondante de u varie aussi d'une manière continue.

Cette surface est figurée ici avec les mêmes conventions que précédemment (*fig.* 14).

Fig. 14.

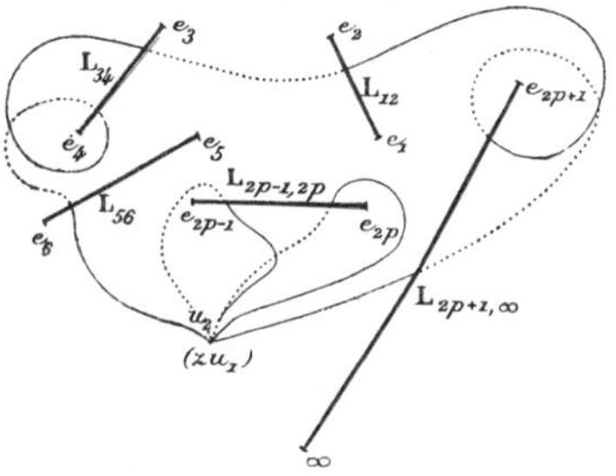

Etudions la fonction dans le voisinage de $z=\infty$. Si l'on fait $z=\frac{1}{z'}$, on trouve

$$u=\frac{\sqrt{A}}{z'^{p+\frac{1}{2}}}\sqrt{(1-e_1z')(1-e_2z')\ldots(1-e_{2p+1}z')}.$$

Les deux déterminations du radical sont régulières au point $z'=0$, mais le premier facteur $\frac{1}{z'^{p+\frac{1}{2}}}$ a deux déterminations qui s'échangent quand le point z' tourne autour de $z' = 0$, et qui deviennent infinies pour $z' = 0$. Le point ∞ est donc un point de ramification (comme dans l'exemple I), pour la surface de Riemann, car, lorsque z' tourne autour du point $z' = 0$, le point analytique (z, u) *passe d'un feuillet dans l'autre.*

Si l'on construit la sphère double correspondant à la surface de Riemann par la méthode d'inversion exposée dans le n° 5, à propos du premier exemple traité, on voit que cette surface de Riemann sphérique a $2p+2$ points de ramification

$$\varepsilon_1, \quad \varepsilon_2, \quad \ldots, \quad \varepsilon_{2p+1}, \quad O'$$

avec $p+1$ lignes de passage (*fig.* 15)

$$\Lambda_{12}, \quad \Lambda_{34}, \quad \ldots, \quad \Lambda_{2p-1,2p}, \quad \Lambda_{2p+1,0}.$$

Fig. 15.

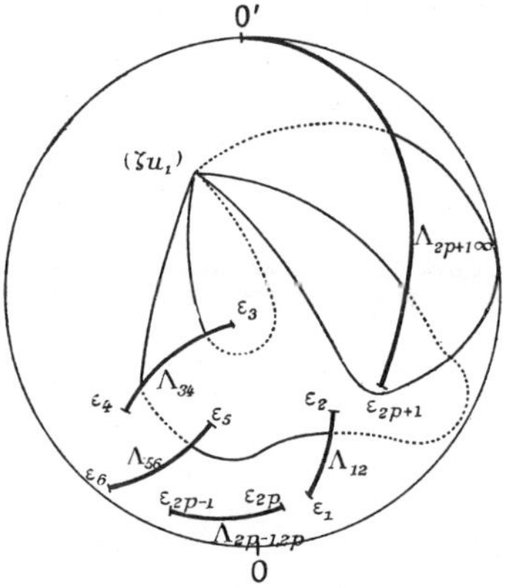

11. *Deuxième cas : n pair.* — Soit $n = 2p+2$. Nous tracerons alors, dans les deux plans P_1 et P_2, $p+1$ ouvertures deux à deux égales joignant les points $e_1 e_2$, $e_3 e_4$, $\ldots$, e_{2p+1}, e_{2p+2}; puis nous superposerons ces deux plans en soudant chaque bord d'une ouverture du plan P_1 au bord opposé de l'ouverture correspondante de P_2.

Nous aurons ainsi une surface de Riemann à deux feuillets avec $2p+2$ points de ramification à disiance finie t $p+1$ lignes de passage, surface analogue à la surface de la figure 10, pour laquelle $p = 1$.

Voyons enfin ce qui se passe au *point* ∞. Dans le cas actuel (n pair), le point ∞ n'est pas un point de ramification. Si l'on fait $z = \frac{1}{z'}$, on a

$$u = \frac{\sqrt{A}}{z'^{p+1}} \sqrt{(1 - e_1 z')(1 - e_2 z') \ldots (1 + e_{2p+2} z')}.$$

Les deux déterminations du radical étant régulières au point $z' = 0$, chacune des déterminations de u est uniforme dans le voisinage du point $z' = 0$ et admet ce point pour pôle d'ordre $p + 1$. Le point ∞ est donc dans chaque feuillet un pôle d'ordre $p + 1$ de u, avec un résidu qui est le coefficient de z' dans le développement de la détermination correspondante de u suivant les puissances de z', ce coefficient étant changé de signe.

La surface de Riemann sphérique correspondante a $2p + 2$ points de ramification $\varepsilon_1, \varepsilon_2, \ldots, \varepsilon_{2p+2}$ et $p + 1$ lignes de passage $\Lambda_{12}, \Lambda_{34}, \Lambda_{2p+1,2p+2}$. Elle est de même nature que celle du cas précédent (n impair), avec cette seule différence que, quand n est impair, l'un des points de ramification ε_{2p+2} coïncide avec le point O′ (*fig.* 16).

Fig. 16.

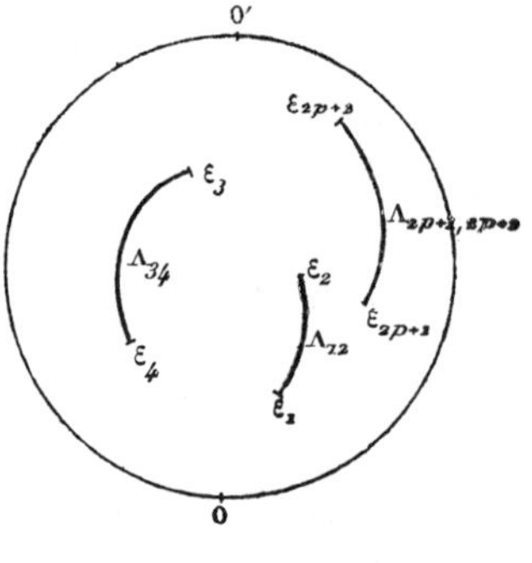

12. Cette identité de nature des deux surfaces de Riemann, correspondant aux deux cas de n pair et de n impair, deviendra tout à fait évidente dans l'étude que nous allons faire des fonctions uniformes, et particulièrement des fonctions rationnelles en z et u sur une surface de Riemann. La surface de Riemann, et non la relation algébrique, sera alors prise comme point de départ, et il est aisé de voir que toute fonction rationnelle sur une surface

de Riemann, pour laquelle $n = 2p + 2$, peut se ramener à une fonction rationnelle sur une surface de Riemann pour laquelle $n = 2p + 1$.

En effet, dans la relation

$$(1) \qquad u^2 = A(z - e_1)(z - e_2)\ldots(z - e_{2p+2}),$$

faisons le changement de variable

$$\frac{z - e_1}{z - e_{2p+2}} = z',$$

d'où

$$z - e_k = \frac{(e_{2p+2} - e_k)z' - (e_1 - e_k)}{z' - 1}.$$

Si k est différent de $2p + 2$, on peut écrire

$$z - e_k = (e_{2p+2} - e_k)\frac{z' - g_k}{z' - 1}, \qquad g_k = \frac{e_1 - e_k}{e_{2p+2} - e_k};$$

et pour $k = 2p + 2$

$$z - e_{2p+2} = \frac{e_{2p+2} - e_1}{z' - 1}.$$

Substituant et posant

$$(2) \qquad u'^2 = A'(z' - g_1)(z' - g_2)\ldots(z' - g_{2p+1})$$

où

$$A' = A(e_{2p+2} - e_1)(e_{2p+2} - e_2)\ldots(e_{2p+2} - e_{2p+1}),$$

on a

$$u = \frac{u'}{(z' - 1)^{p+1}}.$$

D'après cela une fonction rationnelle sur la surface de Riemann correspondant à la relation (1), pour laquelle $n = 2p + 2$, c'est-à-dire une fonction rationnelle de u et z, se transforme évidemment en une fonction rationnelle de u' et z', c'est-à-dire en une fonction rationnelle sur la surface de Riemann correspondant à la relation (2), pour laquelle $n = 2p + 1$, et réciproquement.

13. Occupons-nous maintenant de l'étude des *fonctions uniformes sur une surface de Riemann.*

Si nous imaginons une des surfaces de Riemann précédemment étudiées, nous dirons qu'une *fonction* v de z est *uniforme* sur la surface de Riemann *quand elle ne prend qu'une valeur en chaque point* (z, u) *de cette surface*. Par exemple, une fonction rationnelle $\mathcal{R}(z, u)$ de z et u est uniforme sur la surface de Riemann; il en est de même des fonctions

$$e^{\mathcal{R}(z,u)}, \quad \tan g\,\mathcal{R}(z, u), \quad \ldots.$$

Si nous désignons, en général, par

$$v = f(z, u)$$

la fonction uniforme considérée, elle a, pour chaque valeur de z distincte d'un point de ramification, deux déterminations

$$v_1 = f(z, u_1), \qquad v_2 = f(z, u_2),$$

correspondant aux deux points analytiques (z, u_1), (z, u_2) superposés dans les deux feuillets. Les fonctions symétriques

$$v_1 + v_2 \quad \text{et} \quad v_1 v_2$$

sont évidemment des fonctions uniformes de z dans le plan simple des z; car, lorsque z décrit un contour fermé quelconque dans ce plan, les deux déterminations v_1 et v_2 ne changent pas ou se permutent entre elles.

Désignons par (z_0, u_0) un point de la surface de Riemann distinct d'un point de ramification : sur le feuillet correspondant de cette surface traçons un cercle de centre (z_0, u_0) et de rayon δ assez petit pour que ce cercle ne contienne aucun point de ramification; les points de la surface situés dans ce cercle constituent ce qu'on appelle le domaine δ du point (z_0, u_0). Dans ce domaine, u et, par suite, v sont des fonctions uniformes de z.

14. La fonction v est dite *régulière* au point (z_0, u_0) si, dans un certain domaine δ de ce point, elle est développable en une série

$$v = \sum_{\nu=0}^{\nu+\infty} A_\nu (z - z_0)^\nu$$

procédant suivant les puissances entières et positives de $z - z_0$.

Si la fonction s'annule au point (z_0, u_0), les premiers termes de cette série ont des coefficients nuls, et le développement est de la forme

$$v = (z - z_0)^m [A_m + A_{m+1}(z - z_0) + \ldots],$$

A_m étant différent de zéro. On dit alors que le point (z_0, u_0) est un *zéro d'ordre m*.

Si au point (z_0, u_0) la fonction *n'est pas régulière*, ce point est un *point singulier*. Nous ne considérerons que des fonctions ayant *des points singuliers isolés :* alors, dans un domaine δ suffisamment petit du point (z_0, u_0), il n'y a pas d'autre point singulier que (z_0, u_0). Comme, dans ce domaine, v est une fonction uniforme de z avec le seul point singulier z_0, la fonction v peut, d'après le théorème de Laurent, être développée en une double série procédant suivant les puissances positives et négatives de $(z - z_0)$

$$v = \sum_{\nu=-\infty}^{\nu=+\infty} A_\nu (z - z_0)^\nu;$$

la partie de ce développement qui contient les puissances négatives de $z - z_0$ est la *partie principale* de v au point singulier (z_0, u_0), le coefficient A_{-1} de $\frac{1}{z - z_0}$ est le *résidu relatif à ce point*. Si la partie principale est une série illimitée, le point (z_0, u_0) est un point *singulier essentiel;* si la partie principale contient un nombre limité de termes, c'est-à-dire est un polynome de degré q en $\frac{1}{z - z_0}$, le point (z_0, u_0) est *un pôle d'ordre q*.

15. Voici quelques remarques importantes au sujet des définitions qui précèdent.

L'intégrale $\frac{1}{2\pi i}\int v\,dz$ prise dans le sens positif sur le contour du domaine δ du point (z_0, u_0), dans lequel les développements précédents sont valables, est égale au résidu A_{-1} relatif à ce point : en effet, les intégrales de tous les termes de la série sont nulles à l'exception de

$$\frac{1}{2\pi i}\int \frac{A_{-1}}{z - z_0}\,dz,$$

qui est évidemment A_{-1}.

En laissant de côté le cas où le point (z_0, u_0) est un point singulier essentiel, on voit que dans tous les autres cas la fonction v peut, dans le voisinage de ce point, s'écrire sous la forme

$$v = (z - z_0)^k [B_0 + B_1(z - z_0) + B_2(z - z_0)^2 + \ldots],$$

où k est un entier *positif*, *négatif* ou *nul* et B_0 un coefficient constant différent de zéro. Si k est positif, le point (z_0, u_0) est un zéro d'ordre k; si k est négatif, ce point est un pôle d'ordre $-k$; si k est nul, ce point est un point neutre car la fonction est régulière et ne s'annule pas en ce point.

Ce *nombre k est le résidu* de la fonction $\frac{d \log v}{dz}$ au point (z_0, u_0). On a, en effet,

$$\frac{d \log v}{dz} = \frac{k}{z - z_0} + C_0 + C_1(z - z_0) + \ldots;$$

car, B_0 étant différent de zéro, la dérivée logarithmique de la série entière est aussi une série entière. Le résidu relatif au point (z_0, u_0) est bien k.

Considérons le point $(z_0, -u_0)$ superposé à (z_0, u_0) dans l'autre feuillet et appelons v_1 et v_2 les deux déterminations de v dans le voisinage des points (z_0, u_0), $(z_0, -u_0)$. Le résidu de la fonction uniforme de z, $v_1 + v_2$, au point z_0, est la somme des résidus de v aux deux points (z_0, u_0) et $(z_0, -u_0)$. En effet, les coefficients de $\frac{1}{z - z_0}$ dans les développements en séries de v_1 et v_2 étant A_{-1} et A'_{-1}, celui de $\frac{1}{z - z_0}$ dans $v_1 + v_2$ est évidemment $A_{-1} + A'_{-1}$.

Si aucun des points (z_0, u_0), $(z_0, -u_0)$ n'est un point singulier essentiel, les développements de v_1 et v_2 sont, dans les domaines respectifs de ces deux points, de la forme

$$v_1 = (z - z_0)^k [B_0 + B_1(z - z_0) + B_2(z - z_0)^2 + \ldots],$$
$$v_2 = (z - z_0)^{k'} [B'_0 + B'_1(z - z_0) + B'_2(z - z_0)^2 + \ldots],$$

avec B_0 et B'_0 différents de zéro. La fonction uniforme $v_1 v_2$ sera donc donnée par un développement contenant $(z - z_0)^{k+k'}$ en facteur; $v_1 v_2$ admettra le point z_0 comme *zéro*, *infini* ou *point neutre*, suivant que $k + k'$ sera *positif*, *négatif* ou *nul*.

16. Il s'agit d'étendre les définitions précédentes aux *points de*

ramification. Définissons d'abord, d'une manière précise, ce qu'on appelle *domaine* d'un point de ramification e_i : c'est l'ensemble des points analytiques qu'on peut atteindre, en partant du point e_i, dans l'un ou l'autre feuillet, et assujettissant le module de $z - e_i$ à rester plus petit qu'un certain nombre δ, moindre que la distance du point e_i au point de ramification le plus rapproché.

Cette portion de surface de Riemann est représentée ci-dessous d'abord dans l'espace, en supposant les deux feuillets séparés (comme dans la figure 3); c'est la portion de surface située dans

Fig. 17.

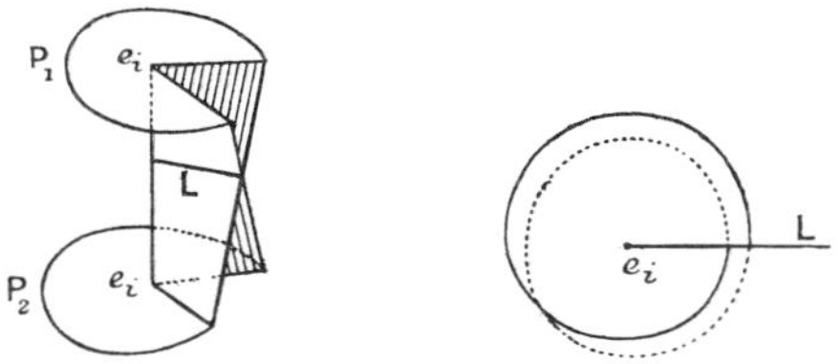

un cylindre de révolution, de rayon δ, ayant pour axe la ligne $e_i e_i$ normale aux deux feuillets P_1 et P_2. Cette même portion de la surface est représentée à côté, en projection sur le plan P_2 avec la ligne de passage L issue du point e_i; la courbe limite est composée de deux circonférences égales et superposées, de rayon δ, situées l'une dans le feuillet supérieur, l'autre dans le feuillet inférieur, et se raccordant à la ligne de passage : on les a figurées par des courbes un peu différentes d'une circonférence pour pouvoir représenter les deux parties qui, en réalité, se recouvrent.

Cela posé, autour du point e_i, les deux déterminations de u,

$$u = \sqrt{A}\sqrt{(z-e_1)(z-e_2)\ldots(z-e_n)},$$

se permutent. Si l'on pose

$$(3) \qquad z - e_i = t^2,$$

on a

$$u = t\sqrt{A}\sqrt{(e_i - e_1 + t^2)(e_i - e_2 + t^2)\ldots(e_i - e_n + t^2)},$$

et chacune des déterminatione de u est une fonction uniforme de t pour des valeurs de t dont le module ne surpasse pas une certaine valeur positive ε, suffisamment petite. L'une de ces déterminations est donnée par un développement en série entière

$$(4) \qquad u = t(C_0 + C_1 t^2 + C_2 t^4 + \ldots)$$

et l'autre par la même série changée de signe; ces deux déterminations se permutent quand t change de signe; elles sont données aussi par la série

$$u = (z - e_i)^{\frac{1}{2}}[C_0 + C_1(z - e_i) + C_2(z - e_i)^2 + \ldots]$$

convergente dans le domaine $\delta = \sqrt{\varepsilon}$ du point e_i, série dont le premier facteur change évidemment de signe quand z tourne autour du point e_i.

Quand t est connu, sous la condition $|t| < \varepsilon$, z et u sont déterminés sans ambiguïté par les formules (3) et (4), dont la fonction v n'a qu'une valeur; elle est une fonction uniforme de t.

La fonction v est dite régulière au point e_i quand, pour des valeurs suffisamment petites de t, c'est-à-dire dans un domaine suffisamment petit du point e_i, elle est développable en une série

$$v = \sum_{\nu=0}^{\nu=\infty} A_\nu t^\nu = \sum_{\nu=0}^{\nu=\infty} A_\nu (z - e_i)^{\frac{\nu}{2}}$$

procédant suivant les puissances positives de t, c'est-à-dire de $(z - e_i)^{\frac{1}{2}}$. Si la fonction v n'est pas régulière au point e_i, ce point est un point singulier; nous envisageons seulement le cas où c'est un point singulier isolé, c'est-à-dire où v n'a pas d'autre point singulier dans un domaine suffisamment petit du point e_i. Alors v étant, pour de petites valeurs de t, une fonction uniforme de t avec un point singulier au point $t = 0$, est, par la formule de Laurent, développable en une double série

$$v = \sum_{\nu=-\infty}^{\nu=+\infty} A_\nu t^\nu = \sum_{\nu=-\infty}^{\nu=+\infty} A_\nu (z - e_i)^{\frac{\nu}{2}}$$

procédant suivant les puissances positives et négatives de $(z - e_i)^{\frac{1}{2}}$. La partie formée par les termes à exposants négatifs est la *partie principale;* quand cette partie principale est une série illimitée, le point e_i est un point singulier essentiel; quand elle est limitée, ce point e_i est un pôle.

On appelle *résidu* relatif au point de ramification e_i le *double* du *coefficient* de $\frac{1}{z-e_i}$, $2A_{-2}$. Cette définition est justifiée par les remarques suivantes. Le résidu en un point ordinaire (z_0, u_0) est égal à l'intégrale $\frac{1}{2\pi i}\int v\,dz$, prise dans le sens positif sur le contour limite d'un domaine infiniment petit du point (z_0, u_0); il est naturel d'appeler de même résidu au point e_i la valeur de l'intégrale $\frac{1}{2\pi i}\int v\,dz$, prise sur le contour limite d'un domaine infiniment petit du point e_i, domaine figuré précédemment (*fig.* 17); or, pour parcourir ce contour limite, la variable z doit tourner *deux fois* autour du point e_i, ce qui donne pour l'intégrale $\frac{1}{2\pi i}\int v\,dz$ la valeur $2A_{-2}$, car tous les termes de la série ci-dessus ont des intégrales nulles, sauf le terme en $\frac{1}{z-e_i}$ dont l'intégrale

$$\frac{1}{2\pi i}\int \frac{A_{-2}}{z-e_i}\,dz$$

est égale à $2A_{-2}$ quand z tourne *deux fois* autour du point e_i. Nous avons vu que la fonction uniforme de z, v_1+v_2, a pour résidu au point z_0 la somme des résidus de v aux points superposés (z_0, u_0) et $(z_0, -u_0)$: actuellement le résidu de v_1+v_2 au point e_i est précisément égal au résidu de v au même point, car on a

$$v_1 = \sum_{\nu=-\infty}^{\nu=+\infty} A_\nu (z-e_i)^{\frac{\nu}{2}}, \qquad v_2 = \sum_{\nu=-\infty}^{\nu=+\infty} (-1)^\nu A_\nu (z-e_i)^{\frac{\nu}{2}},$$

$$v_1 + v_2 = \sum_{\mu=-\infty}^{\mu=+\infty} 2A_{2\mu}(z-e_i)^\mu,$$

développement dont le résidu est bien $2A_{-2}$.

Écartons le cas où le point e_i serait un point singulier essentiel : alors, dans le domaine de ce point, on peut écrire

$$v = t^k(B_0 + B_1 t + B_2 t^2 + \ldots),$$

$$v = (z-e_i)^{\frac{k}{2}}\left[B_0 + B_1(z-e_i)^{\frac{1}{2}} + B_2(z-e_i) + \ldots\right],$$

où B_0 est différent de zéro, k désignant un entier positif si la fonction s'annule au point e_i, négatif si elle devient infinie, nul si la fonction est régulière et différente de *zéro* au point e_i. Dans le premier cas ($k > 0$), le point e_i est appelé un *zéro* d'ordre k; dans le deuxième cas ($k < 0$), c'est un pôle d'ordre $-k$; enfin, si k est nul, le point e_i est un point neutre. Ce nombre k est encore égal au résidu de $\frac{d \log v}{dz}$ au point e_i : en effet, on a

$$\frac{d \log v}{dz} = \frac{\frac{k}{2}}{z - e_i} + \frac{1}{(z - e_i)^{\frac{1}{2}}} \left[C_0 + C_1 (z - e_i)^{\frac{1}{2}} + C_2 (z - e_i) + \ldots \right],$$

développement dont le résidu est k. On voit aussi que le point e_i est pour la fonction uniforme $v_1 v_2$ un zéro ou un infini du même ordre que pour la fonction v : en effet, les deux déterminations v_1 et v_2 s'obtiennent dans le voisinage de e_i en changeant le signe de $(z - e_i)^{\frac{1}{2}}$,

$$v_1 = (z - e_i)^{\frac{k}{2}} \left[B_0 + B_1 (z - e_i)^{\frac{1}{2}} + B_2 (z - e_i) + \ldots \right],$$

$$v_2 = (-1)^k (z - e_i)^{\frac{k}{2}} \left[B_0 - B_1 (z - e_i)^{\frac{1}{2}} + B_2 (z - e_i) - \ldots \right].$$

Le produit $v_1 v_2$ est donc bien égal à $(z - e_i)^k$ multiplié par une série *entière* en $z - e_i$, non nulle au point e_i.

17. Il nous reste à examiner les points à l'infini. Supposons d'abord n pair et égal à $2p + 2$; le point à l'infini dans chaque feuillet est un point ordinaire : ces points se distinguent en ce que, pour z infini, le rapport $\frac{u}{z^{p+1}}$ a une certaine limite $+\sqrt{A}$ dans un des feuillets, et la limite $-\sqrt{A}$ dans l'autre. Prenons un de ces points à l'infini ∞_1 dans le feuillet P_1; nous appellerons *domaine* de ce point la portion du plan *située dans le feuillet correspondant à l'intérieur d'un cercle* de centre O et de rayon R assez grand pour que tous les points de ramification soient dans ce cercle. Dans ce domaine, u et par suite v sont des fonctions uniformes de z. La fonction est régulière au point ∞_1 si, dans le

domaine de ce point, elle est développable en une série

$$v = \sum_{\nu=0}^{\nu=\infty} A_\nu z^{-\nu}$$

ne contenant que des puissances négatives de z : si la fonction étant régulière s'annule au point ∞_1, les premiers coefficients sont nuls et si le développement commence par un terme en $\frac{1}{z^m}$, le point ∞_1 est un zéro d'ordre m.

Lorsque la fonction n'est pas régulière au point ∞_1, ce point est un point singulier que nous supposerons isolé, c'est-à-dire tel que dans le domaine du point ∞_1 il n'y ait pas d'autre point singulier. Dans ce domaine, la fonction est représentée par la somme de la série

$$v = \sum_{\nu=-\infty}^{\nu=+\infty} A_\nu z^{-\nu};$$

l'ensemble des termes à exposants *positifs* est la *partie principale :* il n'y a qu'un nombre limité de termes à exposants positifs, la partie principale se réduit à un polynome de degré q

$$v = A_{-q} z^q + A_{-q+1} z^{q-1} + \ldots + A_{-1} z + \sum_{\nu=0}^{\nu=\infty} A_\nu \frac{1}{z^\nu},$$

et le point ∞_1 est un pôle d'ordre q. Dans le cas contraire, le point ∞_1 est un point singulier essentiel.

Dans tous les cas, le résidu relatif au point ∞_1 est le coefficient de $\frac{1}{z}$ *changé de signe*, c'est-à-dire $-A_1$. Ce résidu est égal à l'intégrale

$$\frac{1}{2\pi i}\int v\, dz,$$

prise dans le sens positif sur la circonférence limitant le domaine dans lequel le développement ci-dessus est valable, comme on le vérifie immédiatement en remarquant que tous les termes du développement ont des intégrales nulles, excepté le terme en $\frac{1}{z}$.

En écartant le cas où le point ∞_1 est un point singulier essentiel, on a, dans le domaine de ce point,

$$v = \left(\frac{1}{z}\right)^k \left(B_0 + B_1 \frac{1}{z} + B_2 \frac{1}{z^2} + \ldots\right),$$

où B_0 est différent de zéro. Si l'entier k est positif, la fonction s'annule au point ∞_1 qui est appelé un *zéro* d'ordre k : si cet entier est négatif, la fonction devient infinie an point ∞_1 qui est un pôle d'ordre $-k$; si k est nul, le point ∞_1 est un point neutre où la fonction est régulière et différente de zéro. Comme en un point à distance finie, l'entier k est égal au résidu de $\frac{d \log v}{dz}$ au point ∞_1, car

$$\frac{d \log v}{dz} = -\frac{k}{z} + \frac{1}{z^2}\left(C_0 + C_1 \frac{1}{z} + C_2 \frac{1}{z^2} + \ldots\right),$$

développement dont le résidu à l'infini est k.

Pour le point à l'infini ∞_2 situé dans le deuxième feuillet, on a des développements analogues. Si nous appelons v_1 et v_2 les déterminations de v dans le domaine des points ∞_1 et ∞_2, A_1 et A'_1 les résidus respectifs de ces deux déterminations, k et k' les puissances de $\frac{1}{z}$ qu'elles contiennent en facteurs, la fonction uniforme $v_1 + v_2$ a pour résidu à l'infini $A_1 + A'_1$ et la fonction uniforme $v_1 v_2$ est, dans le domaine de $z = \infty$, représentée par un développement de la forme

$$v_1 v_2 = \left(\frac{1}{z}\right)^{k+k'} \left(C_0 + C_1 \frac{1}{z} + C_2 \frac{1}{z^2} + \ldots\right)$$

contenant $\left(\frac{1}{z}\right)^{k+k'}$ en facteur, C_0 étant différent de zéro.

Nous venons d'étudier le cas de n pair : passons maintenant au cas de n impair, $n = 2p + 1$. Le point ∞ est alors un point de *ramification* et, dans la surface de Riemann, une des lignes de passage va du point e_{2p+1} à ∞, la ligne $L_{2p+1,\infty}$; décrivons de O comme centre, sur la surface de Riemann, une circonférence de rayon R plus grand que la distance du point O au point de ramification le plus éloigné. Pour que cette circonférence se ferme, il faut tourner deux fois autour du point O, car on change de feuillet, comme le montre la figure 18, en traversant la ligne de passage $L_{2p+1,\infty}$.

Fig. 18.

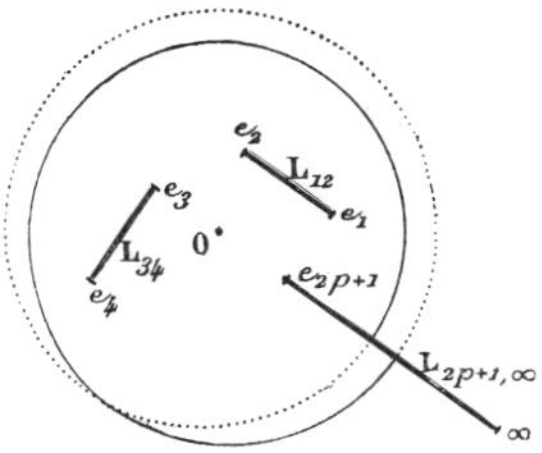

Les points de la surface de Riemann situés à l'*extérieur* de cette circonférence constituent le domaine du point ∞.

Les valeurs de u et de z, correspondant aux points analytiques de ce domaine, peuvent s'exprimer en fonctions uniformes d'une variable auxiliaire t par les formules

$$z = \frac{1}{t^2}, \qquad u = \frac{\sqrt{A}\sqrt{(1-e_1 t^2)(1-e_2 t^2)\ldots(1-e_{2p+1} t^2)}}{t^{2p+1}},$$

où

$$|t| < \sqrt{\frac{1}{R}}.$$

Les deux déterminations de u s'obtiennent en donnant à t des valeurs égales et de signes contraires. La fonction v est donc, pour ces mêmes valeurs de t, une fonction uniforme de t, et, en supposant R suffisamment grand, on pourra développer la fonction v en une série

$$v = \sum_{\nu=-\infty}^{\nu=+\infty} A_\nu t^\nu = \sum_{\nu=-\infty}^{\nu=+\infty} A_\nu z^{-\frac{\nu}{2}}.$$

L'ensemble des termes en $z^{\frac{1}{2}}$ à exposants positifs est la partie principale. S'il n'y a qu'un nombre limité de termes à exposants positifs, la partie principale se réduit à un polynome en $z^{\frac{1}{2}}$; le point à l'infini est un pôle. S'il n'y a pas de termes à exposants positifs, la fonction est régulière au point ∞, et enfin si le développement commence par une puissance négative de $z^{\frac{1}{2}}$, le point ∞ est un zéro.

Le résidu au point ∞ est le double du coefficient de $\frac{1}{z}$ changé de signe $-2A_2$; c'est la valeur de l'intégrale $\frac{1}{2\pi i}\int v\,dz$, prise dans le sens positif sur la circonférence qui limite le domaine du point ∞ dans lequel les développements ci-dessus sont valables, cette circonférence étant, comme le montre la figure, parcourue deux fois. Si l'on appelle v_1 et v_2 les deux déterminations de v dans le domaine du point ∞, on a

$$v_1 = \sum_{\nu=-\infty}^{\nu=+\infty} A_\nu z^{-\frac{\nu}{2}}, \qquad v_2 = \sum_{\nu=-\infty}^{\nu=+\infty} (-1)^\nu A_\nu z^{-\frac{\nu}{2}},$$

$$v_1 + v_2 = \sum_{\mu=-\infty}^{\mu=+\infty} 2A_{2\mu} z^{-\mu}.$$

Le résidu de la fonction v au point de ramification à l'infini est donc encore égal au résidu de la fonction uniforme $v_1 + v_2$ à l'infini.

En écartant le cas où le point à l'infini serait un point singulier essentiel, on peut, dans tous les autres cas, écrire la fonction v dans le domaine du point ∞

$$v = \left(\frac{1}{z}\right)^{\frac{k}{2}} \left[B_0 + B_1\left(\frac{1}{z}\right)^{\frac{1}{2}} + B_2\frac{1}{z} + \ldots\right],$$

où B_0 est différent de zéro; si l'entier k est positif, la fonction s'annule au point de ramification ∞; on dit qu'elle admet ce point comme zéro d'ordre k; si cet entier est négatif, la fonction devient infinie au point ∞ : on dit qu'elle admet ce point comme pôle d'ordre $-k$; si $k=0$, la fonction est régulière et différente de zéro au point ∞, qui est un point neutre. Le nombre k est encore le résidu de $\frac{d\log v}{dz}$ au point ∞. En appelant v_1 et v_2 les deux déterminations de v obtenues en donnant à $\left(\frac{1}{z}\right)^{\frac{1}{2}}$ des signes contraires, on voit que la fonction uniforme $v_1 v_2$ est de la forme

$$v_1 v_2 = \left(\frac{1}{z}\right)^k \left[C_0 + C_1\frac{1}{z} + C_2\left(\frac{1}{z}\right)^2 + \ldots\right];$$

elle admet le point ∞ comme zéro ou comme infini du *même ordre* que v.

18. Parmi les fonctions uniformes sur la surface de Riemann, les plus simples, dont l'étude s'impose tout d'abord, sont les *fonctions rationnelles de z et u.*

Soit

$$v = R(z, u)$$

une fonction *rationnelle* de z et u : cette fonction v est une fonction *uniforme* sur la surface de Riemann, car à chaque point de cette surface correspond un seul système de valeurs de z et u, et, par suite, une seule valeur pour v. Nous nous proposons d'étudier les propriétés de cette fonction v.

La fonction rationnelle $R(z, u)$ est le quotient de deux polynomes en z et u dans lesquels on peut toujours remplacer les puissances paires de u, u^{2q}, par leur valeur

$$A^q[(z-e_1)(z-e_2)\ldots)z-e_n)]^q,$$

et les puissances impaires u^{2q+1} par l'expression

$$uA^q[(z-e_1)(z-e_2)\ldots(z-e_n)]^q.$$

On amènera ainsi le numérateur et le dénominateur de v à ne contenir u qu'au premier degré, et l'on mettra v sous la forme

$$v = \frac{Z_1 + uZ_2}{Z_3 + uZ_4},$$

Z_1, Z_2, Z_3, Z_4 désignant des polynomes en z. Multiplions et divisons cette expression par le facteur

$$Z_3 - uZ_4$$

et remplaçons encore u^2 par sa valeur en fonction de z, nous aurons v sous la forme

$$v = \frac{P(z) + u\,Q(z)}{R(z)},$$

où $P(z)$, $Q(z)$, $R(z)$ désignent des polynomes en z que nous pouvons toujours supposer sans *diviseur commun :* si ces polynomes avaient un diviseur commun, on le supprimerait au numérateur et au dénominateur.

19. Cherchons quelle est la forme de la fonction v dans le voisinage d'un point ordinaire (z_0, u_0) de la surface de Riemann.

Soit (z_0, u_0) un point de la surface de Riemann *distinct d'un point de ramification;* nous l'appellerons pour abréger un point *ordinaire* de la surface de Riemann. Dans un domaine δ de ce point la fonction u, qui se réduit à u_0 au centre du cercle, étant uniforme, finie et continue, est développable en une série procédant suivant les puissances entières et positives de $z - z_0$ par la formule de Maclaurin

$$u = u_0 + \frac{z - z_0}{1} u'_0 + \frac{(z - z_0)^2}{1 . 2} u''_0 + \ldots;$$

les polynomes $P(z)$, $Q(z)$ et $R(z)$ peuvent aussi être développés suivant les puissances de $(z - z_0)$ par cette même formule, et l'on aura, dans le voisinage de $z = z_0$,

$$P(z) + u\,Q(z) = a_0 + a_1(z - z_0) + a_2(z - z_0)^2 + \ldots,$$
$$R(z) = R_0 + (z - z_0)R'_0 + \frac{(z - z_0)^2}{1 . 2} R''_0 + \ldots,$$

R_0, R'_0, ... désignant les valeurs du polynome R et de ses dérivées pour $z = z_0$; a_0, a_1, ... des coefficients constants,

$$a_0 = P_0 + u_0 Q_0 + \ldots.$$

Pour traiter le cas le plus général, supposons $a_0, a_1, \ldots, a_{q-1}$ nuls, avec a_q différent de zéro, $R_0, R'_0, \ldots, R_0^{(r-1)}$ nuls et $R_0^{(r)}$ différent de zéro. On aura alors

$$P + uQ = (z - z_0)^q [a_q + a_{q+1}(z - z_0) + \ldots],$$
$$R = (z - z_0)^r [R_0^{(r)} + R_0^{(r+1)}(z - z_0) + \ldots],$$

d'où, en divisant,

$$v = \frac{P + uQ}{R} = (z - z_0)^{q-r} [A_0 + A_1(z - z_0) + A_2(z - z_0)^2 + \ldots],$$

où la série entre parenthèses est le quotient de la série

$$a_q + a_{q+1}(z - z_0) + \ldots$$

par le polynome

$$R_0^{(r)} + R_0^{(r+1)}(z - z_0) + \ldots,$$

dont le premier coefficient est différent de zéro. Le coefficient

$$A_0 = \frac{a_q}{R_0^{(r)}}$$

est par conséquent *différent de zéro.*

Si $q > r$ la fonction v admet le point (z_0, u_0) comme zéro d'ordre $q - r$; si $q < r$, elle admet ce point comme pôle d'ordre $r - q$; enfin, si $q = r$, elle est régulière et différente de zéro au point (z_0, u_0), qui est un point neutre.

20. Voyons de même quelle est la forme de v dans le voisinage d'un *point de ramification*. Soit e_i un point de ramification; écrivons u sous la forme suivante

$$u = (z - e_i)^{\frac{1}{2}} u_i$$

avec

$$u_i = \sqrt{(z - e_1)(z - e_2)\ldots(z - e_{i-1})(z - e_{i+1})\ldots(z - e_n)},$$

le facteur $z - e_i$ étant laissé de côté sous le radical. Les deux déterminations de u_i sont, pour des valeurs suffisamment petites du module de $z - e_i$, développables en série de puissances entières et positives de $z - e_i$: l'une de ces déterminations sera donnée par la série

$$u_i = a_0 + a_1(z - e_i) + a_2(z - e_i)^2 + \ldots,$$

l'autre par la même série changée de signe. On a alors, pour des valeurs suffisamment petites de $(z - e_i)$,

$$u = (z - e_i)^{\frac{1}{2}}[a_0 + a_1(z - e_i) + a_2(z - e_i)^2 + \ldots].$$

Cette expression donne les deux déterminations de u autour du point e_i, car, lorsque z tourne autour de e_i, le premier facteur

$$(z - e_i)^{\frac{1}{2}}$$

change de signe.

En développant P, Q, R suivant les puissances de $z - e_i$, on aura

$$\mathrm{P} + u\mathrm{Q} = b_0 + b_1(z - e_i)^{\frac{1}{2}} + b_2(z - e_i) + b_3(z - e_i)^{\frac{3}{2}} + \ldots,$$
$$\mathrm{R} = c_0 + c_1(z - e_i) + c_2(z - e_i)^2 + \ldots,$$

dont la première procède suivant les puissances entières positives de $(z - e_i)^{\frac{1}{2}}$.

Pour traiter le cas général, supposons nuls les coefficients

$$b_0, \quad b_1, \quad \ldots, \quad b_{q-1}, \qquad c_0, \quad c_1, \quad \ldots, \quad c_{r-1},$$

les coefficients b_q et c_r étant différents de zéro. On aura

$$\begin{aligned} P + uQ &= (z - e_i)^{\frac{q}{2}}\left[b_q + b_{q+1}(z - e_i)^{\frac{1}{2}} + b_{q+2}(z - e_i) + \ldots \right], \\ R &= (z - e_i)^r [\, c_r + c_{r+1}(z - e_i) + c_{q+2}(z - e_i)^2 + \ldots]; \end{aligned}$$

d'où, en divisant,

$$v = \frac{P + uQ}{R} = (z - e_i)^{\frac{q-2r}{2}}\left[A_0 + A_1(z - e_i)^{\frac{1}{2}} + A_2(z - e_i) + \ldots \right].$$

D'après ce développement, le point e_i est un *zéro d'ordre* $q - 2r$, ou un *pôle d'ordre* $2r - q$, ou un point neutre, suivant que $q - 2r$ est *positif*, *négatif* ou *nul*.

21. Voyons enfin les *points à l'infini*. Si n est pair, et égal à $2p + 2$, il y a un point à l'infini dans chaque feuillet; étudions la forme de la fonction dans le voisinage de l'un de ces points, le point ∞_1 par exemple. On a, pour des valeurs de z dont le module surpasse une certaine limite ρ suffisamment grande,

$$u = z^{p+1}\sqrt{A}\sqrt{\left(1 - \frac{e_1}{z}\right)\left(1 - \frac{e_2}{z}\right)\cdots\left(1 - \frac{e_{2p+2}}{z}\right)},$$

ou

$$u = z^{p+1}\sqrt{A}\left(1 + \frac{\alpha_1}{z} + \frac{\alpha_2}{z^2} + \ldots\right).$$

Donc $P + uQ$ est de la forme

$$P + uQ = z^q\left(a_0 + a_1\frac{1}{z} + a_2\frac{1}{z^2} + \ldots\right),$$

a_0 étant différent de zéro et q un entier positif ou négatif. On a de même

$$R = z^r\left(b_0 + b_1\frac{1}{z} + b_2\frac{1}{z^2} + \ldots + b_r\frac{1}{z^r}\right),$$

r désignant le degré de R : donc, en divisant et supposant le module de z plus grand qu'une limite convenable,

$$v = \frac{P + uQ}{R} = \left(\frac{1}{z}\right)^{r-q}\left(A_0 + A_1\frac{1}{z} + A_2\frac{1}{z^2} + \ldots\right).$$

On voit que le point ∞_1 est un zéro d'ordre $r - q$ ou un pôle d'ordre $q-r$, suivant que $r-q$ est positif ou négatif; quand $r-q=0$, la fonction est régulière et différente de zéro au point ∞_1. On aura un résultat analogue dans le domaine du point ∞_2.

Soit n impair, $n=2p+1$. Il y a un point de ramification à l'infini et l'on a, dans un domaine convenable du point ∞,

$$u = z^{\frac{2p+1}{2}}\sqrt{A}\sqrt{\left(1-\frac{e_1}{z}\right)\left(1-\frac{e_2}{z}\right)\cdots\left(1-\frac{e_{2p+1}}{z}\right)},$$

$$u = z^{\frac{2p+1}{2}}\sqrt{A}\left(1+\frac{\alpha_1}{z}+\frac{\alpha_2}{z^2}+\ldots\right),$$

d'où

$$P+uQ = z^{\frac{q}{2}}\left[a_0+a_1\left(\frac{1}{z}\right)^{\frac{1}{2}}+a_2\left(\frac{1}{z}\right)+a_3\left(\frac{1}{z}\right)^{\frac{3}{2}}+\ldots\right],$$

$$R = z^r\left(b_0+b_1\frac{1}{z}+\ldots+b_r\frac{1}{z^r}\right)$$

et en divisant

$$v = \frac{P+uQ}{R} = \left(\frac{1}{z}\right)^{\frac{2r-q}{2}}\left[A_0+A_1\left(\frac{1}{z}\right)^{\frac{1}{2}}+A_2\frac{1}{z}+A_3\left(\frac{1}{z}\right)^{\frac{3}{2}}+\ldots\right].$$

Le point de ramification à l'infini est donc un zéro d'ordre $2r-q$ ou un pôle d'ordre $q-2r$, ou un point neutre, suivant que $2r-q$ est positif, négatif ou nul.

22. Il résulte de ce qui précède qu'une fonction rationnelle en z et u est une *fonction uniforme sur la surface de Riemann, n'ayant à distance finie ou infinie d'autres points singuliers que des pôles.*

Réciproquement, *une fonction v uniforme sur la surface de Riemann, et n'ayant pas d'autres points singuliers que des pôles, est une fonction rationnelle de z et u.*

En effet, appelons u_1 et u_2 les deux déterminations de u correspondant à une même valeur de z, v_1 la valeur de la fonction v au point (z, u_1) de la surface de Riemann, v_2 sa valeur au point (z, u_2). Posons

$$v_1 = \varphi(z)+u_1\psi(z),$$

$$v_1 = \varphi(z)+u_2\psi(z),$$

les fonctions $\varphi(z)$ et $\psi(z)$ étant définies par ces équations mêmes, qui donnent immédiatement

$$\varphi(z) = \frac{v_1 + v_2}{2}, \qquad \psi(z) = \frac{1}{2}\left(\frac{v_1}{u_1} + \frac{v_2}{u_2}\right),$$

comme on le voit, en ajoutant et s'appuyant sur ce que $u_1 + u_2 = 0$.

Ces formules montrent que $\varphi(z)$ et $\psi(z)$ sont des *fonctions uniformes* de z; en effet, z étant donné, u_1, u_2, v_1 et v_2 ont des valeurs bien déterminées; quand z décrit une courbe fermée dans le plan simple des z, u_1 peut se permuter avec u_2, mais alors v_1 se permute avec v_2, et les fonctions symétriques $\varphi(z)$ et $\psi(z)$ ne changent pas. De plus, ces fonctions uniformes φ et ψ n'ont pas d'autres singularités que des pôles; car, dans le voisinage d'un point ordinaire (z_0, u_0), les développements en série de v_1, v_2, $\frac{1}{u_1}$, $\frac{1}{u_2}$ ne contiennent qu'un nombre fini de puissances négatives de $z - z_0$; il en est donc de même de φ et ψ; dans le voisinage d'un point de ramification e_i, les développements de v_1, v_2, $\frac{1}{u_1}$ et $\frac{1}{u_2}$ ne contiennent qu'un nombre fini de puissances négatives de $\sqrt{z - e_i}$; lorsqu'on forme les combinaisons $v_1 + v_2$, $\frac{v_1}{u_1} + \frac{v_2}{u_2}$, les puissances fractionnaires disparaissent, et φ et ψ ne contiennent qu'un nombre limité de puissances négatives de $(z - e_i)$; le même fait se présente à l'infini à l'égard de $\frac{1}{z}$. Les fonctions $\varphi(z)$ et $\psi(z)$, étant uniformes dans tout le plan simple des z, et n'ayant d'autres singularités que des pôles, à distance finie et infinie, *sont des fonctions rationnelles de* z. La fonction v, étant égale à $\varphi(z) + u\psi(z)$ en tous les points de la surface de Riemann, est donc une *fonction rationnelle de* z *et de* u.

Le raisonnement qui precède montre que l'expression générale d'une fonction uniforme sur toute la surface de Riemann est $v = \varphi(z) + u\psi(z)$, φ et ψ étant des fonctions uniformes de z. Si la fonction v n'admet qu'un nombre fini de points singuliers sur toute la surface, $\varphi(z)$ et $\psi(z)$ n'admettent également qu'un nombre fini de points singuliers dans tout le plan de la variable z.

23. Il est important de remarquer que *toute fonction* v *uniforme sur la surface de Riemann et régulière en tous les points* *de cette surface à distance finie et infinie, est une constante.*

En effet, appelons v_1 et v_2 les deux déterminations de cette fonction correspondant à une valeur de z, on verra, comme ci-dessus, que les fonctions

$$v_1 + v_2, \quad v_1 v_2$$

sont des fonctions uniformes de z. Ces fonctions sont, de plus, régulières pour toutes les valeurs de z *finies* et *infinies* : ce sont donc des *constantes*. Les deux déterminations v_1 et v_2 sont racines d'une équation du second degré à coefficients constants : elles sont *constantes*. Comme ces deux déterminations deviennent égales aux points de ramification, elles sont égales à une *même constante*, et la fonction v est *constante*.

24. *La somme des résidus d'une fonction rationnelle v de u et z, en tous les points de la surface de Riemann, à distance finie et infinie, est nulle.*

En effet, appelons v_1 et v_2 les deux déterminations de v en deux points superposés des deux feuillets : nous avons démontré, au moment de la définition même des résidus, que, en un point ordinaire z_0, le résidu de la fonction uniforme $v_1 + v_2$ est égal à la somme des résidus de v aux deux points superposés (z_0, u_0) et $(z_0, -u_0)$, et que, en un point de ramification, le résidu de $v_1 + v_2$ est égal au résidu de v en ce point. Donc la somme des résidus de v est égale à la somme des résidus de la fonction uniforme $v_1 + v_2$, qui, d'après les relations

$$v_1 = \frac{P + u_1 Q}{R}, \qquad v_2 = \frac{P + u_2 Q}{R}, \qquad u_1 + u_2 = 0,$$

se réduit à la fraction rationnelle $\frac{2P}{R}$. Comme la somme des résidus d'une fonction rationnelle est nulle, le théorème est démontré.

Ce théorème s'étend à une fonction n'ayant qu'un nombre *fini* de points singuliers, parmi lesquels des points singuliers essentiels.

Voici une conséquence importante de ce théorème :

Le nombre de zéros d'une fonction rationnelle de z et u sur toute la surface de Riemann est égal au nombre des infinis de *cette fonction, chacun des zéros et chacun des infinis étant compté avec son degré de multiplicité.*

Pour le démontrer, il suffit d'appliquer le théorème précédent à la dérivée logarithmique de la fonction v,

$$w = \frac{d \log v}{dz} = \frac{1}{v}\frac{dv}{dz},$$

qui est évidemment une fonction rationnelle de u et z, puisque la dérivée $\frac{du}{dz}$ est une fonction rationnelle de u et z.

Nous avons établi, en effet, que les seuls points singuliers de la fonction $w = \frac{d \log v}{dz}$, où le résidu ne soit pas nul, sont les zéros et les infinis de v; en un zéro de v le résidu de w est égal à l'ordre de ce zéro, en un infini de v le résidu de w est égal à l'ordre de cet infini *changé de signe*, et en un point neutre de v le résidu de w est égal à zéro. La somme des résidus de w étant nulle, la somme des ordres des zéros de v est égale à la somme des ordres des infinis.

On peut aussi établir ce théorème en remarquant que la différence entre la somme des ordres des zéros et la somme des ordres des infinis de v est égale à cette même différence pour la fonction rationnelle

$$v_1 v_2 = \frac{P^2 - u^2 R^2}{Q^2};$$

car nous avons vu que chaque zéro et chaque infini de v donne un zéro ou un infini du même ordre dans $v_1 v_2$. Comme le nombre des zéros de toute fonction rationnelle de z est égal à celui des infinis, le théorème est démontré.

25. Nous appellerons *ordre total* d'une fonction rationnelle v de z et u le nombre de ses infinis, chacun d'eux étant compté avec son degré de multiplicité. Le nombre des zéros est aussi égal à l'ordre de la fonction. Si l'on appelle v_1 et v_2 les deux déterminations de v, l'ordre est en général le nombre des infinis ou des zéros de la fonction rationnelle

$$v_1 v_2 = \frac{P^2 - Q^2 u^2}{R^2}.$$

il peut être supérieur à ce nombre si, pour certaines valeurs de z, un infini de v_1 coïncide avec un zéro de v_2 ou inversement; alors des zéros et des infinis disparaissent dans le produit $v_1 v_2$ et l'ordre de v est supérieur à celui de $v_1 v_2$.

L'équation

$$v - C = 0,$$

où C désigne une constante arbitraire, a, sur toute la surface de Riemann, un nombre de racines égal à l'ordre total de v; car la fonction $v - C$ est rationnelle en z et u, et le nombre de ses infinis, c'est-à-dire l'ordre total de cette fonction, est le même que celui de v.

26. *Exemple.* — Soit $u^2 = z^4 - 1$; considérons la fonction rationnelle

$$v = \frac{z^4 + uz^2}{z - 1}$$

et déterminons ses infinis, ses zéros, ses résidus.

A distance finie, le seul infini est le point de ramification $z = 1$. Si l'on fait $z = 1 + z'$, on a, dans le voisinage de $z' = 0$,

$$u^2 = 4z'\left(1 + \frac{3}{2}z' + z'^2 + \frac{z'^3}{4}\right),$$

$$u = 2z'^{\frac{1}{2}}\left(1 + \frac{3}{2}z' + z'^2 + \frac{z'^3}{3}\right)^{\frac{1}{2}} = 2z'^{\frac{1}{2}}\left[1 + \frac{3}{4}z' + \ldots\right],$$

$$v = \frac{(1 + z')^4 + u(1 + z')^2}{z'} = \frac{1}{z'} + \frac{2}{z'^{\frac{1}{2}}} + 4 + \frac{11}{2}z'^{\frac{1}{2}} + \ldots,$$

$$v = \frac{1}{z - 1} + \frac{2}{(z - 1)^{\frac{1}{2}}} + 4 + \frac{11}{2}(z - 1)^{\frac{1}{2}} + \ldots.$$

Le point de ramification $z = 1$ est donc un pôle du second ordre, le résidu étant égal à 2.

Les seuls zéros à distance finie sont les points $z = 0$, $u = \pm i$, car l'équation

$$z^4 + uz^2 = 0$$

donne $z^2 = 0$, ou $z^2 = -u$, équation qui n'a pas de racine à distance finie.

Prenons le zéro $z=0$, $u=i$, on a, dans le domaine de ce point,

$$u = i(1-z^4)^{\frac{1}{2}} = i\left[1-\frac{1}{2}z^4+\ldots\right],$$

$$\frac{1}{z-1} = -1-z-z^2-\ldots,$$

$$v = -iz^2-iz^3+\ldots;$$

c'est donc un zéro d'ordre 2; le point $z=0$, $u=-i$ est de même un zéro d'ordre 2.

Points à l'infini. — Les points à l'infini dans les deux feuillets se distinguent en ce que, pour l'un d'eux ∞_1, le rapport $\frac{u}{z^2}$ tend vers $+1$, et, pour l'autre ∞_2, vers -1.

Dans le voisinage du point ∞_1, on a

$$u = z^2\left(1-\frac{1}{z^4}\right)^{\frac{1}{2}} = z^2\left(1-\frac{1}{2}\frac{1}{z^4}+\ldots\right),$$

$$\frac{z}{z-1} = 1+\frac{1}{z}+\frac{1}{z^2}+\ldots,$$

$$v = z^3\left(2-\frac{1}{2}\frac{1}{z^4}+\ldots\right)\left(1+\frac{1}{z}+\frac{1}{z^2}+\ldots\right),$$

$$v = z^3\left(2+\frac{2}{z}+\frac{2}{z^2}+\frac{2}{z^3}+\frac{3}{2}\frac{1}{z^4}+\ldots\right).$$

Le point ∞_1 est donc un pôle d'ordre 3, et le résidu en ce point est $-\frac{3}{2}$.

Enfin, dans le voisinage du point ∞_2,

$$u = -z^2\left(1-\frac{1}{z^4}\right)^{\frac{1}{2}} = -z^2\left(1-\frac{1}{2}\frac{1}{z^4}+\ldots\right);$$

donc

$$v = z^3\left(\frac{1}{2}\frac{1}{z^4}+\ldots\right)\left(1+\frac{1}{z}+\frac{1}{z^2}+\ldots\right),$$

$$v = \frac{1}{2z}+\frac{1}{2z^2}+\ldots.$$

La fonction est régulière au point ∞_2, qui est un zéro du premier ordre; le résidu du point ∞_2 est $-\frac{1}{2}$.

En résumé, on a le tableau suivant :

Points analytiques.	Nature des points.	Résidus.
$z = 1, \quad u = 0.$	Pôle d'ordre 2	2
$z = 0, \quad u = i.$	Zéro d'ordre 2	0
$z = 0, \quad u = -i.$	Zéro d'ordre 2	0
$z = \infty, \quad \frac{u}{z^2} = +1.$	Pôle d'ordre 3	$-\frac{3}{2}$
$z = \infty, \quad \frac{u}{z^2} = -1.$	Zéro d'ordre 1	$-\frac{1}{2}$

La somme des résidus est nulle; la somme des ordres des zéros est 5; celle des ordres des infinis est aussi 5.

L'*ordre total de la fonction* v est 5. Il est aisé de vérifier que l'équation $v = C$ a 5 zéros, quel que soit C.

27. Nous allons introduire maintenant, en suivant une méthode de Weierstrass, une notion d'une grande importance, celle du *genre* d'une relation algébrique.

Une fonction uniforme de z régulière en tous les points à distance finie et à l'infini étant une constante, une fonction rationnelle de z devient infinie *au moins en un point*. Nous avons remarqué (Introduction) que l'on peut former une fonction rationnelle de z avec des pôles arbitraires et des parties principales également arbitraires : par exemple la fonction

$$\frac{A}{z - a}$$

devient infinie en *un seul point* arbitraire a avec un résidu arbitraire A.

Il en est autrement pour les fonctions rationnelles de z et u, u étant lié à z par l'équation

$$u^2 = A(z - e_1)(z - e_2)\ldots(z - e_n),$$

avec

$$n = 2p + 1 \qquad \text{ou} \qquad n = 2p + 2.$$

Si une fonction v, rationnelle en z et u, devient infinie en un seul point analytique (z_0, u_0) arbitraire, l'ordre de cet infini ne peut pas être moindre qu'un certain nombre entier.

Cet ordre minimum diminué d'une unité se nomme, d'après Weierstrass, le *genre* de la relation algébrique entre u et z, ou encore le *genre* de la surface de Riemann correspondante.

Un point analytique arbitraire est un point dont on peut faire varier à volonté la position sur la surface de Riemann; ce point est donc supposé *distinct d'un point de ramification*. Nous allons démontrer que le *genre* des surfaces de Riemann précédemment étudiées est égal à p, si $n = 2p+1$ ou $2p+2$. Cherchons à former une fonction v rationnelle en z et u avec un pôle d'ordre r au point (z_0, u_0). Cette fonction v peut s'écrire, comme nous l'avons vu,

$$v = \frac{P(z) + u\,Q(z)}{R(z)},$$

P, Q, R désignant des polynomes en z sans diviseur commun.

Remarquons que, si un point z_0 distinct d'un point de ramification est une racine d'ordre k du polynome $R(z)$, la fonction v admet au moins un des deux points analytiques (z_0, u_0), $(z_0, -u_0)$ correspondant à $z = z_0$, comme pôle d'ordre k. En effet, on ne peut pas avoir en même temps

$$P(z_0) + u_0\,Q(z_0) = 0, \qquad P(z_0) - u_0\,Q(z_0) = 0,$$

car, u_0 n'étant pas nul, on aurait

$$P(z_0) = 0, \qquad Q(z_0) = 0$$

et les polynomes P, Q, R admettraient un diviseur commun $(z - z_0)$. Supposons, pour fixer les idées, $P(z_0) + u_0 Q(z_0)$ différent de zéro : alors la fonction v devient infinie d'ordre k au point analytique (z_0, u_0), et la proposition est démontrée.

Si le polynome $R(z)$ admet e_i pour racine d'ordre k, et si $P(e_i)$ n'est pas nul, le rapport v devient en e_i *infini* d'ordre $2k$, car, d'après les conventions antérieurement faites, on prend comme infiniment grand principal $\frac{1}{\sqrt{(z-e_i)}}$. Si $P(e_i)$ est nul, $Q(e_i)$ ne peut pas l'être, P, Q, R n'ayant pas de diviseur commun. Dans ce cas, on peut supprimer au numérateur et au dénominateur de v le facteur $\sqrt{z-e_i}$ et la fonction v devient au point e_i infinie d'un ordre $2k-1$, au moins égal à 1.

Ces remarques étant faites, puisque la fonction doit devenir *infinie d'ordre r au seul point* (z_0, u_0), le polynome $R(z)$ ne doit pas admettre d'autre racine que $z = z_0$, au degré r de multiplicité. Car, si ce polynome admettait une autre racine, la fonction v deviendrait infinie en d'autres points analytiques d'après la remarque précédente; et, si ce polynome admettait la racine z_0 à un degré k différent de r, la fonction v admettrait l'un des deux points analytiques (z_0, u_0) ou $(z_0, -u_0)$ comme pôle d'ordre k; elle ne remplirait pas les conditions demandées.

On a donc, en négligeant un facteur constant,

$$R(z) = (z - z_0)^r.$$

Pour $z = z_0$, la fonction u a deux déterminations u_0 et $-u_0$. la fonction v devant devenir infinie d'ordre r au seul point (z_0, u_0) et devant rester finie au point $(z_0, -u_0)$, le numérateur

$$P(z) + u\,Q(z)$$

doit admettre le zéro $(z_0, -u_0)$ à l'ordre r de multiplicité. Le développement de $P(z) + uQ(z)$ par la formule de Taylor, au voisinage du point $(z_0, -u_0)$, doit contenir $(z - z_0)^r$ en facteur, ce qui s'exprime en écrivant que cette fonction et ses $(r - 1)$ premières dérivées s'annulent en ce point.

Il faut, en outre, que la fonction v soit finie à l'infini. Donc : 1° si $P(z)$ n'est pas identiquement nul, son degré est au plus égal à r; 2° si $Q(z)$ n'est pas identiquement nul, son degré est au plus égal à $r - p - 1$.

En effet, à l'infini, u est d'ordre $p + \frac{1}{2}$ en z quand $n = 2p + 1$, et d'ordre $p + 1$ quand $n = 2p + 2$. Donc, si le degré de P dépassait r, ou si celui de Q dépassait $r - p - 1$, l'une au moins des déterminations du numérateur serait à l'infini d'un ordre en z supérieur à r, et le rapport

$$v = \frac{P + uQ}{R}$$

deviendrait infini, au moins dans un des feuillets, pour z infini.

Ces conditions ne peuvent pas être remplies si l'ordre r est inférieur à $p + 1$; car alors, si Q n'était pas identiquement nul, son degré serait *négatif*, ce qui est absurde. Le polynome Q étant identiquement nul, le numérateur $P+uQ$ se réduit à P, et, comme le développement de $P+uQ$ suivant les puissances de $z-z_0$ dans le voisinage du point $(z_0, -u_0)$ doit contenir $(z-z_0)^r$ en facteur, le polynome P de degré r doit contenir $(z-z_0)^r$ en facteur : il est donc égal au produit de $(z-z_0)^r$ par une constante, et l'on a

$$v = \text{const.}$$

Donc, *l'ordre r du pôle unique (z_0, u_0) de la fonction v ne peut pas être inférieur à $p+1$.* Le genre est bien p, comme nous l'avons annoncé.

La fonction v existe, au contraire, si $r \geqq p+1$. Par exemple, si $r=p+1$, elle est entièrement déterminée à une constante additive et à un facteur constant près. En effet, $Q(z)$, devant être de degré zéro, se réduit à une constante C. Le polynome $P(z)$ de degré $p+1$ est assujetti à cette condition que le développement de

$$P(z)+u\,Q(z)=P(z)+Cu,$$

dans le voisinage de $z=z_0$, $u=-u_0$, contienne $(z-z_0)^{p+1}$ en facteur. On a donc

$$P(z)=C\left[u_0+A(z-z_0)^{p+1}+\frac{u'_0}{1}(z-z_0)\right.$$
$$\left.+\frac{u''_0}{1.2}(z-z_0)^2+\ldots+\frac{u_0^{(p)}}{1.2\ldots p}(z-z_0)^p\right],$$

A désignant une constante : d'où enfin résulte pour v l'expression

$$v=A+C\frac{u_0+\dfrac{u'_0}{1}(z-z_0)+\ldots+\dfrac{u_0^{(p)}}{1.2\ldots p}(z-z_0)^p+u}{(z-z_0)^{p+1}}$$

avec deux constantes arbitraires A et C.

Nous avons supposé le point (z_0, u_0) arbitrairement variable sur la surface et distinct des points de ramification. Une fonction ayant un seul pôle placé en un point de ramification peut y devenir infinie d'un ordre moindre que $(p+1)$. Ainsi, quel que soit le genre, la fonction

$$\frac{1}{z-e_i}$$

devient, au seul point de ramification e_i, infiniment grande du second ordre.

28. On peut généraliser le résultat précédent en cherchant à former une fonction v, rationnelle en z et u, ayant q pôles arbitrairement choisis $(a_1, b_1), \ldots, (a_q, b_q)$, distincts des points de ramification, avec des degrés de multiplicité déterminés α_1, $\alpha_2, \ldots, \alpha_q$. Cette fonction sera d'ordre

$$r = \alpha_1 + \alpha_2 + \ldots + \alpha_q.$$

Elle n'existe, on le voit, comme tout à l'heure, que si $r \geqq p + 1$.

Les polynomes P, Q, R sont alors assujettis aux conditions suivantes : R est déterminé, à un facteur constant près,

$$R = (z - a_1)^{\alpha_1}(z - a_2)^{\alpha_2} \ldots (z - a_q)^{\alpha_q};$$

P est de degré au plus égal à r, Q de degré au plus égal à $r - p - 1$; le numérateur $P + uQ$, développé par la formule de Taylor, doit contenir $(z - a_1)^{\alpha_1}$ en facteur dans le voisinage de $(a_1, -b_1)$, $(z - a_2)^{\alpha_2}$ en facteur dans le voisinage de $(a_2, -b_2), \ldots$, $(z - a_q)^{\alpha_q}$ dans le voisinage du point $(a_q, -b_q)$. Le polynome Q étant choisi arbitrairement du degré $r - p - 1$, le polynome P est de la forme $P = AR + P_1$, A désignant une constante et P_1 un polynome de degré $r - 2$ entièrement déterminé par les conditions précédentes : on connaît en effet les valeurs de P_1 et de ses $(\alpha_1 - 1)$ premières dérivées pour $z = a_1$, les valeurs de P_1 et de ses $(\alpha_2 - 1)$ premières dérivées pour $z = a_2$, etc., ce qui donne, comme il est connu, r conditions déterminant les r coefficients de P_1. (*Voir* un article d'Hermite, *Journal de Crelle*, t. 84, p. 70).

L'expression de v est donc

$$v = A + \frac{P_1(z) + u\,Q(z)}{R(z)},$$

ou A est une constante arbitraire et $Q(z)$ un polynome arbitraire de degré $r - p - 1$. Cette expression contient, outre A, $r - p$ constantes arbitraires d'une façon linéaire et homogène. Dans le voisinage de chaque pôle, les coefficients de la partie principale sont en nombre égal au degré de multiplicité du pôle : il y a donc en tout r coefficients des parties principales. Ces coefficients étant des fonctions linéaires et homogènes des $r - p$ constantes qui figurent dans $Q(z)$, il y a entre eux p *relations*.

29. Formons ces relations dans le cas simple où tous les pôles sont du premier ordre,

$$\alpha_1 = \alpha_2 = \ldots = \alpha_q = 1.$$

Alors $r = q$,

$$R = (z - a_1)(z - a_2)\ldots(z - a_r);$$

$Q(z)$ est de degré $r - p - 1$, $P(z)$ de degré r, et l'on a

$$P(a_1) - b_1 Q(a_1) = 0, \quad P(a_2) - b_2 Q(a_2) = 0, \quad \ldots, \quad P(a_r) - b_r Q(a_r) = 0,$$

puisque $P + uQ$ doit s'annuler aux points

$$(a_1, -b_1), \quad (a_1, -b_2), \quad \ldots, \quad (a_r, -b_r).$$

Si l'on fait

$$P(z) = A\,R(z) + P_1(z),$$

P_1 étant de degré $r - 1$, on aura

$$P_1(a_1) = b_1 Q(a_1), \quad P_1(a_2) = b_2 Q(a_2), \quad \ldots, \quad P_1(a_r) = b_r Q(a_r),$$

relations qui déterminent entièrement le polynome $P_1(z)$, dont on peut écrire l'expression par la formule de Lagrange.

On obtiendra une forme remarquable de v par la méthode suivante, qui fournit immédiatement les p relations entre les coefficients des parties principales relatives aux pôles $(a_1, b_1), \ldots, (a_r, b_r)$.

Décomposant $\frac{P(z)}{R(z)}$ et $\frac{Q(z)}{R(z)}$ en fractions simples, on a

$$\frac{P}{R} = A + \frac{C_1}{z - a_1} + \frac{C_2}{z - a_2} + \ldots + \frac{C_r}{z - a_r},$$

$$\frac{Q}{R} = \frac{A_1}{z - a_1} + \frac{A_2}{z - a_2} + \ldots + \frac{A_r}{z - a_r},$$

$$v = \frac{P + uQ}{R} = A + \frac{C_1 + A_1 u}{z - a_1} + \frac{C_2 + A_2 u}{z - a_2} + \ldots + \frac{C_r + A_r u}{z - a_r},$$

$A, C_1, \ldots, C_r, A_1, A_2, \ldots, A_r$ étant des constantes.

Pour $z = a_1$, $u = -b_1$, la valeur de v doit rester *finie*, car la fonction v doit avoir le pôle (a_1, b_1) et non $(a_1, -b_1)$. On a donc

$$C_1 - A_1 b_1 = 0;$$

de même

$$C_2 - A_2 b_2 = 0, \quad \ldots, \quad C_r - A_r b_r = 0,$$

et la fonction v s'écrit

$$(\alpha) \qquad v = A + A_1 \frac{u + b_1}{z - a_1} + A_2 \frac{u + b_2}{z - a_2} + \ldots + A_r \frac{u + b_r}{z - a_r},$$

fonction qui, à distance finie, admet évidemment les seuls pôles $(a_1, b_1), (a_2, b_2), \ldots, (a_r, b_r)$ du premier ordre.

Mais les coefficients $A_1, A_2, \ldots, A_r$ ne *sont pas arbitraires :* en effet, ce sont les résidus de la fraction rationnelle $\frac{Q}{R}$, dans laquelle le *degré du numérateur est* $r - p - 1$, *celui du dénominateur étant* r. La somme des résidus de cette fraction rationnelle à distance finie est donc *nulle*, et il en est de même de la somme des résidus des fractions

$$\frac{zQ}{R}, \quad \frac{z^2 Q}{R}, \quad \ldots, \quad \frac{z^{p-1} Q}{R},$$

car le degré de $z^{p-1} Q$ est encore inférieur de deux unités à celui du dénominateur, de sorte que le résidu à l'infini est *nul*.

On a donc, entre $A_1, A_2, \ldots, A_r$ et $a_1, a_2, \ldots, a_r$ les p relations nécessaires

$$(\beta) \qquad \begin{cases} A_1 + A_2 + \ldots + A_r = 0, \\ A_1 a_1 + A_2 a_2 + \ldots + A_r a_r = 0, \\ A_1 a_1^2 + A_2 a_2^2 + \ldots + A_r a_r^2 = 0, \\ \ldots\ldots\ldots\ldots\ldots\ldots\ldots\ldots, \\ A_1 a_1^{p-1} + A_2 a_2^{p-1} + \ldots + A_r a_r^{p-1} = 0. \end{cases}$$

Ces relations sont suffisantes pour que la fonction trouvée remplisse toutes les conditions demandées. En effet, on vérifie que, si ces conditions sont remplies, la fonction v définie par la relation (α) *est finie à l'infini*. Par exemple, si n est pair et égal à $2p + 2$, on a dans le voisinage du point ∞, dans l'un des feuillets,

$$u = \sqrt{A}\left(z^{p+1} + C_0 z^p + C_1 z^{p-1} + \ldots + C_{p-1} z + C_p + \frac{C_{p+1}}{z} + \ldots\right);$$

puis

$$\frac{1}{z-a_1} = \frac{1}{z} + \frac{a_1}{z^2} + \frac{a_1^2}{z^3} + \ldots + \frac{a_1^{\nu-1}}{z^\nu} + \ldots,$$

$$\frac{1}{z-a_2} = \frac{1}{z} + \frac{a_2}{z^2} + \frac{a_2^2}{z^3} + \ldots + \frac{a_2^{\nu-1}}{z^\nu} + \ldots,$$

et ainsi de suite. Substituant ces développements dans l'expression (α) de v et tenant compte des relations (β), on voit que les coefficients des puissances positives de z sont bien nuls.

Si n est impair, $n = 2p+1$, on a pour z infiniment grand

$$u = \sqrt{A}\left[z^{p+\frac{1}{2}} + C_0 z^{p-\frac{1}{2}} + C_1 z^{p-\frac{3}{2}} + \ldots + C_{p-1} z^{\frac{1}{2}} + C_p\left(\frac{1}{z}\right)^{\frac{1}{2}} + \ldots\right],$$

et, en vertu des relations (β), les coefficients des puissances positives de z dans le développement de v disparaissent encore.

Le résidu relatif au pôle (a_1, b_1) étant, d'après l'expression (α) de v,

$$B_1 = 2A_1 b_1,$$

et les résidus relatifs aux autres pôles

$$B_2 = 2A_2 b_2, \quad \ldots, \quad B_r = 2A_r b_r,$$

les p relations (β) donnent, entre les résidus $B_1, B_2, \ldots, B_r$, p relations de la forme

$$B_1\frac{a_1^k}{b_1} + B_2\frac{a_2^k}{b_2} + \ldots + B_r\frac{a_r^k}{b_r} = 0 \qquad (k = 0, 1, 2, \ldots, p-1).$$

Les relations (β) rendent évident ce fait que nous avons déjà démontré autrement, que r doit être au moins égal à $p+1$.

En effet, si l'on avait $r \leq p$, ces relations linéaires et homogènes en $A_1, A_2, \ldots, A_r$ donneraient pour tous ces coefficients des *valeurs nulles*, car le déterminant des coefficients de $A_1, A_2, \ldots, A_r$, dans les r premières relations, est

$$\begin{vmatrix} 1 & 1 & \ldots & 1 \\ a_1 & a_2 & \ldots & a_r \\ a_1^2 & a_2^2 & \ldots & a_r^2 \\ \ldots & \ldots & \ldots & \ldots \\ a_1^{r-1} & a^{r-1} & \ldots & a_r^{r-1} \end{vmatrix},$$

déterminant qui est différent de zéro, puisque toutes les quantités $a_1, a_2, \ldots, a_r$ sont supposées différentes.

Si les points $(a_1, b_1), (a_2, b_2), \ldots, (a_r, b_r)$ n'étaient pas arbitraires, c'est-à-dire variables indépendamment les uns des autres, la fonction v pourrait exister pour $r < p + 1$. Par exemple, si l'on prend les *deux points* $(a_1, b_1), (a_1, -b_1)$, qui sont superposés dans les deux feuillets, il existe une fonction admettant seulement ces deux pôles au premier degré, c'est

$$\frac{A_1}{z - a_1}.$$

30. Nous venons de voir que le genre de la relation

$$u^2 = A(z - e_1)(z - e_2)\ldots(z - e_n),$$

où $n = 2p + 1$ ou $2p + 2$, est p.

Le genre des deux relations prises d'abord comme exemple,

$$(5) \qquad u^2 = z, \qquad u^2 = A(z - e_1)(z - e_2),$$

est zéro. On peut donc former une fonction rationnelle de z et u avec un seul pôle du premier degré placé en un point arbitraire; sous ce rapport, ces fonctions sont de même nature que les fonctions rationnelles d'une variable représentée sur le plan simple. La raison en est que l'on peut exprimer, dans les relations (5), u et z en fonctions rationnelles d'un paramètre t, de telle manière qu'à chaque valeur de t réponde un seul point (z, u) de la surface de Riemann et réciproquement; pour employer un langage géométrique, cela tient à ce que les courbes (5) sont *unicursales*.

En effet, pour la première des relations (5), il suffit de poser

$$z = t^2, \qquad u = t,$$

et pour la seconde

$$u = t\sqrt{A}(z - e_1),$$

d'où

$$z = \frac{e_1 t^2 - e_2}{t^2 - 1}, \qquad u = \sqrt{A}\,\frac{(e_1 - e_2)t}{t^2 - 1},$$

et l'on voit que la condition est réalisée. En imaginant le plan simple des t, on peut dire qu'à chaque point du plan simple des t

répond un point de la surface de Riemann et réciproquement. La surface de Riemann peut donc être représentée point par point sur un plan simple : l'étude des fonctions rationnelles de z et u se ramène alors à l'étude des fonctions rationnelles de t et inversement.

CHAPITRE II.

INTÉGRALES HYPERELLIPTIQUES (1).

Propriétés générales. — Singularités des intégrales hyperelliptiques. — Différentes espèces d'intégrales. — Le nombre des intégrales de première espèce est égal au genre. — Intégrales de troisième espece avec deux points critiques logarithmiques. — Intégrales de deuxième espèce avec un seul pôle. — Moyen de déduire ces intégrales de celles de troisième espèce. — Expression d'une intégrale hyperelliptique quelconque à l'aide d'intégrales des trois especes. — Expression d'une fonction rationnelle par une somme d'intégrales de première et de deuxième espèce. — Décomposition en éléments simples. — Exemple. — L'intégrale élémentaire de deuxième espèce est une fonction rationnelle du paramètre. — Expression d'une fonction rationnelle à l'aide d'intégrales de première et de troisième espèce.

31. Soit v une fonction rationnelle de z et u

$$v = \frac{P(z) + u\,Q(z)}{R(z)},$$

l'intégrale

$$J(z, u) = \int_{(z_0, u_0)}^{(z, u)} v\,dz$$

est une intégrale abélienne attachée à la relation

$$u^2 = A(z - e_1)(z - e_2)\dots(z - e_n),$$

ou à la surface de Riemann correspondante. Les intégrales abéliennes ainsi formées se nomment *hyperelliptiques* (2). On suppose la limite inférieure placée en un point analytique déterminé (z_0, u_0) de la surface de Riemann, et l'intégration effectuée le

(1) Ouvrages à consulter : NEUMANN, *Theorie der Abelschen Integrale*; CLEBSCH et GORDAN, *Theorie der Abelschen Functionen* : erster Abschnitt.

(2) On appelle, en général, *intégrales hyperelliptiques* celles qui ne contiennent, sous le signe d'intégration, d'autre irrationalité qu'un radical carré portant sur un polynome d'un degré *supérieur au quatrième*. Toutefois nous conserverons ici le même nom, quel que soit le degré de ce polynome.

long d'une certaine courbe tracée sur la surface et aboutissant au point analytique (z, u), qui forme la limite supérieure. La valeur de l'intégrale est une fonction de la limite supérieure, c'est-à-dire du point analytique (z, u); elle dépend aussi, dans une certaine mesure, du chemin d'intégration allant du point (z_0, u_0) au point (z, u). Quand, ces points restant fixes, le contour d'intégration varie, les différentes valeurs que peut acquérir l'intégrale ne diffèrent que par certaines constantes additives appelées *modules de périodicité*, car toutes ces valeurs de l'intégrale ont même dérivée v par rapport à z.

32. Nous allons d'abord étudier la nature des points singuliers d'une intégrale hyperelliptique sur la surface de Riemann.

Si en un point à distance finie de la surface de Riemann la fonction v est *régulière*, l'intégrale $J(z, u)$ est aussi *régulière* en ce point. Cela résulte immédiatement de ce que l'intégrale d'une série procédant suivant les *puissances positives croissantes* de $z - z_0$ ou de $(z - e_i)^{\frac{1}{2}}$ est une nouvelle série de même forme, convergente dans le même domaine que la première.

Voyons maintenant comment se comporte l'intégrale $J(z, u)$ dans le domaine d'un pôle de la fonction v. Soit (a_k, b_k) un pôle de v, d'ordre m, placé en un point ordinaire de la surface à distance finie. Dans le domaine de ce point on a, en appelant R_k le résidu de v et écrivant le premier le terme en $\frac{1}{z - a_k}$,

$$v = \frac{R_k}{z - a_k} + \frac{A_{-m}}{(z - a_k)^m} + \frac{A_{-m+1}}{(z - a_k)^{m-1}} + \ldots + \frac{A_{-2}}{(z - a_k)^2} + A_0 + A_1(z - a_k) + A_2(z - a_k)^2 + \ldots.$$

En intégrant et désignant par C une constante d'intégration, on a l'expression suivante de l'intégrale, valable dans le même domaine δ du point (a_k, b_k) :

$$\begin{aligned} J(z, u) = C &+ R_k \log(z - a_k) \\ &- \frac{A_{-m}}{(m-1)(z - a_k)^{m-1}} - \frac{A_{-m+1}}{(m-2)(z - a_k)^{m-2}} - \ldots \\ &- \frac{A_{-2}}{z - a_k} + A_0(z - a_k) + A_1 \frac{(z - a_k)^2}{2} + \ldots. \end{aligned}$$

Donc, lorsque le résidu R_k est *nul*, l'intégrale $J(z, u)$ est uniforme dans le domaine δ du point (a_k, b_k) qu'elle admet comme pôle d'ordre $m-1$. Mais, lorsque le résidu R_k n'est pas nul, l'intégrale n'est plus uniforme dans le domaine δ : elle augmente de $2\pi i R_k$ quand le point (z, u) décrit, à l'intérieur de ce domaine, un contour fermé tournant une fois dans le sens positif autour de (a_k, b_k). On dit alors que le point (a_k, b_k) est un *point singulier logarithmique* de l'intégrale.

Soit maintenant un point de ramification e_i que la fonction v admet comme pôle d'ordre m, le résidu étant R_i. On a, dans un domaine δ du point e_i, en écrivant d'abord le terme en $\frac{1}{z-e_i}$,

$$v = \frac{\frac{1}{2}R_i}{z-e_i} + \frac{A_{-m}}{(z-e_i)^{\frac{m}{2}}} + \frac{A_{-m+1}}{(z-e_i)^{\frac{m-1}{2}}} + \ldots + \frac{A_{-3}}{(z-e_i)^{\frac{3}{2}}}$$
$$+ \frac{A_{-1}}{(z-e_i)^{\frac{1}{2}}} + A_0 + A_1(z-e_i)^{\frac{1}{2}} + A_2(z-e_i) + \ldots,$$

car, par définition, le résidu R_i est le double du coefficient de $\frac{1}{z-e_i}$. En intégrant et désignant par C une constante, on a, dans le même domaine, l'expression suivante de l'intégrale :

$$J(z, u) = C + R_i \log(z-e_i)^{\frac{1}{2}}$$
$$- \frac{2A_{-m}}{(m-2)(z-e_i)^{\frac{m-2}{2}}} - \frac{2A_{-m+1}}{(m-3)(z-e_i)^{\frac{m-3}{2}}} - \ldots$$
$$- \frac{2A_{-3}}{(z-e_i)^{\frac{1}{2}}} + 2A_{-1}(z-e_i)^{\frac{1}{2}} + A_0(z-e_i) + \frac{2A_1}{3}(z-e_i)^{\frac{3}{2}} + \ldots.$$

Lorsque le résidu R_i est *nul*, l'intégrale est uniforme dans le domaine δ du point e_i qu'elle admet comme pôle d'ordre $m-2$, tant que m est supérieur à 2 ; si $m=1$, elle est régulière en ce point ; le cas de $m=2$ ne peut pas se présenter avec l'hypothèse $R_i=0$. Lorsque R_i n'est pas nul, l'intégrale n'est plus uniforme dans le domaine δ du point e_i; elle augmente de $2\pi i R_i$ quand le point (z, u) décrit autour de e_i dans le sens positif et à l'intérieur du domaine δ une courbe fermée sur la surface de Riemann, ce qui exige, comme nous l'avons vu (p. 27), que z tourne *deux fois* autour de e_i. Le point e_i est alors un *point singulier logarithmique* de l'intégrale.

Étudions, pour terminer, la forme de l'intégrale dans le domaine d'un point à l'infini.

D'abord, si n est pair, les deux points à l'infini dans les deux feuillets sont des points ordinaires de la surface de Riemann. Dans un certain domaine d'un de ces points, ∞_1 par exemple, v est de la forme, en prenant le cas le plus général,

$$v = -\frac{R_\infty^{(1)}}{z} + A_{-m} z^m + A_{-m+1} z^{m-1} + \ldots$$
$$+ A_{-1} z + A_0 + A_2 \frac{1}{z^2} + A_3 \frac{1}{z^3} + \ldots,$$

en commençant par le terme en $\frac{1}{z}$, et appelant $R_\infty^{(1)}$ le résidu relatif au point ∞_1, résidu qui est le coefficient de $\frac{1}{z}$ changé de signe. En intégrant, on a, dans le même domaine,

$$J(z, u) = C + R_\infty^{(1)} \log \frac{1}{z} + \frac{A_{-m}}{m+1} z^{m+1} + \ldots$$
$$+ \frac{A_{-1}}{2} z^2 + A_0 z - A_2 \frac{1}{z} - \frac{A_3}{2} \frac{1}{z^3} - \ldots.$$

Lorsque le résidu $R_\infty^{(1)}$ est *nul*, l'intégrale est uniforme dans le domaine du point ∞_1 ; si v admet ce point comme pôle d'ordre m, J l'admet comme pôle d'ordre $m+1$. Lorsque le résidu $R_\infty^{(1)}$ n'est pas *nul*, l'intégrale n'est plus uniforme dans le domaine considéré du point ∞_1; elle augmente de $2\pi i R_\infty^{(1)}$ quand le point (z, u) décrit dans le sens positif à l'intérieur du domaine considéré un cercle de centre $z = 0$. Le point ∞_1 est alors *un point singulier logarithmique*.

Pour que l'intégrale $J(z, u)$ reste finie, c'est-à-dire soit régulière au point ∞_1, il faut, d'après le développement ci-dessus, que le développement de v commence par le terme en $\frac{1}{z^2}$, et que tous les coefficients précédents soient nuls, c'est-à-dire que v soit dans le voisinage du point ∞_1 infiniment petit de l'ordre de $\frac{1}{z^2}$ ou d'un ordre supérieur. Les mêmes remarques s'appliquent au point ∞_2, qui peut être un pôle, un point singulier logarithmique ou enfin un point où l'intégrale est régulière.

Si l'infini est un point de ramification (n impair), on a, dans un certain domaine de ce point,

$$v = -\frac{\frac{1}{2}R_\infty}{z} + A_{-m} z^{\frac{m}{2}} + A_{-m+1} z^{\frac{m-1}{2}} + \ldots$$
$$+ A_{-1} z^{\frac{1}{2}} + A_0 + A_1 \left(\frac{1}{z}\right)^{\frac{1}{2}} + A_3 \left(\frac{1}{z}\right)^{\frac{3}{2}} + A_4 \left(\frac{1}{z}\right)^2 + \ldots,$$

en appelant R_∞ le résidu relatif au point ∞ et écrivant le terme en $\frac{1}{z}$ le premier. On a donc, en intégrant,

$$J(z, u) = C + R_\infty \log\left(\frac{1}{z}\right)^{\frac{1}{2}} + \frac{2A_{-m}}{m+2} z^{\frac{m+2}{2}} + \frac{2A_{-m+1}}{m+1} z^{\frac{m+1}{2}} + \ldots$$
$$+ \frac{2A_{-1}}{3} z^{\frac{3}{2}} + A_0 z + \frac{2A_{-1}}{1} z^{\frac{1}{2}} - 2A_3 \left(\frac{1}{z}\right)^{\frac{1}{2}} - \frac{A_4}{z} - \ldots.$$

Lorsque le résidu R_∞ est nul, J est uniforme dans le domaine du point ∞; si v admet ce point comme pôle d'ordre m, J l'admet comme pôle d'ordre $m+2$. Lorsque R_∞ n'est pas nul, l'intégrale n'est plus uniforme dans le domaine du point ∞ : elle augmente de $2\pi i R_\infty$ quand (z, u) décrit sur le domaine du point, dans le sens positif, une circonférence fermée autour du point ∞, circonférence qui doit être parcourue deux fois, comme nous l'avons vu (p. 33). Le point ∞ est alors un point singulier logarithmique de l'intégrale. Pour que l'intégrale soit finie, c'est-à-dire régulière au point ∞, il faut et il suffit que le premier terme du développement précédent de v soit le terme en $\left(\frac{1}{z}\right)^{\frac{3}{2}}$, ou un terme de degré supérieur en $\frac{1}{z}$.

En résumé, dans le domaine d'un point quelconque (a, b) de la surface de Riemann, ou bien l'intégrale est régulière, ou elle admet ce point comme pôle, ou elle admet ce point comme point singulier logarithmique. Dans ce dernier cas, si l'on appelle R le résidu relatif au point (a, b), on a, dans un certain domaine de ce point,

$$J(z, u) = R \log(z - a) + \varphi(z, u),$$

φ étant uniforme dans le domaine du point (a, b), régulière en ce point, ou l'admettant comme pôle. Dans cette formule, pour résumer tous les cas, il faut convenir de remplacer $z - a$ par $(z - e_i)^{\frac{1}{2}}$

quand (a, b) coïncide avec un point de ramification, par $\frac{1}{z}$ quand (a, b) est un point ordinaire à l'infini, et par $\left(\frac{1}{z}\right)^{\frac{1}{2}}$ quand (a,b) coïncide avec un point de ramification à l'infini.

33. Comme la somme de tous les résidus de la fonction v est *nulle*, l'intégrale J peut n'*avoir aucun point singulier logarithmique*, si tous les résidus de v sont nuls *séparément;* mais si elle possède un point singulier logarithmique, elle en a au moins un second, car tous les résidus ne peuvent être nuls, sauf un seul, puisque leur somme est nulle.

Les intégrales les plus simples possédant des points critiques logarithmiques sont donc celles qui en possèdent deux avec des résidus nécessairement égaux et de signes contraires.

Toute intégrale abélienne est une somme d'intégrales rentrant dans l'une des trois catégories suivantes :

1° Une intégrale abélienne est de *première espèce* quand elle reste finie, quel que soit le point analytique (z, u), à distance finie ou infinie, formant la limite supérieure : une telle intégrale est une fonction du point analytique (z, u), *régulière* en tous les points de la surface de Riemann, mais *non uniforme;*

2° Une intégrale abélienne est de *deuxième espèce* quand elle devient infinie en un seul point de la surface de Riemann et que ce point est un pôle de l'intégrale;

3° Une intégrale abélienne est de *troisième espèce* quand elle devient infinie seulement en deux points (a, b) et (a', b') de la surface de Riemann, qui sont des points singuliers logarithmiques de telle nature que, dans le voisinage de ces points, elle puisse être représentée par des expressions de la forme

$$-\log(z-a)+\varphi(z, u),$$
$$\log(z-a')+\varphi'(z, u),$$

$\varphi(z, u)$ et $\varphi'(z, u)$ désignant des fonctions *régulières* respectivement aux points (a, b) et (a', b').

34. Nous étudierons d'abord les *intégrales de première espèce*.

Soit

$$w(z, u) = \int_{(z_0, u_0)}^{(z, u)} \frac{P + uQ}{R} dz$$

une intégrale de première espèce. Le polynome P doit être identiquement nul. En effet, appelons w' et w'' les deux déterminations de l'intégrale aux deux points analytiques superposés (z, u_1) et (z, u_2), u_1 et u_2 désignant les deux déterminations de u correspondant à une valeur de z ; nous aurons

$$w' = \int_{(z_0, u_0)}^{(z, u_1)} \frac{P + uQ}{R} dz, \qquad w'' = \int_{(z_0, u_0)}^{(z, u_2)} \frac{P + uQ}{R} dz;$$

d'où

$$\frac{dw'}{dz} + \frac{dw''}{dz} = \frac{P + u_1 Q}{R} + \frac{P + u_2 Q}{R} = \frac{2P}{R},$$

et, par suite,

$$w' + w'' = 2\int_{z_0} \frac{P}{R} dz.$$

L'intégrale w étant de première espèce, toutes ses déterminations w' et w'' doivent rester finies, donc aussi la somme $w' + w''$. Or, si P n'est pas identiquement nul, ou bien la fonction rationnelle $\frac{P}{R}$ dépend effectivement de z, et alors elle devient infinie en un ou plusieurs points où l'intégrale qui donne $w' + w''$ devient également infinie, ou bien $\frac{P}{R}$ est une constante C différente de zéro, et alors l'intégrale qui donne $w' + w''$, étant égale à $2C(z - z_0)$, devient infinie à l'infini. Pour que $w' + w''$ reste finie, il faut donc que P soit nul identiquement. L'intégrale w ne peut être que de la forme

$$w = \int \frac{uQ}{R} dz$$

qui peut aussi s'écrire, évidemment, en appelant S le polynome $u^2 Q$,

$$\int \frac{S}{uR} dz.$$

Il reste à voir ce que doivent être les polynomes S et R, supposés débarrassés de leurs facteurs communs, pour que w soit partout finie.

Tout d'abord R *doit se réduire à une constante*. En effet, si R admettait une racine a, distincte d'un point de ramification, d'ordre k, on aurait, au voisinage de $z = a$,

$$\frac{S}{uR} = \frac{a_0}{(z-a)^k} + \frac{a_1}{(z-a)^{k-1}} + \ldots + \frac{a_{k-1}}{z-a} + a_k + \ldots,$$

$$\int \frac{S\,dz}{uR} = -\frac{a_0}{(k-1)(z-a)^{k-1}} - \frac{a_1}{(k-2)(z-a)^{k-2}} + \ldots,$$
$$+ a_{k-1}\log(z-a) + \ldots.$$

expression infinie pour $z = a$. Si R admettait comme racine d'ordre k un point de ramification e_i, on aurait, dans le voisinage,

$$\frac{S}{uR} = \frac{a_0}{(z-e_i)^{k+\frac{1}{2}}} + \frac{a_1}{(z-e_i)^{k-\frac{1}{2}}} + \ldots + \frac{a_{k-1}}{(z-e_i)^{\frac{3}{2}}} + \frac{a_k}{(z-e_i)^{\frac{1}{2}}} + \ldots,$$

$$\int \frac{S\,dz}{uR} = -\frac{a_0}{\left(k-\frac{1}{2}\right)(z-e_i)^{k-\frac{1}{2}}} - \frac{a_1}{\left(k-\frac{3}{2}\right)(z-e_i)^{k-\frac{3}{2}}} - \ldots - \frac{2a_{k-1}}{(z-e_i)^{\frac{1}{2}}},$$
$$+ 2a_k(z-e_i)^{\frac{1}{2}} + \ldots,$$

expression infinie pour $z = e_i$.

Le polynome R ne devant admettre aucune racine est une *constante*, et l'expression de l'intégrale de première espèce devient

$$w = \int \frac{S}{u}\,dz.$$

Toute intégrale de cette forme est finie en tous les points *à distance finie*, car dans le voisinage du point e_i, on a

$$\frac{S}{u} = \frac{a_0}{(z-e_i)^{\frac{1}{2}}} + a_1(z-e_i)^{\frac{1}{2}} + a_2(z-e_i)^{\frac{3}{2}} + \ldots,$$

$$\int \frac{S\,dz}{u} = C + 2a_0(z-e_i)^{\frac{1}{2}} + \frac{2}{3}a_1(z-e_i)^{\frac{3}{2}} + \ldots,$$

expression finie pour $z = e_i$.

Il reste à exprimer que w reste finie pour z infini. Appelons s le degré du polynome S. Pour z infiniment grand, l'élément différentiel $\frac{S}{u}$ est, en z, de l'ordre $s - \frac{n}{2}$; pour que l'intégrale soit finie, il faut et il suffit que cet ordre soit inférieur à -1, d'où

$$s < \frac{n}{2} - 1.$$

Lorsque n est pair, $n = 2p + 2$, on a

$$s < p,$$

et, si n est impair, $n = 2p + 1$,

$$s < p - \frac{1}{2}.$$

Dans les deux cas, la plus grande valeur de s est $p - 1$; on pourra donc prendre pour S le polynome

$$S = \lambda_1 + \lambda_2 z + \lambda_3 z^2 + \ldots + \lambda_p z^{p-1},$$

avec p coefficients arbitraires $\lambda_1, \lambda_2, \ldots, \lambda_p$, et l'intégrale w ainsi obtenue est l'intégrale la plus générale de première espèce. En posant

$$w_k = \int_{(z_0, u_0)}^{(z, u)} \frac{z^{k-1}}{u} dz \qquad (k = 1, 2, \ldots, p),$$

l'intégrale w la plus générale de première espèce pourra s'écrire

$$w = \lambda_1 w_1 + \lambda_2 w_2 + \ldots + \lambda_p w_p + \text{const.};$$

elle est donc une fonction linéaire à coefficients constants de p intégrales spéciales de première espèce $w_1, w_2, \ldots, w_p$. Ces intégrales $w_1, w_2, \ldots, w_p$ sont linéairement indépendantes; il est impossible de trouver des coefficients constants $C_1, C_2, \ldots, C_p$ tels que l'on ait

$$C_1 w_1 + C_2 w_2 + \ldots + C_p w_p = \text{const.},$$

en effet, la différentiation donnerait la relation

$$C_1 + C_2 z + C_3 z^2 + \ldots + C_p z^{p-1} = 0,$$

qui ne peut être satisfaite identiquement que si les constantes $C_1, C_2, \ldots, C_p$ sont *nulles*.

En résumé, le nombre d'intégrales de première espèce linéairement indépendantes est égal au genre.

Toute intégrale de première espèce est une fonction linéaire à coefficients constants de ces p intégrales particulières.

35. Voici maintenant comment on obtient les *intégrales de troisième espèce*. Proposons-nous de former une intégrale possédant les propriétés suivantes : elle est partout finie sur la surface de Riemann, excepté en deux points analytiques donnés, (a', b') et (a, b); dans un certain domaine du premier, elle est de la forme

$$\log(z - a') + \varphi_1(z, u),$$

et, dans un certain domaine du second, de la forme

$$-\log(z - a) + \varphi(z, u),$$

φ_1 et φ désignant des fonctions régulières respectivement aux points (a', b') et (a, b). Conformément à la convention que nous avons faite pour les points singuliers logarithmiques (p. 60), il faudra dans ces deux expressions remplacer $(z - a)$ par $(z - e_i)^{\frac{1}{2}}$ ou $\frac{1}{z}$, ou $\left(\frac{1}{z}\right)^{\frac{1}{2}}$, suivant que le point (a, b) coïncide avec un point de ramification. un point ordinaire à l'infini, un point de ramification à l'infini; de même pour $(z - a')$ à l'égard du point (a', b').

Supposons d'abord ces deux points (a', b') et (a, b) à distance finie, l'intégrale

$$\varpi_{a,b}^{a',b'}(z, u) = \int_{(z_0, u_0)}^{(z, u)} \frac{1}{2u}\left(\frac{u + b'}{z - a'} - \frac{u + b}{z - a}\right) dz$$

remplit les conditions de l'énoncé.

Prenons d'abord pour (a', b') (a, b) des points analytiques distincts des points de ramification. L'élément différentiel devient, à distance finie, infini aux points de ramification, car en ces points u s'annule; mais en un de ces points e_i l'élément différentiel devient infini comme $\frac{1}{(z - e_i)^{\frac{1}{2}}}$, et l'intégrale est régulière en ce point. L'élément différentiel devient encore infini à distance finie aux deux points (a', b') et (a, b), chacun de ces infinis étant du premier ordre avec les résidus respectifs $+1$ et -1. En effet, la fraction

$$\frac{1}{2u}\frac{u+b'}{z-a'}$$

reste finie au point $(a', -b')$ dans le domaine duquel elle est régulière, et devient infinie du premier ordre avec un résidu égal à 1 au point (a', b'). De même, la fraction

$$-\frac{1}{2u}\frac{u+b}{z-a}$$

est finie au point $(a, -b)$ et devient infinie du premier ordre au point (a, b) avec le résidu -1.

L'intégrale a donc bien dans le domaine des deux points (a', b'), (a, b) la forme requise. En outre, elle est régulière à l'infini, car on peut l'écrire

$$\int \frac{1}{2}\left(\frac{1}{z-a'}-\frac{1}{z-a}\right)dz+\int\frac{1}{2u}\left(\frac{b'}{z-a'}-\frac{b}{z-a}\right)dz,$$

et les deux intégrales séparées sont manifestement finies pour $z=\infty$: dans la première, l'élément différentiel est, pour z infini, infiniment petit de l'ordre de $\left(\frac{1}{z}\right)^2$, et, dans la seconde, il est infiniment petit de l'ordre de $\left(\frac{1}{z}\right)^{\frac{n}{2}+1}$

Cette intégrale ϖ remplit donc toutes les conditions demandées. Il est bon de remarquer que, si les deux points (a', b'), (a, b) sont *superposés*, $a'=a$, $b'=-b$ et l'intégrale prend la forme

$$-\int_{(z_0, u_0)}^{(z, u)}\frac{b}{z-a}\frac{dz}{u}.$$

La même intégrale ϖ continue à remplir les conditions demandées quand l'un des points (a', b'), (a, b) vient coïncider avec un point de ramification. Supposons, par exemple, $a'=e_i$, $b'=0$, on a

$$\varpi_{a,b}^{e_i}=\int\frac{1}{2u}\left(\frac{u}{z-e_i}-\frac{u+b}{z-a}\right)dz;$$

cette intégrale se comporte aux points de ramification autres que e_i, au point (a, b) et aux points à l'infini, comme l'intégrale étudiée précédemment. Dans le domaine du point e_i, on a immédiatement en écrivant

$$\varpi_{a,b}^{e_i} = \int \frac{1}{2} \frac{dz}{z - e_i} - \int \frac{1}{2u} \frac{u + b}{z - a} dz,$$

et remarquant que la seconde intégrale est régulière au point e_i,

$$\varpi_{a,b}^{e_i} = \log(z - e_i)^{\frac{1}{2}} + \text{fonction régulière en } e_i,$$

expression qui est bien de la forme demandée.

Si le second point (a, b) coïncide avec un autre point de ramification e_j, on a $b = 0$ et l'intégrale devient

$$\varpi_{e_j}^{e_i} = \int \frac{1}{2} \left(\frac{1}{z - e_i} - \frac{1}{z - e_j} \right) dz,$$

pouvant s'écrire, sous forme finie,

$$\varpi_{e_j}^{e_i} = \log(z - e_i)^{\frac{1}{2}} - \log(z - e_j)^{\frac{1}{2}} + \text{const.},$$

où les conditions requises sont évidemment remplies.

36. Quand l'un des points (a', b'), (a, b) s'éloigne indéfiniment, l'intégrale formée précédemment devient infinie si $n > 2$. On la remplace alors par l'une des intégrales suivantes convenant à toutes les valeurs de n.

Soit d'abord n *pair*, $n = 2p + 2$. Prenons le point (a, b) au point ∞_1 de l'un des feuillets caractérisé par

$$\lim \frac{u}{z^{p+1}} = \sqrt{A}$$

pour $z = \infty$. L'intégrale

$$\varpi_{\infty_1}^{a', b'} = \int \frac{1}{2u} \left(\frac{u + b'}{z - a'} + \sqrt{A}\, z^p \right) dz$$

remplit encore les conditions demandées relativement aux deux points (a', b') et ∞_1. En effet, aux points de ramification et au point (a', b'), elle se comporte comme nous venons de le voir. Pour étudier cette intégrale à l'infini, écrivons-la

$$\varpi = \int \frac{1}{2} \left(\frac{1}{z - a'} + \frac{\sqrt{A}\, z^p}{u} \right) dz + \int \frac{b'\, dz}{2u(z - a')}.$$

Maintenant la seconde intégrale est régulière aux deux points éloignés indéfiniment ∞_1 et ∞_2. Quant à la première, on a dans le domaine du point ∞_1

$$\frac{1}{z-a'} = \frac{1}{z} + \frac{a'}{z^2} + \frac{a'^2}{z^3} + \ldots,$$

$$\frac{\sqrt{A}\, z^p}{u} = \frac{1}{z} + \frac{\beta_1}{z^2} + \frac{\beta_2}{z^3} + \ldots,$$

d'où

$$\varpi_{\infty_1}^{a',\, b'} = -\log\frac{1}{z} + \text{fonction régulière en } \infty\ ;$$

dans le domaine du point ∞_2, on a, au contraire,

$$\frac{\sqrt{A}\, z^p}{u} = -\frac{1}{z} - \frac{\beta_1}{z^2} - \frac{\beta_2}{z^3} - \ldots;$$

le terme en $\frac{1}{z}$ disparaît dans la combinaison

$$\frac{1}{z-a'} + \frac{\sqrt{A}\, z^p}{u},$$

et l'intégrale est régulière au point ∞_2.

Lorsque, n étant pair, les points (a', b') et (a, b) sont à l'infini dans des feuillets différents, (a', b') au point ∞_2 pour lequel

$$\lim \frac{u}{z^{p+1}} = -\sqrt{A}$$

et (a, b) au point ∞_1 pour lequel

$$\lim \frac{u}{z^{p+1}} = +\sqrt{A},$$

on a une intégrale remplissant toutes les conditions en prenant

$$\varpi_{\infty_1}^{\infty_2} = \int \frac{\sqrt{A}\, z^p}{u}\, dz.$$

En effet, cette intégrale est finie à distance finie ; dans le domaine du point ∞_1, on a

$$\frac{\sqrt{A}\, z^p}{u} = \frac{1}{z} + \frac{\beta_1}{z^2} + \frac{\beta_2}{z^3} + \ldots,$$

d'où

$$\varpi_{\infty_1}^{\infty_2} = -\log\frac{1}{z} + \text{fonction régulière};$$

dans le domaine du point ∞_2, on a de même

$$\frac{\sqrt{A}\, z^p}{u} = -\frac{1}{z} - \frac{\beta_1}{z^2} - \frac{\beta_2}{z^3} - \ldots,$$

d'où

$$\varpi_{\infty_1}^{\infty_2} = \log\frac{1}{z} + \text{fonction régulière}.$$

Par exemple, si $p = 0$, l'intégrale élémentaire $i\int\frac{dz}{\sqrt{1-z^2}}$ est une intégrale de troisième espèce, attachée à la relation $u^2 = 1 - z^2$, avec deux points singuliers logarithmiques à l'infini.

Enfin, supposons *n impair* et (a, b) placé au point de ramification infiniment éloigné, l'intégrale

$$\varpi_{\infty}^{a'\,b'} = \int\frac{1}{2u}\,\frac{u+b'}{z-a'}\,dz$$

remplit encore les conditions requises. Elle se comporte à distance finie comme l'intégrale primitive $\varpi_{a,b}^{a',b'}$ à l'égard du point (a', b'). Écrivons-la

$$\varpi_{\infty}^{a',b'} = \int\frac{1}{2(z-a')}\,dz + \int\frac{b'\,dz}{2u(z-a')};$$

nous voyons que la seconde intégrale est régulière à l'infini et que dans la première on peut faire, pour z très grand,

$$\frac{1}{2(z-a')} = \frac{1}{2z} + \frac{a'}{2z^2} + \ldots,$$

d'où

$$\varpi_{\infty}^{a',b'} = -\log\left(\frac{1}{z}\right)^{\frac{1}{2}} + \text{fonction régulière}.$$

37. Nous avons ainsi formé une intégrale de troisième espèce pour toutes les positions possibles des points singuliers logarithmiques; l'intégrale de troisième espèce, la plus générale, correspondant à une position déterminée des points singuliers logarithmiques, est égale à l'intégrale que nous avons formée, augmentée d'une intégrale de *première espèce*

$$\lambda_1 w_1 + \lambda_2 w_2 + \ldots + \lambda_p w_p,$$

avec p coefficients arbitraires $\lambda_1, \lambda_2, \ldots, \lambda_p$. En effet, si deux intégrales de troisième espèce ont les mêmes points singuliers logarithmiques (a', b') et (a, b), avec les résidus respectifs $+1$ et -1, leur différence est *partout finie;* cette différence ne pourrait devenir infinie qu'en un des points (a', b'), (a, b) : dans le domaine du point (a, b), les deux intégrales sont de la forme

$$-\log(z-a) + \text{fonction régulière au point } (a, b);$$

leur différence est donc évidemment régulière au point (a, b). De même au point (a', b'). Cette différence étant régulière partout est une intégrale de *première espèce.*

38. On peut former *une intégrale unique de troisième espèce* qui conserve un sens, quelle que soit la position des points (a', b') et (a, b), à distance finie ou infinie. Pour cela, désignons par λ une constante arbitraire essentiellement différente de a et de a', puis posons

$$\begin{aligned}\Psi(z, u) = & \int_{(z_0, u_0)}^{(z, u)} \frac{1}{2u}\left\{\frac{u+b'}{z-a'} + b'\left[\frac{1}{a'-\lambda} + \frac{z-\lambda}{(a'-\lambda)^2} + \frac{(z-\lambda)^2}{(a'-\lambda)^3} + \ldots + \frac{(z-\lambda)^{p-1}}{(a'-\lambda)^p}\right]\right\} dz \\ & - \int_{(z_0, u_0)}^{(z, u)} \frac{1}{2u}\left\{\frac{u+b}{z-a} + b\left[\frac{1}{a-\lambda} + \frac{z-\lambda}{(a-\lambda)^2} + \frac{(z-\lambda)^2}{(a-\lambda)^3} + \ldots + \frac{(z-\lambda)^{p-1}}{(a-\lambda)^p}\right]\right\} dz.\end{aligned}$$

Cette expression, dans le cas où (a', b') et (a, b) sont à distance finie, ne diffère de l'intégrale

$$\varpi_{a,b}^{a',b'} = \int_{(z_0, u_0)}^{(z, u)} \frac{1}{2u}\left(\frac{u+b'}{z-a'} - \frac{u+b}{z-a}\right) dz$$

que par une somme d'intégrales de première espèce, car tous les termes, tels que

$$\int \frac{(z-\lambda)^\nu}{u} dz \qquad (\nu = 0, 1, 2, \ldots, p-1),$$

sont des intégrales de première espèce. L'intégrale Ψ se réduit d'ailleurs à $\varpi_{a,b}^{a',b'}$, si l'on fait λ infini, ce qui est permis quand (a', b) et (a, b) sont à distance finie, car λ est assujetti à la seule condition d'être différent de a et de a'. Mais cette intégrale Ψ possède cet avantage de conserver encore un sens quand l'un ou l'autre des points singuliers (a', b'), (a, b) ou tous deux *s'éloignent à l'infini.*

Pour le montrer, écrivons cette intégrale sous la forme plus simple suivante, où nous remplaçons les progressions géométriques

$$\frac{1}{a'-\lambda}+\frac{z-\lambda}{(a'-\lambda)^2}+\ldots+\frac{(z-\lambda)^{p-1}}{(a'-\lambda)^p},$$
$$\frac{1}{a-\lambda}+\frac{z-\lambda}{(a-\lambda)^2}+\ldots+\frac{(z-\lambda)^{p-1}}{(a-\lambda)^p},$$

par leurs sommes

$$\frac{1-\left(\frac{z-\lambda}{a'-\lambda}\right)^p}{a'-z},\quad \frac{1-\left(\frac{z-\lambda}{a-\lambda}\right)^p}{a-z},$$

$$\Psi_{a,b}^{a',b'}(z, u)=\int_{(z_0, u_0)}^{(z, u)}\frac{1}{2u}\left[\frac{u+b'\left(\frac{z-\lambda}{a'-\lambda}\right)^p}{z-a'}-\frac{u+b\left(\frac{z-\lambda}{a-\lambda}\right)^p}{z-a}\right]dz;$$

puis faisons croître a indéfiniment, en considérant successivement les deux cas *n pair*, *n impair*.

Si $n=2p+2$, faisons coïncider (a, b) avec le point ∞_1 caractérisé par ce fait que

$$\lim\frac{b}{a^{p+1}}=+\sqrt{A}$$

pour $a=\infty$. Le second terme de l'élément différentiel

$$-\frac{u+b\left(\frac{z-\lambda}{a-\lambda}\right)^p}{z-a}\quad\text{ou}\quad\frac{\frac{u}{a}+\frac{b}{a(a-\lambda)^p}(z-\lambda)^p}{1-\frac{z}{a}}$$

tend vers $\sqrt{A}(z-\lambda)^p$ et l'on a

$$\Psi_{\infty_1}^{a',b'}(z, u)=\int_{(z_0, u_0)}^{(z, u)}\frac{1}{2u}\left[\frac{u+b'\left(\frac{z-\lambda}{a'-\lambda}\right)^p}{z-a'}+\sqrt{A}(z-\lambda)^p\right]dz,$$

expression qui ne diffère de $\varpi_{\infty_1}^{a'b'}$ que par des intégrales de *première espèce.*

Si le point (a', b') s'éloigne à l'infini dans l'autre feuillet, de façon à coïncider avec le point ∞_2, on a

$$\lim\frac{b'}{a'^{p+1}}=-\sqrt{A}.$$

et un calcul analogue au précédent donne

$$\Psi_{\infty_1}^{\infty_2}(z, u) = \int_{(z_0, u_0)}^{(z, u)} \frac{\sqrt{A}(z-\lambda)^p}{u} dz,$$

expression qui ne diffère de $\varpi_{\infty_1}^{\infty_2}$ que par des intégrales de première espèce et qui se réduit à $\varpi_{\infty_2}^{\infty_1}$ pour $\lambda = 0$.

Enfin, supposons n impair et égal à $2p+1$, et imaginons que le point (a, b) coïncide avec le point de ramification ∞. Alors le rapport $\frac{b}{a^{p+1}}$ tend *vers zéro*, la quantité

$$-\frac{u + b\left(\frac{z-\lambda}{a-\lambda}\right)^p}{z-a}$$

tend vers zéro, et l'on a

$$\Psi_{\infty}^{a', b'}(z, u) = \int_{(z_0, u_0)}^{(z, u)} \frac{1}{2u} \frac{u + b'\left(\frac{z-\lambda}{a'-\lambda}\right)^p}{z-a'} dz,$$

expression qui ne diffère de $\varpi_{\infty}^{a', b'}$ que par des intégrales de première espèce et qui tend vers $\varpi_{\infty}^{a', b'}$ quand on prend λ infiniment grand.

L'intégrale la plus générale de troisième espèce admettant les points singuliers (a, b) et (a', b') est encore

$$\Psi_{a, b}^{a', b'} + \lambda_1 w_1 + \lambda_2 w_2 + \ldots + \lambda_p w_p.$$

39. Voici quelques propriétés des intégrales précédentes. On a

$$\varpi_{a, b}^{a', b'} + \varpi_{a', b'}^{a, b} = 0, \qquad \Psi_{a, b}^{a', b'} + \Psi_{a', b'}^{a, b} = 0,$$

d'après l'expression même de ϖ et Ψ, car la permutation de (a', b') et (a, b) change le signe de l'élément différentiel. En particulier, si $(a', b') = (a, b)$ les intégrales ϖ et Ψ sont identiquement nulles.

Soient u_1 et u_2 les deux déterminations de u correspondant à une même valeur de z. Les sommes

$$\varpi_{a, b}^{a', b'}(z, u_1) + \varpi_{a, b}^{a', b'}(z, u_2), \qquad \Psi_{a, b}^{a', b'}(z, u_1) + \Psi_{a, b}^{a', b'}(z, u_2)$$

ont respectivement pour dérivées

$$\frac{1}{2u_1}\left(\frac{u_1+b'}{z-a'}-\frac{u_1+b}{z-a}\right)+\frac{1}{2u_2}\left(\frac{u_2+b'}{z-a'}-\frac{u_2+b}{z-a}\right),$$

$$\frac{1}{2u_1}\left[\frac{u_1+b'\left(\dfrac{z-\lambda}{a'-\lambda}\right)^p}{z-a'}-\frac{u_1+b\left(\dfrac{z-\lambda}{a-\lambda}\right)^p}{z-a}\right]$$

$$+\frac{1}{2u_2}\left[\frac{u_2+b'\left(\dfrac{z-\lambda}{a'-\lambda}\right)^p}{z-a'}-\frac{u_2+b\left(\dfrac{z-\lambda}{a-\lambda}\right)^p}{z-a}\right]$$

ou, en réduisant et tenant compte de la relation $u_1+u_2=0$,

$$\frac{1}{z-a'}-\frac{1}{z-a};$$

donc, en intégrant, on a pour les deux sommes une expression de la forme

$$\log\frac{z-a'}{z-a}\frac{z_0-a}{z_0-a'}+\text{const.}$$

40. Il nous reste à étudier les *intégrales de deuxième espèce*. Nous avons nommé ainsi une intégrale abélienne, finie en tous les points de la surface de Riemann, excepté en un point qui est un pôle de l'intégrale.

Le pôle est un point ordinaire. Soit d'abord (ξ, η) un point analytique situé à distance finie et distinct des points de ramification

$$\eta^2 = A(\xi-e_1)(\xi-e_2)\ldots(\xi-e_n),$$

et $\dfrac{d\eta}{d\xi}$ la valeur de $\dfrac{du}{dz}$ pour $z=\xi$, $u=\eta$,

$$\frac{d\eta}{d\xi}=\frac{\eta}{2}\left(\frac{1}{\xi-e_1}+\frac{1}{\xi-e_2}+\ldots+\frac{1}{\xi-e_n}\right).$$

L'intégrale

$$\zeta(z,u;\xi,\eta)=\int_{(z_0,u_0)}^{(z,u)}\frac{u+\eta+(z-\xi)\dfrac{d\eta}{d\xi}}{2u(z-\xi)^2}dz$$

est l'intégrale élémentaire de deuxième espèce, avec le pôle simple (ξ, η), la partie principale de l'intégrale relative à ce pôle étant

$$\frac{1}{z-\xi}.$$

Dans cette intégrale, le numérateur est $u + P_1$, P_1 désignant le polynome du premier degré en z

$$P_2 = \eta + (z-\xi)\frac{d\eta}{d\xi},$$

obtenu en prenant les deux premiers termes du développement de u en série par la formule de Taylor dans le domaine du point (ξ, η).

L'intégrale ainsi formée est finie à l'infini, car, pour z infiniment grand, l'élément différentiel est, en $\frac{1}{z}$, infiniment petit d'un ordre supérieur à 1. A distance finie, l'élément différentiel devient infini aux points de ramification, mais l'intégrale reste finie. Enfin le dénominateur de l'élément différentiel s'annule pour la valeur $z = \xi$ à laquelle répondent deux valeurs de u, $\pm\eta$, différentes de zéro. Au point $(\xi, -\eta)$ l'élément différentiel est régulier, car dans le domaine de ce point on a, par la formule de Taylor,

$$u = -\eta - (z-\xi)\frac{d\eta}{d\xi} - \frac{(z-\xi)^2}{1.2}\frac{d^2\eta}{d\xi^2} - \ldots.$$

Le numérateur $u + P_1$ contient donc $(z-\xi)^2$ en facteur, et l'élément différentiel est fini au point $(\xi, -\eta)$. Mais dans le domaine du point (ξ, η) on a, par la formule de Taylor,

$$u = P_1 + \frac{(z-\xi)^2}{1.2}\frac{d^2\eta}{d\xi^2} + \ldots.$$

Écrivons l'élément différentiel comme il suit :

$$-\frac{u+P_1}{2u(z-\xi)^2} = -\left(1 - \frac{u-P_1}{2u}\right)\frac{1}{(z-\xi)^2} = -\frac{1}{(z-\xi)^2} + \frac{u-P_1}{2u(z-\xi)^2};$$

l'intégrale devient dans le domaine du point (ξ, η), C étant une constante d'intégration,

$$\zeta(z, u; \xi, \eta) = \frac{1}{z-\xi} + C + \int_{(z_0, u_0)}^{(z, u)} \frac{u-P_1}{2u(z-\xi)^2}\,dz,$$

comme $u - P_1$ contient $(z-\xi)^2$ en facteur, l'élément

$$\frac{u - P_1}{2u(z-\xi)^2}$$

est une fonction régulière au point (ξ, η), et l'on a, dans le domaine de ce point,

$$\zeta(z, u; \xi, \eta) = \frac{1}{z-\xi} + \text{fonction régulière.}$$

C'est ce que nous voulions démontrer.

On formera de même une intégrale $\zeta^{(\nu)}(z, u; \xi, \eta)$ finie partout, excepté au point (ξ, η), qu'elle admet pour pôle d'ordre $(\nu+1)$, la partie principale relative à ce pôle étant

$$\frac{1}{(z-\xi)^{\nu+1}}.$$

Pour cela, désignons par $P_{\nu+1}$ le polynome de degré $(\nu+1)$ en z obtenu en prenant les $\nu - 2$ premiers termes du développement de u dans le domaine du point (ξ, η), suivant les puissances de $(z-\xi)$,

$$P_{\nu+1} = \eta + (z-\xi)\frac{d\eta}{d\xi} + \frac{(z-\xi)^2}{1.2}\frac{d^2\eta}{d\xi^2} + \ldots + \frac{(z-\xi)^{\nu+1}}{1.2\ldots(\nu+1)}\frac{d^{\nu+1}\eta}{d\xi^{\nu+1}}.$$

L'intégrale

$$\zeta^{(\nu)}(z, u; \xi, \eta) = -(\nu+1)\int_{(z_0, u_0)}^{(z, u)} \frac{u + P_{\nu+1}}{2u(z-\xi)^{\nu+2}}\,dz$$

est l'intégrale demandée. En effet, elle est finie aux points à l'infini et aux points de ramification; elle est finie au point $(\xi, -\eta)$, car dans le domaine de ce point on a, par la formule de Taylor,

$$u = -P_{\nu+1} - \frac{(z-\xi)^{\nu+2}}{1.2\ldots(\nu+2)}\frac{d^{\nu+2}\eta}{d\xi^{\nu+2}} - \ldots,$$

de sorte que l'élément différentiel est une fonction régulière au point $(\xi, -\eta)$. Enfin, pour étudier l'intégrale dans le domaine du point (ξ, η), on écrit comme précédemment

$$\zeta^{(\nu)}(z, u; \xi, \eta) = -(\nu+1)\int_{(z_0, u_0)}^{(z, u)} \left[\frac{1}{(z-\xi)^{\nu+2}} - \frac{u - P_{\nu+1}}{2u(z-\xi)^{\nu+2}}\right] dz$$

$$= \frac{1}{(z-\xi)^{\nu+1}} + C + (\nu+1)\int_{(z_0, u_0)}^{(z, u)} \frac{u - P_{\nu+1}}{2u(z-\xi)^{\nu+2}}\,dz.$$

Puisque, dans le domaine du point (ξ, η) u est développable par la série de Taylor, sous la forme

$$u = P_{\nu+1} + \frac{(z-\xi)^{\nu+2}}{1.2\ldots(\nu+2)} \frac{d^{\nu+2}\eta}{d\xi^{\nu+2}} + \ldots,$$

le numérateur de la deuxième intégrale

$$u - P_{\nu+1}$$

contient $(z-\xi)^{\nu+2}$ en facteur, et cette intégrale est régulière au point (ξ, η) : on a donc bien, dans le domaine de ce point,

$$\zeta^{(\nu)}(z, u; \xi, \eta) = \frac{1}{(z-\xi)^{\nu+1}} + \text{fonction régulière.}$$

L'intégrale $\zeta^{(\nu)}(z, u; \xi, -\eta)$ est de même

$$\zeta^{(\nu)}(z, u; \xi, -\eta) = -(\nu+1)\int_{(z_0, u_0)}^{(z, u)} \frac{u - P_{\nu-1}}{2u(z-\xi)^{\nu+2}} dz.$$

Il convient de remarquer la formule

$$\begin{aligned}&\zeta^{(\nu)}(z, u; \xi, \eta) + \zeta^{(\nu)}(z, u; \xi, -\eta)\\ &= -(\nu+1)\int_{(z_0, u_0)}^{(z, u)} \frac{dz}{(z-\xi)^{\nu+2}} = \frac{1}{(z-\xi)^{\nu+1}} - \frac{1}{(z_0-\xi)^{\nu+1}}.\end{aligned}$$

On a une formule analogue quand on calcule la somme des valeurs

$$S = \zeta^{(\nu)}(z, u_1; \xi, \eta) + \zeta^{(\nu)}(z, u_2; \zeta, \eta),$$

qui prend une même intégrale de deuxième espèce aux deux points superposés (z, u_1) et (z, u_2).

En effet, il vient, en tenant compte de la relation $u_1 + u_2 = 0$,

$$\frac{dS}{dz} = -\frac{(\nu+1)}{(z-\xi)^{\nu+2}},$$

$$S = \frac{1}{(z-\xi)^{\nu+1}} + \text{const.}$$

41. Voyons comment il faut modifier les formules précédentes quand *le pôle est un point de ramification à distance finie.*

Soit e_i un point de ramification à distance finie; on peut écrire

$$u = (z-e_i)^{\frac{1}{2}} u_1,$$

où

$$u_i = \sqrt{A}\sqrt{(z-e_1)\dots(z-e_{i-1})(z-e_{i+1})\dots(z-e_n)},$$

u_i est une fonction régulière de z dans le domaine du point e_i, et l'on a, dans ce domaine,

$$u_i = E_0^{(i)} + (z-e_i)E_1^{(i)} + \dots + (z-e_i)^\nu E_\nu^{(i)} + \dots,$$

$E_0^{(i)}, \dots, E_\nu^{(i)}$ désignant des constantes.

Lorsque dans l'intégrale $\zeta(z, u; \xi, \eta)$, le point (ξ, η) devient un point critique $(e_i, 0)$, cette intégrale devient infinie. Nous la remplacerons par la suivante :

$$\zeta(z, u; e_i) = -\int_{(z_0, u_0)}^{(z, u)} \frac{E_0^{(i)}\,dz}{2u(z-e_i)},$$

intégrale finie partout, excepté au point e_i.

Dans le domaine de ce point, on a

$$u = (z-e_i)^{\frac{1}{2}} u_i,$$

et l'on peut écrire l'élément différentiel

$$\frac{-E_0^{(i)}}{2u_i(z-e_i)^{\frac{3}{2}}}$$

ou, en ajoutant et retranchant u_i au numérateur,

$$-\frac{1}{2(z-e_i)^{\frac{3}{2}}} + \frac{u_i - E_0^{(i)}}{2u_i(z-e_i)^{\frac{3}{2}}};$$

d'où enfin, dans le domaine de e_i,

$$\zeta(z, u; e_i) = \frac{1}{(z-e_i)^{\frac{1}{2}}} + C + \int_{(z_0, u_0)}^{(z, u)} \frac{u_i - E_0^{(i)}}{2u_i(z-e_i)^{\frac{3}{2}}}\,dz.$$

Comme, dans ce domaine, $u_i - E_0^{(i)}$ contient $z - e_i$ en facteur, d'après le développement ecrit pour u_i, cette dernière intégrale est régulière au point e_i, et l'on a, dans le domaine considéré,

$$\zeta(z, u; e_i) = \frac{1}{(z-e_i)^{\frac{1}{2}}} + \text{fonction régulière.}$$

On a donc une intégrale élémentaire de deuxième espèce finie partout, excepté au point e_i qu'elle admet comme pôle d'ordre 1, avec la partie principale $\frac{1}{(z-e_i)^{\frac{1}{2}}}$.

Pour obtenir une intégrale qui devient infinie au seul point e_i qu'elle admet comme pôle d'ordre 2 avec la partie principale $\frac{1}{z-e_i}$, on prend simplement

$$\zeta'(z, u; e_i) = \frac{1}{z-e_i} + C = -\int_{(z_0, u_0)}^{(z, u)} \frac{dz}{(z-e_i)^2}.$$

Appelons d'une manière générale

$$\zeta^{(\nu)}(z, u; e_i)$$

une intégrale devenant infinie au seul point e_i, avec la partie principale

$$\frac{1}{(z-e_i)^{\frac{\nu+1}{2}}}.$$

Si ν est impair, $\nu = 2\mu - 1$, il suffit de prendre

$$\zeta^{(2\mu-1)}(z, u; e_i) = \frac{1}{(z-e_i)^{\mu}} + C = -\mu\int_{(z_0, u_0)}^{(z, u)} \frac{dz}{(z-e_i)^{\mu+1}}.$$

Si ν est pair

$$\nu = 2\mu,$$

on prend

$$\zeta^{(2\mu)}(z, u; e_i) = -\frac{2\mu+1}{2}\int_{(z_0, u_0)}^{(z, u)} \frac{P_{\mu}^{(i)}}{u(z-e_i)^{\mu+1}}\,dz,$$

$P_{\mu}^{(i)}$ désignant le polynome en $z - e_i$ de degré μ, obtenu en prenant les $(\mu + 1)$ premiers termes du développement de u_i, suivant les puissances de $z - e_i$,

$$P_{\mu}^{(i)} = E_0^{(i)} + (z-e_i)E_1^{(i)} + \ldots + (z-e_i)^{\mu}E_{\mu}^{(i)}.$$

L'intégrale ainsi formée est finie partout, excepté au point e_i. Dans le domaine de ce point, on a

$$u = (z-e_i)^{\frac{1}{2}}u_i,$$

et l'on peut écrire l'élément différentiel, en ajoutant et retranchant u_i au numérateur,

$$-\frac{2\mu+1}{2}\,\frac{u_i-(u_i-P_\mu^{(i)})}{u_i(z-e_i)^{\mu+\frac{3}{2}}}=-\frac{2\mu+1}{2}\,\frac{1}{(z-e_i)^{\mu+\frac{3}{2}}}+\frac{(2\mu+1)(u_i-P_\mu^{(i)})}{2u_i(z-e_i)^{\mu+\frac{3}{2}}}.$$

Comme, dans le domaine du point e_i, la différence $u_i-P_\mu^{(i)}$ contient $(z-e_i)^{\mu+1}$ en facteur, le dernier terme devient au point e_i infini de l'ordre de $\frac{1}{(z-e_i)^{\frac{1}{2}}}$, et son intégrale reste finie.

On a donc en intégrant, dans le domaine du point e_i,

$$\zeta^{(2\mu)}(z,\ u;\ e_i)=\frac{1}{(z-e_i)^{\frac{2\mu+1}{2}}}+\text{fonction régulière.}$$

Si l'on calcule actuellement la somme

$$S_\nu=\zeta^{(\nu)}(z,\ u_1;\ e_i)+\zeta^{(\nu)}(z,\ u_2;\ e_i)$$

aux deux points superposés $(z,\ u_1)$ et $(z,\ u_2)$, on a évidemment, quand ν est impair,

$$\nu=2\mu-1,\qquad S_{2\mu-1}=\frac{2}{(z-e_i)^\mu}+\text{const.},$$

et, quand ν est pair,

$$\nu=2\mu,\qquad dS_{2\mu}=0,\qquad S_{2\mu}=\text{const.}$$

42. Nous avons, dans ce qui précède, supposé le pôle à distance finie : qu'arrive-t-il si le *pôle est à l'infini?*

Si n est pair et égal à $2p+2$, il y a deux points à l'infini ∞_1 et ∞_2, qui se distinguent analytiquement en ce que, au point ∞_1, le rapport $\frac{u}{z^{p+1}}$ tend vers une limite $\sqrt{A}$ et au point ∞_2 vers la limite $-\sqrt{A}$.

Formons, par exemple, l'intégrale de deuxième espèce finie partout excepté au point ∞_1 qu'elle admet comme pôle avec la partie principale $z^{\nu+1}$; on obtient l'intégrale élémentaire devenant infinie au seul point ∞_1, avec la partie principale z, en faisant $\nu=0$.

Dans le domaine du point ∞_1, on a

$$u = z^{p+1} v,$$
$$v = \sqrt{A} + \frac{A_1}{z} + \frac{A_2}{z^2} + \ldots,$$

la fonction v étant régulière au point ∞_1. Dans le domaine du point ∞_2, on a de même

$$u = - z^{p+1} v.$$

Appelons $Q_{\nu+1}$ le polynome en $\frac{1}{z}$ de degré $\nu + 1$ obtenu en prenant les $\nu + 2$ premiers termes du développement ci-dessus de v,

$$Q_{\nu+1} = \sqrt{A} + \frac{A_1}{z} + \frac{A_2}{z^2} + \ldots + \frac{A_{\nu+1}}{z^{\nu+1}}.$$

L'intégrale demandée est

$$\zeta^{(\nu)}(z, u; \infty_1) = (\nu + 1) \int_{(z_0, u_0)}^{(z, u)} \frac{u z^{\nu} + z^{\nu+p+1} Q_{\nu+1}}{2u} dz,$$

où le terme $z^{\nu+p+1} Q_{\nu+1}$ est un polynome en z de degré $(\nu + p + 1)$. Cette intégrale est finie en tous les points à distance finie. Au point ∞_2 elle est encore régulière. En effet, dans le domaine de ce point, on a

$$u = - z^{p+1} v;$$

l'élément différentiel est donc

$$z^{\nu} \frac{v - Q_{\nu+1}}{2v}.$$

Mais le développement de $v - Q_{\nu+1}$ commence par le terme en $\frac{1}{z^{\nu+2}}$; l'élément différentiel est donc au point ∞_2 infiniment petit comme $\frac{1}{z^2}$ et l'intégrale est régulière en ce point.

Dans le domaine du point ∞_1, on a

$$u = z^{p+1} v$$

et l'élément différentiel devient

$$z^{\nu} \frac{v + Q_{\nu+1}}{2v},$$

qu'on peut écrire

$$z^{\nu} - z^{\nu}\,\frac{v - Q_{\nu+1}}{2v}.$$

Le développement de $v - Q_{\nu+1}$ commençant par le terme en $\frac{1}{z^{\nu+2}}$, la seconde partie de cette expression est à l'infini de l'ordre de $\frac{1}{z^2}$ et son intégrale est régulière au point ∞_1. On a donc, dans le domaine de ce point, en multipliant par $(\nu+1)\,dz$ et intégrant,

$$\zeta^{(\nu)}(z,\ u;\ \infty_1) + z^{\nu+1} + \text{fonction régulière}.$$

En particulier, pour $\nu = 0$, on a l'intégrale élémentaire

$$\zeta(z,\ u;\ \infty_1) = \int_{(z_0,\ u_0)}^{(z,\ u)} \frac{u + z^{p+1}Q_1}{2u}\,dz$$

qui devient infinie au seul point ∞_1, la partie principale en ce point étant z.

L'intégrale devenant infinie au seul point ∞_2, avec la partie principale $z^{\nu+1}$, est

$$\zeta^{(\nu)}(z,\ u;\ \infty_2) = (\nu+1)\int_{(z_0,\ u_0)}^{(z,\ u)} \frac{u z^{\nu} - z^{\nu+p+1}Q_{\nu+1}}{2u}\,dz.$$

Donc

$$\zeta^{(\nu)}(z,\ u;\ \infty_1) + \zeta^{(\nu)}(z,\ u;\ \infty_2) = z^{\nu+1} - z_0^{\nu+1}.$$

On trouve de même

$$\zeta^{(\nu)}(z,\ u_1;\ \infty_1) + \zeta^{(\nu)}(z,\ u_2;\ \infty_1) = z^{\nu+1} + \text{const.}$$

Si n est impair et égal à $2p+1$, le point ∞ est un point de ramification. Nous appellerons encore

$$\zeta^{(\nu)}(z,\ u;\ \infty),$$

une intégrale devenant infinie au seul point ∞ et ayant pour partie principale en ce point $z^{\frac{\nu+1}{2}}$.

Quand ν est impair et égal à $2\mu - 1$, on a immédiatement une intégrale remplissant ces conditions en prenant

$$\zeta^{(2\mu-1)}(z,\ u;\ \infty) = z^{\mu}.$$

Si ν est pair et égal à 2μ, on procède comme il suit. On a, dans le domaine du point ∞,

$$u = z^{p+\frac{1}{2}} v,$$

où v est développable en une série de la forme

$$v = \sqrt{A} + \frac{A_1}{z} + \frac{A_2}{z^2} + \ldots + \frac{A_{\nu+1}}{z^{\nu+1}} + \ldots.$$

Appelons encore Q_μ le polynome en $\frac{1}{z}$

$$Q_\mu = \sqrt{A} + \frac{A_1}{z} + \ldots + \frac{A_\mu}{z^\mu},$$

et posons

$$\zeta^{(2\mu)}(z, u; \infty) = \frac{2\mu+1}{2} \int_{(z_0, u_0)}^{(z, u)} \frac{z^{p+\mu} Q_\mu}{u} dz.$$

Cette intégrale est partout finie, excepté au point ∞. Dans le domaine de ce point, on peut écrire

$$u = z^{p+\frac{1}{2}} v,$$

et l'élément différentiel devient

$$z^{\mu-\frac{1}{2}} \frac{Q_\mu}{v} = z^{\mu-\frac{1}{2}} - z^{\mu-\frac{1}{2}} \frac{v - Q_\mu}{v}.$$

Comme le développement de $v - Q_\mu$ suivant les puissances croissantes de $\frac{1}{z}$ commence par $\left(\frac{1}{z}\right)^{\mu+1}$, le développement de

$$z^{\mu-\frac{1}{2}} \frac{v - Q_\mu}{v}$$

commence par le terme en $\left(\frac{1}{z}\right)^{\frac{3}{2}}$ et l'intégrale de la seconde partie est régulière au point ∞. On a donc, dans le domaine du point ∞,

$$\zeta^{(2\mu)}(z, u; \infty) = z^{\frac{2\mu+1}{2}} + \text{fonction régulière}.$$

L'intégrale élémentaire s'obtient en posant $\mu = 0$,

$$\zeta(z, u; \infty) = \int_{(z_0, u_0)}^{(z, u)} \frac{z^p \sqrt{A}}{2u} dz,$$

expression qui, dans le domaine du point ∞, est de la forme

$$z^{\frac{1}{2}} + \text{fonction régulière.}$$

La somme S_ν des valeurs de l'intégrale $\zeta^{(\nu)}(z, u; \infty)$ aux deux points superposés (z, u_1) et (z, u_2) est $2z^\mu$ quand $\nu = 2\mu - 1$ et elle est nulle quand $\nu = 2\mu$.

43. Les intégrales de deuxième espèce peuvent être déduites de celles de troisième espèce et de l'intégrale élémentaire de deuxième espèce. Considérons l'intégrale de troisième espèce, dans le cas où les deux points singuliers logarithmiques sont à distance finie,

$$\varpi_{a,b}^{a',b'}(z, u) = \int_{(z_0, u_0)}^{(z, u)} \frac{1}{2u} \left(\frac{u + b'}{z - a'} - \frac{u + b}{z - a} \right) dz.$$

Lorsque les deux limites (z_0, u_0) et (z, u) sont fixées, ainsi que le chemin d'intégration, l'intégrale est une fonction des deux points analytiques (a', b') et (a, b). Si l'on regarde le point (a', b') comme fixe, elle est une fonction du point (a, b), régulière pour toutes les positions de ce point à distance finie *non situées sur le chemin d'intégration*, car l'élément différentiel est une fonction de (a, b) régulière en tous les points à distance finie, excepté au point $a = z$, $b = u$ qui est un point du chemin d'intégration.

Soit (ξ, η) un point ordinaire de la surface de Riemann; traçons le chemin d'intégration de façon qu'il ne passe pas par ce point. Alors la fonction $\varpi_{a,b}^{a',b'}$ du point (a, b), étant régulière au point (ξ, η), est, dans un certain domaine δ de ce point, développable suivant les puissances positives croissantes de $(a - \xi)$ par la formule de Taylor. Ce développement a la forme suivante

$$(1) \quad \begin{aligned} \varpi_{a,b}^{a',b'} = \varpi_{a,b}^{a',b'} &+ (a - \xi)\,\zeta(z, u; \xi, \eta) + \frac{(a - \xi)^2}{2} \zeta'(z, u; \xi, \eta) + \ldots \\ &+ \frac{(a - \xi)^{\nu+1}}{\nu + 1} \zeta^{(\nu)}(z, u; \xi, \eta) + \ldots, \end{aligned}$$

les coefficients $\zeta(z, u; \xi, \eta)$, ..., $\zeta^{(\nu)}(z, u; \xi, \eta)$ étant les intégrales de deuxième espèce précédemment formées. C'est ce qu'il est facile de vérifier en calculant le coefficient de $\frac{(a - \xi)^{\nu+1}}{\nu + 1}$ dans le développement ci-dessus. On a

$$\varpi_{a,b}^{a',b'} = \int_{(z_0,u_0)}^{(z,u)} \frac{1}{2u}\frac{u+b'}{z-a'}dz - \int_{(z_0,u_0)}^{(z,u)} \frac{1}{2u}\frac{u+b}{z-a}dz.$$

Or, dans le domaine du point (ξ, η),

$$\frac{1}{z-a} = \frac{1}{z-\xi-(a-\xi)} = \frac{1}{z-\xi} + \frac{a-\xi}{(z-\xi)^2} + \ldots + \frac{(a-\xi)^\nu}{(z-\xi)^{\nu+1}} + \ldots,$$

$$b = \eta + (a-\xi)\frac{d\eta}{d\xi} + \frac{(a-\xi)^2}{1\,2}\frac{d^2\eta}{d\xi^2} + \ldots + \frac{(a-\xi)^\nu}{1\,2\ldots\nu}\frac{d^\nu\eta}{d\xi^\nu} + \ldots,$$

développement obtenu en appliquant à b la formule de Taylor. Dans le produit $\frac{1}{2u}\frac{u+b}{z-a}$, le coefficient de $(a-\xi)^{\nu+1}$ est donc

$$\frac{1}{2u}\left[\frac{u+\eta}{(z-\xi)^{\nu+2}} + \frac{\frac{d\eta}{d\xi}}{(z-\xi)^{\nu+1}} + \frac{\frac{1}{1.2}\frac{d^2\eta}{d\xi^2}}{(z-\xi)^\nu} + \ldots + \frac{\frac{1}{1.2\ldots(\nu+1)}\frac{d^{\nu+1}\eta}{d\xi^{\nu+1}}}{z-\xi}\right],$$

c'est-à-dire (p. 74)

$$\frac{1}{2u}\frac{u+P_{\nu+1}}{(z-\xi)^{\nu+2}}.$$

Le coefficient de $\frac{(a-\xi)^{\nu+1}}{\nu+1}$ dans le développement $\varpi_{a,b}^{a',b'}$ est par suite

$$-(\nu+1)\int_{(z_0,u_0)}^{(z,u)} \frac{1}{2u}\frac{u+P_{\nu+1}}{(z-\xi)^{\nu+2}}dz,$$

ce qui est bien $\zeta^{(\nu)}(z, u; \xi, \eta)$.

D'après le développement (1), les intégrales $\zeta(z, u; \xi, \eta)$, $\zeta'(z, u; \xi, \eta)$, ... sont les dérivées successives de $\varpi_{\xi,\eta}^{a',b'}$ par rapport au paramètre (ξ, η), à des facteurs numériques près :

$$\zeta(z, u; \xi, \eta) = \frac{d}{d\xi}\varpi_{\xi,\eta}^{a',b'}, \quad \ldots, \quad \zeta^{(\nu)}(z, u; \xi, \eta) = \frac{1}{1.2\ldots\nu}\frac{d^{\nu+1}}{d\xi^{\nu+1}}\varpi_{\xi,\eta}^{a',b'},$$

d'où il résulte aussi

$$\zeta^{(\nu)}(z, u; \xi, \eta) = \frac{1}{1.2\ldots\nu}\frac{d^\nu}{d\xi^\nu}\zeta(z, u; \xi, \eta).$$

Par conséquent, si l'on donne à ξ un accroissement infiniment petit h, et si l'on appelle k l'accroissement correspondant de η, on a

$$(2)\quad \zeta(z,\,u;\,\xi+h,\,\eta+k)=\zeta(z,\,u;\,\xi,\,\eta)+h\quad \zeta'(z,\,u;\,\xi,\,\eta)+\ldots$$
$$+h^{\nu}\,\zeta^{(\nu)}(z,\,u;\,\xi,\,\eta)+\ldots.$$

Supposons maintenant que dans l'intégrale $\varpi_{a,b}^{a',b'}$ le point $(a,\,b)$ soit dans le domaine d'un point de ramification e_i. La fonction $\varpi_{a,b}^{a',b'}$, de $(a,\,b)$, étant régulière au point e_i, est, dans le domaine de ce point, développable par la formule

$$(3)\quad \varpi_{a,b}^{a',b'}=\varpi_{e_i}^{a',b}+(a-e_i)^{\frac{1}{2}}\zeta(z,\,u;\,e_i)+\ldots+\frac{(a-e_i)^{\frac{\nu+1}{2}}}{\nu+1}\zeta^{(\nu)}(z,\,u;\,e_i)+\ldots$$

procédant suivant les puissances croissantes de $(a-e_i)^{\frac{1}{2}}$. Dans ce développement, le coefficient de $\dfrac{(a-e_i)^{\frac{2}{\nu+1}}}{\nu+1}$ est encore l'intégrale appelée $\zeta^{(\nu)}(z,\,u;\,e_i)$.

En effet, dans le domaine du point e_i, on a

$$\frac{1}{z-a}=\frac{1}{z-e_i-(a-e_i)}=\frac{1}{z-e_i}+\frac{a-e_i}{(z-e_i)^2}+\ldots+\frac{(a-e_i)^m}{(z-e_i)^{m+1}}+\ldots,$$
$$b=(a-e_i)^{\frac{1}{2}}[\,\mathrm{E}_0^{(i)}+\mathrm{E}_1^{(i)}(a-e_i)+\mathrm{E}_2^{(i)}(a-e_i)^2+\ldots].$$

Dans le produit $-\dfrac{1}{2u}\,\dfrac{u+b}{z-a}$ ou $-\dfrac{1}{2(z-a)}-\dfrac{b}{2u(z-a)}$, calculons le coefficient de $\dfrac{(a-e_i)^{\frac{\nu+1}{2}}}{\nu+1}$, en remarquant que le développement de $-\dfrac{1}{2(z-a)}$ ne contient que des puissances entières de $a-e_i$, et celui de $-\dfrac{b}{2u(z-a)}$ seulement des puissances fractionnaires. D'après cela, si ν est impair et égal à $2\mu-1$, il n'y a qu'un terme en $\dfrac{(a-e_i)^{\mu}}{2\mu}$ et son coefficient est

$$-\frac{\mu}{(z-e_i)^{\mu+1}};$$

dans le développement de l'intégrale $\varpi_{a,b}^{a',b'}$, le coefficient de

$\dfrac{(a-e_i)^{\mu}}{2\mu}$ est donc

$$-\mu\int_{(z_0,\,u_0)}^{(z,\,u)}\frac{dz}{(z-e_i)^{\mu+1}},$$

c'est-à-dire

$$\zeta^{(2\mu-1)}(z,\ u,\ e_i).$$

Ensuite, si ν est pair et égal à 2μ, le coefficient de $\dfrac{(a-e_i)^{\frac{2\mu+1}{2}}}{2\mu+1}$ est

$$-\frac{2\mu+1}{2u}\left(\frac{E_0^{(i)}}{(z-e_i)^{\mu+1}}+\frac{E_1^{(i)}}{(z-e_i)^{\mu}}+\ldots+\frac{E_\mu^{(i)}}{z-e_i}\right),$$

ou, d'après les notations antérieures (p. 77),

$$\frac{2\mu+1}{2u}\,\frac{P_\mu^{(i)}}{(z-e_i)^{\mu+1}};$$

donc enfin, dans le développement de $\varpi_{a,b}^{a',b'}$, le coefficient de $\dfrac{(a-e_i)^{\frac{2\mu+1}{2}}}{2\mu+1}$ est

$$-\frac{2\mu+1}{2}\int_{(z_0,\,u_0)}^{(z,\,u)}\frac{P_\mu^{(i)}}{u\,(z-e_i)^{\mu+1}},$$

c'est-à-dire

$$\zeta^{(2\mu)}(z,\ u;\ e_i).$$

La formule (3), différentiée par rapport à a, donne

$$\zeta(z,\ u;\ a,\ b)=\frac{1}{2(a-e_i)^{\frac{1}{2}}}\zeta(z,\ u;\ e_i)+\ldots+\frac{(a-e_i)^{\frac{\nu-1}{2}}}{2}\zeta^{(\nu)}(z,\ u;\ e_i)+\ldots;$$

on a donc, en faisant $a=e_i+h$, $b=k$, h étant suffisamment petit,

$$(4)\quad \zeta(z,\ u;\ e_i+h,\ k)=\frac{1}{2h^{\frac{1}{2}}}\zeta(z,\ u;\ e_i)+\ldots+\frac{h^{\frac{\nu+1}{2}}}{2}\zeta^{(\nu)}(z,\ u;\ e_i)+\ldots,$$

formule à rapprocher de (2).

On obtient de même les intégrales $\zeta^{(\nu)}(z,\ u;\ \infty)$, relatives aux points à l'infini, comme coefficients du développement de la fonction

$$\varpi_{a,\,b}^{a',\,b'}=\int_{(z_0,\,u_0)}^{(z,\,u)}\frac{1}{2u}\left(\frac{u+b'}{z-a'}-\frac{u+b}{z-a}\right)dz$$

du point $(a,\ b)$, dans le domaine du point ∞

Si n est pair et égal à $2p+2$, la fonction ϖ de (a, b) est, dans le domaine d'un des points à l'infini, ∞_1 par exemple, développable en une série procédant suivant les puissances entières décroissantes de a, dans laquelle le coefficient de $\frac{1}{\nu a^\nu}$ est l'intégrale $\zeta^{(\nu-1)}(z, u; \infty_1)$.

En effet, dans le domaine du point ∞_1, on a

$$b = a^{p+1}\left(\sqrt{A} + \frac{A_1}{a} + \frac{A_2}{a^2} + \ldots\right), \qquad -\frac{1}{z-a} = \frac{1}{a} + \frac{z}{a^2} + \frac{z^2}{a^3} + \ldots.$$

Dans l'expression

$$-\frac{u+b}{2u(z-a)} = -\frac{1}{2(z-a)} - \frac{b}{2u(z-a)},$$

le développement de $-\frac{b}{2u(z-a)}$ est

$$\frac{1}{2u}\left[a^p\sqrt{A} + z a^{p-1}\left(\sqrt{A} + \frac{A_1}{z}\right) + z^2 a^{p-2}\left(\sqrt{A} + \frac{A_1}{z} + \frac{A_2}{z^2}\right) + \ldots\right],$$

c'est-à-dire, en posant comme plus haut

$$Q_\nu = \sqrt{A} + \frac{A_1}{z} + \frac{A_2}{z^2} + \ldots + \frac{A_\nu}{z^\nu},$$

$$\frac{a^p Q_0}{2u} + \frac{a^{p-1} z Q_1}{2u} + \ldots + \frac{z^p Q_p}{2u} + \frac{1}{a}\,\frac{z^{p+1} Q_{p+1}}{2u} + \ldots + \frac{1}{a^\nu}\,\frac{z^{p+\nu} Q_{p+\nu}}{2u} + \ldots.$$

Dans le développement de l'intégrale $\varpi_{a,b}^{a',b'}$ nous aurons donc un premier groupe de termes

$$a^p \int \frac{Q_0}{2u}\,dz + a^{p-1}\int \frac{z Q_1}{2u}\,dz + \ldots + a\int \frac{z^{p-1} Q_{p-1}}{2u}\,dz,$$

contenant les *puissances positives* de a et dont les coefficients sont des intégrales de première espèce car zQ_1, z^2Q_2, ..., $z^{p-1}Q_{p-1}$ sont des polynomes de degrés 1, 2, ..., $(p-1)$ en z; puis vient le terme indépendant de a

$$\int_{(z_0, u_0)}^{(z, u)} \left[\frac{u+b'}{2u(z-a')} + \frac{z^p Q_p}{2u}\right] dz,$$

qui est une intégrale de troisième espèce avec les deux points singuliers logarithmiques (a', b') et ∞_1; puis viennent enfin les termes contenant les puissances négatives de a dans lesquels le coefficient de $\frac{1}{\nu}\,\frac{1}{a^\nu}$ est

$$\nu\int_{(z_0,\,u_0)}^{(z,\,u)}\left(\frac{z^{\nu-1}}{2}+\frac{z^{p+\nu}Q_{p+\nu}}{2u}\right)dz,$$

c'est-à-dire $\zeta^{(\nu-1)}(z,\ u;\ \infty_1)$.

On a donc le développement

$$\begin{aligned}\varpi_{a,\,b}^{a',\,b'} = a^p\,W_1 + a^{p-1}\,W_2 + \ldots + a\,W_p + \varpi_{\infty_1}^{a',\,b'}\\ + \frac{1}{a}\zeta(z,\ u;\ \infty_1) + \frac{1}{2a^2}\zeta'(z,\ u;\ \infty_1) + \ldots\\ + \frac{1}{\nu a^\nu}\zeta^{(\nu-1}(z,\ u;\ \infty_1) + \ldots,\end{aligned}$$

W_1, W_2, …, W_p désignant des intégrales de première espèce. En différentiant cette relation par rapport à a et remplaçant a, b par ξ, η, on trouve

$$\begin{aligned}\zeta(z,\ u;\ \xi,\ \eta) = p\,\xi^{p-1}\,W_1 + (p-1)\xi^{p-2}\,W_2 + \ldots + W_p\\ - \frac{1}{\xi^2}\zeta(z,\ u;\ \infty_1) - \frac{1}{\xi^3}\zeta'(z,\ u;\infty_1) - \ldots\\ - \frac{1}{\xi^{\nu+1}}\zeta^{(\nu-1)}(z,\ u;\ \infty_1) - \ldots,\end{aligned}$$

développement valable dans le domaine du point ∞_1.

Dans le domaine du point ∞_2, on aura de même

$$\begin{aligned}\zeta(z,\ u;\ \xi,\ \eta) = -p\,\xi^{p-1}\,W_1 - (p-1)\xi^{p-2}\,W_2 - \ldots - W_p\\ - \frac{1}{\xi^2}\zeta(z,\ u;\ \infty_2) - \frac{1}{\xi^3}\zeta'(z,\ u;\ \infty_2) - \ldots.\end{aligned}$$

Si n est impair et égal à $2p+1$, l'intégrale

$$\varpi_{a,\,b}^{a',\,b'}\int_{(z_0,\,u_0)}^{(z,\,u)}\frac{1}{2u}\left(\frac{u+b'}{z-a'}-\frac{u+b}{z-a}\right)dz,$$

considérée comme fonction du point analytique $(a,\ b)$ est, dans le domaine du point ∞, développable en une série de puissances décroissantes de $a^{\frac{1}{2}}$. Les coefficients de cette série sont encore, à partir du terme en $\left(\frac{1}{a}\right)^{\frac{3}{2}}$, des intégrales de deuxième espèce qui ont pour pôle unique l'infini. En effet, dans le domaine du point $a = \infty$,

$$-\frac{1}{2u}\frac{u+b}{z-a} = \frac{1}{2(a-z)} - \frac{b}{2u(z-a)}$$

$$= \frac{1}{2}\left(\frac{1}{a}+\frac{z}{a^2}+\frac{z^2}{a^3}+\ldots\right)$$

$$+\frac{1}{2u}\left(\frac{1}{a}+\frac{z}{a^2}+\frac{z^2}{a^3}+\ldots\right)a^{p+\frac{1}{2}}\left(\sqrt{A}+\frac{A_1}{a}+\frac{A_2}{a^2}+\ldots\right).$$

La première partie de ce développement ne contient que des *puissances entières négatives de a*, la seconde que des puissances fractionnaires de a, d'ailleurs positives ou négatives.

Dans la première partie, le coefficient de $\frac{1}{2\nu a^\nu}$ est $\nu z^{\nu-1}$; donc, dans le développement de l'intégrale $\varpi_{a,b}^{a',b'}$, le coefficient de $\frac{1}{2\nu a^\nu}$ est

$$\int_{(z_0,\,u_0)}^{(z,\,u)} \nu z^{\nu-1}\,dz = z^\nu - z_0^\nu = \zeta^{(2\nu-1)}(z,\,u;\,\infty).$$

Quant au développement de la deuxième partie, on peut l'envisager comme le produit de $\left(\frac{1}{a}\right)^{\frac{1}{2}}$ par le développement de

$$\frac{1}{2u}\left(\frac{1}{a}+\frac{z}{a^2}+\ldots\right)a^{p+1}\left(\sqrt{A}+\frac{A_1}{a}+\frac{A_2}{a^2}+\ldots\right),$$

qui est le développement rencontré dans le cas précédent. Cette deuxième partie donne donc dans le développement de $\varpi_{a,b}^{a',b'}$ des termes de la forme

$$\left(\frac{1}{a}\right)^{\frac{1}{2}}\Big[a^p W_1 + a^{p-1}W_2 + \ldots + a W_p + \varpi_\infty^{a,\,b'}$$
$$+\frac{2}{3a}\zeta(z,\,u;\,\infty)+\ldots+\frac{2}{2\nu+1}\frac{1}{a^\nu}\zeta^{(2\nu-2)}(z,\,u;\,\infty)+\ldots\Big],$$

comme on le vérifie immédiatement d'après les expressions trouvées plus haut pour les intégrales $\zeta^{(2\nu)}(z,\,u;\,\infty)$.

On a enfin, en réunissant les deux parties que nous venons

de trouver,

$$\varpi_{a,b}^{a',b'} = a^{\frac{2p-1}{2}} W_1 + a^{\frac{2p-3}{2}} W_2 + \ldots$$
$$+ a^{\frac{1}{2}} W_p + a^{-\frac{1}{2}} \varpi_\infty^{a',b'} + \sum_{\mu=2}^{\mu=\infty} \frac{2}{\mu a^{\frac{\mu}{2}}} \zeta^{(\mu-2)}(z, u; \infty).$$

En différentiant par rapport à a et remplaçant a, b par ξ, η, on obtient le développement

$$\zeta(z, u; \xi, \eta) = \frac{2p-1}{2} \xi^{\frac{2p-3}{2}} W_1 + \frac{2p-3}{2} \xi^{\frac{2p-5}{2}} W_2 + \ldots$$
$$+ \frac{1}{2} \xi^{-\frac{1}{2}} W_p - \frac{1}{2} \xi^{-\frac{3}{2}} \varpi_\infty^{a',b'} - \sum_{\mu=2}^{\mu=\infty} \frac{1}{\xi^{\frac{\mu+2}{2}}} \xi^{(\mu-2)}(z, u; \infty),$$

valable dans le domaine du point ∞.

44. Étant donnée une intégrale hyperelliptique quelconque, on peut l'exprimer à l'aide d'intégrales de première, de deuxième et de troisième espèce.

Soit

$$I = \int_{(z_0, u_0)}^{(z, u)} v \, dz$$

une intégrale abélienne, v désignant une fonction rationnelle de z et u. Comme nous l'avons vu, cette intégrale est régulière en tous les points où elle reste finie. Les points où elle devient infinie sont de deux sortes, des pôles ou des points singuliers logarithmiques.

Supposons qu'il y ait q points singuliers logarithmiques (α_1, β_1), (α_2, β_2), ..., (α_q, β_q); dans le domaine du point (α_k, β_k), on a

$$I = R_k \log(z - \alpha_k) + \varphi_k(z, u),$$

$\varphi_k(z, u)$ désignant une fonction uniforme dans le domaine du point (α_k, β_k), pouvant admettre ce point comme pôle. D'après les conventions antérieurement faites, il faut remplacer $z - \alpha_k$ par $(z - e_i)^{\frac{1}{2}}$ quand le point (α_k, β_k) est un point de ramification e_i, par $\frac{1}{z}$ quand (α_k, β_k) est un point ordinaire à l'infini et par $\left(\frac{1}{z}\right)^{\frac{1}{2}}$ quand il est un point de ramification à l'infini. Le coefficient R_k est le résidu de v relatif au point (α_j, β_k).

On sait que la somme de tous les résidus d'une fonction rationnelle v de z et u est nulle. Donc

$$R_1 + R_2 + \ldots + R_q = 0.$$

Considérons alors l'intégrale

$$\begin{aligned} J = \int_{(z_0, u_0)}^{(z, u)} v\,dz &- R_1 \varpi_{\alpha_q, \beta_q}^{\alpha_1, \beta_1}(z, u) \\ &- R_2 \varpi_{\alpha_q, \beta_q}^{\alpha_2, \beta_2}(z, u) - \ldots - R_{q-1} \varpi_{\alpha_q, \beta_q}^{\alpha_{q-1}, \beta_{q-1}}(z, u), \end{aligned}$$

obtenue en retranchant de I certaines intégrales de troisième espèce multipliées par $R_1, R_2, \ldots, R_{q-1}$.

Cette nouvelle intégrale *abélienne* J *n'a plus de points singuliers logarithmiques*. En effet, dans le domaine du point (α_1, β_1), on a

$$\int_{(z_0, u_0)}^{(z, u)} v\,dz = R_1 \log(z - \alpha_1) + \varphi_1(z, u),$$

$$\varpi_{\alpha_q, \beta_q}^{\alpha_1, \beta_1} = \log(z - \alpha_1) + \text{fonction régulière};$$

donc

$$\int_{(z_0, u_0)}^{(z, u)} v\,dz - R_1 \varpi_{\alpha_q, \beta_q}^{\alpha_1, \beta_1} = \varphi_1(z, u) + \text{fonction régulière};$$

puisque les autres intégrales de troisième espèce retranchées sont régulières au point (α_1, β_1), la différence est uniforme dans le domaine du point (α_1, β_1) comme la fonction $\varphi_1(z, u)$ et peut admettre ce point pour pôle, la partie principale étant la même que celle de $\varphi_1(z, u)$.

On voit de même que J n'a plus aucun des points singuliers logarithmiques $(\alpha_2, \beta_2), \ldots, (\alpha_{q-1}, \beta_{q-1})$. Quant au dernier (α_q, β_q), il disparaît également, car, dans le domaine de ce point, on a

$$\begin{aligned} J = R_q \log(z - \alpha_q) &+ \varphi_q(z, u) \\ &+ (R_1 + R_2 + \ldots + R_{q-1}) \log(z - \alpha_q) + \text{fonction régulière}, \end{aligned}$$

et comme

$$R_1 + R_2 + \ldots + R_q = 0,$$

le terme logarithmique disparaît encore. La proposition est donc établie.

L'intégrale J, qui n'a plus de points singuliers logarithmiques, peut avoir encore des pôles. Nous allons faire disparaître ces pôles en retranchant de J des intégrales de deuxième espèce. Supposons que dans le domaine d'un pôle (a, b) d'ordre ν, on ait

$$J = \frac{A_1}{z-a} + \frac{A_2}{(z-a)^2} + \ldots + \frac{A_\nu}{(z-a)^\nu} + \text{fonction régulière},$$

où il faut remplacer $z - a$ par $(z-e_i)^{\frac{1}{2}}$ ou $\frac{1}{z}$, ou $\left(\frac{1}{z}\right)^{\frac{1}{2}}$, suivant que a coïncide avec un point de ramification, un point ordinaire à l'infini, ou un point de ramification à l'infini. Dans ces conditions, la différence

$$J - A_1\,\zeta(z, u; a, b) - A_2\,\zeta'(z, u; a, b) - \ldots - A_\nu\,\zeta^{(\nu-1)}(z, u; a, b)$$

est régulière au point (a, b), car, dans le domaine de ce point, on a

$$\zeta(z, u; a, b) = \frac{1}{z-a} + \text{fonction régulière},$$

$$\zeta'(z, u; a, b) = \frac{1}{(z-a)^2} + \text{fonction regulière},$$

. . . .

$$\zeta^{(\nu-1)}(z, u; a, b) = \frac{1}{(z-a)^\nu} + \text{fonction régulière}.$$

D'ailleurs, comme les fonctions ζ, ζ', ... sont régulières partout, excepté au point (a, b), la différence ci-dessus a les mêmes pôles que J, moins le pôle (a, b). On a donc extrait, pour ainsi dire, le pôle (a, b).

En opérant de même pour tous les pôles, et retranchant de J des sommes d'intégrales de deuxième espèce correspondant à *tous les pôles* de J, on obtiendra finalement une expression,

$$H = J - \Sigma[A_1\,\zeta(z, u; a, b) + A_2\,\zeta'(z, u; a, b) + \ldots + A_\nu\,\zeta^{(\nu-1)}(z, u; a, b)]$$

(où le signe Σ s'étend à tous les pôles), *n'ayant plus de pôle*, c'est-à-dire partout régulière. Cette expression H est d'ailleurs une intégrale abélienne, car c'est une somme d'intégrales abéliennes : comme elle est partout régulière, c'est une intégrale de première espèce, c'est-à-dire une expression de la forme

$$H = \lambda_1 w_1 + \lambda_2 w_2 + \ldots + \lambda_p w_p + \text{const.}$$

Remplaçant H par cette valeur et J par son expression, on obtient enfin pour l'intégrale abélienne I l'expression

$$\int_{(z_0, u_0)}^{(z, u)} v\,dz = \sum_{k=1}^{k=q-1} R_k \varpi_{\alpha_k, \beta_k}^{\alpha_1, \beta_1}$$
$$+\sum [A_1 \zeta(z, u; a, b) + \ldots + A_\nu \zeta^{(\nu-1)}(z, u; a, b)]$$
$$+ \lambda_1 w_1 + \lambda_2 w_2 + \ldots + \lambda_p w_p + \text{const.}$$

Toute intégrale abélienne peut donc être mise sous la forme d'une somme d'intégrales de *première*, *deuxième* et *troisième espèce*.

On remarquera que les coefficients R_k et A_l sont connus immédiatement, si l'on connaît les points singuliers de l'intégrale et les parties principales. Il n'en est pas de même des coefficients $\lambda_1, \lambda_2, \ldots, \lambda_p$.

45. Une première application importante de cette formule est la *représentation d'une fonction rationnelle* v *de* z *et* u *par une somme d'intégrales de première et de deuxième espèce;* ou, en d'autres termes, la *décomposition en éléments simples* d'une fonction rationnelle de z et u.

Une fonction rationnelle v de z et u est une intégrale abélienne

$$v = v_0 + \int_{(z_0, u_0)}^{(z, u)} \frac{dv}{dz} dz,$$

$\frac{dv}{dz}$ étant une fonction rationnelle de z et u.

Comme v n'a pas de points singuliers logarithmiques, la formule générale ci-dessus appliquée à v ne contient pas d'intégrales *de troisième espèce* et donne la formule

$$v = \Sigma[A_1 \zeta(z, u; a, b) + A_2 \zeta'(z, u; a, b) + \ldots + A_\nu \zeta^{(\nu-1)}(z, u; a, b)]$$
$$+ \lambda_1 w_1 + \lambda_2 w_2 + \ldots + \lambda_p w_p + \text{const.},$$

le signe Σ indiquant une sommation étendue à tous les pôles de v. Les coefficients $A_1, A_2, \ldots, A_\nu$ sont les coefficients de la partie principale de v dans le domaine du pôle (a, b),

$$v = \frac{A_1}{z-a} + \frac{A_2}{(z-a)^2} + \ldots + \frac{A_\nu}{(z-a)^\nu} + \text{fonction régulière.}$$

Cette formule est d'une haute importance; elle donne la fonction rationnelle v sous une forme mettant en évidence les pôles et les parties principales correspondantes de cette fonction. Elle est analogue à la formule de décomposition d'une fraction rationnelle de z en fractions simples, à laquelle elle se réduit d'ailleurs quand $n = 1$ ou 2, c'est-à-dire quand la courbe

$$u^2 = A(z - e_1)(z - e_2)\ldots(z - e_n)$$

est *unicursale* ($p = 0$). On appelle cette formule *formule de décomposition en éléments simples* : les éléments simples sont les intégrales de deuxième espèce $\zeta^{(\nu)}(z, u; a, b)$.

46. Donnons un exemple de cette formule. Soit

$$v = \frac{1}{2u}\frac{u + \eta}{z - \xi},$$

(ξ, η) étant un point fixe, à distance finie, distinct d'un point de ramification. Cette fonction v n'a que des pôles du premier ordre qui sont :

1° Les points de ramification à distance finie, car u s'annule en ces points;

2° Le point (ξ, η).

Dans le domaine d'un point de ramification e_i, on a, en adoptant les notations antérieures,

$$u = (z - e_i)^{\frac{1}{2}} u_i = (z - e_i)^{\frac{1}{2}}[E_0^{(i)} + E_1^{(i)}(z - e_i) + \ldots],$$

$E_0^{(i)}$ étant différent de zéro. D'après cela, dans le domaine du point e_i, la fonction v est de la forme

$$\frac{1}{2E_0^{(i)}}\frac{\eta}{e_i - \xi}\frac{1}{(z - e_i)^{\frac{1}{2}}} + \text{fonction régulière},$$

où le coefficient de $\dfrac{1}{(z - e_i)^{\frac{1}{2}}}$ est la constante $\dfrac{1}{2E_0^{(i)}}\dfrac{\eta}{e_i - \xi}$.

Dans le domaine du point (ξ, η), on a

$$u = \eta + (z - \xi)\frac{d\eta}{d\xi} + \ldots,$$

par suite

$$v = \frac{1}{z-\xi} + \text{fonction régulière.}$$

La formule de décomposition en éléments simples est donc

$$\text{(A)} \qquad \frac{1}{2u}\frac{u+\eta}{z-\xi} = \zeta(z, u; \xi, \eta) + \frac{\eta}{2}\sum_{i=1}^{i=n}\frac{\zeta(z, u; e_i)}{E_0^{(i)}(e_i-\xi)}$$
$$+ \lambda_1 w_1 + \lambda_2 w_2 + \ldots + \lambda_p w_p + C,$$

où il ne reste plus à déterminer que les coefficients des intégrales de première espèce $\lambda_1, \lambda_2, \ldots, \lambda_p$. Nous allons montrer que ces coefficients sont *nuls* et vérifier en même temps la formule. En effet, en remplaçant les intégrales ζ par leurs expressions et $\lambda_1, \lambda_2, \ldots, \lambda_p$ par zéro, on a à vérifier la formule

$$\frac{1}{2u}\frac{u+\eta}{z-\xi} + \int_{(z_0, u_0)}^{(z, u)} \frac{u+\eta+(z-\xi)\dfrac{d\eta}{d\xi}}{2u(z-\xi)^2}\,dz$$
$$+ \frac{\eta}{2}\sum_{i=1}^{i=n}\frac{1}{e_i-\xi}\int_{(z_0, u_0)}^{(z, u)}\frac{dz}{2u(z-e_i)} = C.$$

Or cette formule résulte immédiatement de ce que la dérivée du premier membre, par rapport à z, est *nulle*. En effet, cette dérivée est, après des réductions évidentes,

$$-\frac{\eta}{2u}\left[\frac{1}{z-\xi}\frac{1}{u}\frac{du}{dz} - \frac{\dfrac{1}{\eta}\dfrac{d\eta}{d\xi}}{z-\xi} + \frac{1}{2}\sum_{i=1}^{i=n}\frac{1}{(\xi-e_i)(z-e_i)}\right],$$

expression identiquement nulle, comme on le voit en décomposant en fractions simples la fraction rationnelle en z

$$\frac{1}{z-\xi}\frac{1}{u}\frac{du}{dz},$$

c'est-à-dire

$$\frac{1}{z-\xi}\frac{1}{2}\left(\frac{1}{z-e_1} + \frac{1}{z-e_2} + \ldots + \frac{1}{z-e_n}\right),$$

et remarquant que le résidu de cette fraction rationnelle au pôle $z = \xi$ est

$$\frac{1}{2}\left(\frac{1}{\xi - e_1} + \frac{1}{\xi - e_2} + \ldots + \frac{1}{\xi - e_n}\right) \quad \text{ou encore} \quad \frac{1}{\eta}\frac{d\eta}{d\xi}.$$

Comme toutes les intégrales s'annulent quand (z, u) coïncide avec la limite inférieure (z_0, u_0), la constante C, qui figure dans la formule (A), a pour valeur

$$C = \frac{1}{2u_0}\frac{u_0 + \eta}{z_0 - \xi}.$$

En écrivant la formule ainsi obtenue sous la forme

$$\zeta(z, u; \xi, \eta) = \frac{1}{2u}\frac{u + \eta}{z - \xi} - \frac{1}{2u_0}\frac{u_0 + \eta}{z_0 - \xi} - \frac{\eta}{2}\sum_{i=1}^{i=n}\frac{\zeta(z, u; e_i)}{E_0^{(i)}(e_i - \xi)},$$

on arrive à cette conséquence remarquable que *l'intégrale élémentaire de deuxième espèce est une fonction rationnelle du paramètre* (ξ, η).

47. Voici une deuxième application de cette même formule de décomposition en éléments simples.

Quand nous avons défini le genre de la relation entre u et z, nous avons, entre autres, établi le résultat suivant. Pour une relation de genre p, il existe une fonction v rationnelle en z et u, admettant pour *pôles simples* $(p + 1)$ points *analytiques arbitraires* (α_1, β_1), (α_2, β_2), ..., $(\alpha_{p+1}, \beta_{p+1})$; soient

$$\frac{A_1}{z - \alpha_1}, \quad \frac{A_2}{z - \alpha_2}, \quad \ldots, \quad \frac{A_{p+1}}{z - \alpha_{p+1}},$$

les parties principales de v relatives à ces différents points. La formule de décomposition en éléments simples donne

$$\begin{aligned} v = {} & A_1\zeta(z, u; \alpha_1, \beta_1) + A_2\zeta(z, u; \alpha_2, \beta_2) + \ldots \\ & + A_{p+1}\zeta(z, u; \alpha_{p+1}, \beta_{p+1}) + \lambda_1 w_1 + \lambda_2 w_2 + \ldots + \lambda_p w_p + \text{const.} \end{aligned}$$

Cette formule montre que l'intégrale élémentaire $\zeta(z, u; \alpha_1, \beta_1)$, avec un pôle arbitraire (α_1, β_1), peut toujours s'exprimer linéairement à l'aide d'une fonction rationnelle v, d'intégrales de première espèce et de p intégrales de deuxième espèce, ayant pour pôles des points donnés arbitrairement $(\alpha_2, \beta_2), \ldots, (\alpha_{p+1}, \beta_{p+1})$. Le même raisonnement s'applique d'ailleurs à une intégrale quelconque $\zeta^{(\nu)}$ de seconde espèce.

48. La décomposition d'une intégrale hyperelliptique en intégrales des trois espèces fournit aussi l'*expression d'une fonction rationnelle v de z et u à l'aide d'intégrales de première et de troisième espèce.*

Appelons v_0 la valeur de v au point (z_0, u_0), on a

$$\log \frac{v}{v_0} = \int_{(z_0, u_0)}^{(z, u)} \frac{1}{v} \frac{dv}{dz} dz.$$

L'intégrale figurant dans cette formule est une intégrale abélienne : on peut donc lui appliquer ce que nous avons dit de l'expression générale d'une intégrale abélienne par une somme d'intégrales de *première*, *deuxième* et *troisième espèce*. Actuellement cette expression ne contiendra pas d'intégrales de *deuxième espèce*. On reconnaît facilement que tous les points où l'intégrale devient infinie sont des points *singuliers logarithmiques :* aucun d'eux n'est un *pôle*. L'intégrale considerée est donc une somme d'intégrales de première et de troisième espèce. Formons cette somme : supposons d'abord que la fonction v n'ait que des zéros et des pôles simples; soient

$$\begin{array}{llll} (a_1, b_1), & (a_2, b_2), & \ldots, & (a_q, b_q) \quad \text{les zéros,} \\ (\alpha_1, \beta_1), & (\alpha_2, \beta_2), & \ldots, & (\alpha_q, \beta_q) \quad \text{les infinis,} \end{array}$$

qui sont en même nombre que les zéros.

Dans le domaine du point (a_1, b_1), on a

$$v = (z - a_1)[A_0 + A_1(z - a_1) + A_2(z - a_1)^2 + \ldots],$$

où A_0 est différent de zéro, $z - a_1$ devant être remplacé par $\sqrt{z - e_i}$ si (a_1, b_1) est un point de ramification e_i, par $\frac{1}{z}$ si ce point est un point ordinaire à l'infini, et par $\left(\frac{1}{z}\right)^{\frac{1}{2}}$ si c'est un point de ramification à l'infini. Par conséquent, l'expression de l'intégrale, dans le domaine de ce point, est donnée par la relation

$$\log\frac{v}{v_0} = \log(z-a_1) + \text{fonction régulière.}$$

Dans le domaine du point (α_1, β_1), qui est un infini simple, on a de même

$$v = \frac{1}{z-\alpha_1}[B_0 + B_1(z-\alpha_1) + \ldots],$$
$$\log\frac{v}{v_0} = -\log(z-\alpha_1) + \text{fonction régulière.}$$

La conclusion s'applique à tous les autres points, zéros ou infinis. La différence

$$\log\frac{v}{v_0} - \varpi_{\alpha_1,\beta_1}^{a_1,b_1} - \varpi_{\alpha_2,\beta_2}^{a_2,b_2} - \ldots - \varpi_{\alpha_q,\beta_q}^{a_q,b_q}$$

est donc *partout régulière* et, comme c'est une intégrale abélienne, c'est une intégrale de première espèce

$$\lambda_1 w_1 + \lambda_2 w_2 + \ldots + \lambda_p w_p + \text{const.}$$

On a enfin

$$\log\frac{v}{v_0} = \sum_{\nu=1}^{\nu=q} \varpi_{\alpha_\nu,\beta_\nu}^{a_\nu,b_\nu} + \lambda_1 w_1 + \lambda_2 w_2 + \ldots + \lambda_p w_p + \text{const.},$$

$$(5) \qquad v = k v_0\, e^{\lambda_1 w_1 + \lambda_2 w_2 + \ldots + \lambda_p w_p + \varpi_{\alpha_1,\beta_1}^{a_1,b_1} + \varpi_{\alpha_2,\beta_2}^{a_2,b_2} + \ldots + \varpi_{\alpha_q,\beta_q}^{a_q,b_q}},$$

k désignant un facteur constant.

La fonction v est ainsi exprimée, à l'aide d'intégrales de *première* et de *troisième* espèce, par une formule mettant en évidence les zéros et les infinis de la fonction rationnelle v.

Elle est analogue à la formule qui donne une fonction rationnelle de z sous la forme du *quotient de deux polynomes décomposés en facteurs du premier degré*. Elle se réduit d'ailleurs exactement à cette formule élémentaire, quand on suppose que la relation

$$u^2 = A(z-e_1)(z-e_2)\ldots(z-e_n)$$

se réduit à

$$u^2 = 1,$$

ce qu'on peut réaliser en supposant que $n = 1$ que A tende vers zéro et que e_1 augmente indéfiniment, de telle façon que Ae_1 tende vers -1.

En effet, en supposant $u = 1$, l'intégrale de troisième espèce

$$\varpi_{\alpha_1, \beta_1}^{a_1, b_1} = \int_{(z_0, u_0)}^{(z, u)} \left(\frac{1}{2u} \frac{u + b_1}{z - a_1} - \frac{1}{2u} \frac{u + \beta_1}{z - \alpha_1} \right) dz$$

devient

$$\varpi_{\alpha_1, \beta_1}^{a_1, b_1} = \int_{(z_0, u_0)}^{(z, u)} \left(\frac{1}{z - a_1} - \frac{1}{z - \alpha_1} \right) dz = \log \frac{z - a_1}{z - \alpha_1} \frac{z_0 - \alpha_1}{z_0 - a_1},$$

car $u = b_1 = b_1 = 1$. Il n'existe pas dans ce cas, d'intégrales de première espèce, car il n'y a pas d'intégrale de fonction rationnelle de z qui puisse rester partout finie; on a donc

$$v = \text{fonction rationnelle de } z = kv_0 \frac{(z - a_1)(z - a_2) \ldots (z - a_q)}{(z - \alpha_1)(z - \alpha_2) \ldots (z - \alpha_q)},$$

ce qui est bien la formule élémentaire.

Nous avons supposé, pour établir la formule générale, que tous les zéros et les infinis étaient simples. Si le zéro (a_1, b_1) était d'ordre m, il suffirait dans la formule de supposer $(a_2, b_2,), \ldots, (a_m, b_m)$ identiques à (a_1, b_1); si le pôle (α_1, β_1) était d'ordre μ, il suffirait également de supposer $(\alpha_2, \beta_2), \ldots, (\alpha_\mu, \beta_\mu)$ identiques à (α_1, β_1).

La formule (5) est donc générale, pourvu qu'on répète dans cette formule chaque zéro et chaque infini autant de fois qu'il y a d'unités dans son ordre de multiplicité.

CHAPITRE III.

CONNEXION DES SURFACES A DEUX FEUILLETS. PERIODICITÉ DES INTÉGRALES HYPERELLIPTIQUES [1]

Connexion des surfaces de Riemann à deux feuillets. — Coupures. — Théorème de Cauchy sur une surface de Riemann. — Modules de périodicité des intégrales hyperelliptiques. — Relations entre ces modules. — Intégrales normales de première, deuxième et troisième espèce. — Modules de périodicité des intégrales normales.

49. Dans ce qui suit, nous considérons les surfaces comme des feuillets sans épaisseur, de sorte qu'un point ou une ligne tracée sur la surface seront visibles pour un observateur placé d'un côté ou de l'autre. Les surfaces seront en outre regardées comme *parfaitement élastiques et indéchirables*.

Une surface est dite *connexe* lorsque, ayant pris sur cette surface deux points quelconques, on peut les joindre par un trait continu situé tout entier sur la surface. Nous ne considérons que des surfaces connexes.

Une surface est fermée quand elle n'a pas de bords : tels sont la sphère, le tore, un plan indéfini, une des surfaces de Riemann précédemment étudiées, plane ou sphérique. Une surface est ouverte quand elle a des bords : par exemple, un cercle, une calotte sphérique, une sphère avec des trous, etc. Les bords d'une surface ouverte peuvent être constitués par une seule ligne continue ou par plusieurs lignes continues distinctes. Ainsi le bord d'une calotte sphérique est formé d'une circonférence unique, c'est-à-dire d'une ligne continue; les bords d'une sphère percée de trois trous ne se touchant pas sont formés de trois courbes fermées distinctes. Si dans un feuillet circulaire, on fait un trou ne tou-

(1) Ouvrages à consulter : RIEMANN, *Theorie der Abelschen Functionen*. — NEUMANN, *Vorlesungen über Riemann's Theorie der Abelschen Integrale*. — SIMART, *Thèse de Doctorat*, 1882. — PICARD, *Traité d'Analyse*, t. II.

chant pas la circonférence, on obtient une surface connexe (*fig.* 19), dont les bords sont constitués par deux lignes fermées, la circonférence du cercle et le contour du trou.

Fig. 19.

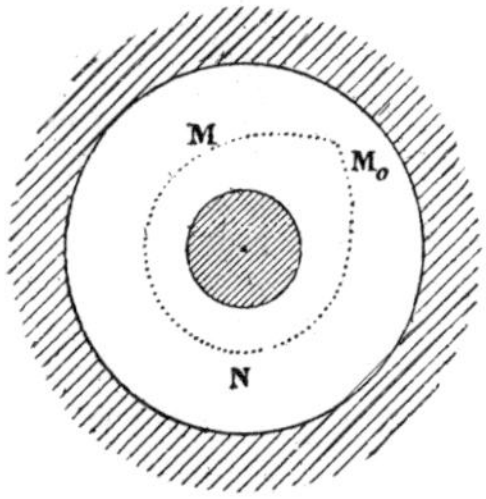

Nous n'envisagerons que des surfaces avec des bords : si l'on a une *surface fermée*, on commencera par lui donner un bord en y faisant une petite ouverture, par exemple une fente avec des ciseaux, les deux bords de cette fente formeront une ligne continue constituant la limite ou le bord de la surface.

50. On nomme *coupure* une section faite avec des ciseaux dans la surface, partant d'un point d'un bord et venant aboutir en un point d'un bord. Cette coupure a deux bords. Ainsi l'on part d'un point A du bord CD (*fig.* 20), on coupe dans la surface

Fig. 20.

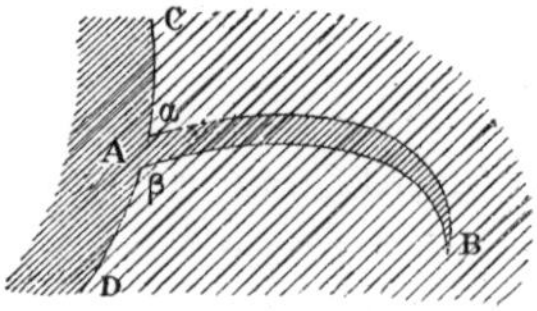

avec des ciseaux suivant AB jusqu'en un point B de l'intérieur; on a ainsi, non une coupure, mais un commencement de coupure avec deux bords infiniment voisins qui peuvent se séparer jusqu'en B. A ce moment l'ancien bord de la surface qui était continu de C en D se trouve remplacé par la nouvelle ligne continue $C\alpha B\beta D$. Continuons à couper avec les ciseaux plus loin que B; la coupure sera terminée quand nous serons arrivés en un point d'un bord, que ce soit un point des bords primitifs ou un point des bords nouveaux déterminés par le passage des ciseaux.

Ainsi, en prenant un feuillet circulaire percé d'un trou (*fig.* 19), on a une surface avec des bords formés de deux courbes distinctes P et P'. Partons d'un point A ou A' du bord P, nous pourrons (*fig.* 21) tracer une coupure ACB ou une coupure ADE

Fig. 21.

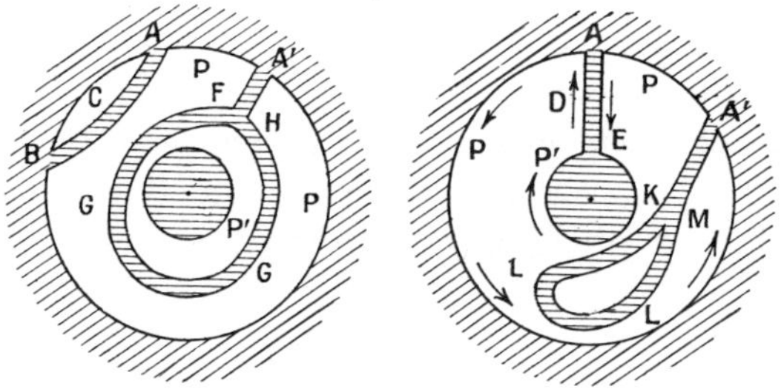

aboutissant en un autre point d'un bord; nous pourrons aussi tracer une coupure telle que A'FGH ou A'KLM venant se terminer sur elle-même, c'est-à-dire sur un bord créé par le passage des ciseaux.

Voici les effets produits par ces coupures : les coupures ACB, A'FGH, A'KLM découpent chacune le feuillet en deux morceaux distincts : de sorte que, une de ces coupures étant effectuée, le feuillet n'est plus connexe. L'effet de la coupure ADE est tout différent. La surface est encore connexe après cette coupure, mais sa limite, qui était formée de deux courbes distinctes P et P', est maintenant formée d'une seule courbe continue qu'on peut parcourir complètement d'un seul trait. Dans ce parcours, que nous supposons effectué dans le sens positif, les deux bords de la coupure sont parcourus en sens contraire, comme le montrent les flèches indiquant le sens du parcours. Pour suivre ce parcours, il faut imaginer que la coupure ADE existe seule et que la coupure A'KLM n'est pas tracée (voir *fig.* 30).

Nous verrons plus loin un grand nombre d'exemples de coupures : on remarquera que nous n'aurons jamais à tracer de coupures décomposant la surface en morceaux séparés, c'est-à-dire détruisant la connexion.

51. La connexion d'une surface peut être plus ou moins compliquée : on dit que la surface est *à connexion simple* ou encore

est *simplement connexe* quand on peut, en déformant cette surface, supposée parfaitement élastique et indéchirable, la réduire à un feuillet plan limité par un contour simple ne se coupant pas lui-même, par exemple à un feuillet rectangulaire, circulaire ou elliptique. La nature de la courbe limitant le feuillet plan final n'a aucune importance : l'essentiel est que cette courbe soit continue et ne se coupe pas elle-même.

D'après cette définition, les bords d'une surface quelconque simplement connexe se composent nécessairement d'une seule ligne continue ne se coupant pas, puisque, après la déformation, les bords de la surface deviennent le contour simple du feuillet plan. Citons d'abord quelques exemples de surfaces simplement connexes.

1° *Une calotte sphérique.* Cette surface peut évidemment être déformée de façon à devenir un feuillet circulaire, la circonférence de base de la calotte devenant la circonférence du feuillet circulaire.

2° *Un ruban rectangulaire allongé se traversant lui-même autant de fois qu'on le veut, à la manière des deux feuillets d'une surface de Riemann* (*fig.* 22). On suppose, bien entendu,

Fig. 22.

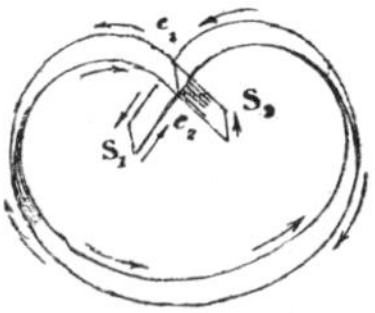

comme pour les deux feuillets d'une surface de Riemann se croisant en une ligne de passage, que les différentes parties du ruban se traversent librement et que le long d'une ligne de passage, telle que $e_1 e_2$, les deux nappes qui se croisent, et par conséquent les bords du ruban, n'ont aucun point commun. Le ruban peut alors s'étaler sur un plan et donner un rectangle : il constitue une surface simplement connexe.

3° *Domaine d'un point de ramification de la surface de Riemann à deux feuillets.* Ce domaine a été représenté précédemment (*fig.* 17) : on peut vérifier aisément qu'on peut, par déformation continue et sans déchirure, l'appliquer sur une portion de plan à contour simple. Il suffit de relever les bords du plan P_1 en pliant ce plan suivant une droite OA partant de O pour placer ces bords relevés dans le prolongement des surfaces de raccord des deux feuillets : on obtient ainsi la figure sui-

Fig. 23.

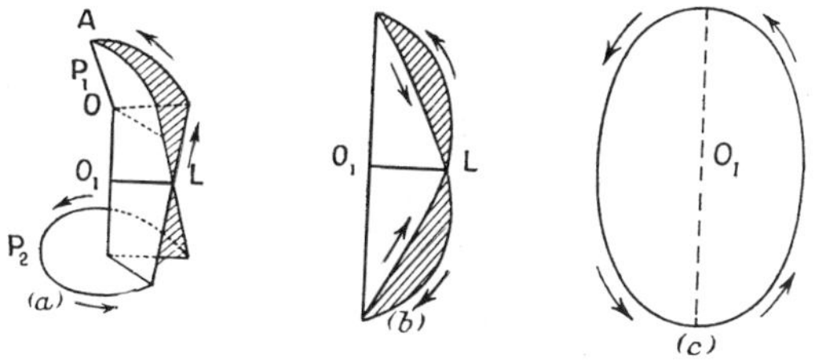

vante 23*a*; ensuite, on opère de même pour le plan inférieur P_2, ce qui donne la figure 23 *b*.

On a ainsi comme les deux pages d'un livre se traversant suivant la ligne L. Comme, par convention, ces deux pages n'ont aucun point commun sur L, on peut les ouvrir sans les déchirer; les deux feuillets se traversent librement et l'on a finalement la figure plane 23*c*, limitée par un contour simple ne se coupant pas.

4° *Surfaces de Riemann à deux feuillets avec deux points de ramification.* Prenons les surfaces de Riemann sphériques à deux points de ramification considérées au début du Chapitre I et formées de deux feuillets sphériques intérieurs l'un à l'autre et réunis le long d'une ligne de passage $e_1 e_2$ que l'on peut supposer formée par un arc de grand cercle. Déformons le feuillet interne en son symétrique par rapport au plan du grand cercle $e_1 e_2$. Dans cette déformation, les deux hémisphères du feuillet interne doivent à un certain moment se pénétrer mutuellement, mais on admet que cela a lieu sans que la continuité de l'un ou de l'autre soit altérée et sans qu'il y ait connexion entre les deux surfaces qui se pénètrent ainsi, du moins sur les lignes de croisement qui se produisent à l'intérieur de la sphère. La modification apportée au feuillet interne a pour conséquence que quand un point arrive sur la ligne $e_1 e_2$, il ne la dépasse pas, mais reste du même côté de cette ligne, la surface s'étant repliée sur elle-même le long de la ligne de croisement $e_1 e_2$. On se représentera donc la surface de la sphère comme ayant deux côtés qui constituent deux parties distinctes de la surface de Riemann; on passe de l'intérieur à l'extérieur quand on arrive à l'arc $e_1 e_2$ qui doit être regardé comme un trou fait dans la sphère (*fig*. 24). On peut par défor-

Fig 24.

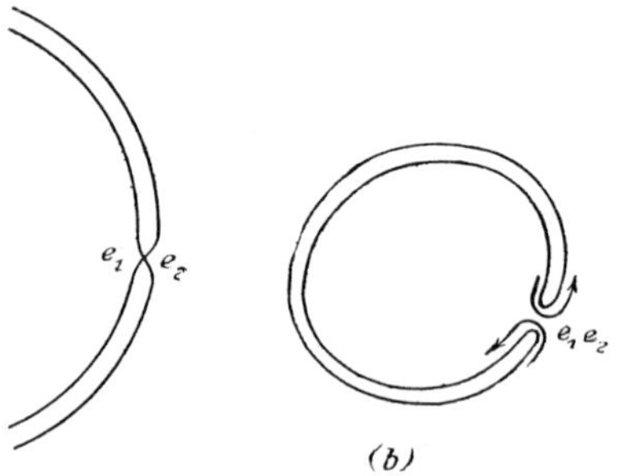

(b)

mation continue agrandir ce trou et le regarder comme limité par une courbe fermée, un cercle par exemple. La surface se compose alors des deux côtés d'une calotte sphérique; cette calotte peut être déformée en un disque plan très mince, le passage de la face supérieure à la face inférieure se faisant par le périmètre du disque. On peut encore dilater ce disque et le transformer en une sphère, ou plus généralement en une surface fermée simplement connexe, sans trou.

52. Pour définir le sens positif du contour d'une surface simplement connexe, il faut distinguer l'une de l'autre les deux faces de la surface. La surface est un feuillet analogue à une pièce d'étoffe avec un endroit et un envers. Faisons choix d'une face qui sera appelée l'*endroit* ou le *côté positif* de la surface, puis déformons la surface et appliquons-la sur un plan horizontal, l'*endroit* étant au-dessus : alors le sens positif du contour du feuillet plan ainsi obtenu est le sens dans lequel se meut un observateur debout sur le plan et décrivant le contour en ayant l'aire à sa gauche.

A ce sens correspond, sur le contour de la surface primitive simplement connexe, un sens determiné qu'on appelle aussi sens *positif* de ce contour. Ce sens est marqué par des flèches dans les exemples précédents, où l'on a choisi comme *endroit* les faces suivantes : pour le ruban de l'exemple 2° la face supérieure du bord S_1 ; pour le domaine d'un point de ramification de l'exemple 3° la partie supérieure des plans P_1 et P_2 ; pour les surfaces sphériques de Riemann de l'exemple 4° l'extérieur de ces surfaces.

Pour toutes les surfaces de Riemann dont nous nous occuperons par la suite, l'*endroit* ou côté positif de la surface sera la face extérieure des feuillets sphériques ou la face supérieure des feuillets plans supposés étalés sur un plan horizontal.

53. Il est essentiel de remarquer que toute coupure faite dans une surface simplement connexe la découpe en deux morceaux distincts. En effet, après la réduction de la surface à un feuillet plan à contour simple (*fig.* 25), toute coupure deviendra

Fig. 25.

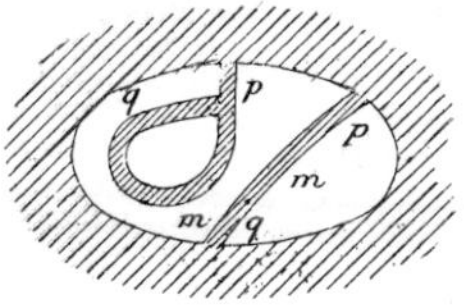

une coupure telle que pmq partant d'un point du bord pour revenir en un point du bord ou pour se couper elle-même; dans les deux cas, cette coupure sépare évidemment la surface en deux morceaux. Nous ne tracerons pas de coupures sur les surfaces simplement connexes. Les coupures que nous employons plus loin

Fig. 26.

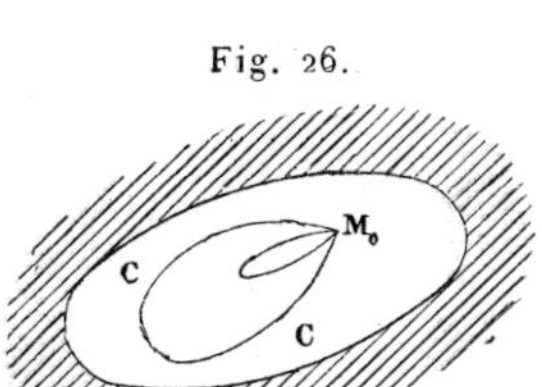

ont pour but de transformer des surfaces qui ne sont pas simplement connexes en des surfaces simplement connexes.

Enfin une dernière propriété des surfaces simplement connexes est la suivante : *Toute ligne fermée tracée sur une surface simplement connexe peut, par déformation continue sur la surface, être réduite à un point.* Cela se voit immédiatement sur le feuillet plan à contour simple dans lequel on peut, par déformation continue, transformer la surface. Ainsi la ligne M_0CM_0 peut être réduite au point M_0 (*fig.* 26).

54. Voici maintenant des exemples de surfaces non simplement connexes ou *surfaces à connexion multiple* : nous allons voir que ces surfaces, parmi lesquelles se trouvent les surfaces de Riemann à deux feuillets et à plus de deux points de ramification, peuvent toujours, à l'aide de coupures convenablement tracées, être rendues *simplement* connexes.

1° Considérons d'abord un feuillet plan circulaire percé d'un trou (*fig.* 19, p. 100). Cette surface n'est pas simplement connexe; on ne peut pas, par déformation continue, sans déchirer la couronne comprise entre le trou et la circonférence, la réduire à un feuillet plan à contour simple. Actuellement le contour se compose de deux courbes distinctes : ce seul fait permet d'affirmer que la surface n'est pas simplement connexe. Il existe des lignes fermées M_0MNM_0 (*fig.* 19, p. 100) tracées sur la surface, qui ne peuvent pas par déformation continue sur la surface, être ré-

Fig. 27.

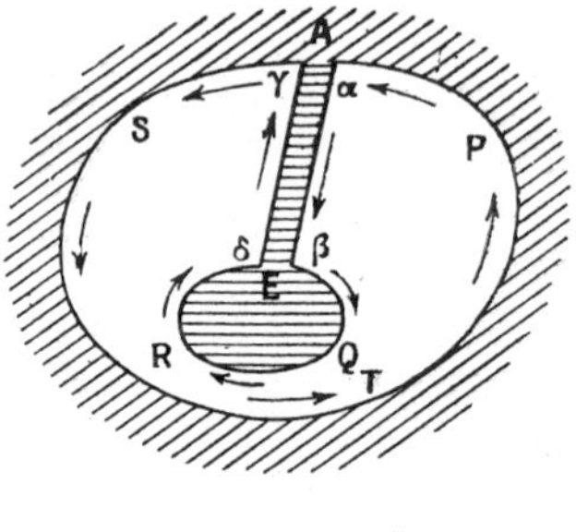

duites à un point : ce seul fait permettrait aussi d'affirmer que la connexion n'est pas simple. Mais dans cet exemple, à l'aide d'*une seule coupure*, nous obtenons une surface simplement connexe. En effet, traçons la coupure AE allant d'un point de la circonférence à un point du bord du trou et ayant pour bords $\alpha\beta$ et $\delta\gamma$ (*fig.* 27) : nous obtenons une surface simplement connexe dont le contour parcouru dans le sens positif, à partir de P, est $P\alpha\beta QR\delta\gamma STP$: le sens de ce parcours est indiqué par des flèches; on remarquera que les deux bords de la coupure AE sont parcourus *en sens contraire*. On ramène immédiatement à ce cas la surface formée par une sphère percée de deux trous : il suffit de tracer une coupure réunissant les deux trous.

2° Prenons maintenant un feuillet circulaire avec des trous, trois par exemple. Il faudra tracer trois coupures pour rendre cette surface simplement connexe, comme le montre la *fig.* 28.

Fig. 28.

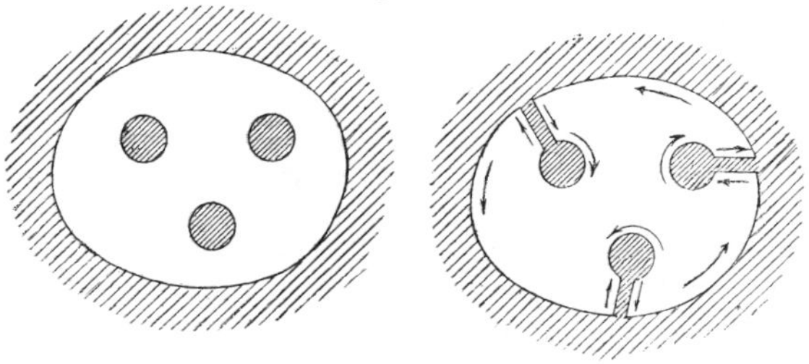

Après le tracé de ces coupures, la surface est limitée par un contour simple; si un mobile parcourt ce contour dans le sens positif, indiqué par les flèches, les deux bords des coupures sont parcourus en sens contraires. On ramène immédiatement à ce cas une surface connexe, comme une sphère avec quatre trous, en traçant trois coupures réunissant un trou aux trois autres.

55. Les deux exemples précédents nous montrent des surfaces *non simplement connexes* avec des bords fermés de plusieurs lignes entièrement séparées. Mais il existe également des surfaces dont les bords sont formés d'une seule ligne continue et qui cependant ne sont pas simplement connexes.

Considérons par exemple la surface d'un tore; cette surface étant fermée nous commençons par l'ouvrir en y pratiquant une petite ouverture f suivant un contour simple infiniment petit décrit autour d'un point de la surface et qui constituera le bord de la surface. Cette surface n'est pas simplement connexe, car il existe sur elle des contours fermés, par exemple des parallèles ou des méridiens du tore, qu'on ne peut, par déformation continue sur la surface, réduire à un point. On la rend simplement connexe à l'aide des deux coupures suivantes :

Partons du bord du trou f et traçons une première coupure suivant un méridien du tore; la surface obtenue est encore connexe sans l'être simplement, elle est, au point de vue de la connexion, identique à un tube ouvert aux deux bouts; car si l'on écarte l'un de l'autre les deux bords de la coupure, on obtient une sorte de tube recourbé, que l'on peut ensuite déformer en un cylindre à bases circulaires, ou encore en une sphère percée de deux trous, ou en un feuillet circulaire plan percé d'un trou.

Comme nous l'avons dit, la surface obtenue par le tracé de cette coupure b suivant un méridien du tore n'est pas simplement con-

Fig. 29.

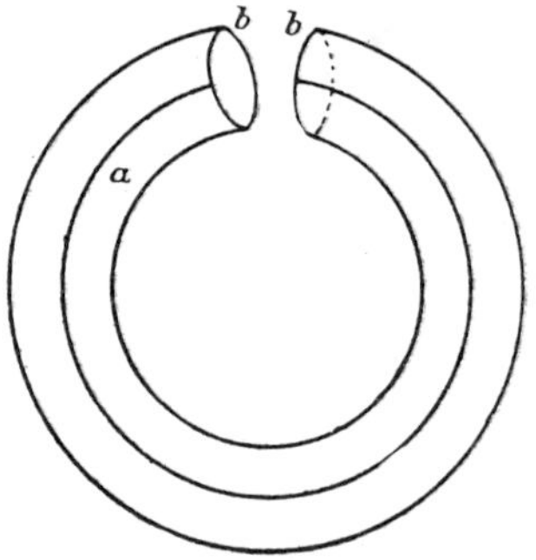

nexe, car la ligne fermée tracée suivant un autre meridien ne peut pas encore être réduite à un point par déformation continue. Traçons alors une nouvelle coupure allant d'un bord à l'autre de la première coupure suivant un parallèle du tore; sur le cylindre à bases circulaires déduit par déformation continue de la première surface, cette nouvelle coupure sera figurée, par exemple, par une génératrice rectiligne.

Après le tracé des deux coupures a et b la surface est devenue simplement connexe. On peut en effet, par déformation continue, appliquer cette surface T', ou l'une des surfaces dérivées, sur un feuillet plan à contour simple; on réalisera cette application pour le cylindre ouvert suivant une génératrice en le développant sur un plan, de manière à le transformer en un rectangle. Au mobile qui parcourt le contour de ce rectangle dans le sens positif (le côté positif du rectangle provenant de l'extérieur du cylindre), correspond sur le cylindre et par suite sur le tore découpé T′, un mobile parcourant le contour de cette surface, constitué par les deux bords des deux coupures, dans le sens positif. On voit que les deux bords de chaque coupure sont parcourus en sens contraire.

56. Considérons maintenant une surface de Riemann sphérique à deux feuillets ayant $2p+2$ points de ramification et par suite $p+1$ lignes de croisement. Nous pouvons d'abord, par déformation continue, faire coïncider ces $p+1$ lignes avec $p+1$ arcs d'un même grand cercle de la sphère. Nous appliquerons ensuite au feuillet interne le procéde de déformation déjà décrit au paragraphe 51 pour le cas de $p=0$; nous ferons donc subir à ce feuillet une déformation progressive de manière à le remplacer par son symétrique, par rapport au plan du grand cercle qui renferme les lignes de croisement. On sera alors ramené à une double surface sphérique ayant $p+1$ trous, et l'on passe du côté externe au côté interne de cette surface par les périmètres de chacun des trous. En déformant la surface comme tout à l'heure on la transformera en un disque plan dont le contour extérieur proviendra du contour de l'un des trous et qui sera maintenant percé intérieurement de p trous. On peut, si l'on veut, dilater ce disque et l'on a une surface, sorte de galette à p trous applicable sur la surface de Riemann primitive.

Nous prendrons donc comme schéma de notre surface de Riemann un disque plan percé de p trous, et nous allons rechercher un système de coupures, aussi simple que possible, qui la transforme en une aire simplement connexe. A cet effet considérons d'abord une surface sphérique percée de n trous, ou ce qui revient au même un feuillet plan limité par n courbes simples entièrement distinctes. Soit O un point intérieur à cette surface autour duquel nous pratiquons une ouverture f infiniment petite; considérons un système de n coupures joignant respectivement un point du bord de f à chacune des n courbes limites de l'aire considérée; il est clair que l'aire ainsi obtenue est maintenant simplement connexe, car elle est limitée par un contour unique et tout contour fermé K tracé à l'intérieur de cette aire se réduit à un point par déformation continue; on le voit nettement sur la figure 30 dans laquelle on a $n = 4$.

Fig. 30.

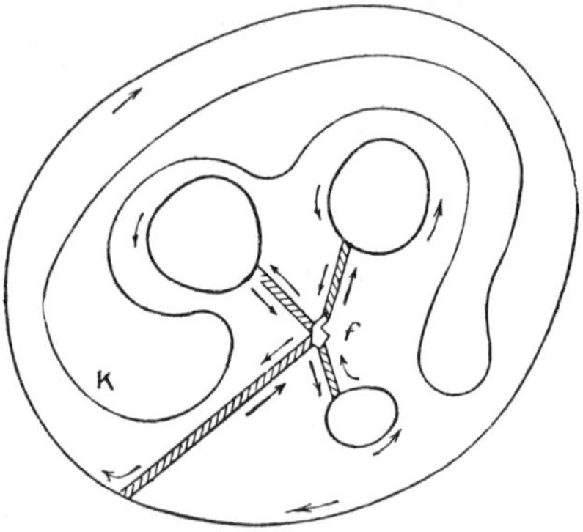

Revenons maintenant à notre disque à p trous; traçons sur la face supérieure du disque p lignes fermées ne se coupant pas elles mêmes ni deux à deux et entourant respectivement une fois chacun des trous; dans la figure 31 on a supposé $p = 3$; γ_1, γ_2,

Fig. 31.

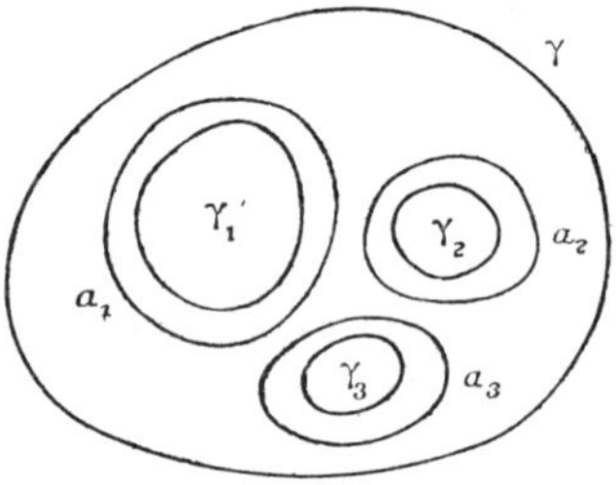

γ_3 sont les contours apparents des trois trous et a_1, a_2, a_3 les trois contours fermés dont nous venons de parler. Si l'on coupe la surface primitive T suivant a_1, a_2 et a_3, la surface T_1 ainsi obtenue est applicable sur une surface sphérique à $2p$ trous. Pour le voir clairement on peut supposer que l'on ait, par une déformation continue, fait coïncider les coupures a_1, a_2, a_3, avec les contours apparents γ_1, γ_2, γ_3 des trois trous, dans ces conditions les faces supérieure et inférieure du disque ne sont plus reliées entre elles que par le contour extérieur γ de celui-ci ; et l'on peut écarter l'un de l'autre les bords supérieur et inférieur de chacune des coupures, en les amenant de part et d'autre du plan de la figure, la surface ainsi obtenue pouvant être dilatée et déformée en une aire sphérique à $2p$ trous, deux à deux symétriques par rapport à un grand cercle intérieur à cette aire situé dans le plan de la figure et qui provient de la déformation de γ.

Pour transformer T_1 en une surface T' simplement connexe il suffit, comme nous venons de le voir, de tracer un système de $2p$ coupures b'_i et b''_i joignant un point O de la surface aux deux bords des p coupures a_i ; nous choisirons ces coupures de manière que b'_i et b''_i aboutissent en deux points infiniment voisins sur les deux bords de a_i, et que $b'_i + b''_i$, constitue sur la surface initiale un contour fermé traversant a_i en un seul point, traversant également en un point unique le contour apparent extérieur γ du disque et le contour apparent γ_i, mais sans point commun avec les autres contours γ_j ; on peut dire en abrégé que b_i passe à travers le seul trou γ_i. L'ensemble des deux coupures a_i et b_i qui se croisent au point ε_i constitue ce qu'on appelle généralement une *rétrosection* de la surface T ; cette rétrosection donne lieu pour la surface coupée T' à un contour limite obtenu en suivant : 1° l'un des bords de la coupure a_i ; 2° l'un des bords de la coupure b_i ; puis dans le sens inverse : 3° le second bord de a_i ; 4° le second bord de b_i. Rien n'empêche de supposer que le point ε_i coïncide avec le point O ; s'il en est ainsi pour $i = 1, 2, 3, \ldots, p$, le contour total

Fig. 31 *bis*.

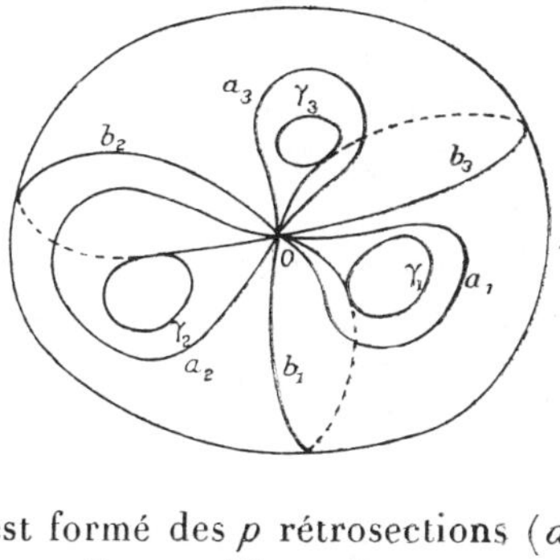

de la surface T' est formé des p rétrosections (a_i, b_i) parcourues en entier l'une après l'autre. Nous dirons que ce système est un *système canonique de rétrosections;* la figure 31 *bis* représente un système de ce genre; les parties des lignes b_i situées dans la face inférieure du disque sont représentées en traits ponctués. Ce choix de rétrosections n'a rien d'essentiel; on peut supposer que les points ε_i sont distincts du point O; rien n'oblige d'ailleurs à faire passer les coupures b_i par un même point O de la surface; supposons par exemple que les rétrosections (a_1, b_1), (a_2, b_2), (a_3, b_3) soient sans point commun deux à deux. Nous devons alors pour obtenir une surface simplement connexe, ajouter à ce système de retrosections deux coupures auxiliaires, la première reliant b_1 à b_2 et la seconde b_2 à b_3; on verra sans peine que la surface T' ainsi obtenue est simplement connexe; l'ordre de succession des divers arcs des rétrosections lorsqu'on décrit d'une manière continue le contour total de T' est seulement plus compliqué, mais facile à trouver par l'inspection d'une figure. En résumé il est possible, par un choix convenable de coupures, de transformer en une aire simplement connexe une surface de Riemann à deux feuillets et $2p+2$ points de ramification.

57. Il est essentiel de savoir figurer sur la surface de Riemann primitive à feuillets plans superposés les coupures qui la transforment en une aire simplement connexe. Supposons tracé sur le disque plan considéré au paragraphe précédent le système canonique de rétrosections (a_i, b_i); le contour a_i situé sur la face supérieure et entourant une fois le trou γ_i va devenir, en revenant à la surface initiale, un contour tracé sur le feuillet supérieur et entourant une fois la ligne de croisement l_i qui a donné naissance au trou γ_i dans le processus de déformation décrit au début du paragraphe 56; ce contour se réduit par déformation continue à la ligne de croisement supposée décrite successivement sur les deux feuillets de la surface : on doit se rappeler que les deux feuillets sont regardés comme étant entièrement distincts le long de cette ligne de croisement, sauf aux deux extrémités qui sont les deux points de ramification e_{2i+1} et e_{2i}. Sur la figure 32 les contours a_1, a_2, a_3 sont donc figurés en traits pleins, entourant respectivement les points e_1 et e_2, e_3 et e_4, e_5 et e_6. Le contour b_i tracé sur le disque et qui traverse une fois chacun des deux contours γ_i et γ, deviendra un contour traversant une fois chacune

des lignes de croisement $e_{2i+1}\,e_{2i}$ et $e_{2p+1}\,e_{2p+2}$, cette dernière étant supposée correspondre au contour apparent, extérieur γ du disque; nous obtiendrons donc sur la surface de Riemann primitive une ligne entourant une fois l'un des deux points e_{2i-1}, e_{2i} et l'un des deux points e_{2p+1}, e_{2p+2}; elle est divisée par les deux lignes de croisement en deux arcs appartenant respectivement à

Fig. 32.

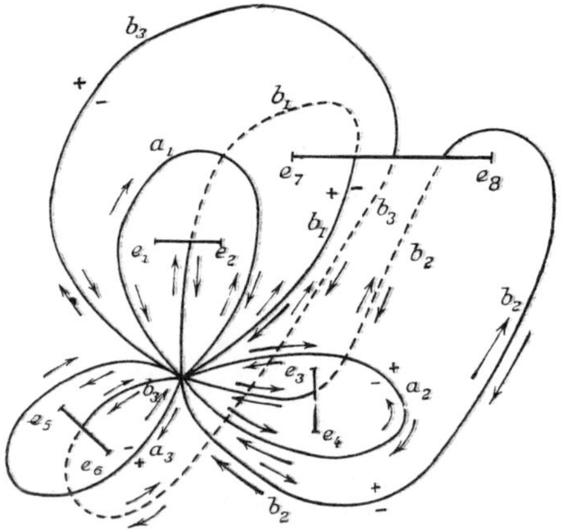

chacun des feuillets. Sur la figure 32 on a indiqué par des flèches le sens de parcours des deux bords de chaque coupure quand on décrit dans le sens positif, c'est-à-dire en laissant la surface de Riemann à sa gauche, le contour total de la surface coupée T'. Le bord positif $+$ pour les coupures a_1, a_2, a_3 est le bord externe; le bord positif de b_i est celui qu'il faut suivre pour aller du bord positif au bord négatif de a_i en marchant dans le sens positif; l'ordre de succession des divers bords est donc le suivant :

$$a_1^+ b_1^+ a_1^- b_1^- a_2^+ b_2^+ a_2^- b_2^- a_3^+ b_3^+ a_3^- b_3^-.$$

Dans le cas de la figure le bord positif est le bord interne pour b_1 et b_2, le bord externe pour b_3.

Dans la figure 33 nous avons représenté un système de trois rétrosections (a_1, b_1), (a_2, b_2), (a_3, b_3), tracé une surface de Riemann à deux feuillets et huit points de ramification comme dans la figure précédente, mais n'ayant cette fois aucun point commun; on rend la surface simplement connexe en adjoignant à ces rétrosections les deux coupures auxiliaires : c_1 qui unit b_1 à b_2 et c_2 qui unit b_2 à b_3. On vérifie que cette surface est à connexion simple en remarquant d'abord que la surface à six contours

Fig. 33.

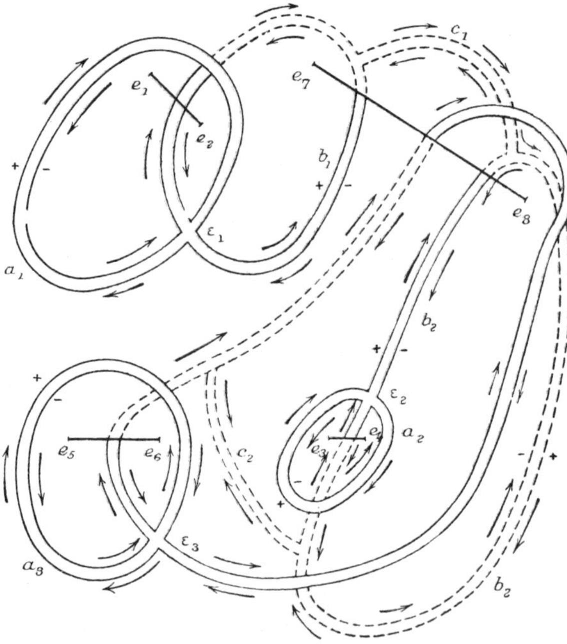

distincts obtenue par le tracé des trois coupures a_1, a_2, a_3 est applicable sur une surface plane ou sphérique, comme nous l'avons fait voir précédemment, et qu'ensuite après le tracé des coupures b et c la surface n'a plus qu'un seul bord pouvant être décrit d'un trait continu; le sens de parcours du contour total est indiqué sur la figure par des flèches; pour plus de clarté on a donné une épaisseur finie aux diverses coupures; les bords positifs et négatifs des coupures a_i et b_i sont toujours définis de la même manière; actuellement le bord positif est le bord interne pour b_1 et b_3, le bord externe pour b_2.

Au lieu de réunir b_1 à b_2 et b_2 à b_3 par des coupures auxiliaires, on pourrait réunir a_1 à a_2 et a_2 à a_3; on obtiendrait encore une aire simplement connexe : en effet le contour total ainsi obtenu peut encore être décrit d'un trait continu et cela suffit pour que la surface soit simplement connexe puisque après le tracé des coupures a_1, a_2, a_3 elle est déjà, comme nous l'avons vu, applicable sur un feuillet simple, plan ou sphérique.

Nous savons donc de bien des manières construire un système K de coupures qui transforme une surface de Riemann à deux feuillets et de genre quelconque en une surface à connexion simple; il est aisé de voir qu'il existe une infinité de contours K répondant à la question, même si l'on ne regarde pas comme distincts deux contours qui se ramènent l'un à l'autre par une déformation continue. On peut par exemple remplacer la coupure b_1 par une autre tournant toujours une seule fois autour du point e_{2p+1} ou e_{2p+2}, mais tournant N fois autour de e_1 et N + 1 fois autour de e_2, N étant un entier quelconque; on peut toujours trouver un tel contour qui forme avec a_1 une rétrosection; c'est ce qu'indique la figure 34 où l'on a $N = 2$; en faisant varier N, les

Fig. 34.

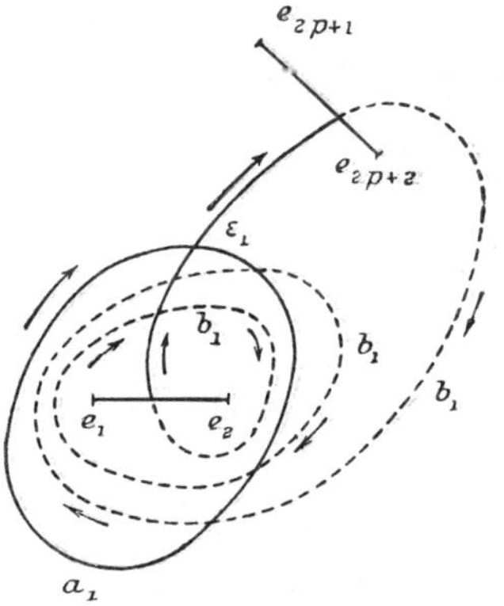

coupures autres que b_1 restant invariables, on a une infinité de systèmes K irréductibles les uns aux autres.

58. Il est essentiel de remarquer que tout contour fermé tracé sur la surface de Riemann peut être réduit, par une déformation continue, à coïncider avec un chemin formé de un ou de plusieurs

contours a_i et b_k et d'arcs parcourus deux fois dans des sens différents. Nous ferons cette démonstration pour la surface transformée en un disque à p trous. Remarquons d'abord qu'un contour tel que C (*fig.* 35) qui passe à travers les trous γ_1 et γ_2 se

Fig. 35.

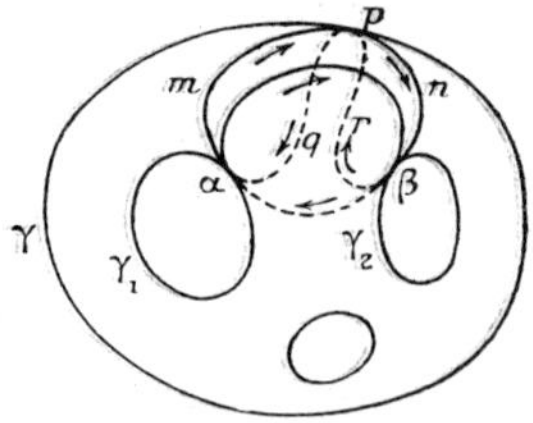

ramène par une déformation continue aux contours b_1 et b_2 parcourus dans des sens convenables. Il suffit de déformer la partie de C située sur la face supérieure du disque de manière qu'elle touche au point p le contour externe γ du disque, sans le traverser, et de répéter la même opération pour la partie de C située sur la face inférieure; C est alors remplacé par la somme des deux contours fermés $pm\alpha qp$ et $pn\beta rp$, c'est-à-dire d'un contour b_1 et d'un contour b_2 parcourus dans le sens indiqué par les flèches. En second lieu tout contour fermé tracé sur la face supérieure du

Fig. 36.

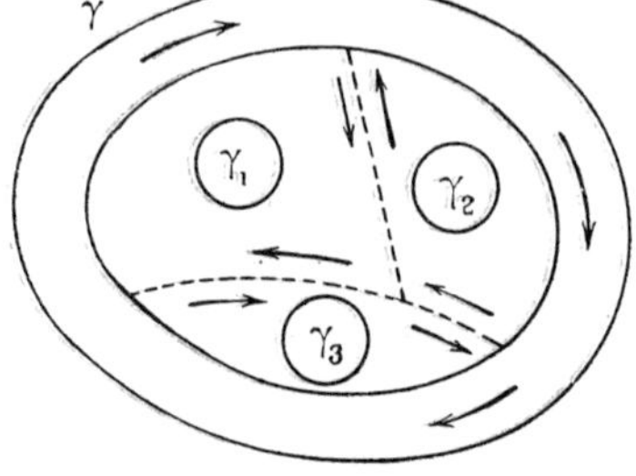

disque se ramène à une somme de contours a_1, a_2, ..., car en ajoutant à ce contour des transversales parcourues deux fois en sens contraires on pourra le transformer en contours partiels entourant une fois un seul des trous γ_i (*fig.* 36). Enfin pour un circuit quelconque on considérera deux points de rencontre consécutifs de ce contour avec une des lignes $\gamma, \gamma_1, \gamma_2, \gamma_3, \ldots$ On peut associer à cette partie du contour C une ligne sur l'autre côté de la surface formant avec elle un contour passant à travers un ou plusieurs trous, en ajoutant une ligne parcourue en sens contraire; on pourra donc remplacer tout arc de C situé sur la face inférieure du disque par un arc situé sur la face supérieure, moyennant l'addition d'un contour réductible aux contours a_i et b_k. Par un nombre fini d'opérations de ce genre on pourra donc transformer C en un contour appartenant tout entier à la face supérieure et réductible par conséquent aux contours a_i. Finalement on aura ramené le contour primitif à une suite de contours a_i et b_k, l'addition des arcs parcourus deux fois en sens contraire pouvant être regardée comme le résultat d'une déformation continue.

59. *Théorème de Cauchy sur une surface de Riemann.* — Ce théorème résulte immédiatement des définitions posées dans le Chapitre I. Soit $f(z, u)$ une fonction du point analytique (z, u), uniforme dans le domaine d'un point (z_1, u_1) de la surface de Riemann. Supposons que cette fonction soit régulière au point (z_1, u_1), ou admette ce point pour point singulier isolé on peut toujours prendre le domaine δ du point (z_1, u_1) assez petit pour que, dans ce domaine, il n'y ait pas de point singulier placé autre part qu'en (z_1, u_1). Alors l'intégrale $\int f(z, u)\,dz$, prise dans le sens positif sur le contour du domaine δ, est égale à $2\pi i R_1$, R_1 étant le résidu relatif au point (z_1, u_1); et cela est vrai que le point (z_1, u_1) soit un point ordinaire de la surface à distance finie ou infinie, ou un point de ramification à distance finie ou infinie.

Considérons maintenant sur la surface de Riemann une aire S finie ou infinie, simplement connexe, limitée par une courbe C formée nécessairement d'un seul trait et représentée sur la sphère par une aire finie simplement connexe Σ, limitée par une courbe Γ. Soit $f(z, u)$ une fonction du point analytique (z, u), uniforme dans l'aire S, finie sur le contour C, n'admettant dans l'aire S d'autres singularités que des points réguliers isolés, nécessairement en nombre fini. L'intégrale

$$\int_C f(z, u)\,dz,$$

prise sur le contour C dans le sens positif, est égale à

$$2\pi i(R_1 + R_2 + \ldots + R_q),$$

$R_1, R_2, \ldots, R_q$ désignant les résidus relatifs à tous les points singuliers situés sur S et aux points à l'infini si l'aire S est infinie. Pour démontrer ce théorème, découpons par des courbes transversales, en nombre quelconque, l'aire sphérique Σ en parties σ_1, $\sigma_2, \ldots, \sigma_m$ assez petites pour que dans chacune d'elles il y ait au plus un point singulier ou un point de ramification. Comme à chaque point de la surface sphérique de Riemann correspond un point de la surface plane de Riemann et réciproquement, à cette division de l'aire sphérique Σ correspondra une division de l'aire plane S en parties $s_1, s_2, \ldots, s_m$ dont chacune contiendra au plus un point singulier ou un point de ramification. L'intégrale $\int f(z, u)\,dz$, prise sur le contour total C de S, est égale à la somme des valeurs de cette intégrale prises dans le sens positif sur les contours $C_1, C_2, \ldots, C_m$ des aires $s_1, s_2, \ldots, s_m$, et l'on a

$$(1)\quad \int_C f(z, u)\,dz = \int_{C_1} f(z, u)\,dz + \int_{C_2} f(z, u)\,dz + \ldots + \int_{C_m} f(z, u)\,dz.$$

Cette formule est évidente, car, dans les intégrales du second membre, les côtés contigus des aires $s_1, s_2, \ldots, s_m$ sont parcourus chacun deux fois en sens contraires, et les portions correspondantes des intégrales se détruisent : il ne reste donc que les portions de ces intégrales relatives aux parties du contour primitif C qui ne figurent chacune qu'une fois dans la somme et dont l'ensemble constitue l'intégrale du premier membre. Mais dans l'équation (1) chaque intégrale du second membre est prise sur le contour d'un domaine assez petit pour ne contenir qu'un point singulier ou un point de ramification au plus : chacune de ces intégrales est égale à $2\pi i$ multiplié par le résidu relatif au seul point singulier qui peut être situé dans l'aire correspondante, et l'on a bien la relation fondamentale

$$(2) \qquad \int_C f(z, u)\,dz = 2\pi i(R_1 + R_2 + \ldots + R_q)$$

quelle que soit la forme de l'aire simplement connexe.

Le même théorème serait encore vrai, si l'aire considérée S n'était pas simplement connexe et était limitée par une ou plusieurs courbes dont l'ensemble formerait le contour C. La démonstration est la même.

60. Voici une importante conséquence de cette formule, ne s'appliquant qu'au cas où S est simplement connexe. Supposons que, dans l'aire S, les résidus soient *tous nuls;* l'intégrale ci-dessus est *nulle.* Considérons alors dans l'aire S deux points analytiques P_0 et P de coordonnees $(z_0, u_0,$ et (z, u), et deux chemins P_0MP, P_0NP joignant ces deux points. Les valeurs de l'intégrale $\int_{(z_0, u_0)}^{(z, u)} f(z, u)\,dz$, prises le long de ces deux chemins, sont *égales*. En effet, supposons d'abord que ces chemins ne se coupent pas; la courbe fermée P_0MPNP_0, formée par ces deux chemins placés bout à bout, est une courbe fermée tracée sur une surface simplement connexe S; elle détache donc de cette surface une portion S_1, également simplement connexe. C'est ce qui résulte de ce que nous avons vu (n°s 50, 53) pour les surfaces simplement connexes. Rappelons-en rapidement la raison. La surface S peut, par déformation continue, être transformée en une

Fig. 37.

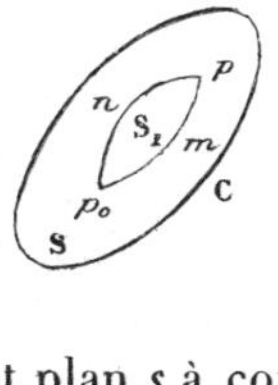

surface formée d'un feuillet plan s à contour simple c; dans cette déformation, les points P_0, P et les chemins P_0MP, P_0NP deviennent (*fig.* 37) p_0, p, p_0mp, p_0np. Ces nouveaux chemins, placés bout à bout, p_0mpnp_0, forment un contour simple ne se coupant pas, limitant une aire s_1, simplement connexe, située dans s : donc, sur la portion de surface de Riemann S, la courbe P_0MPNP_0 limite une aire S_1 simplement connexe située tout entière dans S.

Comme, par hypothèse, les résidus de $f(z, u)$ dans S sont tous nuls, cette fonction est uniforme dans S_1 et elle y a aussi tous ses résidus nuls : l'intégrale $\int f(z, u)\,dz$, prise sur le contour P_0MPNP_0 de S_1, est donc nulle. Or la première partie de cette intégrale, le long de P_0MP, est

$$\int_{P_0MP} f(z, u)\,dz,$$

et la deuxième, le long de PNP_0, est

$$-\int_{P_0NP} f(z, u)\,dz;$$

la somme de ces deux intégrales étant nulle, on voit que la valeur de l'intégrale $\int f(z, u)\,dz$, du point P_0 au point P, est *indépendante de la courbe* le long de laquelle on la prend, pourvu que cette courbe soit située sur S.

Nous avons supposé que les chemins P_0MP et P_0NP ne se coupent pas; s'ils se rencontraient en un certain nombre de points analytiques, il n'y aurait qu'à les comparer à un chemin ayant les mêmes extrémités et ne rencontrant aucun d'eux; et la conclusion serait la même.

En résumé, l'intégrale

$$F(z, u) = \int_{(z_0, u_0)}^{(z, u)} f(z, u)\,dz$$

a une valeur unique, quel que soit le chemin suivi sur S entre les deux points limites. Laissant le point $P_0(z_0 u_0)$ fixe et faisant varier le point $P(z, u)$, on voit que cette intégrale définit une fonction du point analytique (z, u), $F(z, u)$, *uniforme* dans l'aire S, Comme f est supposé n'avoir dans S que des points singuliers isolés à *résidus nuls*, $F(z, u)$ n'aura que des points singuliers isolés dans la même aire S.

61. Le cas le plus important et en même temps le plus simple est le cas où l'aire S se compose de toute la surface de Riemann

simplement connexe T′, dont le contour C est formé par l'ensemble des coupures a_k, b_k et c_h précédemment tracées. La fonction $f(z, u)$ est alors supposée uniforme *sur toute la surface* T′ et ne possède que des points singuliers isolés. Dans ces conditions, l'intégrale

$$\int_{T} f(z, u)\,dz,$$

prise sur le contour de la surface T′ dans le sens positif, est égale au produit de $2\pi i$ par la somme de tous les résidus de f. Dans cette intégration, les bords opposés d'une même coupure sont *parcourus en sens contraire.*

Exemple. — Si la fonction $f(z, u)$, satisfaisant aux conditions précédentes, est uniforme, *non seulement sur la surface* T′, *rendue simplement connexe par les coupures* a, b, c, *mais aussi sur la surface primitive de Riemann* T *non découpée*, la somme des résidus de cette fonction, sur toute la surface de Riemann (y compris l'infini), est *nulle*. Dire que f est uniforme sur la surface primitive T de Riemann, c'est admettre qu'elle ne change pas de valeur quand on franchit une coupure ou *qu'elle prend les mêmes valeurs sur les bords opposés de chaque coupure*. Alors l'intégrale

$$\int_{T'} f(z, u)\,dz$$

est évidemment nulle, car les deux bords d'une même coupure étant parcourus en sens contraire et la fonction f prenant les mêmes valeurs sur les deux bords d'une coupure, les éléments de l'intégrale provenant des bords opposés de chaque coupure se détruisent deux à deux. La somme des résidus est donc *nulle*. Ce théorème s'applique en particulier à une fonction rationnelle de z et u; nous l'avons démontré autrement dans le Chapitre I.

62. Supposons maintenant que l'aire simplement connexe S embrasse toute la surface de Riemann T′, et que, de plus, *tous les résidus de* $f(z, u)$ *soient nuls*. Dans ces conditions, si l'on prend sur la surface deux points analytiques, $P_0(z_0, u_0)$ et

$P(z, u)$, l'intégrale

$$F(z, u) = \int_{(z_0, u_0)}^{(z, u)} f(z, u)\, dz,$$

prise de P_0 en P le long d'une ligne quelconque *tracée sur la surface* T', c'est-à-dire ne franchissant pas le contour de cette surface constitué par l'ensemble des coupures, a une valeur indépendante du chemin suivi (n° 60). La limite inférieure étant regardée comme fixe, cette intégrale est donc une fonction *uniforme* de sa limite supérieure (z, u), $F(z, u)$ sur la surface de Riemann T'. Cette fonction $F(z, u)$ n'a d'ailleurs pas d'autres points singuliers que les points singuliers de $f(z, u)$, car, dans le voisinage de tout point où $f(z, u)$ est régulière, il en est de même de $F(z, u)$, sauf peut-être pour le point à l'infini.

Si l'on suppose que $f(z, u)$ est une *fonction rationnelle* de z et u *avec des résidus nuls*, $F(z, u)$ est une intégrale abélienne composée avec des intégrales quelconques de *première et de deuxième espèce*. Donc une somme d'intégrales de première et de deuxième espèce, ayant même limite supérieure (z, u), est une fonction uniforme de (z, u) sur la surface de Riemann simplement connexe T'.

63. Nous supposerons dans ce qui suit que $f(z, u)$ représente une fonction rationnelle de z et de u avec des résidus tous nuls. L'intégrale

$$F(z, u) = \int_{(z_0, u_0)}^{(z, u)} f(z, u)\, dz$$

est alors, comme nous venons de le voir, une somme d'intégrales abéliennes de première et de deuxième espèce; c'est une fonction uniforme de (z, u) sur la surface coupée T'; la fonction rationnelle $f(z, u)$ est une fonction uniforme même sur la surface T sans coupure de sorte que $f(z, u)$ prend les mêmes valeurs sur les deux bords opposés d'une même coupure, car l'épaisseur d'une coupure est toujours supposée infiniment petite.

Voyons quelles relations il y a entre les deux valeurs de $F(z, u)$ aux deux bords opposés d'une coupure. Nous supposerons pour plus de simplicité que nous avons adopté le système canonique de rétrosections (a_k, b_k) passant toutes par un même point de la surface T. Prenons d'abord la coupure a_1 : soient λ un point du bord positif (extérieur), ρ le point opposé à λ sur le bord négatif, α et β les deux points où le bord positif de b_1 rencontre les deux bords de a_1; il est convenu que les bords des diverses coupures se succèdent dans l'ordre

$$a_1^+ b_1^+ a_1^- b_1^- \dots a_p^+ b_p^+ a_p^- b_p^-$$

quand on décrit dans le sens positif le contour de T'. La valeur de l'intégrale $F(z, u)$ étant indépendante du chemin d'intégration, pour avoir la valeur de $F(z, u)$ au point λ nous pouvons aller de P_0 en α, puis de α en λ le long du bord positif de la coupure; alors

$$F(\lambda) = F(\alpha) + \int_\alpha^\lambda f(z, u)\,dz.$$

De même pour avoir la valeur de $F(z, u)$ en ρ, allons de P_0 en β, puis de β en ρ le long du bord négatif

$$F(\rho) = F(\beta) + \int_\beta^\rho f(z, u)\,dz.$$

Mais les deux intégrales $\int_\alpha^\lambda$ et $\int_\beta^\varphi$ sont égales, car α diffère infiniment peu de β et λ de ρ, les deux chemins d'intégration sont infiniment voisins; enfin la fraction rationnelle prend les mêmes valeurs aux deux bords de la coupure. Les intégrales sont donc identiques et par suite

$$F(\lambda) - F(\rho) = F(\alpha) - F(\beta).$$

Comme λ et ρ sont deux points quelconques en face l'un de l'autre sur la coupure α_1, la différence $F(\lambda) - F(\rho)$ est constante le long de cette coupure; cette différence constante A_1 s'appelle le module de périodicité de l'intégrale $F(z, u)$ relatif à a_1. Pour calculer effectivement cette constante A_1 remarquons que, $F(\alpha)$ étant la valeur de l'intégrale en α prise suivant le chemin figuré $P_0\alpha$, pour avoir $F(\beta)$ il suffit d'ajouter à $F(\alpha)$ l'intégrale prise de α en β suivant le bord positif de b_1. Donc la différence $F(\alpha) - F(\beta)$ est égale à cette même intégrale prise de β en α sur le bord positif de b_1 parcouru dans le sens négatif (en laissant T' à droite). A_1 est donc égal à l'intégrale prise suivant une courbe fermée entourant les deux points de ramification e et e_{2p+1} et se transportant en b_1 par déformation continue, sans traverser aucun point de ramification; en effet, dans l'aire comprise entre deux courbes de ce genre, $f(z, u)$ est une fonction uniforme et méromorphe dont tous les résidus sont nuls.

Fig. 38.

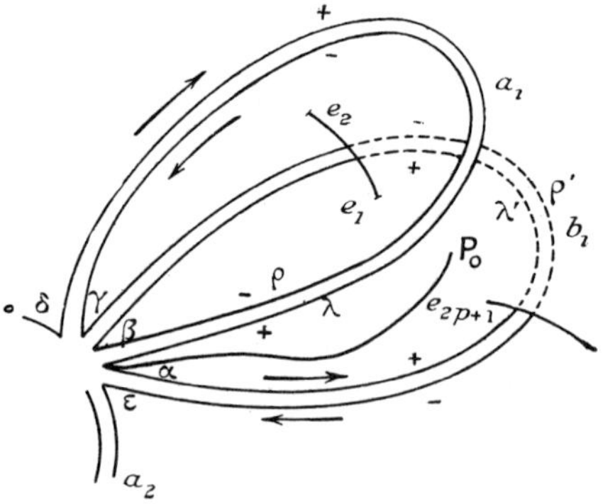

Un raisonnement tout à fait pareil à celui qui précède nous donnera la valeur de la différence, constante le long de la coupure b_1, des valeurs de l'intégrale en deux points opposés sur cette dernière coupure; on remarquera que l'on passe du bord $+$ au bord $-$ de b_1 en suivant le bord $-$ de a_1. Si λ' et ρ' sont deux points en face l'un de l'autre appartenant respectivement aux bords $+$ et $-$ de b_1, on a

$$B_1 = F(\lambda') - F(\rho') = F(\beta) - F(\gamma) = \int_\gamma^\beta f(z, u)\,dz,$$

cette dernière intégrale étant prise en parcourant le bord interne de a_1 de manière à laisser T' à droite (sens négatif), ou ce qui revient au même le bord externe de a_1 en laissant T' à gauche (sens positif). On peut d'ailleurs prendre pour contour d'intégration une courbe fermée quelconque entourant une fois seulement chacun des points e_1 et e_2, à l'exclusion des autres points de ramification, cette courbe étant tracée par exemple dans le feuillet supérieur. On obtient des résultats analogues relativement aux $2p$ rétrosections. L'intégrale $F(z, u)$, qui est l'intégrale la plus générale composée d'intégrales de première et de seconde espèce, a donc $2p$ modules de périodicité

$$A_1 A_2 \ldots A_p,$$
$$B_1 B_2 \ldots B_p,$$

relatifs aux coupures a_k et b_k. Cette intégrale, uniforme sur la surface T′, cesse de l'être si l'on supprime les coupures, c'est-à-dire si l'on permet au point (z, u) de franchir ces coupures; sa détermination la plus générale est alors de la forme

$$F(z, u) + m_1 A_1 + \ldots + m_p A_p + n_1 B_1 + \ldots + n_p B_p,$$

les m_i, n_i étant des entiers quelconques négatifs, positifs ou nuls. En effet tout contour fermé sur la surface de Riemann se ramène, comme nous l'avons vu, par une déformation continue à une suite de contours fermés a_i et b_k qui peuvent être supposés parcourus successivement et en entier; on parvient à une suite de contours de cette nature en ajoutant au contour initial des portions formées d'un arc parcouru dans un certain sens, puis du même arc parcouru en sens contraire, ce qui est évidemment sans influence sur la valeur finale de l'intégrale. La valeur de l'intégrale prise suivant un contour fermé quelconque est donc une combinaison linéaire et homogène à coefficients entiers des $2p$ modules de périodicité, ce qui revient à dire que les diverses valeurs de l'intégrale

$$\int_{z_0, u_0}^{z, u} f(z, u)\, dz$$

se déduisent de l'une d'entre elles, $F(z, u)$, par la formule que nous venons d'indiquer.

Si nous avions employé un système de rétrosections reliées deux à deux par des coupures auxiliaires c_k, nous aurions eu à considérer les modules de périodicité relatifs aux c_k, mais il résulte aisément de ce qui précède que ces quantités sont toutes nulles.

64. Dans tout ce qui suit, nous étudierons l'intégrale $F(z, u)$ sur la surface de Riemann simplement connexe T′ : $F(z, u)$ est alors une fonction uniforme de (z, u) avec $2p$ modules de périodicité. En particulier, toute intégrale abélienne de première ou de seconde espèce admet ainsi $2p$ modules de périodicité. Nous allons étudier séparément ces deux sortes d'intégrales;

mais auparavant nous traiterons un exemple, en appliquant ce qui précède aux intégrales elliptiques de première et de seconde espèce.

Considérons la relation algèbrique

$$u^2 = (1 - z^2)(1 - k^2 z^2),$$

où k est une quantité imaginaire quelconque. Nous avons actuellement quatre points de ramification $+1$, -1, $+\frac{1}{k}$, $-\frac{1}{k}$ (*fig.* 39). Nous conviendrons que, dans le feuillet supérieur, on ait

Fig. 39.

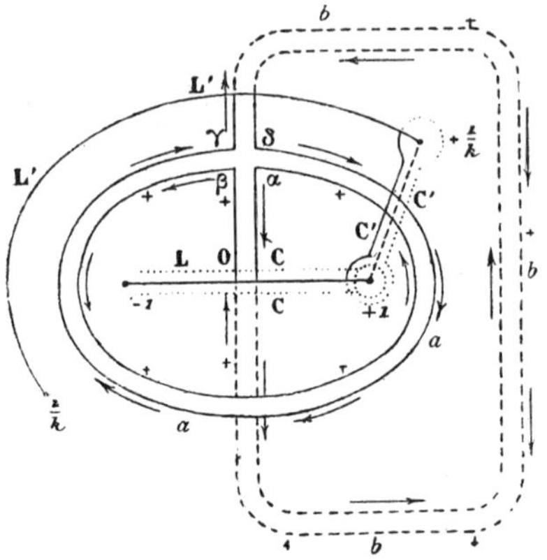

pour $z = 0$, $u = 1$, et que les deux feuillets se raccordent le long des lignes de passage suivantes : la ligne droite L joignant les points $+1$, -1, et la ligne courbe L′ joignant les points $+\frac{1}{k}$, $-\frac{1}{k}$. La coupure a entoure entièrement les deux points $+1$ et -1 dans le feuillet supérieur; la coupure b part du point $\gamma\delta$ du bord externe de a, traverse L′, tourne dans le feuillet inférieur autour des points $+\frac{1}{k}$ et $+1$, traverse la ligne de passage L et revient aboutir au point $\alpha\beta$ en face de $\gamma\delta$. Nous supposerons le point O, $(0, 1)$ placé sur le bord positif de cette coupure a. Ici $p = 1$. Il y a deux modules de périodicité pour chaque intégrale de première ou de seconde espèce correspondant à la relation algébrique considérée, c'est-à-dire pour chaque intégrale elliptique de première ou de seconde espèce $F(z, u) = \int f(z, u)\,dz$, f étant rationnel. Soient A et B ces deux modules de périodicité le long des coupures a et b, dont les bords positifs sont marqués des signes $+$. On a

$$B = F(\gamma) - F(\delta);$$

B est donc l'intégrale elliptique considérée, prise de δ en γ le long du bord externe de a, ou plus généralement prise dans le sens négatif sur une courbe fermée quelconque entourant les deux points $+1$ et -1 dans le feuillet supérieur. On peut, en particulier, réduire cette courbe à une ligne C infiniment peu différente de la droite $-1+1$, ou à cette droite elle-même parcourue de -1 en $+1$ dans le feuillet supérieur, puis de $+1$ à -1 dans le feuillet inférieur.

La période A étant égale à $F(\beta) - F(\gamma)$ est égale à l'intégrale prise de γ en β le long du bord externe de la coupure b, et, par conséquent, à l'intégrale prise dans le sens négatif sur une courbe fermée quelconque entourant les deux points $+1$ et $+\frac{1}{k}$, et, en particulier. le long d'une courbe fermée infiniment voisine du segment de droite $+1+\frac{1}{k}$ parcouru de 1 à $\frac{1}{k}$ dans le feuillet supérieur, de $\frac{1}{k}$ à 1 dans le feuillet inférieur.

Prenons, par exemple, l'intégrale de première espèce

$$W(z, u) = \int_{(0,1)}^{(z,u)} \frac{dz}{u}.$$

Appelons, avec Jacobi, K et iK' les deux intégrales

$$K = \int_0^1 \frac{dz}{u}, \qquad iK' = \int_1^{\frac{1}{k}} \frac{dz}{u}$$

prises dans le feuillet supérieur, la première suivant le segment rectiligne de 0 à 1, la deuxième suivant le segment 1 à $\frac{1}{k}$. L'intégrale $\int \frac{dz}{u}$, prise de -1 à $+1$ dans le feuillet supérieur, est égale à $2K$; si on la prenait de -1 à $+1$ dans le feuillet inférieur, elle serait $-2K$, car les valeurs de u seraient égales et de signe contraires aux précédentes : donc la même intégrale prise de $+1$ à -1 dans le feuillet inférieur est $2K$ et la période B le long de b est $4K$. De même, la période A le long de a est $2iK'$, car l'intégrale de $\frac{1}{k}$ à 1, dans le feuillet inférieur, égale l'intégrale de 1 à $\frac{1}{k}$ dans le feuillet supérieur.

Prenons encore l'intégrale appelée par Legendre *intégrale de seconde espèce*,

$$Z(z, u) = \int_{(0,1)}^{(z,u)} \frac{z^2\,dz}{u},$$

qui est partout finie à distance finie. Pour des valeurs très grandes de z, on a, dans l'un des feuillets.

$$\frac{z^2}{u} = \frac{1}{k}\left(1 - \frac{1}{z^2}\right)^{-\frac{1}{2}}\left(1 - \frac{1}{k^2 z^2}\right)^{-\frac{1}{2}} = \frac{1}{k}\left[1 + \frac{1}{2}\left(1 + \frac{1}{k^2}\right)\frac{1}{z^2} + \ldots\right].$$

Dans le domaine du point ∞ dans l'un des feuillets, $Z(z, u)$ est donc de la forme

$$Z(z, u) = C + \frac{z}{k} - \frac{1}{2k}\left(1 + \frac{1}{k^2}\right)\frac{1}{z} + \ldots.$$

Dans le domaine du point ∞, dans l'autre feuillet, on aurait un développement de même forme, obtenu en changeant la valeur de la constante et le signe de tous les coefficients. L'intégrale $Z(z, u)$ est donc bien de seconde espèce d'après nos dénominations; elle a pour pôles simples les deux points à l'infini dans les deux feuillets. Si l'on pose avec Legendre

$$J = \int_0^1 \frac{z^2\,dz}{u}, \qquad iJ' = \int_1^{\frac{1}{k}} \frac{z^2\,dz}{u},$$

les intégrales étant rectilignes dans le feuillet supérieur, on voit, comme plus haut, que les modules de périodicité de l'intégrale Z, le long des coupures a et b, sont

$$B' = 4J, \qquad A' = 2iJ'.$$

Remarque. — La courbe C est composée d'une suite de deux lacets; la courbe C' entourant les points 1 et $\frac{1}{k}$ peut être remplacée aussi par deux lacets partant de O et entourant successivement les points 1 et $\frac{1}{k}$, comme on l'a montré dans la figure 53 pour la courbe C' entourant les points e_1 et e_2 de cette figure.

65. Si $F(z, u)$ et $F'(z, u)$ désignent deux intégrales abéliennes composées comme les précédentes à l'aide d'intégrales de première et de seconde espèce, la valeur de l'intégrale

$$I = \int_{T'} F(z, u)\, dF'(z, u),$$

prise dans le sens positif sur le contour de la surface T' de Riemann, a une forme remarquable. Le contour de la surface T' est formé par l'ensemble des bords des coupures. Appelons A_k, B_k les modules de périodicité de l'intégrale F, A'_k et B' ceux de F' le long des coupures a_k et b_k; nous allons démontrer que l'intégrale I a pour valeur

$$I = A_1 B'_1 - B_1 A'_1 + A_2 B'_2 - B_2 A'_2 + \ldots + A_p B'_p - B_p A'_p.$$

En effet, évaluons, dans l'intégrale I, les éléments provenant des deux bords des différentes coupures. Prenons d'abord la coupure a_1, λ un point du bord positif, ρ le point situé en face sur le bord négatif. Dans la somme d'éléments I, la partie provenant du bord positif de la coupure a_1 est (*fig.* 38)

$$\int_\delta^\alpha F(\lambda)\, dF'(\lambda),$$

$F(\lambda)$ et $F'(\lambda)$ désignant les valeurs de F et F' au point λ, car le point λ se déplace de δ à α; la partie provenant du bord négatif est de même

$$\int_\beta^\gamma F(\rho)\, dF'(\rho),$$

car, lorsque z parcourt le système des coupures, sur le bord négatif il se déplace de β en γ dans le sens indiqué par la flèche. La somme de ces deux intégrales est, en intervertissant les limites de la seconde,

$$\int_\delta^\alpha F(\lambda)\, dF'(\lambda) - \int_\gamma^\beta F(\rho)\, dF'(\rho).$$

Maintenant, comme la coupure a une largeur infiniment petite, pour faire varier λ de δ à α, il suffit de faire varier ρ qui est en face de γ à β; on a de plus

$$\begin{aligned} F'(\lambda) &= F'(\rho) + A'_1, \\ F(\lambda) &= F(\rho) + A_1, \\ dF'(\lambda) &= dF'(\rho); \end{aligned}$$

donc la somme ci-dessus devient

$$\int_\gamma^\beta [F(\rho) + A_1]\, dF'(\rho) - \int_\gamma^\beta F(\rho)\, dF'(\rho),$$

c'est-à-dire, en réduisant,

$$A_1 \int_\gamma^\beta dF'(\rho) = A_1[F'(\beta) - F'(\gamma)].$$

Mais cette dernière différence $F'(\beta) - F'(\gamma)$ est la différence des valeurs de F' aux bords positif et négatif de b_1; c'est donc B'_1, et la somme des deux intégrales est $A_1 B'_1$.

Cherchons de même, dans la somme des éléments I, ceux qui proviennent des deux bords de la coupure b_1 : nous allons trouver $-B_1 A'_1$. En effet, appelons encore λ et ρ les deux points opposés sur les deux bords de b_1, nous aurons, comme précédemment, les intégrales

$$\int_\alpha^\beta F(\lambda)\, dF'(\lambda) - \int_\varepsilon^\gamma F(\rho)\, dF'(\rho),$$

sur les deux bords de b_1. Or

$$\begin{aligned} F(\lambda) &= F(\rho) + B_1, \\ F'(\lambda) &= F'(\rho) + B'_1, \\ dF'(\lambda) &= dF'(\rho), \end{aligned}$$

et pour faire varier ρ de ε à γ il suffit de faire varier λ, qui est en face, de α à β. La somme des deux intégrales est donc

$$\int_\alpha^\beta F(\lambda)\, dF'(\lambda) - \int_\alpha^\beta [F(\lambda) - B_1]\, dF'(\lambda),$$

c'est-à-dire

$$B_1 \int_\alpha^\beta dF'(\lambda) = B_1[F'(\beta) - F'(\alpha)].$$

La différence $F'(\alpha) - F'(\beta)$ est égale à A'_1, car α est sur le bord positif, β sur le bord négatif de a_1 ; donc l'expression ci-dessus est

$$-B_1 A'_1 :$$

en résumé, la partie de l'intégrale I, provenant des bords des deux coupures a_1 et b_1, est

$$A_1 B'_1 - B_1 A'_1.$$

De même, la partie provenant des bords des coupures a_2, b_2 est

$$A_2 B'_2 - B_2 A'_2,$$

et ainsi de suite.

Donc, enfin, I est égal à

$$A_1 B'_1 - B_1 A'_1 + \ldots + A_p B'_p - B_p A'_p.$$

Le théorème est démontré.

66. On peut évaluer autrement cette intégrale I. En effet, d'après le théorème de Cauchy, elle est égale à $2\pi i$ multiplié par la somme des résidus de la fonction

$$F(z, u) \frac{d F'(z, u)}{dz},$$

sur toute la surface de Riemann. En égalant ces deux valeurs de l'intégrale I, on a une relation de la plus haute importance entre les périodes.

67. Cette relation, que nous n'écrirons pas ici pour le cas général, prend une forme *particulièrement* simple quand F et F' sont deux *intégrales abéliennes* de première espèce. Alors *tous les résidus de la fonction*

$$F(z, u) \frac{d F'(z, u)}{dz}$$

sont nuls. Tout d'abord cette fonction n'a que des points singuliers isolés, car il en est ainsi de chaque facteur F et $\frac{dF'}{dz}$. De plus, comme le premier facteur F *est partout fini* puisque c'est une intégrale de première espèce, les seules singularités sont celles qui proviennent du second facteur. A l'infini, ce second facteur

$\frac{dF'}{dz}$ est infiniment petit de l'ordre de $\frac{1}{z^2}$ ou de $\left(\frac{1}{z}\right)^{\frac{3}{2}}$; il en est de même du produit et le résidu est nul. Le facteur $\frac{dF'}{dz}$ devient infini aux points de ramification : au point e_i, il devient infini comme $\frac{1}{(z-e_i)^{\frac{1}{2}}}$; il en est donc de même du point $F\frac{dF'}{dz}$, et le résidu est encore nul. Donc *tous les résidus sont nuls;* l'intégrale I l'est aussi; et l'on a *entre les modules de périodicité de deux intégrales de première espèce la relation*

$$A_1B'_1 - B_1A'_1 + A_2B'_2 - B_2A'_2 + \ldots + A_pB'_p - B_pA'_p = 0.$$

68. Pour traiter un second exemple où le calcul de l'intégrale I se fait directement, supposons que $F(z, u)$ soit *une intégrale de première espèce*, et $F'(z, u)$ *une intégrale élémentaire de seconde espèce* ayant pour seul pôle le point analytique (a, b) avec un résidu égal à 1. Nous supposerons (a, b) à distance finie et distinct d'un point de ramification. On a alors, dans le domaine de ce point,

$$F'(z, u) = \frac{1}{z-a} + \alpha_0 + \alpha_1(z-a) + \ldots,$$

où les termes suivant le premier forment une série entière en $z - a$. Donc, dans le domaine du même point,

$$\frac{dF'}{dz} = -\frac{1}{(z-a)^2} + \alpha_1 + 2\alpha_2(z-a) + \ldots.$$

D'autre part, l'intégrale de première espèce F est régulière partout : on a dans le domaine du point (a, b), par la formule de Taylor,

$$F(z, u) = F(a, b) + (z-a)f(a, b) + \ldots,$$

où $f(z, u)$ désigne la dérivée de $F(z, u)$ par rapport à z, de sorte que

$$F(z, u) = \int f(z, u)\,dz;$$

$f(z, u)$ est donc la fonction rationnelle de z et u dont l'intégration fournit l'intégrale de première espèce considérée. Le développement de $F(z, u)\frac{dF'}{dz}$ au voisinage de (a, b) est, par conséquent,

$$-\frac{F(a, b)}{(z-a)^2} - \frac{f(a, b)}{z-a} + \text{une série entière};$$

ce qui montre que le résidu est $-f(a, b)$.

Tous les autres résidus du produit $F(z, u)\frac{dF'}{dz}$ sont nuls, car, aux points de ramification et aux points à l'infini, F' se comporte comme une intégrale de première espèce, de sorte qu'à l'infini $\frac{dF'}{dz}$ est infiniment petit comme $\frac{1}{z^2}$ ou $\frac{1}{z^{\frac{3}{2}}}$ et, en un point de ramification e_i *à* distance finie, infini comme $\frac{1}{\sqrt{z-e_i}}$. La fonction $F\frac{dF'}{dz}$ n'ayant qu'un résidu non nul, $-f(a, b)$, l'intégrale I est égale à $-2\pi i f(a, b)$ et l'on a, entre les modules de périodicité des deux intégrales $F(z, u)$ *de première espèce et* $F'(z, u)$ *de seconde espèce avec le pôle simple* (a, b), la relation

$$A_1 B'_1 - B_1 A'_1 + A_2 B'_2 - B_2 A'_2 + \ldots + A_p B'_p - B_p A'_p = -2\pi i f(a, b).$$

Nous n'examinerons pas comment il faut modifier le second membre quand le pôle (a, b) de l'intégrale de seconde espèce se trouve en un point de ramification ou à l'infini : on doit alors calculer le résidu R du produit $F(z, u)\frac{dF'(z, u)}{dz}$ en ce point et mettre dans le second membre, au lieu de $-2\pi i f(a, b)$, le produit $2\pi i R$.

69. De même que le théorème de Cauchy, la formule de Riemann relative à l'intégrale $\int X\,dY$ peut être étendue à une surface à deux feuillets.

Soit $\Phi(z, u) = X + iY$ une fonction uniforme du point analytique (z, u), régulière en tous les points d'une portion simplement connexe S de la surface de Riemann, limitée par un contour C. *L'intégrale* $\int X\,dY$, *prise le long du contour total* C *dans le sens direct, a une valeur positive.*

L'aire S peut s'étendre à l'infini et contenir des points de ramification. S'il en est ainsi, imaginons qu'on détache les points de ramification en entourant chacun d'eux d'un petit cercle et enlevant la portion de surface intérieure à ce petit cercle, et qu'on enlève de même les portions de cette surface extérieure à un ou deux cercles de rayons très grands. On déduit ainsi de S une nouvelle surface S' située tout entière à distance finie et ne renfermant plus de points de ramification. Cette surface S' peut être décomposée par des lignes auxiliaires, en morceaux n'appartenant qu'à un seul feuillet, à chacun desquels on peut appliquer la formule de Riemann. En faisant la somme des égalités obtenues, les portions d'intégrales provenant des lignes auxiliaires se détruisent et l'on voit que l'intégrale $\int X\,dY$, prise le long du contour total de S' dans le sens direct, est égale à l'intégrale double

$$\int\int\left[\left(\frac{\partial X}{\partial x}\right)^2+\left(\frac{\partial X}{\partial y}\right)^2\right]dx\,dy,$$

étendue à l'aire totale S'. Le contour de S' se compose d'abord du contour primitif C et en outre des petites circonférences qui entourent les points de ramification et des grandes circonférences que l'on a ajoutées pour limiter S'. Les intégrales $\int X\,dY$ provenant de ces lignes sont infiniment petites. Par exemple, lorsque (z, u) vient en un point de ramification $(e_i, 0)$, le point $X+iY$ vient en un point $A+Bi$ à distance finie; au petit cercle décrit autour de $(e_i, 0)$ sur la surface de Riemann correspond, sur le plan où l'on représente $X+iY$, un contour fermé infiniment petit entourant le point de coordonnées A, B. L'intégrale $\int X\,dY$ le long du petit cercle est égale à l'aire balayée par le rayon vecteur joignant le point (A, B) au point (X, Y). Donc, la valeur de l'intégrale $\int X\,dY$ le long du petit contour entourant le point e_i est infiniment petite; on peut la supprimer sans altérer le signe de l'intégrale totale $\int X\,dY$ étendue au contour de S'. De même, quand le point (z, u) vient en un point à l'infini, le point $X-iY$ vient en un point (A, B) à distance finie. Quand (z, u) décrit sur la sphère un contour fermé infiniment rapproché du point O' ou dans le plan un contour formé d'un ou deux cercles de rayon très grand, le point (X, Y) décrit dans le plan représentatif de $X+iY$ une courbe fermée infiniment petite autour du point

(A, B). La valeur correspondante de l'intégrale $\int X\,dY$ est égale à l'aire de cette courbe fermée, elle est donc infiniment petite et sa valeur n'influe pas sur le signe de l'intégrale totale $\int X\,dY$ étendue à tout le contour de S'. L'intégrale $\int_C X\,dY$ étendue au contour primitif ne différant de $\int_{C'} X\,dY$, étendue au contour auxiliaire, que par des intégrales infiniment petites, ces deux intégrales ont le même signe, et le théorème est démontré.

70. Faisons l'application de ce théorème aux *intégrales abéliennes de première espèce*. Soit $F(z, u)$ une intègrale abélienne de première espèce; c'est, sur la surface simplement connexe T' limitée par les bords du système de coupures a_k, b_k, c, une fonction partout régulière. Si donc on pose

$$F(z, u) = X + iY,$$

l'intégrale

$$\int_C X\,dY$$

étendue au contour de la surface de Riemann tout entière T', c'est-à-dire prise le long des bords des coupures, est *positive*. Soient

$$A_k = \alpha_k + i\alpha'_k, \qquad B_k = \beta_k + i\beta'_k$$

les modules de périodicité de $F(z, u)$ sur les coupures a_k, b_k, en mettant en évidence les parties réelles et imaginaires. Alors, sur les deux bords λ et ρ d'une coupure a_k, on a

$$F(\lambda) - F(\rho) = A_k,$$

c'est-à-dire

$$X(\lambda) + iY(\lambda) - X(\rho) - iY(\rho) = \alpha_k + i\alpha'_k,$$

en appelant $X(\lambda)$, $Y(\lambda)$, ... les valeurs de X et Y au point λ, ...
On a donc

$$X(\lambda) - X(\rho) = \alpha_k, \qquad Y(\lambda) - Y(\rho) = \alpha'_k;$$

de même sur les bords de b_k,

$$X(\lambda) - X(\rho) = \beta_k, \qquad Y(\lambda) - Y(\rho) = \beta'_k.$$

D'après cela, l'intégrale

$$J = \int_C X\,dY$$

prise dans le sens positif le long des bords des coupures a pour valeur

$$J = \alpha_1\beta'_1 - \beta_1\alpha'_1 + \alpha_2\beta'_2 - \beta_2\alpha'_2 + \ldots + \alpha_p\beta'_p - \beta_p\alpha'_p;$$

c'est ce qu'on voit en répétant identiquement le raisonnement du n° 65 qui nous a donné la valeur de l'intégrale

$$\int_C F(z, u)\,d\,F'(z, u),$$

avec les conditions

$$F(\lambda) - F(\rho) = A_k, \qquad F'(\lambda) - F'(\rho) = A'_k$$

sur les coupures a_k, et

$$F(\lambda) - F(\rho) = B_k, \qquad F'(\lambda) - F'(\rho) = B'_k$$

sur les coupures b_k, les mêmes différences étant nulles sur c_h.

Donc, pour une intégrale quelconque de première espèce, *la quantité* J *est positive*. Il est, en particulier, impossible que toutes les quantités $\alpha_1, \alpha_2, \ldots, \alpha_p, \alpha'_1, \ldots, \alpha'_p$ soient nulles en même temps, c'est-à-dire que $A_1, A_2, \ldots, A_p$ soient tous nuls. On peut faire la même remarque pour $B_1, B_2, \ldots, B_p$.

Par exemple, pour l'intégrale elliptique de première espèce que nous avons considérée au n° 64, les deux modules de périodicité correspondant aux deux coupures a et b $(p = 1)$ sont

$$B = 4K = \alpha + i\alpha', \qquad A = 2iK' = \beta + i\beta'.$$

On a alors

$$\alpha\beta' - \beta\alpha' > 0,$$

ce qui démontre que, dans le rapport $\frac{K'}{K}$, la partie réelle est *positive;* on a, en effet,

$$\frac{K'}{K} + 2\frac{\beta + i\beta'}{i\alpha - \alpha'} = 2\frac{\alpha\beta' - \beta\alpha' - i(\alpha\beta + \alpha'\beta')}{\alpha^2 + \alpha'^2}.$$

71. *Intégrales normales de première espèce.* — Nous avons trouvé qu'il existe p intégrales de première espèce linéairement indépendantes

$$w_1(z, u), \quad w_2(z, u), \quad \ldots, \quad w_p(z, u).$$

Nous appellerons

$$\begin{array}{llll} A_{k1}, & A_{k2}, & \ldots, & A_{kp}, \\ B_{k1}, & B_{k2}, & \ldots, & B_{kp}, \end{array}$$

les modules de périodicité de w_k le long des coupures $a_1, a_2, \ldots, a_p$ et $b_1, b_2, \ldots, b_p$.

Posons, en désignant par k un des nombres $1, 2, \ldots, p$:

$$w^{(k)}(z, u) = \lambda_1 w_1 + \lambda_2 w_2 + \ldots + \lambda_p w_p,$$

$\lambda_1, \lambda_2, \ldots, \lambda_p$ étant des constantes. La fonction $w^{(k)}$ est aussi une intégrale de première espèce : ses modules de périodicité, que nous appellerons

$$\begin{array}{llll} a_{k1}, & a_{k2}, & \ldots, & a_{kp}, \\ b_{k1}, & b_{k2}, & \ldots, & b_{kp}, \end{array}$$

sont donnés par les équations

$$(4) \quad \left\{ \begin{array}{l} a_{k1} = \lambda_1 A_{11} + \lambda_2 A_{21} + \ldots + \lambda_p A_{p1}, \\ a_{k2} = \lambda_1 A_{12} + \lambda_2 A_{22} + \ldots + \lambda_p A_{p2}, \\ \ldots\ldots\ldots\ldots\ldots\ldots\ldots\ldots\ldots, \\ a_{kp} = \lambda_1 A_{1p} + \lambda_2 A_{2p} + \ldots + \lambda_p A_{pp}, \end{array} \right.$$

$$(5) \quad \left\{ \begin{array}{l} b_{k1} = \lambda_1 B_{11} + \lambda_2 B_{21} + \ldots + \lambda_p B_{p1}, \\ b_{k2} = \lambda_1 B_{12} + \lambda_2 B_{22} + \ldots + \lambda_p B_{p2}, \\ \ldots\ldots\ldots\ldots\ldots\ldots\ldots\ldots\ldots, \\ b_{kp} = \lambda_1 B_{1p} + \lambda_2 B_{2p} + \ldots + \lambda_p B_{pp}. \end{array} \right.$$

Tout d'abord, le déterminant des modules de périodicité $A_{h,k}$,

$$\Delta = \left| \begin{array}{cccc} A_{11} & A_{21} & \ldots & A_{p1} \\ A_{12} & A_{22} & \ldots & A_{p2} \\ \ldots & \ldots & \ldots & \ldots \\ A_{1p} & A_{2p} & \ldots & A_{pp} \end{array} \right|,$$

est *différent de zéro*. En effet, s'il était nul, on pourrait déterminer les constantes $\lambda_1, \lambda_2, \ldots, \lambda_p$ de telle façon que les modules de périodicité $a_{k1}, a_{k2}, \ldots, a_{kp}$ donnés par (4) *fussent tous nuls à la fois*. Car on aurait, pour déterminer les constantes λ, p équations linéaires et homogènes à p inconnues, le déterminant des coefficients *étant nul* : on aurait au moins un système de valeurs des

λ non nulles toutes à la fois. Mais alors la fonction $w^{(k)}(z, u)$ serait une intégrale de *première espèce* pour laquelle tous les modules de périodicité relatifs aux coupures $a_1, a_2, \ldots, a_p$ seraient *nuls*, ce qui est impossible, comme nous l'avons vu à la fin du numéro précédent.

Le déterminant Δ n'étant pas nul, nous déterminerons les λ en écrivant que, dans l'intégrale $w^{(k)}$, tous les modules de périodicité relatifs aux coupures a sont nuls, excepté celui qui se rapporte à la coupure a_k et que nous ferons égal à $2\pi i$,

$$a_{kh} = 0 \qquad (h \gtrless k) \qquad a_{kk} = 2\pi i.$$

Nous aurons ainsi, pour déterminer $\lambda_1, \lambda_2, \ldots, \lambda_p$, un système de p équations linéaires à p inconnues; le déterminant des coefficients étant différent de zéro, nous trouverons pour les λ un seul système de valeurs. L'intégrale $w^{(k)}(z, u)$, ainsi déterminée, est une intégrale *normale de première espèce*. Comme l'entier k a une quelconque des valeurs $1, 2, \ldots, p$, nous formerons de cette manière p intégrales normales de première espèce

$$w^{(1)}, \quad w^{(2)}, \quad \ldots, \quad w^{(p)}$$

pour lesquelles tous les modules de périodicité relatifs aux coupures a sont nuls, excepté :

Pour $w^{(1)}$ le module	....	$a_{11} = 2\pi i$
» $w^{(2)}$ »	....	$a_{22} = 2\pi i$
....		....
» $w^{(d)}$ »	....	$a_{kk} = 2\pi i$
....		....
» $w^{(p)}$ »	....	$a_{pp} = 2\pi i$

Les intégrales $w^{(1)}, w^{(2)}, \ldots, w^{(p)}$ ainsi formées sont encore linéairement indépendantes, car s'il y avait entre elles une relation linéaire à coefficients constants $\mu_1, \mu_2, \ldots, \mu_p$ de la forme

$$\mu_1 w^{(1)} + \mu_2 w^{(2)} + \ldots + \mu_p w^{(p)} = \text{const.},$$

tous les modules de périodicité du premier membre seraient nuls. Or le module de périodicité du premier membre sur la coupure a_1 est $2\mu_1\pi i$, car le module de $w^{(1)}$ est $2\pi i$ et ceux de $w^{(2)}, \ldots, w^{(p)}$ sont nuls. On aurait donc $\mu_1 = 0$. De même, en écrivant que les autres modules de périodicité sur les coupures $a_2, \ldots, a_p$ sont nuls, on aurait

$$\mu_2 = 0, \quad \mu_3 = 0, \quad \ldots, \quad \mu_p = 0.$$

Il n'y a donc pas de relation de la forme supposée et les $w^{(k)}$ sont linéairement indépendantes.

72. Les intégrales normales ainsi formées admettent le long des coupures $b_1, b_2, \ldots, b_p$ des modules de périodicité, qui sont, pour l'intégrale $w^{(k)}$, $b_{k1}, b_{k2}, \ldots, b_{kp}$. Ces modules de périodicité étant rangés en un tableau dans lequel les différentes lignes sont respectivement les modules de $w^{(1)}, w^{(2)}, \ldots, w^{(p)}$

$$\begin{vmatrix} b_{11} & b_{12} & \ldots & b_{1p} \\ b_{21} & b_{22} & \ldots & b_{2p} \\ \ldots & \ldots & \ldots & \ldots \\ b_{p1} & b_{p2} & \ldots & b_{pp} \end{vmatrix}$$

forment un *déterminant symétrique* : c'est-à-dire que l'on a

$$b_{hk} = b_{kh}.$$

Pour démontrer cette importante propriété, appliquons aux deux intégrales w^{h}, et $w^{(k)}$ la relation générale établie au n° 67 entre les modules de périodicité de deux intégrales de première espèce F et F'

$$A_1 B'_1 - B_1 A'_1 + A_2 B'_2 - B_2 A'_2 + \ldots + A_p B'_p - B_p A'_p = 0.$$

Nous aurons, d'après les notations actuelles,

$$(6) \quad a_{h1} b_{k1} - b_{h1} a_{k1} + a_{h2} b_{k2} - b_{h2} a_{k2} + \ldots + a_{hp} b_{kp} - b_{hp} a_{kp} = 0;$$

mais tous les modules a sont nuls, excepté ceux qui ont les deux mêmes indices a_{kk} et a_{hh}, qui sont tous deux égaux à $2\pi i$. Il ne subsiste donc dans la relation (6) que les deux termes suivants :

$$a_{hh} b_{kh} - b_{hk} a_{kk} = 0$$

et, comme

$$a_{hh} = a_{kk} = 2\pi i,$$

il reste

$$b_{hk} = b_{kh},$$

ce qu'il fallait démontrer.

73. Comme résumé de ce qui précède, formons le tableau des modules de périodicité des intégrales normales de première espèce. En vue de la suite, il est plus commode de mettre en évidence dans les modules de périodicité b_{hk} un facteur 2 en posant

$$b_{hk} = 2\alpha_{hk};$$

la condition $b_{hk} = b_{kh}$ entraîne alors évidemment $\alpha_{hk} = \alpha_{kh}$. Nous aurons le tableau suivant, où sont inscrits sur une même ligne horizontale les modules de périodicité de chaque intégrale $w^{(1)}, w^{(2)}, \ldots, w^{(p)}$ et sur une même colonne les modules relatifs à chaque coupure a_k ou b_k.

TABLEAU DES PÉRIODES.

	a_1.	a_2.	....	a_p.	b_1.	b_2.	....	b_p.
$w^{(1)}$,..	$2\pi\sqrt{-1}$	0	......	0	$2\alpha_{11}$	$2\alpha_{12}$	......	$2\alpha_{1p}$
$w^{(2)}$...	0	$2\pi\sqrt{-1}$	0.....	0	$2\alpha_{21}$	$2\alpha_{22}$	......	$2\alpha_{2p}$
......	....	....	......	....	....	....	......	....
......	....	....	......	....	....	....	......	....
$w^{(p)}$...	0	0	......	$2\pi\sqrt{-1}$	$2\alpha_{p1}$	$2\alpha_{p2}$	......	$2\alpha_{pp}$

avec la condition $\alpha_{hk} = \alpha_{kh}$.

74. Voici une dernière propriété des modules de périodicité relatifs aux coupures b.

Le déterminant

$$\begin{vmatrix} \alpha_{11} & \alpha_{12} & \ldots & \alpha_{1p} \\ \alpha_{21} & \alpha_{22} & \ldots & \alpha_{2p} \\ \ldots & \ldots & \ldots & \ldots \\ \alpha_{p1} & \alpha_{p2} & \ldots & \alpha_{pp} \end{vmatrix}$$

est le discriminant de la forme quadratique

$$\Phi(m_1, m_2, \ldots, m_p) = \sum_{k=1}^{p} \sum_{k=1}^{p} \alpha_{hk} m_h m_k = \alpha_{11} m_1^2 + \ldots + 2\alpha_{12} m_1 m_2 + \ldots.$$

Séparons, dans les modules de périodicité, la partie réelle et le coefficient de $\sqrt{-1}$

$$\alpha_{hk} = \alpha'_{hk} + \alpha''_{hk}\sqrt{-1}$$

et posons

$$\varphi(m_1, m_2, \ldots, m_p) = \sum_n \sum_k \alpha'_{hk} m_h m_k,$$

$$\psi(m_1, m_2, \ldots, m_p) = \sum_n \sum_k \alpha''_{hk} m_h m_k;$$

nous avons

$$\Phi(m_1, \ldots, m_p) = \varphi(m_1, \ldots, m_p) + \sqrt{-1}\,\psi(m_1, \ldots, m_p),$$

$\varphi(m_1, \ldots, m_p)$ et $\psi(m_1, \ldots, m_p)$ étant des formes quadratiques à coefficients réels. Attribuons aux indéterminées $m_1, m_2, \ldots, m_p$ des valeurs réelles et appliquons la formule de Riemann (n° 70)

$$\sum_{\nu=1}^{p} (\alpha_\nu \beta'_\nu - \alpha'_\nu \beta_\nu) > 0$$

à l'intégrale de première espèce

$$W = m_1 w^{(1)} + m_2 w^{(2)} + \ldots + m_p w^{(p)}.$$

On a ici, en mettant en évidence les parties réelles et imaginaires des modules de périodicité de W,

$$\alpha_\nu = 0, \qquad \alpha'_\nu = 2 m_\nu \pi,$$

$$\beta_\nu = 2(m_1 \alpha'_{1\nu} + m_2 \alpha'_{2\nu} + \ldots + m_p \alpha'_{p\nu}) = \frac{\partial \varphi}{\partial m_\nu},$$

$$\beta'_\nu = 2(m_1 \alpha''_{1\nu} + m_2 \alpha''_{2\nu} + \ldots + m_p \alpha''_{p\nu}) = \frac{\partial \psi}{\partial m_\nu},$$

et la formule de Riemann devient

$$2\pi\left(m_1 \frac{\partial \varphi}{\partial m_1} + \ldots + m_p \frac{\partial \varphi}{\partial m_p}\right) = 4\pi\,\varphi(m_1, \ldots, m_p) < 0.$$

La forme quadratique $\varphi(m_1, \ldots, m_p)$ est donc négative pour toutes les valeurs réelles des indéterminées $m_1, m_2, \ldots, m_p$. *C'est une forme définie et négative.*

Cette propriété, qui est la généralisation évidente de la propriété rappelée plus haut pour le rapport des périodes de l'intégrale elliptique de première espèce, est fondamentale pour l'inversion. Pour le moment, nous en déduirons seulement la remarque suivante. Il peut se faire que les $2p$ périodes de quelques-unes des intégrales de première espèce se ramènent à un moindre nombre; mais cela ne peut avoir lieu en même temps pour les $2p$ systèmes de périodes simultanées des p intégrales de première espèce. En d'autres termes, il est impossible d'avoir, entre les $2p$ périodes $A_1, A_2, \ldots, A_p, B_1, \ldots, B_p$ de chaque intégrale de première espèce, une relation de la forme

$$m_1 A_1 + \ldots + m_p A_p + n_1 B_1 + \ldots + n_p B_p = 0,$$

$m_1, \ldots, m_p, n_1, \ldots, n_p$ étant des nombres entiers, la relation devant être la même avec les mêmes entiers pour toutes les intégrales de première espèce. En effet, s'il existait une pareille relation, on aurait en particulier pour l'intégrale normale $w^{(h)}(z, u)$

$$2 m_h \pi \sqrt{-1} + 2 \sum_{k=1}^{p} n_k \alpha_{hk} = 0$$

ou, en prenant la partie réelle,

$$2 n_1 \alpha'_{h1} + 2 n_2 \alpha'_{h2} + \ldots + 2 n_p \alpha'_{hp} = \frac{\partial \varphi}{\partial n_h} = 0.$$

On aurait pareillement

$$\frac{\partial \varphi}{\partial n_1} = 0, \qquad \ldots, \qquad \frac{\partial \varphi}{\partial n_p} = 0$$

et par suite $\varphi(n_1, \ldots, n_p) = 0$, ce qui est impossible.

75. *Intégrales normales de deuxième espèce.* — Soit

$$\zeta(z, u; a, b)$$

une intégrale élémentaire de deuxième espèce avec le seul pôle simple (a, b) de résidu 1. Soient $A_1, A_2, \ldots, A_p$; $B_1, B_2, \ldots, B_p$ ses modules de périodicité. L'intégrale

$$Z = \zeta(z, u; a, b) + \nu_1 w^{(1)} + \nu_2 w^{(2)} + \ldots + \nu_p w^{(p)}$$

est encore de deuxième espèce, quels que soient les coefficients constants $\nu_1, \nu_2, \ldots, \nu_p$. Nous déterminerons ces coefficients en écrivant que les modules de périodicité de Z le long des coupures a sont tous nuls. Nous aurons ainsi

$$A_1 + 2\nu_1 \pi i = 0, \qquad A_2 + 2\nu_2 \pi i = 0, \qquad \ldots,$$

car le long de a_1 le module de périodicité de Z est $A_1 + 2\nu_1\pi i$, celui de $w^{(1)}$ étant $2\pi i$ et ceux de $w^{(2)}, \ldots, w^{(p)}$ étant nuls.

L'intégrale Z, ainsi formée, a le long des coupures $b_1, b_2, \ldots, b_p$ des modules de périodicité $B'_1, B'_2, \ldots, B'_p$, les modules $A'_1, \ldots, A'_p$ étant tous nuls : c'est l'intégrale *normale* de deuxième espèce. Les modules de périodicité $B'_1, \ldots, B'_p$ de cette intégrale ont des valeurs remarquables que l'on trouve comme il suit.

Associons cette intégrale Z à l'intégrale normale de première espèce

$$w^{(k)}(z, u) = \int_{(z_0, u_0)}^{(z, u)} \varphi_k(z, u).$$

et appliquons à ces deux intégrales la relation du n° 68, établie pour une intégrale quelconque de première espèce et une intégrale élémentaire quelconque de première espèce. Cette relation est

$$(7) \quad A_1 B'_1 - B_1 A'_1 + A_2 B'_2 - B_2 A'_2 + \ldots + A_p B'_p - B_p A'_p = -2i\pi f(a, b),$$

$f(a, b)$ étant la valeur que prend la dérivée de l'intégrale de première espèce considérée au pôle (a, b) de l'intégrale de deuxième espèce, valeur qui, dans la notation actuelle, est $\varphi_k(a, b)$. La relation (7) se simplifie beaucoup, car : 1° les modules de périodicité $A'_1, A'_2, \ldots, A'_p$ de Z sont tous nuls; 2° les modules de périodicité $A_1, A_2, \ldots, A_p$ de l'intégrale normale $w^{(k)}$ sont tous nuls, excepté A_k ou a_{kk}, qui est égal à $2\pi i$. Il ne reste donc qu'un terme $A_k B'_k$ dans le premier membre de (7), et l'on a

$$A_k B'_k = -2i\pi\, \varphi_k(a, b);$$

d'où, comme $A_k = 2i\pi$,

$$B'_k = -\varphi_k(a, b).$$

Ainsi, pour l'intégrale normale de deuxième espèce, les modules de périodicité relatifs aux coupures a sont nuls, et ceux relatifs aux coupures b sont respectivement

$$-\varphi_1(a, b), \quad -\varphi_2(a, b), \quad \ldots, \quad -\varphi_p(a, b).$$

Nous avons supposé que (a, b) n'est pas un point de ramification, ni un point à l'infini. S'il en était autrement, il faudrait dans le second membre de la formule (7) remplacer $\varphi_k(a, b)$ par le résidu du produit

$$\varpi^{(k)}(z, u)\frac{dZ(z, u)}{dz}$$

au point (a, b).

Il est intéressant de remarquer que les modules de périodicité de l'intégrale normale Z de deuxième espèce sont des fonctions rationnelles de (a, b) : cela résulte de l'expression même que nous venons de trouver pour ces modules de périodicité. On peut s'en rendre compte *a priori* en se rappelant que l'intégrale élémentaire de deuxième espèce, ζ, étant une fonction rationnelle de (a, b), comme nous l'avons vérifié (n° 46), ses modules de périodicité, qui sont les différences des valeurs de l'intégrale aux deux bords d'une coupure, sont des fonctions rationnelles de (a, b). Les coefficients $\nu_1, \nu_2, \ldots, \nu_p$, définis plus haut, sont donc aussi rationnels en (a, b) et, par suite, l'intégrale normale Z est une fonction rationnelle de (a, b) et a pour module de périodicité des fonctions rationnelles de (a, b).

76. Les considérations précédentes ne s'appliqueraient pas sous la même forme aux intégrales hyperelliptiques de troisième espèce, car ces intégrales, à cause de la présence des points singuliers logarithmiques, ne sont pas des fonctions uniformes de leur limite supérieure sur la surface découpée T′ de Riemann. Mais elles deviennent des fonctions uniformes de leur limite supérieure si l'on modifie la surface T′ de façon à exclure les points critiques logarithmiques. C'est ce que nous allons démontrer en détail pour l'intégrale élémentaire de troisième espèce (n° 35)

$$\varpi_{a,b}^{a',b'}(z, u) = \int_{(z_0, u_0)}^{(z, u)} f(z, u)\,dz.$$

Cette intégrale est régulière en tous les points de la surface primitive T de Riemann, excepté aux deux points (a, b) et (a', b'). Dans le domaine du point (a, b), elle est de la forme

$$\varpi(z, u) = -\log(z-a) + \text{fonction régulière};$$

dans le domaine du point (a', b'), de la forme

$$\varpi(z, u) = \log(z-a') + \text{fonction régulière}.$$

Si l'un des points, (a, b) par exemple, coïncide avec un point de ramification e_i, il faut remplacer dans la première expression $z - a$ par $\sqrt{z - e_i}$; si (a, b) est un point simple à l'infini, il faut remplacer $z - a$ par $\frac{1}{z}$; enfin, si (a, b) est un point de ramification à l'infini, $z - a$ par $\frac{1}{\sqrt{z}}$. Dans tous les cas, d'après les définitions posées précédemment, la fonction rationnelle $f(z, u)$, dont $\varpi(z, u)$ est l'intégrale, a, sur la surface de Riemann, tous ses résidus nuls, excepté les résidus relatifs aux points (a, b) et (a', b'), qui sont respectivement -1 et $+1$. La valeur de l'intégrale

$$\int f(z, u)\, dz,$$

prise dans le sens positif sur la limite du domaine du point (a, b), est égale à $-2\pi i$, et, sur la limite du domaine du point (a', b'), à $+2\pi i$.

L'intégrale $\varpi(z, u)$ n'est pas une fonction uniforme de (z, u) sur la surface de Riemann T′, rendue simplement connexe par les coupures a_k, b_k, c. Pour obtenir une surface sur laquelle elle soit uniforme, il faut transformer la surface T′ par le procédé suivant.

Marquons sur la surface de Riemann (*fig.* 40) les points (a, b)

Fig. 40.

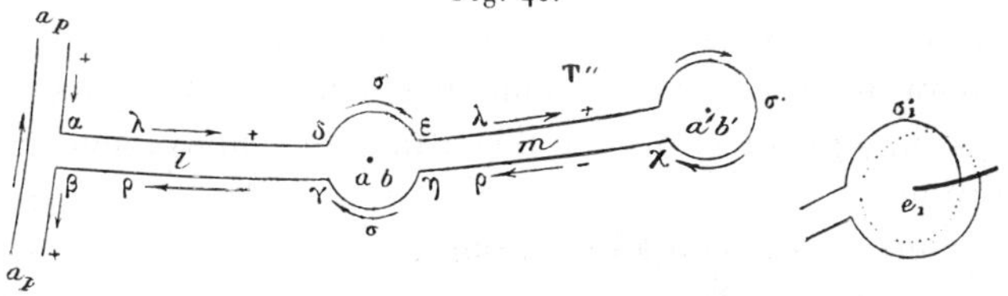

et (a', b') que nous supposons pour fixer les idées dans le feuillet supérieur en des points ordinaires. Partons d'un point (α, β) du bord d'une des coupures de T′, de a_p par exemple, et faisons dans un feuillet de la surface de Riemann une fente l aboutissant au point (a, b), sans franchir aucune coupure, puis une nouvelle fente m de (a, b) à (a', b'), sans franchir aucune coupure. Dans la figure 40, nous avons élargi cette fente dans le voisinage des points (a, b) et (a', b'), de façon que ses bords prennent la forme de deux petites circonférences σ et σ' de centres (a, b) et (a', b'); mais il est supposé que la largeur de la fente et les rayons de σ et σ' sont infiniment petits. Comme nous l'avons fait précédemment pour les coupures, nous distinguerons le bord positif et le bord négatif de cette fente $l+m$. Soient θ et $\varkappa$ les points où les bords du petit cercle σ' rencontrent les bords de la fente m : nous choisirons les bords primitifs et négatifs de m de telle manière qu'un mobile parcourant la circonférence σ' dans le sens positif autour de (a', b') (sens contraire de la flèche) conduise du bord négatif de m au bord positif. Le bord négatif est donc celui qui aboutit en $\varkappa$, le bord positif celui qui aboutit en θ. Le bord négatif de la fente $m+l$ se prolonge ensuite, par continuité, de $\varkappa$ jusqu'en β, et le bord positif de θ en α. On a marqué du signe $+$ et de la lettre λ le bord positif, la lettre ρ étant mise en face de λ sur le bord négatif.

Désignons par T″ la nouvelle surface de Riemann déduite de la surface T′, en ajoutant au système de coupures a_k, b_k, c la fente $l+m$, qui n'est qu'un prolongement du bord positif de la coupure a_p. Le contour de cette surface simplement connexe T″ est formé par les bords des coupures a_k, b_k, c et de la fente $l+m$. Si un mobile décrit le contour de cette surface T″ dans le sens positif (aire enveloppée à gauche, il parcourt les bords des coupures a_k, b_k, c, comme dans la figure 32, avec cette seule différence que, lorsqu'il arrive en α sur le bord positif de la coupure a_p (*fig.* 40), au lieu d'aller directement en β et de continuer, il va de α en δ, ε, θ, le long de la fente $l+m$, puis revient par σ', $\varkappa$, η, γ jusqu'en β, d'où il continue son mouvement comme auparavant.

Revenons maintenant à l'intégrale

$$\varpi_{a,b}^{a',b'}(z, u) = \int_{(z_0, u_0)}^{(z, u)} f(z, u)\, dz.$$

Sur la surface simplement connexe T″, la fonction rationnelle $f(z, u)$ est uniforme et n'a que des *résidus tous nuls*, car la fente $l+m$ a précisément supprimé les seuls points (a, b) et (a', b'), où les résidus n'étaient pas nuls. L'intégrale $\varpi(z, u)$ est donc une fonction uniforme du point analytique (z, u) sur la surface T″ de Riemann. Si l'on compare les valeurs qu'elle prend aux points correspondants des deux bords d'une coupure, on trouve, en répétant identiquement ce qui a été dit au n° 63 pour les intégrales de première et de deuxième espèce, les résultats suivants. La différence $\varpi(\lambda) - \varpi(\rho)$ a une valeur *constante* le long de chacune des coupures a_k, b_k, c et des fentes l et m. On a

$$\begin{aligned} &\text{Le long de } a_k, \quad \varpi(\lambda) - \varpi(\rho) = \mathcal{A}_k \\ &\quad\text{»}\quad b_k, \quad \varpi(\lambda) - \varpi(\rho) = \mathcal{B}_k \end{aligned} \Big\} \quad (k = 1, 2, \ldots, p);$$

$$\text{»}\quad l, \quad \varpi(\lambda) - \varpi(\rho) = \mathcal{L};$$

$$\text{»}\quad m, \quad \varpi(\lambda) - \varpi(\rho) = \mathcal{M}.$$

Les constantes $\mathcal{A}_k$, $\mathcal{B}_k$ sont les modules de périodicité de l'intégrale de troisième espèce ϖ sur les coupures a_k et b_k. Nous allons déterminer les valeurs des constantes $\mathcal{L}$ et $\mathcal{M}$, et montrer que

$$\mathcal{L} = 0, \qquad \mathcal{M} = 2\pi i.$$

En effet, commençons par $\mathcal{M}$; cette constante est la valeur de la différence $\varpi(\lambda) - \varpi(\rho)$ le long de la fente m : on a donc en particulier

$$\mathcal{M} = \varpi(\theta) - \varpi(\varkappa),$$

ce qui montre que $\mathcal{M}$ est la valeur de l'intégrale $\int f(z, u)\,dz$, prise de $\varkappa$ en θ le long d'un contour quelconque ne franchissant aucune fente ni coupure, par exemple le long du cercle σ' dans le sens positif autour de (a', b') (sens contraire de la flèche sur la figure 40). Or cette intégrale est égale à $2\pi i$ multiplié par le résidu de $f(z. u)$ au point (a', b'), qui est 1. Donc $\mathcal{M}$ est bien égal à $2\pi i$. On a ensuite

$$\mathcal{L} = \varpi(\delta) - \omega(\gamma);$$

$\mathcal{L}$ est donc la valeur de l'intégrale $\int f(z, u)\,dz$, prise de γ en δ sur un contour quelconque C, ne franchissant aucune coupure ni fente, par exemple sur le contour $\gamma\sigma\eta\varkappa\sigma'\theta\varepsilon\sigma\delta$: le contour doit être regardé comme fermé, car δ est infiniment voisin de γ. D'après le théorème de Cauchy, cette intégrale est égale à $2\pi i$ multiplié par la somme des résidus de $f(z, u)$ relatifs aux pôles situés dans le contour d'intégration que nous venons d'indiquer : les deux seuls pôles situés dans ce contour sont les pôles (a, b),

(a', b') avec les résidus -1 et $+1$ dont la somme est *nulle*. Donc $\mathcal{L}$ est bien nul.

On peut donc dire que l'intégrale élémentaire de troisième espèce admet $2p+1$ modules de périodicité,

$$\begin{array}{ll} \mathcal{A}_1, \mathcal{A}_2, \ldots, \mathcal{A}_p & \text{sur les coupures } a_k; \\ \mathcal{B}_1, \mathcal{B}_2, \ldots, \mathcal{B}_p & \quad \text{»} \qquad b_k, \\ \qquad 2\pi i & \text{sur la fente } m. \end{array}$$

Si l'on supprimait le système des coupures et des fentes, l'intégrale $\varpi(z, u)$ ne serait plus une fonction uniforme de (z, u) sur la surface T de Riemann. Elle prendrait en chaque point (z, u) une infinité de valeurs qui se déduisent toutes de l'une d'elles par l'addition et la soustraction des $2p+1$ modules de périodicité. Ainsi, l'une des valeurs étant $\varpi_1(z, u)$, la valeur la plus générale de l'intégrale sera

$$\begin{aligned} \varpi(z, u) = \varpi_1(z, u) &+ m_1 \mathcal{A}_1 + m_2 \mathcal{A}_2 + \ldots + m_p \mathcal{A}_p \\ &+ n_1 \mathcal{B}_1 + n_2 \mathcal{B}_2 + \ldots + n_p \mathcal{B}_p + 2n\pi i, \end{aligned}$$

$m_1, m_2, \ldots, m_p, n_1, n_2, \ldots, n_p, n$ étant des entiers quelconques positifs, négatifs ou nuls. C'est ce qu'on voit, comme précédemment, pour les intégrales de première et de deuxième espèce (n° 63).

Nous avons fait la figure en supposant que les points (a, b), (a', b') sont des points ordinaires à distance finie. D'après les définitions données du domaine d'un point quelconque de la surface de Riemann (n°s 16-17), on sait comment il faut modifier les cercles σ et σ' formant les domaines des points (a, b), (a', b'), quand l'un ou l'autre devient un point de ramification ou s'éloigne indéfiniment. Nous avons figuré dans l'angle de la figure 40 la nouvelle forme σ'_1 qui devrait prendre σ' si le point (a', b') était un point de ramification e_i.

77. *Intégrales normales de troisième espèce.* — Posons

$$\Pi_{a,b}^{a',b'}(z, u) = \varpi_{a,o}^{a',b'}(z, u) + \lambda_1 w^{(1)} + \lambda_2 w^{(2)} + \ldots + \lambda_p w^{(p)},$$

$\lambda_1, \lambda_2, \ldots, \lambda_p$ étant des constantes et $w^{(1)}, w^{(2)}, \ldots, w^{(p)}$ les intégrales normales de première espèce. Cette intégrale Π est, comme ϖ, une intégrale de troisième espèce. Pour obtenir l'intégrale normale de troisième espèce, on détermine les λ de telle façon que les modules de périodicité de Π le long des coupures $a_1, a_2, \ldots, a_p$ soient *nuls*. Le module de périodicité de Π le long de a_k est

$$\mathcal{A}'_k = \mathcal{A}_k + 2\lambda_k \pi i,$$

car celui de ϖ est $\mathcal{A}_k$, et les modules de périodicité de $w^{(1)}$, $w^{(2)}, \ldots, w^{(p)}$ sont tous nuls sur a_k, excepté celui de $w^{(k)}$, qui est $2\pi i$. On déterminera donc les λ par les conditions

$$\mathcal{A}_k + 2\lambda_k \pi i = 0 \qquad (k = 1, 2, \ldots, p).$$

L'intégrale Π ainsi obtenue est l'*intégrale normale de troisième espèce* avec les deux points singuliers logarithmiques (a, b) et (a', b').

Cette intégrale admet encore les modules de périodicité suivants :

Sur b_k, le module de périodicité $\mathcal{B}'_k$,
Sur m, le module de périodicité $2\pi i$,

car, sur les deux bords de m, les intégrales $w^{(1)}, w^{(2)}, \ldots, w^{(p)}$ prennent les mêmes valeurs.

78. Les modules de périodicité $\mathcal{B}'_k$ ont des expressions remarquables. Pour les obtenir, considérons l'intégrale

$$\mathrm{H} = \int_{\mathrm{T}''} w \frac{d\Pi}{dz} dz,$$

où w est une intégrale quelconque de première espèce, l'intégrale H étant prise dans le sens positif sur le contour de la surface T″, contour formé par les bords des coupures a_k, b_k, c_k et des fentes l et m. La fonction

$$w \frac{d\Pi}{dz}$$

est uniforme sur la surface T″ et a tous ses *résidus nuls*. En effet, les deux facteurs sont uniformes. Le premier est partout fini; le deuxième a tous ses résidus nuls, car l'intégrale Π ne devient infinie qu'aux deux points (a, b) et (a', b'), qui sont exclus de la surface T″. Le produit $w \frac{d\Pi}{dz}$ a donc bien tous ses résidus nuls, et l'intégrale H est *nulle*. Nous allons évaluer directement cette intégrale.

Le contour de T'' est formé du contour de T' (bords des coupures a_k, b_k, c_k), des bords de la fente l, des bords de la fente m et des bords des circonférences σ et σ' (*fig.* 46). L'intégrale H peut donc être divisée en cinq parties, l'une relative au contour de T', l'autre aux bords de l, la troisième aux bords de m, les deux dernières aux circonférences σ et σ', et l'on a, en désignant par les indices T', l, m, σ, σ' ces cinq parties

$$(8) \qquad \int_{T'} w \frac{d\Pi}{dz} dz + \int_l + \int_m + \int_\sigma + \int_{\sigma'} = 0.$$

La deuxième de ces intégrales est *nulle* : en effet, sur les bords de la coupure l, les deux fonctions w et $\frac{d\Pi}{dz}$ prennent les mêmes valeurs et ces deux bords sont décrits en sens contraire : la somme des éléments relatifs aux deux bords de l, c'est-à-dire la deuxième intégrale, est donc nulle. On voit de même que la troisième de ces intégrales, celle qui est relative aux bords de m, est nulle. L'intégrale relative à la circonférence infiniment petite σ' décrite dans le sens positif par rapport à son extérieur T'' (sens de la flèche) est égale à $-2\pi i$ multiplié par le résidu de la fonction intégrée $w\frac{d\Pi}{dz}$ au point (a', b') : en effet, cette circonférence σ' entoure le domaine du point (a', b') et dans ce domaine $w(z, u)$ est fini, $\frac{d\Pi}{dz}$ admet le seul pôle $z = a'$. Évaluons le résidu de $w\frac{d\Pi}{dz}$ au point (a', b') : on a dans le domaine de ce point

$$w(z, u) = w(a', b') + \alpha_1(z - a') + \alpha_2(z - a')^2 + \ldots,$$

α_1, α_2, ... étant des constantes,

$$\frac{d\Pi}{dz} = \frac{1}{z - a'} + \beta_0 + \beta_1(z - a') + \beta_2(z - a')^2 + \ldots,$$

β_0, β_1, ... étant des constantes. Dans le produit $w\frac{d\Pi}{dz}$, le coefficient de $\frac{1}{z - a'}$ ou le résidu est donc $w(a', b')$. On vérifiera d'après les définitions données que ce résultat est général et a encore lieu quand (a, b') est un point de ramification ou un point à distance infinie. L'intégrale

$$\int_{\sigma'} w \frac{d\Pi}{dz} dz$$

est donc égale à $-2i\pi w(a', b')$. De même l'intégrale affectée de l'indice σ est égale à $2i\pi w(a, b)$, car le résidu de $\frac{d\Pi}{dz}$ au point (a, b) est -1. L'équation (8) nous donne donc

$$(9) \qquad \int_{T'} w \frac{d\Pi}{dz} dz - 2i\pi[w(a', b') - w(a, b)] = 0$$

où il ne reste plus qu'à évaluer la première intégrale. Mais le calcul de cette intégrale est identique à celui qui a été fait (n° 65) pour le calcul de l'intégrale appelée I, sauf le changement des intégrales F et F' en w et Π. Appelons A_k, B_k les modules de périodicité de w, $\mathfrak{A}'_k$, $\mathfrak{B}'_k$ ceux de Π le long des coupures a_k et b_k : l'intégrale $\int_{T'} w \frac{d\Pi}{dz} dz$ a pour valeur, en vertu du calcul du n° 65,

$$A_1 \mathfrak{B}'_1 - B_1 \mathfrak{A}'_1 + A_2 \mathfrak{B}'_2 - B_2 \mathfrak{A}'_2 + \ldots + A_p \mathfrak{B}'_p - B_p \mathfrak{A}'_p;$$

mais, comme Π est l'intégrale normale de troisième espèce, les modules de périodicité $\mathfrak{A}'_1, \mathfrak{A}'_2, \ldots, \mathfrak{A}'_p$ sont nuls (n° 77) et la relation (9) s'écrit

$$(10) \qquad A_1 \mathfrak{B}'_1 + A_2 \mathfrak{B}'_2 + \ldots + A_p \mathfrak{B}'_p - 2i\pi[w(a', b') - w(a, b)] = 0.$$

Jusqu'à présent nous avons supposé que w est une intégrale abélienne quelconque de première espèce. Supposons en particulier que ce soit une intégrale normale $w^{(k)}$. Alors tous les modules de périodicité $A_1, A_2, \ldots, A_p$ de cette intégrale relatifs aux coupures a sont nuls, excepté A_k qui est égal à $2\pi i$. La relation (10) devient donc, en remplaçant w par $w^{(k)}$,

$$2\pi i \mathfrak{B}'_k - 2\pi i[w^{(k)}(a', b') - w^{(k)}(a, b)] = 0,$$

formule qui donne enfin la valeur de $\mathfrak{B}'_k$,

$$\mathfrak{B}'_k = w^{(k)}(a', b') - w^{(k)}(a, b).$$

En résumé, les modules de périodicité de l'intégrale normale de troisième espèce $\Pi_{a,b}^{a',b'}$ sont

Le long de a_k, 0,

» b_k, $w^{(k)}(a', b') - w^{(k)}(a, b)$,

» m, $2\pi i$,

Nous ne poursuivrons pas plus loin, pour le moment, l'étude particulière des intégrales hyperelliptiques. Nous avons voulu seulement développer, sur un exemple simple, la conception de Riemann, avant d'aborder la théorie générale des fonctions algébriques.

CHAPITRE IV.

LES FONCTIONS ALGÉBRIQUES D'UNE VARIABLE ET LES SURFACES DE RIEMANN CORRESPONDANTES [1].

Continuité des racines d'une équation algébrique. — Points singuliers. — Méthode de Puiseux. — Surfaces à m feuillets. — Point analytique. — Propriétés générales des fonctions uniformes sur une surface de Riemann.

79. Nous supposons connues les propriétés élémentaires d'un polynome entier par rapport à une variable u, et en particulier le théorème fondamental de la théorie des équations.

Tout polynome de degré m en u, à coefficients quelconques,

$$P(u) = A^0 u^m + A_1 u^{m-1} + \ldots + A_m$$

est décomposable en un produit de m facteurs linéaires

$$P(u) = A_0(u - u_1)(u - u_2)\ldots(u - u_m).$$

Il résulte immédiatement de cette décomposition que *la variation de l'argument du polynome* $P(u)$, *lorsque u décrit le contour d'une aire dans le sens positif, est égale au produit de* 2π *par le nombre des racines du polynome comprises dans cette aire*, chaque racine étant comptée autant de fois qu'il y a d'unités dans son degré de multiplicité. Car l'argument d'un facteur $u - u_i$ revient à sa valeur initiale si le point u_i est à l'extérieur de l'aire considérée et augmente de 2π si ce point est à l'intérieur de l'aire. On suppose cette aire limitée par une seule courbe.

Soit $F(z, u)$ un polynome entier à deux variables z et u, de

---

(1) Auteurs à consulter : PUISEUX, *Mémoire sur la théorie des fonctions algébriques* (*Journal de Liouville*, t. XV). — BRIOT et BOUQUET, *Théorie des fonctions doublement périodiques*, Liv. I. — SIMART, *Thèse de Doctorat*. — E. PICARD, *Traité d'Analyse*, t. II. — C. JORDAN, *Cours d'Analyse de l'École Polytechnique*, t. I et II.

degré m en u, qui, ordonné par rapport à u, s'écrit

$$(1) \qquad F(z, u) = \varphi_0(z) + u\varphi_1(z) + \ldots + u^m \varphi_m(z),$$

les coefficients $\varphi_i(z)$ étant des polynomes entiers en z. A une valeur de z, l'équation

$$(2) \qquad F(z, u) = 0$$

fait correspondre m valeurs pour u, à moins que le polynome $\varphi_m(z)$ ne soit nul pour cette valeur particulière de z. Ces m valeurs de u varient en général avec z d'une manière continue. C'est ce qui résulte du théorème suivant :

Si pour $z = a$ l'équation (2) a n racines égales à b, pour une valeur de z voisine de a, elle a n racines voisines de b.

En remplaçant z par $a + z$, et u par $b + u$, on est ramené au cas où, pour $z = 0$, l'équation a n racines nulles. Les polynomes $\varphi_0(z)$, $\varphi_1(z)$, ..., $\varphi_{n-1}(z)$ sont tous nuls pour $z = 0$, mais $\varphi_n(0)$ n'est pas nul. L'équation (2) peut s'écrire

$$(3) \qquad F(z, u) = \varphi_n(z)\, u^n (1 + P + Q) = 0,$$

en posant

$$P = \frac{\varphi_{n+1}}{\varphi_n} u + \frac{\varphi_{n+2}}{\varphi_n} u^2 + \ldots + \frac{\varphi_m}{\varphi_n} u^{m-n},$$

$$Q = \frac{\varphi^0}{\varphi_n} \frac{1}{u^n} + \frac{\varphi_1}{\varphi_n} \frac{1}{u^{n-1}} + \ldots + \frac{\varphi_{n-1}}{\varphi_n} \frac{1}{u}.$$

Du point $z = 0$ comme centre, décrivons une circonférence de rayon ρ laissant à l'extérieur toutes les racines du polynome $\varphi_n(z)$. Soient A une limite inférieure du module de $\varphi_n(z)$ et B une limite supérieure du module des polynomes $\varphi_{n+1}(z)$, ..., $\varphi_m(z)$ lorsque z reste à l'intérieur de ce cercle, de telle sorte que l'on a, lorsque $|z| < \rho$,

$$|\varphi_n(z)| > A, \qquad |\varphi_{n+p}(z)| < B \qquad (p = 1, 2, \ldots, m - n).$$

Si l'on prend pour z un point à l'intérieur de ce cercle et pour u une valeur dont le module r est inférieur à l'unité, on a

$$|P| < \frac{B}{A}(r + r^2 + \ldots)$$

ou

$$|P| < \frac{B}{A} \frac{r}{1-r}.$$

Ce module $|P|$ sera inférieur à $\frac{1}{2}$ si l'on a

$$\frac{B}{A} \frac{r}{1-r} < \frac{1}{2},$$

c'est-à-dire

$$(4) \qquad r < \frac{A}{A+2B}.$$

Choisissons pour r un nombre aussi petit que nous le voudrons, satisfaisant à cette inégalité (4). On peut toujours trouver un autre nombre $\rho' < \rho$ tel que, pour toute valeur de z de module inférieur à ρ', l'équation (2) ait n racines, et n seulement, de module inférieur à r. En effet, soit C une limite supérieure du module des polynomes $\varphi_0, \varphi_1, \ldots, \varphi_{n-1}$ à l'intérieur d'un cercle de rayon ρ'. On a

$$|Q| < \frac{C}{A}\left|\frac{1}{r^n} + \ldots + \frac{1}{r}\right| = \frac{C}{A} \frac{1-r^n}{r^n(1-r)};$$

tous les polynomes $\varphi_0, \varphi_1, \ldots, \varphi_{n-1}$ étant nuls pour $z = 0$, on peut trouver un nombre ρ' assez petit pour que la limite supérieure C soit un nombre aussi petit qu'on le voudra. Prenons ρ' assez petit pour que l'on ait

$$(5) \qquad \frac{C}{A} \frac{1-r^n}{r^n(1-r)} < \frac{1}{2}.$$

Les nombres r et ρ' étant choisis de cette façon, donnons à z une valeur fixe, de module inférieur à ρ', et faisons décrire à la variable u, dans le sens direct, le cercle de rayon r ayant pour centre le point $u = 0$. L'argument de u^n augmente de $2n\pi$. Quant à l'argument de $1 + P + Q$, il revient à sa valeur initiale. En effet, d'après la façon dont ρ' a été choisi, on a, pour toutes ces valeurs de u,

$$|P| < \frac{1}{2}, \qquad |Q| < \frac{1}{2},$$

et, par suite, $|P+Q| < 1$. Figurons par un point M la valeur de $v = 1 + P + Q$; ce point M décrit une courbe fermée qui est comprise tout entière à l'intérieur d'un cercle de rayon égal à l'unité décrit du point $v = 1$ comme centre. Cette courbe ne peut donc contenir l'origine à son intérieur, et l'argument de v revient à sa valeur initiale. Par suite, l'argument de $F(z, u)$ augmente de $2n\pi$; l'équation $F(z, u) = 0$ a donc bien n racines de module inférieur à r lorsque le module de z est inférieur à ρ'.

80. Si, en particulier, *l'équation* (2) *a une seule racine égale à b pour $z = a$, elle admet une seule racine voisine de b, pour une valeur de z voisine de a.*

On peut alors, des points $z = a$ et $u = b$ comme centres, décrire deux cercles C, C_1 de rayons ρ' et r respectivement, tels que pour toute valeur de z comprise à l'intérieur de C, l'équation (2) ait une racine et une seule à l'intérieur de C_1. Cette racine u est donc une fonction uniforme et continue de z tant que cette variable reste comprise à l'intérieur du cercle C. Pour démontrer que c'est une fonction *analytique* de z dans ce domaine, il suffit de prouver qu'elle admet une dérivée. Attribuons à z un accroissement Δz et soit Δu l'accroissement correspondant de u, on a

$$F(z + \Delta z, u + \Delta u) - F(z, u) = 0,$$

ce qui peut s'écrire

$$\Delta z \left[\frac{\partial F}{\partial z} + \eta\right] + \Delta u \left[\frac{\partial F}{\partial u} + \eta'\right] = 0,$$

η et η' tendant vers zéro en même temps que Δu et Δz. On en déduit

$$\frac{\Delta u}{\Delta z} = -\frac{\dfrac{\partial F}{\partial z} + \eta}{\dfrac{\partial F}{\partial u} + \eta'}.$$

Nous venons de voir que, lorsque Δz tend vers zéro, il en est de même de Δu, et, par suite, de η et de η'; le rapport $\frac{\Delta u}{\Delta z}$ a donc une limite

$$\frac{du}{dz} = -\frac{\dfrac{\partial F}{\partial z}}{\dfrac{\partial F}{\partial u}}.$$

En réalité, cette dérivée admet, comme u, m valeurs pour chaque valeur de z; mais on obtient sans ambiguïté la valeur qu'il faut prendre, en remplaçant dans le second membre u par la racine dont on cherche la dérivée. Tant que la variable z reste à l'intérieur de C, le dénominateur $\frac{\partial F}{\partial u}$ ne peut être nul, puisque la racine considérée est racine simple de l'équation (2). La dérivée est donc elle-même une fonction continue de z dans ce domaine. Il suit de là qu'à l'intérieur de C la racine u est développable par la formule de Taylor

$$u = b + \alpha_1(z - a) + \alpha_2(z - a)^2 + \ldots,$$

et le rayon de convergence de cette série est au moins égal à ρ', mais peut lui être supérieur.

De même, si, pour $z = a$, l'équation (2) a m racines simples $b_1, b_2, \ldots, b_m$, on peut trouver un cercle C de centre a et de rayon assez petit pour qu'à l'intérieur de ce cercle les m racines soient des fonctions uniformes et régulières. Les m racines sont alors représentées par m développements distincts : on a, par exemple, pour la racine u_i qui se réduit à b_i au point $z = a$,

$$u_i = b_i + \alpha_1^{(i)}(z - a) + \alpha_2^{(i)}(z - a)^2 + \ldots.$$

Les rayons de convergence de ces différentes séries sont, en général, inégaux.

Nous avons ainsi défini un *élément* de fonction algébrique. Pour définir cette fonction lorsque la variable z décrit un chemin quelconque, on étendra la définition de proche en proche. Supposons que le polynome $F(z, u)$ soit *indécomposable*, c'est-à-dire ne soit pas le produit de deux autres polynomes entiers en z et u. Alors l'équation $F(z, u) = 0$ n'aura de racines multiples que pour des valeurs de z en nombre fini. On obtiendra ces valeurs de z en éliminant u entre les deux équations

$$F(z, u) = 0, \qquad \frac{\partial F}{\partial u} = 0;$$

marquons dans le plan des z ces valeurs de z, ainsi que les racines de l'équation $\varphi_m(z) = 0$. On appelle ces points les *points singuliers*. Cela posé, prenons deux points non singuliers z_0, Z, et un chemin L joignant ces deux points et ne passant par aucun point singulier. Soient $u_1, u_2, \ldots, u_m$ les m racines simples de l'équation $F(z_0, u) = 0$; si l'on part de z_0 avec une de ces racines, u_1 par exemple, la valeur de cette racine sera fixée tout le long du chemin L par la condition de continuité. En un point z_1 voisin de z_0, l'équation $F(z_1, u) = 0$ admet une seule racine u'_1 voisine de u_1; en un point z_2 voisin de z_1, l'équation admet une seule racine u'' voisine de u'_1, et ainsi de suite. On arrive au point Z avec une valeur de u déterminée sans ambiguïté.

Nous devons maintenant étudier l'influence du chemin suivi par la variable. La proposition suivante est fondamentale :

Soit A *une aire plane limitée par un seul contour, ne renfermant aucun des points singuliers; si l'on va d'un point z_0 à un autre point* Z *par deux chemins contenus tout entiers dans l'aire* A, *en prenant la même valeur initiale pour u, on arrive au point* Z *avec la même valeur finale.*

Soient z_0mZ, z_0nZ (*fig.* 41) les deux chemins allant de z_0 à Z. Joignons les deux points m et n; nous formons ainsi deux contours

Fig. 41.

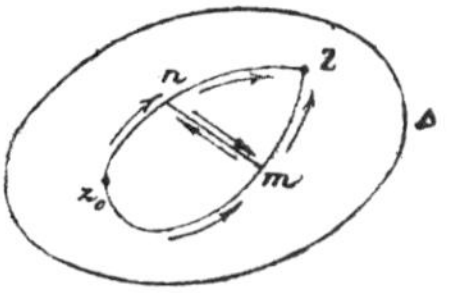

fermés z_0mnz_0, $nmZn$. Si les deux chemins z_0mZ, z_0nZ ne conduisent pas à la même valeur finale pour u, il y aura au moins un des contours fermés z_0mnz_0, $nmZn$ qui, décrit tout entier en prenant au point de départ une des racines de l'équation (2), ne ramènera pas cette racine. En effet, on peut remplacer le chemin z_0mZ par le chemin $z_0mn + nmZ$. Supposons qu'en allant du point z_0 au point n par les deux chemins z_0mn, z_0n on obtienne la même racine u', puis que, partant du point n avec la racine u', on aille au point Z par les deux chemins nZ, nmZ, et qu'on arrive dans les deux cas avec la même valeur pour u; alors les deux chemins z_0mZ et z_0nZ sont équivalents. Si donc ces deux chemins n'étaient pas équivalents, il y aurait au moins deux des chemins (z_0mn, z_0n) et (nZ, nmZ), qui ne seraient pas non plus équivalents. Supposons, par exemple, que les deux chemins $z_0 mn$ et $z_0 n$ ne conduisent pas à la même valeur de u au point n. Alors le contour fermé $z_0 mnz_0$, décrit avec la valeur initiale u_1 pour u, ne ramènera pas cette racine. En décomposant de même le contour $z_0 mnz_0$ en deux contours plus petits, un de ces contours au moins devra changer une des racines de l'équation (2) quand il sera décrit tout entier. En continuant ainsi, on a une suite d'aires, toutes comprises les unes dans les autres, et, si l'on choisit convenablement les lignes de division, ces aires décroissent indéfiniment dans toutes leurs dimensions. Elles ont donc pour limite un point M, intérieur à A. Par conséquent, si l'on considère un cercle de rayon aussi petit qu'on le veut, ayant son centre en M, il devrait toujours exister à l'intérieur de ce cercle un contour c, ne ramenant pas à sa valeur initiale une des racines de l'équation (2). Le point M serait donc nécessairement un point singulier, ce qui est contraire à l'hypothèse.

81. Il nous reste à examiner ce qui se passe lorsque la variable indépendante z tourne autour d'un de ces points singuliers que nous avons mis de côté.

Soit $z = a$ un point pour lequel l'équation $F(z, u) = 0$ admet une racine $u = b$ d'ordre n. En un point z_0, voisin de a, l'équation aura n racines voisines de b

$$u_1, \quad u_2, \quad \ldots, \quad u_n.$$

Si la variable z part de z_0 et décrit une petite courbe fermée C autour du point a, la fonction ayant la valeur initiale u_1, cette fonction reprend sa valeur initiale, ou, comme sa variation ne peut être que très petite, sa valeur finale est une des autres valeurs de u qui, pour $z = z_0$, sont voisines de b. Dans le premier cas, la racine u_1 est une fonction uniforme de z dans le voisinage de $z = a$, développable en une série procédant suivant les puissances entières et positives de $z - a$. Dans le second cas, soit u_i la valeur finale; si l'on décrit de nouveau la courbe C dans le même sens avec la valeur initiale u_i, il est impossible que l'on retrouve la racine u_i, car le chemin inverse doit ramener u_1. On obtiendra donc u_1 ou une autre des racines non encore obtenues. Si l'on retrouve u_1, on voit que les deux racines u_1, u_i se permutent quand on tourne autour du point a. Dans le second cas, soit u_k la valeur finale. Un nouveau tour autour du point a ne pourra donner ni u_i ni u_k; on trouvera donc soit u_1, soit une racine non encore obtenue. En continuant de la sorte, on finira par retomber après p tours sur la racine u_1. Les p racines ainsi obtenues se permutent circulairement lorsque z décrit un petit cercle autour du point a; on dit qu'elles forment un *système circulaire* de p racines. Si $p=n$, les n racines qui deviennent égales à b forment un seul système circulaire; si $p<n$, on répétera le même raisonnement en partant d'une des racines non encore employées, et ainsi de suite. Donc :

Lorsqu'au point $z=a$ l'equation (2) *a une racine b d'ordre n, les n racines voisines de b pour une valeur de z voisine de a forment un ou plusieurs systèmes circulaires* ([1]).

Nous verrons plus loin (n°s 87-90) comment on peut, pour une équation donnée, faire les calculs numériques permettant de partager effectivement les racines en systèmes circulaires et d'obtenir des développements en série représentant, dans un certain domaine du point $z=a$, les p racines d'un même système circulaire qui deviennent égales à b pour $z=a$. Mais, afin de ne pas interrompre la suite des idées, contentons-nous actuellement d'établir *a priori* la forme analytiqne de ces développements en série.

Soit $u_1 u_2 \ldots u_p$ un système circulaire de p racines devenant égales à b pour $z=a$ et se permutant circulairement dans l'ordre des indices, quand z décrit dans le sens positif une petite courbe fermée tournant une fois autour du point a : après que z a parcouru cette courbe, u_1 devient u_2, u_2 devient u_3, ..., u_p devient u_1. Faisons le changement de variable indépendante

$$z-a=z'^p;$$

les p racines $u_1, u_2, \ldots, u_p$ étant des fonctions analytiques de z sont des fonctions analytiques de z' devenant égales entre elles pour $z'=0$. Dans un domaine suffisamment petit du point $z'=0$, $u_1, u_2, \ldots, u_p$ sont des fonctions *uniformes* de z'. En effet, si z' décrit une petite courbe fermée ne tournant pas autour du

---

([1]) Briot et Bouquet, *Fonctions elliptiques*, p. 37.

point $z'=0$, z décrit une petite courbe fermée ne tournant pas autour du point a et chaque racine reprend sa valeur initiale. Si z' décrit une petite courbe fermée tournant *une fois* autour du point $z'=0$, z décrit une petite courbe fermée tournant p fois autour du point a, comme il résulte de la substitution : chaque racine reprend donc encore sa valeur initiale d'après la façon dont ces racines s'échangent. D'après cela, u_1, par exemple, est une fonction analytique de z', devenant égale à b pour $z'=0$ uniforme, finie et continue pour les valeurs de z' appartenant à un domaine suffisamment petit du point $z'=0$. Cette racine u_1 est donc développable, par la formule de Taylor, en une série procédant suivant les puissances entières et positives de z',

$$u_1 = b + b_1 z' + b_2 z'^2 + \ldots + b_\nu z'^\nu + \ldots.$$

Si l'on revient à l'ancienne variable z, liée à z' par l'équation écrite plus haut, qui donne

$$z' = (z-a)^{\frac{1}{p}},$$

on a le développement suivant pour u_1

$$u_1 = b + b_1(z-a)^{\frac{1}{p}} + b_2(z-a)^{\frac{2}{p}} + \ldots + b_\nu(z-a)^{\frac{\nu}{p}} + \ldots,$$

procédant suivant les puissances entières et positives de $(z-a)^{\frac{1}{p}}$. On obtiendra des développements de même forme pour u_2, u_3, $\ldots$, u_p. On peut d'ailleurs les déduire de celui de u_1 en s'appuyant sur la loi même de permutation des racines. Posons

$$\omega = e^{\frac{2\pi i}{p}}.$$

Prenons la racine u_1 définie par la série précédente et supposons que l'on fasse décrire à z un petit cercle autour du point $z=a$, dans le sens positif. La racine u_1 devient u_2 et $(z-a)^{\frac{1}{p}}$ devient $\omega(z-a)^{\frac{1}{p}}$, car l'argument de $z-a$ augmentant de 2π, celui de $(z-a)^{\frac{1}{p}}$ augmente de $\frac{2\pi}{p}$. On a donc le développement suivant pour u_2 :

$$u_2 = b + b_1\,\omega(z-a)^{\frac{1}{p}} + b_2\,\omega^2(z-a)^{\frac{2}{p}} + \ldots + b_\nu\omega^\nu(z-a)^{\frac{\nu}{p}} + \ldots.$$

Un nouveau tour de z autour du point a donnera u_3 en changeant $(z-a)^{\frac{1}{p}}$ en $\omega(z-a)^{\frac{1}{p}}$,

$$u_3 = b + b_1\,\omega^2(z-a)^{\frac{1}{p}} + b_2\,\omega^4(z-a)^{\frac{2}{p}} + \ldots + b_\nu\,\omega^{2\nu}(z-a)^{\frac{\nu}{p}} + \ldots$$

et ainsi de suite, jusqu'à ce qu'on ait obtenu toutes les racines u_1, u_2, ..., u_p. On voit donc que les p racines appartenant à un même système circulaire sont représentées par une même série procédant suivant les puissances entières et positives de $(z-a)^{\frac{1}{p}}$,

$$u = b + b_1(z-a)^{\frac{1}{p}} + b_2(z-a)^{\frac{2}{p}} + \ldots,$$

les différentes racines u_1, u_2, ..., u_p étant obtenues en remplaçant successivement dans ce développement $(z-a)^{\frac{1}{p}}$ par ses p déterminations.

82. Nous venons d'étudier les racines qui deviennent égales à une valeur finie b quand z tend vers une valeur finie a. L'étude des racines devenant infinies pour $z = a$ nous conduira à la notion *des pôles d'une fonction algébrique*. Ordonnons l'équation $F(z, u) = 0$ par rapport aux puissances décroissantes de u,

$$F(z, u) = \varphi_m(z)u^m + \varphi_{m-1}(z)u^{m-1} + \ldots + \varphi_1(z)u + \varphi_0(z) = 0.$$

Soit $z = a$ une racine de l'équation $\varphi_m(z) = 0$; lorsque z tend vers a, une ou plusieurs racines deviennent infinies. Pour étudier ces racines, posons

$$u = \frac{1}{u'};$$

l'équation (2) se change en une nouvelle équation

$$(2') \qquad F_1(z, u') = F\left(z, \frac{1}{u'}\right)u'^m = 0,$$

qui aura un certain nombre de racines nulles en même temps que $z - a$. Dans le cas général, ces racines se partageront en un certain nombre de systèmes circulaires, les racines d'un même système étant représentées par un développement de la forme

$$u' = (z-a)^{\frac{q}{p}}\left[b_q + b_{q+1}(z-a)^{\frac{1}{p}} + b_{q+2}(z-a)^{\frac{2}{p}} + \ldots\right] = v(z-a)^{\frac{q}{p}},$$

procédant suivant les puissances de $(z-a)^{\frac{1}{p}}$ et contenant en facteur une certaine puissance de $(z-a)^{\frac{1}{p}}$, car u' est nul pour $z=a$. La série v qui multiplie $(z-a)^{\frac{q}{p}}$ est une fonction régulière de $(z-a)^{\frac{1}{p}}$ qui n'est pas nulle pour $z=a$. On en déduit

$$u = \frac{1}{u'} = \frac{1}{v}(z-a)^{-\frac{q}{p}};$$

$\frac{1}{v}$ sera aussi une fonction régulière de $(z-a)^{\frac{1}{p}}$, de sorte que les p valeurs de u seront représentées par un développement de la forme

$$u = (z-a)^{-\frac{q}{p}}\left[\alpha_0 + \alpha_1(z-a)^{\frac{1}{p}} + \alpha_2(z-a)^{\frac{2}{p}} + \ldots\right].$$

C'est un développement de même forme que les précédents, sauf qu'il présente à gauche un certain nombre de termes à exposants négatifs. Si $p=1$, le point $z=a$ est un pôle pour la racine considérée, au sens élémentaire du mot; si p est plus grand que 1, c'est en même temps un point de ramification.

83. Pour étudier les racines de l'équation en u lorsque z devient infini, on pose

$$z' = \frac{1}{z},$$

et l'on est ramené à étudier les racines de l'équation transformée

$$F_1(z', u) = 0,$$

pour les valeurs de z' voisines de zéro. Plusieurs cas peuvent se présenter suivant que ces racines ont des valeurs distinctes et finies, des valeurs égales ou des valeurs infinies. Dans tous les cas possibles, les m valeurs de u sont représentées dans le voisinage de $z'=0$ par un ou plusieurs développements de l'une des formes suivantes :

$$u - b = z'^{\frac{q}{p}}\left(\alpha_0 + \alpha_1 z'^{\frac{1}{p}} + \alpha_2 z'^{\frac{2}{p}} + \ldots\right),$$

$$u = z'^{-\frac{q}{p}}\left(\alpha_0 + \alpha_1 z'^{\frac{1}{p}} + \alpha_2 z'^{\frac{2}{p}} + \ldots\right).$$

Par conséquent, les m valeurs de u, pour des valeurs de z de module supérieur à une certaine limite, seront données par un ou plusieurs développements tels que

$$u - b = \left(\frac{1}{z}\right)^{\frac{q}{p}}\left[\alpha_0 + \alpha_1\left(\frac{1}{z}\right)^{\frac{1}{p}} + \alpha_2\left(\frac{1}{z}\right)^{\frac{2}{p}} + \ldots\right],$$

$$u = \left(\frac{1}{z}\right)^{-\frac{q}{p}}\left[\alpha_0 + \alpha_1\left(\frac{1}{z}\right)^{\frac{1}{p}} + \alpha_2\left(\frac{1}{z}\right)^{\frac{2}{p}} + \ldots\right].$$

On peut résumer comme il suit tous les résultats obtenus :

Dans le domaine de tout point $z = a$, les m racines de l'équation (2) *sont représentées par un certain nombre de développements en série de la forme*

$$u = (z - a)^{\pm\frac{q}{p}}\left[\alpha_0 + \alpha_1(z - a)^{\frac{1}{p}} + \alpha_2(z - a)^{\frac{2}{p}} + \ldots\right],$$

en convenant de remplacer $z - \infty$ par $\frac{1}{z}$.

Il est essentiel de remarquer qu'il n'y a jamais qu'un nombre *fini* de termes à exposants négatifs.

84. Nous voyons qu'une fonction algébrique n'admet que deux catégories de points singuliers : 1° des pôles, c'est-à-dire des points où une ou plusieurs branches de la fonction deviennent infinies, de façon que les inverses restent des fonctions régulières dans le voisinage; 2° des *points critiques algébriques*, c'est-à-dire des points autour desquels un certain nombre de valeurs de u se permutent circulairement, les valeurs d'un même système circulaire étant représentées par un même développement en série, ordonnée suivant les puissances croissantes de $(z - a)^{\frac{1}{p}}$, et ne contenant qu'un nombre limité de termes à exposants négatifs. On voit de plus que ces points singuliers sont toujours en nombre *fini*.

Réciproquement, *toute fonction analytique qui, sur toute la sphère, n'admet que des pôles ou des points critiques algébriques et qui n'a qu'un nombre fini m de déterminations en chaque point est une fonction algébrique.*

Soient $u_1, u_2, \ldots, u_m$ les m branches de la fonction u; toute fonction symétrique de ces m quantités sera évidemment une fonction uniforme de z, puisqu'un contour fermé décrit par la variable peut seulement permuter ces m valeurs. Soit en particulier $\varphi(u_1, u_2, \ldots, u_m)$ une fonction symétrique entière de u_1, $u_2, \ldots, u_m$; dans le voisinage d'un point de ramification a, les m valeurs de u seront données par un certain nombre de développements de la forme écrite plus haut. Si dans $\varphi(u_1, u_2, \ldots, u_m)$ on remplace $u_1, u_2, \ldots, u_m$ par leurs développements en série, il est clair que les puissances fractionnaires de $(z-a)$ doivent disparaître, puisque φ est uniforme dans le voisinage du point $z=a$. On peut, du reste, le vérifier par le calcul des sommes des puissances semblables, telles que Σu_i^n, en s'appuyant sur ce que la somme des puissances $0, 1, 2, \ldots, p-1$ d'une racine primitive $p^{\text{ième}}$ de l'unité est nulle. D'ailleurs, le développement de φ ne contiendra qu'un nombre fini de termes à exposants négatifs. Tout point à distance finie $z=a$ sera donc un pôle ou un point ordinaire pour la fonction $\varphi(u_1, \ldots, u_m)$ et l'on verra aussi qu'il en est de même pour $z=\infty$. Par conséquent (Introduction), toute fonction symétrique entière $u_1, u_2, \ldots, u_m$ est une fonction rationnelle de z; ce qui prouve que les m branches de la fonction u sont racines d'une équation de degré m en u, dont les coefficients sont des fonctions rationnelles de z.

85. Ce théorème va nous permettre de combler une lacune dans l'étude des fonctions algébriques. Soit $F(z, u)=0$ une équation algébrique entière *irréductible*, de degré m par rapport à u; supposons que, pour $z=z_0$, elle admette m racines distinctes et finies

$$u_1, \quad u_2, \quad \ldots, \quad u_m.$$

La variable z décrivant un contour fermé partant du point z_0 et y revenant, sans passer par aucun point singulier, si l'on adopte pour valeur initiale de u la racine u_1, par exemple, et qu'on suive par continuité la variation de cette racine, on reviendra au point de départ avec une valeur finale qui sera comprise dans les m racines $u_1, u_2, \ldots, u_m$. *On peut choisir le contour fermé décrit par la variable de façon que la valeur finale soit une quelconque de m racines, désignée à l'avance*. Supposons, en effet, qu'il n'en soit pas ainsi. Les racines $u_1, u_2, \ldots, u_m$ pourront être partagées en deux catégories : pour les unes, il est possible de trouver un contour fermé conduisant de la racine u_1 à l'une quelconque d'entre elles ; cela est impossible pour les autres. Soient $u_1, \ldots, u_p$ les p racines de la première catégorie. Il est clair que ces p valeurs de u ne peuvent que se permuter entre elles quand la variable décrit un contour fermé quelconque, et qu'elles n'admettent pour points singuliers que des pôles ou des points critiques algébriques. Par suite, $u_1, u_2, \ldots, u_p$ sont les racines d'une équation algébrique entière $\varphi(z, u) = 0$, de degré p en u, et le polynome $F(z, u)$ devrait être divisible par $\varphi(z, u)$, ce qui est contraire à l'hypothèse.

Corollaire. — Soit $F(z, u)$ un polynome entier à deux variables et soient (z_0, u_0), (z_1, u_1) deux systèmes de solutions *quelconques* de l'équation

$$F(z, u) = 0.$$

Supposons qu'on ait démontré qu'il existe un chemin allant du point z_0 au point z_1 et conduisant de la valeur initiale u_0 à la valeur u_1. On peut en conclure que le polynome $F(z, u)$ est irréductible, ou est une puissance exacte d'un polynome irréductible. Mais, dans aucun cas, $F(z, u)$ ne pourra être divisible par deux polynomes irréductibles différents.

86. Nous pouvons maintenant compléter la définition d'une fonction algébrique en introduisant la notion des *lacets*; $F(z, u)$ étant un polynome indécomposable de degré m en u, marquons dans le plan de la variable z les points $a_1, a_2, \ldots, a_k$, où quelques-unes des racines de l'équation

$$F(z, u) = 0$$

se permutent entre elles, et de chaque point a_i tirons une ligne L_i s'étendant jusqu'à l'infini, de manière que ces lignes ne se croisent pas entre elles. Soient z_0 un point distinct des points singuliers, et $\alpha_1, \alpha_2, \ldots, \alpha_m$ les m racines simples de l'équation $F(z_0, u) = 0$. Lorsque la variable z décrit un chemin quelconque sans franchir les lignes L_i, les m racines de l'équation restent des fonctions uniformes de z. Quelques-unes de ces racines peuvent devenir infinies en certains points isolés, mais elles restent uniformes dans le voisinage de ces points. Désignons par $u_1, u_2, \ldots, u_m$ les m racines qui se réduisent respectivement à $\alpha_1, \alpha_2, \ldots, \alpha_m$ pour $z = z_0$, et appelons chemin *direct* de z_0 à z tout chemin joignant ces deux points sans franchir aucune des lignes L_i.

Pour suivre la marche de la fonction u lorsque la variable décrit un chemin quelconque, il suffit de savoir comment s'échangent les m fonctions $u_1, u_2, \ldots, u_m$ lorsque la variable franchit une des lignes L_i. Soient a_i un point critique, z_i un point infiniment voisin; joignons le point z_i au point z_0 par une ligne droite, et du point a_i comme centre, décrivons un petit cercle passant par le point z_i. Le chemin $z_0 z_i m n z_i z_0$ s'appelle un *lacet* (*fig.* 42); il peut être décrit dans le sens direct ou dans le sens rétrograde, suivant qu'on laisse le point a_i à sa gauche ou à sa droite. On le

Fig. 42.

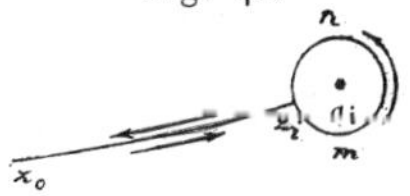

représente par la notation (a_i) ou $(a_i)_{-1}$, suivant qu'il est décrit dans le sens direct ou dans le sens rétrograde. On dit que le lacet (a_i) unit les deux racines u_h, u_k si, en partant du point z_0 avec la racine α_h, et décrivant le lacet, on revient au point de départ avec la racine α_k; on dit qu'il est neutre par rapport à une racine s'il reproduit cette racine.

Un chemin quelconque allant de z_0 en z peut être remplacé par une suite de lacets suivie du chemin direct unissant ces deux points. Par exemple, le chemin $z_0 \alpha m \beta n \gamma p z$ (*fig.* 43) peut être remplacé par $z_0 \alpha m z_0 + z_0 m \beta n z_0 + z_0 n \gamma p z_0 + z_0 p z$; $z_0 \alpha m z_0$ peut, à son tour, être remplacé par le lacet (a_1), $z_0 m \beta n z_0$ par le lacet $(a_2)_{-1}$, $z_0 n \gamma p z_0$ par le lacet $(a_3)_{-1}$, et $z_0 p z$ est un chemin direct allant de z_0 à z.

Nous terminerons ces généralités par la remarque suivante. La racine u_i, qui se réduit à α_i pour $z = z_0$, est developpable par la formule de Taylor dans le voisinage de ce point; quel est le rayon de convergence de cette série? Ce rayon est égal à la distance du point z_0 au point critique le plus voisin où la racine considérée

Fig. 43.

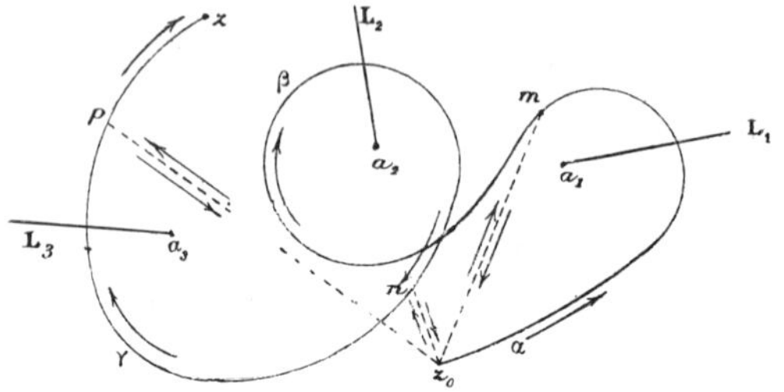

devient infinie ou se permute avec une autre. Mais le cercle de convergence de cette série peut contenir des points où les racines, autre que u_i, se permutent ou deviennent infinies.

87. Dans ce qui précède, nous avons établi *a priori* l'existence des systèmes circulaires et la forme des développements en séries des racines. Il nous reste à montrer comment on peut obtenir ces systèmes circulaires. Les valeurs de z, pour lesquelles l'équation $F(z, u) = 0$ admet des racines multiples, s'obtiennent en éliminant u entre les deux équations $F = 0$, $\frac{\partial F}{\partial u} = 0$. Soit $z = a$ une valeur de z pour laquelle l'équation $F(z, u) = 0$ admet une racine b d'ordre n. En général, $\frac{\partial F}{\partial z}$ ne sera pas nul pour $z = a$, $u = b$. En langage géométrique, cela signifie que le point de coordonnées (a, b) de la courbe qui a pour équation $F(z, u) = 0$ est un point simple où la tangente est parallèle à l'axe des u. Mais, si l'on a en même temps $\frac{\partial F}{\partial z} = 0$, le point (a, b) est un point multiple de cette courbe. En définitive, *les points critiques de la fonction algébrique u de z correspondent : 1° aux points de la courbe où la tangente est parallèle à l'axe des u ; 2° aux points multiples*. Nous laissons de côté pour le moment les points à l'infini; leur étude se ramène, comme on l'a vu, à celle des points à distance finie.

Supposons d'abord que, pour $z = a$, on ait une racine b d'ordre n, et que $\frac{\partial F}{\partial z}$ ne soit pas nul pour $z = a$, $u = b$. En remplaçant z par $z + a$ et u par $u + b$, ce qui revient à transporter l'origine au point (a, b), $F(z, u)$ sera de la forme

$$(6) \qquad F = Az + Bu^n + uz\varphi(z, u) + \psi(z, u) = 0,$$

$\psi(z, u)$ ne contenant que des termes de degré supérieur à n par rapport à u et du second degré au moins par rapport à z; A et B sont des constantes différentes de zéro. Pour $z = 0$, on a n racines nulles et n seulement, c'est-à-dire que l'axe des u rencontre la courbe en n points confondus à l'origine, qui sera un point ordinaire si $n = 2$, et un point d'inflexion si n est supérieur à 2.

Si l'on pose

$$z = z'^n, \qquad u = vz',$$

l'équation (6), divisée par z'^n, devient

$$(7) \qquad A + Bv^n + z'\Pi(z', v) = 0.$$

Pour $z' = 0$, l'équation (7) admet n racines simples fournies par l'équation binome

$$A + Bv^n = 0.$$

Soient

$$v_1, \quad v_2, \quad \ldots, \quad v_n$$

ces n racines rangées par ordre d'argument croissant, l'argument de chacune de ces racines étant égal à celui de la précédente, augmenté de $\frac{2\pi}{n}$. Pour une valeur de z' voisine de zéro, l'équation (7) admettra n racines qui seront des fonctions régulières de z' dans le domaine de l'origine et se réduisant respectivement à $v_1, v_2, \ldots, v_n$ pour $z' = 0$. Ces n racines pourront être représentées par

$$v_1 + \alpha_1, \quad v_2 + \alpha_2, \quad \ldots, \quad v_n + \alpha_n,$$

$\alpha_1, \alpha_2, \ldots, \alpha_n$ étant des fonctions régulières de z', qui sont nulles pour $z' = 0$. L'équation (6) admettra les n racines

$$u_1 = (v_1 + \alpha_1)z^{\frac{1}{n}}, \qquad u_2 = (v_2 + \alpha_2)z^{\frac{1}{n}}, \qquad \ldots, \qquad u_n = (v_n + \alpha_n)z^{\frac{1}{n}};$$

pour savoir comment se permutent ces racines dans le domaine de l'origine, faisons décrire à la variable un petit cercle dans le sens direct autour de l'origine; l'argument de $z^{\frac{1}{n}}$ augmente de $\frac{2\pi}{n}$; le produit $v_1 z^{\frac{1}{n}}$ devient donc $v_2 z^{\frac{1}{n}}$ et la racine u_1 se change en

$$(u_1)' = v_2 z^{\frac{1}{n}} + \alpha'_1 z^{\frac{1}{n}},$$

α'_1 étant infiniment petit avec z, car c'est, au facteur $e^{\frac{2\pi i}{n}}$ près, ce que devient la quantité α_1 quand on augmente l'argument de z' de $\frac{2\pi}{n}$. Cette racine doit faire partie de n racines $u_1, u_2, \ldots, u_n$. *Elle ne peut être égale qu'à* u_2, car si elle était égale à u_3, par exemple, on aurait

$$v_2 z^{\frac{1}{n}} + \alpha'_1 z^{\frac{1}{n}} = v_3 z^{\frac{1}{n}} + \alpha_3 z^{\frac{1}{n}}.$$

et, en divisant par $z^{\frac{1}{n}}$,

$$v_2 - v_3 = \alpha_3 - \alpha'_1,$$

de sorte que la quantité finie $v_2 - v_3$ serait égale à une quantité infiniment petite. On verrait de même que, après que z a décrit un petit cercle dans le sens direct autour de l'origine, u_2 se change en u_3, u_3 en $u_4, \ldots, u_n$ en u_1. Les n racines forment donc un seul système circulaire.

Ces n racines peuvent être représentées par un même développement en série. La racine de l'équation (7), qui se réduit à v_1 pour $z' = 0$, est régulière dans le voisinage de $z' = 0$; elle peut donc être représentée par la somme d'une série convergente telle que

$$v_1 + a_1 z' + a_2 z'^2 + \ldots;$$

la racine correspondante u_1 de l'équation (6) sera égale à la somme de la série

$$v_1 z^{\frac{1}{n}} + a_1 \left(z^{\frac{1}{n}}\right)^2 + a_2 \left(z^{\frac{1}{n}}\right)^3 + \ldots.$$

Or, quand z tourne autour de l'origine, cette série prend n valeurs distinctes que l'on obtient en donnant à $z^{\frac{1}{n}}$ ses n déterminations; et, d'après ce que nous venons de voir, ces n valeurs représentent les n racines de l'équation (6), qui s'annulent avec z.

88. Supposons maintenant que le point (a, b) soit un point multiple de la courbe $F(z, u) = 0$; nous porterons encore l'origine en ce point. Avant d'aborder le cas général, nous étudierons deux cas particuliers très simples :

1° L'origine est un point double à tangentes distinctes, et aucune des tangentes ne coïncide avec l'axe des u. Si l'on ordonne $F(z, u)$ suivant les puissances croissantes de u et de z, on aura l'équation

$$(8) \quad F(z, u) = au^2 + 2buz + cz^2 + \varphi(z, u) = 0 \qquad (a \neq 0,\ b^2 - ac \neq 0),$$

$\varphi(z, u)$ ne contenant que des termes de degré supérieur au second. Pour $z = 0$, deux valeurs de u sont nulles; posons $u = vz$, l'équation (8) devient, en divisant par z^2,

$$(9) \qquad av^2 + 2bv + c + z\,\psi(z, v) = 0,$$

et la nouvelle équation admet, pour $z = 0$, deux racines simples v_1, v_2. Dans le domaine de l'origine, l'équation (9) admet par conséquent deux racines qui sont des fonctions régulières de z,

$$v' = v_1 + \alpha_1 z + \beta_1 z^2 + \ldots,$$
$$v'' = v_2 + \alpha_2 z + \beta_2 z^2 + \ldots.$$

Les valeurs correspondantes de u sont représentées par deux séries convergentes

$$u_1 = v_1 z + \alpha_1 z^2 + \beta_1 z^3 + \ldots.$$
$$u_2 = v_2 z + \alpha_2 z^2 + \beta_2 z^3 + \ldots.$$

Chacune de ces racines est donc régulière dans le domaine du point $z = 0$.

2° L'origine est un point de rebroussement, et la droite $u = 0$ est la tangente de rebroussement. L'équation proposée est de la forme

$$(10) \qquad F(z, u) = u^2 + au^3 + bu^2 z + cuz^2 + dz^3 + \varphi(z, u) = 0,$$

$\varphi(z, u)$ ne contenant que des termes d'un degré supérieur au troisième. Si l'on pose

$$z = z'^2, \qquad u = vz'^3,$$

et qu'on divise par z'^6, l'équation devient

$$(11) \qquad v^2 + d + z'\,\psi(z', v) = 0.$$

Supposons que d n'est pas nul, ce qui aura lieu si l'origine est un point de rebroussement de première espèce. Pour $z'=0$, l'équation (11) admet deux racines simples $\pm\sqrt{-d}$; pour z' voisin de zéro, on aura deux valeurs de v régulières dans le domaine de l'origine et se réduisant respectivement à $\pm\sqrt{-d}$ pour $z'=0$. On en conclura, comme plus haut, l'existence de deux valeurs de u, racines de l'équation (10),

$$u_1=(\sqrt{-d}+\alpha_1)z^{\frac{3}{2}}, \qquad u_2=(-\sqrt{-d}+\alpha_2)z^{\frac{3}{2}},$$

se permutant quand on décrit un petit cercle autour du point $z=0$. Ces deux racines sont encore représentées par un même développement en série

$$u=\sqrt{-d}\,z^{\frac{3}{2}}+\alpha z^2+\beta\left(z^{\frac{1}{2}}\right)^5+\ldots,$$

dans lequel on donne à $z^{\frac{1}{n}}$ ses deux déterminations.

89. Après ces cas particuliers, arrivons au cas général, où l'origine est un point multiple d'ordre quelconque. L'équation en u ayant n racines nulles pour $z=0$ doit contenir un terme de la forme Au^n, où A est une constante non nulle, suivi de termes parmi lesquels ceux qui ne renferment pas z contiennent u à des puissances supérieures à n. Elle est donc de la forme

$$F(z, u)=A\,u^n+\Sigma\,A_{\alpha\beta}\,u^\alpha z^\beta=0, \tag{12}$$

les exposants α et β étant des entiers positifs ou nuls assujettis à la condition que, si β est nul, α est supérieur à n. Alors, pour $z=0$, il y a bien n racines nulles. Nous emploierons, pour partager ces n racines en systèmes circulaires, la méthode donnée par Puiseux dans son célèbre *Mémoire sur les fonctions algébriques* (1). Admettons que chacune des valeurs infiniment petites de u est d'un degré infinitésimal déterminé par rapport à z, ou peut être mise sous la forme

$$u=vz^\mu,$$

μ étant un nombre positif et v une fonction de z qui a une valeur

(1) *Journal de Mathématiques pures et appliquées*, t. XV: 1850.

finie et différente de zéro pour $z=0$. Remplaçons u par cette expression dans l'équation (12), le degré infinitésimal du terme général est $\alpha\mu+\beta$ et celui du premier $n\mu$, expression qu'on peut faire rentrer dans $\alpha\mu+\beta$ en faisant pour le premier terme $\alpha=n$, $\beta=0$. Soit m le degré du terme qui a le plus petit degré, après cette substitution. Il y aura au moins deux termes de degré m, car, s'il n'y en avait qu'un, en divisant par z^m, on aurait une quantité finie qui serait égale à une quantité infiniment petite. Il faudra donc qu'il y ait au moins deux termes

$$A_{\alpha\beta}u^{\alpha}z^{\beta}, \quad A_{\alpha'\beta'}u^{\alpha'}z^{\beta'},$$

parmi lesquels peut se trouver le premier, tels que

$$\mu\alpha+\beta=\mu\alpha'+\beta',$$

et tels que, pour tout autre terme $A_{\alpha''\beta''}u^{\alpha''}z^{\beta''}$, on ait

$$\mu\alpha''+\beta''\geqq\mu\alpha+\beta.$$

Pour trouver les valeurs de μ qui remplissent cette condition, on se sert d'une représentation géométrique dont le principe est dû à Newton. Traçons dans un plan deux axes de coordonnées rectangulaires $O\alpha$, $O\beta$ et marquons les points qui ont pour coordonnées les exposants (α, β) des différents termes de l'équation (12). Au terme indépendant de z correspondent les points de

Fig. 44.

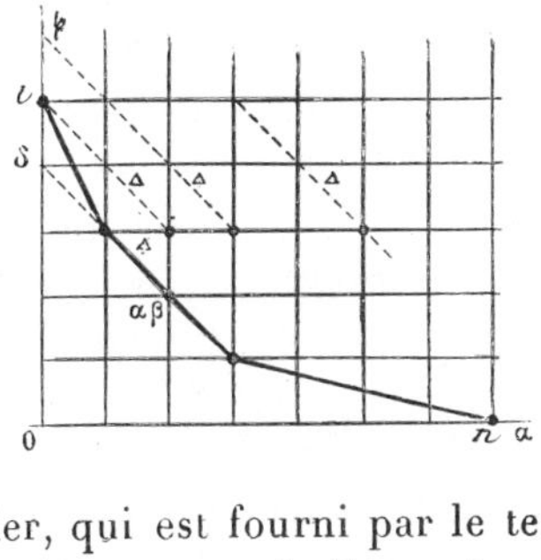

l'axe $O\alpha$; le premier, qui est fourni par le terme Au^n, est d'abscisse n. De même, les termes de l'équation indépendants de u donnent des points sur l'axe $O\beta$ (*fig.* 44).

Ces différents points étant marqués dans le plan, pour avoir le degré $\mu\alpha+\beta$ en z qu'acquiert un terme $A_{\alpha\beta}u^{\alpha}z^{\beta}$ par la substitution $u = vz^{\mu}$, il suffit de mener par le point de coordonnées (α, β) une droite Δ de coefficient angulaire $-\mu$

$$y - \beta = -\mu(x - \alpha)$$

et de prendre l'ordonnée à l'origine $O\delta$ de cette droite : cette ordonnée est, en effet, $\mu\alpha + \beta$. Donc, si par tous les points marqués dans le plan $\alpha O \beta$, on mène les droites Δ parallèles ayant pour coefficient angulaire $-\mu$, les ordonnées à l'origine de ces droites donneront les degrés que prennent par la substitution $u = vz^{\mu}$ les divers termes de l'équation. Le terme de plus petit degré en z correspond au point (α, β) situé sur la droite D dont l'ordonnée à l'origine est la plus petite; comme il doit y avoir au moins deux termes ayant le plus petit degré, il faut déterminer μ de façon qu'il y ait au moins deux des points (α, β) sur celle des droites D de coefficient angulaire $-\mu$ ayant la plus petite ordonnée à l'origine. Le nombre $-\mu$ est donc le coefficient angulaire d'une droite joignant au moins deux des points (α, β), et laissant tous les autres au-dessus d'elle. Voici comment on détermine toutes les droites possédant cette propriété.

Concevons une droite mobile d'abord couchée sur $O\alpha$. Faisons-la tourner de gauche à droite autour du point d'abscisse n sur $O\alpha$, jusqu'à ce qu'elle vienne rencontrer un ou plusieurs autres points; faisons-la ensuite tourner, toujours dans le même sens, autour du dernier de ces points, jusqu'à ce qu'elle vienne à rencontrer de nouveaux sommets du réseau, et ainsi de suite, jusqu'à ce qu'on obtienne une droite passant par le premier sommet du réseau l situé sur $O\beta$. On a ainsi formé une ligne polygonale, allant du point n au point l, dont tous les sommets sont des points du réseau, et telle que, si l'on prolonge un quelconque de ses côtés, on laisse tous les autres sommets du réseau au-dessus de ce côté.

Le coefficient angulaire de chaque côté de cette ligne polygonale, changé de signe, fournit une valeur convenable de μ. Soient (α, β) et $\alpha', \beta')$ les coordonnées de deux sommets du réseau situés sur un même côté, de coefficient angulaire $-\mu$. La droite, à laquelle appartient ce côté, a pour équation

$$y - \beta = -\mu(x - \alpha),$$

et le point où elle rencontre $O\beta$ a pour ordonnée $\beta + \mu\alpha$. Il est clair que l'on aura

$$\beta + \mu\alpha = \beta' + \mu\alpha',$$

tandis que, pour un sommet du réseau (α'', β'') situé au-dessus du côté considéré, on a

$$\beta'' + \mu\alpha'' > \beta + \mu\alpha.$$

Cela posé, considérons un côté C_i de la ligne polygonale allant du sommet (α_i, β_i) au sommet $(\alpha_{i+1}, \beta_{i+1})$, et soient (α,β) un point quelconque du réseau situé sur C_i, et (α', β') un point quelconque du réseau situé au-dessus de C_i. L'équation proposée pourra s'écrire

$$(13)\qquad \begin{aligned} F(z, u) = {} & A_{\alpha_i\beta_i} u^{\alpha_i} z^{\beta_i} + \Sigma A_{\alpha\beta} u^{\alpha} z^{\beta} \\ & + A_{\alpha_{i+1}\beta_{i+1}} u^{\alpha_{i+1}} z^{\beta_{i+1}} + \Sigma A_{\alpha'\beta'} u^{\alpha'} z^{\beta'} = 0. \end{aligned}$$

Soit μ le coefficient angulaire changé de signe du côté C_i; on aura

$$\alpha_i\mu + \beta_i = \alpha\mu + \beta = \alpha_{i+1}\mu + \beta_{i+1}, \qquad \alpha'\mu + \beta' > \alpha_i\mu + \beta_i;$$

on tire de là

$$\mu = \frac{\beta - \beta_i}{\alpha_i - \alpha} = \frac{\beta_{i+1} - \beta_i}{\alpha_i - \alpha_{i+1}} = \frac{q}{p}.$$

La fraction $\frac{q}{p}$ étant supposée irréductible, on a

$$\begin{aligned} \beta - \beta_i &= kq, & \beta_{i+1} - \beta_i &= k_1 q, \\ \alpha_i - \alpha &= kp, & \alpha_i - \alpha_{i+1} &= k_i p, \end{aligned}$$

k et k_i étant des nombres entiers. Posons, dans l'équation (13),

$$z = z'^p, \qquad u = v z'^q;$$

elle devient

$$\begin{aligned} F_1(z', v) = {} & A_{\alpha_i\beta_i} v^{\alpha_i} z'^{q\alpha_i + p\beta_i} + \Sigma A_{\alpha\beta} v^{\alpha} z'^{q\alpha + p\beta} \\ & + A_{\alpha_{i+1}\beta_{i+1}} v^{\alpha_{i+1}} z'^{q\alpha_{i+1} + p\beta_{i+1}} + \Sigma A_{\alpha'\beta'} v^{\alpha'} z'^{q\alpha' + p\beta'} = 0; \end{aligned}$$

mais on tire des relations écrites plus haut

$$\begin{gathered} q\alpha_i + p\beta_i = q\alpha + p\beta = q\alpha_{i+1} + p\beta_{i+1}, \\ q\alpha' + p\beta' > q\alpha_i + p\beta_i, \end{gathered}$$

et, en divisant par $z'^{q\alpha_i + p\beta_i}$, l'équation devient

$$(14)\qquad v^{\alpha_{i+1}} \Phi(v) + z' \Psi(z', v) = 0,$$

$\Psi(z', v)$ étant une fonction entière de v et de z', et $\Phi(v)$ désignant le polynome

$$\Phi(v) = A_{\alpha_i\beta_i} v^{\alpha_i - \alpha_{i+1}} + \Sigma A_{\alpha\beta} v^{\alpha - \alpha_{i+1}} + A_{\alpha_{i+1}\beta_{i+1}}.$$

Pour $z' = 0$, cette équation se réduit à

$$v^{\alpha_{i+1}} \Phi(v) = 0;$$

elle admet $\alpha_i - \alpha_{i+1}$ racines finies et différentes de zéro; pour une valeur de z' voisine de zéro, elle admettra donc $\alpha_i - \alpha_{i+1}$ racines respectivement voisines des précédentes et, par conséquent, l'équation en u aura le même nombre de racines de la forme $vz^{\frac{q}{p}}$, la quantité v tendant vers une limite différente de zéro lorsque z tend vers zéro. Le côté C_i de la ligne polygonale fournit donc $(\alpha_i - \alpha_{i+1})$ racines d'un même degré infinitésimal $\frac{q}{p}$. En opérant de même avec chaque côté, nous obtiendrons un nombre total de racines

$$(n - \alpha_1) + (\alpha_1 - \alpha_2) + \ldots + (\alpha_n - 0) = n.$$

On retrouve ainsi les n racines de l'équation (12) voisines de zéro. Chacune de ces racines est donc bien d'un degré infinitésimal déterminé, et de plus ce degré est commensurable.

Considérons maintenant en particulier les racines du degré infinitésimal $\frac{q}{p}$, qui sont fournies par l'équation $\Phi(v) = 0$. Dans le polynome $\Phi(v)$, tous les exposants sont des multiples de p; ainsi

$$\alpha_i - \alpha_{i+1} = k_i p, \qquad \alpha - \alpha_{i+1} = (k_i - k)p.$$

Si l'on pose $v^p = \lambda$, l'équation $\Phi(v) = 0$ est remplacée par l'équation

$$(15) \qquad \Pi(\lambda) = A_{\alpha_i\beta_i} \lambda^{k_i} + \Sigma A_{\alpha\beta} \lambda^{k_i - k} + A_{\alpha_{i+1}\beta_{i+1}} = 0.$$

Soient λ une racine simple de l'équation (15) et

$$v_1, \quad v_2, \quad \ldots, \quad v_p$$

les p racines de l'équation $v^p = \lambda$, rangées dans un ordre tel que les arguments forment une progression arithmétique de raison $\frac{2q\pi}{p}$. Ces racines sont racines simples de l'équation $\Phi(v) = 0$; par conséquent, pour une valeur de z' voisine de zéro, l'équation (14) aura p racines voisines des précédentes, qui seront régulières dans le voisinage de $z' = 0$. Soient

$$v_1 + \alpha_1, \quad v_2 + \alpha_2, \quad \ldots, \quad v_p + \alpha_p$$

ces p racines, $\alpha_1, \alpha_2, \ldots, \alpha_p$ étant infiniment petits avec z'.

L'équation (13) admettra les p racines

$$(v_1 + \alpha_1) z^{\frac{q}{p}}, \quad (v_2 + \alpha_2) z^{\frac{q}{p}}, \quad \ldots, \quad (v_p + \alpha_p) z^{\frac{q}{p}},$$

et l'on verra, comme plus haut (§ 87), que ces p racines se permutent circulairement autour de l'origine. Supposons que la racine de l'équation (14), qui se réduit à v_1, soit développée suivant les puissances croissantes de z'

$$v = v_1 + a z' + b z'^2 + \ldots;$$

la formule

$$u = v_1 \left(z^{\frac{1}{p}}\right)^q + a \left(z^{\frac{1}{p}}\right)^{q+1} + b \left(z^{\frac{1}{p}}\right)^{q+2} + \ldots,$$

où l'on attribue successivement à $z^{\frac{1}{p}}$ ses p déterminations, représente les p valeurs de u, qui se permutent circulairement. Ainsi, *à toute racine simple de l'équation* (15) *correspond un système circulaire de p racines.*

Si l'équation (15) a k_i racines simples, le côté C_i de la ligne polygonale nous fournira k_i systèmes circulaires de p racines. S'il en est de même de toutes les équations analogues pour les autres côtés, la séparation des racines en systèmes circulaires sera effectuée dès la première approximation.

Supposons maintenant que l'équation (15) ait une racine multiple λ d'ordre n', et soit v_1 une racine de l'équation $v^p = \lambda$; v_1 sera une racine multiple d'ordre n' de l'équation $\Phi(v) = 0$. Lorsque z' tendra vers zéro, l'équation (14) admettra n' racines voisines de v_1. Pour séparer ces n' racines, nous poserons $v = v_1 + v'$, ce qui nous conduit à une nouvelle équation

$$(16) \qquad F'(z', v') = 0,$$

ayant n' racines infiniment petites avec z'. Appliquons à cette nouvelle équation la méthode précédente, et supposons que ces n' valeurs de v' se répartissent en systèmes circulaires dès la première approximation. Soit

$$v' = w_1\left(z'^{\frac{1}{p'}}\right)^{q'} + a\left(z'^{\frac{1}{p'}}\right)^{q'+1} + \ldots$$

un de ces systèmes circulaires de p' racines. L'équation en u admettra la racine

$$u = z'^q(v_1 + v') = z'^q\left[v_1 + w_1\left(z'^{\frac{1}{p'}}\right)^{q'} + \ldots\right]$$

ou

$$u = v_1\left(z^{\frac{1}{pp'}}\right)^{qp'} + w_1\left(z^{\frac{1}{pp'}}\right)^{qp'+q} + \ldots.$$

On a dans le second membre un développement suivant les puissances croissantes de $z^{\frac{1}{pp'}}$, dans lequel les trois nombres qp', pp', $q' + qp'$ sont premiers entre eux. Ce développement prend pp' valeurs différentes quand la variable z tourne autour de l'origine; il représente donc un système circulaire de pp' racines de l'équation en u. En effet, lorsque la variable z tourne autour de l'origine, le radical $z^{\frac{1}{pp'}}$ prend pp' valeurs différentes. Après p tours, le premier terme se reproduit, mais l'argument du second augmente de $\frac{2q'}{p'}\pi$; ainsi les p premières racines diffèrent par le premier terme, qui est la partie principale. Ensuite, de p en p, les valeurs obtenues diffèrent par le second terme. On a donc bien pp' valeurs différentes pour u.

90. Si les n' racines de l'équation (16) ne peuvent se répartir en systèmes circulaires dès la première approximation, on opérera sur cette nouvelle équation comme on a opéré sur l'équation (13), et ainsi de suite. Au bout d'un certain nombre de transformations successives, on arrivera à des équations n'ayant plus que des racines simples, et, en remontant de proche en proche, on voit que la séparation des racines de l'équation proposée en systèmes circulaires sera effectuée. Il ne pourrait en être autrement que si la suite des opérations conduisait toujours à des équations ayant des racines multiples. Il nous suffira donc de montrer que cette circonstance ne peut se présenter.

L'équation (13) admet une racine nulle d'ordre n pour $z = 0$, et l'équation (16) admet une racine nulle d'ordre n' pour $z' = 0$.

Or n' est au plus égal à $\alpha_i - \alpha_{i+1}$, et par suite au plus égal à n. Si la séparation des racines de l'équation (16) n'est pas effectuée dès la première approximation, on en déduira une nouvelle équation ayant une racine nulle d'ordre n'' pour $z'' = 0$, et n'' sera inférieur ou égal à n'; et ainsi de suite. On aura donc une suite de nombres entiers positifs $n, n', n'', \ldots$ n'allant jamais en croissant. Si aucun des nombres de cette suite n'est égal à l'unité, il faudra évidemment qu'à partir d'une certaine équation tous ces nombres soient égaux. Supposons, pour fixer les idées, que cela ait lieu dès la première équation. Comme n' est au plus égal à $\alpha_i - \alpha_{i+1}$, il faudra qu'on ait

$$\alpha_i - \alpha_{i+1} = n, \qquad p = 1,$$

$$\alpha_i = n, \qquad \alpha_{i+1} = 0, \qquad \beta_i = 0, \qquad \beta_{i+1} = nq,$$

et la ligne polygonale se réduira à un seul côté, allant d'un point n sur l'axe $O\alpha$ à un point nq sur l'axe $O\beta$. Si l'on pose dans l'équation (13) $u = vz^q$, elle devient, par hypothèse,

$$A(v - v_0)^n + z\Psi(z, v) = 0$$

et, par suite, les n racines infiniment petites ont une même valeur approchée

$$v_0 z^q.$$

Posons ensuite $v = v_0 + v'$, l'équation en v' aura n racines nulles pour $z = 0$ et si l'on écrit $v' = wz^{q'}$, q' étant choisi convenablement, elle devient, d'après l'hypothèse,

$$B(w - w_0)^n + z\Psi_1(z, v') = 0,$$

et les n valeurs de u auront encore même valeur approchée

$$u = v_0 z^q + w_0 z^{q+q'}.$$

En continuant ainsi, on voit que les n valeurs infiniment petites de u différeraient entre elles d'une quantité dont l'ordre infinitésimal serait aussi élevé qu'on le voudrait; ce qui est impossible si l'équation est irréductible, et, par conséquent, n'admet pas de racines égales pour toute valeur de z. Imaginons, en effet, que l'on forme l'équation aux carrés des différences des racines de l'équation proposée; on aura une équation de même nature que la première, dont les racines nulles pour $z = 0$ seront d'un ordre infinitésimal déterminé.

En définitive, lorsque pour $z = a$ l'équation (2) admet n racines égales à b, les n valeurs de u qui tendent vers b, lorsque z tend vers a, sont représentées dans le domaine du point $z = a$ par un ou plusieurs développements de la forme suivante

$$u = b + \alpha_1(z - a)^{\frac{q_1}{p}} + \alpha_2(z - a)^{\frac{q_2}{p}} + \ldots + \alpha_i(z - a)^{\frac{q_i}{p}} + \ldots,$$

où l'on attribue successivement à $(z - a)^{\frac{1}{p}}$ ses p déterminations, et où l'on prend la même détermination dans chacun des termes. Quelques-uns des nombres entiers positifs $q_1, q_2, \ldots, q_i$ peuvent avoir des diviseurs communs avec p, mais il ne pourra pas arriver que tous les nombres q_i aient avec p un autre diviseur commun que l'unité, de sorte que le second membre aura bien p valeurs distinctes.

Si l'on a un seul système circulaire de n racines, le point $z = a$ est dit un point de ramification d'ordre $n - 1$; pour $n = 2$, on dit aussi que c'est un point de ramification simple. Si l'on a plusieurs systèmes circulaires, au point $z = a$ sont superposés plusieurs points de ramification distincts.

91. *Exemple I.* — Considérons l'équation (¹)

$$u^3 - 3u + 2z = 0.$$

Pour $z = +1$, on a deux racines égales à $+1$, qui forment un système circulaire, et une racine simple égale à -2; de même, pour $z = -1$, on a une racine simple égale à 2 et deux racines égales à -1, qui forment un système circulaire. Pour toute autre

Fig. 45.

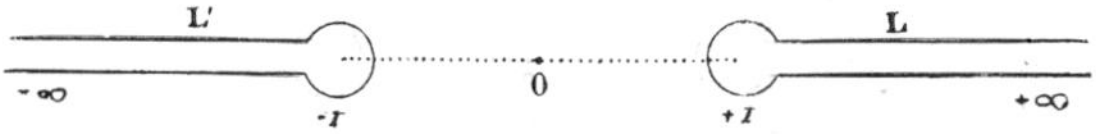

valeur finie de z, les trois racines de l'équation sont distinctes et finies. Traçons dans le plan des z deux coupures indéfinies suivant les lignes $1 \text{———} +\infty$, $-1 \text{———} -\infty$; les trois racines deviennent des fonctions uniformes dans toute l'étendue du plan. Appelons u_0, u_1, u_2 ces trois racines, qui se réduisent respecti-

(¹) Briot et Bouquet, *Fonctions elliptiques*, p. 57.

vement à o, $+\sqrt{3}$, $-\sqrt{3}$ pour $z = 0$. Si l'on *construit* la courbe représentée par l'équation précédente, on reconnaît que, z croissant de o à $+1$ par valeurs réelles, u_0 croît de o à $+1$, u_1 décroît de $\sqrt{3}$ à $+1$ et u_2 décroît de $-\sqrt{3}$ à -2. Par conséquent, quand on franchit la coupure L, on passe de u_0 à u_1, de u_1 à u_0, mais u_2 ne change pas. De même, quand on franchit la coupure L', u_0 et u_2 se permutent, tandis que u_1 ne change pas. Si l'on décrit de l'origine comme centre un cercle de rayon supérieur à l'unité, on revient à la valeur initiale après avoir décrit trois fois la circonférence et rencontré les trois racines. Ces racines forment donc un seul système circulaire dans le domaine du point $z = \infty$; ce qu'on vérifie aisément par la méthode générale.

Exemple II. — Soit l'équation [1]

$$u^3 - 3u^2 + z^6 = 0.$$

Pour $z = 0$, on a la racine simple $u = 3$ et deux racines nulles. Si l'on pose $u = vz^3$, l'équation devient

$$3v^2 - 1 - v^3 z^3 = 0;$$

pour $z = 0$ elle admet deux racines simples $\frac{1}{\sqrt{3}}$, $\frac{-1}{\sqrt{3}}$. Les valeurs de u qui tendent vers zéro avec z sont par conséquent régulières dans le domaine de l'origine et ont pour premier terme de leur développement

$$u_1 = \frac{z^3}{\sqrt{3}} + \ldots, \qquad u_2 = -\frac{z^3}{\sqrt{3}} + \ldots.$$

Nous désignerons par u_0 la racine qui se réduit à 3 pour $z = 0$. Pour chacune des six valeurs de z données par l'équation $z^6 = 4$, on a une racine simple $u = -1$ et une racine double $u = 2$, et les deux racines qui tendent vers 2 se permutent autour du point critique. A partir de chacun de ces points de ramification, traçons une coupure indéfinie suivant le prolongement du rayon joignant ce point à l'origine; les trois racines deviennent des fonctions uniformes dans toute l'étendue du plan (*fig.* 46).

Pour voir comment se comportent les racines quand on franchit

---

(1) BRIOT et BOUQUET, *loc. cit.*, p. 59.

les coupures, il suffit de construire la courbe qui représente l'ensemble des solutions réelles de l'équation

$$u^3 - 3u^2 + t^2 = 0;$$

on reconnaît aussitôt que, lorsque t croît de 0 à 2 par valeurs réelles, les trois valeurs de u vont respectivement des valeurs ini-

Fig. 46.

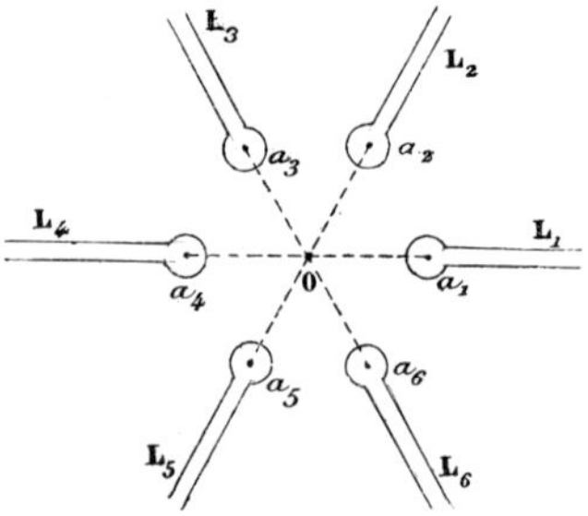

tiales u_0, u_1, u_2 aux valeurs finales 2, 2, -1. Donc, lorsque z décrit une des lignes Oa_1, Oa_3, Oa_5, les trois racines u_0, u_1, u_2 tendent vers les valeurs 2, 2, -1; par suite, quand on franchit une coupure d'indice impair, on va de la racine u_0 à la racine u_1, de u_1 à u_0, mais u_2 ne change pas.

De même, lorsque z décrit un des rayons Oa_2, Oa_4, Oa_6, t va de 0 à -2 par valeurs réelles, et les racines u_0, u_1, u_2 tendent respectivement vers 2, -1, 2, de sorte que, en franchissant une coupure d'indice pair, on passe de u_0 à u_2, de u_2 à u_0, mais u_1 ne change pas. Les lacets (a_2), (a_4), (a_6) unissent donc les racines u_0, u_2 et sont neutres pour la racine u_1, tandis que les lacets (a_1), (a_3), (a_5) unissent u_0 et u_1 et sont neutres pour la racine u_2. Si l'on décrit un cercle concentrique à l'origine contenant les six points de ramification, ce chemin équivaut à six lacets, et chaque racine revient à sa valeur initiale. La méthode générale montre, en effet, que le point à l'infini est neutre pour chacune des racines.

On peut faire l'étude complète des fonctions algébriques et de leurs intégrales au moyen des lacets. C'est la méthode employée exclusivement par Briot dans sa *Théorie des fonctions abé-*

liennes. Nous nous servirons, dans cet Ouvrage, du mode de représentation de Riemann [1].

92. *Surfaces de Riemann*. — A toute relation algébrique irréductible à deux variables, telle que $F(z, u) = 0$, on peut faire correspondre une surface plane à plusieurs feuillets, qui joue le même rôle que la surface à deux feuillets pour une équation du second degré en u.

Exemple I. — Considérons la relation

$$u^m = z;$$

à chaque valeur de z correspondent m valeurs de u qui se permutent circulairement quand la variable tourne autour de l'origine. Soit

$$z = \rho(\cos\theta + i\sin\theta) \qquad (0 \leqq \theta < 2\pi),$$

$$u_1 = \rho^{\frac{1}{m}}\left(\cos\frac{\theta}{m} + i\sin\frac{\theta}{m}\right),$$

$$u_2 = \rho^{\frac{1}{m}}\left(\cos\frac{\theta+2\pi}{m} + i\sin\frac{\theta+2\pi}{m}\right),$$

$$\ldots\ldots\ldots\ldots\ldots\ldots\ldots\ldots,$$

$$u_m = \rho^{\frac{1}{m}}\left[\cos\frac{\theta+2(m-1)\pi}{m} + i\sin\frac{\theta+2(m-1)\pi}{m}\right].$$

Prenons m feuillets plans limités par une circonférence de centre O et d'un rayon très grand R, et dans chacun de ces feuil-

Fig. 47.

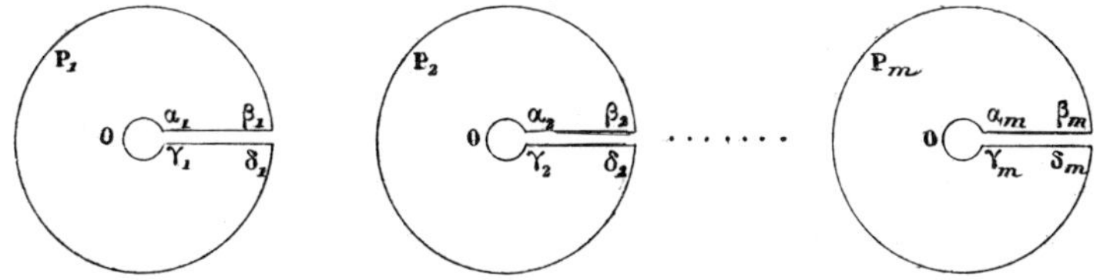

lets traçons une coupure suivant l'axe réel; si à un point z du feuillet P_k on fait correspondre la valeur u_k (*fig*. 47),

$$u_k = \rho^{\frac{1}{m}}\left\{\cos\left[\frac{\theta+2(k-1)\pi}{m}\right] + i\sin\left[\frac{\theta+2(k-1)\pi}{m}\right]\right\},$$

---

(1) Le lecteur fera de lui-même le rapprochement entre le Chapitre I et les paragraphes suivants.

on a ainsi sur ces m feuillets la représentation complète de tous les systèmes de valeurs de u et de z satisfaisant à la relation donnée $u^m = z$. Plaçons maintenant ces m feuillets les uns au-dessus des autres, les indices se succédant dans leur ordre naturel, et le feuillet P_1 étant le plus haut; puis réunissons le bord $\gamma_1\delta_1$ de P_1 au bord $\alpha_2\beta_2$ de P_2, le bord $\gamma_2\delta_2$ de P_2 au bord $\alpha_3\beta_3$ de P_3, et en général le bord $\gamma_i\delta_i$ de P_i au bord $\alpha_{i+1}\beta_{i+1}$ de P_{i+1}, puis le bord $\gamma_m\delta_m$ de P_m au bord $\alpha_1\beta_1$ de P_1 par de petites bandes de sur-

Fig. 48.

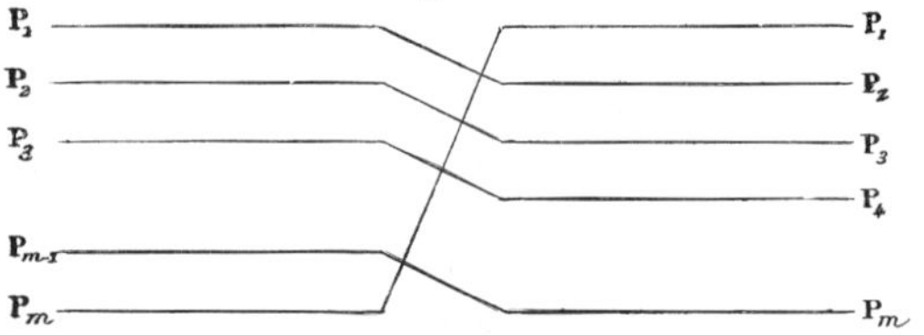

faces. On obtient ainsi une surface T à plusieurs feuillets dont la section par un plan perpendiculaire à la direction de la coupure offrira l'aspect ci-dessus (*fig.* 48).

La dernière bande de surface, celle qui joint $\gamma_m\delta_m$ et $\alpha_1\beta_1$, traverse toutes les autres, mais nous conviendrons, comme plus haut, qu'il n'y a pas de connexion entre deux nappes de la surface le long d'une ligne double, de façon que deux courbes de la surface qui se croisent en un point d'une ligne double n'ont un point commun que si elles sont tracées sur la même nappe. La fonction u de z devient alors sur la surface T ainsi obtenue une fonction jouissant des propriétés suivantes : 1° à chaque point de T correspondent une valeur de z et une valeur de u parfaitement déterminées; 2° cette valeur de u varie d'une manière continue quand on décrit un chemin quelconque sur la surface T. A chaque point d'une ligne double correspondent deux valeurs de u, que l'on distinguera d'après la nappe de surface à laquelle ce point est censé appartenir. Le raisonnement est tout pareil à celui du n° 2.

Nous avons figuré (*fig.* 49) en perspective la surface obtenue en supposant le nombre de feuillets égal à $3 (m = 3)$.

Imaginons maintenant que le rayon R augmente indéfiniment et que les m feuillets, au lieu d'être à une distance finie les uns des autres, soient à une distance infiniment petite. Nous représenterons la surface par sa projection sur un plan avec la ligne de passage o ——— + ∞, en marquant par un trait différent les chemins situés sur les différents feuillets. Ainsi, la figure 50 représente un chemin fermé entourant l'origine sur la surface à trois feuillets,

Fig. 49.

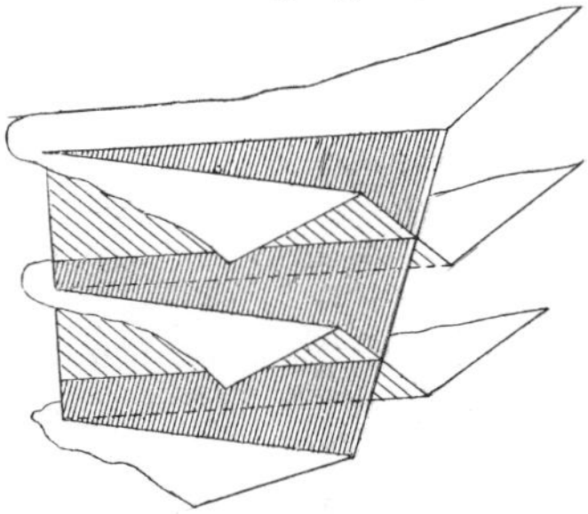

avec une ligne pleine pour les chemins sur le feuillet supérieur, une ligne formée de points sur le deuxième feuillet, de traits et points sur le troisième.

Fig. 50.

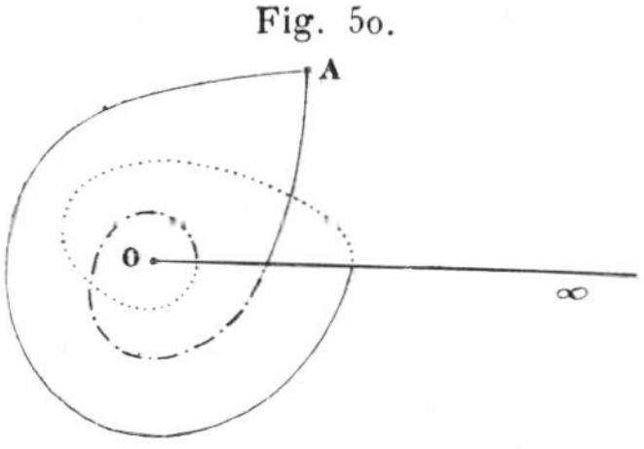

Si l'on projette sur la sphère, on aura une surface sphérique à m feuillets, avec deux points de ramification, le point O et le point O'.

Exemple II. — Reprenons l'équation étudiée plus haut

$$u^3 - 3u + 2z = 0,$$

qui admet les deux points critiques $z = \pm 1$. Considérons trois feuillets dans lesquels nous tracerons deux coupures partant des points $+1$ et -1 (*fig.* 51).

Appelons u_0, u_1, u_2 les trois valeurs de u qui se réduisent respectivement à 0, $+\sqrt{3}$, $-\sqrt{3}$ pour $z = 0$, et sur chaque point du feuillet P_i marquons la valeur correspondante de u_i. Pour former la surface de Riemann, superposons ces trois feuillets ; pour savoir comment on doit réunir les bords, reportons-nous au n° 91.

Fig. 51.

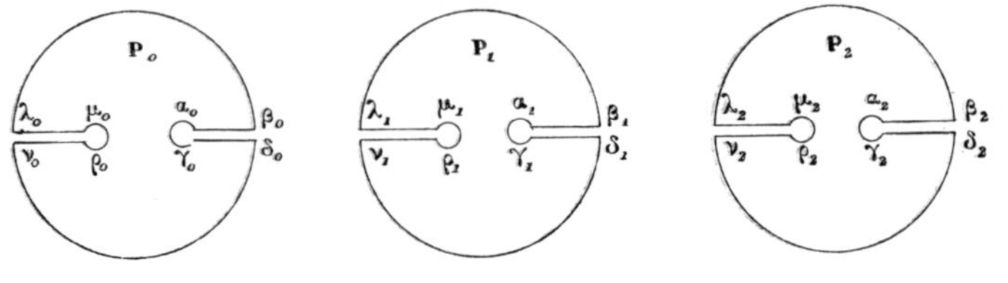

Quand on traverse la coupure L, u_0 se change en u_1, u_1 en u_0, mais u_2 ne change pas. Il faudra donc réunir $\alpha_0\beta_0$ et $\gamma_1\delta_1$, $\alpha_1\beta_1$ et $\gamma_0\delta_0$, puis $\alpha_2\beta_2$ et $\gamma_2\delta_2$. De même, il faudra réunir, le long de

Fig. 52.

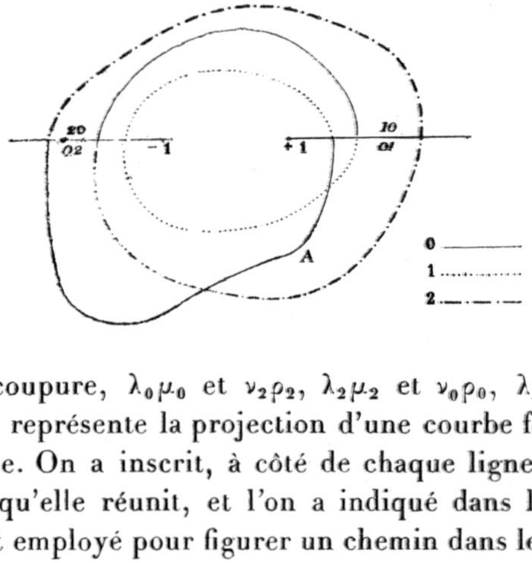

la seconde coupure, $\lambda_0\mu_0$ et $\nu_2\rho_2$, $\lambda_2\mu_2$ et $\nu_0\rho_0$, $\lambda_1\mu_1$ et $\nu_1\rho_1$. La figure 52 représente la projection d'une courbe fermée située sur la surface. On a inscrit, à côté de chaque ligne de passage, les feuillets qu'elle réunit, et l'on a indiqué dans l'angle de la figure le trait employé pour figurer un chemin dans les feuillets 0, 1 et 2.

93. Abordons maintenant le cas général. Soit $F(z, u) = 0$ une équation algébrique entière, *irréductible*, de degré m en u. On peut former de bien des manieres une surface T, composée de m feuillets superposés, correspondant à cette relation. Voici une méthode générale. Marquons dans le plan les divers points a_1, a_2, ..., a_N autour desquels plusieurs racines se permutent, et traçons à partir de ces points des coupures s'étendant jusqu'à

l'infini, de façon que ces coupures ne se croisent pas entre elles. Soit ensuite z_0 une valeur de z telle que l'équation

$$F(z_0, u) = 0$$

ait m racines distinctes et finies, $b_1, b_2, \ldots, b_m$. Appelons u_1, $u_2, \ldots, u_m$ les m racines qui se réduisent respectivement à b_1, $b_2, \ldots, b_m$ pour $z = z_0$, et qui restent des fonctions uniformes de z, tant que cette variable ne franchit aucune coupure. Imaginons m feuillets plans superposés, admettant tous les mêmes coupures allant des points a_i à l'infini. A chacun de ces feuillets attachons une valeur de u et donnons au feuillet le même indice qu'à la racine correspondante. Il s'agit de voir comment on doit réunir les bords des coupures de ces différents feuillets.

Pour cela, considérons en particulier le point critique a_i et une racine u_h. Si le lacet (a_i) ramène la racine u_h à sa valeur initiale, on supprimera la coupure $a_i\infty$ dans le feuillet correspondant. On opérera de même pour tous les feuillets correspondant à des racines que le lacet (a_i) ne permute avec aucune autre Les autres racines se partageront en un certain nombre de systèmes de racines se permutant circulairement autour du point a_i. Soit $(u_\alpha, u_\beta, \ldots, u_\lambda, u_\mu)$ un de ces groupes ; le lacet (a_i) décrit dans le sens direct change u_α en u_β, u_β en $u_\gamma, \ldots, u_\lambda$ en u_μ. Réunissons le bord droit de la coupure sur le feuillet α au bord gauche de la même coupure sur le feuillet β, le bord droit de la coupure sur le feuillet β au bord gauche de la coupure sur le feuillet $\gamma, \ldots,$ et enfin le bord droit de μ au bord gauche de α. Dans le voisinage du point a_i, les feuillets d'indice $\alpha, \beta, \ldots, \lambda, \mu$ sont ainsi liés les uns aux autres, mais ils sont complètement isolés des autres feuillets. Ils peuvent cependant les traverser, mais suivant des lignes doubles de la surface, et nous conviendrons toujours qu'il n'y a point de connexion entre deux nappes de surface le long d'une ligne double.

Opérons de même avec tous les feuillets et tous les autres points critiques. La surface T ainsi obtenue jouit des propriétés suivantes : 1° à chaque point de cette surface correspond une valeur bien déterminée de z et de u; 2° à un déplacement infiniment petit sur cette surface correspond une variation infiniment petite de u, sauf, bien entendu, dans le voisinage des pôles, qui sont en nombre fini. Cette surface T est la surface de Riemann correspondant à la relation $F(z, u) = 0$, étendue sur le plan des z. Projetons cette surface sur la sphère par le procédé déjà employé plusieurs fois (n° 5); nous obtenons une surface sphérique formée de m feuillets, qui peut remplacer la surface plane. Aux valeurs de z de module très grand correspondent les points de la sphère voisins du point O′, et la liaison des feuillets autour du point O′ résulte de leur liaison autour des autres points de ramification. Par exemple, si une racine est uniforme dans le domaine de $z = \infty$, quand on décrira un contour fermé sur la sphère autour du point O′ en partant du feuillet correspondant à cette racine, il pourra se faire qu'on traverse plusieurs feuillets différents, mais, après un tour complet, on reviendra au point de départ sur le même feuillet.

Considérons une valeur a de z pour laquelle μ valeurs de u deviennent égales à b et forment un seul système circulaire dans le voisinage de ce point. Sur la surface T, on aura un système de μ feuillets liés les uns aux autres dans le voisinage de ce point, mais séparés des autres feuillets. Ils pourront les traverser suivant des lignes doubles, mais on ne pourra pas passer par continuité d'un de ces μ feuillets à un autre différent de ceux-là, en restant dans le domaine du point a. Nous dirons que ces μ feuillets forment un cycle, et le point commun à ces μ feuillets est le sommet du

Fig 53.

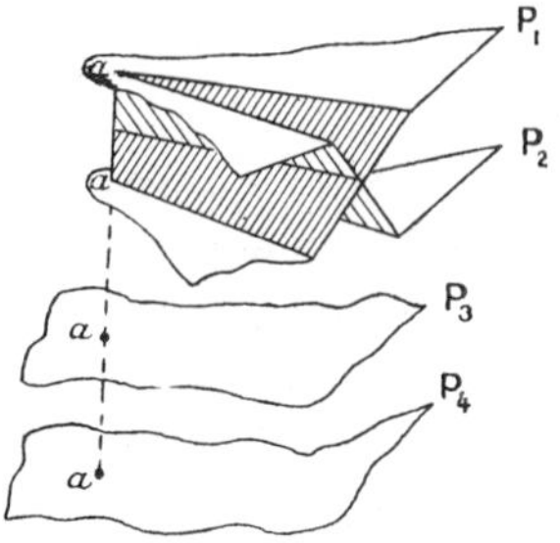

cycle; c'est un point de ramification d'ordre $\mu - 1$. Il peut se faire aussi que, pour $z = a$, on ait plusieurs systèmes circulaires de racines. Au-dessus du point $z = a$ du plan des z, on aura sur la surface T plusieurs cycles distincts dont les sommets se projettent en ce même point. Par extension, on dira quelquefois qu'un point de la surface, par lequel ne passe qu'un seul feuillet, est un point de ramification d'ordre zéro. Un même point du plan des z peut être la projection de plusieurs points de ramification d'ordre zéro et d'autres points de ramification d'ordre supérieur. A un point double (a, b) de la courbe $F(z, u) = 0$, par exemple, correspondent deux points de T par lesquels passent deux feuillets tout à faits distincts : la surface ne présente rien de particulier en ces points. La figure 53 représente quatre feuillets superposés P_1, P_2, P_3, P_4; le point a est un point de ramification d'ordre 1 pour les feuillets 1 et 2, d'ordre 0 pour les feuillets 3 et 4; ces deux derniers feuillets sont entièrement distincts au point a (*fig.* 53).

Remarque. — Quand on dit d'un point de T que ce point n'appartient qu'à un seul feuillet, on fait abstraction des lignes doubles. Pour un point pris sur une ligne double, il faut ajouter à quelle nappe le point est supposé appartenir.

94. Lorsque la fonction algébrique considérée n'a que des points de ramification simples, on peut construire la surface de Riemann suivant un procédé dû à Lüroth, qui est particulièrement intuitif et conduit à d'importantes propriétés des fonctions algébriques (¹). D'une manière précise, nous admettrons que la courbe

$$F(z, u) = 0$$

n'a que des points multiples à tangentes séparées, que tous ces points multiples sont à distance finie, que l'axe des u n'est parallèle ni aux asymptotes de F, ni aux tangentes qui passent par les points multiples, ni aux tangentes d'inflexion; en traitant au Chapitre suivant des transformations birationnelles, nous verrons que ces diverses hypothèses ne diminuent qu'en apparence la généralité; la fonction u n'a, dans ces conditions, que des points de ramification simples à distance finie correspondant aux points où la tangente à F est parallèle à l'axe des u. A partir de chacun de ces ϖ points de ramification, nous traçons comme précédemment une coupure s'étendant à l'infini et ne passant pas par les points multiples. Dans le plan ainsi coupé, chacune des branches u_1,

(¹) JORDAN, *Cours d'Analyse*, t. I, 2ᵉ édition.

$u_2, \ldots, u_m$ de la fonction u sera uniforme; mais si l'on traverse une de ces coupures, deux et deux seulement de ces branches u_i et u_k seront permutées entre elles. Pour exprimer cette propriété, nous dirons avec C. Jordan que la coupure en question a le caractère (ik).

Soient $L_1, L_2, \ldots, L_w$ les diverses coupures écrites dans l'ordre où se succèdent leurs points d'intersection avec un cercle de rayon infini, décrit dans le sens direct. La loi de permutation des branches $u_1, u_2, \ldots, u_m$ sera entièrement définie quand on connaîtra le tableau

$$T = (i_1 k_1)(i_2 k_2)\ldots(i_w k_w)$$

des caractères de ces coupures

En changeant le tracé des coupures, on pourra modifier ce tableau. Soient, en effet, L, L' deux coupures consécutives (ik), $(i'k')$ leurs caractères. Nous dirons que nous faisons *reculer* la coupure L par rapport à L' si nous lui donnons le nouveau tracé L_1

Fig. 54.

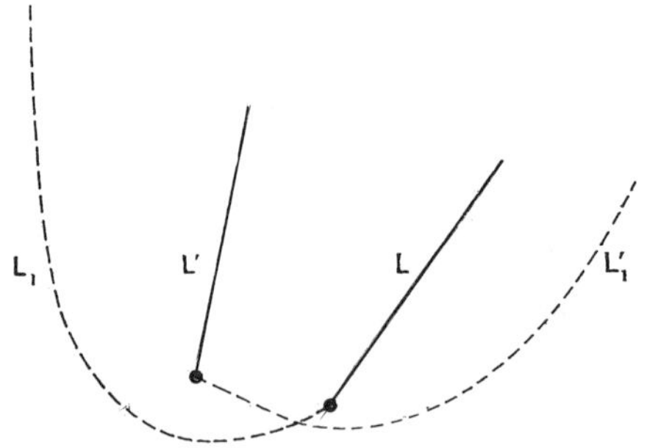

marqué en pointillé sur la figure (54). La permutation entre u_i et u_k, qui se faisait le long de L, est maintenant reportée le long de L_1. Dans la région du plan coupé comprise entre ces deux lignes, à gauche de L', les branches appelées primitivement u_i et u_k s'appelleront maintenant u_k et u_i, et les autres garderont leur dénomination. Le caractère de L' restera donc inaltéré si les couples d'indices (ik) et $(i'k')$ sont identiques ou complètement différents; mais s'ils ont un seul indice commun, $i = i'$, le caractère de L' qui était primitivement (ik') va devenir (kk').

Supposons au contraire, que L étant invariable, nous fassions *avancer* la coupure L' en lui donnant le nouveau tracé L'_1 de la figure 54; dans le secteur compris entre L' et L'_1, à droite de L', les deux branches de u, primitivement nommées u_i et $u_{k'}$, s'appelleront maintenant $u_{k'}$ et $u_{i'}$, les autres conservant leur nom.

Si i, i', k, k' sont tous distincts, ou si $i = i'$, $k = k'$, le caractère de L reste inaltéré après cette opération. Mais si $i' = i$, $k' \neq k$, le caractère de L qui était (ik) deviendra (kk').

Nous concluons de là la règle suivante : par une modification du tracé des coupures, on peut intervertir l'ordre de deux caractères consécutifs du tableau T, à condition, s'ils ont en commun un indice et un seul, de remplacer cet indice dans l'un des deux caractères (choisi à volonté) par celui qui lui est associé dans l'autre caractère.

95. Nous allons démontrer maintenant que par une suite d'opérations de ce genre, on peut ramener le tableau T à la forme canonique très simple

$$T = (12)^2 (23)^2 (34)^2 \ldots (m-1, m)^{2p+2}$$

en désignant par $(ik)^s$ le produit symbolique de s facteurs consécutifs identiques à (ik), par p un entier sur la signification duquel nous aurons maintes fois à revenir (genre de la courbe F).

Pour démontrer cette importante propriété, partageons les caractères en deux classes suivant qu'ils contiennent ou non l'indice 1; il existe nécessairement des caractères de la première classe, puisque l'équation $F = 0$ étant irréductible, on peut passer de u_1 à toute autre branche. S'il existe aussi des caractères de la seconde classe, on pourra les faire passer en queue du tableau en les permutant avec les précédents; suivant la loi indiquée à l'instant qui donnera, par exemple,

$$(34)(12) = (12)(34),$$
$$(23)(12) = (12)(13).$$

Après cette première opération, on aura

$$T = P_1 T_1,$$

P_1 étant un produit de caractères de première classe, T_1 un produit de caractères de seconde classe.

Si tous les caractères du produit P_1 ne sont pas identiqucs, il contiendra deux caractères consécutifs différents $(1i)(1k)$ dont le produit pourra être transformé en $(1k)(ki)$. Nous faisons ainsi apparaître un nouveau caractère de seconde classe (ki) que nous amènerons à la queue de P_1 pour le réunir à T_1. Nous pourrons poursuivre cette opération jusqu'à ce que P ne renferme plus que des facteurs tous identiques entre eux.

Supposons qu'on ait à ce moment

$$P_1 = (12)^{\lambda_1}, \qquad T = (12)^{\lambda_1} T_1,$$

et que m soit > 2. Si $\lambda_1 > 2$, on pourra le réduire de deux unités. En effet, pour qu'on puisse passer de l'une des branches u_1 ou u_2 à l'une des autres branches $u_3, u_4, \ldots$, il faut que T_1 renferme au moins un caractère tel que (23) qui renferme l'indice 2. Amenons-le en tête de T_1, en le permutant avec les précédents suivant la loi connue; T commencera alors par le produit $(12)^{\lambda_1}(23)$ qu'on peut transformer successivement comme il suit :

$$\begin{array}{ll} (12)^{\lambda_1-1}(23)(13), & (12)^{\lambda_1-2}(23)(13)^2, \\ (12)^{\lambda_1-2}(13)(12)(13), & (12)^{\lambda_1-2}(13)^2(23), \\ (12)^{\lambda_1-3}(23)(12)(13)(23), & (12)^{\lambda_1-3}(23)^2(12)(23), \\ (12)^{\lambda_1-3}(23)(13)(23)^2, & (12)^{\lambda_1-2}(23)^3. \end{array}$$

En répétant au besoin cette opération, on amènera λ_1 à ne pas surpasser 2.

Ceci fait, opérons sur le produit T_1 comme nous l'avons fait sur T; on pourra le mettre sous la forme

$$T_1 = (23)^{\lambda_2} T_2,$$

T_2 étant un produit de caractères où ne figure plus l'indice 2, et λ_2 étant au plus égal à 2, si $m - 1 > 2$. En continuant de la sorte, nous arriverons à l'égalité symbolique

$$T = (12)^{\lambda_1}(23)^{\lambda_2}\ldots(m-1, m)^{\lambda_{m-1}},$$

$\lambda_1, \lambda_2, \ldots, \lambda_{m-1}$ étant des entiers positifs dont le dernier seul peut surpasser 2.

Ces entiers sont pairs, car si λ_2 par exemple était impair, en décrivant un cercle de rayon infini avec la détermination initiale u_3, on obtiendrait comme valeur finale u_2; il faudrait donc, contrairement à l'hypothèse, un point de ramification à l'infini. On aura donc

$$\lambda_1 = \lambda_2 = \ldots = \lambda_{m-2} = 2,$$

nous poserons, d'autre part,

$$\lambda_{m-1} = 2p + 2.$$

96. Ceci posé, il devient facile de construire la surface de Riemann attachée à la relation $F = 0$, de sorte que les feuillets en soient réunis les uns aux autres à la manière d'une chaîne, chaque feuillet, à l'exception des deux derniers, étant réuni au suivant par une seule ligne de croisement. Nous considérons d'abord les deux coupures L et L' ayant le caractère (12), et nous les remplaçons par une coupure unique tout entière à distance finie joignant les deux points de ramification correspondants et ne traversant pas les coupures primitives. Si l'on suppose que la variable z ne traverse pas cette ligne l_1, la branche u_1 sera une fonction uniforme dans le plan ainsi coupé. En effet, un chemin fermé entourant l_1 pourra être déformé, sans traverser aucun point de ramification, de manière à traverser successivement et une seule fois L puis L', u_1 se changeant ainsi en u_2, puis de nouveau en u_1; les autres coupures L'', L''', ..., qui peuvent être rencontrées par ce contour fermé ayant des caractères qui ne renferment pas l'indice 1, u_1 revient à sa valeur initiale. Un chemin fermé qui n'entoure pas l_1 pourra être ramené à traverser d'abord L en un nombre pair de points, puis L' en un nombre pair de points, et l'on voit que u_1 reprend encore sa valeur initiale. Nous considérons donc un premier feuillet plan muni de la coupure l_1 sur lequel sont inscrits en chaque point les valeurs de u_1.

Nous considérons ensuite les deux coupures du système initial ayant le caractère (23) et les remplaçons comme tout à l'heure par une coupure unique à distance finie l_2, ne traversant pas les lignes déjà tracées et ayant pour extrémités les deux points de ramification d'où sont issues ces deux coupures. Sur le plan muni des deux coupures l_1 et l_2, la branche u_2 est uniforme; on vérifie en effet, comme plus haut, qu'un chemin fermé entourant soit l_1, soit l_2 ramène u_2 à sa valeur initiale. Cela nous amène à considérer un second feuillet plan muni des coupures l_1, l_2 que nous superposons au premier, en supposant qu'en chaque point de ce second feuillet se trouve inscrite la valeur de u_2. Nous considérons de même un troisième feuillet plan superposé aux deux précédents, muni des coupures l_2 et l_3 et sur lequel est inscrit en chaque point la valeur de u_3. Nous continuons ainsi jusqu'au feuillet de rang $m - 2$ muni des deux coupures l_{m-3} et l_{m-2} sur lequel la branche u_{m-2} est uniforme.

Nous avons ensuite à considérer les $2p + 2$ coupures $L^{(i)}$ ayant le caractère $(m - 1, m)$; nous remplaçons les deux premières par la coupure l_{m-1} joignant les deux points de ramification correspondants, les deux suivantes par la coupure l_m obtenue d'une manière analogue, ..., les deux dernières par l_{m+p-1}. Sur le plan muni des $p + 2$ coupures

$$l_{m-2},\quad l_{m-1},\quad l_m,\quad \ldots,\quad l_{m+p-1},$$

la branche u_{m-1} est uniforme; sur le plan muni des $p + 1$ coupures

$$l_{m-1},\quad l_m,\quad \ldots,\quad l_{m+p-1},$$

la branche u_m est uniforme; nous aurons ensuite à superposer aux $m - 2$ feuillets déjà construits deux feuillets de rangs $m - 1$ et m munis respectivement des deux systèmes de coupures que nous venons de désigner. Nous réunirons ensuite ces feuillets à la manière habituelle; chaque bord de la coupure l_1 du premier feuillet sera réuni au bord opposé de la coupure de même nom du second feuillet, ce qui nous donnera une ligne de croisement unique unissant les feuillets 1 et 2. Nous aurons de même une ligne de croisement l_2 unissant 2 et 3, et ainsi de suite, mais les feuillets de rang $m - 1$ et m seront réunis par $p + 1$ lignes de croisement

$$l_{m-1},\quad l_m,\quad l_{m+1},\quad \ldots,\quad l_{m+p-1}.$$

97. Il est aisé de montrer que la surface de Riemann ainsi obtenue peut être dilatée dans l'espace et déformée en un disque plan percé de p trous, suivant le procédé que nous avons déjà décrit pour les surfaces à deux feuillets. Nous considérons comme précédemment une surface de Riemann sphérique déduite de la surface précédente, les feuillets se succédant dans l'ordre 1,

2, ..., m en allant de l'intérieur vers l'extérieur, et nous la déformons de manière que toutes les lignes de croisement appartiennent à un même grand cercle. Nous transformerons le premier feuillet en lui substituant son image par rapport au plan de ce grand cercle, et nous pourrons, comme aux paragraphes 51 et 56, substituer un seul feuillet à l'ensemble des deux premiers feuillets. Le même procédé peut être appliqué une nouvelle fois, et ainsi de suite jusqu'à ce qu'on arrive à deux feuillets ayant $p+1$ lignes de croisement. Ce cas a déjà été étudié, et nous arrivons à cette conclusion que la surface de Riemann considérée peut être appliquée sur un disque à p trous. Cette surface peut, dans l'étude de la connexion, remplacer la surface de Riemann primitive. Mais dans les problèmes concernant l'étude des fonctions analytiques, on supposera toujours en dernière analyse que l'on est revenu à la surface primitive T à feuillets plans superposés.

98. On appelle point analytique (z, u) l'ensemble d'une valeur de z et d'une valeur de u vérifiant la relation considérée $F(z, u) = 0$. A tout point de T correspond un point analytique et inversement. Soit (a, b) un point analytique; on a $F(a, b) = 0$ et en général $u = b$ est racine simple de l'équation

$$F(a, u) = 0.$$

S'il en est ainsi, le point de T qui correspond au point analytique (a, b) est déterminé sans ambiguïté. Il ne peut y avoir exception que si $u = b$ est racine multiple de l'équation précédente. Supposons d'abord que les n valeurs de u voisines de b pour une valeur de z voisine de a appartiennent à un même système circulaire. Sur la surface T on aura, au-dessus du point $z = a$, un cycle de n feuillets, dont le sommet sera le point *unique* de T correspondant au point analytique (a, b). Il n'en est plus de même si les n valeurs de u voisines de b se partagent en $p (p > 1)$ systèmes circulaires. On aura p cycles sur T, dont les sommets correspondent au même système de valeurs $z = a$, $u = b$. On aura en réalité p points analytiques (a, b), qu'il faudra distinguer les uns des autres. Mais ceci ne peut avoir lieu que pour un nombre fini de systèmes de valeurs de a et de b.

99. Nous nous proposons d'abord d'étudier les propriétés générales des fonctions uniformes sur la surface T ou, ce qui revient au même, des fonctions uniformes du point analytique (z, u). Soit en premier lieu (a, b) un point à distance finie de la surface par lequel ne passe qu'un feuillet. Découpons un petit morceau de surface entourant ce point et situé tout entier sur un seul feuillet; lorsque le point de T restera sur cette portion de surface, le module de $z-a$ restera inférieur à une certaine limite, et la branche de fonction considérée sera, dans ce domaine, une fonction uniforme de $z-a$. Il peut se faire que cette fonction v soit, dans ce domaine, égale à la somme d'une série convergente

$$v = A_0 + A_1(z-a) + \ldots + A_q(z-a)^q + \ldots;$$

alors la fonction v sera dite régulière au point (a, b). Si

$$A_0 = A_1 = \ldots = A_{q-1} = 0,$$

sans que A_q soit nul, le point analytique (a, b) est un zéro d'ordre q. Si la fonction v n'est pas régulière au point (a, b), ce point est un point singulier. Nous supposerons que c'est un point singulier isolé; alors, d'après le théorème de Laurent, on aura, dans le domaine de ce point,

$$v = A_0 + A_1(z-a) + \ldots + A_q(z-a)^q + \ldots \\ + \frac{B_1}{z-a} + \ldots + \frac{B_n}{(z-a)^n} + \ldots.$$

S'il n'y a qu'un nombre limité de termes à exposants négatifs, le point (a, b) est un pôle, dont l'ordre est égal à la plus haute puissance de $\frac{1}{z-a}$ dans le développement. S'il y a un nombre illimité de termes à exposants négatifs, le point analytique (a, b) est un point singulier essentiel isolé. Dans les deux cas, le coefficient de $\frac{1}{z-a}$ est encore appelé *résidu*.

Supposons maintenant que le point analytique (a, b) soit le sommet d'un cycle de μ feuillets à distance finie. Découpons sur T un petit morceau de surface t ne contenant à son intérieur d'autre point de ramification que celui-là; t se composera de certaines portions de μ feuillets qui passent par ce point, et sera limitée par une *courbe fermée* qui, vue en projection sur le plan des z, tournera μ fois autour du point $z = c$. (La figure représente cette courbe limite, pour $\mu = 3$, la convention pour les traits qui figurent les chemins étant la même que la figure 50.)

Fig. 55.

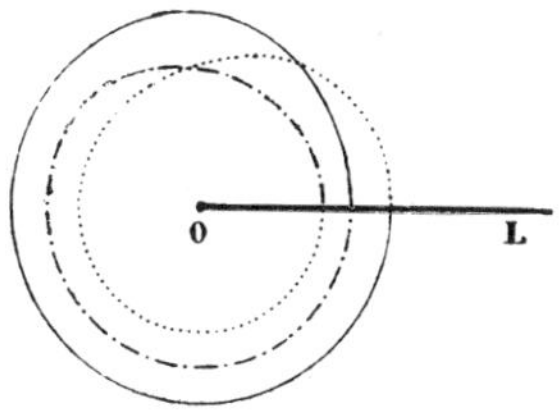

C'est cette petite portion de surface que nous appellerons le domaine du point (a, b). Il est facile de voir que cette surface peut se ramener à une portion de surface plane, située sur un même feuillet. Posons, en effet, $z = a + z'^{\mu}$ et représentons encore la variable z' par un point dans un autre plan. Traçons les droites issues de l'origine qui font entre elles des angles égaux à $\frac{2\pi}{\mu}$, et du point $z' = 0$ comme centre décrivons un cercle de rayon r très petit. On a ainsi une surface t', composée de μ secteurs circulaires égaux. Lorsque la variable z' décrit un de ces secteurs, z décrit, autour du point a, toute la partie d'un feuillet aboutissant à ce point comprise à l'intérieur d'un cercle de rayon r^{μ}. A la surface t correspond ainsi sur T un domaine entourant le point analytique (a, b), domaine que l'on peut prendre pour la surface t. Ces deux surfaces t et t' se correspondent point par point et, sauf au point $z' = 0$, l'application est conforme. Toute fonction uniforme du point analytique (z, u) pourra donc, à l'intérieur de t, être remplacée par une fonction uniforme de z' à l'intérieur de t'. Il suit de là que cette fonction sera dans le domaine de (a, b) une fonction uniforme de $(z - a)^{\frac{1}{\mu}}$, chaque détermination du radical correspondant à un des feuillets.

S'il n'y a pas, dans le voisinage du point (a, b), une infinité d'autres points singuliers, la fonction v sera donc représentée, dans le domaine de ce point, par un développement ayant l'une des formes suivantes :

(I) $$v = A_0 + A_1(z-a)^{\frac{1}{\mu}} + \ldots + A_q(z-a)^{\frac{q}{\mu}} + \ldots,$$

(II) $$v = \sum_{\nu=-n}^{+\infty} A_\nu (z-a)^{\frac{\nu}{\mu}},$$

(III) $$v = \sum_{\nu=-\infty}^{+\infty} A_\nu (z-a)^{\frac{\nu}{\mu}}.$$

Dans le premier cas, on dira que la fonction v est régulière au point (a, b); si $A_0 = A_1 = \ldots = A_{q-1} = 0$, sans que A_q soit nul, le point (a, b) sera dit un zéro d'ordre q. Dans le second cas, le point (a, b) sera appelé un pôle d'ordre n, et dans le troisième cas, un point *singulier essentiel isolé*. Dans ces deux derniers cas, si les développements contiennent un terme en $\frac{1}{z-a}$,

$$\frac{A_{-\mu}}{z-a},$$

on appellera *résidu* le produit $\mu A_{-\mu}$. Il est facile de justifier ces définitions. Imaginons un contour tracé sur T autour du point de ramification (a, b); puisque, par ce point, passent μ feuillets, ce contour doit faire μ tours autour du sommet du cycle. Cela posé, considérons l'intégrale

$$\int v\,dz,$$

prise le long de ce contour, de façon à avoir à sa gauche le domaine du point (a, b). Le seul terme qui puisse donner quelque chose dans cette intégrale est le terme en $\frac{1}{z-a}$,

$$\int \frac{A_{-\mu}}{z-a}\,dz,$$

et, comme l'argument de $z-a$ augmente de $2\mu\pi$ quand on décrit le contour précédent, cette intégrale a pour valeur $2i\pi\mu A_{-\mu}$. On a donc, en appelant $R(a, b)$ le résidu,

$$R(a, b) = \frac{1}{2i\pi}\int v\,dz,$$

l'intégrale étant prise le long d'un petit contour entourant complètement le point (a, b) de façon à avoir à sa gauche l'aire enveloppée, comme dans le cas d'un point (a, b) qui ne serait pas de ramification.

Pour justifier la définition de l'ordre d'un pôle ou d'un zéro, remarquons qu'un zéro d'ordre q de v donne toujours une variation de $2q\pi$ dans $\log v$, quand la variable z décrit un contour fermé dans le sens direct autour du point analytique (a, b), tandis qu'un pôle d'ordre n donne une variation de $-2n\pi$ dans $\log v$. En d'autres termes, un zéro d'ordre q de v donne dans la dérivée logarithmique un résidu égal à $+q$, et un pôle d'ordre n un résidu égal à $-n$.

Soit, en effet,

$$v = (z-a)^{\frac{q}{\mu}}\left[A_0 + A_1(z-a)^{\frac{1}{\mu}} + \ldots\right] \qquad (A_0 \neq 0).$$

On aura

$$\frac{dv}{dz} = \frac{q}{\mu}(z-a)^{\frac{q}{\mu}-1}\left[A_0 + A_1(z-a)^{\frac{1}{\mu}} + \ldots\right]$$
$$+ (z-a)^{\frac{q}{\mu}}\left[\frac{1}{\mu}A_1(z-a)^{\frac{1}{\mu}-1} + \ldots\right].$$

$$\frac{1}{v}\frac{dv}{dz} = \frac{q}{\mu(z-a)} + \frac{\frac{1}{\mu}A_1(z-a)^{\frac{1}{\mu}-1} + \ldots}{A_0 + A_1(z-a)^{\frac{1}{\mu}} + \ldots}.$$

Le développement du second terme commencera par un terme de degré $\frac{1}{\mu} - 1$ ou de degré plus élevé; le résidu sera donc $\frac{q}{\mu} \times \mu = q$. On verrait de même que, pour un pôle d'ordre n de v, le résidu de la dérivée logarithmique est égal à $-n$.

Passons, maintenant, aux valeurs infinies de z. Pour plus de généralité, supposons qu'on ait à l'infini un cycle de μ feuillets. En posant $z = \frac{1}{z'^{\mu}}$, la fonction uniforme v se change en une fonction $\psi(z')$, qui est uniforme dans le voisinage de $z' = 0$. Écartons le cas où cette fonction $\psi(z')$ admettrait une infinité de points singuliers dans le domaine de l'origine; dans ce domaine, $\psi(z')$ sera représentée par un développement de l'une des formes suivantes :

$$\psi(z') = A_0 + A_1 z' + \ldots + A_q z'^q + \ldots,$$

$$\psi(z') = \sum_{\nu=-n}^{+\infty} A_\nu z'^\nu,$$

$$\psi(z') = \sum_{\nu=-\infty}^{+\infty} A_\nu z'^\nu.$$

La fonction v sera donc représentée, dans le domaine du point à l'infini considéré, par un développement de l'une des formes suivantes :

$$\text{(I)} \qquad v = A_0 + A_1 z^{-\frac{1}{\mu}} + \ldots + A_q z^{-\frac{q}{\mu}} + \ldots,$$

$$\text{(II)} \qquad v = \sum_{\nu=-n}^{-\infty} A_\nu z^{-\frac{\nu}{\mu}},$$

$$\text{(III)} \qquad v = \sum_{\nu=-\infty}^{+\infty} A_\nu z^{-\frac{\nu}{\mu}}.$$

Dans le premier cas, la fonction v est régulière au point à l'infini ; si le développement commence par un terme en $z^{-\frac{q}{\mu}}$, ce point sera dit un zéro d'ordre q. Dans le second cas, le point à l'infini est un pôle d'ordre n, et, dans le troisième cas, un point singulier essentiel isolé. Si le développement contient un terme en $\frac{1}{z}$, $\frac{A_{-\mu}}{z}$, on appellera résidu le produit $-\mu A_{-\mu}$. Ces définitions se justifient comme précédemment. Le résidu de la fonction v pour un point à l'infini est égal à

$$\frac{1}{2i\pi}\int v\,dz,$$

l'intégrale étant prise le long d'un contour fermé limitant le domaine de ce point à l'infini, de façon à avoir ce domaine *à sa gauche*. Un zéro d'ordre q et un pôle d'ordre n donneront respectivement q et $-n$ pour résidus dans la dérivée logarithmique.

Remarquons encore une fois que la fonction peut être régulière à l'infini sans que le résidu soit nul.

100. Soient v une fonction analytique uniforme du point ana-

lytique (z, u) et $v_1, v_2, \ldots, v_m$ les m déterminations de cette fonction pour une valeur quelconque de z; il est clair que toute fonction symétrique de $v_1, v_2, \ldots, v_m$ sera une *fonction uniforme de* z. Supposons que, pour $z = a$, quelques-unes des valeurs v_1, $v_2, \ldots, v_m$ ne soient pas régulières; alors la fonction v du point analytique (z, u) admettra comme pôles ou points singuliers essentiels quelques-uns des points analytiques (a, b) qui sont superposés au point $z = a$ du plan des z. *La somme des résidus de la fonction* v, *relatifs à tous ces points singuliers, est égale au résidu de la fonction* $v_1 + v_2 + \ldots + v_m$ *relatif au point* $z = a$.

Si aucun des points analytiques (a, b) que la fonction v admet comme points singuliers n'est un point de ramification, la démonstration est immédiate. Supposons que l'un de ces points soit un point de ramification d'ordre $\mu - 1$; dans le voisinage de ce point, μ des valeurs $v_1, v_2, \ldots, v_m$ seront représentées par un même développement en série suivant les puissances de $(z - a)^{\frac{1}{\mu}}$. Soit $A_{-\mu}$ le coefficient de $\frac{1}{z - a}$ dans ce développement. Dans la somme $v_1 + v_2 + \ldots + v_m$, on aura le terme $\frac{\mu A_{-\mu}}{z - a}$ provenant des μ valeurs de v appartenant à ce système circulaire. En opérant de la même façon avec tous les points analytiques (a, b), on voit que la proposition est exacte avec la définition du résidu que nous avons adoptée. On reconnaît tout pareillement que la somme des résidus de la fonction v, pour les points à l'infini de T, est égale au résidu de la fonction $v_1 + v_2 + \ldots + v_m$ pour $z = \infty$.

Supposons que la fonction v du point analytique (z, u) n'ait sur T qu'un nombre *fini* de points singuliers. La somme des résidus de cette fonction sur toute la surface T sera égale, d'après ce que nous venons de voir, à la somme des résidus de la fonction $v_1 + v_2 + \ldots + v_m$, qui est une fonction uniforme de z, pour toutes les valeurs finies et infinies de z. Or cette somme

$$v_1 + v_2 + \ldots + v_m$$

n'a évidemment qu'un nombre fini de points singuliers, et, par conséquent, la somme de ses résidus est nulle (*voir* Introduction). On a donc le théorème suivant :

Soit v *une fonction uniforme du point analytique* (z, u) *qui n'admet, sur toute la surface* T, *qu'un nombre fini de points singuliers; la somme des résidus de cette fonction sur toute la surface est égale à zéro.*

101. Parmi les fonctions uniformes du point analytique (z, u), les plus simples sont les fonctions rationnelles de z et de u,

$$v = \frac{P(z, u)}{Q(z, u)},$$

P et Q étant des polynomes entiers en z et u. Dans le voisinage d'un point analytique (a, b) à distance finie, où u reste fini, le numérateur et le dénominateur peuvent se développer en séries ordonnées suivant les puissances de $z - a$, si par ce point ne passe qu'un seul feuillet, et de $(z - a)^{\frac{1}{\mu}}$ si ce point est le sommet d'un cycle de μ feuillets. Le quotient ne pourra donc contenir qu'un nombre *fini* de termes à exposants négatifs, si le dénominateur est en $z - a$ d'un degré infinitésimal supérieur à celui du numérateur. La fonction v est donc régulière au point (a, b), à moins que ce point ne soit un pôle. Le raisonnement est le même pour les points de T où u devient infini et pour les points à l'infini de la surface. Par conséquent, toute fonction rationnelle de u et de z n'admet sur toute la surface de Riemann que des pôles.

Réciproquement, *toute fonction uniforme du point analytique* (z, u), *qui, sur toute la surface de Riemann, n'admet d'autres points singuliers que des pôles, est une fonction rationnelle de* z *et de* u.

Nous nous servirons, pour le démontrer, de la remarque générale suivante :

Toute fonction uniforme du point analytique (z, u) *peut être mise sous la forme*

$$v = P_0(z) + u\,P_1(z) + u^2\,P_2(z) + \ldots + u^{m-1}\,P_{m-1}(z),$$

$P_0(z), P_1(z), \ldots, P_{m-1}(z)$ *étant des fonctions uniformes de* z.

Par hypothèse, l'équation irréductible $F(z, u) = 0$ est de degré m en u. Soient $u_1, u_2, \ldots, u_m$ les m valeurs de u correspondant à une même valeur de z, et $v_1, v_2, \ldots, v_m$ les m valeurs de v correspondant respectivement aux points analytiques (z, u_1),

$(z, u_2), \ldots, (z, u_m)$. Posons

$$\begin{aligned} v_1 &= P_0 + u_1 P_1 + \ldots + u_1^{m-1} P_{m-1}, \\ v_2 &= P_0 + u_2 P_1 + \ldots + u_2^{m-1} P_{m-1}, \\ &\ldots\ldots\ldots\ldots\ldots\ldots\ldots\ldots \\ v_m &= P_0 + u_m P_1 + \ldots + u_m^{m-1} P_{m-1}; \end{aligned}$$

on peut résoudre ces m équations par rapport à $P_0, P_1, \ldots, P_m$, car le déterminant

$$D = \begin{vmatrix} 1 & u_1 & \ldots & u_1^{m-1} \\ 1 & u_2 & \ldots & u_2^{m-1} \\ . & .. & \ldots & \ldots\ldots \\ 1 & u_m & \ldots & u_m^{m-1} \end{vmatrix}$$

n'est pas identiquement nul. On en tirera, par exemple,

$$P_i = \frac{D_i}{D},$$

où

$$D^i = \begin{vmatrix} 1 & u_1 & \ldots & u_1^{i-1} & v_1 & u_1^{i+1} & \ldots & u_1^{m-1} \\ 1 & u_2 & \ldots & u_2^{i-1} & v_2 & u_2^{i+1} & \ldots & u_2^{m-1} \\ . & .. & \ldots & \ldots & .. & \ldots & \ldots & \ldots \\ 1 & u_m & \ldots & u_m^{i-1} & v_m & u_m^{i+1} & \ldots & u_m^{m-1} \end{vmatrix}.$$

Faisons décrire à la variable z un contour fermé quelconque; les lignes du déterminant D se permutent d'une certaine façon. Mais, par hypothèse, les v_i se permutent de la même manière que les u_i, de sorte que les lignes du déterminant D_i s'échangent entre elles exactement de la même manière que celles de D. Les deux déterminants sont donc multipliés par un même facteur, égal à ± 1, et, par suite, P_i est une fonction uniforme de z.

Supposons maintenant que la fonction v du point analytique (z, u) n'admette que des pôles sur toute la surface T. Les développements des u_i et des v_i dans le domaine d'un point quelconque de la surface ne contiendront jamais qu'un nombre fini de termes à exposants négatifs. Il en sera évidemment de même de D et de D_i, et, par suite, de P_i. La fonction uniforme $P_i(z)$, n'admettant d'autres points singuliers que des pôles, est une fonction rationnelle; d'où résulte la proposition énoncée plus haut.

Toute fonction uniforme du point analytique (z, u), qui est régulière en tous les points de la surface T, *est une constante.*

En effet, soient $v_1, v_2, \ldots, v_m$ les m valeurs de v correspondant à une même valeur de z. Les fonctions symétriques

$$\Sigma v_1, \quad \Sigma v_1 v_2, \quad \ldots, \quad v_1 v_2 \ldots v_m$$

sont des fonctions uniformes de z qui restent finies pour toute valeur, finie ou infinie de cette variable. Ce sont donc des constantes et, par suite, v est racine d'une équation à coefficients constants.

102. *Le nombre des zéros d'une fonction rationnelle*

$$v = \varphi(z, u)$$

sur toute la surface T *est égal au nombre des pôles, chacun d'eux étant compté avec son degré de multiplicité.*

La dérivée logarithmique

$$\frac{1}{v}\frac{dv}{dz} = \frac{\frac{\partial\varphi}{\partial z} + \frac{\partial\varphi}{\partial u}\frac{du}{dz}}{v} = \varphi_1(z, u)$$

est aussi une fonctton rationnelle de z et de u, et les résidus de cette fonction proviennent des pôles et des zéros de v. Un zéro d'ordre m_i de v donne $+m_i$ pour résidu, et un infini d'ordre n_k donne $-n_k$ pour résidu. On a donc, d'après un des théorèmes précédents, $\Sigma m_i - \Sigma n_k = 0$ ou $\Sigma m_i = \Sigma n_k$.

Cette proposition donne lieu à quelques remarques.

I. La fonction $\varphi_1(z, u) = \frac{1}{v}\frac{dv}{dz}$ peut admettre d'autres pôles que ceux qui proviennent des zéros ou des infinis de v. Par exemple, supposons que, dans le domaine d'un point de ramification d'ordre $\mu - 1$, on ait

$$v = A_0 + A_1(z-a)^{\frac{\nu}{\mu}} + \ldots \qquad (\nu < \mu);$$

on en déduit

$$\frac{dv}{dz} = \frac{\nu}{\mu} A_1 (z-a)^{\frac{\nu}{\mu}-1} + \ldots.$$

Le point $z = a$ est un pôle d'ordre $\mu - \nu$ pour $\frac{1}{v}\frac{dv}{dz}$, et, par suite, le résidu correspondant est nul.

II. On aurait pu aussi démontrer le théorème précédent en remarquant que la différence entre le nombre des zéros et celui des pôles de la fonction v est égale à la même différence pour la fonction rationnelle $v_1 v_2 \ldots v_m$ de z.

III. Soient $v = \varphi(z, u)$ une fonction rationnelle de z et de u, et N le nombre des infinis de cette fonction sur toute la surface. On dira que cette fonction est d'ordre N. La fonction $\varphi(z, u) - k$ a les mêmes pôles que $\varphi(z, u)$, quelle que soit la constante k. Elle a donc aussi N zéros, et la fonction $v = \varphi(z, u)$ passe N fois et N fois seulement par toute valeur donnée à l'avance.

Les propriétés précédentes rapprochent, on le voit, les fonctions rationnelles de z et de u des fonctions rationnelles d'*une variable*. Si l'on connaît, soit les pôles de la fonction rationnelle $v = \varphi(z, u)$, avec les parties principales correspondantes, soit les pôles et les zéros (qui devront être mis en nombre égal, en tenant compte de leur ordre de multiplicité), cette fonction v sera déterminée, à une constante additive près dans le premier cas, à un facteur constant près dans le second. En effet, s'il existe deux fonctions rationnelles de z et u satisfaisant à ces conditions, leur différence dans le premier cas, et leur quotient dans le second cas, est une fonction rationnelle de z et de u, restant finie en tous les points de T, c'est-à-dire une constante; mais il n'en résulte pas qu'on puisse choisir arbitrairement les pôles avec les parties principales, ou les pôles et les zéros. Nous savons même (*voir* Chap. I) qu'il n'en est pas généralement ainsi. L'étude des relations entre les résidus ou entre les pôles et les zéros sera faite plus loin.

IV. On emploie quelquefois l'expression *ordre* d'une fonction en un point (α, β). Cet ordre est zéro, si le point (α, β) n'est ni un pôle ni un zéro; il est égal à $+n$ si ce point est un zéro d'ordre n, à $-n'$ si ce point est un pôle d'ordre n'. Le théorème sur l'égalité du nombre des zéros et du nombre des infinis peut alors s'énoncer ainsi : *La somme des ordres d'une fonction rationnelle de z et de u sur toute la surface de Riemann est nulle* [1].

Lorsqu'il y a quelque ambiguïté à craindre, on peut dire que l'*ordre total* d'une fonction est égal à N, si elle admet en tout

---

(1) Briot et Bouquet, *Fonctions elliptiques*, p. 217.

N pôles, chacun d'eux étant compté avec son degré de multiplicité.

103. La définition des zéros et des infinis est purement analytique; on peut également la justifier par des considérations algébriques et géométriques. Étant données les équations de deux courbes algébriques indécomposables

$$F(z, u) = 0, \tag{17}$$

$$\Phi(z, u) = 0, \tag{18}$$

d'après la théorie générale de l'élimination, les abscisses des points communs aux deux courbes s'obtiennent en éliminant u entre ces deux équations. Le résultat de l'élimination est

$$\Delta(z) = \Phi(z, u_1)\Phi(z, u_2)\ldots\Phi(z, u_m) = 0,$$

$u_1, u_2, \ldots, u_m$ désignant les m racines de l'équation (17). Soit (α, β) un point commun aux deux courbes; lorsque z tend vers α, r des racines de l'équation (17), $u_1, u_2, \ldots, u_r$, par exemple, tendent vers β. Le nombre des points d'intersection des deux courbes qui sont confondus au point (α, β) est, par définition même, le degré du produit $\Phi(z, u_1)\ldots\Phi(z, u_r)$ en $(z-\alpha)$. Il faut remarquer que $\Delta(z)$ peut contenir $(z-\alpha)$ à une puissance supérieure à celle-là, si les deux courbes ont d'autres points communs d'abscisse égale à α.

Cela posé, supposons d'abord que les r valeurs de u égales à β pour $z = \alpha$ forment un seul système circulaire; ces r racines sont alors représentées par un même développement

$$u = \beta + A_1(z-\alpha)^{\frac{1}{r}} + A_2(z-\alpha)^{\frac{2}{r}} + \ldots,$$

où l'on attribue au radical $(z-\alpha)^{\frac{1}{r}}$ ses r déterminations. Quand on remplace u par ce développement dans $\Phi(z, u)$, le résultat est nul par hypothèse pour $z = \alpha$, et l'on a un nouveau développement

$$\Phi(z, u) = B_1(z-a)^{\frac{q}{r}} + B_2(z-\alpha)^{\frac{q+1}{r}} + \ldots \qquad (B_1 \neq 0).$$

Chacune des expressions $\Phi(z, u_1), \ldots, \Phi(z, u_r)$ est donc du degré $\frac{q}{r}$ en $(z-\alpha)$ et, par suite, leur produit est du degré q. Or, q est précisément l'ordre du zéro de la fonction $\Phi(z, u)$ au point (α, β). Donc *le nombre des points d'intersection des deux courbes* (17) *et* (18) *confondus au point* (α, β) *est égal à l'ordre du zéro de la fonction* $\Phi(z, u)$ *au point analytique* (α, β), *u et z étant supposés vérifier la relation* $F(z, u)=0$.

Si les r valeurs de u qui deviennent égales à β pour $z=\alpha$ se partagent en k systèmes circulaires, il y a, sur la surface de Riemann correspondant à l'équation $F(z, u)=0$, k points analytiques (α, β). Le même raisonnement montre que *le nombre des points communs aux deux courbes confondus en* (α, β) *est égal à la somme des ordres des zéros de* $\Phi(z, u)$ *en ces différents points analytiques* (α, β) (¹).

Si le point commun aux deux courbes considérées est à l'infini, on ne peut plus appliquer la même règle. Par exemple, les deux courbes

$$F(z, u)=uz-1=0,$$
$$\Phi(z, u)=uz^2-1=0$$

ont une asymptote commune $z=0$, et dans le domaine du point $z=0$, on a

$$\Phi\left(z, \frac{1}{z}\right)=z-1,$$

ce point n'est donc pas un zéro pour $\Phi(z, u)$. L'emploi des coordonnées homogènes permet, comme on sait, d'éviter ces difficultés; on peut dire encore, ce qui revient au même, qu'une transformation homographique ramène le point commun à distance finie et supprime la difficulté.

La remarque suivante s'applique à tous les cas. Soient $F(z, u)=0$ l'équation d'une courbe algébrique indécomposable et $f(z, u)$, $\psi(z, u)$ deux polynomes quelconques du même degré n; désignons par $\varphi(z, u)$ la fonction rationnelle

$$\varphi(z, u)=\frac{\psi(z, u)}{f(z, u)}.$$

(¹) Nous renverrons le lecteur au Mémoire de M. Halphen : *Sur les points singuliers*, etc. (*Journal des Savants étrangers*, t. XXVI), où l'on trouvera une définition géométrique du même nombre.

Cela posé, soient (α, β) un point quelconque de la courbe $F=0$, q le nombre des points communs aux deux courbes $F=0$, $f=0$ confondus au point (α, β), q' le nombre des points communs aux deux courbes $F=0$, $\psi=0$ confondus au point (α, β). *La différence $q'-q$ est égale à la somme des ordres de $\varphi(z, u)$ aux différents points analytiques* (α, β).

La proposition est une conséquence immédiate de ce qui précède si le point (α, β) est à distance finie. Si ce point est à l'infini, on le ramènera à distance finie par une transformation homographique

$$z = \frac{az'+bu'+c}{a''z'+b''u'+c''}, \qquad u = \frac{a'z'+b'u'+c'}{a''z'+b''u'+c''};$$

$\varphi(z, u)$ devient

$$\varphi_1(z', u') = \frac{\psi_1(z', u')}{f_1(z', u')},$$

où $\psi_1(z', u')=0$ et $f_1(z', u')=0$ sont les équations des deux courbes de même degré qui se déduisent des courbes $\psi(z, u)=0$, $f(z, u)=0$, par la transformation homographique précédente. Or l'ordre d'une fonction rationnelle en un point ne change pas, comme on le verra au Chapitre VI, par une transformation homographique. La proposition est donc générale.

104. Le théorème classique de Bezout, sur le nombre des points communs à deux courbes algébriques, peut être considéré comme un simple corollaire de l'égalité du nombre des zéros et du nombre des infinis. Étant données deux courbes algébriques, de degrés m et n respectivement, choisissons une droite D rencontrant le système formé par les deux courbes en $m+n$ points distincts, et faisons subir aux deux courbes une transformation homographique, de façon que la droite D devienne la droite de l'infini. Les $m+n$ directions asymptotiques du système formé par les deux courbes sont alors distinctes; nous supposerons de plus qu'aucune de ces asymptotes n'est parallèle à l'un des axes de coordonnées. Les équations de deux courbes s'écrivent alors

$$(19) \qquad \mathrm{F}(z, u) = z^m f_m\left(1, \frac{u}{z}\right) + z^{m-1} f_{m-1}\left(1, \frac{u}{z}\right) + \ldots = 0,$$

$$(20) \qquad \Phi(z, u) = z^n \varphi_n\left(1, \frac{u}{z}\right) + z^{n-1} \varphi_{n-1}\left(1, \frac{u}{z}\right) + \ldots = 0,$$

f_i, φ_k sont des polynomes entiers en $\frac{u}{z}$ d'un degré au plus égal à leur indice. En outre, les équations $f_m(1, c) = 0$, $\varphi_n(1, c) = 0$ ont toutes leurs racines simples et n'ont aucune racine commune. La surface de Riemann, qui correspond à l'équation $F(z, u) = 0$, se compose de m feuillets et n'a aucun point de ramification à l'infini; les m valeurs de u pour $z = \infty$ sont représentées par m développements de la forme

$$u = c_i z + \alpha_0^{(i)} + \frac{\alpha_1^{(i)}}{z} + \ldots \qquad (i = 1, 2, \ldots, m).$$

Chacun de ces points à l'infini est un pôle d'ordre n pour $\Phi(z, u)$, car le développement de $\Phi(z, u)$ commencera par un terme de degré n, $z^n \varphi_n(1, c_i)$, qui, d'après les hypothèses, ne peut être nul. La fonction $\Phi(z, u)$ a donc mn zéros à distance finie, chacun d'eux étant compté avec son degré de multiplicité; les courbes ont par conséquent mn points communs à distance finie. Il est clair d'ailleurs qu'elles n'ont aucun point commun rejeté à l'infini.

105. Toute surface de Riemann ayant des points de ramification d'ordre quelconque peut être considérée comme limite d'une surface de Riemann n'ayant que des points de ramification simple. Soit $\mathcal{F}(z, u)$ le polynome le plus général de degré m en z et u. Nous pouvons supposer que la courbe qui a pour équation $\mathcal{F}(z, u) = 0$ n'a aucun point multiple, et que les m asymptotes sont distinctes, de telle sorte que les m valeurs de u pour $z = \infty$ sont fournies par m développements de la forme

$$u_i = c_i z + \alpha_1^{(i)} + \frac{\beta_1^{(i)}}{z} + \ldots \qquad (i = 1, 2, \ldots, m);$$

le point $z = \infty$ est un pôle du premier ordre pour chaque valeur de u. Les points de ramification sont tous à distance finie et proviennent des points de la courbe où la tangente est parallèle à l'axe des u. Si l'on a pris les axes, ce qu'on peut toujours supposer, de façon qu'aucun de ces points ne soit un point d'inflexion, ces points sont au nombre de $m(m-1)$ et chacun d'eux est un point de ramification simple. La surface de Riemann T_1, correspondant à la relation $\mathcal{F}(z, u) = 0$, a donc m feuillets et $m(m-1)$

points de ramification simples

$$a_1, \quad a_2, \quad \ldots, \quad a_N \qquad [N = m(m-1)].$$

Imaginons maintenant que les coefficients du polynome $\mathcal{F}(z, u)$ varient d'une manière continue depuis leurs valeurs primitives et admettons, pour fixer les idées, que le coefficient de u^m ne devient pas nul. Quelques-uns des points de ramification peuvent venir se confondre, mais la surface de Riemann correspondante se compose toujours de m feuillets. Pour voir nettement ce qui se passe, il est plus commode d'employer les lacets. A partir de chacun des points critiques a_1, a_2, ..., a_N tirons, dans le plan de la variable z, une coupure s'étendant jusqu'à l'infini, de façon que ces coupures ne se croisent pas entre elles (*fig*. 56). Soient z_0

Fig. 56.

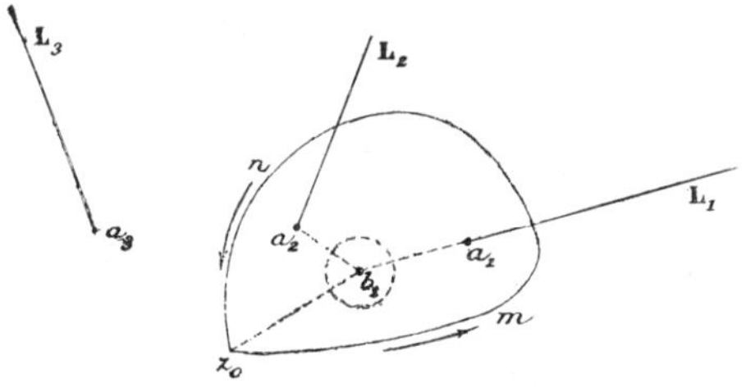

l'origine des lacets et u_1, u_2, ..., u_m les m racines, qui sont uniformes tant que z ne franchit aucune des coupures.

Supposons que les deux lacets (a_1) et (a_2) unissent les deux racines u_1 et u_2 et soient neutres pour les autres racines. Un chemin tel que $z_0 mnz_0$ est équivalent à la suite des deux lacets (a_1), (a_2) et ramène chaque racine à sa valeur initiale. Si l'on imagine maintenant que, les coefficients de $\mathcal{F}(z, u)$ variant d'une manière continue, les deux points critiques a_1 et a_2 viennent se confondre en un point b_1, le chemin $z_0 mnz_0$ devient équivalent au lacet (b_1) et, par suite, ce lacet ramène les deux racines u_1, u_2 à leurs valeurs initiales. On voit donc que deux points de ramification simples sont venus se réduire à un point ordinaire.

On peut s'en rendre compte d'une façon plus sensible. Sur la surface de Riemann primitive, la ligne droite $a_1 a_2$ peut servir de ligne de passage entre deux feuillets; si les deux points a_1, a_2

viennent se confondre avec le point b_1, cette ligne de passage disparaît, et il n'y a plus de connexion entre les deux feuillets au point b_1.

Nous pouvons faire d'autres hypothèses. Si les lacets (a_1) et (a_2) unissent des racines différentes telles que u_1 et u_2, u_3 et u_4, le point limite b_1 sera la superposition de deux points de ramification simples. Si le lacet (a_1) unit u_1 et u_2, le lacet (a_2), u_1 et u_3, le chemin $z_0 mnz_0$ conduit de u_1 à u_2, de u_2 à u_3, de u_3 à u_1. A la limite, le lacet (b_1) permutera clairement les trois racines u_1, u_2, u_3. Plus généralement, supposons que l'on ait r points critiques voisins de $a_1, a_2, \ldots, a_r$, tels que le lacet (a_i) unisse les racines u_1 et u_{i+1}, et qu'un rayon vecteur tournant autour de z_0 rencontre ces points dans l'ordre des indices. Un chemin fermé entourant tous ces points critiques et ceux-là seulement permute circulairement les $r+1$ racines $u_1, \ldots, u_{r+1}$; si tous les points $a_1, a_2, \ldots, a_r$ viennent se confondre en un point b_1, on aura autour de ce point un système circulaire de $r+1$ racines.

La méthode précédente est évidemment générale et montre suffisamment comment tout point de ramification d'ordre quelconque peut être envisagé comme provenant de la réunion de plusieurs points de ramification simples, suivant la conception de Riemann. Il est clair, en effet, qu'on peut passer de la relation $\mathcal{F}(z, u) = 0$ à toute autre relation du même degré par une variation continue des coefficients.

Soient D le nombre des points de ramification simples qui sont venus se confondre en un point $z = b$, et R la somme des ordres des points de ramification qui sont superposés au point $z = b$. *La différence* $D - R$ *est nulle ou égale à un nombre pair positif.*

Pour démontrer cette propriété, nous supposerons que les D points critiques $a_1, a_2, \ldots, a_D$ viennent successivement coïncider avec le point $z = b$. Après i opérations, par exemple, les points a_1, $a_2, \ldots, a_i$ seront venus se confondre avec le point b et l'on aura en ce point b un certain nombre de points de ramification superposés, les points $a_{i+1}, \ldots, a_D$ restant des points de ramification simples. Soit R_i la somme des ordres des points de ramification superposés au point b après ces i opérations. Après la première opération, on a

$$D_1 = 1, \qquad R_1 = 1, \qquad D_1 - R_1 = 0$$

et, en général, $D_i = i$.

Imaginons que le point (a_{i+1}) vienne à son tour se confondre avec le point b. Le lacet (a_{i+1}) unit deux racines u_h, u_k. On peut faire plusieurs hypothèses :

1° Les deux racines u_h, u_k sont uniformes dans le domaine du point b. Lorsque a_{i+1} sera venu en b, on aura en ce point un point de ramification du premier ordre de plus ; par conséquent,

$$D_{i+1} = i + 1, \qquad R_{i+1} = R_i + 1,$$
$$D_{i+1} - R_{i+1} = D_i - R_i.$$

2° Une des racines, u_h par exemple, appartient à un système circulaire de racines se permutant autour du point b, et u_k est uniforme dans le domaine de ce point. Supposons que le lacet (a_{i+1}) unisse les racines u_1 et u_k et que le lacet (b) permute les racines $u_1, \ldots, u_p$, la racine u_k restant uniforme au voisinage de b. Un chemin tel que $z_0 mn z_0$ (*fig.* 57) conduit de u_1 à u_k, de u_k à $u_2, \ldots,$

Fig. 57.

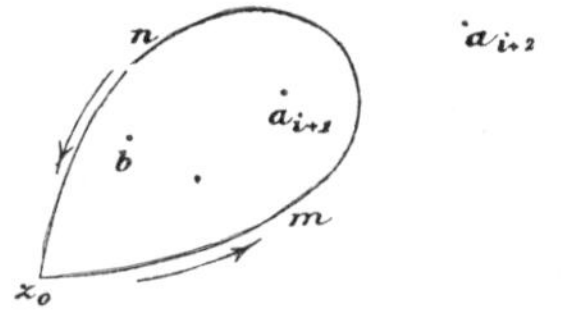

de u_p à u_1. Lorsque a_{i+1} sera venu en b, le lacet (b) permutera les $p+1$ racines $u_1, u_k, u_2, \ldots, u_p$, et les autres systèmes circulaires seront restés les mêmes. On aura encore

$$D_{i+1} = D_i + 1, \qquad R_{i+1} = R_i + 1, \qquad D_{i+1} - R_{i+1} = D_i - R_i.$$

3° Les deux racines u_h, u_k appartiennent à un même système circulaire de racines se permutant autour de b. Par exemple, supposons que le lacet (b) permute les racines $(u_1, u_2, \ldots, u_h; u_{h+1}, \ldots, u_p)$ et le lacet (a_{i+1}) les racines u_1 et u_h. Le chemin $(z_0 mn z_0)$ permutera circulairement les racines

$$u_1, \quad u_{h+1}, \quad \ldots, \quad u_p \qquad \text{et} \qquad u_2, \quad u_3, \quad \ldots, \quad u_h.$$

Quand le point a_{i+1} sera venu en b, on aura deux systèmes circulaires de racines

$$(u_1, u_{h+1}, \ldots, u_p), \quad (u_2, u_3, \ldots, u_h),$$

et il n'y aura rien de changé aux autres systèmes circulaires. On aura toujours $D_{i+1} = i+1$; pour avoir R_{i+1}, remarquons qu'au lieu d'un système circulaire de p racines on a deux systèmes circulaires de $(h-1)$ racines et de $(p+1-h)$ racines. Donc

$$R_{i+1} - R_i = h - 2 + p - h - (p-1) = -1,$$
$$D_{i+1} - R_{i+1} = D_i - R_i + 2.$$

4° Les deux racines que le lacet (a_{i+1}) réunit appartiennent à deux systèmes circulaires différents autour du point b. Par exemple, le lacet (a_{i+1}) unit u_1 et u_h et le lacet (b) permute les racines $(u_1, \ldots, u_p), (u_h, u_{h+1}, \ldots, u_{h+q})$.

Le chemin $z_0 mnz_0$ permute alors les racines dans l'ordre

$$u_1, \quad u_{h+1}, \quad u_{h+2}, \quad \ldots, \quad u_{h+q}, \quad u_h, \quad u_2, \quad \ldots, \quad u_p.$$

A la limite on aura

$$D_{i+1} = i+1, \qquad R_{i+1} - R_i = p + q - (p-1) - q = 1,$$
$$D_{i+1} - R_{i+1} = D_i - R_i.$$

En définitive, quand on change i en $i+1$, le nombre $D_i - R_i$ ne change pas, ou augmente de deux unités. Comme $D_1 - R_1 = 0$, on en déduit la proposition énoncée.

Appliquons cette relation à tous les points de ramification d'une surface de Riemann; le nombre ΣD_i est égal au nombre des points de ramification simples de la surface primitive, c'est-à-dire à $m(m-1)$, qui est un nombre pair. On en conclut que la somme $\Sigma(r-1)$, étendue à tous les points de ramification d'une surface de Riemann, est un nombre pair, r désignant le nombre des feuillets qui appartiennent à un même cycle.

CHAPITRE V.

CONNEXION DES SURFACES DE RIEMANN. PERIODICITÉ DES INTÉGRALES ABÉLIENNES.

Connexion des surfaces en général. — Ordre de connexion d'une surface quelconque; d'une surface fermée; d'une surface de Riemann. — Généralisation de la relation d'Euler pour les polyèdres. — Coupures sur une surface de Riemann. — Exemples. — Équations binomes. — Surfaces de Riemann régulières. — Intégrales abéliennes. — Propriétés générales. — Périodes, — Classification ([1]).

106. On a vu au Chapitre III comment une surface de Riemann à deux feuillets pouvait être transformée en une surface simplement connexe, par un système convenable de coupures : il en est de même des surfaces à un nombre quelconque de feuillets; mais les considérations intuitives dont on s'est servi pour le cas particulier déjà traité deviennent plus difficiles à saisir pour le cas général. Aussi nous allons reprendre la théorie de la connexion des surfaces à un point de vue tout à fait général.

Rappelons qu'une surface est dite *connexe* lorsqu'il est possible de réunir deux points quelconques de cette surface par un trait continu situé tout entier sur la surface. Si l'on a affaire à une surface fermée, ou n'ayant pas de bords, comme une sphère, un tore, une surface de Riemann, on commence par lui donner une courbe limite en pratiquant une petite fente dans cette surface ou en enlevant un petit morceau de cette surface. Les coupures dont il s'agira ici sont considérées comme de véritables traits de ciseaux,

([1]) Auteurs à consulter : RIEMANN, *Inauguraldissertation*, *Theorie der Abel'schen Functionen*. — NEUMANN, *Vorlesungen über Riemann's Theorie*, etc. — E. PICARD, *Traité d'Analyse*, t. II, Chap. XIII et XIV. — SIMART, *Thèse de doctorat*. — JORDAN, *Recherches sur les polyèdres* (*Comptes rendus*, t. LX et LXII; *Journal de Crelle*, t. LXVI et LXVIII); *Note sur la déformation des surfaces* (*Journal de Mathématiques*, 2e série, t. XI). — HERMANN WEYL, *Die Idee der Riemannschen Flache* (Leipzig, 1903) partant d'un bord et s'arretant dès qu'on rencontre un nouveau bord ; quand on trace plusieurs coupures successivement, les coupures ou portions de coupure déjà tracées doivent être regardées comme de nouveaux bords, de sorte qu'une coupure ne peut pas se traverser, mais peut s'arrêter en un point de son trajet.

Nous prendrons pour définition de la surface *implement connexe* la propriété suivante : une surface connexe est dite simplement connexe lorsqu'il est impossible de tracer une coupure sur cette surface sans la morceler, c'est-à-dire sans la décomposer en deux morceaux n'ayant plus de connexion entre eux. Dans le cas contraire, elle est plusieurs fois connexe, ou à *connexion multiple*.

La sphère, le plan indéfini, la surface d'un cercle ou d'un rectangle sont simplement connexes. Au contraire, une surface plane à plusieurs contours, le tore, une surface de Riemann à deux feuillets et plus de deux points de ramification, etc., sont à connexion multiple. Par exemple, dans la surface ABCD (*fig.* 58) on peut

Fig. 58.

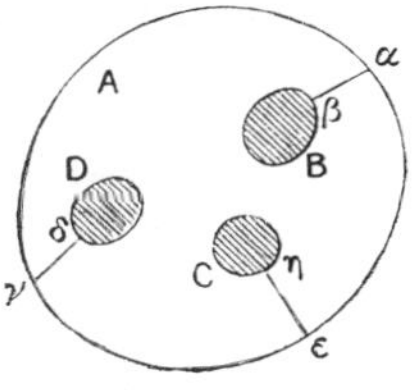

tracer les trois coupures $\alpha\beta$, $\gamma\delta$, $\varepsilon\eta$ sans morceler la surface ; une nouvelle coupure la morcellerait. De même, la surface d'un tore est à connexion multiple, comme on l'a déjà remarqué (§ 55).

107. La définition précise de l'ordre de connexion d'une surface repose sur les propositions suivantes :

I. *Une surface simplement connexe* S *est décomposée par une coupure en deux morceaux simplement connexes* [1].

Supposons d'abord que la coupure *ab* joigne deux points de la

---

[1] RIEMANN, *Gesammelte Werke*, p. 9.

limite totale de S. Prenons sur les deux bords de la coupure deux points infiniment voisins m, m'; il est clair que tout point de S peut être réuni à l'un des deux points m ou m' par un trait continu situé sur S, sans franchir la coupure ab. On a donc décomposé la surface S en deux portions connexes séparément S', S'' et, par hypothèse, il n'y a pas de connexion entre S' et S''. Il s'agit de faire voir que chacune de ces surfaces S' et S'' est simplement

Fig. 59.

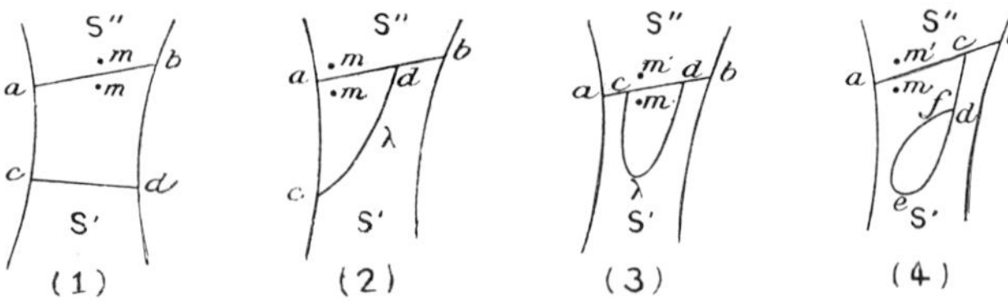

connexe. En effet, si S', par exemple, n'était pas simplement connexe, on pourrait, sans la morceler, tracer dans S' une coupure. Soit cd cette coupure, telle que l'indique la première figure à gauche.

Cette coupure cd ne morcelant pas S', tout point de S' peut être joint par un trait continu au point m sans franchir la coupure cd. Si maintenant on supprime la coupure primitive ab, tout point de S'' pourra également être joint au point m sans franchir cd. On pourrait donc, contrairement à l'hypothèse, tracer sur S une coupure cd ne morcelant pas la surface. On raisonnerait d'une façon analogue dans tous les cas, suivant la disposition de la coupure cd, et l'on arriverait toujours à obtenir une coupure ne morcelant pas S; telle serait $c\lambda\, db$ pour la deuxième figure, $ac\lambda\, db$ pour la troisième, $bcdef$ pour la quatrième.

Si la coupure ab, au lieu de réunir deux points de la limite

Fig. 60.

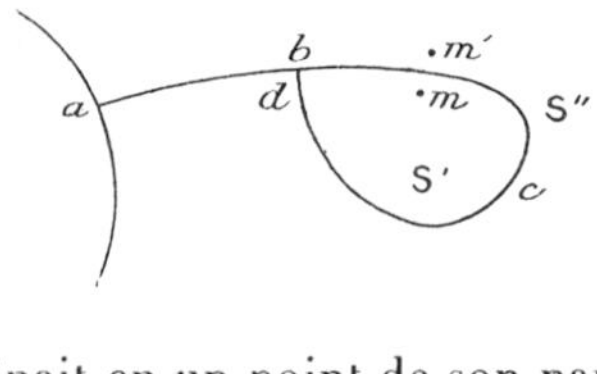

totale de S, se terminait en un point de son parcours, comme l'indique la figure ci-dessus (*fig.* 60), les deux points m, m' infiniment voisins sur les bords opposés de la coupure seraient disposés ainsi que le montre le dessin. Nous laisserons au lecteur le soin d'achever le raisonnement, qui est identique à celui de tout à l'heure.

Corollaire. — Étant données μ surfaces simplement connexes, si l'on trace, dans ce système de surfaces, ν coupures successivement, on obtient $\mu+\nu$ morceaux simplement connexes. Chaque nouvelle coupure a pour effet de décomposer un morceau en deux.

II. *Soit Σ un système quelconque de surfaces; si, au moyen de ν coupures successives, on décompose ce système en α morceaux simplement connexes, la différence $\nu-\alpha$ est un nombre constant pour ce système de surfaces* (¹).

Supposons qu'en procédant d'une façon différente on ait, au moyen de ν' coupures successives, obtenu α' morceaux simplement connexes; il s'agit de montrer que l'on a $\nu-\alpha=\nu'-\alpha'$.

Soient q une coupure du premier système, q' une coupure du second système. Il est toujours permis de supposer que les coupures q et q' ne se rencontrent pas sur les courbes limites, et que les points de croisement des coupures q n'appartiennent pas aux coupures q' et inversement; s'il n'en était pas ainsi, il suffirait de déplacer infiniment peu quelques-unes des coupures, ce qui ne change évidemment pas les nombres ν, α, ν', α'. Imaginons alors que, dans le système de surfaces Σ, on ait tracé à la fois les coupures q et q', et soit A le nombre de morceaux ainsi obtenus. On peut compter ce nombre de deux façons différentes; d'abord, on peut supposer qu'on ait tracé les coupures q les premières et qu'on trace ensuite, dans les α morceaux simplement connexes ainsi obtenus, les coupures q'. Chacune de ces coupures q' devra compter pour $p+1$ coupures distinctes, p désignant le nombre de fois que cette coupure q' traverse une coupure q. Si donc on appelle P le nombre des points de rencontre des coupures q avec les coupures q', le nombre total des morceaux sera $A=\alpha+\nu'+P$. En opérant dans l'ordre inverse, on trouverait de même $A=\alpha'+\nu+P$. On a donc

$$\alpha+\nu'+P=\alpha'+\nu+P,$$

(¹) Riemann, *loc. cit.*, p. 10.

c'est-à-dire

$$\nu' - \alpha' = \nu - \alpha.$$

Ainsi, pour décomposer une surface en cent morceaux simplement connexes, il faut toujours le même nombre de coupures, de quelque façon qu'on opère.

108. Cela posé, considérons en particulier une surface connexe S, et supposons que cette surface puisse être décomposée en portions simplement connexes au moyen d'un nombre fini de coupures [1]. Si ν coupures successives donnent α morceaux simplement connexes, la différence $\nu - \alpha$ est, d'après ce qu'on vient de voir, un nombre parfaitement déterminé pour cette surface. Le nombre

$$N = \nu - \alpha + 2$$

est appelé l'*ordre de connexion* de cette surface. Pour une surface simplement connexe, on peut prendre $\nu = 0$, $\alpha = 1$, et l'on a $N = 1$, comme il est naturel. (On voit pourquoi nous avons pris $\nu - \alpha + 2$, et non pas $\nu - \alpha$, pour mesurer l'ordre de connexion.)

Un cylindre ouvert aux deux bouts est transformé en une surface simplement connexe par une coupure tracée le long d'une génératrice. On a ici $\nu = \alpha = 1$; ce cylindre est donc une surface doublement connexe. Pour transformer le tore en une surface simplement connexe, il faut deux coupures; le tore est donc une surface triplement connexe. En général, une aire plane à n contours est une surface connexe d'ordre n.

Soit S *une surface* N *fois connexe* ($N > 1$); *si l'on trace dans* S *une coupure* q *ne morcelant pas cette surface, on obtient une surface* S', *qui est* ($N - 1$) *fois connexe.*

Soit N' l'ordre de connexion de S'; si ν coupures successives décomposent S' en α morceaux simplement connexes, on aura

$$N' = \nu - \alpha + 2,$$

et, comme on a passé de S à S' en traçant une coupure, on aura

---

[1] Nous excluons par là même les surfaces qui ne pourraient être décomposées en portions simplement connexes par un nombre fini de coupures.

aussi

$$N = \nu + 1 - \alpha + 2$$

et, par suite,

$$N' = N - 1.$$

On conclut de là que *toute surface* S *qui est* N *fois connexe peut être transformée en une surface simplement connexe au moyen de* N — 1 *coupures.*

Puisque S est N fois connexe ($N > 1$), on peut tracer une coupure sans la morceler, et l'on a une surface S' qui est N — 1 fois connexe; si N est plus grand que 2, on pourra tracer dans S' une nouvelle coupure et l'on obtiendra une surface S'' qui sera ($N - 2$) fois connexe, et ainsi de suite. Au bout de N — 1 opérations, on arrivera à une surface dont l'ordre de connexion sera $N - (N - 1) = 1$, c'est-à-dire à une surface simplement connexe.

Le même raisonnement prouve que, sur une surface N fois connexe, on ne peut tracer plus de N — 1 coupures sans la morceler. L'ordre de connexion d'une surface est donc égal au nombre maximum de coupures que l'on peut tracer sur cette surface sans la morceler, augmenté d'une unité.

109. Appliquons ceci aux surfaces fermées. Le type des surfaces fermées simplement connexes est la sphère; après la sphère, la surface fermée la plus simple est le tore, qui est triplement connexe. Mais il n'existe pas de sarface fermée doublement connexe, et, d'une manière générale : *L'ordre de connexion d'une surface fermée est un nombre impair*,

On s'appuie, pour démontrer ce théorème, sur les remarques suivantes :

I. *La limite totale d'une surface simplement connexe se compose d'une seule courbe* ([1]).

Il faut entendre par cet énoncé que cette limite totale peut être décrite d'un seul trait continu. Supposons qu'on ait deux courbes limites distinctes C, C', et soit *ab* une coupure allant

---

([1]) Cette propriété est évidente, si l'on définit une surface simplement connexe, comme au n° 51. Pour l'identité des deux définitions, on pourra consulter la Note de M. Jordan *Sur la déformation des surfaces* (*Journal de Mathématiques*, 2e série, t. **XI**).

d'un point de C à un point de C'. Cette coupure ne morcelle pas la surface; pour le prouver, il suffit évidemment de faire voir qu'on peut réunir deux points infiniment voisins m, m', pris sur les deux bords opposés de ab, par un trait continu, sans franchir cette coupure. En effet, soient n et n' deux points infiniment voisins de C' de part et d'autre du point b (*fig.* 61).

On peut aller de m en n et de n' en m' en longeant la coupure. D'autre part, la courbe limite C' n'ayant qu'un point commun b avec la coupure, il est clair qu'on peut joindre les deux points n et n' par un trait continu restant toujours infiniment voisin de C et ne traversant pas ab. Il existerait donc, contrairement à l'hypothèse, une coupure ne morcelant pas la surface.

Fig. 61.

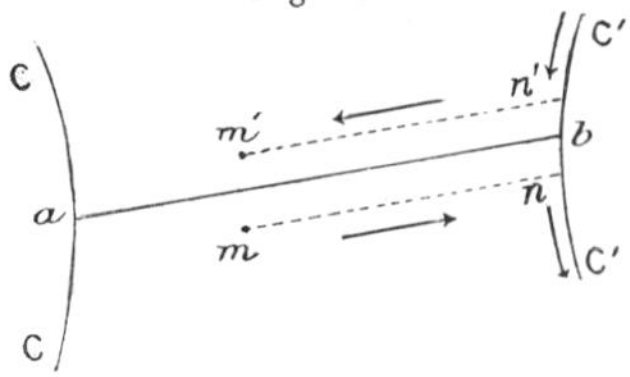

II. *Si dans un système de surfaces* Σ *on trace une coupure, le nombre des courbes limites augmente ou diminue d'une unité.*

Il suffit d'examiner tous les cas qui peuvent se présenter et qu'on a figurés ci-dessous en donnant aux coupures ab, $abcd$ des épaisseurs finies pour qu'on voie leurs deux bords (*fig.* 62). Si la coupure réunit deux courbes limites différentes A et B

Fig. 62.

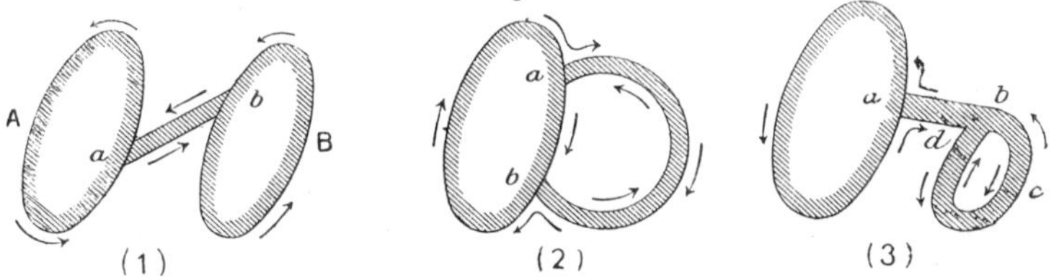

(*fig.* 62, 1), ces deux courbes limites sont remplacées par une seule qu'on peut parcourir dans le sens marqué par les flèches. Au contraire, si la coupure joint deux points d'une même courbe limite (2) ou se termine en un point de son parcours (3), le nombre des courbes limites est augmenté d'une unité. Dans tous les cas, ce nombre change de parité.

Cela posé, soit S une surface fermée N fois connexe. La limite totale se compose d'une seule courbe infiniment petite, et la surface se transforme en une surface simplement connexe au moyen de $N-1$ coupures. Comme, à chaque coupure, le nombre des courbes limites change de parité, et que toute surface simplement connexe a une seule courbe limite, on voit que $N-1$ doit être pair. Plus généralement, l'ordre de connexion d'une surface et le nombre des courbes limites sont de même parité.

110. Soit

$$N = 2p + 1$$

l'ordre de connexion d'une surface fermée; le nombre entier p est appelé le *genre* de la surface. La sphère est de genre zéro, le tore de genre un. Le type des surfaces fermées de genre p est la sphère solide avec p trous, ou le système de p anneaux soudés l'un à l'autre, formant une chaîne non fermée. Pour transformer une pareille surface en une surface simplement connexe, il faut un système de $2p$ coupures. Par exemple, on peut tracer ces $2p$ coupures de façon que p d'entre elles tournent autour d'un trou, les p autres passant à travers un ou deux trous. Tout ceci est à rapprocher du début du Chapitre III; les surfaces qui y sont étudiées ne sont au fond que des surfaces du genre p. Les considérations qui y sont employées prouvent directement que la surface de Riemann à deux feuillets et à $2p+2$ points de ramification est de genre p; résultat que nous vérifierons tout à l'heure.

111. Soit S une surface connexe; isolons un point sur cette surface par une courbe infiniment petite C et supposons enlevé le morceau intérieur; on obtient ainsi une nouvelle surface S', *dont l'ordre de connexion est supérieur d'une unité à celui de* S (*fig.* 63).

Il est évident d'abord que la surface S' sera encore connexe. Joignons un point b de C à un point a d'une courbe limite A de S par une coupure ab, ne morcelant pas S' (n° **102**), et soit S'' la nouvelle surface ainsi obtenue. Les ordres de connexion des trois surfaces S, S′, S″ sont respectivement N, N′, N″. Imaginons que ν coupures successives q tracées dans S″ la décomposent en α morceaux simplement connexes; on aura d'abord

$$N'' = \nu - \alpha + 2.$$

Comme on passe de S′ à S″ en traçant dans S′ une seule coupure ab, on aura aussi

$$N' = \nu + 1 - \alpha + 2.$$

D'un autre côté, si l'on trace dans S la coupure $abcd$, on la

Fig. 63.

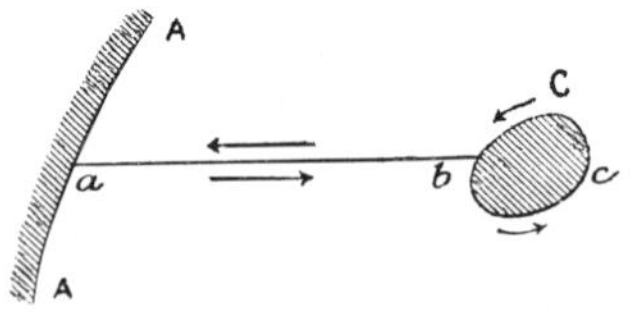

décompose en deux, le morceau simplement connexe intérieur à la courbe C et la surface S″; si l'on trace ensuite dans S″ les ν coupures q, on obtient α morceaux simplement connexes. On a donc

$$N = \nu + 1 - (\alpha + 1) + 2$$

et, par suite,

$$N' = N + 1.$$

D'une manière générale, quand on enlève n morceaux simplement connexes d'une surface connexe, l'ordre de connexion augmente de n unités.

Remarque. — Quand on applique ce théorème aux surfaces fermées, on doit supposer qu'on a déjà donné une limite à la surface.

112. On déduit aisément de cette remarque une généralisation de la relation, due à Euler, qui lie le nombre des faces, le nombre des sommets et le nombre des arêtes d'un polyèdre.

Soit T une surface fermée connexe, de genre p; imaginons qu'on ait décomposé cette surface en F portions simplement connexes par un système de coupures. On aura sur cette surface une espèce de réseau polygonal ayant F faces, S sommets, A arêtes. Si l'on entoure chaque sommet du réseau d'une petite courbe et qu'on enlève le morceau intérieur, on aura une surface connexe T' dont l'ordre de connexion sera, d'après ce qui précède,

$$N' = 2p + 1 + S - 1 = 2p + S,$$

car une des petites courbes doit être regardée comme formant la limite de T. Si l'on trace ensuite dans T' des coupures suivant les A arêtes, on trouve F morceaux simplement connexes. On a donc

$$N' = 2p + S = A - F + 2$$

ou bien

$$A - F - S = 2p - 2 \quad (^1).$$

Si $p = 0$, on retrouve la formule d'Euler. Si $p = 1$, il reste $A = F + S$; comme vérification, reprenons le tore et ses deux coupures, on a

$$A = 2, \qquad F = 1, \qquad S = 1$$

La formule précédente est souvent utile pour trouver le genre d'une surface fermée.

113. Nous allons appliquer cette théorie générale aux surfaces de Riemann. Le premier problème que l'on ait à résoudre est le suivant : *Étant donnée une surface de Riemann connexe* T, *composée de m feuillets, dont on connaît les points de ramification, trouver le genre de cette surface.*

Il suffit de procéder comme pour établir la formule d'Euler généralisée. Supposons la surface T composée de m feuillets étendus sur la sphère et soient $a_1, \ldots, a_q$ les q points de la sphère où se projettent les points de ramification. Au point a_i, par exemple, sont superposés n_i points de ramification dont quelques-uns peuvent être d'ordre zéro. Prenons un point O de la sphère au-dessus duquel passent m feuillets distincts; isolons chacun des m points qui se projettent en O par une courbe infiniment petite, et enlevons les portions de la surface intérieures à ces courbes. Opérons de même avec tous les points de la surface qui se projettent aux

(1) Lhuilier, *Annales de Gergonne*, t. III.

points $a_1, a_2, \ldots, a_q$, et soit T' la surface ainsi obtenue. Le nombre des morceaux enlevés est $m + n_1 + \ldots + n_q$; comme une des petites courbes doit servir de limite totale à T, l'ordre de connexion de T' sera, en appelant $2p+1$ celui de T,

$$N' = 2p + m + n_1 + n_2 + \ldots + n_q.$$

Pour fixer les idées, supposons les lignes de passage de T tra-

Fig. 64.

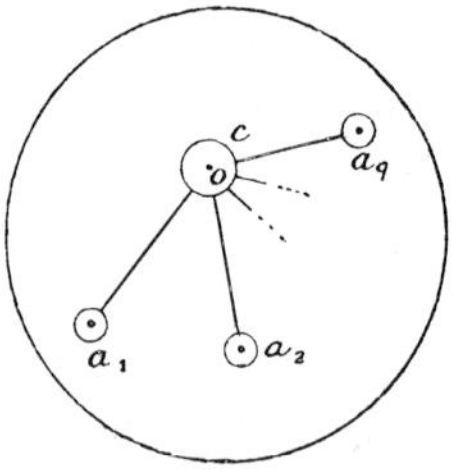

cées suivant des lignes allant du point O aux points $a_1, a_2, \ldots, a_q$. Si, sur chacun des feuillets de T', on trace les q coupures allant de O aux points $a_1, \ldots, a_q$, on a, au moyen de ces mq coupures, décomposé T' en m morceaux simplement connexes. Par suite, on a

$$N' = 2p + m + n_1 + \ldots + n_q = mq - m + 2$$

ou

$$2p = \sum_1^q (m - n_i) - 2m + 2;$$

or $m - n_i$ est égal à la somme des ordres des points de ramification qui sont superposés au point a_i, $\Sigma(m - n_i)$ représente donc la somme $\Sigma(r-1)$ des ordres de tous les points de ramification de la surface; il vient donc, en définitive,

$$p = \frac{\Sigma(r-1)}{2} - m + 1.$$

Telle est la formule fondamentale due à Riemann [1]. On voit que la somme $\Sigma(r-1)$ est toujours un nombre pair (n° 105).

---

(1) *Gesammette Werke*, p. 106.

Exemple. — Pour une surface à deux feuillets, ayant $2p+2$ points de ramification, la formule précédente montre que le genre sera égal à p; ce qui est bien d'accord avec le Chapitre III.

114. Le second problème à résoudre est celui-ci : *Étant donnée une surface de Riemann, de genre p, transformer cette surface en une surface simplement connexe au moyen de* $2p$ *coupures.*

On peut employer pour cet objet plusieurs systèmes de coupures. Nous adopterons un système dont s'est servi Riemann [1]. Remarquons d'abord les propriétés suivantes :

1° Toute surface dont la limite totale peut être décrite d'un seul trait continu est connexe. En effet, si l'on prend d'abord deux points quelconques infiniment voisins de la limite, on peut passer de l'un à l'autre par un trait continu infiniment voisin de cette limite. Si l'on a ensuite deux points quelconques de la surface, il est clair qu'on peut réunir chacun d'eux à un point infiniment rapproché de la courbe limite.

2° Étant donnée une surface à connexion multiple limitée par une seule courbe, on peut tracer dans cette surface une coupure terminée en un point de son parcours et ne morcelant pas la surface. Par hypothèse, on peut tracer une coupure ne morcelant pas

Fig. 65.

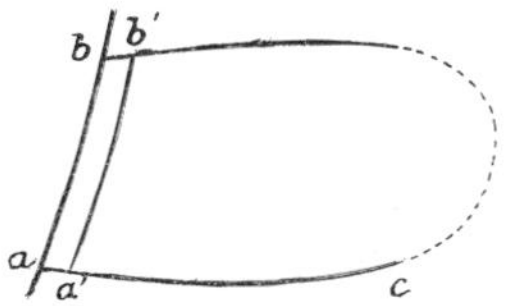

la surface. Cette coupure part d'un point a de la limite; supposons qu'elle se termine en un autre point b de la limite. Marquons sur cette coupure deux points a', b', infiniment voisins des points a et b, et réunissons-les par un trait continu $a'b'$ infiniment voisin de ab (*fig.* 65); si l'on supprime la coupure bb' et qu'on

(1) RIEMANN, *Abelschen Functionen*, § 7.

trace une coupure $a'b'$, on a la coupure $aa'cb'a'$ qui est terminée à un point de son parcours et qui ne morcelle pas la surface.

Cela posé, considérons une surface de Riemann $2p+1$ fois connexe ($p > 0$) T_{2p+1} ; soit A une courbe infiniment petite servant de limite à cette surface. Soit, de plus, a_1 une coupure ne morcelant pas cette surface ; on peut supposer que les deux extrémités de cette coupure sont sur la courbe limite A. En effet, si cette coupure se terminait en un point b de son parcours, on pourrait prendre pour courbe limite de T_{2p+1} une petite courbe entourant le point b, et supprimer la portion de coupure comprise entre A et b, ainsi que la courbe limite A. La nouvelle surface T_{2p}, ainsi obtenue, est $2p$ fois connexe ; on peut donc réunir deux points infiniment voisins, pris de part et d'autre de a_1, par un trait continu. Traçons une coupure b_1 le long de ce trait continu ; la surface obtenue T_{2p-1} est encore connexe, car sa limite, comme le montre la figure 66, peut être parcourue d'un seul trait continu.

Fig. 66.

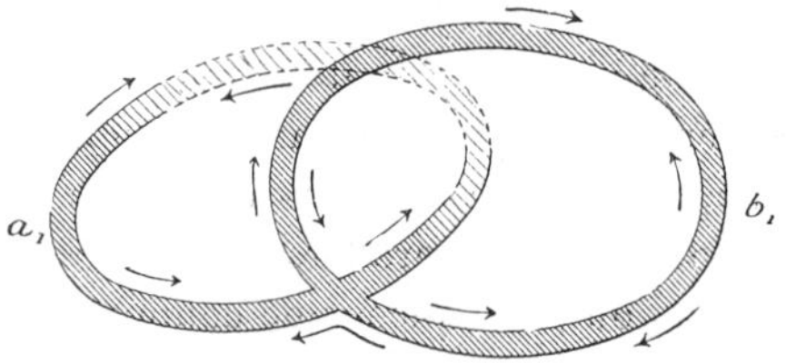

Si $p > 1$, T_{2p-1} sera encore plusieurs fois connexe, et l'on pourra tracer une nouvelle coupure, partant d'un point de b_1 et

Fig. 67.

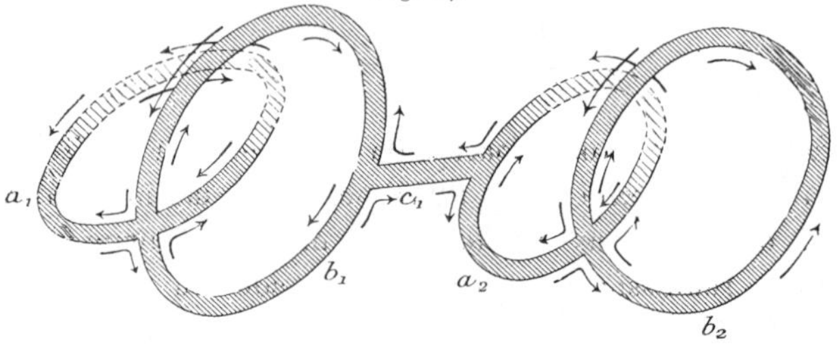

terminée en un point de son parcours, ne morcelant pas la surface. Soient $c_1 a_2$ cette coupure et T_{2p-2} la nouvelle surface, qui est encore à connexion multiple, ainsi obtenue. On pourra ensuite joindre deux points infiniment voisins, de part et d'autre de a_2, par une nouvelle coupure b_2, et la nouvelle surface T_{2p-3} sera connexe, car sa limite totale pourra être parcourue d'un seul trait (*fig.* 67).

Si $p = 2$, T_{2p-3} sera simplement connexe. Si $p > 2$, on continuera de la même façon. Au bout de p opérations, on aura transformé T en une surface simplement connexe T′ au moyen de p systèmes de deux coupures (a_ν, b_ν) $(\nu = 1, 2, \ldots, p)$, réunies par des coupures $c_\nu (\nu = 1, 2, \ldots, p-1)$. Remarquons que les coupures c_ν et $a_{\nu+1}$ (sur la figure c_1 et a_2) ne forment en réalité qu'une seule coupure se terminant en un point de son parcours.

L'ensemble des deux coupures (a_ν, b_ν) forme ce que nous avons appelé une *rétrosection* de la surface de Riemann dont le bord peut être parcouru d'un mouvement continu ; la surface est donc rendue simplement connexe par un système de p rétrosections reliées à la manière d'une chaîne par les coupures auxiliaires c_k. Celles-ci peuvent être supprimées en faisant coïncider en un

Fig. 68.

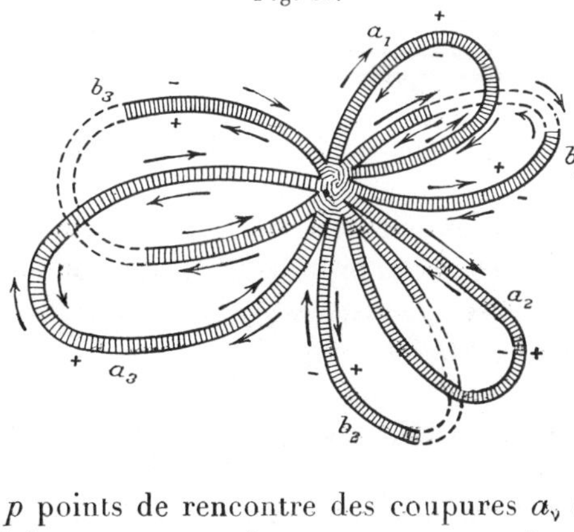

point O les p points de rencontre des coupures a_ν avec les coupures b_ν qui leur sont associées ; nous avons alors un système canonique de coupures analogue à celui que nous avons défini au Chapitre III pour les surfaces à deux feuillets ; l'existence d'un tel système devient particulièrement intuitive pour les surfaces de Riemann n'ayant que des points de ramification simples et construites suivant le procédé du paragraphe 96, ces surfaces pouvant être déformées de manière à présenter l'aspect d'un disque percé de p trous. Ayant défini arbitrairement le bord positif d'une coupure a_ν on conservera la convention du paragraphe pour définir le bord positif de b_ν. La figure 68 représente, pour une surface de genre 3, un système canonique de rétrosections où les points de soudure des coupures (a_1, b_1), (a_2, b_2), (a_3, b_3) sont réunis en un seul. On a indiqué sur la figure 69 une représentation sur

Fig. 69.

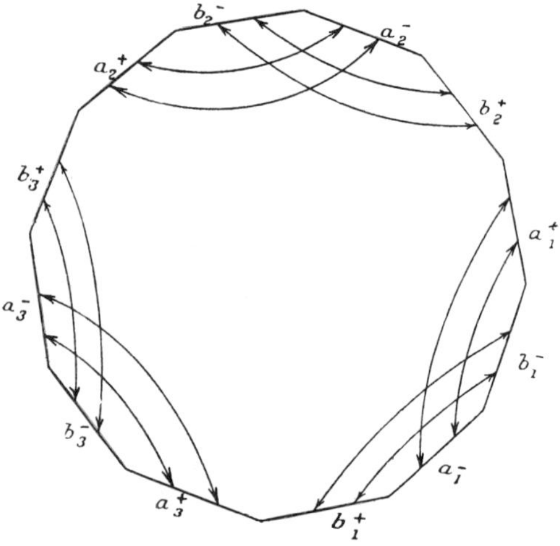

le plan simple du contour de la surface T′ au moyen d'un polygone de $4p$ côtés (12 dans le cas actuel), ces côtés correspondant aux deux bords des coupures a_ν, b_ν et se suivant dans le même ordre; deux côtés correspondant aux deux bords d'une même coupure : a_ν^+ et a_ν^- ou b_ν^+ et b_ν^- sont toujours séparés par un côté et un seul; à deux points en coïncidence sur les deux bords opposés d'une coupure, on fait ainsi correspondre deux points homologues sur les deux côtés du polygone parcourus en sens contraire.

115. Appliquons ces considérations générales à quelques exemples.

Exemple I. — La surface de Riemann correspondant à la

relation

$$u^4 = A(z-\alpha)(z-\beta)^2(z-\gamma)$$

se compose de quatre feuillets; les points $z=\alpha$ et $z=\gamma$ sont des points de ramification d'ordre 3; au point $z=\beta$ sont superposés deux points de ramification simples, enfin le point à l'infini n'est pas un point de ramification. La surface est donc du premier genre, d'après la formule générale. Nous supposerons les lignes de passage tracées suivant les lignes droites indéfinies issues des points α, β, γ : soient u_1, u_2, u_3, u_4 les quatre valeurs de u, rangées par ordre d'argument croissant, qui correspondent à une valeur de z différente de α, β, γ, et P_1, P_2, P_3, P_4 les feuillets correspondants de la surface de Riemann. Les lacets (α) et (γ) unissent les racines u_1 et u_2, u_2 et u_3, u_3 et u_4, u_4 et u_1. Les lignes de passage issues des points α et γ unissent donc les feuillets P_1 et P_2, P_2 et P_3, P_3 et P_4, P_4 et P_1. Au contraire, il y a deux lignes de passage distinctes issues de β; l'une d'elles unit les feuillets P_1 et P_3, l'autre les feuillets P_2 et P_4. La figure 70 montre

Fig. 70.

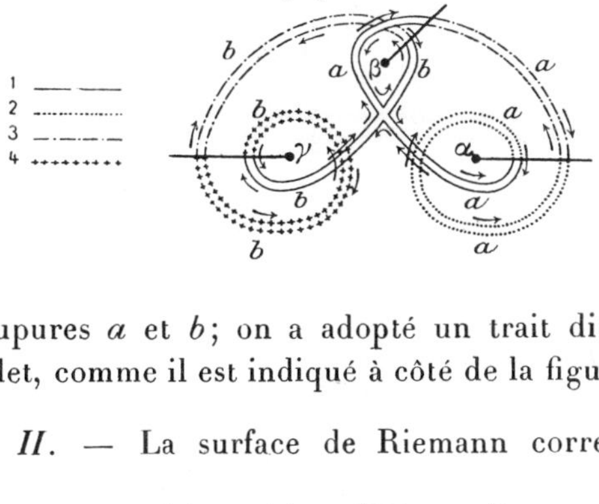

les deux coupures a et b; on a adopté un trait différent pour chaque feuillet, comme il est indiqué à côté de la figure.

Exemple II. — La surface de Riemann correspondant à l'équation

$$u^4 = A(z-\alpha)(z-\beta)^2(z-\gamma)^3$$

a quatre feuillets et six points de ramification; les points β et γ sont des points de ramification d'ordre 3; aux points β et ∞, on a deux points de ramification simples superposés. Le genre de la surface est donc égal à 2. Nous supposerons toujours les lignes de passage tracées suivant des lignes droites allant des points α, β, γ au point à l'infini. Adoptons les mêmes conventions que dans l'exemple précédent. Quand on tourne dans le sens direct autour

Fig. 71.

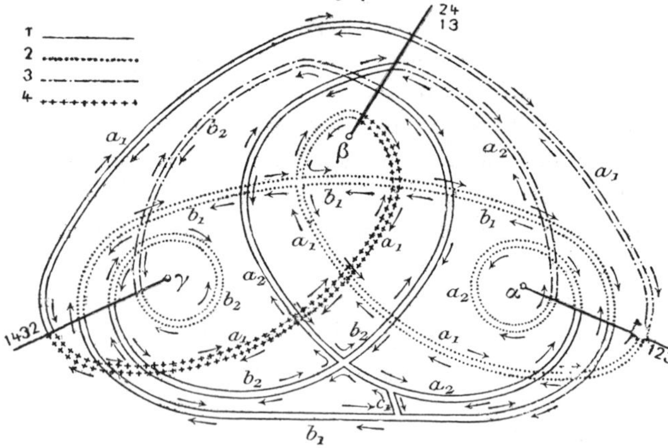

du point α, on rencontre les feuillets dans l'ordre P_1, P_2, P_3, P_4;

Fig. 72.

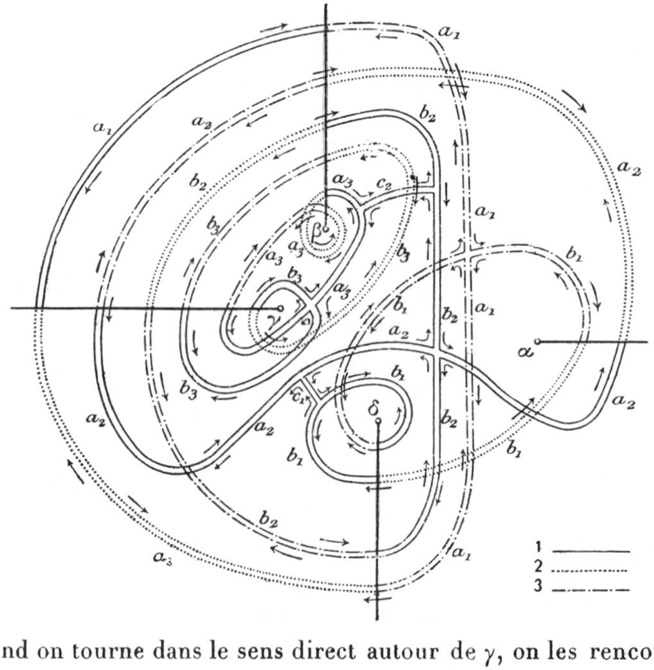

quand on tourne dans le sens direct autour de γ, on les rencontre dans l'ordre P_1, P_4, P_3, P_2. Du point β partent deux lignes de passage unissant P_1 et P_3, P_2 et P_4. Sur la figure 71 on a tracé les coupures a_1, b_1, c_1, a_2, b_2.

Exemple III. — La surface de Riemann correspondant à la relation

$$u^3 = A(z-\alpha)(z-\beta)(z-\gamma)(z-\delta) \quad [1]$$

a trois feuillets et cinq points de ramification du deuxième ordre, α, β, γ, δ, ∞ : le genre est donc égal à 3. Quand on tourne dans le sens direct autour des points α, β, γ, δ, on rencontre toujours les feuillets dans le même ordre P_1, P_2, P_3. Sur la figure 72 on a supposé les lignes de passage allant des points α, β, γ, δ à l'infini; on a tracé les coupures a_1, b_1, c_1, a_2, b_2, c_2, a_3, b_3, c_3 en figurant par un trait continu, par des points ou des points-traits, les lignes tracées dans les feuillets 1, 2, 3.

116. Proposons-nous encore, comme application, d'étudier le genre d'une équation binome

$$(1) \qquad u^m = R(z),$$

$R(z)$ désignant une fonction rationnelle. Si, pour une valeur finie ou infinie de z, $R(z)$ a une valeur finie différente de zéro, les m valeurs du radical $\sqrt[m]{R(z)}$ restent des fonctions uniformes de z dans le domaine de ce point. Il en est de même si, dans le domaine d'un point $z=a$ à distance finie, on a

$$R(z) = (z-a)^{mq} R_1(z)$$

ou si l'on a, pour $z=\infty$,

$$R(z) = z^{mq} R_1(z),$$

q étant un nombre entier positif ou négatif, et $R_1(z)$ une fonction rationnelle qui prend une valeur finie et différente de zéro pour $z=a$, ou pour $z=\infty$.

On obtiendra donc les points de ramification de la surface de Riemann, correspondant à la relation binome (1), en cherchant

---

[1] Cette équation a servi de point de départ aux recherches de M. Picard *Sur les fonctions de deux variables indépendantes analogues aux fonctions modulaires* (*Acta mathematica*, t. II, p. 114).

les pôles ou les zéros de la fonction rationnelle R(z) dont l'ordre de multiplicité n'est pas un multiple de m. Soient a un de ces points, un zéro par exemple, et n son degré de multiplicité. Dans le domaine du point $z = a$, les m valeurs de u sont représentées par

$$\sqrt[m]{(z-a)^n}\, P_1(z),$$

$P_1(z)$ désignant une fonction uniforme dans le domaine du point $z = a$ et le radical $\sqrt[m]{(z-a)^n}$ devant être pris avec ses m déterminations. Lorsque l'argument de $z - a$ augmente de 2π, l'argument de u augmente de $\frac{2n\pi}{m}$. Supposons $\frac{n}{m}$ réduit à sa plus simple expression $\frac{s}{r}$; après r tours de la variable z autour du point a, l'argument de u a augmenté de $2\pi s$ et, par conséquent, u revient à sa valeur initiale. On a donc, en supposant $m = r\alpha$, α cycles de r feuillets ayant leurs sommets au point $z = a$.

Soient $a_1, a_2, \ldots, a_q$ les différents points de ramification, et $r_1, r_2, \ldots, r_q$ les nombres entiers qui jouent le même rôle que le nombre r; le point a_i est le sommet de α_i cycles de r_i feuillets. Posons

$$m = \alpha_1 r_1 = \alpha_2 r_2 = \ldots = \alpha_q r_q;$$

tous les nombres $r_1, r_2, \ldots, r_q$ font partie des diviseurs de m supérieurs à l'unité et ne sont pas forcément inégaux. La formule générale de Riemann nous donne alors

$$\frac{\alpha_1(r_1 - 1) + \ldots + \alpha_q(r_q - 1)}{2} - (m - 1) = p$$

ou

$$m\left(q - 2 - \sum_{i=1}^{q} \frac{1}{r_i}\right) = 2p - 2. \tag{2}$$

Les surfaces de Riemann, qui correspondent à une équation binome, sont des surfaces *régulières*. On appelle ainsi les surfaces de Riemann telles qu'en chacun des points de ramification les m feuillets de la surface se partagent en un certain nombre de cycles composés d'un même nombre de feuillets. Soient a_1, $a_2, \ldots, a_q$ les points de ramification; si au point a_i les m feuillets se partagent en α_i cycles de r_i feuillets ($m = \alpha_i r_i$), le genre de la surface est encore donné par la formule précédente.

La détermination de toutes les surfaces régulières d'un genre *donné* dépend donc en premier lieu de la recherche des solutions en nombres entiers et positifs de l'équation (2), $r_1, \ldots, r_q$ étant des diviseurs de m supérieurs à l'unité. On peut encore écrire cette équation

$$m(q-2)-(\alpha_1+\ldots+\alpha_q)=2p-2,$$

$\alpha_1, \alpha_2, \ldots, \alpha_q$ étant des diviseurs de m, inférieurs à m.

Examinons les cas les plus simples. Si $p=0$, l'équation (2) donne

$$q-2<\sum_{i=1}^{q}\frac{1}{r_i},$$

et, comme $\frac{1}{r_i}$ est au plus égal à $\frac{1}{2}$, on en conclut que l'on a

$$q-2<\frac{q}{2} \qquad \text{ou} \qquad q<4.$$

Si $q=2$, l'équation (2) devient

$$\frac{m}{r_1}+\frac{m}{r_2}=2,$$

ce qui exige que l'on ait $m=r_1=r_2$. En prenant $q=3$, on doit avoir

$$\frac{1}{r_1}+\frac{1}{r_2}+\frac{1}{r_3}>1,$$

équation qui n'admet qu'un nombre fini de solutions en nombres entiers et positifs. Toutes les solutions de l'équation (2) sont, dans ce cas, renfermées dans le tableau ci-dessous :

$$p=0\left\{\begin{array}{ll} q=2, & m=r_1=r_2; \\ q=3 & \left\{\begin{array}{llll} m=2n, & r_1=2, & r_2=2, & r_3=n; \\ m=12, & r_1=2, & r_2=3, & r_3=3; \\ m=24, & r_1=2, & r_2=3, & r_3=4; \\ m=60, & r_1=2, & r_2=3, & r_3=5. \end{array}\right. \end{array}\right.$$

Si $p=1$, l'équation (2) devient

$$q-2-\sum_{i=1}^{q}\frac{1}{r_i}=0;$$

comme $\frac{1}{r_i}$ est au plus égal à $\frac{1}{2}$, on doit avoir

$$q\leqq 2+\frac{q}{2} \qquad \text{ou} \qquad q\leqq 4.$$

Si $q=4$, on a forcément $r_i=2$. Si $q=3$, l'équation devient

$$\frac{1}{r_1}+\frac{1}{r_2}+\frac{1}{r_3}=1$$

et n'admet encore qu'un nombre fini de solutions, qui sont fournies par le tableau ci-dessous :

$$p=1\left\{\begin{array}{ll} q=4, & r_1=r_2=r_3=r_4=2; \\ q=3 & \left\{\begin{array}{lll} r_1=3, & r_2=3, & r_3=3; \\ r_1=2, & r_2=4, & r_3=4; \\ r_1=2, & r_2=3, & r_3=6. \end{array}\right. \end{array}\right.$$

Enfin, si l'on suppose p supérieur à un, l'équation (2) n'admet encore qu'un nombre *limité* de solutions en nombres entiers et positifs, répondant à la question. En effet, on a $\sum\frac{1}{r_i}\leqq\frac{q}{2}$ et, par suite,

$$m\left(q-2-\frac{q}{2}\right)\leqq 2p-2$$

ou

$$m(q-4)\leqq 4p-4. \tag{3}$$

Comme m est au moins égal à 2, on en conclut que q satisfait à l'inégalité

$$q-4\leqq 2p-2$$

ou

$$q\leqq 2p+2,$$

l'égalité n'ayant lieu que si tous les nombres m et r_i sont égaux à 2. Il y a donc une limite pour q. En second lieu, pour une valeur donnée de q, il y a une limite pour m et, par suite, pour $r_1, r_2, \ldots, r_q$. Ceci est évident d'après l'inégalité (3), si q est supérieur à 4. Il ne peut y avoir de difficulté que si $q=3$ ou $q=4$. Si $q=3$, la somme $\frac{1}{r_1}+\frac{1}{r_2}+\frac{1}{r_3}$ devant être inférieure à l'unité, on s'assure aisément que cette somme est au plus égale à $\frac{41}{42}$, ce qui a lieu pour $r_1=2$, $r_2=3$, $r_3=7$. On a, par suite,

$$m\leqq 42(2p-2).$$

De même, si $q=4$, la somme $\frac{1}{r_1}+\frac{1}{r_2}+\frac{1}{r_3}+\frac{1}{r_4}$, devant être inférieure à 2, est au plus égale à $\frac{11}{6}$ et l'on a, par suite,

$$m\leqq 6(2p-2)$$

On a d'ailleurs une limite inférieure de m en remarquant que $\sum \frac{1}{r_i}$ est au moins égal à $\frac{q}{m}$ et l'on a, par suite,

$$m \geqq \frac{2p-2+q}{q-2}.$$

Voici le tableau des solutions de l'équation (2) lorsque $p=2$; nous rappelons que r_i doit être un diviseur de m supérieur à l'unité.

$q=3$	$m=5$ ……	$r_1=r_2=r_3=5$;		
	$m=6$ ……	$r_1=3$,	$r_2=r_3=6$;	
	$m=8$ ……	$r_1=r_2=r_3=4$;		
	…………	$r_1=2$,	$r_2=r_3=8$;	
	$m=9$ ……	$r_1=r_2=3$,	$r_3=9$;	
	$m=10$ ……	$r_1=2$,	$r_2=5$,	$r_3=10$;
	$m=12$ ……	$r_1=2$,	$r_2=4$,	$r_3=12$;
	…………	$r_1=2$,	$r_2=6$,	$r_3=6$;
	…………	$r_1=r_2=3$,	$r_3=6$;	
	…………	$r_1=3$,	$r_2=r_3=4$;	
	$m=15$ ……	$r_1=r_2=3$,	$r_3=5$;	
	$m=16$ ……	$r_1=2$,	$r_2=4$,	$r_3=8$;
	$m=18$ ……	$r_1=2$,	$r_2=3$,	$r_3=18$;
	$m=20$ ……	$r_1=2$,	$r_2=5$,	$r_3=5$;
	$m=24$ ……	$r_1=2$,	$r_2=3$,	$r_3=12$;
	…………	$r_1=2$,	$r_2=4$,	$r_3=6$;
	…………	$r_1=r_2=3$,	$r_3=4$;	
	$m=30$ ……	$r_1=2$,	$r_2=3$,	$r_3=10$;
	$m=36$ ……	$r_1=2$,	$r_2=3$,	$r_3=9$;
	$m=40$ ……	$r_1=2$,	$r_2=4$,	$r_2=5$;
	$m=48$ ……	$r_1=2$,	$r_2=3$,	$r_3=8$;
	$m=84$ ……	$r_1=2$,	$r_2=3$,	$r_3=7$.
$q=4$	$m=3$ ……	$r_1=r_2=r_3=r_4=3$;		
	$m=4$ ……	$r_1=r_2=2$,	$r_3=r_4=4$;	
	$m=6$ ……	$r_1=r_2=2$,	$r_3=r_4=3$;	
	…………	$r_1=r_2=r_3=2$,	$r_4=6$;	
	$m=8$ ……	$r_1=r_2=r_3=2$,	$r_4=4$;	
	$m=12$ ……	$r_1=r_2=r_3=2$,	$r_4=3$.	
$q=5$	$m=4$ ……	$r_1=r_2=\ldots=r_5=2$;		
$q=6$	$m=2$ ……	$r_1=r_2=\ldots=r_6=2$.		

Connaissant une solution de l'équation (2), la détermination d'une surface de Riemann ayant la ramification demandée est un problème de combinaisons qu'on peut toujours résoudre par un nombre fini d'essais. Cette surface une fois déterminée, il resterait encore à examiner si elle correspond à une relation algébrique, question générale que nous n'aborderons pas ici ([1]). Nous allons montrer simplement comment on peut obtenir les équations binomes qui correspondent à une solution de l'équation (2) en nombres entiers et positifs. Soit

$$(4) \qquad u^m = \Pi(z - a_i)^{m_i}$$

une équation binome irréductible; le nombre m_i peut toujours se mettre sous la forme $m_i = mt_i + n_i$, t_i désignant un nombre entier positif ou négatif, et n_i un nombre entier satisfaisant aux inégalités $0 \leqq n_i < m$. L'équation binome proposée peut alors s'écrire

$$(5) \qquad u^m = [R_1(z)]^m (z - a_1)^{n_1} (z - a_2)^{n_2} \ldots (z - a_s)^{n_s},$$

$R_1(z)$ désignant une fonction rationnelle de z et $n_1, \ldots, n_s$ des nombres entiers positifs inférieurs à m. Les nombres $m, n_1, \ldots, n_s$ sont en outre premiers entre eux, sans quoi la relation ne serait pas irréductible. Il est clair que la fonction u définie par l'équation (5) est ramifiée comme la fonction U définie par l'équation

$$(6) \qquad U^m = (z - a_1)^{n_1} (z - a_2)^{n_2} \ldots (z - a_s)^{n_s}.$$

Supposons connues les valeurs de $q, r_1, r_2, \ldots, r_q$. Le nombre s est égal à $q - 1$ ou à q, suivant que le point à l'infini est ou non un point de ramification. Quant au nombre m, il est toujours égal au plus petit multiple commun M des nombres $r_1, r_2, \ldots, r_q$. En effet le rapport $\frac{n_i}{m}$ réduit à sa plus simple expression doit être de la forme $\frac{r'_i}{r_i}$, ce qui exige que m soit divisible par r_i. On a donc $m = MQ$, et, par suite,

$$\frac{n_i}{MQ} = \frac{r'_i}{r_i} \qquad \text{ou} \qquad n_i = Q r'_i \frac{M}{r_i};$$

tous les nombres n_i sont donc divisibles par Q, et, par consé-

---

([1]) Riemann a démontré qu'à toute surface connexe à plusieurs feuillets correspond une fonction algébrique. Nous reviendrons sur cette question dans le deuxième Tome de ces leçons.

quent, on a $Q = 1$: autrement la relation (5) ne serait pas irréductible.

Cette remarque permet d'éliminer un certain nombre des solutions trouvées par l'équation (2), auxquelles ne correspondent pas d'équations binomes. Nous voyons de plus que, lorsque $p = 1$, les valeurs de m sont respectivement $m = 2, 3, 4, 6$. En nous bornant au cas de $p = 0$ et de $p = 1$, nous n'avons donc en tout que six cas à examiner :

$p = 0,\quad q = 2,\quad m = r_1 = r_2,$

$p = 0,\quad q = 3,\quad m = 2n,\quad r_1 = 2,\quad r_2 = 2,\quad r_3 = n$ (n impair)

$p = 1,\quad q = 4,\quad m = 2,\quad r_1 = r_2 = r_3 = r_4 = 2;$

$\ldots\ldots,\quad q = 3,\quad m = 3,\quad r_1 = r_2 = r_3 = 3;$

$\ldots\ldots,\quad q = 3,\quad m = 4,\quad r_1 = 2,\quad r_2 = r_3 = 4;$

$\ldots\ldots,\quad q = 3,\quad m = 6,\quad r_1 = 2,\quad r_2 = 3,\quad r_3 = 6.$

La discussion n'offre aucune difficulté et toutes les relations binomes de genre 0 ou 1 sont fournies par le tableau suivant :

$p = 0$:

I...... $u^m = [R_1(z)]^m (z - a_1)^n (z - a_2)^{m-n};$

II..... $u^m = [R_1(z)]^m (z - a_1)^n;$

$p = 1$:

III.... $u^2 = [R_1(z)]^2 (z - a_1)(z - a_2)(z - a_3)(z - a_4);$

IV..... $u^2 = [R_1(z)]^2 (z - a_1)(z - a_2)(z - a_3);$

V..... $u^3 = [R_1(z)]^3 (z - a_1)(z - a_2)(z - a_3);$

VI..... $u^3 = [R_1(z)]^3 (z - a_1)(z - a_2);$

VII.... $u^3 = [R_1(z)]^3 (z - a_1)^2 (z - a_2)^2 (z - a_3)^2;$

VIII... $u^3 = [R_1(z)]^3 (z - a_1)^2 (z - a_2)^2;$

IX..... $u^4 = [R_1(z)]^4 (z - a_1)^2 (z - a_2)(z - a_3);$

X..... $u^4 = [R_1(z)]^4 (z - a_1)^2 (z - a_2);$

XI..... $u^4 = [R_1(z)]^4 (z - a_2)(z - a_3);$

XII.... $u^4 = [R_1(z)]^4 (z - a_1)^2 (z - a_2)^3 (z - a_3)^3;$

XIII... $u^4 = [R_1(z]]^4 (z - a_1)^2 (z - a_2)^3;$

XIV... $u^4 = [R_1(z)]^4 (z - a_2)^3)z - a_3)^3;$

XV.... $u^6 = [R_1(z)]^6 (z - a_1)(z - a_2)^2 (z - a_3)^3;$

XVI... $u^6 = [R_1(z)]^6 (z - a_1)(z - a_2)^2;$

XVII.. $u^6 = [R_1(z)]^6 (z - a_1)(z - a_3)^3;$

XVIII.. $u^6 = [R_1(z)]^6 (z - a_2)^2 (z - a_3)^3;$

XIX... $u^6 = [R_1(z)]^6 (z - a_1)^3 (z - a_2)^4 (z - a_3)^5;$

XX.... $u^6 = [R_1(z)]^6 (z - a_1)^3 (z - a_2)^4;$

XXI... $u^6 = [R_1(z)]^6 (z - a_1)^3 (z - a_3)^5;$

XXII.. $u^6 = [R_1(z)]^6 (z - a_2)^4 (z - a_3)^5.$

On peut remarquer que ces équations se déduisent de quelques-unes d'entre elles par des transformations simples. Ainsi, en effectuant sur z une substitution linéaire, on peut ramener les trois dernières équations à la relation (XIX), les équations (XVI), (XVII) et (XVIII) à la relation (XV), (XIII) et (XIV) à (XII), (X) et (XI) à (IX), (VIII) à (VII), (VI) à (V), IV à (III), (II) à (I). On peut déduire de même (VII) de (V), (XII) de (IX), (XIX) de (XV) en changeant u en $\frac{1}{u}$. Enfin, si l'on remplace u par $u R_1(z)$, on voit que toutes les équations binomes de genre un se ramènent à quatre équations distinctes :

III'.... $u^2 = (z-a_1)(z-a_2)(z-a_3)(z-a_4)$;

VII'... $u^3 = (z-a_1)^2(z-a_2)^2(z-a_3)^2$;

XII'... $u^4 = (z-a_1)^2(z-a_2)^3(z-a_3)^3$;

XIX'.. $u^6 = (z-a_1)^3(z-a_2)^4(z-a_3)^5$,

dont elles peuvent se déduire par une substitution linéaire effectuée sur z, accompagnée de l'une des transformations

$$u = u' R_1(z), \qquad u = \frac{R_1(z)}{u'}.$$

Toutes les équations binomes de genre zéro se ramènent de même à la relation unique

$$u^m = (z-a)^n.$$

117. On adopte en général une autre définition des surfaces de Riemann régulières, en appelant ainsi une surface telle que tout chemin fermé tracé sur la surface demeure tel si l'on transporte un point arbitraire de ce chemin pris pour origine en l'un quelconque des points qui lui sont superposés, autrement dit, si une courbe fermée sur le plan simple étant l'image de plusieurs chemins de la surface de Riemann, ces derniers sont tous fermés ou tous ouverts. Il est clair que cette propriété entraîne celle qui concerne la distribution des points de ramification et que l'on a prise pour définition au paragraphe **116**; on le voit en considérant un chemin entourant au plus un point de ramification. Mais la réciproque n'est pas nécessairement vraie, si ce n'est pour les surfaces de genre zéro; en effet, soit C un contour fermé tracé sur la surface; celle-ci étant applicable au sens de l'*analysis situs* sur la sphère de Riemann, on pourra décomposer C par des transversales en une somme de contours fermés pouvant être réduits à un point par déformation continue sans traverser aucun point de ramification, car cette décomposition est possible pour la figure sphérique à un seul feuillet. Les contours partiels obtenus sur la surface de Riemann sont alors superposés à d'autres, tous réductibles à un point et fermés; les contours superposés à C sont donc tous fermés. Les équations algébriques correspondant à ces surfaces régulières du genre zéro jouent un rôle important en algèbre; on en trouvera une étude détaillée dans l'Ouvrage de F. Klein, *Vorlesungen über das ikosaeder*. Nous en parlerons d'ailleurs dans la suite de ces leçons.

118. *Intégrales abéliennes.* — Soient

$$F(z, u) = 0 \tag{7}$$

une relation algébrique irréductible, de degré m en u, T la surface de Riemann correspondante, composée de m feuillets étendus sur le plan des z, $\varphi(z, u)$ une fonction rationnelle de z et de u. L'intégrale

$$w = \int_{(z_0, u_0)}^{(z, u)} \varphi(z, u)\, dz$$

est dite une intégrale abélienne appartenant à l'équation (7). Nous supposerons qu'on a pris pour limite inférieure (z_0, u_0) un point de la surface par lequel ne passe qu'un seul feuillet et pour lequel $\varphi(z, u)$ reste fini.

Occupons-nous d'abord des points singuliers que peut admettre cette intégrale. Il suffit d'examiner les différentes formes possibles pour $\varphi(z, u)$. Soit d'abord (a, b) un point analytique à distance finie, par lequel ne passe qu'un seul feuillet, dans le voisinage duquel la fonction $\varphi(z, u)$ est régulière. Dans le domaine de ce point, on a

$$\varphi(z, u) = A_0 + A_1(z-a) + A_2(z-a)^2 + \ldots$$

et, par suite,

$$w = H + A_0(z-a) + \frac{A_1}{2}(z-a)^2 + \frac{A_2}{3}(z-a)^3 + \ldots;$$

l'intégrale w est elle-même régulière dans le domaine de ce point. Supposons ensuite que le point (a, b) soit un pôle de $\varphi(z, u)$,

$$\varphi(z, u) = \frac{A_{-n}}{(z-a)^n} + \ldots + \frac{A_{-1}}{z-a} + A_0 + A_1(z-a) + \ldots.$$

on en déduit

$$w = H + \frac{A_{-n}}{(1-n)} \frac{1}{(z-a)^{n-1}} + \ldots + A_{-1}\log(z-a) + A_0(z-a) + \ldots.$$

Si A_{-1} est nul, le point analytique (a, b) est un pôle d'ordre $n-1$ de l'intégrale; si A_{-1} n'est pas nul, c'est un *point singulier logarithmique.* Lorsqu'on tourne autour du point (a, b) sur la surface, l'intégrale augmente ou diminue de $2\pi i A_{-1}$.

Supposons ensuite que (a, b) soit un point de ramification d'ordre $\mu = 1$. Plusieurs cas sont à distinguer :

1° La fonction $\varphi(z, u)$ est régulière en ce point

$$\varphi(z, u) = A_0 + A_1(z-a)^{\frac{1}{\mu}} + A_2(z-a)^{\frac{2}{\mu}} + \ldots.$$

On aura

$$w = \int \varphi(z, u)\,du = H + A_0(z-a)$$
$$+ \frac{\mu}{\mu+1} A_1(z-a)^{\frac{1}{\mu}+1} + \frac{\mu}{\mu+2} A_2(z-a)^{\frac{2}{\mu}+1} + \ldots.$$

On voit que l'intégrale est également régulière au point (a, b).

2° Le point analytique (a, b) est un pôle d'ordre inférieur à μ. On a

$$\varphi(z, u) = A_{-\mu+n} \frac{1}{(z-a)^{1-\frac{n}{\mu}}} + \ldots$$

et, par suite,

$$w = H + \frac{\mu}{n} A_{-\mu+n}(z-a)^{\frac{n}{\mu}} + \ldots.$$

L'intégrale w est encore régulière dans le domaine du point analytique (a, b), quoique sa dérivée devienne infinie en ce point.

3° Le point analytique (a, b) est un pôle d'ordre supérieur à μ, et le résidu est nul. On a

$$\varphi(z, u) = A_{-\mu-n} \frac{1}{(z-a)^{2+\frac{n}{\mu}}} + \ldots$$

et

$$w = \mathrm{H} - \frac{\mu}{n} \frac{\mathrm{A}_{-\mu-n}}{(z-a)^{\frac{n}{\mu}}} + \ldots;$$

l'intégrale abélienne w admet le point (a, b) comme pôle d'ordre n.

4° Enfin si le point (a, b) est un point d'ordre égal ou supérieur à μ, sans que le résidu soit nul, ce point est pour l'intégrale w un point singulier logarithmique.

L'étude de l'intégrale pour les valeurs infinies de z conduira à des résultats analogues que le lecteur établira aisément. Remarquons seulement que la fonction $\varphi(z, u)$ peut être régulière à l'infini, sans qu'il en soit de même pour w; il faut, en outre, que le développement de $\varphi(z, u)$ commence par un terme en $\frac{1}{z}$ de degré supérieur à l'unité. En résumé, *une intégrale abélienne est régulière en tous les points de la surface* T, *sauf en un nombre fini de points, qui sont des pôles ou des points singuliers logarithmiques.*

119. Nous avons fait abstraction jusqu'ici du chemin suivi par la variable. Si l'on va du point (z_0, u_0) à un même point (z, u) de la surface par deux chemins différents, les valeurs finales w, w', obtenues pour l'intégrale, ne peuvent différer que par une constante, car les dérivées $\frac{dw}{dz}$, $\frac{dw'}{dz}$ sont identiques. On obtient donc toutes les valeurs possibles de l'intégrale en un point analytique (z, u) en ajoutant à l'une d'elles certaines constantes, appelées *périodes* ou *modules de périodicité*, qui jouent un grand rôle dans cette théorie.

Pour trouver le nombre de ces périodes, nous n'avons qu'à répéter, mot pour mot, les raisonnements du Chapitre III. Il est clair, en effet, que ces raisonnements sont indépendants du nombre des feuillets qui composent la surface de Riemann et de la nature des points de ramification. Le théorème de Cauchy s'étend de la même façon aux surfaces à un nombre quelconque de feuillets, ainsi que la formule de Riemann relative au signe de l'intégrale $\int \mathrm{X}\, d\mathrm{Y}$.

Si donc $\varphi(z, u)$ a tous ses résidus nuls, l'intégrale

$$w = \int_{(z_0, u_0)}^{(z, u)} \varphi(z, u)\, dz$$

est une fonction uniforme du point analytique (z, u) sur la surface T'. Cette intégrale possède $2p$ périodes $A_1, \ldots, A_p$; $B_1, B_2, \ldots, B_p$, relatives aux coupures $a_1, \ldots, a_p$; $b_1, \ldots, b_p$, chacune de ces périodes étant déterminée comme sur la surface à deux feuillets; les périodes relatives aux coupures $c_1, c_2, \ldots, c_{p-1}$ sont toutes nulles.

Supposons, en second lieu, que la fonction $\varphi(z, u)$ admette un certain nombre q de pôles, avec des résidus différents de zéro, $R_1, R_2, \ldots, R_q$. Soient $(\alpha_1, \beta_1) \ldots (\alpha_q, \beta_q)$ ces pôles dont quelques-uns peuvent être des points de ramification ou rejetés à l'infini. L'intégrale

$$w = \int_{(z_0, u_0)}^{(z, u)} \varphi(z, u)\, dz$$

ne sera plus uniforme sur la surface T'; un contour infiniment

Fig. 73.

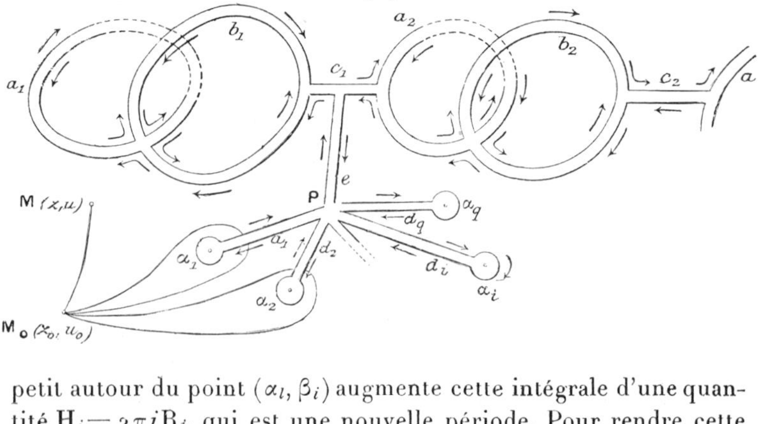

petit autour du point (α_i, β_i) augmente cette intégrale d'une quantité $H_i = 2\pi i R_i$, qui est une nouvelle période. Pour rendre cette intégrale uniforme, nous ajouterons de nouvelles coupures. Entourons chacun des points (α_i, β_i) d'un cercle de rayon très petit, ou de rayon très grand, si ce point est à l'infini. Joignons tous ces cercles à un point P de la surface par des lignes ne se croisant pas entre elles et ne rencontrant pas les coupures a_ν, b_ν, c_ν; puis, joignons le point P à un point de c_1, par exemple. Si l'on regarde les lignes tracées comme de nouvelles coupures, on aura obtenu une nouvelle surface T'', simplement connexe, sur laquelle l'intégrale considérée sera une fonction uniforme w', car un chemin fermé quelconque tracé sur T'' ne renferme, à son intérieur, aucun des points (α_i, β_i).

Tout chemin situé sur T, allant de M_0 en M, est équivalent à une suite de contours fermés, dont chacun ne traverse qu'une seule coupure, suivi du chemin direct situé sur T'', allant de M_0 en M. La différence des valeurs de w', en deux points infiniment voisins de part et d'autre de la coupure d_i, est égale à $2\pi i R_i = H_i$. Le module de périodicité relatif à la coupure e est égal à $2\pi i(R_1 + \ldots + R_q) = 0$. Enfin les modules de périodicité relatifs aux coupures c_i sont encore nuls, tandis que les modules relatifs aux coupures a_ν et b_ν ont la même signification que plus haut. L'intégrale abélienne admet donc $2p+q$ périodes

$$A_1,\ A_2,\ \ldots,\ A_p;\qquad B_1,\ B_2,\ \ldots,\ B_p;\qquad H_1,\ H_2,\ \ldots,\ H_q.$$

120. En résumé, une intégrale abélienne jouit des propriétés suivantes :

1° *Elle est régulière en tous les points de la surface de Riemann, sauf en un nombre fini de points qu'elle admet comme pôles ou comme points singuliers logarithmiques. Dans le domaine d'un point singulier* (α, β), *elle est représentée par un développement de la forme suivante :*

$$W = \frac{A_n}{(z-\alpha)^n} + \frac{A_{n-1}}{(z-\alpha)^{n-1}} + \ldots + \frac{A_1}{z-\alpha} + H\log(z-\alpha) + B_0 + B_1(z-\alpha) + \ldots,$$

le coefficient H *ou les coefficients* A_i *pouvant être nuls;* $z-\alpha$ *doit être remplacé par* $(z-\alpha)^{\frac{1}{\mu}}$ *si le point analytique* (α, β) *est un point de ramification d'ordre* $\mu - 1$, *et* $z - \infty$ *par* $\frac{1}{z}$.

2° *On obtient toutes les déterminations de l'intégrale en un point quelconque* (z, u) *de la surface, en ajoutant à l'une d'elles des multiples quelconques de certaines périodes, en nombre fini.*

Les périodes sont de deux sortes. Les unes proviennent de lacets infiniment petits décrits autour des points singuliers logarithmiques. Elles peuvent être en nombre quelconque, mais leur somme est nulle; ce sont les périodes *polaires*. Les autres périodes proviennent de certains contours fermés, appelés *cycles*, tracés sur la surface T, contours qui ne peuvent être réduits à des contours infiniment petits par une déformation continue. Ce sont les périodes *cycliques*. Elles se ramènent toujours à $2p$ périodes distinctes, quelle que soit la fonction considérée $\varphi(z, u)$, mais quelques-unes peuvent être nulles.

Inversement, toute fonction du point analytique (z, u) jouissant de ces propriétés est une intégrale abélienne, car sa dérivée est une fonction uniforme sur la surface T, n'admettant que des poles pour points singuliers, c'est-à-dire une fonction rationnelle de z et de u.

121. Les relations algébriques se classent naturellement d'après le genre p de la surface de Riemann correspondante. Si $p = 0$, il n'y a que des périodes polaires; si $p = 1$, il y a deux périodes cycliques, etc. Les intégrales abéliennes relatives à une même équation algébrique $F(z, u) = 0$ se classent à leur tour d'après la nature de leurs singularités. Nous distinguerons trois espèces d'intégrales :

1° *Intégrales de première espèce.* — Ce sont celles qui restent régulières dans le domaine de tout point de la surface de Riemann; elles ne peuvent devenir infinies que par l'addition d'un nombre illimité de périodes. Il est clair qu'elles n'admettent que des périodes cycliques.

2° *Intégrales de deuxième espèce.* — Elles sont régulières en tous les points de T, sauf *en un seul point qu'elles admettent comme pôle;* elles n'ont encore que des périodes cycliques.

3° *Intégrales de troisième espèce.* — Elles sont régulières en tous les points de T, sauf en deux points (α_1, β_1), (α_2, β_2), qu'elles admettent pour points singuliers logarithmiques. Dans le domaine du point (α_1, β_1), une intégrale de troisième espèce, admettant ce point pour point singulier logarithmique, sera de la forme

$$\log(z - \alpha_1) + P(z - \alpha_1),$$

$P(z-\alpha_1)$ étant une fonction régulière au point (α_1, β_1), et dans le domaine du point (α_2, β_2) on aura pour la même intégrale

$$-\log(z-\alpha_2)+Q(z-\alpha_2),$$

$Q(z-\alpha_2)$ étant régulière au point (α_2, β_2). Nous désignerons cette intégrale par le symbole

$$\varpi^{\alpha_1, \beta_1}_{\alpha_2, \beta_2}.$$

Si un des points critiques logarithmiques vient en un point de ramification d'ordre μ, $z-\alpha$ devra être remplacé par $(z-\alpha)^{\frac{1}{\mu}}$; si un de ces points s'en va à l'infini, $z-\infty$ devra être remplacé par $\frac{1}{z}$. Une intégrale de troisième espèce admet $2p$ périodes cycliques et *une* période polaire égale à $2\pi i$.

Remarquons encore qu'il ne peut y avoir d'intégrale plus simple ayant des points critiques logarithmiques. En effet, si la dérivée $\frac{dw}{dz}$ a des pôles simples, elle en aura au moins deux, avec des résidus égaux et de signes contraires; en divisant l'intégrale par une constante égale à l'un de ces résidus, on ramènera les résidus à être ± 1.

122. On verra, dans un des Chapitres suivants, comment on peut former ces trois espèces d'intégrales. Nous nous bornerons, pour terminer ces généralités, à rappeler quelques conséquences de la formule de Riemann. Soient w une intégrale de première espèce et $A_1, \ldots, A_p$; $B_1, B_2, \ldots, B_p$ ses $2p$ périodes,

$$A_\nu = \alpha_\nu + \alpha'_\nu \sqrt{-1}, \qquad B_\nu = \beta_\nu + \beta'_\nu \sqrt{-1}.$$

D'après la formule de Riemann, l'expression

$$\sum_{\nu=1}^{p} (\alpha_\nu \beta'_\nu - \beta_\nu \alpha'_\nu)$$

est essentiellement positive; elle ne pourrait être nulle, d'après la façon même dont on établit cette formule, que si w se réduisait à une constante. On en conclut immédiatement que, si w ne se réduit pas à une constante, il est impossible : 1° que les parties réelles ou les parties imaginaires de toutes les périodes soient nulles; 2° que les périodes relatives à toutes les coupures a_ν ou à toutes les coupures b_ν soient nulles en même temps.

Une autre conséquence sur laquelle nous voulons appeler l'attention, c'est qu'*à une relation algébrique de genre p ne peuvent correspondre plus de p intégrales linéairement distinctes de première espèce*. Soient, en effet, $w_1, w_2, \ldots, w_{p+1}$, $p+1$ intégrales de première espèce; on peut toujours trouver $p+1$ coefficients constants $\lambda_1, \lambda_2, \ldots, \lambda_{p+1}$, dont un au moins sera différent de zéro, tels que toutes les périodes de l'intégrale

$$\lambda_1 w_1 + \ldots + \lambda_{p+1} w_{p+1},$$

relatives aux coupures a_ν, soient nulles; on a en effet, pour déterminer ces coefficients, p relations linéaires et homogènes à $p+1$ inconnues. L'intégrale précédente se réduit donc à une constante, et si λ_{p+1}, par exemple, n'est pas nul, on voit que w_{p+1} est une combinaison linéaire à coefficients constants des p intégrales $w_1, \ldots, w_p$. Il y a donc au plus p intégrales distinctes de première espèce. On démontrera plus loin qu'il y en a p effectivement.

CHAPITRE VI.

TRANSFORMATIONS BIRATIONNELLES [1].

Transformations rationnelles générales. — Transformations birationnelles. — Conservation du genre. — Ordre et classe d'un cycle. — Transformation d'Halphen. — Théorème de Nöther. — Définition géométrique du genre. — Courbes de genre zéro. — Courbes de genre un. — Courbes de genre deux.

123. Soit

$$f(z, u) = 0 \tag{1}$$

une équation algébrique irréductible, de degré m en u et de degré u en z. Prenons deux fonctions rationnelles de z et de u

$$\begin{cases} Z = \varphi(z, u), \\ U = \psi(z, u), \end{cases} \tag{2}$$

d'ordres μ et ν respectivement; la fonction $\varphi(z, u)$ admet μ pôles sur T, en général distincts, et la fonction $\psi(z, u)$ en admet ν. Si l'on élimine z et u entre les équations (1) et (2), on est conduit à une relation algébrique entière entre Z et U,

$$F(Z, U) = 0, \tag{3}$$

qui exprime la condition *nécessaire et suffisante* pour que les trois équations (1) et (2) admettent un système de solutions communes en z et u. Il est facile de trouver le degré du polynome F(Z, U) par rapport à chacune des variables. A une valeur de Z, la relation $Z = \varphi(z, u)$ fait correspondre par hypothèse μ points analytiques sur la surface T, et par suite aussi μ valeurs de U;

---

[1] Auteurs à consulter : NÖTHER, *Sur les systèmes singuliers*, etc. (*Mathematische Annalen*, t. IX, p. 166-182). — HALPHEN, Note ajoutée à la traduction française du *Traité des courbes planes*, de Salmon.

inversement, à une valeur de U correspondent ν points de la surface T et, par suite, ν valeurs de Z; l'équation (3) est donc de degré μ par rapport à U et de degré ν par rapport à Z.

124. *Le polynome* F(Z, U) *est irréductible, ou il est une puissance exacte d'un polynome irréductible.*

Soit en effet (Z_0, U_0) un couple de valeurs de Z et de U. vérifiant l'équation (3); il existe sur la surface T un point analytique (z_0, u_0) tel que l'on ait

$$f(z_0, u_0) = 0, \qquad Z_0 = \varphi(z_0, u_0), \qquad U_0 = \psi(z_0, u_0);$$

soient ensuite (Z_1, U_1) un autre couple de valeurs de Z et U, satisfaisant à l'équation (3), et (z_1, u_1) un point analytique correspondant de la surface T, c'est-à-dire tel que l'on ait

$$f(z_1, u_1) = 0, \qquad Z_1 = \varphi(z_1, u_1), \qquad U_1 = \psi(z_1, u_1).$$

Imaginons que l'on aille sur la surface T du point (z_0, u_0) au point (z_1, u_1) par un chemin ne passant par aucun des pôles des fonctions $\varphi(z, u)$ et $\psi(z, u)$. Alors Z variera d'une manière continue de Z_0 à Z_1, et U variera de même de U_0 à U_1. Donc, si l'on considère la fonction algébrique U de Z définie par l'équation (3), on voit qu'il est possible de faire décrire à la variable Z un chemin allant du point Z_0 au point Z_1, tel que, U ayant la valeur initiale U_0, sa valeur finale soit U_1; U_0 est une quelconque des racines de l'équation

$$F(Z_0, U) = 0$$

et U_1 une quelconque des racines de l'équation

$$F(Z_1, U) = 0.$$

Or, cela n'est possible que si le polynome F(Z, U) est irréductible ou est une puissance exacte d'un polynome irréductible (§ 85).

Voici comment on pourra distinguer les deux cas. La relation

$$Z = \varphi(z, u)$$

fait correspondre, à chaque valeur de Z, μ points analytiques sur T, en général distincts,

$$\text{(G)} \qquad (z_1, u_1), \quad (z_2, u_2), \quad \ldots, \quad (z_\mu, u_\mu).$$

De même l'équation

$$U = \psi(z, u)$$

fait correspondre, à chaque valeur de U, ν points analytiques

$$(G') \qquad (z'_1, u'_1), \ (z'_2, u'_2), \ \ldots, \ (z'_\nu, u'_\nu).$$

Si les valeurs considérées Z, U vérifient l'équation (3), un ou plusieurs points analytiques devront faire partie des deux groupes. On a donc deux hypothèses à examiner :

1° Supposons d'abord, ce qui est le cas général si les fonctions φ et ψ n'ont pas été prises d'une façon particulière, que les deux groupes (G) et (G') n'aient qu'*un seul point analytique commun*, sauf pour des valeurs particulières de Z et de U. Alors à une valeur de Z correspondent μ valeurs de U, qui sont en général *distinctes*. En effet, supposons qu'à une valeur de Z correspondent seulement k valeurs distinctes de U, U_1, U_2, ..., $U_k (k < \mu)$. Soient

$$(z'_1, u'_{i1}), \ \ldots, \ (z'_{i\nu}, u'_{i\nu})$$

les ν points analytiques qui correspondent à la valeur U_i. Par hypothèse, un seul de ces points analytiques fait partie du groupe G; en opérant de même avec chacune des valeurs U_1, ..., U_k, on trouve k points analytiques du groupe G. Si l'on suppose $k < \mu$, on n'a donc pas épuisé toutes les valeurs de U qui correspondent à une valeur donnée de Z. Ainsi à une valeur de Z correspondent μ valeurs de U, qui sont en général distinctes et, par conséquent, le polynome F(Z, U) est *indécomposable*.

Les équations (1) et (2) n'ayant qu'un système de solutions communes en z et u, lorsque Z et U sont liées par la relation (3), on sait, par la théorie générale de l'élimination, que les valeurs de z et de u s'obtiendront par des divisions et la résolution d'équations du premier degré. Par conséquent, z et u s'exprimeront aussi en fonctions rationnelles de Z et de U

$$(4) \qquad \begin{cases} z = \Phi(Z, U), \\ u = \Psi(Z, U). \end{cases}$$

La transformation considérée est dite *réversible* ou *birationnelle*. On dit aussi que les deux équations (1) et (3) appartiennent à la même *classe*.

2° Les deux groupes G, G′ ont toujours q points analytiques communs. On a, dans ce cas,

$$\beta = \mu' q, \qquad \nu = \nu' q;$$

en effet, soient

$$(G) \qquad (z_1, u_1), \quad (z_2, u_2), \quad \ldots, \quad (z_\mu, u_\mu)$$

les points analytiques de T qui correspondent à une même valeur de Z. Au point (z_1, u_1) correspond une certaine valeur de U, qui est la même par hypothèse pour q des points du groupe (G); soient (z_2, u_2), ..., (z_q, u_q) les points de ce groupe qui donnent la même valeur que (z_1, u_1). Soit de même U′ la valeur de U qui correspond à un des points qui restent (z_{q+1}, u_{q+1}); il y a encore q points de (G) qui donnent pour U la même valeur U′ que celui-là. En continuant ainsi, on voit que μ est forcément un multiple de q, $\mu = \mu' q$, et qu'à une valeur de Z ne correspondent que μ' valeurs de U. Tout pareillement, ν doit être un multiple de q, $\nu = \nu' q$, et à une valeur de U correspondent ν' valeurs distinctes de Z. Le polynome F(Z, U) est de la forme

$$F(Z, U) = [F_1(Z, U)]^q,$$

$F_1(Z, U)$ étant un polynome irréductible de degré ν' en Z et de degré μ' en U.

125. Il est un cas particulier remarquable que nous devons signaler, c'est celui où les formules (2) définissent *une transformation de Cremona* [1]. Alors, à tout système de valeurs de Z et de U, ces équations font correspondre un seul système de valeurs pour z et u, variable avec Z et U. Les valeurs de z et u s'expriment à leur tour rationnellement en Z et U, et la transformation précédente appliquée à une relation algébrique quelconque donnera lieu à une transformation birationnelle. Mais la réciproque n'est pas vraie; il peut se faire que les équations (2) admettent plusieurs systèmes de solutions en z et u variables avec Z et U, tandis que l'ensemble des équations (1) et (2) n'en admet qu'un seul.

---

[1] Pour l'étude des transformations de Cremona, voir le *Cours d'Analyse* de C. Jordan (t. I).

Cette distinction est peut-être plus facile à saisir en employant le langage géométrique. Considérons (z, u) et (Z, U) comme les coordonnées de deux points dans deux plans. A tout point du premier plan les équations (2) font correspondre un point et un seul du second plan, et à la courbe C, représentée par l'équation $f(z, u) = 0$, correspond la courbe C', qui a pour équation

$$F(Z, U) = 0.$$

Si les équations (2) définissent une transformation de Cremona, à tout point du second plan correspond un seul point du premier plan et, par suite, à tout point de C' correspond un point et un seul de C. Mais il peut aussi arriver que la correspondance entre les points des deux courbes C et C' soit uniforme, sans qu'il en soit de même pour la correspondance entre les points des deux plans. Ainsi les formules de transformation

$$Z = z^2, \qquad U = u^2$$

ne définissent pas une transformation de Cremona; cependant, si l'on applique cette transformation à une courbe n'admettant aucun des axes de coordonnées, supposés rectangulaires, pour axe de symétrie, elle donne lieu à une correspondance uniforme entre les points des deux courbes. Par exemple, si l'on applique cette transformation à la droite $Az + Bu = 1$, on obtient la parabole qui a pour équation

$$A^4Z^2 + B^4U^2 + 1 - 2A^2B^2ZU - 2A^2Z - 2B^2U = 0.$$

A un point (Z, U) de la parabole correspond un seul point (z, u) de la droite, dont les coordonnées sont

$$u = \frac{B^2U - A^2Z + 1}{2B}, \qquad z = \frac{A^2Z - B^2U + 1}{2A}.$$

Nous ne nous occuperons dans la suite que des transformations birationnelles entre les points de deux courbes.

126. Revenons aux deux équations algébriques

$$f(z, u) = 0, \qquad F(Z, U) = 0,$$

que nous supposons appartenir à la même classe. Si dans la

seconde équation on regarde Z comme la variable indépendante, il lui correspond une surface de Riemann T_1, composée de μ feuillets étendus sur le plan des Z. Les points des deux surfaces T et T_1 se correspondent d'une façon univoque; à un point de l'une correspond un point et un seul de l'autre et inversement. De plus, à tout déplacement infiniment petit sur l'une des surfaces correspond un déplacement infiniment petit sur l'autre surface. Il n'y a exception que lorsqu'un des points s'en va à l'infini sur l'une des surfaces, mais on peut éviter cette difficulté en supposant les deux surfaces de Riemann étendues sur la sphère. Cela posé, à toute coupure tracée sur T correspond une coupure tracée sur T_1 et inversement. Imaginons qu'on ait tracé sur T les N coupures qui la transforment en une surface simplement connexe T'; les N coupures correspondantes tracées sur T_1 la changent en une surface T'_1, *qui est simplement connexe*. D'abord cette surface T'_1 est connexe. Prenons, en effet, deux points quelconques M, M' de T'_1 et les points correspondants m, m' de T. On peut joindre les deux points m, m' de T' par un chemin continu ne traversant pas les coupures; le chemin correspondant de T'_1 joindra les deux points M, M' sans traverser les coupures. En second lieu, la surface T'_1 est simplement connexe; car, s'il en était autrement, on pourrait tracer sur T'_1 une nouvelle coupure sans morceler cette surface, et la coupure correspondante de T' ne morcellerait pas non plus la surface T', ce qui est impossible, car nous avons supposé T' simplement connexe. Les deux surfaces T et T_1, étant transformées en deux surfaces simplement connexes par un même nombre de coupures, sont du même genre. Par conséquent, *le genre d'une relation algébrique se conserve dans toute transformation birationnelle*. On peut dire encore que *deux relations algébriques appartenant à la même classe sont du même genre*.

A cause de l'importance de ce théorème, nous en donnerons une seconde démonstration purement analytique. Remarquons d'abord qu'on peut, dans la démonstration, faire les hypothèses suivantes :

1° La fonction rationnelle

$$Z = \varphi(z, u)$$

devient infinie du premier ordre en μ points distincts de la surface T, qui ne sont pas des points de ramification.

2° La surface T n'a aucun point de ramification à l'infini, et les m valeurs de Z pour les valeurs infinies de z sont représentées par m développements distincts

$$Z^{(i)} = A_0^{(i)} + A_1^{(i)} \frac{1}{z} + \ldots + A_k^{(i)} \frac{1}{z^k} + \ldots \qquad (i = 1, 2, \ldots, m),$$

où les coefficients $A_1^{(i)}$ sont tous *différents de zéro.*

Soit, en effet, Z_0 une valeur telle que l'équation

$$\varphi(z, u) = Z_0$$

admette μ racines simples différentes $(\alpha_1, \beta_1), \ldots, (\alpha_\mu, \beta_\mu)$ distinctes des points à l'infini et des points de ramification. La fonction de (z, u), $Z' = \frac{1}{Z - Z_0}$ aura μ pôles simples à distance finie sur la surface T; or, si l'on prend pour nouvelle variable, dans la relation entre Z et U, $\frac{1}{Z - Z_0} = Z'$, il est clair que le nombre des feuillets de T_1 ne change pas, ni le nombre et l'ordre des points de ramification de cette surface, ni par conséquent le genre de la surface.

Soit maintenant z_0 une valeur finie de z, telle que les m valeurs de u correspondantes, ainsi que celles de Z', soient distinctes et finies. Dans le domaine du point z_0, les m valeurs de Z' sont représentées par m développements de la forme suivante :

$$Z' = A_0^{(i)} + A_1^{(i)}(z - z_0) + \ldots + A_k^{(i)}(z - z_0)^k + \ldots \qquad (i = 1, 2, \ldots, m),$$

et nous pouvons supposer, de plus, que les m coefficients $A_1^{(i)}$ sont différents de zéro. Si l'un d'eux était nul, un des points analytiques qui sont superposés au point z_0 serait racine de l'équation $\frac{dZ'}{dz} = 0$, et l'on peut toujours prendre pour z_0 un point qui n'est pas racine de cette équation. Si l'on pose maintenant $z = z_0 + \frac{1}{z}$, ce qui ne change pas le genre de la surface T pour les mêmes raisons que plus haut, il est visible que les hypothèses que nous avons énoncées seront satisfaites.

Cela posé, cherchons les points de ramification de la surface T_1, c'est-à-dire les valeurs de Z telles que U cesse d'être une fonction uniforme de Z. Considérons d'abord les μ points à l'infini de cette surface, qui correspondent aux μ pôles simples

$$(\alpha_1, \beta_1), \quad \ldots, \quad (\alpha_\mu, \beta_\mu)$$

de la fonction Z. Dans le domaine du pôle (α_i, β_i), on a, par exemple,

$$Z = \frac{R_i}{z - \alpha_i} + C_0 + C_1(z - \alpha_i) + \ldots \qquad (R_i \neq 0);$$

on en tire

$$\frac{1}{Z} = \frac{z - \alpha_i}{R_i} \frac{1}{1 + \dfrac{C_0(z - \alpha_i)}{R_i} + \ldots} = \frac{z - \alpha_i}{R_i}[1 + C'_1(z - \alpha_i) + \ldots].$$

En faisant l'inversion, on aura

$$z - \alpha_i = P\left(\frac{1}{Z}\right),$$

$P\left(\frac{1}{Z}\right)$ désignant une fonction régulière dans le domaine du point $\frac{1}{Z} = 0$. Comme, par hypothèse, le point (α_i, β_i) n'appartient qu'à un seul feuillet, $u - \beta_i$ est une fonction régulière de $z - \alpha_i$ et, par suite, de $\frac{1}{Z}$. Par conséquent, la fonction rationnelle

$$U = \psi(z, u)$$

est une fonction uniforme de $\frac{1}{Z}$ dans le domaine du point $Z = \infty$. Les μ points à l'infini de la surface T_1 ne sont donc pas des points de ramification.

Prenons ensuite les points de la surface T_1 qui correspondent aux points à l'infini de T. Dans le domaine d'un point à l'infini de T, on a

$$Z = A_0^{(i)} + \frac{A_1^{(i)}}{z} + \frac{A_2^{(i)}}{z^2} + \ldots.$$

Comme $A_1^{(i)}$ est supposé différent de zéro, l'inversion nous donnera

$$\frac{1}{z} = P(Z - A_0^{(i)}),$$

puis

$$u = Q(Z - A_0^{(i)}),$$

et enfin

$$U = \psi(z, u) = R(Z - A_0^{(i)}),$$

$P(Z - A_0^{(i)})$, $Q(Z - A_0^{(i)})$, $R(Z - A_0^{(i)})$ étant des fonctions uniformes de Z dans le domaine du point $A_0^{(i)}$. On en conclut que ces points ne sont pas non plus des points de ramification pour la surface T_1.

Soient

$$(a_1, b_1), \quad \ldots, \quad (a_i, b_i), \quad \ldots, \quad (a_k, b_k)$$

les points de ramification de T, d'ordre $r_1 - 1, \ldots, r_k - 1$ respectivement. Dans le domaine du point (a_i, b_i), par exemple, on a

$$Z = Z_i + C_1^i (z - a_i)^{\frac{l_i}{r_i}} + \ldots \qquad (C_1^i \neq 0).$$

On en déduit

$$(Z - Z_i)^{\frac{1}{l_i}} = (z - a_i)^{\frac{1}{r_i}} \left[C_1^i + \alpha_1 (z - a_i)^{\frac{1}{r_i}} + \ldots \right]^{\frac{1}{l_i}}$$

et l'inversion donne pour $(z - a_i)^{\frac{1}{r_i}}$ un développement en série procédant suivant les puissances croissantes de $(Z - Z_i)^{\frac{1}{l_i}}$. Comme $u - b_i$ est une fonction uniforme de $(z - a_i)^{\frac{1}{r_i}}$ dans le domaine du point de ramification, on en conclut que u et, par suite, U pourront se développer suivant les puissances croissantes de $(Z - Z_i)^{\frac{1}{l_i}}$, c'est-à-dire que le point de la surface T_1 qui correspond au point (a_i, b_i) de la surface T est un *point de ramification d'ordre* $l_i - 1$.

Prenons de même un point (a, b) de T par lequel ne passe qu'un seul feuillet. On a, dans le domaine de ce point,

$$Z = A + A_n (z - a)^n + \ldots \qquad (A_n \neq 0);$$

si n est plus grand que un, on en déduit pour $z - a$ et $u - b$ des développements en série procédant suivant les puissances croissantes de $(Z - A)^{\frac{1}{n}}$; le point correspondant de T_1 sera donc un point de ramification d'ordre $n - 1$.

On pourrait objecter à ce raisonnement que les exposants fractionnaires peuvent disparaître dans le développement de U ou avoir un dénominateur commun plus petit que l_i ou que n, quand on les réduit à leur plus simple expression. Il est facile de lever l'objection. Plaçons-nous, pour fixer les idées, dans le dernier cas qui vient d'être examiné ; soit (A, B) le point de T_1 qui correspond au point (a, b) de T, et admettons, pour un moment, que par ce point (A, B) il passe moins de n feuillets. Lorsque z décrit une petite circonférence sur T autour du point (a, b), l'argument de Z — A augmente de $2n\pi$. S'il y avait moins de n feuillets passant en (A, B), la droite joignant le sommet (A, B) du cycle au point Z, droite qui a tourné de $2n\pi$, aurait décrit plusieurs fois le domaine du sommet du cycle. Il n'y aurait donc pas correspondance uniforme entre les points des deux domaines, contrairement à l'hypothèse.

En définitive, les points de ramification de T_1 proviennent des points de ramification de T et des points de T pour lesquels $\frac{dZ}{dz}$ est nul. Écrivons que le nombre des zéros de cette fraction rationnelle $\frac{dZ}{dz}$ est égal au nombre des pôles. D'abord cette fonction a m zéros du second ordre à l'infini, comme on le voit en différentiant les m développements de Z dans le domaine de $z = \infty$, et μ pôles du second ordre aux points $(\alpha_1, \beta_1), \ldots, (\alpha_\mu, \beta_\mu)$. Un point de ramification d'ordre r_i, pour lequel le développement de Z est de la forme

$$Z = Z_i + C_1(z - a_i)^{\frac{l_i}{r_i}} + \ldots \qquad (C_1 \neq 0),$$

est un zéro d'ordre $l_i - r_i$, si $l_i > r_i$, et un pôle d'ordre $r_i - l_i$ si $r_i > l_i$. On aura donc, dans tous les cas, la relation

$$\Sigma(r_i - l_i) + 2\mu = \Sigma(n - 1) + 2m,$$

la somme $\Sigma(r_i - l_i)$ étant étendue à tous les points de ramification de T, et la somme $\Sigma(n - 1)$ à tous les zéros de $\frac{dZ}{dz}$ distincts des points de ramification. Cette égalité peut encore s'écrire

$$\Sigma(r_i - 1) - 2m = \Sigma(l_i - 1) + \Sigma(n - 1) - 2\mu$$

ou

$$\frac{\Sigma(r_i - 1)}{2} - m + 1 = \frac{\Sigma(l_i - 1)}{2} + \frac{\Sigma(n - 1)}{2} - \mu + 1.$$

Or les deux membres de cette égalité sont égaux respectivement aux nombres p et p' qui, d'après la formule générale de Riemann, représentent le genre de la surface T et de la surface T_1. Le théorème est donc établi.

Remarque. — Étant donnée une relation algébrique entière

$$f(z, u) = 0,$$

on peut à volonté considérer z ou u comme la variable indépendante. On a ainsi deux surfaces de Riemann distinctes T, T_1 qui sont du même genre, d'après le théorème précédent. On peut donc, pour évaluer le genre de la relation $f(z, u) = 0$, considérer à volonté la surface T ou la surface T_1. Par exemple, si la relation est du premier degré par rapport à l'une des variables, l'une des surfaces de Riemann se réduit à un plan; on peut affirmer que l'autre surface est simplement connexe.

127. Soit $\omega(z, u)$ une fonction du point analytique (z, u); si l'on suppose z et u remplacés par leurs valeurs en fonction de Z et de U, $\omega(z, u)$ se change en une fonction $\Omega(Z, U)$ du point analytique (Z, U). Soit (A, B) le point analytique qui correspond à un point analytique (a, b) de la première surface : si la fonction $\omega(z, u)$ est régulière dans le domaine du point (a, b), la fonction $\Omega(Z, U)$ sera régulière dans le domaine du point (A, B); si le point (a, b) est un pôle ou un zéro pour $\omega(z, u)$, le point (A, B) sera un pôle ou un zéro du même ordre pour $\Omega(Z, U)$.

Pour plus de généralité, supposons que le point analytique (a, b) soit un point de ramification d'ordre $r - 1$ de la première surface, et le point (A, B) un point de ramification d'ordre $l - 1$ de la seconde surface. D'après les développements du paragraphe précédent, on aura, dans le domaine du point (a, b),

$$(Z - A)^{\frac{1}{l}} = \alpha_1 (z - a)^{\frac{1}{r}} + \alpha_2 (z - a)^{\frac{2}{r}} + \dots \qquad (\alpha_1 \neq 0),$$

et inversement dans le domaine du point (A, B),

$$(z - a)^{\frac{1}{r}} = \beta_1 (Z - A)^{\frac{1}{l}} + \beta_2 (Z - A)^{\frac{2}{l}} + \dots \qquad (\beta_1 \neq 0).$$

Toute fonction $\omega(z, u)$ régulière au point (a, b) est égale à la somme d'une série convergente ordonnée suivant les puissances *positives* et croissantes de $(z-a)^{\frac{1}{r}}$; la fonction $\Omega(Z, U)$ sera donc égale à la somme d'une série convergente ordonnée suivant les puissances positives et croissantes de $(Z-A)^{\frac{1}{l}}$. Si le premier développement commence par un terme en $(z-a)^{\frac{q}{r}}$, le second développement commencera par un terme en $(Z-A)^{\frac{q}{l}}$; le point (a, b) sera un zéro d'ordre q pour $\omega(z, u)$, et le point (A, B) un zéro d'ordre q pour $\Omega(Z, U)$. Si le point (a, b) est un pôle d'ordre q' pour (z, u), on aura, dans le domaine de ce point,

$$\omega(z, u) = (z-a)^{\frac{-q'}{r}} \left\{ \alpha_0 + \alpha_1 (z-a)^{\frac{1}{r}} + \ldots \right\} \qquad (\alpha_0 \neq 0),$$

et par suite

$$\Omega(Z, U) = (Z-A)^{\frac{-q'}{l}} \frac{\beta_0 + \beta_1 (Z-A)^{\frac{1}{l}} + \ldots}{\gamma_0 + \gamma_1 (Z-A)^{\frac{1}{l}} + \ldots} \qquad (\beta_0 \neq 0, \ \gamma_0 \neq 0)$$

ou

$$\Omega(Z, U) = (Z-A)^{-\frac{q'}{l}} \left\{ \delta_0 + \delta_1 (Z-A)^{\frac{1}{l}} + \ldots \right\} \qquad (\delta_0 \neq 0),$$

de sorte que le point (A, B) sera un pôle d'ordre q' pour $\Omega(Z, U)$. Le raisonnement reste le même si un des points (a, b) ou (A, B) s'en va à l'infini sur l'une des surfaces. Il suffira de remplacer $z - \infty$ par $\frac{1}{z}$, ou $Z - \infty$ par $\frac{1}{Z}$.

Soit $w = \int \Pi(z, u)\, dz$ une intégrale abélienne relative à la courbe $f(z, u) = 0$; si l'on pose

$$z = \Phi(Z, U), \qquad u = \Psi(Z, U),$$

cette intégrale se change en une nouvelle intégrale abélienne $\int \Pi_1(Z, U)\, dZ$ relative à la courbe transformée

$$F(Z, U) = 0.$$

En particulier, si la première intégrale reste finie en tous les points de la surface T, il en sera de même de la nouvelle intégrale. Donc une intégrale de première espèce se change en une intégrale de première espèce, et ceci n'exige pas que la transformation employée soit réversible. Si à la première courbe sont attachées q intégrales distinctes de première espèce, il y en aura au moins q pour la seconde, mais elle pourra en avoir davantage. Si nous supposons, en outre, que la transformation soit réversible, le nombre des intégrales de première espèce pour la seconde courbe ne pourra être supérieur à q; car la transformation inverse donnerait pour la première courbe plus de q intégrales de première espèce. Ainsi, *deux relations algébriques de la même classe admettent le même nombre d'intégrales abéliennes distinctes de première espèce.*

On voit de même qu'une transformation birationnelle change une intégrale de seconde espèce en une intégrale de seconde espèce et une intégrale de troisième espèce en une intégrale de troisième espèce.

Parmi les transformations birationnelles, une des plus simples est la transformation homographique, définie par les formules

$$z = \frac{aZ + bU + c}{a''Z + b''U + c''}, \qquad u = \frac{a'Z + b'U + c'}{a''Z + b''U + c''};$$

soit m le degré d'une relation algebrique $f(z, u) = 0$, en z et u, c'est-à-dire le *degré* de la courbe représentée par cette équation. Choisissons une droite D rencontrant cette courbe en m points simples distincts, on peut disposer des coefficients de la transformation homographique de façon que cette droite soit rejetée à l'infini et qu'aucune asymptote ne soit parallèle à l'axe des U. L'équation transformée sera de degré m en U, et les m valeurs de $\frac{U}{Z}$ pour une valeur infinie de Z seront distinctes et finies, de sorte que les m valeurs de U seront représentées, pour des valeurs de Z de module très grand, par m développements de la forme

$$U = c_i Z + \alpha_0^{(i)} + \frac{\alpha_1^{(i)}}{Z} + \ldots.$$

La surface T correspondante n'aura pas de point de ramification à l'infini. Les points de ramification proviendront des points multiples de la courbe et des points où la tangente est parallèle à l'axe des U. On peut toujours supposer que ces derniers sont des points de ramification simples; il suffit pour cela que l'axe des U ne soit parallèle à aucune tangente d'inflexion.

128. Avant d'aller plus loin, il est nécessaire d'entrer dans quelques détails sur la théorie des courbes planes algébriques et sur un important théorème dû à M. Nöther. Étant donnée une relation algébrique entière et irréductible en z et u,

$$f(z, u) = 0,$$

si l'on considère z et u comme les coordonnées cartésiennes d'un point du plan, cette équation représente une *courbe*. Au sens étroit du mot, la courbe se compose simplement des points dont les coordonnées *réelles* vérifient l'équation précédente. Mais nous conserverons le nom de courbes pour désigner l'ensemble des solutions, réelles ou imaginaires, de cette équation.

Soit $z = a$, $u = b$ un point de cette courbe à distance finie. Si pour $z = a$ l'équation $f(a, u) = 0$ admet N racines égales à b, il résulte de l'étude faite plus haut (§ 81) que, pour une valeur de z voisine de a, l'équation $f(z, u) = 0$ admet N racines voisines de b; de plus ces N racines se partagent en un certain nombre de systèmes distincts. Les racines d'un même système sont représentées par un même développement en série

$$(5) \qquad u - b = \alpha_0 (z - a)^{\frac{m}{n}} + \alpha_1 (z - a)^{\frac{m_1}{n}} + \ldots,$$

où $\alpha_0, \alpha_1, \ldots$ sont des coefficients quelconques, dont le premier n'est pas nul, $m, m_1, \ldots$ des nombres entiers positifs croissants, et où les exposants sont supposés réduits à leur plus petit dénominateur commun n. Quand on attribue au radical $(z - a)^{\frac{1}{n}}$ ses n déterminations, le second membre prend n valeurs distinctes; il faut remarquer toutefois que dans le calcul on doit prendre dans chaque terme une même détermination de $(z - a)^{\frac{1}{n}}$. En langage géométrique, ces résultats s'énoncent comme il suit : *Soient a, b les coordonnées d'un point d'une courbe algébrique. Au voisinage de ce point, les diverses branches de la courbe sont représentées par un ou plusieurs développements de la forme* (5).

La portion de courbe représentée par une équation telle que (5) s'appelle un *cycle* et le point (a, b) est l'*origine* de ce cycle.

De l'équation (5) on tire inversement un développement de $z - a$ suivant les puissances positives de $(u-b)^{\frac{1}{m}}$, commençant par un terme en $(u-b)^{\frac{n}{m}}$

$$z - a = \beta_0(u-b)^{\frac{n}{m}} + \beta_1(u-b)^{\frac{n_1}{m}} + \ldots. \tag{6}$$

Le premier exposant $\frac{n}{m}$ pourra ne pas être réduit à sa plus simple expression, mais m sera le plus petit dénominateur commun de tous les exposants. En effet, supposons que ces exposants puissent être réduits à un dénominateur commun $m' < m$. On aurait

$$m = m'k, \qquad n = n'k, \qquad n_1 = n'_1 k, \qquad \ldots$$

et la formule (6) pourrait s'écrire

$$z - a = \beta_0(u-b)^{\frac{n'}{m'}} + \beta_1(u-b)^{\frac{n'_1}{m'}} + \ldots. \tag{6'}$$

On en déduirait ensuite pour $u - b$ un développement procédant suivant les puissances positives de $(z-a)^{\frac{1}{n'}}$, de sorte que u prendrait n' valeurs différentes, et non pas n, lorsque z tournerait autour du point $z = a$.

Des deux développements (5) et (6) il y en a au moins un qui commence par un terme dont le degré n'est pas inférieur à l'unité. Supposons par exemple $\frac{m}{n} \geqq 1$; le nombre n est appelé l'*ordre* ou le *degré* du cycle; si l'on avait au contraire $\frac{m}{n} < 1$, alors $\frac{n}{m}$ serait supérieur à un, et le degré du cycle serait égal à m.

Le degré d'un cycle est indépendant du choix des axes de coordonnées ou, d'une manière plus générale, ce degré se conserve par toute transformation homographique. Supposons qu'une transformation homographique fasse correspondre au point (a, b) un point de coordonnées (A, B). Les formules de transformation sont de la forme

$$Z - A = \frac{\alpha'(z-a) + \beta'(u-b)}{1 + \alpha(z-a) + \beta(u-b)},$$

$$U - B = \frac{\alpha''(z-a) + \beta''(u-b)}{1 + \alpha(z-a) + \beta(u-b)}.$$

L'équation (5) qui représente le cycle, supposé d'ordre n, peut être remplacée par le système des deux équations

$$z = a + t^n, \qquad u = b + \alpha_0 t^m + \ldots;$$

si l'on remplace $z - a$ et $u - b$ par ces valeurs dans les formules de transformation, on obtient pour $Z - A$ et $U - B$ des développements suivant les puissances positives de t, dont l'un *au moins* commence par un terme en t^n. Si, par exemple, cela arrive pour $Z - A$, on en déduira pour $U - B$ un développement procédant suivant les puissances positives de $(Z - A)^{\frac{1}{n}}$. Au cycle primitif correspond par conséquent un nouveau cycle dont le degré est au plus égal à n. Ce degré ne peut être inférieur à n, car, si le degré d'un cycle ne peut s'élever par une transformation homographique, il ne peut pas non plus s'abaisser.

Remarque. — Considérons un point de coordonnées (z, u) appartenant à un cycle ayant son origine en un point (a, b). Le rapport $\frac{u-b}{z-a}$ tend vers une limite finie et différente de zéro si $m = n$; il tend vers zéro si $m > n$ et il croît indéfiniment si $m < n$, lorsque $z - a$ tend vers zéro. La droite passant par l'origine du cycle et par un point infiniment voisin de ce cycle tend donc vers une limite parfaitement déterminée que nous appellerons la *tangente* du cycle. Si cette droite est parallèle à l'axe des z, on a $m > n$; si elle n'est parallèle à aucun des axes de coordonnées, on a $m = n$.

En particulier, si le cycle est *linéaire* ou du premier degré, et si la tangente au cycle n'est pas parallèle à l'axe des u, la valeur de u est représentée par une série ordonnée suivant les puissances *entières* et positives de $z - a$

$$u = b + \alpha(z - a) + \beta(z - a)^2 + \ldots.$$

Si un point (a, b) est un point simple d'une courbe algébrique, le cycle qui a son origine en ce point est toujours linéaire (§ 80).

129. Pour définir le degré d'un cycle dont l'origine est un point à l'infini de la courbe, on commence par ramener l'origine du cycle à distance finie par une transformation homographique. D'après ce qu'on vient de voir, le degré du nouveau cycle sera le même, quelle que soit la transformation homographique employée. Pour évaluer ce degré, il est commode d'introduire les coordonnées homogènes. On a à cet égard la règle suivante, qui résulte immédiatement de ce qui précède : *Les trois coordonnées homogènes d'un point étant développées suivant les puissances entières et croissantes d'un paramètre, qui correspond uniformément à un point du cycle, formons trois combinaisons linéaires et homogènes* X, Y, Z *de ces coordonnées de telle sorte que les developpements de* X, Y, Z *commencent par des termes à exposants tous les trois différents, et soient a, b, c ces degrés rangés par ordre de grandeur croissante : le degré du cycle est $b - a$.*

Si l'on a, en effet,

$$X = A\,t^a + \ldots,$$
$$Y = B\,t^b + \ldots,$$
$$Z = C\,t^c + \ldots,$$

on peut adopter pour coordonnées cartésiennes

$$z = \frac{Y}{X} = \frac{B}{A}\,t^{b-a} + \ldots,$$
$$u = \frac{Z}{X} = \frac{C}{A}\,t^{c-a} + \ldots,$$

d'où l'on déduira un développement de u suivant les puissances de $z^{\frac{1}{b-a}}$ commençant par un terme en

$$z^{\frac{c-a}{b-a}} = z^{1+\frac{c-b}{b-a}}.$$

Le nombre $c - b$ s'appelle la *classe* du cycle; c'est le *degré du cycle corrélatif*, c'est-à-dire du cycle qui se déduit du premier au moyen d'une transformation par polaires réciproques. On peut prendre en effet pour coordonnées homogènes d'un point du cycle corrélatif les expressions

$$X_1 = Y\,dZ - Z\,dY, \qquad Y_1 = Z\,dX - X\,dZ, \qquad Z_1 = X\,dY - Y\,dX,$$

et, en remplaçant X, Y, Z par leurs développements, il vient

$$X_1 = (c - b)BC\,t^{b+c-1} + \ldots,$$
$$Y_1 = (a - c)AC\,t^{c+a-1} + \ldots,$$
$$Z_1 = (b - a)AB\,t^{a+b-1} + \ldots.$$

Les exposants, rangés par ordre de grandeur croissante, sont ici

$$a+b-1,$$
$$a+c-1,$$
$$b+c-1;$$

le degré du nouveau cycle est bien égal à $c-b$; comme on devait s'y attendre, sa classe est $b-a$, c'est-à-dire le degré du cycle primitif.

Remarque. — Si l'on a un cycle représenté par l'équation

$$u = \mathrm{A} z^{1+\frac{\nu}{n}} + \ldots$$

on peut le considérer comme représenté en coordonnées homogènes par les équations

$$\mathrm{Y} = \mathrm{A} t^{n+\nu} + \ldots,$$
$$\mathrm{X} = t^n,$$
$$\mathrm{Z} = 1;$$

sa classe est donc égale à ν.

Proposons-nous maintenant d'évaluer le degré et la classe d'un cycle ayant son origine à l'infini. Plusieurs cas sont à distinguer.

Premier cas. — Le cycle est donné par un développement tel que le suivant

$$u = \mathrm{A}_{-m} z^{\frac{m}{n}} + \mathrm{A}_{-m+1} z^{\frac{m-1}{n}} + \ldots + \mathrm{B} + \mathrm{C}_1 z^{-\frac{1}{n}} + \mathrm{C}_2 z^{-\frac{2}{n}} + \ldots,$$

où

$$\mathrm{A}_{-m} \neq 0.$$

Employons les coordonnées homogènes

$$z = \frac{\mathrm{X}}{\mathrm{Z}}, \qquad u = \frac{\mathrm{Y}}{\mathrm{Z}},$$

puis posons

$$\mathrm{X} = 1, \qquad \mathrm{Z} = t^n;$$

il vient

$$\mathrm{Y} = \mathrm{A}_{-m} t^{n-m} + \mathrm{A}_{-m+1} t^{n+1-m} + \ldots.$$

Si n est plus grand que m, les exposants, rangés par ordre de grandeur croissante, sont 0, $n-m$, n; le degré du cycle est $n-m$ et la classe m. Si $n=m$, il faudra considérer dans Y l'exposant du terme suivant. Si n est plus petit que m, les exposants, rangés par ordre de grandeur croissante, sont $n-m$, o, n; le degré est $m-n$ et la classe n.

Deuxième cas. — Le cycle a un développement de la forme

$$u = A_0 + A_m \left(\frac{1}{z}\right)^{\frac{m}{n}} + A_{m+1}\left(\frac{1}{z}\right)^{\frac{m+1}{n}} + \ldots;$$

l'origine du cycle est à l'infini sur Oz. Posons encore

$$z = \frac{X}{Z}, \qquad u = \frac{Y}{Z}, \qquad X = 1, \qquad Z = t^u,$$

il reste

$$Y = A_0 t^n + A_m t^{m+n} + \ldots.$$

On a les trois coordonnées homogènes

$$X = 1, \qquad Z = t^n, \qquad Y - A_0 Z = A_m t^{m+n} + \ldots;$$

le degré du cycle est n et sa classe m.

Troisième cas. — Le cycle a son origine à l'infini sur Ou

$$u = A_{-m}(z-a)^{-\frac{m}{n}} + \ldots + A_0 + A_1(z-a)^{\frac{1}{n}} + \ldots.$$

Il est équivalent au cycle représenté en coordonnées homogènes par les équations

$$\begin{aligned} Y &= A_{-m} + A_{-m+1}t + \ldots + A_0 t^m + A_1 t^{m+1} + \ldots, \\ Z &= t^m, \\ X &= t^{m+n}; \end{aligned}$$

le degré est m et la classe n.

Considérons en particulier un cycle représenté par le développement

$$u = Az^m + Bz^{m-1} + \ldots + H + \frac{K}{z} + \ldots;$$

d'après ce que nous venons de voir, si m est > 1, le degré du cycle est $m-1$. Si donc m est supérieur à 2, le cycle n'est pas linéaire. Ce résultat peut sembler étrange, mais il est facile de le vérifier sur des cas particuliers. Par exemple, la courbe $u = z^3$ présente un point de rebroussement à l'infini, car la transformation homographique

$$u = \frac{1}{u'}, \qquad z = \frac{z'}{u'}$$

remplace la courbe donnée par la courbe $u'^2 = z'^3$, qui a bien un cycle du second degré à l'origine. Si $m = 1$, le degré du cycle est toujours égal à un, mais la classe peut être quelconque.

Si une courbe n'a que des cycles du premier degré, il en sera de même de toutes ses transformées homographiques. La courbe étant de degré m, supposons que la droite de l'infini la rencontre en m points distincts et qu'aucune asymptote ne soit parallèle à l'axe des u. Alors les m valeurs de u pour $z = \infty$ seront représentées par m développements de la forme

$$u = c_i z + \alpha_0^{(i)} + \frac{\alpha_1^{(i)}}{z} + \frac{\alpha_2^{(i)}}{z^2} + \ldots \qquad (i = 1, 2, \ldots, m),$$

les m coefficients c_i étant différents; les m cycles ayant leur origine à l'infini sont linéaires. La courbe peut avoir des points multiples d'ordre quelconque; mais, si aucune des tangentes en un de ces points multiples n'est parallèle à l'axe des u, hypothèse qu'on peut toujours faire, chacun des cycles de la courbe ayant son origine en un point multiple sera représenté par un développement de la forme

$$u - b = \alpha(z - a) + \beta(z - a)^2 + \ldots.$$

Les seuls points critiques pour la fonction algébrique u de z définie par l'équation $f(z, u) = 0$ seront les points de la courbe où la tangente est parallèle à l'axe des u; si ces points ne sont pas des points d'inflexion, ce qu'on peut toujours supposer, la surface de Riemann n'aura que des points de ramification simples.

130. Nous allons avoir maintenant à utiliser la transformation de Cremona définie par

$$Y = \frac{x}{y}, \qquad X = x,$$

ou, en coordonnées homogènes,

$$X : Y : Z = xy : xz : yz,$$

d'où

$$x : y : z = XY : XZ : YZ.$$

A tout point (x, y, z) correspond en général un point (X, Y, Z) bien déterminé; il y a exception pour le point $(z = 0, x = 0)$ auquel correspondent tous les points de la droite $Y = 0$; pour le point $(x = 0, y = 0)$ auquel correspondent tous les points de la droite $X = 0$; enfin, pour le point $(y = 0, z = 0)$ auquel correspondent tous les points de la droite $z = 0$. Les trois sommets du triangle de référence sont donc des points d'indétermination, appelés *points fondamentaux* de la transformation; ce sont aussi les points fondamentaux de la transformation inverse, puisqu'elle est réciproque.

Considérons un point d'une courbe algébrique, non situé sur l'un des côtés du triangle de référence, et sommet d'un cycle de degré n et de classe ν. Si la tangente au cycle ne passe pas par le point $(x = 0, z = 0)$, il sera représenté par les équations

$$\begin{aligned} x &= x_0 + t^n, \\ y &= y_0 + at^n + bt^{n+\nu} + \ldots. \\ z &= 1, \end{aligned}$$

d'où les équations du cycle transformé :

$$\begin{aligned} X &= (x_0 + t^n)(y_0 + at^n + \ldots) = x_0 y_0 + (y_0 + a x_0)t^n + \ldots, \\ Y &= x_0 + t^n, \\ Z &= y_0 + at^n + \ldots. \end{aligned}$$

Le cycle transformé est donc encore de degré n et sa tangente a pour équations

$$\begin{vmatrix} X & x_0 y_0 & y_0 + a x_0 \\ Y & x_0 & t \\ Z & y_0 & a \end{vmatrix} = 0$$

ou

$$X(a x_0 - y_0) + Y y_0^2 - Z a x_0^2 = 0,$$

d'où l'on déduit que les transformés de deux cycles de même sommet sont tangents ou non, suivant qu'il en est ainsi pour les cycles initiaux. On vérifiera aisément qu'il en est encore ainsi quend la tangente au cycle passe par le point $(0, 1, 0)$.

Considérons maintenant un cycle ayant son sommet sur un côté du triangle de référence, mais non en un sommet de ce triangle. Il nous suffira d'examiner le cas où le cycle est linéaire, la tangente n'étant pas dirigée suivant le côté du triangle auquel appartient le sommet du cycle. On aura, par exemple, pour un cycle ayant son sommet sur la droite ($y = 0$) :

$$x = x_0 + ay + by^2 + \ldots,$$
$$z = 1,$$

ce qui donnera pour le cycle transformé :

$$X = x_0 Z + aZ^2 + \ldots,$$
$$Y = x_0 \quad + aZ \; + \ldots,$$

cycle linéaire de sommet (0, 1, 0) avec la tangente

$$X = x_0 Z.$$

Si l'on a q cycles analogues avec des sommets distincts, il leur correspond q cycles de même sommet avec des tangentes distinctes.

Prenons encore un cycle linéaire ayant son sommet au point ($1, y_0, 0$) :

$$y = y_0 + az + bz^2 + \ldots,$$
$$x = 1.$$

Le cycle transformé sera

$$X = y_0 \quad + aY + bY^2 + \ldots,$$
$$Z = y_0 Y + aY^2 + \ldots,$$

cycle linéaire ayant pour sommet le point (1, 0, 0) avec la tangente

$$Z = y_0 Y$$

et à r cycles linéaires analogues de sommets distincts correspondent ainsi r cycles de même sommet à tangentes distinctes.

On fera une vérification analogue pour les transformées des cycles ayant leurs sommets sur la droite $x = 0$.

Étudions maintenant la transformation d'un cycle de sommet (0, 0, 1) supposé non tangent à la droite $x = 0$:

$$x = t^n,$$
$$y = at^n + bt^{n+\nu} + \ldots,$$
$$z = 1.$$

Le cycle transformé sera défini par

$$X = a t^n + b t^{n+\nu} + \ldots,$$
$$Y = 1,$$
$$Z = a + b t^\nu + \ldots.$$

Si $\nu < n$, le degré du nouveau cycle est égal à ν; il est donc abaissé par la transformation. Si $\nu \geqq n$, le degré du cycle transformé est égal à n; dans le cas où $\nu = n$, on ne peut rien affirmer *a priori* sur la classe du nouveau cycle, mais si $\nu > n$, cette classe est égale à $\nu - n$; elle est donc abaissée par la transformation.

131. *Étant donnée une courbe algébrique quelconque, on peut en déduire, par une transformation de Cremona, une autre courbe algébrique n'ayant que des cycles linéaires.*

Faisons d'abord une transformation homographique telle que le point $O(x = 0, y = 0)$ devienne le sommet d'un cycle non linéaire et que, ce point mis à part, les droites $x = 0$, $y = 0$, $z = 0$ n'aient avec la courbe que des points d'intersection simples et distincts des sommets du triangle de référence, qu'enfin la droite $y = 0$ ne soit pas tangente aux cycles de sommet O; nous savons que cette opération conserve le degré et la classe des divers cycles et n'introduit pas de nouvelles coïncidences de sommets et de tangentes.

Effectuons ensuite la transformation de Cremona T étudiée au paragraphe précédent; les degrés des divers cycles ne sont pas augmentés, nous n'introduisons d'autre part aucune nouvelle coïncidence de sommets et de tangentes, sauf pour les points d'intersection de la courbe et des côtés du triangle de référence qui donnent lieu à de nouveaux points multiples, mais à tangentes distinctes. Enfin, le cycle considéré C de sommet O et dont le degré et la classe ont pour valeurs n et ν se transforme en un cycle de degré ν si $\nu < n$, et de degré n si $\nu \geqq n$. Si $\nu > n$, la classe du nouveau cycle est $\nu - n$ (n° 130).

On appliquera de nouveau la transformation T, après avoir effectué une nouvelle transformation homographique destinée à ramener le sommet du cycle au point $(x = 0, y = 0)$ et à éviter, dans l'intersection de la courbe et des côtés du triangle de référence, les singularités énumérées plus haut.

Si $\nu - n > n$, ou $\nu > 2n$, cette deuxième application de T donnera un cycle de classe $\nu - 2n$ et de degré n. En continuant ainsi, on arrivera finalement à abaisser le degré du cycle, lorsque la classe ν n'est pas égale au degré n ou à un multiple de n. Il nous faut maintenant examiner le cas où la classe est multiple du degré, le développement de y, avec le système de coordonnées choisies, contenant alors un certain nombre de termes entiers en x :

$$y = P(x) + A x^{q+\frac{\alpha}{n}} + A_1 x^{q+\frac{\alpha+1}{n}} + \ldots \qquad (0 < \alpha < n),$$

$P(x)$ désignant un polynome de degré q au plus, et $A x^{q+\frac{\alpha}{n}}$ étant le premier terme à exposant fractionnaire. Les q premières dérivées y', y'', ..., $y^{(q)}$ conservent une valeur finie pour $x = 0$, mais la suivante, $y^{(q+1)}$, devient infinie en ce point.

Ce nombre q n'est pas altéré par une transformation homographique. Considérons en général une transformation ponctuelle

$$X = f(x, y),$$
$$Y = g(x, y),$$

qui fait correspondre au point (x_0, y_0) le point (X_0, Y_0), les dérivées partielles de f et de g étant continues au point (x_0, y_0). On a

$$\frac{dY}{dX} = \frac{g'_x + y' g'_y}{f'_x + y' f'_y},$$

$$\frac{d^2Y}{dX^2} = \frac{g''_{x^2} + 2y' g''_{xy} + y'^2 g''_{y^2} + y'' g'_y}{(f'_x + y' f'_y)^2} - \frac{(g'_x + y' g'_y)(f''_{x^2} + 2y' f''_{xy} + y'^2 f''_{y^2} + y'' f'_y)}{(f'_x + y' f'_y)^3},$$

et en général

$$\frac{d^nY}{dX^n} = \frac{\Pi[x, y, y', \ldots, y^{(n)}]}{(f'_x + y' f'_y)^{2n-1}},$$

le numérateur Π de cette expression étant un polynome en y, y'', $y^{(n)}$, dont les coefficients dépendent d'une manière rationnelle et entière des dérivées partielles de f et de g.

Si donc l'on suppose

$$f'_{x_0} + y'_0 f'_{y_0} \neq 0$$

de manière que la courbe transformée ait une tangente de coefficient angulaire fini en X_0, Y_0, on voit que les q premières dérivées de Y par rapport à X sont finies en ce point; le nombre q n'est donc pas abaissé; il ne peut pas non plus être augmenté si la transformation inverse est régulière au point (X_0, Y_0), les dérivées partielles des divers ordres de x, y par rapport à X, Y étant finies et continues en X_0, Y_0 : il en est toujours ainsi pour la transformation homographique.

Je dis maintenant que la transformation T diminue d'une unité la valeur de l'entier q. Posons en effet :

$$P(x) = ax + bx^2 + \ldots = x\,Q(x),$$

$$\frac{y}{x} = u = Q(x) + A\,x^{(q-1)+\frac{\alpha}{n}} + \ldots,$$

et la première dérivée de u qui devient infinie est la q^{ieme}.

Supposons, comme il est permis, $a \neq 0$, nous avons

$$Y = \frac{x}{y} = \frac{1}{u}, \qquad X = x;$$

et, en dérivant par rapport à x,

$$Y' = -\frac{u'}{u^2},$$

$$Y'' = -\frac{u''}{u^2} + \frac{2u'^2}{u^3},$$

$$\ldots\ldots\ldots\ldots\ldots\ldots,$$

$$Y^{(n)} = -\frac{u^{(n)}}{u^2} + \frac{P[u, u', \ldots, u^{(n-1)}]}{u^{n+1}},$$

P étant un polynome en u, u', ..., $u^{(n-1)}$.

Comme on a, pour $x = 0$,

$$u = a \neq 0,$$

on voit que $Y^{(n)}$ et $u^{(n)}$ sont en même temps finies ou infinies pour $x = 0$. On en conclut que les termes fractionnaires apparaissent un rang plus tôt dans le cycle transformé que dans le cycle primitif. En poursuivant la suite des opérations indiquées, on arrivera donc à un cycle représenté par un développement de la forme

$$y = ax + bx^{1+\frac{\alpha}{n}} + \ldots,$$

ou, en coordonnées homogènes,

$$\begin{aligned} y &= a t^n + b t^{n+\alpha} + \ldots, \\ x &= t^n, \\ z &= 1, \end{aligned}$$

avec $\alpha < n$, cycle dont la classe est inférieure au degré.

On peut donc dans tous les cas abaisser le degré d'un cycle et le transformer ainsi de proche en proche en un cycle linéaire, par l'emploi d'une suite de transformations de Cremona, qui d'ailleurs n'élèvent le degré d'aucun autre cycle, n'introduisent pas de nouvelles coïncidences de tangentes et de sommets, et ne font apparaître comme singularités nouvelles que des points multiples à tangentes distinctes.

En opérant ainsi sur tous les cycles non linéaires de la courbe, on la transformera en une autre n'ayant que des cycles linéaires.

132. Toutefois, certains cycles de la transformée ainsi obtenue peuvent avoir à la fois même sommet et même tangente et plus généralement un contact d'ordre quelconque. Mais en continuant à appliquer la même suite de transformations, on fera disparaître ces contacts. En effet, il résulte immédiatement des formules de transformation du paragraphe précédent que si les deux courbes, régulières autour de l'origine,

$$\begin{aligned} y &= a x + b x^2 + \ldots, \\ y_1 &= a x + b x^2 + \ldots, \end{aligned}$$

ont en ce point un contact d'ordre q, les q premières dérivées de y et de y_1 ayant même valeur pour $x = 0$, et les $(q+1)^{\text{ièmes}}$ des valeurs distinctes, cette propriété sera conservée par une transformation homographique, tandis que la transformation quadratique T diminuera d'une unité cet ordre de contact.

On arrivera donc finalement à des cycles à tangentes distinctes.

En dernière analyse, une suite d'opérations consistant en des homographies combinées avec la transformation crémonienne T permet de déduire de toute courbe algébrique une autre courbe n'ayant comme singularités que des points multiples à tangentes distinctes. Nous avons ainsi complètement démontré un important résultat dû à Nöther.

Mais on peut aller plus loin et faire voir que toute courbe algébrique peut être changée par une transformation birationnelle en une autre n'ayant comme singularités que des points *doubles* à tangentes distinctes. Pour parvenir à ce résultat, une transformation de Cremona est inopérante en général; il faut employer une transformation birationnelle de courbe à courbe qui n'est pas susceptible d'être étendue à tout le plan en conservant son caractère biunivoque.

Le moyen le plus simple pour démontrer ce résultat consiste à prendre comme intermédiaire une courbe de l'espace à trois dimensions, n'ayant aucune singularité, et déduite de la courbe donnée par une transformation birationnelle. La projection sur un plan de cette courbe de l'espace, en choisissant convenablement le point de vue, sera une courbe n'ayant comme singularités que des points doubles à tangentes distinctes et correspondra birationnellement à la courbe initiale.

Appliquons d'abord à la courbe donnée la transformation de Cremona qui fait disparaître les singularités autres que les points multiples à tangentes distinctes. Supposons ensuite que les axes de coordonnées et la droite de l'infini n'occupent aucune position particulière par rapport à la courbe et, notamment, que les directions asymptotiques sont distinctes et non parallèles aux axes; que les axes ne sont parallèles ni aux tangentes doubles, ni aux tangentes d'inflexion, ni aux tangentes aux points multiples, ni aux tangentes passant par les points multiples; qu'enfin, une tangente parallèle à l'axe des x et une tangente parallèle à l'axe des y ne se coupent pas sur la courbe; une transformation homographique permet toujours d'obtenir une courbe vérifiant ces hypothèses :

$$F(x, y) = 0.$$

Appelons y' la dérivée de y par rapport à x définie par

$$\frac{\partial F}{\partial x} + y' \frac{\partial F}{\partial y} = 0.$$

Soient d'autre part

$$x = e_1, e_2, \ldots, e_k$$

les abscisses des tangentes parallèles à l'axe des y et auxquels correspondent les k points de ramification simples de la surface de

Riemann (k est la classe de la courbe). Posons

$$P(x) = A(x - e_1)\ldots(x - e_k),$$

et soit $\Pi(x)$ un polynome de degré k à coefficients arbitraires. Considérons alors la courbe de l'espace définie par

$$X = y,$$
$$Y = y' P(x),$$
$$Z = \Pi(x).$$

Je dis que cette courbe n'aura pas de point double si les coefficients de $\Pi(x)$ sont convenablement choisis.

Supposons, en effet, que deux points analytiques distincts (x_1, y_1) et (x_2, y_2) engendrent le même point de la courbe de l'espace. On devra avoir :

$$y_1 = y_2,$$
$$y'_1 P(x_1) = y'_2 P(x_2).$$

Si l'on suppose $x_1 \neq x_2$, ces deux équations n'ont qu'un nombre fini de solutions; pour qu'il en fût autrement, il faudrait qu'à tout point (x_1, y) correspondît un point (x_2, y) tel que

$$y'_1 P(x_1) = y'_2 P(x_2).$$

Ceci est impossible, car si le point (x_1, y) vient se confondre avec le point de contact (α, β) d'une tangente parallèle à Ox, y'_1 tend vers zéro, donc le second membre tend vers zéro; deux hypothèses sont alors possibles :

1° $P(x_2)$ tend vers zéro, ce qui veut dire que x_2 tend vers un point e_i, que par suite une tangente parallèle à Ox et une tangente parallèle à Oy se rencontrent au point (e_i, β) de la courbe, hypothèse que nous avons écartée (il suffit d'ailleurs, pour cela, de changer la direction de l'un des axes).

2° y'_2 tend vers zéro, autrement dit (x_2, y) tend vers le point de contact d'une tangente parallèle à Ox; comme les tangentes doubles n'ont pas cette direction, il faut donc que les points (x_1, y) et (x_2, y) tendent tous les deux vers le point (α, β). Or, au voisinage de ce point, la courbe est représentée par

$$y - \beta = K(x - \alpha)^2 + \ldots,$$

d'où

$$x_1 = \alpha + \frac{1}{\sqrt{K}}(y-\beta)^{\frac{1}{2}} + \ldots,$$

$$x_2 = \alpha - \frac{1}{\sqrt{K}}(y-\beta)^{\frac{1}{2}} + \ldots;$$

par suite,

$$y'_1 = \frac{1}{\frac{dx_1}{dy}} = \frac{\sqrt{K}}{2}(y-\beta)^{\frac{1}{2}} + \ldots,$$

$$y'_2 = -\frac{\sqrt{K}}{2}(y-\beta)^{\frac{1}{2}} + \ldots.$$

D'autre part, $P(x_1)$ et $P(x_2)$ ont pour limite $P(\alpha)$ qui n'est pas nul, car α est distinct des e_i. Les deux membres de l'égalité

$$y'_1 P(x_1) = y'_2 P(x^2)$$

ont donc respectivement pour parties principales

$$+\frac{P(\alpha)\sqrt{K}}{2}(y-\beta)^{\frac{1}{2}}$$

et

$$-\frac{P(\alpha)\sqrt{K}}{2}(y-\beta)^{\frac{1}{2}}.$$

Ils ne peuvent donc pas être égaux.

Il suit de là que nos deux relations n'ont qu'un nombre fini de solutions correspondant aux valeurs distinctes $\xi_1, \xi_2, \ldots, \xi_r$ de x et l'on peut toujours disposer des coefficients de $\Pi(x)$ de façon que

$$\Pi(\xi_i) \neq \Pi(\xi_j)$$

pour $i \neq j$. On n'obtient donc de cette manière aucun point double de la courbe Γ de l'espace.

Si maintenant l'on suppose

$$x_1 = x_2, \qquad y_1 = y_2,$$

il faut que ce point soit un point double ou multiple de la courbe plane; en un point multiple d'ordre μ, y' acquiert μ valeurs correspondant anx μ feuillets superposés de la surface de Riemann, ces valeurs étant distinctes, finies et non nulles d'après nos hypothèses. En outre, $P(x)$ n'est pas nul en ces points, puisque les droites $x = e_i$ ne passent pas par les points multiples. Aux μ points analytiques superposés correspondent ainsi μ points distincts de Γ.

Les considérations qui précèdent ne s'appliquent pas aux points à l'infini de Γ, qui proviennent exclusivement des points à l'infini de C.

Il nous faut donc encore montrer que les m points à l'infini de C engendrent des points distincts de Γ. Soit

$$y = c_i x + d_i + \frac{f_i}{x} + \ldots$$

l'une des branches infinies de C, de sorte que

$$\lim \frac{y}{x} = \lim y' = c_i$$

dans le feuillet correspondant de la surface de Riemann. Les valeurs correspondantes de X, Y, Z sont infinies, mais

$$\lim \frac{Y}{Z} = c_i B,$$

B désignant la valeur de $\frac{P(x)}{\Pi(x)}$ pour $x = \infty$; comme B n'est ni nul ni infini, les m valeurs de $\frac{Y}{Z}$ correspondant aux m points à l'infini de C sont distinctes. La courbe Γ n'a donc pas de points doubles.

Il reste à montrer que tous ses cycles sont linéaires.

En un point de C où x est fonction holomorphe de y, on voit que Y et Z sont des fonctions holomorphes de y, c'est-à-dire de X. Cette remarque doit être justifiée lorsque

$$y'_x = \frac{1}{x'_y}$$

est infinie ; mais en un tel point on a

$$\begin{aligned} x &= e + k(y - l)^2 + \ldots, \\ x'_y &= 2k(y - l) + \ldots. \end{aligned}$$

D'autre part P(x) contient en facteur $(x - e)$, c'est-à-dire $(y - l)^2$; par suite,

$$Y = \frac{P(x)}{x'_y} = (y - l)Q,$$

Q étant holomorphe et non nulle autour du point $y = l$.

En un point où la tangente est parallèle à l'axe des x, on a

$$\begin{aligned} y-\beta &= k(x-\alpha)^2+\ldots, \\ y' &= 2k(x-\alpha)+\ldots, \\ P(x) &= P(\alpha)+(x-\alpha)P'(\alpha)+\ldots, \\ Y = y'P(x) &= 2kP(\alpha)(x-\alpha)+\ldots. \end{aligned}$$

Comme $kP(\alpha)$ n'est pas nul, que d'autre part X et Z sont des fonctions holomorphes de x pour $x=\alpha$, on voit que l'on a encore un cycle linéaire.

Pour étudier les points à l'infini, on pose

$$\frac{X}{Z} = X_1,$$

$$\frac{Y}{Z} = Y_1,$$

$$\frac{1}{Z} = Z_1.$$

ce qui définit une transformation homographique ramenant le point étudié à distance finie et, prenant pour variable indépendante

$$\xi = \frac{1}{x},$$

on obtient aisément les développements de X_1, Y_1, Z_1, suivant les puissances entières de ξ; l'on constate que $\frac{dZ_1}{d\xi}$ n'est pas nulle, pourvu que les coefficients des termes du plus haut degré en x du polynome $\Pi(x)$ ne vérifient pas une certaine relation linéaire, ce qu'on peut toujours supposer.

En résumé, on peut toujours disposer des coefficients de $\Pi(x)$ de manière que Γ n'ait aucune singularité à distance finie ni à l'infini; les courbes C et Γ se correspondent d'ailleurs birationnellement (n° **124**). Enfin, la courbe Γ est une courbe gauche, car une relation telle que

$$Ay + By'P(x) + C\Pi(x) + D = 0$$

ne peut pas exister. En effet, la constante B n'est pas nulle, y n'étant pas un polynome. On aurait donc une équation différentielle linéaire du type

$$y'P(x) + y + Q(x) = 0,$$

P et Q étant des polynomes de même degré; l'intégrale générale de cette équation s'obtient aisément par des quadratures et l'on montrerait, par une discussion que nous omettons, qu'aucune solution ne peut être une fonction algébrique satisfaisant aux conditions requises ([1]). Il nous suffira de remarquer que dans le cas, seul intéressant, où la courbe C a des points multiples, on doit avoir en ces points

$$y + Q(x) = 0,$$
$$P(x) = 0.$$

Cette dernière condition exige que l'on ait $x = e_i$ en un point multiple, ce qui est contraire à nos hypothèses.

Ainsi Γ est une courbe gauche. Il en résulte que les sécantes doubles de Γ ne seront pas, en général, des sécantes triples; s'il en était autrement, à tout couple de points A_1, A_2 de Γ on pourrait associer un point A_3, dépendant analytiquement de A_1 et A_2, situé sur Γ et aligné avec A_1 et A_2; A_1 restant fixe, faisons varier A_2 d'une manière continue sur Γ, A_3 varie aussi d'une manière continue; soit alors $A_1 A'_2 A'_3$ une position de la sécante triple infiniment voisine de $A_1 A_2 A_3$; les cordes $A_2 A'_2$ et $A_3 A'_3$ étant dans un même plan, il en résulte que les tangentes en A_2 et A_3 sont dans un même plan; si l'on fait ensuite varier A_1, A_3 varie et la tangente en A_3 rencontre la tangente fixe en A_2; la courbe Γ est donc plane, puisque ses tangentes rencontrent une droite fixe; il y a donc contradiction. Il suit de là que les sécantes triples passant par un point A_1 de Γ sont en nombre fini et engendrent, quand on fait varier A_1, une surface algébrique Σ. De même les cordes A_1, A_2, telles que les tangentes en A_1 et A_2 soient concourantes, engendrent une surface Σ'. Soit enfin Σ'' la surface lieu des tangentes à Γ. Si le point de vue O n'appartient à aucune des trois surfaces Σ, Σ', Σ'', les droites issues de O et rencontrant Γ auront au maximum deux points communs avec Γ, ces points étant distincts, ainsi que les plans tangents correspondants passant par la droite. Il s'ensuit que si l'on fait la projection de Γ du point de vue O sur un plan arbitraire, cette projection C' sera une courbe algébrique n'ayant ni points de rebroussement, ni points multiples d'ordre supérieur

([1]) On peut simplement remarquer que la courbe C, si elle vérifiait cette équation, n'aurait pas ses directions asymptotiques distinctes, ce qui est bien facile à démontrer.

à 2, ni points doubles à tangentes confondues. La correspondance entre C et C′ étant évidemment birationnelle, le théorème est démontré.

133. Étant donnée une courbe algébrique plane représentée par l'équation

$$F(z, u) = 0, \tag{7}$$

on appellera *genre* de cette courbe le genre de la surface de Riemann correspondante, quand on regarde u comme une fonction de z définie par la relation (7). D'après le théoreme du n° **126**, ce nombre ne dépend pas des axes de coordonnées et, plus généralement, se conserve par toute transformation birationnelle. Proposons-nous d'évaluer le genre d'une courbe dont les seuls points singuliers sont des points multiples à tangentes distinctes et des points de rebroussement de première espèce. Nous choisirons pour cela les axes de coordonnées de façon à satisfaire aux conditions suivantes : 1° la courbe, supposée de degré m, a m points distincts à l'infini, et aucune asymptote n'est parallèle à l'axe des u ; 2° aucune tangente en un point multiple n'est parallèle à l'axe des u; 3° les tangentes parallèles à Ou ont un contact du premier ordre avec la courbe.

La surface de Riemann correspondante aura m feuillets et $N + r$ points de ramification simples, provenant des r points de rebroussement de première espèce et des N points où la tangente est parallèle à Oy. On aura donc pour le genre p (§ **113**)

$$p = \frac{N + r}{2} - m + 1.$$

En groupant ensemble les termes du même degré, F(z, u) peut s'écrire

$$F(z, u) = z^m \varphi_m\left(1, \frac{u}{z}\right) + z^{m-1} \varphi_{m-1}\left(1, \frac{u}{z}\right) + \ldots,$$

$\varphi_m(1, c)$ étant un polynome de degré en c, tel que l'équation $\varphi_m = 0$ ait m racines distinctes $c_1, \ldots, c_m$. On a de même

$$F'_u(z, u) = F_1(z, u) = z^{m-1} \varphi'_m\left(1, \frac{u}{z}\right) + z^{m-2} \varphi'_{m-1}\left(1, \frac{u}{z}\right) + \ldots,$$

où

$$\varphi'_m(1, c) = \frac{\partial \varphi_m}{\partial c}.$$

Le résultat de l'élimination de y entre les deux équations

$$F(z, u) = 0, \qquad \frac{\partial F}{\partial u} = F_1(z, u) = 0$$

est une équation entière en z

$$(8) \qquad \Delta(z) = \prod_{i=1}^{m} F_1(z, u_i) = 0,$$

où $u_1, u_2, \ldots, u_m$ désignent m racines de l'équation $F = 0$; $\Delta(z)$ est un polynome *entier en z de degré $m(m-1)$*. En effet, c'est une fonction symétrique entière de $u_1, \ldots, u_m$ et, par suite, un polynome entier en z. Pour évaluer son degré, considérons les m valeurs de u dans le domaine du point $z = \infty$; on a par exemple, dans ce domaine,

$$u_i = c_i z + \alpha_0^i + \frac{\alpha_1^i}{z} + \ldots,$$

de sorte que, dans $F_1(z, u_i)$, le terme du degré le plus élevé sera $z^{m-1}\varphi'_m(1, c_i)$ puisque, par hypothèse, $\varphi'_m(1, c_i)$ n'est pas nul. Le produit des m facteurs analogues sera donc de degré $m(m-1)$.

Les racines de l'équation (8) ne peuvent provenir que des points multiples et des points simples de la courbe où la tangente est parallèle à Ou. Examinons d'abord ces derniers points. Si au point (a, b) la tangente est parallèle à Ou, on a, dans le voisinage de ce point,

$$F(z, u) = A(z-a) + B(u-b)^2 + C(z-a)(u-b) + \ldots,$$

les coefficients A et B n'étant pas nuls, d'après les hypothèses faites. Les deux valeurs de u, qui deviennent égales à b pour $z = a$, sont représentées par un même développement

$$u - b = \sqrt{\frac{-A}{B}}(z-a)^{\frac{1}{2}} + \ldots,$$

où l'on attribue au radical $\sqrt{z-a}$ ses deux déterminations. D'autre part, on a

$$F_1 = \frac{\partial F}{\partial u} = 2B(u-b) + C(z-a) + \ldots.$$

Si dans F_1 on remplace u par une des racines précédentes, le résultat sera d'ordre $\frac{1}{2}$ en $(z-a)$. Comme il y a deux facteurs de cette espèce dans $\Delta(z)$, on voit que $\Delta(z)$ est divisible simplement par $z-a$. Ainsi, les abscisses des points de contact des angentes parallèles à Ou donnent des facteurs simples dans $\Delta(z)$.

Supposons maintenant que le point (a, b) soit un point multiple d'ordre q à tangentes distinctes, aucune de ces tangentes n'étant parallèle à Ou; $F(z, u)$ peut alors s'écrire

$$F(z, u) = (z-a)^q \varphi_q\left(1, \frac{u-b}{z-a}\right) + (z-a)^{q+1} \varphi_{q+1}\left(1, \frac{u-b}{z-a}\right) + \ldots,$$

$\varphi_q(1, c)$ étant un polynome de degré q n'ayant que des facteurs simples. De même

$$F_1(z, u) = (z-a)^{q-1} \varphi'_q\left(1, \frac{u-b}{z-a}\right) + \ldots.$$

Si $c_1, c_2, \ldots, c_q$ sont les q racines distinctes de l'équation $\varphi_q(1, c) = 0$, les q valeurs de u, qui deviennent égales à b pour $z = a$, sont représentées par q développements de la forme

$$u_i - b = c_i(z-a) + d_i(z-a)^2 + \ldots;$$

$F_1(z, u_i)$ sera du degré $(q-1)$ en $(z-a)$, car son premier terme est $(z-a)^{q-1}\varphi'_q(1, c_i)$. Comme il y a q facteurs analogues, $\Delta(z)$ sera divisible par $(z-a)^{q(q-1)}$; un point multiple d'ordre q à tangentes distinctes donne dans $\Delta(z)$ une racine multiple d'ordre $q(q-1)$ de multiplicité.

Enfin supposons que le point (a, b) soit un point de rebroussement de première espèce, où la tangente n'est pas parallèle à Ou. En transportant l'origine en ce point, ce qui est évidemment permis, on a

$$F(z, u) = A(u-mz)^2 + z^3 \varphi_3\left(1, \frac{u}{z}\right) + \ldots,$$

$\varphi_3(1, m)$ n'étant pas nul, et

$$F_1(z, u) = 2A(u-mz) + z^2 \varphi'_3\left(1, \frac{u}{z}\right) + \ldots.$$

Les deux valeurs de u, qui deviennent nulles pour $z = 0$, ont un même développement de la forme

$$u = mz + \alpha z^{\frac{3}{2}} + \ldots \qquad (\alpha \neq 0);$$

$F_1(z, u)$ est de degré $\frac{3}{2}$ et par suite $\Delta(z)$ est divisible par z^3. Un point de rebroussement de première espèce donne donc une racine triple. En écrivant que $\Delta(z)$ est de degré $m(m-1)$, il vient

$$N + \Sigma q(q-1) + 3r = m(m-1);$$

portons la valeur de N dans la formule qui donne p, il reste, toutes réductions faites,

$$(9) \qquad p = \frac{(m-1)(m-2)}{2} - \sum \frac{q(q-1)}{2} - r.$$

Si, en particulier, la courbe n'a que d points doubles à tangentes distinctes, on a

$$(10) \qquad p = \frac{(m-1)(m-2)}{2} - d - r;$$

on retrouve ainsi la définition géométrique du genre.

La comparaison des deux formules (9) et (10) montre qu'*au point de vue du genre, un point multiple d'ordre q à tangentes distinctes équivaut à $\frac{q(q-1)}{2}$ points doubles ordinaires.*

134. Appliquons ces considérations aux courbes pour lesquelles p a les plus petites valeurs. Soit C une courbe de genre zéro; d'après le théorème de M. Nöther, on peut lui faire correspondre, point par point, une courbe C′, aussi du genre zéro, n'ayant que des points doubles. Si cette courbe C′ est du degré m, elle possédera le nombre maximum de points doubles, soit $\frac{(m-1)(m-2)}{2}$. Or, les coordonnées d'un point d'une pareille courbe s'expriment, comme on sait, par des fonctions rationnelles d'un paramètre variable t, de façon qu'à un point variable de la courbe ne corresponde qu'une valeur de t. Il suffit de couper la courbe C′ par un faisceau de courbes de degré $(m-1)$ passant par les $\frac{(m-1)(m-2)}{2}$ points doubles et par $2m-3$ points simples pris à volonté sur C′, ou par un faisceau de courbes C_{m-2} passant par les $\frac{(m-1)(m-2)}{2}$ points doubles et par $m-3$ points simples de C′.

Inversement, supposons z et u exprimées par des fonctions rationnelles *quelconques* d'un paramètre t

$$z = F(t), \qquad u = \Phi(t);$$

le point de coordonnées (z, u) *décrit une courbe* C *de genre zéro.* Si à un point de la courbe C ne correspond qu'une valeur de t, la démonstration est immédiate. Des formules précédentes on tire en effet $t = \Psi(z, u)$, Ψ étant une fonction rationnelle, et la courbe C correspond point par point à la courbe de genre zéro, $w = t$. *Elle est donc elle-même de genre zéro.*

Lorsque plusieurs valeurs de t donnent un même point (z, u), la représentation est *impropre*, et le raisonnement précédent ne s'applique plus. Mais M. Lüroth ([1]) a démontré qu'il suffit d'un simple changement de la variable indépendante pour être ramené au cas précédent. Soient

$$(11) \qquad z = \frac{f(\lambda)}{\psi(\lambda)}, \qquad u = \frac{\varphi(\lambda)}{\psi(\lambda)}$$

les expressions des coordonnées, $f(\lambda)$, $\varphi(\lambda)$, $\psi(\lambda)$ désignant trois polynomes. Nous supposons qu'il existe n valeurs de λ donnant le même point (z, u) ou, d'une façon plus précise, que les deux équations

$$(12) \qquad \frac{f(\lambda_1)}{\psi(\lambda_1)} = \frac{f(\lambda)}{\psi(\lambda)}, \qquad \frac{\varphi(\lambda_1)}{\psi(\lambda_1)} = \frac{\varphi(\lambda)}{\psi(\lambda)}$$

ont, quel que soit λ_1, n racines communes $\lambda_1, \lambda_2, \ldots, \lambda_n$. Ces n racines sont en général distinctes, sauf pour des valeurs particulières de λ_1. En effet, écrivons les équations

$$(13) \qquad \begin{cases} f(\lambda)\psi(\lambda_1) - \psi(\lambda)f(\lambda_1) = 0, \\ \varphi(\lambda)\psi(\lambda_1) - \psi(\lambda)\varphi(\lambda_1) = 0; \end{cases}$$

si λ_i était une racine multiple de ces deux équations, on aurait

$$f(\lambda_i)\psi(\lambda_1) - \psi(\lambda_i)f(\lambda_1) = 0,$$
$$f'(\lambda_i)\psi(\lambda_1) - \psi'(\lambda_i)f(\lambda_1) = 0$$

et, par suite,

$$f'(\lambda_i)\psi(\lambda_i) - \psi'(\lambda_i)f(\lambda_i) = 0.$$

Le rapport $\dfrac{f(\lambda_i)}{\psi(\lambda_i)}$ serait donc une constante; or, la racine mul-

---

([1]) Lüroth, *Mathematische Annalen*, t. IX, p. 163.

tiple λ_i varie évidemment avec λ_1, et l'hypothèse est inadmissible.

Si donc on cherche le plus grand commun diviseur des deux polynomes $f(\lambda)\psi(\lambda_1) - \psi(\lambda)f(\lambda_1)$ et $\varphi(\lambda)\psi(\lambda_1) - \psi(\lambda)\varphi(\lambda_1)$, on obtient un polynome de degré n en λ, qui n'est autre que le produit $(\lambda - \lambda_1)(\lambda - \lambda_2)\ldots(\lambda - \lambda_n)$, abstraction faite d'un facteur indépendant de λ. Soit $\psi(\lambda, \lambda_1)$ ce plus grand commun diviseur; comme les deux polynomes précédents ne font que changer de signe quand on permute λ et λ_1, $\psi(\lambda, \lambda_1)$ sera aussi du degré n en λ_1,

$$\psi(\lambda, \lambda_1) = \varphi_0(\lambda_1)\lambda^n + \varphi_1(\lambda_1)\lambda^{n-1} + \ldots + \varphi_n(\lambda_1),$$

$\varphi_0(\lambda_1)$, $\varphi_1(\lambda_1)$, ..., $\varphi_n(\lambda_1)$ étant au plus du degré n en λ_1.

Si dans l'équation $\psi(\lambda, \lambda_1) = 0$ on remplace successivement λ_1 par λ_2, ..., λ_n, cette équation aura toujours les mêmes racines, car les valeurs $\lambda_1, \lambda_2, \ldots, \lambda_n$ qui correspondent à un même point (z, u) forment un groupe inséparable. Il s'ensuit que les coefficients $\frac{\varphi_i(\lambda)}{\varphi_0(\lambda)}$ reprennent les mêmes valeurs quand on y remplace λ par $\lambda_1, \lambda_2, \ldots, \lambda_n$. Choisissons $\varphi_i(\lambda)$ de façon que ce coefficient ne se réduise pas à une constante, et posons

$$\mu = \frac{\varphi_i(\lambda)}{\varphi_0(\lambda)},$$

à un point (z, u) de la courbe considérée correspond une seule valeur de μ. Inversement à une valeur quelconque de μ correspondent au plus n valeurs de λ; or, si λ_1 est une de ces valeurs, les autres valeurs du même groupe $\lambda_2, \lambda_3, \ldots, \lambda_n$ vérifient la même équation. Il s'ensuit que cette équation est bien du degré n en λ et qu'à une valeur de μ ne correspond qu'un point (z, u). Si donc on prend μ pour variable indépendante, on voit que z et u s'exprimeront rationnellement au moyen de μ, et qu'inversement μ sera une fonction rationnelle de z et de u.

Considérons, par exemple, la courbe représentée par les équations

$$z = \frac{(\lambda^2+1)^2}{\lambda^4+3\lambda^2+1}, \qquad u = \frac{\lambda(\lambda^2+1)}{\lambda^4+3\lambda^2+1}.$$

En appliquant la méthode précédente, on trouve

$$\psi(\lambda, \lambda_1) = \lambda^2\lambda_1 - \lambda(\lambda_1^2+1) + \lambda_1.$$

La représentation est donc *impropre*. Mais si l'on prend pour paramètre

$$\mu = \frac{\lambda}{\lambda^2 + 1},$$

on vérifie que z et u s'expriment rationnellement en μ,

$$z = \frac{1}{\mu^2 + 1}, \qquad u = \frac{\mu}{\mu^2 + 1},$$

et l'on a inversement

$$\mu = \frac{u}{z}.$$

135. Étant données deux courbes de genre zéro C, C′, on peut toujours les faire correspondre point par point d'une infinité de manières. Soient, en effet,

$$z = f(t), \qquad u = \varphi(t), \qquad t = \pi(z, u)$$

les formules qui concernent les coordonnées d'un point de C, f, φ, π étant des fonctions rationnelles,

$$Z = F(T), \qquad U = \Phi(T), \qquad T = \Pi(Z, U)$$

les formules analogues pour C′. Si l'on établit entre t et T une relation linéaire

$$(14) \qquad ATt + Bt + CT + D = 0,$$

on voit que Z, U s'expriment rationnellement au moyen de z, u et inversement. On a ainsi la transformation birationnelle la plus générale que l'on puisse établir entre les points des deux courbes C, C′; il est clair, en effet, que toute correspondance birationnelle entre les points de ces deux courbes donnera entre t et T une relation algébrique qui devra être du premier degré par rapport à chacune des variables. La relation (14) dépend de trois paramètres dont on peut disposer de façon qu'à trois points déterminés de C correspondent trois points arbitraires de C′. Comme cas particulier, il peut arriver que ces deux courbes coïncident, et l'on voit qu'*il existe une infinité de transformations birationnelles, dépendant de trois paramètres arbitraires, par lesquelles une courbe du genre zéro se change en elle-même.*

Les intégrales abéliennes relatives à une pareille courbe se ramènent immédiatement à des intégrales de fractions rationnelles. Il n'y a pas d'intégrale de première espèce.

136. Passons au cas où $p = 1$. Étant donnée une courbe du premier genre C, nous pouvons toujours supposer, d'après le théorème de M. Nöther, qu'elle n'admet que des points doubles à tangentes distinctes. Si elle est de degré m, elle aura donc $\frac{(m-1)(m-2)}{2} - 1 = \frac{m(m-3)}{2}$ points doubles. Ces $\frac{m(m-3)}{2}$ points doubles, joints à $m-2$ points simples pris à volonté sur C, déterminent un faisceau de courbes d'ordre $m-2$, C_{m-2}, car

$$\frac{m(m-3)}{2} + m - 2 = \frac{(m-2)(m+1)}{2} - 1.$$

Soit

$$\varphi(z, u) + t\psi(z, u) = 0 \tag{15}$$

l'équation d'une courbe de ce faisceau; elle rencontre la courbe C en $m(m-2)$ points dont deux seulement sont variables avec t.

En effet, chaque point double compte pour deux points d'intersection, et l'on a bien

$$m(m-3) + m - 2 = m(m-2) - 2 \quad (^1).$$

On obtiendra les coordonnées de ces deux points d'intersection variables par la résolution d'une équation du second degré à coefficients rationnels en t, de sorte que les coordonnées d'un point de C s'exprimeront au moyen de t par des formules de la forme suivante :

$$\left\{\begin{aligned} z &= \frac{P + Q\sqrt{R(t)}}{S(t)}, \\ u &= \frac{P_1 + Q_1\sqrt{R(t)}}{S_1(t)}, \end{aligned}\right. \tag{16}$$

P, Q, P_1, Q_1, S, S_1, R étant des polynomes entiers en t, dont le dernier $R(t)$ est supposé sans facteurs multiples. De considéra-

---

(1) Si un seul des deux points d'intersection inconnus était variable avec t, les coordonnées de ce point seraient des fonctions rationnelles de t, et la courbe serait du genre zéro. On peut employer aussi un faisceau de courbes C_{m-1}, passant par les points doubles, et $2m - 2$ points simples de C.

tions géométriques bien connues ([1]), on déduit que $R(t)$ est du troisième ou du quatrième degré ; c'est aussi une conséquence immédiate du théorème général sur la conservation du genre. Posons, en effet,

$$w = \sqrt{R(t)};$$

des formules (15) et (16) on tire t et w en fonctions rationnelles de z et de u. La courbe C et la courbe C′ représentées par l'équation $w^2 = R(t)$ se correspondent ainsi point par point par une transformation birationnelle. La courbe C étant du genre un, il doit en être de même de la seconde courbe, ce qui exige que $R(t)$ soit du troisième ou du quatrième degré (§ **113**).

Si $R(t)$ est du troisième degré, la seconde courbe sera du troisième degré. Si $R(t)$ est du quatrième degré, soit a une racine de l'équation $R(t) = 0$; la transformation birationnelle

$$t = a + \frac{1}{x}, \qquad w = \frac{y}{x^2}$$

ramène encore à une courbe du troisième degré. Ainsi, *à toute courbe de genre un on peut faire correspondre, par une transformation birationnelle, une courbe du troisième degré, qui sera nécessairement sans point double.* On dit que la cubique sans point double est *la courbe normale* du premier genre.

Inversement, les coordonnées d'un point d'une cubique peuvent, et d'une infinité de manières, s'exprimer rationnellement au moyen d'un paramètre t et de la racine carré d'un polynome du quatrième degré en t, $R(t)$. Il suffit de couper la cubique par un faisceau de droites

$$y - y_0 = t(x - x_0),$$

passant par un point fixe (x_0, y_0) choisi arbitrairement sur cette courbe. Les racines du polynome $R(t)$ ont une signification géométrique évidente; ces racines sont des coefficients angulaires des quatre tangentes que l'on peut mener du point (x_0, y_0) à la cubique. Quel que soit le point (x_0, y_0) choisi sur cette courbe, ces quatre tangentes ont même rapport anharmonique, et, par consé-

([1]) Clebsch, *Ueber diejenigen Curven deren Coordinaten sich als elliptische Functionen eines Parameter darstellen lassen* (*Journal de Crelle*, t. LXIV).

quent, l'invariant absolu de la forme biquadratique $t_2^4 \mathrm{R}\left(\frac{t_1}{t_2}\right)$ ne dépend pas du point (x_0, y_0). On n'obtient donc pas de représentations essentiellement distinctes.

Le théorème de Géométrie qui vient d'être rappelé se démontre très aisément au moyen d'une remarque qui peut être utile. Sur une courbe du troisième ordre, sans point double, prenons deux points fixes A et B, et soient λ, μ les coefficients angulaires des deux droites AM, BM joignant les deux points A et B à un point quelconque M de cette cubique. Il est clair qu'il existe une relation algébrique entre λ et μ, et cette relation doit être du second degré par rapport à chacune des variables; elle est donc de la forme

$$(17) \qquad \begin{aligned} &\lambda^2(\mathrm{A}\,\mu^2 + \mathrm{B}\,\mu + \mathrm{C}\,) \\ &+ \lambda\,(\mathrm{A}_1\mu^2 + \mathrm{B}_1\mu + \mathrm{C}_1) + \mathrm{A}_2\mu^2 + \mathrm{B}_2\mu + \mathrm{C}_2 = 0 \end{aligned}$$

et peut encore s'écrire

$$(17') \qquad \begin{aligned} &\mu^2(\mathrm{A}\lambda^2 + \mathrm{A}_1\lambda + \mathrm{A}_2) \\ &+ \mu\,(\mathrm{B}\lambda^2 + \mathrm{B}_1\lambda + \mathrm{B}_2) + \mathrm{C}\lambda^2 + \mathrm{C}_1\lambda + \mathrm{C}_2 = 0. \end{aligned}$$

Si la droite de coefficient angulaire λ, issue du point A, est tangente en un autre point à la cubique, les deux valeurs correspondantes de μ doivent être égales. Par suite, les coefficients angulaires des tangentes issues de A sont les racines de l'équation du quatrième degré

$$(18) \qquad \begin{aligned} \mathrm{R}(\lambda) = {} & (\mathrm{B}\,\lambda^2 + \mathrm{B}_1\lambda + \mathrm{B}_2)^2 \\ & - 4(\mathrm{A}\lambda^2 + \mathrm{A}_1\lambda + \mathrm{A}_2)(\mathrm{C}\lambda^2 + \mathrm{C}_1\lambda + \mathrm{C}_2) = 0. \end{aligned}$$

De même, les coefficients angulaires des tangentes issues du point B sont les racines de l'équation

$$(19) \qquad \begin{aligned} \mathrm{R}_1(\mu) = {} & (\mathrm{A}_1\mu^2 + \mathrm{B}_1\mu + \mathrm{C}_1)^2 \\ & - 4(\mathrm{A}\,\mu^2 + \mathrm{B}\mu + \mathrm{C}\,)(\mathrm{A}_2\mu^2 + \mathrm{B}_2\mu + \mathrm{C}_2) = 0. \end{aligned}$$

Il s'agit de faire voir que le rapport anharmonique des quatre racines est le même pour les deux équations. Comme ce rapport anharmonique ne change pas par une substitution linéaire, la proposition sera évidemment établie si l'on démontre qu'on peut, par une substitution linéaire de la forme

$$\lambda' = \frac{a\lambda + b}{c\lambda + d}, \qquad \mu' = \frac{\alpha\mu + \beta}{\gamma\mu + \delta},$$

ramener la relation (17) à une relation symétrique en λ et μ. Choisissons pour cela, ce qui est toujours possible, les coefficients des deux transformations, de telle façon que, pour $\lambda = 0$, l'équation (17) ait une racine double infinie en μ, et pour $\mu = 0$, une racine double infinie en λ. Dans ces conditions, on a

$$A_2 = B_2 = 0, \qquad C = C_1 = 0$$

et la relation (17) prend la forme

$$A\lambda^2\mu^2 + \lambda\mu(B\lambda + A_1\mu + B_1) + C_2 = 0.$$

Si $A_1 B$ n'est pas nul, il suffira de remplacer μ par $\frac{B\mu}{A_1}$ pour être ramené à une relation symétrique. On ne peut avoir $A_1 B = 0$; on vérifie, en effet, que les deux équations $R(\lambda) = 0$, $R_1(\mu) = 0$ auraient chacune une racine double. Ce cas ne se présenterait que pour une cubique ayant un point double.

137. Considérons, comme application, les courbes de genre un représentées par une équation binome. On a vu (n° **116**) que ces courbes se partagent en quatre groupes; les équations appartenant à un même groupe peuvent, par quelques transformations simples, qui sont précisément des transformations birationnelles, être ramenées à une forme type. On peut prendre, par exemple, pour formes types les suivantes :

(A) $$u^2 = (z-a)(z-b)(z-c).$$

(B) $$u^3 = (z-a)(z-b),$$

(C) $$u^4 = (z-a)(z-b)^2,$$

(D) $$u^6 = (z-a)^3(z-b)^4.$$

Nous n'avons évidemment à nous occuper que des trois dernières équations (B), (C), (D). Si, dans l'équation (B), on pose $u = t$, il vient

$$z = \frac{a+b}{2} + \sqrt{\left(\frac{a+b}{2}\right)^2 - ab + t^3},$$

et cette équation, jointe à la relation $u = t$, donne évidemment une solution du problème.

De même, dans l'équation (C), posons

$$z = a + t^2,$$

il vient

$$u^4 = t^2(t^2 + a - b)^2,$$

d'où l'on tire

$$u = \sqrt{t(t^2 + a - b)}.$$

Enfin, dans l'équation (D), il suffit de poser

$$z = b + t^3$$

et l'on obtient pour u la valeur

$$u = t^2 \sqrt{t^3 + b - a}.$$

138. Toute courbe du premier genre admet une infinité de transformations birationnelles en elle-même. La proposition sera établie, si on la démontre pour une cubique; or, dans ce cas particulier, le théorème est presque évident. Il suffit en effet de prendre sur la courbe du troisième degré un point quelconque A et de faire correspondre à un point M de la cubique le troisième point de rencontre de cette cubique avec la sécante AM.

Cette remarque bien simple permet déjà d'intégrer l'équation d'Euler. Soient

$$(20) \qquad y^2 = x^3 + px^2 + qx + r$$

l'équation d'une courbe du troisième degré, (α, β) les coordonnées du point fixe A, (x, y) et (x', y') les coordonnées des points M et M'. On a entre ces coordonnées des relations de la forme

$$(21) \qquad \begin{cases} x = \mathrm{R}\,(x', y', \alpha, \beta), \\ y = \mathrm{R}_1(x', y', \alpha, \beta); \end{cases}$$

et inversement

$$(22) \qquad \begin{cases} x' = \mathrm{R}\,(x, y, \alpha, \beta). \\ y' = \mathrm{R}_1(x, y, \alpha, \beta), \end{cases}$$

R et R_1 étant des fonctions rationnelles.

L'intégrale de première espèce, attachée à la courbe (20),

$$\int \frac{dx}{\sqrt{x^3 + px^2 + qx + r}}$$

devient, après la transformation (21), une intégrale de première espèce attachée à la même courbe $y'^2 = x'^3 + px'^2 + qx'^2 + r$, c'est-à-dire que l'on a

$$\int \frac{dx}{\sqrt{x^3 + px^2 + qx + r}} = \mathrm{A} \int \frac{dx'}{\sqrt{x'^3 + px'^2 + qx' + r}}$$

et, comme les deux transformations (21) et (22) sont inverses l'une de l'autre, on a forcément $A^2 = 1$, et par suite

$$\frac{dx}{\sqrt{x^3+px^2+qx+r}} \pm \frac{dx'}{\sqrt{x'^3+px'^2+qx'+r}} = 0. \tag{23}$$

Les formules (21) donnent donc une intégrale de l'équation (23) et, comme ces formules renferment un paramètre arbitraire (α, β), elles donnent l'intégrale générale.

Il est facile de développer les calculs. Soit

$$y = mx + n$$

l'équation de la droite MAM'; x, x', α sont les trois racines de l'équation

$$x^3+px^2+qx+r-(mx+n)^2 = 0.$$

On a donc

$$\alpha + x + x' = m^2 - p,$$
$$\alpha(x+x') + xx' = q - 2mn,$$
$$\alpha xx' = n^2 - r.$$

L'élimination de m et n entre ces trois équations conduit à la relation cherchée

$$\alpha(x+x') + xx' = q - 2\sqrt{(r+\alpha xx')(p+\alpha+x+x')}$$

qui contient une constante arbitraire α.

En combinant deux transformations birationnelles telles que la précédente, on obtient de nouvelles transformations, par lesquelles la cubique se change en elle-même. Ainsi, étant donnés deux points A et B sur cette courbe, faisons se correspondre les points M et M' tels que les sécantes BM' et AM concourent en un nouveau point de la cubique. Si le point A reste fixe et qu'on fasse varier le point B, on obtient une infinité de transformations dépendant *algébriquement* d'un paramètre, l'abscisse du point B par exemple, et, lorsque B est venu en A, la transformation considérée se réduit à la transformation identique.

Ainsi, *toute courbe de genre un admet une infinité de transformations birationnelles en elle-même, dépendant algébriquement d'un paramètre t,*

$$x' = R(x, y, t),$$
$$y' = R_1(x, y, t),$$

et telles que, pour une valeur particulière t_0 de ce paramètre, on ait identiquement

$$x' = x, \qquad y' = y.$$

139. Considérons encore les courbes du genre 2. Si une courbe C_m, de genre 2, n'a que des points doubles ordinaires, le nombre d de ces points doubles est égal, d'après la formule (10) (§ 133), à

$$\frac{(m-1)(m-2)}{2} - 2 = \frac{m(m-3)}{2} - 1.$$

On peut encore trouver un faisceau de courbes rencontrant C_m en deux points variables seulement, soit en prenant un faisceau de courbes de degré m passant par les d points doubles de C_m et par $3m$ points simples, soit en prenant un faisceau de courbes de degré $m-3$ passant par les d points doubles de C. En reprenant les raisonnements du n° 136, on en conclut que *les coordonnées d'un point d'une courbe de genre 2 s'expriment rationnellement au moyen d'un paramètre t et de la racine carrée d'un polynome du sixième degré* (t) [1].

D'une façon plus précise, à toute courbe de genre 2, on peut faire correspondre, par une transformation birationnelle, une courbe représentée par une équation de la forme

$$(24) \qquad w^2 = A(t-a_1)(t-a_2)\ldots(t-a_6).$$

Si l'on pose encore $t = x$, $w = (x-a_1)(x-a_2)y$, on voit que la courbe (24) correspond point par point à la courbe du quatrième ordre

$$(25) \qquad y^2(x-a_1)(x-a_2) = A(x-a_3)\ldots(x-a_6),$$

qui a un point double à l'infini. Inversement, toute courbe du quatrième ordre, ayant un point double, est du genre 2. On peut donc prendre cette courbe pour la *courbe normale du genre* 2.

---

[1] SCHWARZ, *Essai de démonstration d'un théorème de Géométrie* (*Journal de Mathematiques pures et appliquées,* 3e série, t. VI, p. 111-114).

CHAPITRE VII.

INTÉGRALES NORMALES. — DECOMPOSITION D'UNE INTÉGRALE ABÉLIENNE EN ÉLÉMENTS SIMPLES. CAS DE RÉDUCTION (1).

Formation des intégrales de première espèce. — Courbes adjointes. — Intégrales de seconde et de troisième espèce. — Intégrales normales des trois espèces. Périodes des intégrales normales. — Échange du paramètre et de l'argument dans les intégrales de troisième espèce. — Intégrales de seconde espèce déduites de l'intégrale de troisième espèce. — Réduction d'une intégrale quelconque à une partie algébrique, à des intégrales de troisième espèce et à $2p$ intégrales de première et de seconde espèce. — Intégrales algébriques. — Intégrales logarithmiques. — Intégrales de première espèce réductibles à des intégrales elliptiques.

140. Nous avons déjà indiqué sommairement (nº **121**) comment on partage les intégrales abéliennes en intégrales de première, de deuxième et de troisième espèce. Nous allons, dans ce Chapitre, revenir sur ce sujet, et nous proposer d'abord de former les intégrales de ces trois espèces.

Pour déterminer les intégrales de première espèce relatives à une courbe donnée

$$F(z, u) = 0, \tag{1}$$

de degré m, nous supposerons qu'on a effectué, s'il est nécessaire, une transformation homographique de façon que les m coefficients angulaires des asymptotes aient des valeurs distinctes et *finies*. Aucune asymptote n'étant parallèle à l'axe des u, l'équa-

(1) Auteurs à consulter : RIEMANN, *Theorie der Abel'schen Functionen.* — CLEBSCH et GORDAN, *Theorie der Abel'schen Functionen*, Chap. IV et V. — ABEL, *Sur l'intégration de la formule différentielle* $\int \frac{\rho\, dx}{\sqrt{R}}$, R *et* ρ *étant des fonctions entières.*

tion (1) renferme un terme en u^m, et peut s'écrire

$$(1') \qquad F(z, u) = A_0 u^m + A_1 u^{m-1} + \ldots + A_i u^{m-i} + \ldots + A_m = 0,$$

A_0 étant une constante et A_i un polynome en z de degré i au plus. Les m valeurs de u pour une valeur de z de module très grand sont fournies par m développements distincts, tels que

$$u_i = c_i z + \alpha_i + \frac{\beta_i}{z} + \ldots \qquad (i = 1, 2, \ldots, m).$$

Soit

$$(2) \qquad v = \int_{(z_0, u_0)}^{(z, u)} \varphi(z, u)\, dz$$

une intégrale abélienne relative à cette courbe. Il est évident que si cette intégrale est de première espèce, c'est-à-dire reste finie pour toute valeur de z, la fonction rationnelle $\varphi(z, u)$ satisfait aux conditions suivantes :

1° Pour des valeurs infinies de z, elle est de l'ordre de $\frac{1}{z^2}$ ou de $\frac{1}{z^{2+\lambda}}$ $(\lambda > 0)$;

2° Si en un point analytique (z_0, u_0) à distance finie, $\varphi(z, u)$ devient infinie, elle le devient d'un ordre fractionnaire et inférieur à l'unité par rapport à $\frac{1}{z - z_0}$, de sorte que ce point (z_0, u_0) est un point de ramification de la surface de Riemann correspondante. La même propriété a lieu pour le produit $u^k \varphi(z, u)$, quel que soit le nombre entier positif k, car u reste fini pour toutes les valeurs finies de z.

D'après cela, si l'on appelle $u_1, u_2, \ldots, u_m$ les m valeurs de u qui correspondent à une valeur de z, *la somme*

$$P_{k-2} = u_1^k \varphi(z, u_1) + u_2^k \varphi(z, u_2) + \ldots + u_m^k \varphi(z, u^m)$$

est un polynome entier en z. En effet, P_{k-2} est une fonction symétrique de $u_1, u_2, \ldots, u_m$ et, par suite, une fonction rationnelle de z. Pour faire voir que c'est un polynome, il suffit de montrer qu'il reste fini pour toute valeur finie de z. Or un terme quelconque de cette somme $u_i^k \varphi(z, u_i)$ ne peut devenir infini qu'en un point de ramification (z_0, u_0) et, dans ce cas, il ne contient que des puissances de $\frac{1}{z - z_0}$ d'exposant inférieur à l'unité;

sa partie principale est de la forme

$$\frac{\alpha_1}{(z-z_0)^{\frac{1}{n}}}+\frac{\alpha_2}{(z-z_0)^{\frac{2}{n}}}+\ldots+\frac{\alpha_{n-1}}{(z-z_0)^{\frac{n-1}{n}}},$$

si le point de ramification est d'ordre $n-1$. La somme P_{k-2} ne contient donc aucune puissance entière de $\frac{1}{(z-z_0)}$ dans le domaine de ce point et, comme P_{k-2} est une fonction rationnelle de z, il s'ensuit qu'elle reste finie pour $z=z_0$.

Pour avoir le degré du polynome P_{k-2}, il suffit de voir de quel ordre est cette fonction par rapport à z pour une valeur infiniment grande de z. Or, $\varphi(z, u)$ étant de l'ordre de $\frac{1}{z^2}$ au moins et u_i^k de l'ordre de z^k, P_{k-2} sera de l'ordre de z^{k-2} au plus. On voit d'abord que, si k est égal à 0 ou à 1, P_{k-2} sera *identiquement nul*, car un polynome ne peut être nul pour z infini, que s'il l'est identiquement. Si $k \geqq 2$, P_{k-2} sera de degré $k-2$ au plus. On a donc, en faisant successivement $k=0, 1, 2, \ldots, m-1$, les relations suivantes :

$$(3)\quad\begin{cases}\varphi(z, u_1)+\varphi(z, u_2)+\ldots+\varphi(z, u_m)=0,\\ u_1\,\varphi(z, u_1)+u_2\,\varphi(z, u_2)+\ldots+u_m\,\varphi(z, u_m)=0,\\ u_1^2\,\varphi(z, u_1)+u_2^2\,\varphi(z, u_2)+\ldots+u_m^2\,\varphi(z, u_m)=P_0,\\ \ldots\ldots\ldots\ldots\ldots\ldots\ldots\ldots\ldots\ldots\ldots\ldots,\\ u_1^{m-1}\,\varphi(z, u_1)+u_2^{m-1}\,\varphi(z, u_2)+\ldots+u_m^{m-1}\,\varphi(z, u_m)=P_{m-3},\end{cases}$$

$P_0, \ldots, P_i, \ldots, P_{m-3}$ étant des polynomes entiers en z d'un degré marqué par leur indice, ou d'un degré inférieur.

Ces équations linéaires (3) fournissent les m déterminations de $\varphi(z, u)$. Pour les résoudre commodément, imaginons qu'on ait divisé $F(z, u)$ par $(u-u_1)$; le quotient est un polynome de degré $m-1$ en u

$$\frac{F(z, u)}{u-u_1}=B_0\,u^{m-1}+B_1\,u^{m-2}+\ldots+B_{m-1},$$

où

$$B_0=A_0, \qquad B_1=A_0\,u_1+A_1, \qquad B_2=A_0\,u_1^2+A_1\,u_1+A_2, \qquad \ldots;$$

en général B_k est un polynome de degré k en z et u_1.

Le polynome $\frac{F(z, u)}{u-u_1}$ s'annule pour $u=u_2, \ldots, u=u_m$; et sa valeur pour $u = u_1$ est $F'_u(z, u_1)$. Multiplions la première des équations (3) par B_{m-1}, la deuxième par B_{m-2}, ..., la dernière par B_0 et ajoutons-les ; il reste, en tenant compte des propriétés que nous venons de rappeler,

$$\varphi(z, u_1) F'_u(z, u_1) = Q(z, u_1), \tag{4}$$

$Q(z, u_1)$ étant un polynome de degré $m - 3$ au plus en z et u_1,

$$Q(z, u_1) = P_0 B_{m-3} + P_1 B_{m-2} + \ldots + P_{m-3} B_0.$$

On obtiendra de même $\varphi(z, u_i)$ en remplaçant, dans l'équation (4), u_1 par u_i; par suite, quelle que soit la racine de l'équation (1) que l'on prenne pour u, on a

$$\varphi(z, u) = \frac{Q(z, u)}{F'_u(z, u)}.$$

Toute intégrale de première espèce relative à la courbe (1) *est donc de la forme*

$$v = \int \frac{Q(z, u)}{F'_u(z, u)} dz,$$

où $Q(z, u)$ *est un polynome de degré* $m - 3$ *au plus en* z *et* u.

141. Il ne s'ensuit pas que toute intégrale de la forme précédente soit de première espèce. Il faut voir à quelles conditions doit satisfaire le polynome $Q(z, u)$ pour que l'intégrale reste partout finie. Considérons d'abord un point à l'infini de la surface de Riemann, la valeur de u étant donnée par le développement

$$u = c_i z + \alpha_i + \frac{\beta_i}{z} + \ldots.$$

Par hypothèse, on a, en groupant ensemble les termes de même degré,

$$F(z, u) = z^m \varphi_m\left(1, \frac{u}{z}\right) + z^{m-1} \varphi_{m-1}\left(1, \frac{u}{z}\right) + \ldots,$$

l'équation $\varphi_m(1, c) = 0$ ayant m racines distinctes. On en conclut

$$F'_u(z, u) = z^{m-1} \varphi'_m\left(1, \frac{u}{z}\right) + z^{m-2} \varphi'_{m-1}\left(1, \frac{u}{z}\right) + \ldots;$$

la notation $\varphi'_k\left(1, \frac{u}{z}\right)$ indiquant une dérivée prise par rapport à $\frac{u}{z}$. Le coefficient $\varphi'_m(1, c_i)$ n'étant pas nul, on voit que, si l'on remplace u par le développement qui précède, $F'_u(z, u)$ sera de l'ordre de z^{m-1}, tandis que $Q(z, u)$ sera de l'ordre de z^{m-3} ou d'un ordre inférieur. L'intégrale reste donc finie pour $z = \infty$, quel que soit le polynome $Q(z, u)$.

L'intégrale ne peut, par conséquent, devenir infinie qu'aux points où la dérivée $F'_u(z, u)$ s'annule. Ces points correspondent, comme on sait, aux points de la courbe où la tangente est parallèle à l'axe des u, et aux points multiples. Soit (z_0, u_0) un point de ramification où passent n feuillets; dans le domaine de ce point, les n valeurs de u qui deviennent égales à u_0 sont représentées par un même développement en série

$$u = u_0 + \alpha_1(z - z_0)^{\frac{1}{n}} + \alpha_2(z - z_0)^{\frac{2}{n}} + \ldots;$$

quand on remplace u par ce développement dans $F'_u(z, u)$, le résultat est d'un certain ordre en $(z - z_0)^{\frac{1}{n}}$, par exemple de l'ordre de $(z - z_0)^{\frac{k}{n}}$. Il faudra qu'en remplaçant u par le même développement dans $Q(z, u)$, le résultat soit de l'ordre de $(z - z_0)^{\frac{k-n+1}{n}}$ ou d'un ordre supérieur. En écrivant que ces conditions sont satisfaites pour tous les points où $F'_u(z, u) = 0$, on obtient un certain nombre de relations linéaires entre les coefficients du polynome $Q(z, u)$.

Le calcul est très laborieux lorsqu'on ne fait aucune hypothèse sur les points singuliers de la courbe $F(z, u) = 0$. On la trouvera dans la Thèse de M. Elliot [1] et dans l'Ouvrage de Briot. Mais si l'on veut seulement évaluer le nombre des intégrales *distinctes* de première espèce relatives à une courbe de genre p, on peut toujours supposer qu'on a ramené la courbe, par une transformation birationnelle, à une autre courbe dont les seuls points singuliers sont des points doubles à tangentes distinctes. Le calcul n'offre alors aucune difficulté.

Prenant un cas un peu plus général, nous supposerons que la

---

(1) *Annales scientifiques de l'École Normale supérieure*, 2e série, t. VI; 1875.

courbe $F(z, u) = 0$, de degré m, n'admet que *des points multiples à tangentes distinctes ou des points de rebroussement de première espèce.*

Soit d'abord (a, b) un point simple de la courbe où la tangente est parallèle à l'axe des u; les développements du n° 87 montrent immédiatement qu'une intégrale

$$\int \frac{Q(z, u)\,dz}{F'_u(z, u)}$$

reste toujours finie en ce point, quel que soit le polynome $Q(z, u)$. C'est aussi ce qu'on peut voir sans calcul en remarquant que l'intégrale précédente, d'après la relation

$$F'_u\,du + F'_z\,dz = 0,$$

peut s'écrire

$$-\int \frac{Q(z, u)\,du}{F'_z(z, u)},$$

et que $F'_z(z, u)$ n'est pas nul au point (a, b).

Soit, en second lieu, (a, b) un point multiple d'ordre q à tangentes distinctes. En portant l'origine en ce point, on a

$$F(z, u) = z^q \varphi_q\left(1, \frac{u}{z}\right) + z^{q+1} \varphi_{q+1}\left(1, \frac{u}{z}\right) + \ldots,$$

$\varphi_q(1, c)$ étant un polynome de degré q qui n'admet que des facteurs linéaires simples et, par suite,

$$F'_u(z_1 u) = z^{q-1} \varphi'_q\left(1, \frac{u}{z}\right) + z_q \varphi'_{q+1}\left(1, \frac{u}{z}\right) + \ldots.$$

Les q valeurs de u, qui deviennent nulles en même temps que z, sont représentées par q développements distincts

$$u_i = c_i z + \alpha_i z^2 + \ldots \qquad (i = 1, 2, \ldots, q),$$

les constantes $c_1, c_2, \ldots, c_p$ étant toutes différentes. Si l'on remplace u par un quelconque de ces développements dans $F'_u(z, u)$, le résultat est de l'ordre de z^{q-1}. Il faut, pour que l'intégrale reste finie en chacun des q points analytiques correspondant aux q branches de courbe, que $Q(z, u)$ soit, après la même substitution de l'ordre de z^{q-1} ou d'un ordre supérieur. Ceci aura lieu si $Q(z, u)$ ne contient aucun terme de degré inférieur à $q - 1$

en z et u. Cette condition est d'ailleurs nécessaire; en effet, supposons que $Q(z, u)$, ordonné en groupes de termes de même degré en z et u, contienne un groupe de degré inférieur à $q-1$,

$$Q(z, u) = \psi_k(z, u) + \psi_{k+1}(z, u) + \ldots \qquad (k < q-1).$$

Quand on remplace u par un des développements qui précèdent, le résultat est de l'ordre de z^k, à moins que l'on ait $\psi_k(1, c_i) = 0$. Si k est inférieur à $q-1$, il faudra donc avoir à la fois

$$\psi_k(1, c_1) = 0, \qquad \ldots, \qquad \psi_k(1, c_q) = 0,$$

et le polynome $\psi_k(1, c)$, de degré inférieur à $q-1$, aurait q racines distinctes. Si, au point multiple (a, b), l'axe des u était tangent à une des branches de la courbe, on aurait, en prenant ce point pour origine,

$$F(z, u) + z^q \varphi_{q+1}\left(1, \frac{u}{z}\right) + \ldots;$$

le raisonnement s'achèverait comme plus haut et conduirait à la même conclusion.

Enfin, supposons que le point (a, b) soit un point de rebroussement de première espèce où la tangente n'est pas parallèle à l'axe des u. On a, en portant l'origine en ce point,

$$F(z, u) = A(u - \alpha z)^2 + \varphi_3(z, u) + \varphi_4(z, u) + \ldots,$$

les polynomes homogènes $\varphi_3(z, u)$, $\varphi_4(z, u)$, ... étant d'un degré marqué par leur indice, et $\varphi_3(z, u)$ n'étant pas divisible par $u = \alpha z$. On en déduit pour u un développement de la forme (n° 88)

$$u = \alpha z + \beta z^{\frac{3}{2}} + \gamma z^2 + \ldots,$$

où β n'est pas nul. Si l'on remplace u par ce développement dans

$$F'_u(z, u) = 2A(u - \alpha z) + \frac{\partial \varphi_3}{\partial u} + \ldots,$$

le résultat de la substitution est évidemment de l'ordre de $z^{\frac{3}{2}}$. Pour que l'intégrale $\int \frac{Q(z, u)\, dz}{F'_u(z, u)}$ reste finie pour $z = 0$, il faut évidemment que $Q(z, u)$ ne contienne pas de terme constant. La condition est d'ailleurs suffisante, car $Q(z, u)$ est alors de l'ordre de z ou d'un ordre supérieur.

La condition est la même si la tangente de rebroussement est parallèle à l'axe des u, car on a identiquement, en vertu de la relation $F'_u\,du + F'_z\,dz = 0$,

$$\int \frac{Q(z, u)\,dz}{F'_u(z, u)} = -\int \frac{Q(z, u)\,du}{F'_z(z, u)},$$

et, en raisonnant sur la nouvelle intégrale, on voit qu'elle restera finie au point (a, b), si $Q(a, b) = 0$, et dans ce cas seulement.

En résumé, pour que l'intégrale

$$\int \frac{Q(z, u)}{F'_u(z, u)}\,dz$$

soit de première espèce, il faut et il suffit que tout point multiple d'ordre q de la courbe $F(z, u) = 0$ soit un point multiple d'ordre $q - 1$ de la courbe de degré $m - 3$ représentée par l'équation $Q(z, u) = 0$. Ceci suppose, bien entendu, que la courbe $F(z, u) = 0$ n'a pas d'autres singularités que celles qui ont été spécifiées plus haut.

142. Pour déterminer le nombre d'intégrales de première espèce d'une courbe de genre p, il suffit, comme on l'a déjà remarqué, de considérer une courbe n'ayant que des points doubles à tangentes distinctes. C'est ce que nous allons faire. Soient m le degré de la courbe, d le nombre des points doubles [1]; on a

$$p = \frac{(m-1)(m-2)}{2} - d.$$

Tout polynome $Q(z, u)$ de degré $m - 3$ contient $\frac{m(m-3)}{2} + 1$ coefficients arbitraires. En écrivant que la courbe $Q(z, u) = 0$ passe par les d points doubles, on établit entre ces coefficients d relations linéaires; il restera dans $Q(z, u)$ un nombre de coef-

---

[1] Si la courbe présente des points multiples d'ordre quelconque $r_1, r_2, \ldots,$ d désignera la somme $\sum \frac{r(r-1)}{2}$ étendue à ces divers points; on devra exprimer ensuite que tout point multiple d'ordre r de la courbe F est un point multiple d'ordre $r - 1$ de Q et l'on parviendra à la même expression pour le nombre des coefficients arbitraires de Q.

ficients arbitraires égal à

$$\frac{m(m-3)}{2}+1-d=\frac{(m-1)(m-2)}{2}-d=p.$$

On ne peut pas conclure de là immédiatement que la courbe admet p intégrales distinctes de première espèce; on pourrait craindre, en effet, que les d relations établies entre les coefficients du polynome $Q(z, u)$ ne soient pas distinctes. Mais le raisonnement prouve que la courbe possède *au moins* p intégrales distinctes de première espèce. D'ailleurs, elle ne peut en admettre plus de p (§ 122). Donc on peut énoncer le théorème général suivant :

A toute relation algébrique $F(z, u)=0$, *de genre* p, *sont attachées* p *intégrales abéliennes distinctes de première espèce.*

Nous disons que p intégrales $w_1, w_2, \ldots, w_p$ sont linéairement distinctes, s'il n'existe aucune relation linéaire à coefficients constants de la forme

$$C_1 w_1+C_2 w_2+\ldots+C_p w_p+C_{p+1}=0,$$

où l'une au moins de ces constantes soit différente de zéro. Si w_1 $w_2, \ldots w_p$ sont p intégrales distinctes de première espèce, toute autre intégrale de première espèce est égale à

$$\lambda_1 w_1+\lambda_2 w_2+\ldots+\lambda_p w_p+\lambda_{p+1}.$$

Remarque. — Un polynome de degré $m-4$ en z et u contient $\frac{(m-1)(m-2)}{2}$ coefficients arbitraires; par suite, le genre d'une courbe de degré m est au plus égal à $\frac{(m-1)(m-2)}{2}$, ce qu'on peut voir aussi directement sans difficulté. Pour que cette limite supérieure soit atteinte, il est nécessaire que le polynome Q_{m-3} ne soit assujetti à aucune condition, c'est-à-dire que la courbe considérée n'ait aucun point multiple.

143. Le théorème qui précède étant fondamental, il n'est peut-être pas inutile d'en donner une démonstration toute différente, où n'interviennent pas les surfaces de Riemann. Il suffit de montrer qu'une courbe de genre p ne peut avoir plus de p intégrales distinctes de première espèce. C'est ce qui résulte du théorème suivant :

S'il existe un faisceau de courbes algébriques rencontrant une courbe algébrique donnée en q points variables seulement, et si l'on peut disposer de ce faisceau de façon qu'un de ces groupes de q points puisse être choisi arbitrairement, la courbe donnée a nécessairement moins de q intégrales distinctes de première espèce [1].

Soient $F(z, u) = 0$ l'équation de la courbe donnée,

$$f(z, u) + \lambda \psi(z, u) = 0$$

l'équation d'une courbe du faisceau et $(z_1, u_1) \ldots (z_q, u_q)$ les coordonnées des q points d'intersection variables avec λ; soit enfin

$$w(z, u) = \int_{(z_0, u_0)}^{(z, u)} \varphi(z, u)\, dz$$

une intégrale de première espèce. Posons

$$w(z_i, u_i) = \int_{(z_0, u_0)}^{(z_i, u_i)} \varphi(z, u)\, dz;$$

la somme

$$W = w(z_1, u_1) + w(z_2, u_2) + \ldots + w(z_q, u_q)$$

est une fonction du paramètre λ, qui conserve une valeur finie pour toute valeur de λ. On a d'ailleurs

$$\frac{dW}{d\lambda} = \varphi(z_1, u_1)\frac{dz_1}{d\lambda} + \ldots + \varphi(z_q, u_q)\frac{dz_q}{d\lambda};$$

des relations

$$\frac{\partial F}{\partial u_i}\frac{du_i}{d\lambda} + \frac{\partial F}{\partial z_i}\frac{dz_i}{d\lambda} = 0,$$

$$\frac{\partial f}{\partial z_i}\frac{dz_i}{dz} + \frac{\partial f}{\partial u_i}\frac{du_i}{d\lambda} + \psi(z_i, u_i) + \lambda\left(\frac{\partial \psi}{\partial z_i}\frac{dz_i}{d\lambda} + \frac{\partial \psi}{\partial u_i}\frac{du_i}{d\lambda}\right) = 0,$$

on tire pour $\frac{dz_i}{d\lambda}$ une fonction rationnelle de z_i, u_i, λ

$$\frac{dz_i}{d\lambda} = \Pi(z_i, u_i, \lambda).$$

Par suite, $\frac{dW}{d\lambda}$ est une fonction rationnelle et symétrique des

---

[1] La démonstration suivante est due à M. Picard (*Bulletin des Sciences mathématiques*, 2e serie, t. XIV; 1890).

q couples de valeurs $(z_1, u_1)\dots(z_q, u_q)$. Elle se réduit donc à une fonction rationnelle de λ, $R(\lambda)$; or l'intégrale d'une fonction rationnelle

$$\int R(\lambda)\,d\lambda$$

devient infinie *au moins* pour une valeur de λ, à moins que $R(\lambda)$ ne soit identiquement nul. C'est ce qui arrive nécessairement ici, et la somme W est constante [1]. On a donc

$$\varphi(z_1, u_1)\frac{dz_1}{d\lambda}+\dots+\varphi(z_q, u_q)\frac{dz_q}{d\lambda}=0.$$

S'il existe q intégrales abéliennes distinctes de première espèce

$$w_1=\int\varphi_1(z, u)\,dz,\qquad w_2=\int\varphi_2(z, u)\,dz,\qquad \dots,\qquad w_q=\int\varphi_q(z, u)\,dz,$$

an aura de même

$$\varphi_1(z_1, u_1)\frac{dz_1}{d\lambda}+\dots+\varphi_1(z_q, u_q)\frac{dz_q}{d\lambda}=0,$$
$$\varphi_2(z_1, u_1)\frac{dz_1}{d\lambda}+\dots+\varphi_2(z_q, u_q)\frac{dz_q}{d\lambda}=0,$$
$$\dots\dots\dots\dots\dots\dots\dots\dots,$$
$$\varphi_q(z_1, u_1)\frac{dz_1}{d\lambda}+\dots+\varphi_q(z_q, u_q)\frac{dz_q}{d\lambda}=0.$$

Comme les points (z_1, u_1), ..., (z_q, u_q) sont variables avec λ, il faudra donc que l'on ait

$$\Delta=\begin{vmatrix}\varphi_1(z_1, u_1) & \dots & \varphi_1(z_q, u_q)\\ \varphi_2(z_1, u_1) & \dots & \varphi_2(z_q, u_q)\\ \dots\dots & \dots & \dots\dots\\ \varphi_q(z_1, u_1) & \dots & \varphi_q(z_q, u_q)\end{vmatrix}=0,$$

et puisque, par hypothèse, on peut choisir arbitrairement un des groupes de q points, ce déterminant Δ devra être nul, quels que soient les q points (z_1, u_1), ..., (z_q, u_q).

Il est clair que ceci ne peut avoir lieu si les q fonctions $\varphi(z, u)$ sont linéairement distinctes. En effet, considérons les mineurs

---

(1) C'est un cas particulier du théorème d'Abel, qui sera étudié plus loin.

du premier ordre, obtenus en supprimant les éléments de la dernière colonne, par exemple; si tous ces mineurs ne sont pas identiquement nuls, quels que soient les points $(z_1, u_1), \ldots, (z_{q-1}, u_{q-1})$, prenons ces $q-1$ points de façon que l'un au moins de ces mineurs soit différent de zéro. En développant Δ par rapport aux éléments de la dernière colonne, on a

$$A_1\,\varphi_1(z_q, u_q) + \ldots + A_q\,\varphi_q(z_q, u_q) = 0,$$

$A_1, \ldots, A_q$ étant des constantes dont une au moins n'est pas nulle. Cette relation ayant lieu quel que soit le point (z_q, u_q), on voit que les q fonctions $\varphi_1(z, u), \ldots, \varphi_q(z, u)$ ne sont pas linéairement distinctes. Si tous les mineurs du premier ordre de Δ étaient identiquement nuls, on raisonnerait sur un de ces mineurs comme on a raisonné sur Δ, et ainsi de suite. On arriverait, dans tous les cas, à établir une relation linéaire à coefficients constants entre q' $(q' < q)$ des fonctions $\varphi_1, \varphi_2, \ldots, \varphi_q$; ce qui est contraire à l'hypothèse. La proposition énoncée est donc établie.

Cela posé, supposons qu'une courbe de genre p, n'ayant que des points doubles ordinaires, posséde plus de p intégrales distinctes de première espèce. Le polynome de degré $m-3$ le plus général s'annulant pour les coordonnées de ces points doubles sera une fonction linéaire et homogène de $p+1$ coefficients arbitraires *au moins*. On pourra disposer de ces coefficients de façon à faire passer la courbe $Q(z, u) = 0$ par p points arbitraires pris sur la courbe donnée $F(z, u) = 0$. Les autres points d'intersection seront au nombre de

$$m(m-3) - 2d - p = p - 2.$$

Par ces $p-2$ points et les d points doubles de la courbe donnée, on pourra faire passer un faisceau de courbes de degré $m-3$, chacune des courbes du faisceau rencontrant la courbe donnée en p points variables seulement, et cela de telle façon que l'une des courbes du faisceau soit la courbe déterminée tout à l'heure, qui passe par p points choisis arbitrairement. Il suit de là que la courbe $F(z, u) = 0$ aurait moins de p intégrales de première espèce, et nous avons vu qu'elle en a au moins p. Cette contradiction démontre le théorème.

144. Étant donnée une courbe algébrique C_m n'ayant que des points doubles ordinaires, on appelle *courbe adjointe* toute courbe passant par les points doubles de la première. Les intégrales de première espèce sont fournies, on vient de le voir, par les courbes adjointes de degré $m-3$; ces courbes adjointes C_{m-3} forment un système $p-1$ fois indéterminé et sont comprises dans une équation de la forme

$$Q(x, y) = \lambda_1 Q_1(x, y) + \lambda_2 Q_2(x, y) + \ldots + \lambda_p Q_p(x, y) = 0,$$

les p polynomes $Q_i(x, y)$ étant linéairement indépendants. Par $p-1$ points pris à volonté sur C, il passe une courbe adjointe de degré $m-3$, et une seule en général. Par $p-1+h$ points pris au hasard sur C, $(h > 0)$, il ne passe en général aucune courbe adjointe de degré $m-3$. Enfin, toute courbe adjointe C_{m-3} rencontre la courbe C en $2p-2$ points variables, en dehors des points doubles. On a en effet, d'après l'expression du nombre p,

$$m(m-3) = 2d + 2p - 2.$$

Pour donner un exemple simple, prenons une courbe du quatrième ordre C_4; les courbes adjointes sont ici des lignes droites passant par les points doubles de C_4. Si C_4 n'a pas de point double, toute la ligne droite est une courbe adjointe; il y a trois intégrales distinctes de première espèce. Si C_4 a *un* point double, les courbes adjointes sont les droites passant par ce point; il y a *deux* intégrales distinctes de première espèce. Lorsque C_4 a deux points doubles, il y a une seule courbe adjointe d'ordre $m-3$, la droite qui joint ces deux points et, par suite, une seule intégrale de première espèce. Enfin, si C_4 avait trois points doubles, il n'y aurait plus de courbe adjointe du premier degré ni d'intégrale de première espèce.

145. Si la courbe donnée C_m présente des points singuliers d'une nature quelconque, on appelle encore *courbe adjointe* toute courbe représentée par une équation $Q(z, u) = 0$, telle que l'intégrale abélienne

$$(5) \qquad \int \frac{Q(z, u)\, dz}{F'_u(z, u)}$$

reste finie en tous les points singuliers de la courbe donnée; $Q(z, u)$ est un polynome adjoint. On suppose toujours, comme plus haut, que tous ces points singuliers sont à distance finie. Cette condition est indépendante du choix des axes, ou, d'une façon plus générale, la définition précédente *est projective*. Imaginons, en effet, qu'on effectue une transformation homographique

$$z = \frac{az'+bu'+c}{a''z'+b''u'+c''}, \qquad u = \frac{a'z'+b'u'+c'}{a''z'+b''u'+c''};$$

la courbe considérée C_m se change en une nouvelle courbe C'_m, ayant pour équation

$$(6)\quad \mathcal{F}(z', u') = (a''z'+b''u'+c'')^m \,F\left(\frac{az'+bu'+c}{a''z'+b''u'+c''}, \frac{a'z'+b'u'+c'}{a''z'+b''u'+c''}\right) = 0,$$

et de même la courbe adjointe $Q(z, u) = 0$ de degré μ se change en une nouvelle courbe de degré μ.

$$(7)\quad \mathcal{Q}(z', u') = (a''z'+b''u'+c'')^\mu \,Q\left(\frac{az'+bu'+c}{a''z'+b''u'+c''}, \frac{a'z'+b'u'+c'}{a''z'+b''u'+c''}\right) = 0.$$

Soient encore (α, β) un point multiple de C_m et (α', β') le point correspondant de C'_m. Tout revient à faire voir que, si l'intégrale (5) reste finie au point (α, β), il en est de même de l'intégrale

$$(8)\qquad \int \frac{\mathcal{Q}(z', u')\,dz'}{\mathcal{F}'_{u'}(z', u')}$$

au point (α', β'). De la relation (6), on tire

$$\mathcal{F}'_{u'}(z', u') = (a''z'+b''u'+c'')^m\left(F'_z \frac{\partial z}{\partial u'} + F'_u \frac{\partial u}{\partial u'}\right),$$

ou, en tenant compte de la relation $F'_z\,dz + F'_u\,du = 0$,

$$dz\,\mathcal{F}'_{u'}(z', u') = (a''z'+b''u'+c'')^m \frac{D(z, u)}{D(z', u')} F'_u\,dz'.$$

D'ailleurs, un calcul facile donne

$$\frac{D(z, u)}{D(z', u')} = \frac{1}{(a''z'+b''u'+c'')^3} \times \begin{vmatrix} a & b & c \\ a' & b' & c' \\ a'' & b'' & c'' \end{vmatrix} = \frac{\Delta}{(a''z+b''u'+c'')^3},$$

Δ désignant le déterminant de la substitution homographique. On déduit de là

$$\frac{\Delta\, dz'}{\mathcal{F}'_{u'}(z', u')} = \frac{1}{(a''z' + b''u' + c'')^{m-3}} \frac{dz}{F'_u(z, u)};$$

il vient enfin

$$\int \frac{Q(z, u)\,dz}{F'_u(z, u)} = \Delta \int \frac{\mathfrak{Q}(z', u')\,dz'}{(a''z' + b''u' + c'')^{\mu-m+3}\,\mathcal{F}'_{u'}(z', u')}.$$

Puisque le point (α', β') correspond au point (α, β) à distance finie, le facteur $a''z'' + b'u' + c''$ n'est pas nul pour $z' = \alpha'$, $u' = \beta'$ et, par conséquent, l'intégrale (8) reste finie au point (α', β') si l'intégrale (5) reste finie au point (α, β) et inversement.

146. On peut obtenir, par des opérations rationnelles, les relations auxquelles doivent satisfaire les coefficients d'un polynome adjoint $Q(z, u)$ [1]. Ces relations sont linéaires, et leur nombre est égal à $\frac{(m-1)(m-2)}{2} - p$ pour une courbe de degré m et de genre p. Les courbes adjointes du degré $m - 3$ fournissent toujours les intégrales de première espèce et forment un système $(p - 1)$ fois indéterminé. Enfin, toute courbe adjointe de degré $m - 3$ rencontre la courbe C_m en $2p - 2$ points distincts des points multiples. Nous allons montrer, en effet, que *dans toute transformation birationnelle, le système des points d'intersection d'une courbe adjointe de degré $m - 3$ et de la courbe proposée se change en un système analogue relatif à la seconde courbe.*

Soit $Q(z, u)$ une courbe adjointe de degré $m - 3$ relative à la courbe $F(z, u) = 0$; une transformation birationnelle change l'intégrale de première espèce

$$\int \frac{Q(z, u)\,dz}{F'_u(z, u)}$$

en une nouvelle intégrale de première espèce

$$\int \frac{Q_1(z', u')\,dz'}{\Phi'_{u'}(z', u')},$$

(1) NÖTHER, *Rationale Ausführung der Operationen in der Theorie der algebraischen Functionen* (*Mathematische Annalen*, t. XXIII, p. 311; 1884. — RAFFY, *Thèse de Doctorat* (Paris, 1883). — TIKHOMANDRITZKY, *Esquisse d'une méthode pour déterminer le genre et les courbes adjointes d'une courbe algébrique donnée au moyen des opérations rationnelles* (*Bulletin des Sciences mathématiques*, 1893; *Annales de l'École Normale*, 1893).

$Q_1(z', u')$ étant un polynome de degré $\mu - 3$ adjoint à la nouvelle courbe de degré μ, qui a pour équation $\Phi(z', u') = 0$. On a donc

$$\frac{Q(z, u)\,dz}{F'_u(z, u)} = \frac{Q_1(z', u')\,dz'}{\Phi'_{u'}(z', u')},$$

(z, u) et (z', u') étant les coordonnées de deux points correspondants. Supposons, ce qui ne restreint pas la généralité (n° 132), que les points d'intersection de la courbe C et de son adjointe, autres que les points multiples, correspondent à des points ordinaires de C' et inversement. Cela posé, soient (z_0, u_0) un point d'intersection des deux courbes

$$F(z, u) = 0, \qquad Q(z, u) = 0,$$

distinct des points multiples, et (z'_0, u'_0) le point correspondant de la seconde courbe. On peut toujours choisir les axes de façon qu'en aucun de ces points les tangentes ne soient parallèles aux axes; aucune des expressions

$$F'_u(z_0, u_0), \qquad \Phi'_{u'}(z'_0, u'_0), \qquad \Phi'_{z'}(z'_0, u'_0)$$

ne sera nulle, et, comme $Q(z_0, u_0) = 0$, on doit avoir

$$Q_1(z'_0, u'_0)\left(\frac{dz'}{dz}\right)_0 = 0$$

et aussi, par suite,

$$Q_1(z'_0, u'_0)\left(\frac{du'}{dz}\right)_0 = 0,$$

d'après l'identité

$$\frac{dz'}{\Phi'_{u'}(z', u')} + \frac{du'}{\Phi'_{z'}(z', u')} = 0.$$

Ceci ne peut avoir lieu que de deux manières : ou bien

$$Q_1(z'_0, u'_0) = 0,$$

ou bien on a à la fois

$$\left(\frac{dz'}{dz}\right)_0 = 0, \qquad \left(\frac{du'}{dz}\right)_0 = 0.$$

Cette dernière hypothèse est inadmissible si la transformation est birationnelle, En effet, les développements de $u' - u'_0$, $z' - z'_0$ commenceraient par un terme en $(z - z_0)^2$ ou de degré supérieur, au voisinage du point (z_0, u_0),

$$z' - z'_0 = \alpha_0(z - z_0)^2 + \alpha_1(z - z_0)^3 + \ldots,$$
$$u' - u'_0 = \beta_0(z - z_0)^2 + \beta_1(z - z_0)^3 + \ldots.$$

Lorsque le point analytique (z, u) décrirait un petit cercle sur la surface de Riemann, autour du point (z_0, u_0), le point (z', u') tournerait plusieurs fois autour de (z'_0, u'_0) et il n'y aurait pas correspondance univoque entre les points des deux surfaces.

On a donc nécessairement $Q_1(z'_0, u'_0) = 0$, ce qui prouve que le système des points d'intersection de $F = 0$ avec son adjointe $Q = 0$ correspond à un système analogue pour la courbe transformée. Si la seconde courbe n'a que des points doubles ordinaires, ce qu'on peut toujours supposer, la courbe adjointe la rencontre en $2p - 2$ points distincts des points multiples; il en est donc de même de la courbe adjointe à la première.

Remarque. — Quand nous parlons du nombre des points d'intersection distincts des points multiples d'une courbe et de son adjointe, il est entendu que les coefficients arbitraires dont dépend la courbe adjointe sont quelconques; pour certaines valeurs particulières de ces coefficients, ce nombre peut diminuer. Par exemple, si une courbe C_m n'a que des points doubles ordinaires, une courbe adjointe peut être tangente à C_m en certains de ces points doubles. Mais ce cas doit être considéré comme un cas limite, où quelques-uns des points d'intersection variables sont venus se confondre avec les points doubles.

147. Nous pouvons compléter dès maintenant le théorème établi plus haut (nº **126**) sur les transformations birationnelles. Soient

$$F(z, u) = 0 \tag{9}$$

une relation de genre p, et $\varphi(z, u)$, $\psi(z, u)$ deux fonctions rationnelles quelconques de z et de u. En éliminant z et u entre la relation (9) et les suivantes

$$\left\{ \begin{aligned} Z &= \varphi(z, u), \\ U &= \psi(z, u), \end{aligned} \right. \tag{10}$$

on en déduit entre Z et U une relation irréductible

$$\Phi(Z, U) = 0, \tag{11}$$

de genre p'. Si la transformation est réversible, on a $p' = p$. S'il n'en est pas ainsi, *on a dans tous les cas* $p' \leqq p$. En effet, toute intégrale de première espèce attachée à la courbe (11) se change, par la substitution (10), en une intégrale de première espèce relative à la courbe (9). Par suite, la première courbe possède au moins autant d'intégrales de première espèce distinctes que la seconde, c'est-à-dire que le genre p est au moins égal à p'. Il est facile de montrer, par un exemple, que p peut être supérieur à p'. Prenons une courbe de genre zéro, dont les coordonnées s'expriment par des fonctions rationnelles d'un paramètre t,

$$Z = \varphi(t), \qquad U = \psi(t)$$

et remplaçons dans ces formules t par une fonction rationnelle quelconque $R(z, u)$ des coordonnées d'un point d'une courbe de genre p, $(p > 0)$. On voit bien que l'on passe de la courbe de genre zéro à la courbe de genre p par une transformation rationnelle, mais ici la transformation n'est plus réversible.

Une autre conclusion à tirer de là, c'est qu'*on peut toujours passer, par une transformation simplement rationnelle, d'une courbe de genre zéro à une courbe quelconque; cette transformation dépend d'une fonction rationnelle arbitraire des coordonnées d'un point de la seconde courbe.*

Le même raisonnement prouve qu'une courbe dont les coordonnées s'expriment par des fonctions rationnelles d'un paramètre est nécessairement de genre zéro, car elle ne peut avoir d'intégrale de première espèce (*cf.* n° 134).

148. Nous allons montrer maintenant comment on peut obtenir les intégrales de seconde et de troisième espèce.

Pour former l'expression d'une intégrale de troisième espèce avec les deux points singuliers logarithmiques (a_1, b_1), (a_2, b_2), nous supposerons que ces deux points sont deux points simples de la courbe, ce qui ne restreint pas la généralité, car une transformation birationnelle peut toujours ramener le cas général à celui-là (§ 126). Admettons en outre que la droite qui joint ces deux points rencontre la courbe en m points distincts. Les axes de coordonnées étant choisis comme plus haut (n° 140), considérons l'intégrale

$$\int_{(z_0, u_0)}^{(z, u)} \frac{Q_{m-2}(z, u)\,dz}{(\alpha z + \beta u + \gamma) F'_u(z, u)},$$

où

$$\alpha z + \beta u + \gamma = 0$$

est l'équation de la droite D qui joint les deux points singuliers logarithmiques et Q_{m-2} un polynome adjoint de degré $m - 2$. Cette intégrale ne peut devenir infinie qu'aux points de rencontre de la courbe C avec la droite D; si l'on assujettit la courbe adjointe $Q_{m-2}(z, u) = 0$ à passer par les $m - 2$ points de rencontre autres que (a_1, b_1) et (a_2, b_2), l'intégrale n'aura évidemment que ces deux points singuliers. Dans le domaine du point (a_1, b_1), par exemple, on aura

$$\frac{Q_{m-2}(z, u)}{(\alpha z + \beta u + \gamma) F'_u(z, u)} = \frac{R(a_1, b_1)}{z - a_1} + P(z - a_1)$$

et le point (a_1, b_1) sera un point critique logarithmique de l'intégrale, qui pourra s'écrire, dans le domaine de ce point,

$$R_{(a_1, b_1)} \log(z - a_1) + P_1(z - a_1),$$

$P_1(z - a_1)$ étant régulière en ce point. De même, dans le domaine du point (a_2, b_2), on aura pour l'intégrale une expression de la forme

$$Q_{(a_2, b_2)} \log(z - a_2) + P_2(z - a_2),$$

les résidus vérifiant nécessairement la relation

$$R_{(a_1, b_1)} + R_{(a_2, b_2)} = 0.$$

En divisant par $R_{(a_1, b_1)}$ cette intégrale, les coefficients des logarithmes seront respectivement $+1$ et -1.

Il est facile de voir qu'on obtient ainsi l'intégrale de troisième espèce la plus générale avec les deux points critiques (a_1, b_1), (a_2, b_2). Soient, en effet, I_1 et I_2 deux intégrales de troisième espèce avec ces deux points critiques; on peut toujours trouver un nombre A tel que la différence

$$I_2 - AI_1$$

n'ait plus de point singulier; A étant choisi de cette façon, $I_2 - AI_1$

est donc une intégrale de première espèce

$$I_2 - AI_1 = \int \frac{Q_{m-3}(z, u)}{F'_u(z, u)} dz$$

et, par suite, en supposant que I_1 est l'intégrale définie tout à l'heure, on a

$$I_2 = \int \frac{A\,Q_{m-2}(z, u) + Q_{m-3}(z, u)(\alpha z + \beta u + \gamma)}{(\alpha z + \beta u + \gamma) F'_u(z, u)} dz;$$

c'est une intégrale de même forme que la première.

Remarque. — Le raisonnement suppose que toute courbe adjointe de degré $m-2$, qui passe par les $m-2$ points de rencontre de la courbe C avec la droite D, autres que les deux points (a_1, b_1), (a_2, b_2), ne passe pas par un de ces deux points. S'il en était ainsi, toutes ces courbes adjointes se décomposeraient en la droite D et une autre courbe adjointe de degré $m-3$, car elles rencontreraient D en plus de $m-2$ points. Le polynome $Q_{m-2}(z, u)$ le plus général satisfaisant aux conditions énoncées serait de la forme $(\alpha z + \beta u + \gamma) Q_{m-3}(z, u)$, Q_{m-3} étant un polynome adjoint de degré $m-3$, et par conséquent dépendrait de p coefficients arbitraires. Or tout polynome de degré $m-2$ contient $\frac{(m-2)(m+1)}{2} + 1$ coefficients; en écrivant que la courbe $Q_{m-2}(z, u) = 0$ est adjointe et passe par $(m-2)$ points donnés, on établit $\frac{(m-2)(m-1)}{2} - p + m - 2$ relations entre ces coefficients. Il doit donc rester

$$\frac{(m-2)(m+1)}{2} + 1 - \frac{(m-2)(m-1)}{2} + p - m + 2 = p + 1$$

coefficients arbitraires.

Si la droite D ne rencontre pas la courbe C en m points distincts, les conditions auxquelles doit satisfaire le polynome $Q_{m-2}(z, u)$ sont plus compliquées; mais on peut tourner la difficulté comme il suit. Prenons sur la courbe C un troisième point (a_3, b_3) tel que les deux droites joignant ce point aux deux points (a_1, b_1), (a_2, b_2) rencontrent chacune C en m points distincts. L'intégrale cherchée est égale à la différence de deux intégrales de troisième espèce admettant respectivement pour points critiques les points (a_1, b_1), (a_3, b_3) et (a_2, b_2), (a_3, b_3); chacune d'elles peut être obtenue par la méthode indiquée.

149. Proposons-nous enfin de former une intégrale de seconde espèce, avec un seul pôle au point (a_1, b_1), que nous supposerons un point simple de la courbe. Soit

$$\text{(D)} \qquad \alpha z + \beta u + \gamma = 0$$

l'équation de la *tangente* en ce point; si cette tangente D rencontre la courbe C en $m-2$ points distincts du point (a_1, b_1), l'intégrale

$$\int \frac{Q_{m-2}(z, u)\,dz}{(\alpha z + \beta u + \gamma)\,F'_u(z, u)},$$

où $Q_{m-2}(z, u) = 0$ est l'équation d'une courbe adjointe de degré $m-2$ passant par les $m-2$ points d'intersection de C et de D autres que (a_1, b_1), ne peut devenir infinie qu'au point (a_1, b_1). Dans le domaine de ce point, on aura

$$\frac{Q_{m-2}(z, u)}{(\alpha z + \beta u + \gamma)\,F'_u(z, u)} = \frac{A}{(z-a_1)^2} + P(z-a_1);$$

il n'y aura pas de terme en $\dfrac{1}{z-a_1}$, puisque la somme des résidus doit être nulle. L'intégrale sera donc de la forme

$$-\frac{A}{z-a_1} + P_1(z-a_1),$$

$P_1(z-a_1)$ étant régulière au point (a_1, b_1). En divisant l'intégrale par $-A$, on ramènera le résidu de l'intégrale à la valeur $+1$. On voit, d'après ce mode de formation, que l'intégrale de seconde espèce avec un seul pôle peut être considérée comme un cas limite d'une intégrale de troisième espèce dont les deux points critiques seraient venus se confondre.

On obtiendrait de la même façon des intégrales de seconde espèce ayant un seul pôle d'ordre quelconque.

150. *Intégrales normales.* — Les intégrales normales des trois espaces se définissent comme au Chapitre III. Ainsi, toute courbe du genre p possède p intégrales linéairement distinctes

de première espèce $w_1, w_2, \ldots, w_p$. Avec ces p intégrales, on peut former une intégrale de première espèce $w^{(k)}$ dont toutes les périodes relatives aux coupures a_h soient nulles, sauf la période relative à la coupure a_k, que nous prendrons égale à $2\pi\sqrt{-1}$. En faisant successivement $k = 1, 2, \ldots, p$, on obtient ainsi les *p intégrales normales de première espèce*, $w^{(1)}, w^{(1)}, \ldots, w^{(p)}$. Nous conserverons pour le Tableau des périodes les notations de la page 152.

Prenons maintenant une intégrale de seconde espèce $\zeta(z, u; \xi, \eta)$ avec un seul pôle du premier orare en un point (ξ, η) à distance finie, par lequel ne passe qu'un feuillet, avec un résidu égal à $+1$. Soient $A_1, A_2, \ldots, A_p$ les périodes de cette intégrale relatives aux coupures $a_1, a_2, \ldots, a_p$; la différence

$$\zeta(z, u; \xi, \eta) - \frac{1}{2\pi i}[A_1 w^{(1)} + A_2 w^{(2)} + \ldots + A_p w^{(p)}]$$

admet le même pôle (ξ, η) avec le même résidu et ses périodes relatives aux coupures a_k sont toutes nulles. C'est une intégrale normale de seconde espèce

$$Z(z, u; \xi, \eta).$$

Plus généralement, nous désignerons par la notation

$$Z^{(\nu)}(z, \omega; \xi, \eta)$$

une intégrale de seconde espèce admettant le seul pôle (ξ, η) avec la partie principale

$$\frac{1.2\ldots\nu}{(z-\xi)^{\nu+1}},$$

et dont toutes les périodes relatives aux coupures a_k sont nulles. Il est clair que cette intégrale est complètement définie, à une constante additive près; en effet, s'il existe deux intégrales possédant les propriétés précédentes, leur différence est une intégrale de première espèce dont tous les modules de périodicité relatifs aux coupures a_h sont nuls, c'est-à-dire une constante.

Pour trouver les périodes de ces intégrales relatives aux coupures b_h, il suffit de reprendre, en le généralisant, le calcul du n° 75. L'intégrale $\int w^{(k)} dZ^{(\nu)}(z, u; \xi, \eta)$, prise le long du contour total de la surface T' dans le sens direct, est égale, d'une part à $2\pi i B_k$, en appelant B_k la période de $Z^{(\nu)}(z, u; \xi, \eta)$ relative à la coupure b_k, d'autre part au produit de $2\pi i$ par la somme des résidus de

$$w^{(k)} \frac{dZ^{(\nu)}(z, u; \xi, \eta)}{dz}$$

sur toute la surface T'. En un point de ramification (a, b) à distance finie, la dérivée $\frac{dZ^{(\nu)}}{dz}$ peut bien devenir infinie, mais son développement ne renferme que des puissances de $\frac{1}{z-a}$ d'un degré inférieur à l'unité. De même, en un point à l'infini, le développement de cette dérivée commence par un terme en $\frac{1}{z}$ d'un degré supérieur à l'unité, puisque l'intégrale $Z^{(\nu)}$ doit rester finie en ce point. Il n'y a donc que le pôle (ξ, η) qui puisse donner un résidu différent de zéro. On a, dans le domaine de ce point,

$$Z^{(\nu)}(z, u; \xi, \eta) = \frac{1.2\ldots\nu}{(z-\xi)^{\nu+1}} + P(z-\xi)$$

et, par suite,

$$\frac{dZ^{(\nu)}(z, u; \xi, \eta)}{dz} = -\frac{1.2\ldots(\nu+1)}{(z-\xi)^{\nu+2}} + Q(z-\xi),$$

$P(z-\xi)$ et $Q(z-\xi)$ étant des fonctions régulières au point (ξ, η). D'autre part, en appelant $\varphi_k(z, u)$ la fonction rationnelle dont l'intégration donne $w^{(k)}$, de telle sorte que l'on ait

$$w^{(k)} = \int_{(z_0, u_0)}^{(z, u)} \varphi_k(z, u)\, dz,$$

le développement de cette intégrale, dans le domaine du point (ξ, η), est donné par la formule

$$\begin{aligned} w^{(k)}(z, u) &= w^{(k)}(\xi, \eta) + (z-\xi)\,\varphi_k(\xi, \eta) \\ &+ \frac{(z-\xi)^2}{1.2}\varphi'_k(\xi, \eta) + \ldots + \frac{(z-\xi)^{\nu+1}}{1.2\ldots(\nu+1)}\varphi_k^{(\nu)}(\xi, \eta) + \ldots, \end{aligned}$$

$\varphi_k^{(\nu)}(\xi, \eta)$ désignant la valeur de la dérivée

$$\frac{d^\nu \varphi_k(z, u)}{dz^\nu}$$

pour $z=\xi$, $u=\eta$. Le résidu cherché a donc pour expression $-\varphi_k^{(\nu)}(\xi, \eta)$. Par suite, *les périodes de l'intégrale* $Z^{(\nu)}(z, u; \xi, \eta)$ *relatives aux coupures* $b_1, b_2, \ldots, b_p$ sont respectivement

$$-\varphi_1^{(\nu)}(\xi, \eta), \quad -\varphi_2^{(\nu)}(\xi, \eta), \quad \ldots, \quad -\varphi_p^{(\nu)}(\xi, \eta).$$

En particulier, les périodes de l'intégrale $Z(z, u; \xi, \eta)$ ont pour expressions

$$-\varphi_1(\xi, \eta), \quad -\varphi_2(\xi, \eta), \quad \ldots, \quad -\varphi_p(\xi, \pi).$$

On remarquera que toutes ces périodes sont des fonctions rationnelles du point analytique (ξ, η).

151. Les formules précédentes doivent subir des modifications lorsque le pôle de l'intégrale de seconde espèce est un point de ramification ou s'en va à l'infini. Soit d'abord (ξ, η) un point de ramification d'ordre $r-1$ à distance finie. Nous désignerons encore par

$$Z(z, u; \xi, \eta), \quad Z'(z, u; \xi, \eta), \quad \ldots, \quad Z^{(\nu)}(z, u; \xi, \eta)$$

les intégrales de seconde espèce, qui admettent le seul pôle (ξ, η) avec les parties principales

$$\frac{1}{(z-\xi)^{\frac{1}{r}}}, \quad \frac{1}{(z-\xi)^{\frac{3}{r}}}, \quad \ldots, \quad \frac{1.2\ldots\nu}{(z-\xi)^{\frac{\nu+1}{r}}}, \quad \ldots$$

et dont toutes les périodes relatives aux coupures a_k sont nulles. Enfin, si le point (ξ, η) s'en va à l'infini, supposons, pour embrasser tous les cas, que ce point soit pour la surface de Riemann un point de ramification d'ordre $r-1$ ($r-1$ pouvant être nul). Nous désignerons par $Z(z, u; \xi, \eta), \ldots, Z^{(\nu)}(z, u; \xi, \eta), \ldots$ les intégrales de seconde espèce qui admettent pour pôle le seul point (ξ, η) avec les parties principales

$$z^{\frac{1}{r}}, \quad \ldots, \quad 1.2\ldots\nu.z^{\frac{\nu+1}{r}}, \quad \ldots$$

et dont toutes les périodes relatives aux coupures a_h sont nulles.

Les périodes de ces intégrales relatives aux coupures b_h s'obtiennent encore en calculant le résidu de la fonction

$$w^{(k)}(z, u)\frac{dZ^{(\nu)}(z, u; \xi, \eta)}{dz}$$

relatif au point (ξ, η), ce qui n'offre aucune difficulté. Il nous suffira d'énoncer le résultat : *Soit* (ξ, η) *un point quelconque de la surface de Riemann, par lequel passent r feuillets, et soit*

$$(12)\quad w^{(k)}(z, u) = w^{(k)}(\xi, \eta) + (z-\xi)^{\frac{1}{r}} \varphi_k(\xi, \eta) + \frac{(z-\xi)^{\frac{2}{r}}}{1.2} \varphi'_k(\xi, \eta) + \ldots + \frac{(z-\xi)^{\frac{\nu+1}{r}}}{1.2\ldots(\nu+1)} \varphi_k^{(\nu)}(\xi, \eta) + \ldots$$

le développement de l'intégrale de première espèce $w^{(k)}(z, u)$ *dans le domaine de ce point, r étant égal à* 1 *si le point* (ξ, η) *n'est pas un point de ramification et* $z - \infty$ *devant être remplacé par* $\frac{1}{z}$. *Les périodes de l'intégrale de seconde espèce* $Z^{(\nu)}(z, u; \xi, \eta)$ *relatives aux coupures* $b_1, b_2, \ldots, b_p$ *sont respectivement*

$$-\varphi_1^{(\nu)}(\xi, \eta), \quad -\varphi_2^{(\nu)}(\xi, \eta), \quad \ldots, \quad -\varphi_p^{(\nu)}(\xi, \eta).$$

Les quantités $\varphi_k^{(\nu)}(\xi, \eta)$ ne sont plus ici les dérivées sucessives de l'intégrale de première espèce $w^{(k)}(z, u)$; leur signification actuelle résulte du développement (12) écrit plus haut pour cette intégrale.

152. L'intégrale normale de troisième espèce $\Pi_{\xi,\eta}^{\xi',\eta'}(z, u)$ se définit exactement comme au n° 77. Dans le domaine du point (ξ', η'), elle est de la forme

$$\log(z-\xi') + P(z-\xi')$$

et, dans le domaine du point (ξ, η), de la forme

$$-\log(z-\xi) + Q(z-\xi),$$

$P(z-\xi')$ et $Q(z-\xi)$ étant des fonctions régulières; enfin les périodes relatives aux coupures a_h sont nulles. Les périodes relatives aux coupures b_h se calculent comme au n° 78. On trouve ainsi que la période de l'intégrale $\Pi_{\xi,\eta}^{\xi',\eta'}(z, u)$, relative à la coupure b_h, a pour valeur

$$w^{(h)}(\xi', \eta') - w^{(h)}(\xi, \eta) = \int_{(\xi,\eta)}^{(\xi',\eta')} dw^{(h)},$$

l'intégrale étant prise le long d'un chemin situé sur T′ ne rencontrant aucune des coupures a_h, b_h, c_h. Il est à remarquer que cette expression de la période reste la même, quelle que soit la position des points critiques logarithmiques.

De la définition de l'intégrale normale de troisième espèce résultent immédiatement quelques propriétés :

1° On a identiquement, quels que soient les points (ξ, η), (ξ', η'), (ξ_1, η_1),

$$\Pi_{(\xi,\eta)}^{(\xi',\eta')} + \Pi_{(\xi',\eta')}^{(\xi_1,\eta_1)} + \Pi_{(\xi_1,\eta_1)}^{(\xi,\eta)} = 0. \tag{13}$$

En effet, la somme précédente est une intégrale abélienne qui n'a plus de points singuliers; c'est donc une intégrale de première espèce. D'ailleurs, les périodes relatives aux coupures a_i sont toutes nulles; elle se réduit donc à une constante. Or, si l'on fait coïncider le point (z, u) avec le point (z_0, u_0), origine des intégrales, le premier membre est évidemment nul.

2° Si l'on fait dans la formule précédente $\xi_1 = \xi$, $\eta_1 = \eta$, il reste

$$\Pi_{(\xi',\eta')}^{(\xi,\eta)} = -\Pi_{(\xi,\eta)}^{(\xi',\eta')},$$

formule qui résulte d'ailleurs immédiatement de la définition.

3° L'intégrale normale de troisième espèce $\Pi_{\xi,\eta}^{\xi',\eta'}$ dépend de deux *paramètres* (ξ, η), (ξ', η'). On peut, d'une infinité de manières, la mettre sous forme d'une différence de deux fonctions, dont la première dépend de (ξ, η) seulement, la seconde de (ξ', η'). Prenons en effet un point analytique arbitraire, mais supposé fixe (ξ_1, η_1). On a, d'après l'identité (13),

$$\Pi_{(\xi,\eta)}^{(\xi',\eta')} = \Pi_{(\xi_1,\eta_1)}^{(\xi',\eta')} - \Pi_{(\xi_1,\eta_1)}^{(\xi,\eta)},$$

ce qui démontre la proposition énoncée.

4° La formule (13) peut être généralisée. Prenons un nombre quelconque de points analytiques (ξ_1, η_1), (ξ_2, η_2), ..., (ξ_k, η_k); on a

$$\Pi_{(\xi_1,\eta_1)}^{(\xi_2,\eta_2)} + \Pi_{(\xi_2,\eta_2)}^{(\xi_3,\eta_3)} + \ldots + \Pi_{(\xi_k,\eta_k)}^{(\xi_1,\eta_1)} = 0.$$

153. En définitive, c'est toujours par la considération d'intégrales de la forme $\int U\,dV$, où U et V sont deux intégrales abéliennes, prises le long du contour total de T′, que nous avons obtenu les périodes. Jusqu'ici nous avons toujours pris pour U une intégrale de première espèce. Prenons maintenant pour U une intégrale de troisième espèce avec les points critiques (ξ, η), (ξ', η'), et pour V une autre intégrale de troisième espèce avec les deux points critiques (α, β), (α', β'), différents des premiers.

La fonction $U\frac{dV}{dz}$ n'est pas uniforme sur la surface T′; pour la rendre uniforme, nous tracerons sur T′ une nouvelle coupure L joignant les points (ξ, η), (ξ', η').

Fig. 75.

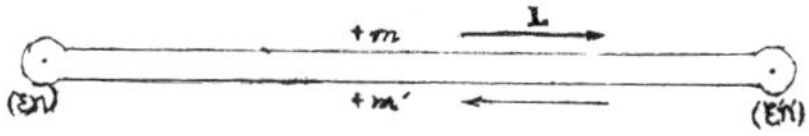

Sur la nouvelle surface T″ la fonction $U\frac{dV}{dz}$ est uniforme et l'on peut lui appliquer le théorème général de Cauchy. L'intégrale $\int U\,dV$, prise le long des coupures a_ν, b_ν, c_ν, dans le sens direct, est toujours égale à

$$\sum_{\nu=1}^{p}(A_\nu B'_\nu - A'_\nu B_\nu),$$

A_ν et B_ν désignant les périodes de U aux coupures a_ν et b_ν, et A'_ν, B'_ν les périodes de V aux mêmes coupures. Reste à évaluer l'intégrale $\int U\,dV$ le long de la coupure L. En deux points infiniment voisins m, m' sur les bords opposés de la coupure, les valeurs de U diffèrent de $2\pi i$

$$U_m - U_{m'} = 2\pi i;$$

l'intégrale se réduit donc à

$$2\pi i\int_{(\xi,\eta)}^{(\xi',\eta')} dV.$$

En effet l'intégrale $\int U\,dV$, prise le long d'un petit cercle entourant chacun des points critiques (ξ, η), (ξ', η'), tend vers zéro avec le rayon de ce cercle. Dans le voisinage du point (ξ, η), par exemple, cette intégrale est de la forme

$$\int \log(z-\xi)\,P(z-\xi)\,dz,$$

$P(z-\xi)$ désignant une fonction régulière dans le domaine du point $z=\xi$. Posons

$$Q(z-\xi)=\int P(z-\xi)\,dz,$$

$Q(z-\xi)$ étant régulière au point ξ et nulle pour $z=\xi$; l'intégrale proposée devient, en intégrant par parties,

$$\log(z-\xi)\,Q(z-\xi)-\int\frac{Q(z-\xi)}{z-\xi}\,dz.$$

Dans la seconde intégrale, $\frac{Q(z-\xi)}{z-\xi}$ est régulière au point ξ et, par suite, l'intégrale prise le long du petit cercle est nulle. Quant à la première partie

$$\log(z-\xi)\,Q(z-\xi),$$

on doit prendre l'accroissement de cette fonction lorsque z décrit un petit cercle autour de ξ, partant d'un point $\xi+\rho$ et y revenant; cette quantité a pour valeur $2\pi i Q(\rho)$ et tend vers zéro avec ρ.

Quant aux résidus de $U\frac{dV}{dz}$ sur la surface T'', on les évalue comme plus haut, ils ont pour somme

$$U(\alpha',\beta')-U(\alpha,\beta)=\int_{(\alpha,\beta)}^{(\alpha',\beta')}dU,$$

l'intégrale étant prise suivant un chemin qui ne rencontre aucune des coupures a_ν, b_ν, c_ν, L. Il vient donc finalement

$$2\pi i\left[\int_{(\alpha,\beta)}^{(\alpha',\beta')}dU-\int_{(\xi,\eta)}^{(\xi',\eta')}dV\right]=\sum_{\nu=1}^{p}(A_\nu B'_\nu-A'_\nu B_\nu).$$

Les intégrales qui figurent dans le premier membre de cette égalité sont supposées prises suivant des chemins ne se coupant pas entre eux et ne franchissant aucune des coupures a_ν, b_ν, c_ν. On voit que *la différence* $\int_{(\alpha,\beta)}^{(\alpha',\beta')}dU-\int_{(\xi,\eta)}^{(\xi',\eta')}dV$ *s'exprime toujours au moyen des périodes des deux intégrales* U *et* V.

Supposons maintenant que U et V soient des intégrales normales

$$U=\Pi_{\xi,\eta}^{\xi',\eta'},\qquad V=\Pi_{\alpha,\beta}^{\alpha',\beta'};$$

on a $A_\nu = A'_\nu = 0$, et il reste

$$(14) \qquad \int_{(\alpha,\beta)}^{(\alpha',\beta')} d\Pi_{\xi,\eta}^{\xi',\eta'} = \int_{(\xi,\eta)}^{(\xi',\eta')} d\Pi_{\alpha,\beta}^{\alpha',\beta'}.$$

C'est la formule fondamentale que nous voulions établir, elle est connue sous le nom de *formule de l'échange du paramètre et de l'argument* dans les intégrales de troisième espèce.

Cette relation ayant lieu, quels que soient les points (ξ, η), (ξ', η'), (α, β), (α', β'), remplaçons-y (α, β) par le point (z_0, u_0), origine des intégrales, (α', β') par (z, u), il vient

$$(15) \qquad \Pi_{\xi,\eta}^{\xi',\eta'}(z, u) = \Pi_{z_0,u_0}^{z,u}(\xi', \eta') - \Pi_{z_0,u_0}^{z,u}(\xi, \eta),$$

en remarquant que $\Pi_{\xi,\eta}^{\xi',\eta'}(z_0, u_0) = 0$. Si l'on ne tient pas compte des chemins suivis par les variables, l'égalité précédente a seulement lieu à des multiples près des périodes.

154. Dans l'intégrale normale de troisième espèce

$$\Pi_{\xi,\eta}^{\xi',\eta'}(z, u),$$

considérons les points analytiques (ξ, η), (z, u) comme donnés, et le point analytique (ξ, η) comme variable. Cette intégrale devient une fonction du point analytique (ξ, η), fonction dont les propriétés résultent immédiatement de la formule précédente (15). On voit que, considérée comme fonction du point analytique (ξ, η), l'intégrale Π est encore égale à une intégrale de troisième espèce avec les points critiques logarithmiques (z, u), (z_0, u_0). Par suite, la dérivée

$$\frac{d}{d\xi}\left(\Pi_{\xi,\eta}^{\xi',\eta'}\right)$$

est une *fonction rationnelle du point analytique* (ξ, η), admettant comme pôles les points de ramification et les points (z, u), (z_0, u_0), ces derniers étant des pôles du premier ordre avec des résidus égaux à -1 et à $+1$ respectivement. Un point critique d'ordre $q-1$ ne peut être un pôle d'ordre supérieur à $q-1$. Les dérivées successives

$$\frac{d^2\Pi_{(\xi,\eta)}^{(\xi',\eta')}}{d\xi^2}, \quad \ldots, \quad \frac{d^\nu\Pi_{(\xi,\eta)}^{(\xi',\eta')}}{d\xi^\nu}, \quad \ldots$$

sont de même des fonctions rationnelles du point analytique (ξ, η) admettant pour pôles les points (z_0, u_0), (z, u) et les points de ramification. Il est clair d'ailleurs qu'elles ne dépendent pas de (ξ', η'). Ces dérivées successives sont identiques, nous allons le voir, aux intégrales de seconde espèce définies plus haut.

Soient (a, b) un point à distance finie de la surface de Riemann, distinct d'un point de ramification, et $\Phi(\xi, \eta)$ l'intégrale de seconde espèce suivante, où (ξ, η) désigne le point analytique variable

$$\Phi(\xi, \eta) = A_1 Z(\xi, \eta; a, b) + A_2 Z'(\xi, \eta; a, b) + \ldots + A_{\nu+1} Z^{(\nu)}(\xi, \eta; a, b),$$

$A_1, A_2, \ldots, A_{\nu+1}$ étant des constantes quelconques. Cette intégrale admet un seul pôle, le point (a, b), et la partie principale relative à ce pôle est

$$\frac{A_1}{(\xi - a)} + \frac{A_2}{(\xi - a)^2} + \ldots + \frac{1.2\ldots\nu}{(\xi - a)^{\nu+1}} A_{\nu+1}.$$

Considérons l'intégrale

$$\int \Phi(\xi, \eta) \frac{d\Pi_{\xi,\eta}^{\xi',\eta'}}{d\xi} d\xi$$

étendue au contour total de la surface T' dans le sens direct. On peut lui appliquer le théorème de Cauchy, puisque, nous venons de le voir, $\Pi_{\xi,\eta}^{\xi',\eta'}$, considérée comme une fonction du point analytique (ξ, η), est identique à une intégrale normale de troisième espèce.

Les périodes des deux intégrales $\Phi(\xi, \eta)$ et $\Pi_{\xi,\eta}^{\xi',\eta'}$ relatives aux coupures a_i sont toutes nulles; par suite, l'intégrale précédente, étendue au contour total de la surface T', est égale à zéro. On en conclut que la somme des résidus de la fonction

$$\Phi(\xi, \eta) \frac{d\Pi_{\xi,\eta}^{\xi',\eta'}}{d\xi}$$

sur toute la surface de Riemann est nulle. Ces résidus ne peuvent provenir que des pôles (z, u), (z_0, u_0), (a, b). Les résidus provenant des deux premiers pôles sont respectivement

$$-\Phi(z, u), \quad +\Phi(z_0, u_0).$$

Pour avoir le résidu relatif au pole (a, b), écrivons les développements de $\Phi(\xi, \eta)$ et de $\frac{d\Pi}{d\xi}$ dans le domaine de ce point :

$$\Phi(\xi, \eta) = \frac{A_1}{\xi - a} + \frac{A_2}{(\xi - a)^2} + \ldots + \frac{1.2\ldots\nu A_{\nu+1}}{(\xi - a)^{\nu+1}} + P(z - \xi),$$

$$\frac{d\Pi_{\xi,\eta}^{\xi',\eta'}}{d\xi} = \left(\frac{d\Pi}{d\xi}\right)_\alpha + (\xi - a)\left(\frac{d^2\Pi}{d\xi^2}\right)_a + \ldots + \frac{(\xi - a)^\nu}{1.2\ldots\nu}\left(\frac{d^{\nu+1}\Pi}{d\xi^{\nu+1}}\right)_a + \ldots,$$

où $\left(\frac{d^i\Pi}{d\xi^i}\right)_a$ désigne la valeur que prend la dérivée d'ordre $\frac{d^i\Pi_{\xi,\eta}}{d\xi^i}$, pour $\xi = a$, $\eta = b$. Le résidu relatif au pôle (a, b) est donc

$$A_1\left(\frac{d\Pi}{d\xi}\right)_a + A_2\left(\frac{d^2\Pi}{d\xi^2}\right)_a + \ldots + A_{\nu+1}\left(\frac{d^{\nu+1}\Pi}{d\xi^{\nu+1}}\right)_a.$$

On a, par conséquent, en écrivant que la somme des résidus est nulle, et remarquant que $\Phi(z_0, u_0) = 0$,

$$-\Phi(z, u) + A_1\left(\frac{d\Pi}{d\xi}\right)_a + \ldots + A_{\nu+1}\left(\frac{d^{\nu+1}\Pi}{d\xi^{\nu+1}}\right)_a = 0.$$

Remplaçons $\Phi(z, u)$ par sa valeur; il vient, en ordonnant par rapport aux coefficients $A_1, \ldots, A_{\nu+1}$,

$$A_1\left[Z(z, u; a, b) - \left(\frac{d\Pi}{d\xi}\right)_a\right] + A_2\left[Z'(z, u; a, b) - \left(\frac{d^2\Pi}{d\xi^2}\right)_a\right] + \ldots$$
$$+ A_{\nu+1}\left[Z^{(\nu)}(z, u; a, b) - \left(\frac{d^{\nu+1}\Pi}{d\xi^{\nu+1}}\right)_a\right] = 0.$$

Cette égalité devant avoir lieu, quels que soient les coefficients constants $A_1, A_2, \ldots, A_{\nu+1}$, on en conclut que l'on a

$$Z(z, u; a, b) - \left(\frac{d\Pi}{d\xi}\right)_a = 0, \qquad Z'(z, u; a, b) - \left(\frac{d^2\Pi}{d\xi^2}\right)_a = 0, \qquad \ldots.$$

Remplaçons maintenant (a, b) par (ξ, η) pour ne pas multiplier les notations, les égalités précédents deviennent

$$Z(z, u; \xi, \eta) = \frac{d\Pi_{\xi,\eta}^{\xi',\eta'}}{d\xi},$$

$$Z'(z, u; \xi, \eta) = \frac{d^2\Pi_{\xi,\eta}^{\xi',\eta'}}{d\xi^2},$$

$$\ldots\ldots\ldots\ldots\ldots\ldots,$$

$$Z^{(\nu)}(z, u; \xi, \eta) = \frac{d^{\nu+1}\Pi_{\xi,\eta}^{\xi',\eta'}}{d\xi^{\nu+1}}.$$

Ainsi, lorsque le point (ξ, η) est un point ordinaire de la surface de Riemann à distance finie, *les intégrales normales de seconde espèce* $Z(z, u; \xi, \eta), Z'(z, u; \xi, \eta), \ldots, Z^{(\nu)}(z, u; \xi, \eta), \ldots$ *qui admettent ce point pour pôle sont les dérivées successives de l'intégrale normale de troisième espèce* $\Pi_{\xi,\eta}^{\xi',\eta'}$ *par rapport au paramètre* (ξ, η).

Par suite, toutes ces intégrales normales de seconde espèce sont des fonctions rationnelles du point analytique (ξ, η), admettant pour pôles le point (z, u) et les points de ramification, et l'on a aussi

$$Z'(z, u; \xi, \eta) = \frac{dZ(z, u; \xi, \eta)}{d\xi},$$
$$\ldots\ldots\ldots\ldots\ldots\ldots\ldots,$$
$$Z^{(\nu)}(z, u; \xi, \eta) = \frac{d^\nu Z(z, u; \xi, \eta)}{d\xi^\nu}.$$

Nous avons déjà obtenu, au Chapitre II, des résultats identiques, sauf une petite différence de notation, pour les intégrales hyperelliptiques ζ (*voir* n°s 43 et 46).

155. Lorsque le point (a, b) est un point de ramification à distance finie, les dérivées successives de l'intégrale normale $\Pi_{\xi,\eta}^{\xi',\eta'}$ par rapport au paramètre (ξ, η) deviennent infinies en ce point. De même, ces dérivées sont nulles en tous les points à l'infini de la surface de Riemann; elles ne peuvent donc représenter les intégrales normales de seconde espèce qui admettent pour pôle un point de ramification ou un point à l'infini de la surface de Riemann. Il faut alors remplacer ces dérivées par les coefficients du développement de $\Pi_{\xi,\eta}^{\xi',\eta'}$ suivant les puissances de $(\xi - a)^{\frac{1}{r}}$ dans le domaine d'un point de ramification (a, b) d'ordre $r - 1$ à distance finie, ou par les coefficients du développement suivant les puissances de $\frac{1}{\xi}$ dans le cas d'un point à l'infini [1]. Ainsi, soient (a, b) un point de ramification d'ordre $r - 1$ à distance finie et

$$\Pi_{\xi,\eta}^{\xi',\eta'} = \Pi_{a,b}^{\xi',\eta'} + \Pi_1(\xi - a)^{\frac{1}{r}} + \ldots + \Pi_{\nu+1}(\xi - a)^{\frac{\nu+1}{r}} + \ldots$$

---

[1] E. GOURSAT, *Sur la théorie des intégrales abéliennes* (*Comptes rendus*, t. XCVII, p. 1281).

le développement de l'intégrale de troisième espèce dans le domaine de ce point. Les coefficients $\Pi_1, \Pi_2, \ldots, \Pi_{\nu+1}, \ldots$ sont précisément, à des facteurs numériques près, les intégrales normales de seconde espèce définies plus haut, qui admettent pour pôle le point de ramification (a, b). Ainsi on a

$$Z(z, u; a, b) = \Pi_1, \qquad Z'(z, u; a, b) = 2\Pi_2, \qquad \ldots$$

et, en général,

$$Z^{(\nu)}(z, u; a, b) = 1.2\ldots(\nu+1)\Pi_{\nu+1}.$$

Enfin, si le point (a, b) est un point de ramification d'ordre $r-1$ à l'infini ($r-1$ pouvant être nul), soit

$$\Pi_{\xi,\eta}^{\xi',\eta'} = \Pi_\infty^{\xi',\eta'} + \Pi_1\left(\frac{1}{\xi}\right)^{\frac{1}{r}} + \Pi_2\left(\frac{1}{\xi}\right)^{\frac{2}{r}} + \ldots + \Pi_{\nu+1}\left(\frac{1}{\xi}\right)^{\frac{\nu+1}{r}} + \ldots$$

le développement de l'intégrale de troisième espèce dans le domaine de ce point. On démontrera, comme plus haut, que l'on a

$$Z(z, u; \infty) = \Pi_1, \qquad \ldots, \qquad Z^{(\nu)}(z, u; \infty) = 1.2\ldots(\nu+1)\Pi_{\nu+1}.$$

Ces formules sont encore à rapprocher des formules obtenues au n° 43.

156. Quelques considérations de passage à la limite permettent de prévoir et d'expliquer la plupart des résultats qui précèdent. Considérons d'abord deux intégrales normales de troisième espèce

$$\Pi_{\xi,\eta}^{\xi',\eta'}, \quad \Pi_{\xi+h,\,\eta+k}^{\xi',\eta'},$$

ayant un point critique commun (ξ', η') et deux points critiques infiniment voisins (ξ, η) et $(\xi+h, \eta+k)$, que nous supposons à distance finie et distincts des points de ramification. La différence

$$\omega = \frac{\Pi_{\xi+h,\,\eta+k}^{\xi',\eta'} - \Pi_{\xi,\eta}^{\xi',\eta'}}{h}$$

est encore une intégrale abélienne avec les deux points critiques logarithmiques infiniment rapprochés (ξ, η) et $(\xi+h, \eta+k)$. En tout autre point (a, b) de la surface, cette intégrale est régulière.

Faisons tendre h vers zéro; la différence

$$-\frac{\log[z-(\xi+h)]+\log(z-\xi)}{h}$$

a pour limite $\frac{1}{z-\xi}$, de sorte que, à la limite, l'intégrale en question admet le seul pôle (ξ, η) avec la partie principale $\frac{1}{z-\xi}$. D'ailleurs, toutes les périodes de ω relatives aux coupures a_h sont nulles; cette intégrale ω a donc pour limite l'intégrale normale de seconde espèce $Z(z, u; \xi, \eta)$, c'est-à-dire que l'on a

$$Z(z, u; \xi, \eta) = \lim\left(\frac{\Pi_{\xi', \eta'}^{\xi+h, \eta+k} - \Pi_{\xi, \eta}^{\xi', \eta'}}{h}\right)_{h=0}$$

ou encore

$$Z(z, u; \xi, \eta) = \frac{d\Pi_{\xi, \eta}^{\xi', \eta'}}{d\xi}.$$

Les périodes de Z relatives aux coupures b_h se déduisent de la même façon des périodes de Π. Ainsi la période de l'intégrale ω relative à la coupure b_h est

$$\frac{w^{(h)}(\xi, \eta) - w^{(h)}(\xi+h, \eta+k)}{h},$$

expression qui a pour limite

$$-\frac{d\, w^{(h)}(\xi, \eta)}{d\xi} = -\varphi_h(\xi, \eta),$$

lorsque h tend vers zéro.

On verrait de la même façon que les intégrales $Z'(z, u; \xi, \eta)$, ..., $Z^{(\nu)}(z, u; \xi, \eta)$ peuvent se déduire de l'intégrale $Z(z, u; \xi, \eta)$ par des différentiations successives relativement au paramètre (ξ, η).

Remarquons aussi que les propriétés précédentes deviennent évidentes pour une courbe de genre zéro. Alors toute intégrale abélienne est égale à l'intégrale d'une fonction rationnelle

$$\int R(t)\, dt,$$

t désignant le paramètre qui correspond uniformément aux points de la courbe. Il n'y a pas d'intégrale de première espèce; l'intégrale de troisième espèce avec les deux points critiques ξ, ξ' est

$$\Pi_{\xi}^{\xi'} = \log\left(\frac{t-\xi'}{t-\xi}\right);$$

les intégrales de seconde espèce avec le pôle $t = \xi$ sont respectivement

$$Z(t;\xi) = \frac{1}{t-\xi}, \qquad Z'(t;\xi) = \frac{1}{(t-\xi)^2}, \qquad \ldots,$$

$$Z^{(\nu)}(t;\xi) = \frac{1.2\ldots\nu}{(t-\xi)^{\nu+1}}.$$

On a bien

$$Z(t;\xi) = \frac{d\Pi_{\xi}^{\xi'}}{d\xi}, \qquad Z'(t;\xi) = \frac{dZ(t;\xi)}{d\xi}, \qquad \ldots,$$

$$Z^{(\nu)}(t;\xi) = \frac{dZ^{(\nu-1)}(t;\xi)}{d\xi}.$$

157. On peut établir les propriétés de l'intégrale normale de troisième espèce par une autre méthode, qui offre une application intéressante d'une formule de M. Hermite relative aux fonctions représentées par des intégrales définies admettant des coupures ([1]). Donnons-nous les limites de l'intégration (z_0, u_0), (z, u), le chemin d'intégration L joignant ces deux points, ainsi que l'un des points critiques (ξ', η') supposé fixe; l'intégrale

$$\Pi_{\xi,\eta}^{\xi',\eta'} = \int_{(z_0,u_0)}^{(z,u)} \frac{d\Pi_{\xi,\eta}^{\xi',\eta'}}{dz}\,dz$$

a un sens bien défini tant que le point variable (ξ, η) ne vient pas sur le chemin d'intègration.

Nous admettrons, ce qui est indispensable, que c'est une fonction analytique du point (ξ, η) sur toute la surface de Riemann; c'est justement ce qu'établit la formule (15).

Pour voir ce qui se passe quand on franchit la ligne L, considérons deux points infiniment voisins (ξ, η), (ξ_1, η_1) de part et d'autre de cette ligne, et un chemin d'intégration tel que L', voisins de L (*fig.* 76); la fonction $\dfrac{d\Pi_{\xi,\eta}^{\xi',\eta'}}{dz}$ est holomorphe à l'intérieur du contour formé par les deux lignes L et L' lorsque le point (ξ, η) est à gauche de L, comme l'indique la figure. Par conséquent,

$$\int_{(L)} \frac{d\Pi_{\xi,\eta}^{\xi',\eta'}}{dz}\,dz = \int_{(L')} \frac{d\Pi_{\xi,\eta}^{\xi',\eta'}}{dz}\,dz.$$

([1]) Hermite, *Journal de Borchardt*, t. XCI. — E. Goursat, *Acta mathematica*, t. I, p. 189.

Au contraire, la fonction $\frac{d\Pi_{\xi,\eta}^{\xi',\eta'}}{dz}$ admet le point (ξ_1, η_1) comme pôle du premier ordre avec un résidu égal à -1. [On suppose

Fig. 76.

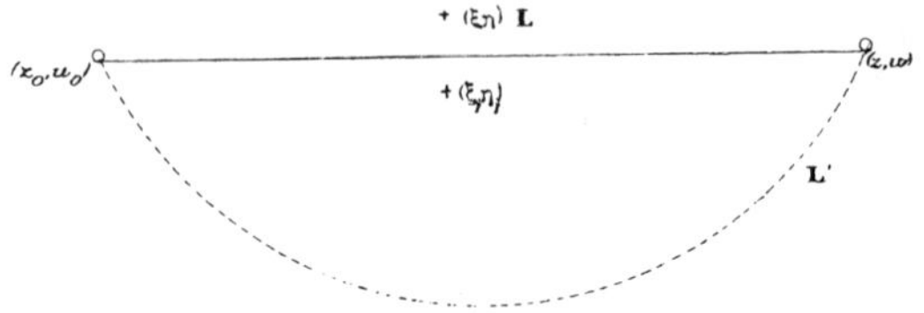

que le point fixe (ξ', η') est à l'extérieur du contour formé par les deux lignes L et L′.] On a donc

$$\int_{(L)} \frac{d\Pi_{\xi_1,\eta_1}^{\xi',\eta'}}{dz}\,dz = \int_{(L')} \frac{d\Pi_{\xi_1,\eta_1}^{\xi',\eta'}}{dz}\,dz + 2\pi i.$$

Retranchons ces deux égalités membre à membre; il vient

$$\Pi_{\xi_1,\eta_1}^{\xi',\eta'} - \Pi_{\xi,\eta}^{\xi',\eta'} = \int_{(L')} \left(\frac{d\Pi_{\xi_1,\eta_1}^{\xi',\eta'}}{dz} - \frac{d\Pi_{\xi,\eta}^{\xi',\eta'}}{dz} \right) dz + 2\pi i.$$

Tous les éléments de l'intégrale du second membre deviennent nuls lorsque les points (ξ, η) et (ξ_1, η_1) viennent coïncider avec un même point de la formule L; il reste donc

$$\Pi_{\xi_1,\eta_1}^{\xi',\eta'} - \Pi_{\xi,\eta}^{\xi',\eta'} = 2\pi i, \tag{16}$$

cette égalité exprimant qu'en deux points infiniment voisins de part et d'autre de L, les valeurs de $\Pi_{\xi,\eta}^{\xi',\eta'}$ diffèrent de $2\pi i$. Cette ligne L n'est d'ailleurs qu'une coupure artificielle pour cette fonction; en déformant infiniment peu le chemin d'intégration, on voit qu'elle reste régulière en tous les points de L, sauf aux deux limites (z, u) et (z_0, u_0). Si le point (ξ, η) est très voisin du point (z, u), on a

$$d\Pi_{\xi,\eta}^{\xi',\eta'} = -\frac{1}{z-\xi} + P(z, u; \xi, \eta),$$

$P(z, u; \xi, \eta)$ désignant une fonction qui reste finie pour $z = \xi$, $u = \eta$. On en conclut que, dans le domaine du point (z, u),

$$\Pi_{\xi,\eta}^{\xi',\eta'} = \log(\xi - z) + Q(\xi, \eta),$$

$Q(\xi, \eta)$ restant finie au point (z, u). On a, de même, dans le domaine du point (z_0, u_0),

$$\Pi_{\xi,\eta}^{\xi',\eta'} = -\log(\xi - z_0) + Q_1(\xi, \eta).$$

La fonction étudiée reste donc finie en tout point (ξ, η), sauf aux points (z, u), (z_0, u_0), ou elle se comporte comme on vient de le voir.

Il reste à voir comment varie cette fonction lorsque le point (ξ, η) décrit un contour fermé quelconque, en particulier lorsque ce point franchit les coupures a_i et b_i. Nous avons vu plus haut (n° 148) comment on pouvait former une intégrale de troisième espèce ayant les deux points critiques logarithmiques (ξ, η), (ξ', η'), cette intégrale est de la forme

$$\int_{(z_0, u_0)}^{(z, u)} S(z, u; \xi, \eta)\, dz,$$

$S(z, u; \xi, \eta)$ étant une fonction rationnelle de (z, u) et aussi de (ξ, η). Pour passer à l'intégrale *normale* de troisième espèce, il faut ajouter à cette intégrale certaines intégrales de première espèce. Soit $\omega_i(\xi, \eta)$ la période de l'intégrale précédente à la coupure a_i, période qui est égale à l'intégrale $\int_{(b_i)} S(z, u; \xi, \eta)\, dz$, prise le long de la coupure (b_i),

$$\omega_i(\xi, \eta) = \int_{(b_i)} S(z, u; \xi, \eta)\, dz.$$

L'intégrale normale de troisième espèce est égale à

$$\int_{(z_0, u_0)}^{(z, u)} \left[S(z, u; \xi, \eta) - \frac{1}{2\pi\sqrt{-1}} \sum_{i=1}^{p} \omega_i(\xi, \eta)\, \varphi_i(z, u) \right] dz,$$

en représentant par $\int \varphi_i(z, u)\, dz$ l'intégrale normale de première espèce $w^{(i)}$.

La période

$$\omega_i(\xi, \eta) = \int_{(b_i)} S(z, u; \xi, \eta)\, dz,$$

considérée comme fonction du paramètre (ξ, η), est représentée par une intégrale définie admettant la coupure (b_i). Lorsque le point variable (ξ, η) ne franchit pas cette coupure, $\omega_i(\xi, \eta)$ reste une fonction uniforme du point (ξ, η) et, en reprenant le raisonnement de plus haut, on voit qu'en deux points infiniment voisins de part et d'autre de la coupure b_i les deux valeurs de $\omega_i(\xi, \eta)$ diffèrent de $2\pi i$. Cela posé, reprenons la fonction

$$\int_{(z_0, u_0)}^{(z, u)} \left[S(z, u; \xi, \eta) - \frac{1}{2\pi\sqrt{-1}} \sum_{i=1}^{p} \omega_i(\xi, \eta) \varphi_i(z, u) \right] dz;$$

si le point (ξ, η) décrit un chemin fermé quelconque ne traversant aucune coupure b_i, ni la ligne L, chaque élément de l'intégrale, et, par suite, l'intégrale elle-même reviennent à leurs valeurs initiales. Au contraire, en deux points infiniment voisins de part et d'autre de la coupure b_i, les éléments correspondants des deux intégrales diffèrent de $\varphi_i(z, u)$. Les intégrales elles-mêmes diffèrent de

$$\int_{(z_0, u_0)}^{(z, u)} \varphi_i(z, u)\, dz = \int_{(z_0, u_0)}^{(z, u)} dw^{(i)}.$$

En résumé, l'intégrale normale de troisième espèce, considérée comme fonction du paramètre (ξ, η), présente les caractères suivants :

1° Elle reste finie en tout point de la surface de Riemann, sauf aux points (z, u), (z_0, u_0) qu'elle admet pour points critiques logarithmiques;

2° Toutes les périodes relatives aux coupures a_i sont nulles, et a période relative à la coupure b_i est égale à

$$\int_{(z_0, u_0)}^{(z, u)} dw^{(i)}.$$

Ces propriétés caractérisent l'intégrale normale de troisième espèce, avec les points critiques logarithmiques (z, u), (z_0, u_0). On a donc

$$\Pi_{\xi, \eta}^{\xi', \eta'}(z, u) = \Pi_{z, u}^{z_0, u_0}(\xi, \eta) + C.$$

Pour déterminer la constante C, remarquons que, lorsque le point mobile (ξ, η) vient en (ξ', η'), le premier membre est nul. Il reste donc l'égalité

$$\Pi_{\xi,\eta}^{\xi',\eta'}(z, u) = \Pi_{z,u}^{z_0,u_0}(\xi, \eta) - \Pi_{z,u}^{z_0,u_0}(\xi', \eta'),$$

qui est identique à la formule (15).

158. Avant de revenir aux intégrales abéliennes les plus générales, il nous faut expliquer le sens d'un mot qui sera souvent employé. Étant données r intégrales $\zeta_1, \zeta_2, \ldots, \zeta_r$, n'ayant aucun point critique logarithmique, et, par suite, composées uniquement d'intégrales de première et de seconde espèce, on dira que ces intégrales sont *algébriquement distinctes* s'il n'existe aucune combinaison linéaire à coefficients constants, telle que

$$W = A_1\zeta_1 + A_2\zeta_2 + \ldots + A_r\zeta_r,$$

qui se réduise à une fonction rationnelle de z et de u (sauf, bien entendu, lorsque tous les coefficients A_i sont nuls).

Si l'on a une équation algébrique de genre p, l'intégrale précédente W admet, en général, $2p$ périodes cycliques; pour que W se réduise à une fonction rationnelle de z et de u, il faut et il suffit que les $2p$ périodes soient nulles, car cette intégrale est alors une fonction uniforme du point analytique (z, u), n'admettant que des pôles sur toute la surface de Riemann. En écrivant ces conditions, on a $2p$ équations linéaires et homogènes entre les r coefficients $A_1, A_2, \ldots, A_r$; ces équations admettent certainement un système de solutions, non toutes nulles, dès que r est supérieur à $2p$. Par suite, il ne peut y avoir plus de $2p$ intégrales algébriquement distinctes de première et de seconde espèce.

Nous dirons que $2p$ intégrales algébriquement distinctes $\zeta_1, \zeta_2, \ldots, \zeta_{2p}$ forment un *système fondamental*. Pour qu'il en soit ainsi, il faut et il suffit que le déterminant d'ordre $2p$ formé par les $(2p)^2$ périodes de ces $2p$ intégrales soit différent de zéro; on aurait, en effet, pour déterminer les coefficients A_i tels que toutes les périodes de l'intégrale $A_1\zeta_1 + \ldots + A_{2p}\zeta_{2p}$ soient nulles, $2p$ équations linéaires et homogènes dont le déterminant n'est pas nul. *Toute intégrale abélienne v, n'ayant aucun point critique logarithmique, est égale à une combinaison linéaire à coefficients constants des $2p$ intégrales $\zeta_1, \ldots, \zeta_{2p}$, formant un système fondamental augmentée d'une fonction ration-*

nelle de z et de u. Il suffit, pour le voir, de remarquer qu'en égalant à zéro les $2p$ périodes de l'intégrale

$$v - A_1\zeta_1 - A_2\zeta_2 - \ldots - A_{2p}\zeta_{2p}$$

on a $2p$ équations linéaires et *non homogènes*, dont le déterminant n'est pas nul. On en déduit donc pour les coefficients A_1, A_2, ..., A_{2p} un système de valeurs finies; ces coefficients étant ainsi déterminés, la différence $v - A_1\zeta_1 - \ldots - A_{2p}\zeta_{2p}$ n'a plus de périodes et se réduit, par conséquent, à une fonction rationnelle de z et de u.

En particulier, *toutes les intégrales abéliennes de première et de deuxième espèce attachées à une courbe algébrique de genre p se réduisent à $2p$ intégrales distinctes.*

Pour former un système fondamental, prenons pour $\zeta_1, \zeta_2, \ldots, \zeta_p$ les p intégrales normales de première espèce $\zeta_1 = w^{(1)}, \zeta_2 = w^{(2)}, \ldots,$ $\zeta_p = w^{(p)}$, et pour $\zeta_{p+1}, \ldots, \zeta_{2p}$, p intégrales normales de seconde espèce, $Z(z, u; a_1, b_1), \ldots, Z(z, u; a_p, b_p)$, admettant pour pôles p points ordinaires à distance finie, tels que le déterminant

$$\Delta = \begin{vmatrix} \varphi_1(a_1, b_1) & \ldots & \varphi_1(a_p, b_p) \\ \varphi_2(a_1, b_1) & \ldots & \varphi_2(a_p, b_p) \\ \ldots\ldots\ldots & \ldots & \ldots\ldots\ldots \\ \varphi_p(a_1, b_1) & \ldots & \varphi_p(a_p, b_p) \end{vmatrix}$$

ne soit pas nul (n° **143**). Ces $2p$ intégrales forment bien un système fondamental. En effet, si l'on désigne par $\alpha_1, \alpha_2, \ldots, \alpha_p$ les p périodes d'une intégrale v relatives aux coupures $a_1, a_2, \ldots, a_p$, la différence

$$v' = v - \frac{1}{2\pi i}(\alpha_1 w^{(1)} + \ldots + \alpha_p w^{(p)})$$

a toutes ses périodes, relatives aux coupures a_h, nulles. En écrivant que l'intégrale

$$v' = \lambda_1 Z(z, u; a_1, b_1) - \ldots - \lambda_p Z(z, u; a_p, b_p)$$

a également toutes ses périodes relatives aux coupures b_h nulles, les coefficients λ_i sont déterminés par p équations linéaires dont le déterminant est précisément Δ.

Il est clair qu'on peut remplacer ce système de $2p$ intégrales par un système composé de p intégrales distinctes de première espèce

$w_1, w_2, \ldots, w_p$ et de p intégrales de seconde espèce admettant les pôles du premier ordre $(a_1, b_1), \ldots, (a_p, b_p)$, car les intégrales normales sont des combinaisons linéaires de celles-là, et inversement. On peut aussi supposer que quelques-uns des pôles

$$(a_1, b_1), \quad \ldots, \quad (a_p, b_p)$$

sont venus se confondre; par exemple, si ces p points sont tous confondus en un point (a, b), on prendra, pour former un système fondamental, avec les p intégrales de première espèce, les p intégrales normales de seconde espèce

$$Z(z, u; a, b), \quad Z'(z, u; a, b), \quad \ldots, \quad Z^{(p-1)}(z, u; a, b).$$

Ce système est fondamental pourvu que le déterminant

$$\Delta_1 = \begin{vmatrix} \varphi_1(a, b) & \varphi'_1(a, b) & \ldots & \varphi_1^{(p-1)}(a, b) \\ \varphi_2(a, b) & \varphi'_2(a, b) & \ldots & \varphi_2^{(p-1)}(a, b) \\ \ldots\ldots & \ldots\ldots & \ldots & \ldots\ldots \\ \varphi_p(a, b) & \varphi'_p(a, b) & \ldots & \varphi_p^{(p-1)}(a, b) \end{vmatrix}$$

ne soit pas nul. Ce déterminant ne peut être identiquement nul pour tout point analytique (a, b); en effet, les éléments de la $i^{\text{ième}}$ colonne sont les dérivées d'ordre i des éléments correspondants de la première colonne par rapport à la variable a. D'après un théorème bien connu, pour que Δ_1 soit identiquement nul, il faut et il suffit qu'il existe entre les éléments de la première colonne une relation linéaire et homogène à coefficients constants, l'un au moins de ces coefficients étant différent de zéro,

$$C_1\, \varphi_1(a, b) + C_2\, \varphi_2(a, b) + \ldots + C_p\, \varphi_p(a, b) = 0;$$

ceci est impossible, puisque $\varphi_1(z, u), \ldots, \varphi_p(z, u)$ sont les dérivées par rapport à z des p intégrales normales de première espèce.

159. Soit

$$I(z, u) = \int_{(z_0, u_0)}^{(z, u)} R(z, u)\, dz$$

une intégrale abélienne quelconque; les points critiques logarithmiques de cette intégrale sont les points de la surface où le résidu de $R(z, u)$ n'est pas nul, et, en général, ses points singuliers proviennent des pôles de $R(z, u)$ et des points à l'infini. En procédant comme au n° **44**, on peut exprimer I par une somme d'intégrales de première, de deuxième et de troisième espèce. Soient $(\alpha_1, \beta_1), \ldots, (\alpha_q, \beta_q)$ les q points critiques logarithmiques de cette intégrale, $R_1, R_2, \ldots, R_q$ les résidus correspondants de $R(z, u)$ dont la somme $R_1 + R_2 + \ldots + R_q$ est nulle; la différence

$$J = I - R_1 \Pi_{\alpha_q, \beta_q}^{\alpha_1, \beta_1} - R_2 \Pi_{\alpha_q, \beta_q}^{\alpha_2, \beta_2} - \ldots - R_{q-1} \Pi_{\alpha_q, \beta_q}^{\alpha_{q-1}, \beta_{q-1}}$$

n'admet plus de point critique logarithmique. Elle peut avoir des pôles en nombre quelconque. Soient (a, b) un de ces pôles et

$$\frac{A_1}{z-a} + \frac{A_2}{(z-a)^2} + \ldots + \frac{A_\nu}{(z-a)^\nu}$$

la partie principale de J dans le domaine du point (a, b). L'expression

$$\begin{aligned} H = J - \Sigma \Big[& A_1 Z(z, u; a, b) \\ & + A_2 Z'(z, u; a, b) + \ldots + \frac{A_\nu}{1.2\ldots(\nu-1)} Z^{(\nu-1)}(z, u; a, b) \Big], \end{aligned}$$

où le signe Σ est étendu à tous les pôles de J, est une intégrale abélienne régulière en tous les points de la surface de Riemann, c'est-à-dire une intégrale de première espèce $\lambda_1 w^{(1)} + \ldots + \lambda_p w^{(p)}$. On en déduit pour l'intégrale I la valeur suivante :

$$\begin{aligned} (17) \quad I &= \int_{(z_0, u_0)}^{(z,u)} R(z, u)\, dz \\ &= \sum_{k=1}^{q-1} R_k \Pi_{\alpha_q, \beta_q}^{\alpha_k, \beta_k}(z, u) \\ &\quad + \Sigma \left[A_1 Z(z, u; a, b) + \ldots + \frac{A_\nu}{1.2\ldots(\nu-1)} Z^{(\nu-1)}(z, u; a, b) \right] \\ &\quad + \lambda_1 w^{(1)} + \ldots + \lambda_p w^{(p)}. \end{aligned}$$

Les coefficients $R_k, A_1, \ldots, A_\nu$ sont connus immédiatement si l'on connaît les résidus de $R(z, u)$ et les parties principales au voisinage des pôles de l'intégrale; ces coefficients dépendent donc algébriquement des coefficients de la fraction rationnelle $R(z, u)$. Il n'en est pas de même de $\lambda_1, \ldots, \lambda_p$; λ_h, par exemple, est égal à la période de l'intégrale I à la coupure a_h, divisée par $2\pi i$.

On pourrait encore arriver à la formule de décomposition (17) de la façon suivante. Sur la surface T′, traçons un contour fermé C renfermant à l'intérieur tous les points critiques logarithmiques de l'intégrale; soit T″ la surface limitée par C et par les bords des coupures a_ν, b_ν, C_ν. La fonction

$$T(\xi, \eta) = I(\xi, \eta)\frac{d\Pi_{\xi,\eta}^{\xi',\eta'}}{d\xi}$$

est une fonction uniforme du point analytique (ξ, η) sur la surface T″. En appliquant le théorème de Cauchy à l'intégrale

$$\int T(\xi, \eta)\, d\xi,$$

prise le long du contour total de T″ dans le sens direct, on a à calculer, d'une part cette intégrale prise le long du contour de C et le long des coupures, d'autre part les résidus de $T(\xi, \eta)$. Si l'on réduit le contour C à une suite de petits cercles décrits autour des points critiques, réunis l'un à l'autre par des fentes de largeur infiniment petite, le calcul ne présente aucune difficulté, et l'on retrouve ainsi la formule (17).

160. Toutes les intégrales de première et de seconde espèce se ramenant à $2p$ intégrales distinctes, on peut ne laisser dans le second membre de la formule (17) que ces $2p$ intégrales. Imaginons, pour fixer les idées, que l'on ait choisi, pour former un système fondamental, avec les p intégrales de première espèce, p intégrales de seconde espèce, admettant respectivement pour pôles du premier ordre les p points $(a_1, b_1), \ldots, (a_p, b_p)$. Soient $w_1, w_2, \ldots, w_p, \zeta(z, u; a_1, b_1), \ldots, \zeta(z, u; a_p, b_p)$ ces $2p$ intégrales. Si l'on remplace chaque intégrale normale $Z^{(\nu)}$ par son expression au moyen de $2p$ intégrales précédentes et d'une fonction rationnelle de z et de u, la formule (17) peut s'écrire

$$\begin{aligned} I = \int_{(z_0, u_0)}^{(z, u)} R(z, u)\, dz = \Phi(z, u) + \Sigma\, R_k \Pi_{\alpha_q, \beta_q}^{\alpha_{k'} \beta_k} \\ + A_1 \zeta(z, u; a_1, b_1) + \ldots + A_p \zeta(z, u; a_p, b_p) \\ + B_1 w_1 + B_2 w_2 + \ldots + B_p w_p \end{aligned}$$

ou encore

$$(18) \qquad I = \Phi(z, u) + I_1 + I_2,$$

$\Phi(z, u)$ étant une fonction rationnelle de z et de u, I_1 et I_2 désignant deux intégrales abéliennes dont la première n'admet que des points critiques logarithmiques, tandis que la seconde I_2 n'admet que des pôles du premier ordre qui sont pris parmi les p points $(a_1, b_1, \ldots, (a_p, b_p)$.

Ces deux intégrales I_1 et I_2 ne sont pas complètement définies quand on connaît la fonction rationnelle $R(z, u)$, car on peut ajouter à l'une d'elles une intégrale quelconque de première espèce, à condition de retrancher la même intégrale de l'autre. Mais, si les points $(a_1, b_1), \ldots, (a_p, b_p)$ ont été choisis une fois pour toutes, *la partie algébrique de l'intégrale*, $\Phi(z, u)$, *est complètement déterminée*, à une constante additive près.

Supposons, en effet, qu'en opérant d'une autre façon, on ait mis I sous la forme

$$(19) \qquad I = \Phi'(z, u) + I'_1 + I'_2,$$

I'_1 et I'_2 jouissant des mêmes propriétés que I_1 et I_2 ; on en déduit, en retranchant membre à membre,

$$\Phi(z, u) - \Phi'(z, u) = I'_1 - I_1 + I'_2 - I_2.$$

Il est clair que les points critiques logarithmiques disparaissent dans le second membre, et la fonction rationnelle $\Phi - \Phi'$ ne peut avoir pour pôles que quelques-uns des points $(a_1, b_1), \ldots, (a_p, b_p)$, ces pôles étant du premier ordre. Soit

$$\frac{H_i}{z - a_i}$$

la partie principale de $\Phi - \Phi'$ dans le domaine du point (a_i, b_i) ; la différence

$$\Phi - \Phi' - H_1 Z(z, u, a_1, b_1) - \ldots - H_p Z(z, u, a_p, b_p)$$

est régulière en tous les points de la surface de Riemann et ses périodes relatives aux coupures a_h sont toutes nulles. C'est donc une constante, et ses périodes relatives aux coupures b_h doivent être nulles également. En écrivant qu'il en est ainsi, on établit entre les coefficients $H_1, \ldots, H_p$ un système de p équations linéaires et homogènes dont le déterminant Δ est essentiellement différent de zéro (n° 143). On a donc $H_1 = H_2 = \ldots = H_p = 0$, et les deux fonctions Φ et Φ' ne diffèrent que par une constante qu'il est évidemment permis de négliger.

Il paraît probable, d'après cela, que cette partie algébrique $\Phi(z, u)$ peut être obtenue par des opérations rationnelles, c'est-à-dire des additions, multiplications et divisions de polynomes. Il ne semble pas que l'on possède jusqu'ici de méthode générale pour effectuer ce calcul. La question a été résolue par M. Hermite dans le cas particulier des intégrales hyperelliques [1]; nous rappellerons succinctement sa méthode.

Étant donnée une relation de genre p, de la forme

$$u^2 = A(z-l_1)(z-l_2)\ldots(z-l_{2p+2}) = F(z),$$

où les quantités l_i sont toutes différentes, toute intégrale

$$\int R(z, u)\,dz,$$

où $R(z, u)$ est une fonction rationnelle de z et de u, se ramène, par des calculs élémentaires, à des intégrales de l'une des formes suivantes

$$\int \frac{P\,dz}{Q^n}, \quad \int \frac{z^m\,dz}{u}, \quad \int \frac{X_1\,dz}{X^n u},$$

P, X_1, X, Q étant des polynomes, dont les deux derniers sont premiers avec leurs dérivées. La première intégrale est égale à une fonction rationnelle de z, que l'on peut calculer sans avoir à résoudre aucune équation de degré supérieur au premier et à une intégrale $\int \frac{P_1\,dz}{Q}$, où P_1 est de degré inférieur à celui de Q, qui est égale à une somme de logarithmes. De même, les intégrales $\int \frac{z^m\,dz}{u}$, $\int \frac{X_1\,dz}{X^n u}$ se ramènent, par des calculs élémentaires, à une partie rationnelle en z et u, à des intégrales de la forme

$$\int \frac{Y\,dz}{X u},$$

où Y est de degré inférieur à celui de X, et où X est premier avec le polynome $F(z)$ (intégrales qui n'admettent que des points

---

(1) *Bulletin des Sciences mathématiques*, 2e série, t. VII, p. 36. Cours professé à la Faculté des Sciences, rédigé par Andoyer.

critiques logarithmiques) et enfin aux intégrales $\int \frac{z^m\,dz}{u}$, où m a une des valeurs de $0, 1, 2, \ldots, 2p$. Pour $m = 0, 1, 2, \ldots, p-1$, on a les p intégrales de première espèce $w_1, w_2, \ldots, w_p$. Pour $m = p$, on a une intégrale de troisième espèce avec deux points critiques logarithmiques à l'infini. Enfin, si

$$m = p + q \qquad (q = 1, 2, \ldots, p),$$

on a une intégrale qui admet encore, en général, deux points critiques logarithmiques à l'infini; en choisissant convenablement le coefficient λ_q, la différence

$$\zeta_q = \int \frac{z^{p+q} - \lambda_q z^p}{u}\,dz$$

admet les deux points à l'infini pour pôles d'ordre q. En définitive, l'intégrale proposée est décomposée en une partie rationnelle en z et u, en une somme d'intégrales de troisième espèce et des $2p$ intégrales $w_1, w_2, \ldots, w_p, \zeta_1, \ldots, \zeta_p$.

Ces $2p$ intégrales forment bien un système fondamental. En d'autres termes, il n'existe aucune combinaison linéaire à coefficients constants

$$A_1 w_1 + \ldots + A_p w_p + B_1 \zeta_1 + \ldots + B_p \zeta_p,$$

qui se réduise à une fonction rationnelle de z et de u (sauf pour $A_i = B_i = 0$). En effet, cette fonction rationnelle n'aurait pour pôles que les points à l'infini, d'ordre p au plus, et, d'après les expressions des intégrales ζ_q, les coefficients des parties principales dans le domaine de chacun de ces pôles seraient égaux et de signes contraires; il en résulte (n° 27) que cette fonction rationnelle serait de la forme $u\,Q(z)$, $Q(z)$ étant une constante ou un polynome. Or les points à l'infini sont des pôles d'ordre $p+1$ au moins pour une telle expression.

161. Nous allons montrer, dans ce paragraphe, comment on peut trouver la partie algébrique $\Phi(z, u)$ d'une intégrale et les coefficients de la formule (18), quand on connaît les points singuliers de l'intégrale avec les parties principales du développement dans le domaine de chacun d'eux. Soient

$$w_1 = \int \psi_1(z, u)\,dz, \quad w_2 = \int \psi_2(z, u)\,dz, \quad \ldots, \quad w_p = \int \psi_p(z, u)\,dz$$

p intégrales linéairement distinctes de première espèce, $\psi_1, \psi_2, \ldots, \psi_p$ étant des fonctions rationnelles connues de z et de u. Prenons, pour fixer les idées, p points analytiques $(a_1, b_1), \ldots, (a_p, b_p)$, à distance finie, et distincts des points de ramification, tels que le déterminant

$$\delta = \begin{vmatrix} \psi_1(a_1, b_1) & \ldots & \psi_1(a_p, b_p) \\ \psi_2(a_1, b_1) & \ldots & \psi_2(a_p, b_p) \\ \ldots\ldots & \ldots & \ldots\ldots \\ \psi_p(a_1, b_1) & \ldots & \psi_p(a_p, b_p) \end{vmatrix}$$

ne soit pas nul. On a vu plus haut (n° 149) comment on pouvait former une intégrale de seconde espèce admettant le seul pôle (a_i, b_i) avec la partie principale $\frac{1}{z - a_i}$; soient

$$\zeta_1 = \int \chi_1(z, u)\,dz, \quad \ldots, \quad \zeta_p = \int \chi_p(z, u)\,dz$$

les p intégrales de seconde espèce ainsi formées, admettant respectivement pour pôles du premier ordre les points $(a_1, b_1), \ldots, (a_p, b_p)$. D'après les explications qui ont été données (n° 158), les $2p$ intégrales $w_1, \ldots, w_p, \zeta_1, \ldots, \zeta_p$ forment un système fondamental, car les intégrales normales $w^{(1)}, w^{(2)}, \ldots, w^{(p)}$, $Z(z, u; a_1, b_1), \ldots, Z(z, u; a_p, b_p)$ s'expriment linéairement au moyen des premières et inversement, et le déterminant δ ne diffère du détermmant analogue où $\psi_i(z, u)$ serait remplacé par $\varphi_i(z, u)$ que par un facteur différent de zéro. Nous désignerons encore par $\varpi_{\xi,\eta}^{\xi',\eta'}$ l'intégrale de troisième espèce avec les deux points critiques (ξ, η), (ξ', η'), que l'on a appris à former plus haut (n° 148).

Cela posé, soient $(\alpha_1, \beta_1), \ldots, (\alpha_q, \beta_q)$ les points critiques logarithmiques de l'intégrale abélienne $I = \int R(z, u)\,dz$ et $R_1, \ldots, R_q$ les résidus correspondants de $R(z, u)$. La différence

$$J = \int_{(z_0, u_0)}^{(z, u)} R(z, u)\,dz - R_1 \varpi_{\alpha_q, \beta_q}^{\alpha_1, \beta_1} - R_2 \varpi_{\alpha_q, \beta_q}^{\alpha_2, \beta_2} - \ldots - R_{q-1} \varpi_{\alpha_q, \beta_q}^{\alpha_{q-1}, \beta_{q-1}}$$

n'admet plus de points critiques logarithmiques. La dérivée

$$\frac{dJ}{dz} = R(z, u) - \sum_{k=1}^{q-1} R_k \frac{\partial \varpi_{\alpha_n, \beta_n}^{\alpha_k, \beta_k}}{\partial z}$$

est une fonction rationnelle $S(z, u)$ dont tous les résidus sont nuls. L'intégrale J peut donc s'exprimer par la somme d'une fonction rationnelle de z et de u et d'une combinaison linéaire à coefficients constants de $2p$ intégrales $w_1, \ldots, w_p, \zeta_1, \ldots, \zeta_p$,

$$(20) \qquad J = \Phi(z, u) + \lambda_1 \zeta_1 + \ldots + \lambda_p \zeta_p + \mu_1 w_1 + \ldots + \mu_p w_p.$$

Cherchons d'abord à déterminer les coefficients $\lambda_1, \ldots, \lambda_p$, $\mu_1, \ldots, \mu_p$. Pour cela, multiplions les deux membres de l'équation (20) par $\psi_i(z, u)$ et égalons la somme des résidus des deux membres de l'égalité obtenue sur toute la surface de Riemann. Les résidus du produit $J\psi_i(z, u)$ s'obtiennent sans difficulté, connaissant les pôles de l'intégrale J et les parties principales dans le domaine de chacun de ces pôles. En effet, en tout point où l'intégrale J est régulière, le résidu de $J\psi_i(z, u)$ est nul; car $\psi_i(z, u)$ étant la dérivée d'une intégrale de première espèce, son développement dans le domaine d'un point à l'infini commence par un terme en $\frac{1}{z}$ d'un degré supérieur à l'unité et, en un point de ramification (a, b) à distance finie, $\psi_i(z, u)$ ne contient que des puissances de $\frac{1}{z-a}$ d'un degré inférieur à l'unité. Suivant une notation employée par Cauchy, désignons par $\mathcal{E}[J\psi_i(z, u)]$ la somme de ces résidus. La somme des résidus de la fonction rationnelle $\Phi(z, u)\psi_i(z, u)$ est nulle. Les résidus de la fonction $\zeta_k\psi_i(z, u)$ se réduisent au seul terme $\psi_i(a_k, b_k)$ provenant du pôle (a_k, b_k) de ζ_k. Enfin le produit $w_h\psi_i(z, u)$ n'admet aucun résidu. Il reste donc les p relations

$$(21) \qquad \left\{ \begin{array}{c} \lambda_1 \psi_i(a_1, b_1) + \ldots + \lambda_p \psi_i(a_p, b_p) = \mathcal{E}[J\psi_i(z, u)] \\ (t = 1, 2, \ldots, p), \end{array} \right.$$

qui déterminent les p coefficients $\lambda_1, \ldots, \lambda_p$, car le déterminant de ces équations linéaires est précisément δ.

Pour obtenir les constantes $\mu_1, \ldots, \mu_p$, multiplions de même les deux membres de la relation (20) par $\chi_i(z, u)$ et égalons la somme des résidus des deux produits. La somme des résidus de $\zeta_k \chi_i(z, u)$ est égale à $\chi_i(a_k, b_k) - \chi_k(a_i, b_i)$; celle des résidus de $w_h \chi_i(z, u)$ est égale à $-\psi_h(a_i, b_i)$; enfin la somme des résidus de la fonction rationnelle $\Phi(z, u)\chi_i(z, u)$ est nulle. Il vient donc

$$(22)\quad \left\{ \begin{array}{l} \mu_1 \psi_1(a_i, b_i) + \mu_2 \psi_2(a_i, b_i) + \ldots + \mu_p \psi_p(a_i, b_i) \\ \quad = -\mathcal{E}[\mathrm{J}\,\chi_i(z, u)] - \Sigma \lambda_k[\chi_k(a_i, b_i) - \chi_i(a_k, b_k)] \\ \qquad (i = 1, 2, \ldots, p); \end{array} \right.$$

ces équations déterminent $\mu_1, \mu_2, \ldots, \mu_p$, car le déterminant est encore égal à δ.

En définitive, tout revient à calculer les sommes des résidus des produits $\mathrm{J}\psi_i(z, u)$ et $\mathrm{J}\chi_i(z, u)$; les résidus de $\mathrm{J}\psi_i(z, u)$ proviennent uniquement, on l'a déjà remarqué, des pôles de l'intégrale J. Soit (a, b) un de ces pôles que nous supposons, pour fixer les idées, à distance finie et distinct des points de ramification; écrivons le développement de la fraction rationnelle $\mathrm{S}(z, u)$ dans le domaine de ce point

$$\mathrm{S}(z, u) = \frac{\mathrm{A}_{-m}}{(z-a)^m} + \frac{\mathrm{A}_{-m+1}}{(z-a)^{m-1}} + \ldots + \frac{\mathrm{A}_{-2}}{(z-a)^2} + \mathrm{A}_0 + \mathrm{A}_1(z-a) + \ldots.$$

On en déduit

$$\mathrm{J} = \int \mathrm{S}(z, u)\,dz = \mathrm{C} - \frac{\mathrm{A}_{-m}}{(m-1)(z-a)^{m-1}} - \ldots - \frac{\mathrm{A}_{-2}}{z-a} + \mathrm{A}_0(z-a) + \ldots.$$

Soit

$$\psi_i(z, u) = \psi_i(a, b) + (z-a)\psi_i'(a, b) + \ldots + \frac{(z-a)^{m-2}}{1.2\ldots(m-2)}\psi_i^{(m-2)}(a, b) + \ldots;$$

le résidu du produit $\mathrm{J}\psi_i(z, u)$ au point (a, b) est donc

$$-\mathrm{A}_{-2}\psi_i(a, b) - \frac{\mathrm{A}_{-3}}{2}\psi_i'(a, b) - \ldots - \frac{\mathrm{A}_{-m}}{1.2\ldots(m-1)}\psi_i^{(m-2)}(a, b).$$

Nous voyons que ce résidu se calcule au moyen des seuls coefficients des développements de $\mathrm{S}(z, u)$ et de $\psi_i(z, u)$ dans le domaine du point (a, b). Il en est de même, on le vérifie facilement, quelle que soit la position du point (a, b). Les résidus du produit $\mathrm{J}\chi_i(z, u)$ proviennent des pôles de J et du point (a_i, b_i)

qui est un pôle du second ordre de $\chi_i(z, u)$; le résidu relatif à ce point est égal à $-\mathrm{S}(a_i, b_i)$, car, dans le domaine de ce point, on a

$$\mathrm{S}(z, u) = \mathrm{S}(a_i, b_i) + (z - a_i)\mathrm{S}'(a_i, b_i) + \ldots,$$
$$\mathrm{J} = \int \mathrm{S}(z, u)\,dz = \mathrm{C} + (z - a_i)\mathrm{S}(a_i, b_i) + \ldots,$$

$$\chi(z, u) = -\frac{1}{(z - a_i)^2} + \mathrm{P}(z - a_i).$$

Les résidus provenant des pôles de J se calculent comme tout à l'heure. En définitive, *pour calculer les coefficients* $\lambda_1, \ldots, \lambda_p$, $\mu_1, \mu_2, \ldots, \mu_p$ *de la formule* (20), *il suffit de connaître :* 1° *les coefficients des développements des fonctions rationnelles* $\mathrm{S}(z,u)$, $\psi_i(z, u)$, $\chi_i(z, u)$ *dans le domaine de chacun des pôles de* J; 2° *les valeurs de la fonction rationnelle* $\mathrm{S}(z, u)$ *aux* p *points analytiques* $(a_1, b_1), \ldots, (a_p, b_p)$.

Reste à déterminer la fonction rationnelle $\Phi(z, u)$. Nous connaissons les pôles de cette fonction qui sont les pôles de J et les points (a_i, b_i). Dans le voisinage d'un pôle de J, la partie principale est la même que celle de J; au point (a_i, b_i), la partie principale est $-\frac{\lambda_i}{z - a_i}$. Nous sommes donc amenés au problème suivant : Déterminer une fonction rationnelle $\Phi(z, u)$, connaissant les pôles et les parties principales dans le domaine de chacun de ces pôles. Cette question sera discutée au Chapitre suivant.

162. Comme application de ce qui précède, cherchons les conditions pour qu'une intégrale abélienne

$$\mathrm{I} = \int_{(z_0, u_0)}^{(z, u)} \mathrm{R}(z, u)\,dz$$

soit une fonction algébrique de z. Il faut évidemment que cette intégrale n'admette ni périodes, ni points critiques logarithmiques. S'il en est ainsi, elle est une fonction uniforme du point analytique (z, u), n'ayant, sur toute la surface de Riemann, que des pôles pour points singuliers, c'est-à-dire une fonction rationnelle de z et de u. On déduit de là le théorème suivant, dû à Abel : *Si une intégrale* $\int \mathrm{R}(z, u)\,dz$, *où* $\mathrm{R}(z, u)$ *est une fonction rationnelle de deux variables* z *et* u *liées par la relation algébrique*

$F(z, u) = 0$, *est elle-même une fonction algébrique de* z, *elle est égale à une fonction rationnelle de* z *et de* u.

Pour qu'il en soit ainsi, il faut d'abord que tous les résidus de la fonction rationnelle $R(z, u)$ soient nuls. Cette condition étant supposée satisfaite, on a $R(z, u) = S(z, u)$, $I = J$; il faut, en outre, que tous les coefficients $\lambda_1, \ldots, \lambda_p, \mu_1, \ldots, \mu_p$ de la formule (20) soient nuls, c'est-à-dire, d'après les équations (21) et (22), que la somme des résidus de chacun des produits $J\psi_i(z, u)$ et $J\chi_i(z, u)$ $(i = 1, 2, \ldots, p)$ soit nulle séparément.

Donc, *pour que l'intégrale abélienne* $I = \int R(z, u)\,dz$ *se réduise à une fonction rationnelle de* z *et de* u, *il faut et il suffit :*

1° *Que tous les résidus de la fonction rationnelle* $R(z, u)$ *soient nuls;*

2° *Que la somme des résidus du produit* $I\psi(z, u)$, *où* $\int \psi(z, u)\,dz$ *est une intégrale quelconque de première espèce, soit nulle;*

3° *Que la somme des résidus de chacun des produits* $I\chi_i(z, u)$ *soit nulle,* $\chi_1(z, u), \ldots, \chi_p(z, u)$ *ayant le même sens que plus haut.*

Nous ferons remarquer de nouveau que les conditions trouvées sont toutes algébriques. Si la première condition seule est satisfaite, l'intégrale I ne contient aucune intégrale de troisième espèce. Si les deux premières conditions sont seules satisfaites, l'intégrale I est égale à une fonction rationnelle de z et de u, augmentée d'une intégrale de première espèce. Remarquons enfin qu'au lieu de prendre pour $\chi_1(z, u), \ldots, \chi_p(z, u)$ les dérivées de p intégrales de seconde espèce n'ayant qu'un pôle de premier ordre, on pourrait prendre les dérivées de p intégrales quelconques de seconde espèce, formant avec $\varpi_1, \ldots, \varpi_p$ un système fondamental.

163. Les deux dernières conditions peuvent être mises sous une autre forme. De l'identité

$$d(I\varpi_i) = I\,\psi_i(z, u)\,dz + \varpi_i\,R(z, u)\,dz,$$

on déduit

$$\int I\,\psi_i(z, u)\,dz = -\int \varpi_i\,R(z, u)\,dz,$$

chacune des intégrales étant prise le long du contour total de T. Or la première intégrale est égale, à un facteur près, à la somme des résidus de $I\psi_i(z, u)$ et la seconde est égale, au même facteur près, à la somme des résidus de $w_i R(z, u)$, la deuxième condition peut donc être remplacée par la suivante : *La somme des résidus de $wR(z, u)$ sur toute la surface doit être nulle, w étant une intégrale quelconque de première espèce.*

On voit de même que la dernière condition peut être énoncée comme il suit : *La somme des résidus de chacun des p produits $\zeta_i R(z, u)$ doit être nulle* [1].

On trouverait immédiatement ces conditions par une méthode un peu différente en écrivant que toutes les périodes de l'intégrale $\int R(z, u)\,dz$ sont nulles. Il suffit, pour cela, d'appliquer le théorème de Cauchy aux $2p$ intégrales

$$\int w^{(i)}(z, u)\,R(z, u)\,dz, \qquad \int Z(z, u;\, a_i, b_i)\,R(z, u)\,dz$$
$$(i = 1, 2, \ldots, p),$$

prises le long du contour total de T', en se servant de l'expression de ces intégrales au moyen des périodes (n° 65).

164. Prenons comme exemple les courbes algébriques telles que l'aire limitée par deux rayons vecteurs et l'arc de la courbe compris entre les deux extrémités de ces rayons soit une fonction algébrique des coordonnées des deux extrémités. Cette aire est représentée par l'intégrale

$$\pm \frac{1}{2} \int u\,dz - z\,du,$$

et, comme on a

$$\int u\,dz = uz - \int z\,du,$$

le problème revient à rechercher les relations algébriques

$$(23) \qquad F(z, u) = 0,$$

[1] HUMBERT, *Acta mathematica*, t, X, p. 391. On pourra consulter aussi sur ce sujet LIOUVILLE, divers Mémoires dans le *Journal de Mathématiques*. — ZEUTHEN, *Comptes rendus*, 1880. — RAFFY, *Thèse de Doctorat*, 1883.

telles que l'intégrale $\int u\,dz$ soit elle-même une fonction algébrique de z. Bornons-nous au cas où la courbe (23), de degré m, a m points distincts à l'infini ; on peut prendre les axes de telle façon qu'aucune des m asymptotes ne soit parallèle à l'axe de u. Soit

$$u = c_i z + d_i + \frac{\alpha_i^{(1)}}{z} + \frac{\alpha_i^{(2)}}{z^2} + \ldots$$

l'équation qui représente une branche infinie asymptote à la droite $u = c_i z + d_i$; tous les coefficients tels que $\alpha_i^{(1)}$ doivent être nuls. Géométriquement, cela signifie que le point à l'infini dans la direction précédente est un point d'inflexion. En effet, effectuons la transformation homographique

$$z = \frac{1}{z'}, \qquad u = \frac{u'}{z'};$$

à la branche infinie correspond une branche de courbe issue du point $z' = 0$, $u' = c_i$,

$$u' = c_i + d_i z' + \alpha_i^{(1)} z'^2 + \alpha_i^{(2)} z'^3 + \ldots.$$

Si $\alpha_i^{(1)} = 0$, on voit que la tangente $u' = c_i + d_i z'$ rencontre la courbe en trois points confondus.

Lorsque la courbe considérée est du genre zéro, ces conditions sont suffisantes. Donc, *pour que l'aire d'une courbe unicursale de degré m, qui a m points simples à l'infini, soit algébrique, il faut et il suffit que les m points à l'infini soient des points d'inflexion* (¹).

Si la courbe est de genre $p > 0$, il faudra, en outre, que $2p$ conditions nouvelles soient remplies. Prenons, par exemple, une cubique avec trois points d'inflexion à l'infini; si l'on prend pour axes de coordonnées deux des asymptotes, l'équation de cette cubique est de la forme

$$uz(u - az - b) - k^2 = 0.$$

On en tire

$$u = \frac{az + b}{2} + \frac{\sqrt{z^2(az+b)^2 + 4k^2 z}}{2z},$$

$$\int u\,dz = \frac{az^2}{4} + \frac{bz}{2} + \frac{1}{2}\int \frac{\sqrt{z^2(az+b)^2 + 4k^2 z}}{z}\,dz.$$

(¹) APPELL et PICARD, *Thèses de Doctorat.*

Si le polynome sous le radical a une racine double, la courbe est unicursale, et, d'après ce qui précède, l'intégrale doit être algébrique, ce qu'il est facile de vérifier. Dans tout autre cas, l'intégrale

$$I = \int \frac{\sqrt{z^2(az+b)^2+4k^2 z}}{z}\,dz = \int \frac{\sqrt{R(z)}}{z}\,dz$$

n'est pas algébrique. En effet, considérons la relation auxiliaire $u^2 = R(z)$ et les deux intégrales

$$\int \frac{dz}{\sqrt{R(z)}}, \quad \int \frac{dz}{z\sqrt{R(z)}},$$

de première et de seconde espèce, attachées à cette relation. D'après la théorie générale, la somme des résidus de $I\frac{1}{\sqrt{R(z)}}$ et de $\frac{1}{z\sqrt{R(z)}}$ devrait être nulle. Formons cette somme pour le second produit. Les points à l'infini sont des pôles du second ordre pour I, et l'on a, dans le domaine de chacun de ces points,

$$I = C \pm \left(\frac{az^2}{2} + bz - \frac{2k^2}{a}\frac{1}{z} + \dots\right),$$

$$\frac{1}{z\sqrt{R(z)}} = \pm\frac{1}{z^3}\left(\frac{1}{a} - \frac{b}{a^2}\frac{1}{z} + \dots\right).$$

les signes $\pm$ se correspondant dans les deux formules. La somme des résidus pour les points à l'infini est donc égale à -1. Dans le domaine de l'origine, on a

$$I = C' + 4k\sqrt{z} + \frac{b^2}{6k}z^{\frac{3}{2}} + \dots,$$

$$\frac{1}{z\sqrt{R(z)}} = \frac{1}{2k}\frac{1}{z\sqrt{z}} + \dots;$$

le résidu du produit est donc égal à 4. Pour toute autre valeur de z, le résidu est nul. Par suite, l'intégrale

$$\int \frac{\sqrt{z^2(az+b)^2+4k^2 z}}{z}\,dz$$

ne peut être algébrique, lorsque le polynome sous le radical n'admet que des racines simples.

165. Le logarithme d'une fonction rationnelle de z et de u est une intégrale abélienne qui ne possède que des points critiques logarithmiques (nº 48). Cette remarque nous conduit à nous poser la question suivante :

Étant donnée une intégrale abélienne $I = \int R(z, u)\,dz$, *qui n'admet que des points critiques logarithmiques, comment peut-on reconnaître si elle s'exprime par une somme de logarithmes de fonctions rationnelles de z et de u et d'une intégrale de première espèce ?*

Soient (a_1, b_1), (a_2, b_2), $\ldots$, (a_q, b_q) les points critiques logarithmiques, R_1, R_2, $\ldots$, R_q les résidus correspondants de $R(z, u)$, qui vérifient la relation

$$(24) \qquad R_1 + R_2 + \ldots + R_q = 0.$$

Supposons que l'intégrale considérée s'exprime de la façon indiquée, c'est-à-dire que l'on ait

$$(25) \quad I = \int R(z, u)\,dz = \omega_1 \log \varphi_1 + \omega_2 \log \varphi_2 + \ldots + \omega_r \log \varphi_r + w(z, u),$$

ω_1, ω_2, $\ldots$, ω_r étant des constantes, φ_1, φ_2, $\ldots$, φ_r des fonctions rationnelles de z et de u, et $w(z, u)$ une intégrale de première espèce. On peut toujours admettre qu'il n'existe entre les constantes ω_1, ω_2, $\ldots$, ω_r aucune relation linéaire et homogène *à coefficients entiers;* si, en effet, il existait une pareille relation,

$$m_1 \omega_1 + m_2 \omega_2 + \ldots + m_r \omega_r = 0,$$

où l'un au moins des coefficients, m_r par exemple, est différent de zéro, on en tirerait

$$\omega_r = -\frac{m_1 \omega_1 + m_2 \omega_2 + \ldots + m_{r-1} \omega_{r-1}}{m_r},$$

et l'expression (25) pourrait s'écrire

$$I = \frac{\omega_1}{m_r} \log\left(\frac{\varphi_1^{m_r}}{\varphi_r^{m_1}}\right) + \ldots + \frac{\omega_{r-1}}{m_r} \log\left(\frac{\varphi_{r-1}^{m_r}}{\varphi_r^{m_{r-1}}}\right) + w(z, u).$$

La nouvelle formule contient un logarithme de moins que la précédente. Si donc on suppose qu'on a réduit, de cette façon, autant que possible le nombre des logarithmes, il ne peut exister entre les constantes ω_i aucune relation de la forme indiquée; c'est ce que nous admettrons désormais.

Cela posé, les zéros et les infinis des r fonctions $\varphi_1, \varphi_2, \ldots, \varphi_r$ font nécessairement partie des q points $(a_1, b_1), \ldots, (a_q, b_q)$. Si, en effet, un autre point (α, β) était un pôle ou un zéro de quelques-unes de ces fonctions, dans le domaine de ce point, le second membre de la formule (25) serait infini comme

$$(m_1\omega_1 + \ldots + m_r\omega_r)\log(z - \alpha),$$

$m_1, m_2, \ldots, m_r$ étant des nombres entiers dont l'un au moins n'est pas nul. Or l'intégrale I est régulière au point (α, β); il faudrait donc que l'ont eût $m_1\omega_1 + \ldots + m_r\omega_r = 0$, contrairement à l'hypothèse qui vient d'être faite. Soit m_{ki} un nombre entier, égal à zéro si le point (a_i, b_i) n'est ni un pôle ni un zéro de $\varphi_k(z, u)$, égal à $+n$ si le point (a_i, b_i) est un zéro d'ordre n de φ_k, et à $-n'$ si (a_i, b_i) est un pôle d'ordre n' de φ_k. Dans le domaine du point (a_i, b_i), le second membre de la formule (25) est de la forme

$$(m_{1i}\omega_1 + m_{2i}\omega_2 + \ldots + m_{ri}\omega_r)\log(z - a_i) + P(z - a_i),$$

$P(z - a_i)$ désignant une fonction régulière. On a donc entre les résidus $R_1, R_2, \ldots, R_q$ et les constantes $\omega_1, \omega_2, \ldots, \omega_r$ les q relations

$$(26) \qquad R_i = m_{1i}\omega_1 + m_{2i}\omega_2 + \ldots + m_{ri}\omega^r \qquad (i = 1, 2, \ldots, q),$$

où tous les coefficients m_{ki} sont des nombres entiers.

166. Nous voyons que les q résidus $R_1, R_2, \ldots, R_q$ s'expriment par des fonctions linéaires à coefficients entiers des r quantités $\omega_1, \omega_2, \ldots, \omega_r$. Il n'en résulte pas qu'elles ne puissent s'exprimer de la même façon au moyen de moins de r quantités, et nous sommes conduits à traiter d'abord la question suivante :

Étant données q quantités quelconques $R_1, R_2, \ldots, R_q$, réelles ou imaginaires, les exprimer par des fonctions linéaires et homogènes à coefficients entiers du plus petit nombre possible de quantités.

Supposons le problème résolu et soient

$$(27)\qquad \begin{cases} R_1 = n_{11}\sigma_1 + \ldots + n_{s1}\sigma_s, \\ R_2 = n_{12}\sigma_1 + \ldots + n_{s2}\sigma_s, \\ \ldots\ldots\ldots\ldots\ldots\ldots\ldots, \\ R_q = n_{1q}\sigma_1 + \ldots + n_{sq}\sigma_s \end{cases}$$

les formules qui donnent une solution du problème, les nombres n_{ik} étant tous entiers. D'après la relation (24), le nombre s est au plus égal à $q-1$; il est clair aussi qu'il est au plus égal à r, mais il peut lui être inférieur. Nous allons montrer qu'on peut toujours ramener les r logarithmes de la formule (25) à s logarithmes seulement [1]

Par hypothèse, il n'existe aucune relation linéaire et homogène à coefficients entiers entre $\sigma_1, \sigma_2, \ldots, \sigma_s$. De plus, tous les déterminants d'ordre s que l'on déduit du tableau

$$\begin{vmatrix} n_{11} & n_{21} & \ldots & n_{s1} \\ n_{12} & n_{22} & \ldots & n_{s2} \\ \ldots & \ldots & \ldots & \ldots \\ n_{1q} & n_{2q} & \ldots & n_{sq} \end{vmatrix}$$

en prenant s lignes ne peuvent être nuls à la fois. En effet, supposons, pour plus de généralité, que tous les déterminants d'ordre supérieur à s' $(s' < s)$, déduits du tableau précédent en supprimant un certain nombre de lignes et de colonnes, soient nuls et que l'un au moins des déterminants d'ordre s', par exemple,

$$D = \begin{vmatrix} n_{11} & \ldots & n_{s'1} \\ n_{12} & \ldots & n_{s'2} \\ \ldots & \ldots & \ldots \\ n_{1s'} & \ldots & n_{s't'} \end{vmatrix},$$

soit différent de zéro. Chacun des déterminants d'ordre $s'+1$, tel que

$$\begin{vmatrix} n_{11} & \ldots & n_{s'1} & R_1 \\ n_{12} & \ldots & n_{s'2} & R_2 \\ \ldots & \ldots & \ldots & \ldots \\ n_{1s'} & \ldots & n_{s's'} & R_{s'} \\ n_{1i} & \ldots & n_{s'i} & R_i \end{vmatrix},$$

---

(1) E. Goursat, *Comptes rendus*, t. CXVIII, 5, mars 1894.

où i est un des nombres $s'+1, \ldots, s$, est identiquement nul, comme on le voit, en remplaçant $R_1, R_2, \ldots, R_{s'}, R_i$ par leurs valeurs tirées des formules (27). En développant ce déterminant par rapport aux éléments de la dernière colonne, on en déduit

$$DR_i + D_1 R_1 + \ldots + D_{s'} R_{s'} = 0,$$

$D_1, D_2, \ldots, D_{s'}$ étant des nombres entiers. On voit que $R_1, R_2, \ldots, R_q$ s'exprimeraient au moyen de s' quantités

$$\frac{R_1}{D}, \quad \ldots, \quad \frac{R_{s'}}{D},$$

par des formules linéaires et homogènes à coefficients entiers; le nombre s ne serait donc pas, contrairement à notre hypothèse, le plus petit nombre entier donnant la solution du problème.

On démontrera de la même façon que l'un au moins des déterminants d'ordre s déduits du tableau

$$\begin{vmatrix} m_{11} & m_{21} & \ldots & m_{r1} \\ m_{12} & m_{22} & \ldots & m_{r2} \\ \ldots & \ldots & \ldots & \ldots \\ m_{1r} & m_{2r} & \ldots & m_{rr} \end{vmatrix}$$

est différent de zéro; les équations (26) peuvent donc être résolues par rapport à s des quantités $\omega_1, \ldots, \omega_r$. On en tire, par exemple, $\omega_1, \omega_2, \ldots, \omega_s$ en fonction de $R_1, \ldots, R_q$ et de $\omega_{s+1}, \ldots, \omega_r$, et, en y remplaçant $R_1, \ldots, R_q$ par leurs expressions tirées des formules (27), on obtient des formules de la formule suivante :

$$(28) \quad \begin{cases} \Delta\omega_1 - \lambda_{11}\omega_{s+1} - \ldots - \lambda_{1,r-s}\omega_r = \mu_{11}\sigma_1 + \ldots + \mu_{1s}\sigma_s, \\ \ldots\ldots\ldots\ldots\ldots\ldots\ldots\ldots\ldots\ldots\ldots\ldots, \\ \Delta\omega_s - \lambda_{s1}\omega_{s+1} - \ldots - \lambda_{s,r-s}\omega_r = \mu_{s1}\sigma_1 + \ldots + \mu_{ss}\sigma_s, \end{cases}$$

tous les coefficients Δ, λ, μ étant des nombres entiers.

Imaginons maintenant qu'on subtitue dans les formules (26) les valeurs de $R_1, R_2, \ldots, R_q, \omega_1, \ldots, \omega_s$ tirées des relations (27) et (28); on devra obtenir des identités, c'est-à-dire que les coefficients de $\omega_{s+1}, \ldots, \omega_r$ devront être nuls dans les seconds membres, et les coefficients de $\sigma_1, \ldots, \sigma_s$ devront être égaux de part et d'autre. En effet, si le coefficient de ω_{s+1}, par exemple, dans l'un des seconds membres n'était pas nul, on en tirerait pour

ω_{s+1} une fonction linéaire et homogène à coefficients commensurables de $\omega_{s+2}, \ldots, \omega_r, \sigma_1, \ldots, \sigma_s$. En ajoutant cette équation aux équations (28) on aurait $s+1$ équations distinctes entre $\omega_1, \ldots, \omega_r, \sigma_1, \ldots, \sigma_s$ et l'élimination de $\sigma_1, \sigma_2, \ldots, \sigma_s$ conduirait au moins à une relation linéaire et homogène à coefficients entiers entre $\omega_1, \ldots, \omega_r$. De même, si les coefficients de $\sigma_1, \ldots, \sigma_s$ n'étaient pas égaux de part et d'autre, on aurait une relation de même forme à coefficients entiers entre $\sigma_1, \sigma_2, \ldots, \sigma_s$.

Après la substitution précédente, le coefficient de ω_{s+h} dans le second membre de la relation (26) est

$$m_{s+h,i} + m_{1i}\frac{\lambda_{1h}}{\Delta} + m_{2i}\frac{\lambda_{2h}}{\Delta} + \ldots + m_{si}\frac{\lambda_{sh}}{\Delta};$$

le coefficient de σ_k est n_{ik} dans le premier membre et

$$\frac{m_{1i}\mu_{1k} + m_{2i}\mu_{2k} + \ldots + m_{si}\mu_{sk}}{\Delta}$$

dans le second membre; on a donc les relations suivantes entre ces nombres entiers :

$$(29) \qquad m_{s+h,i} + \frac{m_{1i}\lambda_{1h} + \ldots + m_{si}\lambda_{sh}}{\Delta} = 0 \qquad \begin{pmatrix} i = 1, 2, \ldots, q \\ h = 1, 2, \ \ldots r-s, \end{pmatrix},$$

$$(30) \qquad n_{ki} = \frac{m_{1i}\mu_{1k} + \ldots + m_{si}\mu_{sk}}{\Delta} \qquad \begin{pmatrix} i = 1, 2, \ldots, q \\ k = 1, 2, \ldots, s \end{pmatrix}.$$

Dans ces relations les nombres n_{ki} sont supposés connus par les formules (27), mais les nombres m_{ik}, λ, μ, Δ sont complètement inconnus

Dans la formule (25), remplaçons $\omega_1, \omega_2, \ldots, \omega_r$ par leurs expressions tirées des formules (28); il vient

$$I = \frac{\sigma_1}{\Delta}\log\psi_1 + \ldots + \frac{\sigma_s}{\Delta}\log\psi_s + \frac{\omega_{s+1}}{\Delta}\log\psi_{s+1} + \ldots + \frac{\omega_r}{\Delta}\log\psi_r + w,$$

ou

$$\begin{aligned}
\psi_1 &= \varphi_1^{\mu_{11}}\varphi_2^{\mu_{21}}\ldots\varphi_s^{\mu_{s1}}, \\
&\ldots\ldots\ldots\ldots\ldots\ldots, \\
\psi_s &= \varphi_1^{\mu_{1s}}\varphi_2^{\mu_{2s}}\ldots\varphi_s^{\mu_{ss}}, \\
\psi_{s+1} &= \varphi_1^{\lambda_{11}} \quad \ldots\varphi_s^{\lambda_{s1}} \quad \varphi_{s+1}^{\Delta}, \\
&\ldots\ldots\ldots\ldots\ldots\ldots, \\
\psi_r &= \varphi_1^{\lambda_{1,r-s}} \quad \ldots\varphi_s^{\lambda_{s,r-s}}\varphi_r^{\Delta}
\end{aligned}$$

Les fonctions rationnelles $\psi_{s+1}, \ldots, \psi_r$ se réduisent à des constantes. En effet, ψ_{s+h} n'admet pour pôles et pour zéros que quelques-uns des points $(a_1, b_1), \ldots, (a_q, b_q)$. Dans le domaine du point (a_i, b_i) elle contient en facteur une certaine puissance de $(z - a_i)$ dont l'exposant est, d'après la signification des nombres m_{ki},

$$\Delta m_{s+h,i} + \lambda_{1h} m_{1i} + \ldots + \lambda_{sh} m_{si},$$

c'est-à-dire zéro, d'après la formule (29). Le point (a_i, b_i) n'est donc ni un pôle ni un zéro pour ψ_{s+h}; cette fonction, n'admettant ni pôles ni zéros, se réduit forcément à une constante, et, par suite, l'intégrale I ne contient que s logarithmes, comme nous l'avions annoncé,

$$(31) \qquad \mathrm{I} = \frac{\sigma_1}{\Delta} \log \psi_1 + \ldots + \frac{\sigma_s}{\Delta} \log \psi_s + \varpi(z, u).$$

Pour déterminer les fonctions $\psi_1, \ldots, \psi_s$, cherchons les ordres des pôles et des zéros de ψ_1, par exemple; ces points font partie des q points $(a_1, b_1) \ldots (a_q, b_q)$. Dans le domaine du point (a_i, b_i), $\log \psi_1$ est un infini comme

$$(m_{1i} \mu_{11} + \ldots + m_{si} \mu_{s1}) \log(z - a_i),$$

c'est-à-dire, d'après les formules (31), comme $\Delta_{n_{1i}} \log(z - a_i)$. Les nombres n_{ik} sont supposés connus; si l'on connaissait Δ, on voit que les pôles et les zéros de $\psi_1, \ldots, \psi_s$ seraient connus, avec leurs ordres de multiplicité respectifs. C'est l'indétermination de ce nombre entier Δ qui fait la difficulté de la seconde partie du problème.

167. En résumé, la question que nous nous sommes proposée comprend deux problèmes distincts. Si l'on veut chercher le nombre minimum de logarithmes auquel une intégrale abélienne peut se réduire, en supposant cette réduction possible, il faut chercher le plus petit nombre possible de quantités au moyen desquelles les résidus $\mathrm{R}_1, \ldots, \mathrm{R}_q$ peuvent s'exprimer par des fonctions linéaires et homogènes à coefficients entiers. Si ce nombre est égal à s, le nombre minimum des logarithmes est aussi égal à s; on remarquera que ce nombre ne dépend que des résidus.

Cette première question étant supposée résolue, on a ensuite à résoudre un ou plusieurs problèmes du type suivant :

Étant donnés sur une surface de Riemann q points

$$(a_1, b_1), \quad \ldots, \quad (a_q, b_q)$$

et q nombres entiers $n_1, n_2, \ldots, n_q$, *dont la somme est nulle, existe-t-il une fonction rationnelle* $\varphi(z, u)$ *et un nombre entier* M, *tels que* $\log\varphi(z, u)$ *soit régulier en tous les points de la surface de Riemann, sauf aux points* $(a_1, b_1), \ldots, (a_q, b_q)$, *et soit infini comme* $\text{M}\, n_i \log(z - a_i)$, *dans le domaine du point* (a_i, b_i)?

Si le nombre M était connu, le problème reviendrait évidemment à reconnaître s'il existe une fonction rationnelle $\varphi(z, u)$, admettant des pôles et des zéros donnés, avec des degrés de multiplicité déterminés, problème dont on s'occupera plus loin et qui n'offre que des difficultés algébriques. Mais, aussi loin que l'on aille dans la série des essais en faisant successivement $\text{M} = 1, 2, 3, \ldots,$ sans jamais réussir, on ne peut affirmer, du moins dans le cas général, que le problème est impossible. Pour prendre un exemple simple, supposons $p = 1$, et supposons de plus qu'il n'y ait que quatre points critiques (a_1, b_1), (a_2, b_2), (a_3, b_3), (a_4, b_4), et enfin que l'on ait $n_1 = n_2 = 1$, $n_3 = n_4 = -1$. Tout revient à trouver s'il existe une fonction rationnelle de z et de u admettant les seuls zéros (a_1, b_1), (a_2, b_2) et les seuls pôles (a_3, b_3), (a_4, b_4), chacun au degré M de multiplicité, M étant un nombre entier indéterminé. Soit $w(z, u)$ l'intégrale de première espèce; pour que la fonction cherchée existe, il faut et il suffit, d'après le théorème d'Abel, qui sera étudié en détail dans un des Chapitres suivants, que l'on ait

$$\text{M}[w(a_1, b_1) + w(a_2, b_2)] \equiv \text{M}[w(a_3, b_3) + w(a_4, b_4)],$$

le signe $\equiv$ indiquant l'égalité à une période près. Il faut donc que la différence

$$w(a_1, b_1) + w(a_2, b_2) - w(a_3, b_3) - w(a_4, b_4)$$

soit commensurable avec une période de $w(z, u)$. Le problème en question est donc de même nature que celui-ci : Étant donnés deux nombres que l'on peut calculer avec une approximation indéfinie, reconnaître si leur rapport est commensurable. Aussi loin que l'on pousse les opérations, il n'est jamais permis de conclure négativement par cette seule considération. Pour plus de détails sur ce sujet, nous renverrons le lecteur aux dernières pages du Tome II du *Traité des fonctions elliptiques* d'Halphen, où l'éminent géomètre fait ressortir très nettement la difficulté du problème.

168. Comme application de la théorie précédente, reprenons le problème suivant traité par Abel :

Trouver toutes les intégrales de la forme $\int \frac{\rho\,dz}{\sqrt{R}}$, *où* ρ *et* R *sont deux polynomes entiers en* z, R *étant premier avec sa dérivée, qui s'expriment par une somme d'un nombre fini de logarithmes de fonctions rationnelles de* z *et de* u.

L'intégrale $\int \frac{\rho\,dz}{\sqrt{R}}$ ne doit posséder, comme singularités, que des points critiques logarithmiques. Or cette intégrale est régulière pour toute valeur finie de z ; si R est de degré impair, le développement de $\frac{\rho}{\sqrt{R}}$ dans le domaine du point de ramification à l'infini ne contient que des puissances fractionnaires de z, et, par suite, le point à l'infini ne peut être un point critique logarithmique pour l'intégrale. Il faut donc que R soit de degré pair $2p+2$. La surface de Riemann présente alors deux points distincts à l'infini ; dans le domaine de chacun d'eux, l'intégrale doit être égale à un terme logarithmique, augmentée d'une fonction régulière, ce qui exige que ρ soit de degré p. Si ces deux conditions sont remplies, les deux résidus R_1, R_2 sont égaux et de signes contraires ; le nombre s est égal à l'unité. Par suite, *lorsqu'une intégrale de la forme* $\int \frac{\rho\,dz}{\sqrt{R}}$ *est exprimable par logarithmes, elle s'exprime au moyen d'un seul logarithme.*

Soit

$$\int \frac{\rho\,dz}{\sqrt{R}} = A \log\left(\frac{P + Q\sqrt{R}}{S}\right),$$

A désignant une constante et P, Q, S étant trois polynomes, la formule qui donne la valeur de cette intégrale. A chaque valeur de z correspondent pour le logarithme deux valeurs

$$\log \frac{P+Q\sqrt{R}}{S}, \quad \log \frac{P-Q\sqrt{R}}{S},$$

dont les dérivées $\frac{\rho}{A\sqrt{R}}$ et $-\frac{\rho}{A\sqrt{R}}$ ont une somme nulle. La somme de ces deux logarithmes et, par suite, le produit

$$\left(\frac{P+Q\sqrt{R}}{S}\right)\left(\frac{P-Q\sqrt{R}}{S}\right)$$

doit donc se réduire à une constante K

$$P^2 - RQ^2 = KS^2;$$

on peut alors écrire

$$\log \frac{P+Q\sqrt{R}}{S} = \frac{1}{2}\log\left(\frac{P+Q\sqrt{R}}{S}\right) + \frac{1}{2}\log\left(\frac{K}{\frac{P-Q\sqrt{R}}{S}}\right)$$

ou encore

$$\log \frac{P+Q\sqrt{R}}{S} = \frac{1}{2}\log K + \frac{1}{2}\log\left(\frac{P+Q\sqrt{R}}{P-Q\sqrt{R}}\right).$$

Employant les notations d'Abel, on voit que, si l'intégrale considérée est exprimable par logarithmes, elle a une expression de la forme

$$(32) \qquad \int \frac{\rho\,dz}{\sqrt{R}} = A\log\left(\frac{\alpha+\beta\sqrt{R}}{\alpha-\beta\sqrt{R}}\right),$$

α et β étant deux polynomes. On peut évidemment supposer α et β premiers entre eux; on peut aussi supposer α premier avec R. En effet, si α et R ont un plus grand commun diviseur N, on a

$$\alpha = \alpha_1 N, \qquad R = R_1 N,$$

α_1 étant premier avec R_1; nous pouvons écrire

$$\frac{\alpha+\beta\sqrt{R}}{\alpha-\beta\sqrt{R}} = \frac{\alpha_1\sqrt{N}+\beta\sqrt{R_1}}{\alpha_1\sqrt{N}-\beta\sqrt{R_1}},$$

$$\log\left(\frac{\alpha_1\sqrt{N}+\beta\sqrt{R_1}}{\alpha_1\sqrt{N}-\beta\sqrt{R_1}}\right) = \frac{1}{2}\log\left(\frac{\alpha_1^2 N+\beta^2 R_1+2\alpha_1\beta\sqrt{R}}{\alpha_1^2 N+\beta^2 R_1-2\alpha_1\beta\sqrt{R}}\right)$$
$$= \frac{1}{2}\log\left(\frac{\alpha'+\beta'\sqrt{R}}{\alpha'-\beta'\sqrt{R}}\right),$$

expression de même forme que la première, où,

$$\alpha' = \alpha_1^2 \mathrm{N} + \beta^2 \mathrm{R}_1, \qquad \beta' = \alpha_1 \beta.$$

Les deux polynomes α' et R sont premiers entre eux; en effet, R_1 est premier avec N et avec α_1, N est premier avec R_1 et avec β, car il divise α, et α et β sont supposés premiers entre eux.

Cela étant, si la fonction rationnelle $\frac{\alpha + \beta\sqrt{\mathrm{R}}}{\alpha - \beta\sqrt{\mathrm{R}}}$ satisfait à la relation (32), elle a un seul pôle et un seul zéro, tous les deux rejetés à l'infini; autrement, le logarithme aurait des points critiques logarithmiques à distance finie. Le produit

$$(\alpha + \beta\sqrt{\mathrm{R}})(\alpha - \beta\sqrt{\mathrm{R}}) = \alpha^2 - \beta^2 \mathrm{R}$$

ne peut s'annuler pour aucune valeur finie de z; en effet, une racine $z = a$ de cette équation ne peut annuler à la fois les deux facteurs $\alpha + \beta\sqrt{\mathrm{R}}$, $\alpha - \beta\sqrt{\mathrm{R}}$, car elle annulerait la somme 2 et la difference de $2\beta\sqrt{\mathrm{R}}$, et nous avons vu qu'on peut supposer α premier avec $\beta\mathrm{R}$. Il faut donc que $\alpha^2 - \beta^2\mathrm{R}$ se réduise à une constante et, comme il est permis de multiplier α et β par un même facteur constant, on peut supposer cette constante égale à l'unité; par conséquent, *les trois polynomes α, β et* R *doivent vérifier la relation*

$$\alpha^2 - \beta^2 \mathrm{R} = 1. \tag{33}$$

Inversement, si trois polynomes α, β, R donnent lieu à l'identité (33), on en déduit une solution du problème proposé. Il est clair d'abord que R est de degré pair $2p + 2$ et que α est premier avec $\beta\mathrm{R}$; on peut supposer aussi que R est premier avec sa dérivée; s'il contenait un facteur multiple tel que $(z - z_0)^{2k}$, on pourrait faire passer $(z - z_0)^k$ dans β; s'il était divisible par $(z - z_0)^{2k+1}$, on multiplierait β par $(z - z_0)^k$ et il ne resterait dans R que $(z - z_0)$. Cela posé, la fonction rationnelle de z et de $\sqrt{\mathrm{R}}$,

$$\frac{\alpha + \beta\sqrt{\mathrm{R}}}{\alpha - \beta\sqrt{\mathrm{R}}}$$

n'admet, d'après la relation (33), ni pôles ni zéros à distance finie; elle admet un seul pôle et un zéro, tous les deux rejetés à l'infini.

La dérivé logarithmique est donc égale, à un facteur numérique près, à une intégrale de troisième espèce avec deux points critiques logarithmiques à l'infini, c'est-à-dire qu'on a une relation de la forme

$$\int \frac{\rho\, dz}{\sqrt{R}} = \log\left(\frac{\alpha + \beta\sqrt{R}}{\alpha - \beta\sqrt{R}}\right),$$

ρ étant un polynome de degré p.

Pour résoudre de la façon la plus générale l'équation indéterminée (33), on peut se donner arbitrairement le polynome α. La théorie des racines égales permet alors de mettre le polynome $\alpha^2 - 1$ sous la forme $\beta^2 R$, R étant premier avec sa dérivée, par des opérations algébriques élémentaires. Par exemple, si l'on a

$$\alpha^2 - 1 = X_1 X_2^2 X_3^3 X_4^4,$$

les polynomes X_i n'ayant aucun facteur multiple, ni aucun facteur commun, on prendra $R = X_1 X_3$, $\beta = X_2 X_3 X_4^2$. La valeur de ρ se calcule ensuite sans difficulté; on trouve

$$\rho = \alpha\beta R' + 2(\alpha\beta' - \alpha'\beta)R.$$

Abel s'est proposé aussi la question suivante, qui est en quelque sorte l'inverse de la précédente :

Étant donné un polynome R, *premier avec sa dérivée, de degré pair* $2p + 2$, *reconnaître si l'on peut trouver un autre polynome* ρ *tel que l'intégrale* $\int \frac{\rho\, dz}{\sqrt{R}}$ *s'exprime par un logarithme.*

Ce problème est, d'après ce qui précède, équivalent à celui-ci :

Peut-on trouver deux polynomes α *et* β, *satisfaisant à la relation* (33)?

Si l'on connaissait *a priori* le degré de l'un de ces polynomes, on pourrait toujours, par la méthode des coefficients indéterminés, reconnaître si le problème admet ou non une solution. Mais, ici encore, on voit s'introduire un nombre entier indéterminé. Abel a rattaché la solution de ce problème à la théorie des fractions continues algébriques; il est arrivé à la proposition suivante, pour la démonstration de laquelle nous renverrons à son Mémoire : *Pour qu'il existe un polynome* ρ *répondant à la question, il faut et il suffit que le développement de* $\sqrt{R}$ *en fraction continue algébrique soit périodique.*

Lorsque le polynome $R(z)$ est du quatrième degré, ρ doit être du premier degré. Dans ce cas spécial, le problème a été étudié depuis par Tchebycheff [1] et par Zolotareff [2], lorsque les coefficients de $R(z)$ sont commensurables ou sont des nombres entiers complexes. Ces deux méthodes supposent que l'on connaît les racines de $R(z)$; elles permettent de reconnaître, *au bout d'un nombre fini d'opérations*, $R(z) = z^4 + az^3 + bz^2 + cz + d$ étant donné, s'il existe une constante A telle que l'on ait

$$\int \frac{(z + A)\, dz}{\sqrt{R(z)}} = \log\left(\frac{\alpha + \beta\sqrt{R}}{\alpha - \beta\sqrt{R}}\right).$$

Il faut, pour cela, qu'il existe une fonction rationnelle de z et de $\sqrt{R(z)}$ ayant un seul pôle et un seul zéro, tous les deux à l'infini; pour que ce problème admette une solution, il faut et il suffit, d'après le théorème cité à la fin du n° 163, que la différence des valeurs de l'intégrale de première espèce aux deux points à l'infini soit commensurable avec une période. Tout revient donc à reconnaître si cette différence est la forme

$$\frac{m\omega + m'\omega'}{n},$$

où m, m', n sont des nombres entiers, et ω, ω' les périodes de l'intégrale de première espèce.

169. On a vu (n° 158) qu'une somme d'un nombre quelconque d'intégrales de première et de deuxième espèce se ramène toujours à $2p$ intégrales distinctes et à un terme algébrique. Il n'existe point de proposition aussi simple pour les intégrales de troisième espèce; le théorème suivant offre cependant une certaine analogie avec le théorème qui vient d'être rappelé :

Étant donnée la somme d'un nombre quelconque d'intégrales de troisième espèce, multipliées par des facteurs dont les rapports sont commensurables, on peut exprimer cette

---

(1) *Journal de Liouville*, 1864.

(2) Voir *Bulletin des Sciences mathématiques*, 1879, p. 475-478.

somme au moyen du logarithme d'une fonction rationnelle de z et de u, et de p intégrales de troisième espèce, l'un des points critiques de chacune de ces intégrales de troisième espèce pouvant être choisi arbitrairement.

Soit $I = \int R(z, u)\, dz$ une intégrale n'admettant que des points critiques logarithmiques, et telle que tous les résidus de $R(z, u)$ soient commensurables entre eux. En multipliant $R(z, u)$ par un facteur constant convenable, on peut supposer, ce que nous ferons désormais, que tous ces résidus sont des nombres entiers. Soient $(a_1, b_1), \ldots, (a_q, b_q)$ les points critiques pour lesquels les résidus $m_1, m_2, \ldots, m_q$ sont des nombres entiers positifs; $(\alpha_1, \beta_1), \ldots, (\alpha_r, \beta_r)$ les points critiques pour lesquels les résidus sont des nombres entiers négatifs, $-n_1, -n_2, \ldots, -n_r$. Pour ne pas interrompre la suite des idées, admettons le théorème suivant, qui sera démontré un peu plus loin, sans rien emprunter à cette théorie : il existe une fonction rationnelle de z et de u qui admet les points (a_i, b_i) pour zéros d'ordre $m_1, \ldots, m_q$ respectivement, les points (α_i, β_i) pour pôles d'ordre $n_1, \ldots, n_r$, et qui est en outre infinie du premier ordre en p points $(c_1, d_1), \ldots, (c_p, d_p)$, que l'on peut choisir arbitrairement. Soit $\Phi(z, u)$ cette fonction rationnelle, qui admet, en outre, p zéros distinct des premiers $(c'_1, d'_1), \ldots, (c'_p, d'_p)$. La différence

$$\log \Phi(z, u) - \int R(z, u)\, dz$$

admet donc les seuls points critiques logarithmiques (c_i, d_i), (c'_i, d'_i) avec les multiplicateurs $+1$ et -1 respectivement; elle est donc égale à une somme de p intégrales de troisième espèce, telles que $\varpi_{c_i, d_i}^{c'_i, d'_i}$ $(i = 1, 2, \ldots, p)$; ce qui établit la proposition.

Pour prendre un exemple, considérons la relation de genre *un*

$$(34) \qquad u^2 = Z = A_0 z^4 + A_1 z^3 + A_2 z^2 + A_3 z + A_4,$$

l'équation $Z = 0$ n'ayant que des racines simples, et l'intégrale elliptique

$$I = \int \frac{L\, dz}{\sqrt{Z}},$$

où

$$(35) \qquad L = -n\sqrt{A_0 z} + \frac{n_1 b_1}{z - a_1} + \frac{n_2 b_2}{z - a_2} + \ldots + \frac{n_q b_q}{z - a_q} + K;$$

$n, n_1, \ldots, n_q$ sont des nombres entiers positifs ou négatifs, $a_1, \ldots, a_q$ sont distincts des racines de $Z = 0$, enfin on a $b_i^2 = A_0 a_i^4 + \ldots + A_4$. L'intégrale I n'admet que des points critiques logarithmiques (a_i, b_i), $(a_i, -b_i)$ et les deux points à l'infini, les multiplicateurs étant précisément $\pm n_i$, $\pm n$ (n°s 35 et 36). On peut toujours lui appliquer le théorème précédent. L'intégrale de troisième espèce la plus générale avec les deux points critiques (c, d), (c', d') est (n° 37)

$$\int \frac{1}{2u}\left(\frac{u + d'}{z - c'} - \frac{u + d}{z - c} + k\right) dz.$$

Si l'on choisit convenablement la constante k et les deux points (c, d), (c', d'), on aura

$$\int \frac{L}{u}\, dz + \int \frac{1}{2u}\left(\frac{u + d'}{z - c'} - \frac{u + d}{z - c} + k\right) dz = \log \Phi(z, u)$$

ou

$$\int \frac{2L + T}{u}\, dz = 2\log \Phi(z, u) + \log(z - c) - \log(z - c')$$
$$= \log\left[\frac{\Phi^2(z, u)(z - c)}{z - c'}\right],$$

en posant

$$(36) \qquad T = \frac{d'}{z - c'} - \frac{d}{z - c} + k.$$

On peut donc énoncer le théorème suivant :

Étant donnée une fonction rationnelle L *de la forme* (35), *on peut toujours trouver une fonction* T *de la forme* (36), *telle que* $\frac{2L + T}{u}$ *soit la dérivée logarithmique d'une fonction rationnelle de* z *et de* u (¹).

On verra, dans l'Ouvrage d'Halphen, comment on peut calculer T, ainsi que la fonction rationnelle dont le logarithme a pour dé-

(¹) HALPHEN, *Traité des fonctions elliptiques*, t. II, p. 638.

rivée $\frac{2L+T}{u}$ lorsque L est donnée. Un des points (c, d), (c', d') peut être pris arbitrairement; si l'on a pris pour (c', d') un point de ramification, $d' = 0$, et l'expression de T se simplifie

$$T = \frac{-d}{z-c} + k.$$

170. Lorsque l'intégrale abélienne $\int R(z, u)\,dz$ est égale à une fonction rationnelle de z et de u, $\Phi(z, u)$, ou au logarithme d'une fonction rationnelle $A \log \Phi(z, u)$, le changement de variable $\Phi(z, u) = t$ ramène l'intégrale proposée à la forme $\int dt$, ou $\int \frac{A\,dt}{t}$. On peut se poser une question plus générale :

Étant donnée une intégrale abélienne $\int R(z, u)\,dz$, relative à une courbe de genre p, dans quels cas existe-t-il une substitution algébrique qui change cette intégrale en une nouvelle intégrale abélienne relative à une courbe de genre p', inférieur à p?

La solution de ce problème général paraît difficile. Nous montrerons seulement, par un exemple simple, comment la question est liée à la réduction du nombre des périodes. Considérons une courbe de genre p, supérieur à un, et une intégrale de première espèce

$$w = \int \varphi(z, u)\,dz$$

attachée à cette courbe : *si les $2p$ périodes de cette intégrale se ramènent à deux périodes distinctes, on peut ramener cette intégrale à une intégrale elliptique par une substitution rationnelle.* Soient ω_1 et ω_2 les deux périodes auxquelles se ramènent toutes les périodes de w; la période relative à la coupure a_i est égale à $m_i\omega_1 + n_i\omega_2$, et la période relative à b_i est $p_i\omega_1 + q_i\omega_2$, m_i, n_i, p_i, q_i étant des nombres entiers. Séparons les parties réelles et les coefficients de $\sqrt{-1}$; soit

$$\omega_1 = \alpha + \beta\sqrt{-1},$$
$$\omega_2 = \gamma + \delta\sqrt{-1}.$$

D'après la formule de Riemann, la somme

$$\sum_{i=1}^{p}[(m_i\alpha+n_i\gamma)(p_i\beta+q_i\delta)-(m_i\beta+n_i\delta)(p_i\alpha+q_i\gamma)]$$
$$=(\alpha\delta-\beta\gamma)\sum_{i=1}^{p}(m_iq_i-n_ip_i)$$

est essentiellement positive. On ne peut donc avoir $\alpha\delta-\beta\gamma=0$, c'est-à-dire que le rapport $\frac{\omega_1}{\omega_2}$ est nécessairement imaginaire; le même raisonnement prouve d'ailleurs que les $2p$ périodes de w ne peuvent se réduire à une seule. Soit $\lambda(w)$ une fonction doublement périodique de w, avec les deux périodes ω_1, ω_2, admettant deux pôles simples dans un parallélogramme élémentaire ([1]); cette fonction satisfait à une équation différentielle de la forme

$$\left(\frac{d\lambda}{dw}\right)^2=A\lambda^4+B\lambda^3+C\lambda^2+D\lambda+E, \tag{37}$$

A, B, C, D, E étant des constantes. Imaginons que, dans $\lambda(w)$, on remplace w par l'intégrale $\int\varphi(z,u)\,dz$; $\lambda(w)$ devient une fonction uniforme du point analytique (z, u), puisque toutes les valeurs de w en un même point de la surface de Riemann s'obtiennent en ajoutant à l'une d'elles des multiples entiers de ω_1 et de ω_2. Soit $\lambda(w)=\Phi(z,u)$; appelons ξ et η les deux pôles de $\lambda(w)$ dans un parallélogramme élémentaire. La fonction $\Phi(z, u)$ ne peut cesser d'être régulière que pour les points de la surface de Riemann où l'intégrale w prend une valeur de la forme $\xi+m\omega_1+n\omega_2$ ou $\eta+m'\omega_1+n'\omega_2$, et l'on reconnaît aisément que ces points sont des pôles pour $\Phi(z, u)$; c'est donc une fonction rationnelle de z et de u. Cela posé, de la relation

$$\lambda(w)=\Phi(z,u),$$

on déduit, en différentiant par rapport à z,

$$\lambda'(w)\frac{dw}{dz}=\frac{d\Phi}{dz};$$

en remplaçant $\lambda'(w)$ par sa valeur tirée de la relation (37), et

---

([1]) Nous supposons connus les éléments de la théorie des fonctions doublement périodiques.

$\frac{dw}{dz}$ par $\varphi(z, u)$, il vient

$$\varphi(z, u) = \frac{\frac{d\Phi}{dz}}{\sqrt{A\Phi^4 + B\Phi^3 + C\Phi^2 + D\Phi + E}}$$

ou

$$(38) \qquad \int \varphi(z, u)\,dz = \int \frac{d\Phi}{\sqrt{A\Phi^4 + \ldots + E}}.$$

On voit donc qu'en prenant pour nouvelle variable la fonction rationnelle $\Phi(z, u)$, l'intégrale proposée se change en une intégrale elliptique de première espèce, comme nous l'avions annoncé

171. Considérons maintenant en particulier le cas où $p = 2$, et supposons qu'une courbe de genre deux possède une intégrale de première espèce w_1, ayant seulement deux périodes distinctes ω_1, ω_2; soient

$$m_1\omega_1 + n_1\omega_2, \qquad m_2\omega_1 + n_2\omega_2, \qquad p_1\omega_1 + q_1\omega_2, \qquad p_2\omega_1 + q_2\omega_2,$$

les périodes de w_1 relatives aux coupures a_1, a_2, b_1, b_2. Soit w_2 une seconde intégrale de première espèce, distincte de la première, et A_1, A_2, B_1, B_2 ses périodes relatives aux mêmes coupures. D'après la relation générale qui lie les périodes de deux intégrales de première espèce (n° 67), on a

$$\begin{aligned}(m_1\omega_1 + n_1\omega_2)B_1 - A_1(p_1\omega_1 + q_1\omega_2)\\ + (m_2\omega_1 + n_2\omega_2)B_2 - A_2(p_2\omega_1 + q_2\omega_2) = 0\end{aligned}$$

ou

$$(39) \qquad \begin{aligned}\omega_1(m_1B_1 - p_1A_1 + m_2B_2 - p_2A_2)\\ + \omega_2(n_1B_1 - q_1A_1 + n_2B_2 - q_2A_2) = 0.\end{aligned}$$

On peut supposer que les périodes A_1, A_2, B_1, B_2 vérifient la relation

$$(40) \qquad m_1B_1 - p_1A_1 + m_2B_2 - p_2A_2 = 0;$$

en effet, si l'on remplace w_2 par l'intégrale $w_2 + Kw_1$, où K est une constante, les périodes de cette nouvelle intégrale sont :

$$\begin{aligned}A'_1 &= A_1 + K(m_1\omega_1 + n_1\omega_2),\\ A'_2 &= A_2 + K(m_2\omega_1 + n_2\omega_2),\\ B'_1 &= B_1 + K(p_1\omega_1 + q_1\omega_2),\\ B'_2 &= B_2 + K(p_2\omega_1 + q_2\omega_2),\end{aligned}$$

et l'on a

$$\begin{aligned} & m_1 B'_1 - p_1 A'_1 + m_2 B'_2 - p_2 A'_2 \\ & = m_1 B_1 - p_1 A_1 + m_2 B_2 - p_2 A_2 + K\omega_2(m_1 q_1 + n_1 p_1 + m_2 q_2 - n_2 p_2). \end{aligned}$$

Le coefficient de K dans le second membre n'est pas nul, d'après la relation de Riemann rappelée plus haut; on peut donc choisir la constante K de façon que la relation (40) soit vérifiée pour la seconde intégrale. La formule (39) donne alors

$$(41) \qquad n_1 B_1 - q_1 A_1 + n_2 B_2 - q_2 A_2 = 0.$$

Les deux nombres $m_1 q_1 - n_1 p_1$ et $m_2 q_2 - n_2 p_2$ ne peuvent être nuls en même temps; supposons, par exemple, que $m_1 q_1 - n_1 p_1$ ne soit pas nul. On tire alors des équations (40) et (41)

$$B_1 = \frac{(p_2 q_1 - p_1 q_2) A_2 + (p_1 n_2 - q_1 m_2) B_2}{m_1 q_1 - n_1 p_1},$$

$$A_2 = \frac{(p_2 n_1 - q_2 m_1) A_2 + (m_1 n_2 - n_1 m_2) B_2}{m_1 q_1 - n_1 p_1}.$$

On voit que toutes les périodes de la seconde intégrale se ramènent à deux périodes distinctes,

$$\omega'_1 = \frac{A_2}{m_1 q_1 - n_1 p_1}, \qquad \omega'_2 = \frac{B_2}{m_1 q_1 - n_1 p_1},$$

et l'on peut énoncer le théorème suivant, dû à M. Picard [1] :

Si une courbe de genre deux possède une intégrale de première espèce, ayant seulement deux périodes, elle en possède nécessairement une seconde jouissant de la même propriété.

Voici deux exemples où l'on connaît les deux intégrales de première espèce qui se ramènent à des intégrales elliptiques. Les deux intégrales de première espèce

$$\int \frac{dz}{\sqrt{z^6 + az^4 + bz^2 + c}}, \quad \int \frac{z\,dz}{\sqrt{z^6 + az^4 + bz^2 + c}},$$

relatives à la courbe de genre deux, $u^2 = z^6 + az^4 + bz^2 + c$, se

(1) *Sur la réduction du nombre des périodes dans les intégrales abéliennes, et, en particulier, dans le cas des courbes du second genre* (*Bulletin de la Société mathématique*, t. XI, p. 25).

ramènent à des intégrales elliptiques par le même changement de variable $z^2 = t$.

Les deux intégrales de première espèce

$$\int \frac{dz}{\sqrt{(z^3+az+b)(z^3+pz^2+q)}}, \quad \int \frac{z\,dz}{\sqrt{(z^3+az+b)(z^3+pz^2+q)}},$$

où l'on a

$$q = 4b + \frac{4}{3}ap,$$

se ramènent de même à des intégrales elliptiques, en posant respectivement

$$t = \frac{z^3+az+b}{3z-p}, \qquad \frac{z^3+pz^2+q}{az^3-3bz^2} = t.$$

On remarquera, sur ces exemples, que le degré de la substitution à faire est le même pour les deux intégrales. C'est là une propriété générale, dont on trouvera la démonstration dans le Mémoire de M. Picard (1).

(1) Le lecteur, désireux d'approfondir ce sujet, pourra étudier aussi les travaux suivants :

Kœnigsberger, *Journal de Borchardt*, t. LXIV; Kowaleski (Sophie), *Acta mathematica*, t. IV, p. 394; Poincaré, *Sur la reduction des intégrales abéliennes* (*Bulletin de la Société mathématique*, t. XII, p. 174); Picard, *Remarque sur la réduction* (*ibid.*, p. 153) : Goursat, *Sur la réduction des intégrales hyperelliptiques* (*Bulletin*, t. XIII, p. 147).

CHAPITRE VIII.

FONCTIONS UNIFORMES SUR UNE SURFACE DE RIEMANN (¹).

Expression d'une fonction rationnelle au moyen d'intégrales normales de seconde espèce. — Théorème de Riemann-Roch. — Fonctions spéciales. — Fonctions d'ordre minimum. — Courbes hyperelliptiques. — Relations entre les pôles et les zéros. — Expression générale d'une fonction uniforme avec un nombre fini de points singuliers.

172. On a déjà fait remarquer, à plusieurs reprises (nos 45, 159), qu'une fonction rationnelle $R(z, u)$, où z et u sont liés par la relation algébrique $F(z, u) = 0$, est égale à une somme d'intégrales abéliennes de première et de seconde espèce, relatives à cette courbe algébrique. Ce mode de décomposition étant d'une importance capitale, il est nécessaire de l'étudier d'une façon plus approfondie. Pour simplifier les notations, nous supposerons que les pôles $(\alpha_1, \beta_1), \ldots, (\alpha_k, \beta_k)$ sont des points de la surface de Riemann à distance finie et distincts des points de ramification.

Soit

$$\frac{A_1^{(i)}}{z-\alpha_i} + \frac{A_2^{(i)}}{(z-\alpha_i)^2} + \ldots + 1.2\ldots(\nu_i - 1)\frac{A_{\nu_i}^{(i)}}{(z-\alpha_i)^{\nu_i}} \qquad (i = 1, 2, \ldots, k)$$

la partie principale de la fonction considérée $R(z, u)$ dans le do-

---

(¹) Auteurs à consulter : RIEMANN, *Abel'sche Functionen*, § 8; ROCH, *Journal de Crelle*, t. 64; BRILL et NÖTHER, *Mathematische Annalen*, t. VII; KLEIN, *Theorie der elliptischen Modulfunctionen*, t. I, p. 540 et suiv.

Pour l'étude de ces questions par des méthodes purement algébriques, *voir* aussi l'exposition de la théorie des fonctions algébriques à la fin du troisième volume du *Lehrbuch der Algebra* de H. Weber, ainsi que le livre de MM. Hensel et Landsberg, *Theorie der algebraischen Funktionen* (Leipzig, 1902).

maine du pôle (α_i, β_i). La différence

$$R(z, u) - \sum_{i=1}^{k} [A_1^{(i)} Z(z, u; \alpha_i, \beta_i) + \ldots + A_{\nu_i}^{(i)} Z^{(\nu_i - 1)}(z, u; \alpha_i, \beta_i)]$$

est une intégrale abélienne régulière en tous les points de la surface de Riemann, et dont les périodes relatives aux coupures a_h sont toutes nulles; elle se réduit donc à une constante (n° **122**) et l'on a

$$(1)\quad R(z, u) = C + \sum_{i=1}^{k} [A_1^{(i)} Z(z, u; \alpha_i, \beta_i) + \ldots + A_{\nu_i}^{(i)} Z^{(\nu_i - 1)}(z, u; \alpha_i, \beta_i)].$$

Telle est la formule fondamentale de décomposition que nous voulions obtenir; elle met en évidence les pôles et les parties principales de $R(z, u)$. Il est à remarquer que la fonction qui joue le rôle d'élément simple $Z(z, u; \xi, \eta)$ n'est pas uniforme sur la surface de Riemann

La formule (1) montre immédiatement que les coefficients $A_1^{(i)}, A_2^{(i)}, \ldots$ ne peuvent pas être pris arbitrairement. Il faut, en effet, que les périodes du second membre de cette formule relatives aux coupures b_h soient toutes nulles. Or, la période relative à la coupure b_h est (n° **150**)

$$-\sum_{i=1}^{k} [A_1^{(i)} \varphi_h(\alpha_i, \beta_i) + A_2^{(i)} \varphi_h^{(1)}(\alpha_i, \beta_i) + \ldots + A_{\nu_i}^{(i)} \varphi_h^{(\nu_i - 1)}(\alpha_i, \beta_i)];$$

les coefficients $A_1^{(i)}, A_2^{(i)}, \ldots$ doivent donc vérifier les p relations

$$(2)\quad \sum_{i=1}^{i=k} [A_1^{(i)} \varphi_h(\alpha_i, \beta_i) + \ldots + A_{\nu_i}^{(i)} \varphi_h^{(\nu_i - 1)}(\alpha_i, \beta_i)] = 0 \qquad (h = 1, 2, \ldots, p).$$

Ces relations sont d'ailleurs suffisantes pour qu'il existe une fonction rationnelle $R(z, u)$ admettant les k pôles $(\alpha_1, \beta_1), \ldots, (\alpha_k, \beta_k)$, avec les parties principales données. En effet, le second membre de la formule (1) représente alors une intégrale abélienne dont toutes les périodes sont nulles, c'est-à-dire une fonction rationnelle de z et de u.

Remarque. — La somme

$$A_1^{(i)} \varphi_h(\alpha_i, \beta_i) + A_2^{(i)} \varphi_h^{(1)}(\alpha_i, \beta_i) + \ldots + A_{\nu_i}^{(i)} \varphi_h^{(\nu_i - 1)}(\alpha_i, \beta_i)$$

représente le résidu du produit $R(z, u)\varphi_h(z, u)$ relatif au pôle (α_i, β_i). Les p relations (2) expriment donc que les sommes des résidus des p fonctions rationnelles

$$R(z, u)\varphi_1(z, u), \quad \ldots, \quad R(z, u)\varphi_p(z, u)$$

sont nulles, car tous ces résidus proviennent des pôles de $R(z, u)$. En résumé, *les p relations linéaires que doivent vérifier les coefficients des parties principales de* $R(z, u)$ *s'obtiennent en écrivant que la somme des résidus de toute fonction rationnelle* $R(z, u)\varphi(z, u)$, *où* $\int \varphi(z, u)dz$ *est une intégrale quelconque de première espèce, est égale à zéro.*

C'est là, au fond, une façon condensée d'écrire les p relations qui existent entre ces coefficients, qui s'applique aussi, il est aisé de s'en assurer, quelle que soit la position des pôles. Il est clair, d'ailleurs, que ces relations peuvent toujours être écrites explicitement quand on a obtenu l'expression générale des intégrales de première espèce (*cf.* n° 29).

173. Nous sommes maintenant conduits à traiter le problème suivant : *Former l'expression générale d'une fonction rationnelle de z et de u, admettant k pôles donnés* $(\alpha_1, \beta_1), \ldots, (\alpha_k, \beta_k)$ *avec des degrés de multiplicité déterminés*, $\nu_1, \nu_2, \ldots, \nu_k$.

Les coefficients arbitraires $A_1^{(i)}, A_2^{(i)}, \ldots$, dont dépend la fonction cherchée $R(z, u)$, sont au nombre de

$$M = \nu_1 + \nu_2 + \ldots + \nu_k.$$

Ces coefficients doivent vérifier p relations linéaires et homogènes. Si nous supposons ces relations distinctes, le problème n'est possible que si $M \geqq p+1$, et la fonction cherchée dépend alors de $M - p$ constantes arbitraires, abstraction faite d'une constante additive. Mais il peut arriver que, pour certaines positions particulières des pôles, les p relations linéaires se réduisent à moins de p relations distinctes. Ce point demande un examen particulier et nous allons nous y arrêter.

Supposons d'abord qu'on veuille former une fonction ayant un seul pôle arbitraire (α, β) d'ordre ν. Le problème n'est possible que si ν est $\geqq p+1$. Le point (α, β) étant, par hypothèse, un point arbitraire de la surface, on peut supposer à distance finie et distinct des points de ramification. Soit

$$\frac{A_1}{z-\alpha} + \frac{A_2}{(z-\alpha)^2} + \ldots + \frac{1.2\ldots(\nu-1)A_\nu}{(z-\alpha)^\nu}$$

la partie principale dans le domaine de ce pôle; les ν coefficients $A_1, A_2, \ldots, A_\nu$ doivent vérifier les p relations

$$A_1\,\varphi_i(\alpha, \beta) + A_2\,\varphi_i'(\alpha, \beta) + \ldots + A_\nu\,\varphi_i^{(\nu-1)}(\alpha, \beta) = 0 \qquad (i = 1, 2, \ldots, p).$$

Si ν est inférieur à $p+1$, les équations précédentes n'admettent pas d'autre solution que $A_1 = A_2 = \ldots = A_\nu = 0$, à moins que *tous* les déterminants d'ordre ν contenus dans le tableau

$$\left|\begin{matrix} \varphi_1(\alpha, \beta) & \varphi_1'(\alpha, \beta) & \ldots & \varphi_1^{(\nu-1)}(\alpha, \beta) \\ \ldots\ldots & \ldots\ldots & \ldots & \ldots\ldots \\ \varphi_p(\alpha, \beta) & \varphi_p'(\alpha, \beta) & \ldots & \varphi_p^{(\nu-1)}(\alpha, \beta) \end{matrix}\right|$$

ne soient nuls en même temps. On démontre, comme au n° 158, que ces déterminants ne peuvent être nuls pour un point arbitraire (α, β) de la surface de Riemann. Par conséquent, si une fonction rationnelle de z et de u admet un seul pôle sur la surface (ce pôle pouvant être choisi arbitrairement), l'ordre ν du pôle ne peut être inférieur à $p+1$. C'est de cette façon que Weierstrass définit le genre d'une relation algébrique (*cf.* n° 29).

Supposons, en second lieu, que l'on veuille obtenir l'expression générale d'une fonction rationnelle de z et de u, admettant ν pôles du premier ordre $(\alpha_1, \beta_1), \ldots, (\alpha_\nu, \beta_\nu)$. Afin d'éviter les difficultés accessoires, nous supposerons qu'on a effectué, s'il est nécessaire, une transformation birationnelle, de façon que les conditions suivantes soient remplies : 1° la courbe considérée C, représentée par l'équation

$$F(z, u) = 0, \tag{3}$$

supposée de degré m, a m points distincts à l'infini, et aucune asymptote n'est parallèle à l'axe des u; 2° les ν points $(\alpha_1, \beta_1), \ldots, (\alpha_\nu, \beta_\nu)$ sont des points simples de cette courbe et, en aucun d'eux, la tangente n'est parallèle à l'axe des u. Toute fonction rationnelle $R(z, u)$ infinie du premier ordre en ces ν points seulement, est représentée par une somme d'intégrales normales de seconde espèce,

$$R(z, u) = C + A_1 Z(z, u; \alpha_1, \beta_1) + \ldots + A_\nu Z(z, u; \alpha_\nu, \beta_\nu).$$

Soient, d'autre part, $Q_1(z, u)$, $Q_2(z, u)$, ..., $Q_p(z, u)$ les p polynomes adjoints distincts de degré $m-3$, de façon que l'équation générale des courbes adjointes de degré $m-3$ soit

$$\lambda_1 Q_1(z, u) + \lambda_2 Q_2(z, u) + \ldots + \lambda_p Q_p(z, u) = 0.$$

On a les p intégrales distinctes de première espèce,

$$w_1 = \int \frac{Q_1(z, u)}{F'_u(z, u)} dz, \qquad \ldots, \qquad w_p = \int \frac{Q_p(z, u)}{F'_u} dz.$$

et les p relations (2), que doivent vérifier les ν coefficients A_1, A_2, ..., A_ν, peuvent s'écrire

$$A_1 \frac{Q_i(\alpha_1, \beta_1)}{F'_u(\alpha_1, \beta_1)} + A_2 \frac{Q_i(\alpha_2, \beta_2)}{F'_u(\alpha_2, \beta_2)} + \ldots + A_\nu \frac{Q_i(\alpha_\nu, \beta_\nu)}{F'_u(\alpha_\nu, \beta_\nu)} = 0$$
$$(i = 1, 2, \ldots, p);$$

si l'on pose

$$A_1 = B_1 F'_u(\alpha_1, \beta_1), \qquad \ldots, \qquad A_\nu = B_\nu F'_u(\alpha_\nu, \beta_\nu),$$

ces p relations deviennent

$$(4) \quad \begin{cases} B_1 Q_1(\alpha_1, \beta_1) + B_2 Q_1(\alpha_2, \beta_2) + \ldots + B_\nu Q_1(\alpha_\nu, \beta_\nu) = 0, \\ \ldots\ldots\ldots\ldots\ldots\ldots\ldots\ldots\ldots\ldots\ldots\ldots\ldots\ldots, \\ B_1 Q_p(\alpha_1, \beta_1) + B_2 Q_p(\alpha_2, \beta_2) + \ldots + B_\nu Q_p(\alpha_\nu, \beta_\nu) = 0. \end{cases}$$

En général, si les ν pôles (α_1, β_1) ..., (α_ν, β_ν) sont pris arbitrairement sur la courbe, les p équations (4) sont distinctes, ce que l'on voit en reprenant les raisonnements du n° 154. Pour qu'elles admettent un système de solutions autre que $B_1 = B_2 = \ldots = B_\nu = 0$; il faut donc, en restant dans ce cas général, que ν soit au moins égal à $p+1$, et, s'il en est ainsi, $\nu - p$ des coefficients B_i peuvent être pris arbitrairement. Il n'existe donc pas de fonction rationnelle admettant moins de $p+1$ pôles simples donnés arbitrairement.

Approfondissons davantage la question. Il peut se faire que les équations (4) se réduisent à $p - \sigma$ équations distinctes, par exemple que les σ dernières équations soient des conséquences des $p-\sigma$ premières. Si cette circonstance se présente, tous les déterminants d'ordre $p-\sigma+1$ que l'on peut déduire du tableau retangulaire

$$\text{(E)} \qquad \begin{vmatrix} Q_1(\alpha_1, \beta_1) & Q_1(\alpha_2, \beta_2) & \dots & Q_1(\alpha_\nu, \beta_\nu) \\ \dots & \dots & \dots & \dots \\ Q_p(\alpha_1, \beta_1) & Q_p(\alpha_2, \beta_2) & \dots & Q_p(\alpha_\nu, \beta_\nu) \end{vmatrix},$$

par la suppression d'un certain nombre de lignes et de colonnes sont nuls, mais l'un au moins des déterminants d'ordre $p-\sigma$ est différent de zéro. Or ce tableau (E) se présente dans une autre question. Supposons que l'on veuille obtenir l'équation générale des courbes adjointes d'ordre $m-3$ qui passent par les ν points donnés; on a à déterminer les p coefficients $\lambda_1, \lambda_2, \dots, \lambda_p$ au moyen des ν équations de condition

$$(5) \qquad \lambda_1 Q_1(\alpha_i, \beta_i) + \dots + \lambda_p Q_p(\alpha_i, \beta_i) = 0 \qquad (i = 1, 2, \dots, \nu).$$

D'après la théorie des équations linéaires, si le premier déterminant du tableau (E) qui n'est pas nul est d'ordre $p-\sigma$, σ des coefficients λ_i restent arbitraires, ce qu'on exprime encore en disant que par les ν points $(\alpha_1, \beta_1), \dots, (\alpha_\nu, \beta_\nu)$ il passe σ courbes, adjointes de degré $m-3$ linéairement indépendantes. En résumé *les p équations* (4) *se réduisent à $p-\sigma$ équations distinctes, σ désignant le nombre des courbes adjointes linéairement distinctes d'ordre $m-3$, qui passent par les ν points considérés.*

Si ν n'est pas supérieur à $p-\sigma$, il n'existe pas d'autre solution que $B_1 = B_2 = \dots = B_\nu = 0$; mais, si ν est plus grand que $p-\sigma$, $\nu-p+\sigma$ des coefficients $A_1, A_2, \dots, A_\nu$ restent arbitraires et, en comprenant une constante additive, la fonction rationnelle cherchée dépend de $\nu-p+\sigma+1$ constantes arbitraires. Nous pouvons donc énoncer le théorème général suivant, qui est connu sous le nom de *théorème de Riemann-Roch* [1] :

Étant donné ν points sur une courbe algébrique, la fonction rationnelle de z et de u la plus générale qui devient infinie du premier ordre en quelques-uns de ces points, et qui

---

[1] Riemann n'avait considéré que le cas général où $\sigma = 0$; c'est Roch (*Journal de Crelle*, t. 64) qui a étudié le cas où σ a une valeur quelconque.

reste régulière en tout autre point de la surface, dépend de $\nu - p + \sigma + 1$ *constantes arbitraires*, le nombre σ ayant la même signification que plus haut.

Cet énoncé donne lieu à quelques remarques:

I. La fonction rationnelle cherchée n'existe que si le nombre $\nu - p + \sigma + 1$ est au moins égal à 2; cette fonction n'est pas nécessairement infinie du premier ordre en chacun des ν points $(\alpha_1, \beta_1), \ldots, (\alpha_\nu, \beta_\nu)$. car il peut se faire que quelques-uns des coefficients $A_1, A_2, \ldots, A_\nu$ soient nuls, mais il en reste toujours $\nu - p + \sigma$ d'arbitraires.

II. Le cas où quelques-uns des pôles sont d'ordre supérieur au premier est à considérer comme cas limite du précédent. Si, par exemple, r des points $(\alpha_1, \beta_1), \ldots, (\alpha_\nu, \beta_\nu)$ sont venus se confondre en un point (α, β), la fonction $R(z, u)$ aura un pôle d'ordre r au plus en ce point; au lieu de considérer les courbes adjointes qui passent par r points distincts, il faudra considérer les courbes adjointes ayant un contact d'ordre $r - 1$ avec la courbe proposée au point (α, β).

174. Une courbe adjointe de degré $m - 3$ ne rencontre la courbe proposée qu'en $2p - 2$ points, en dehors des points multiples. Par conséquent, si ν est supérieur à $2p - 2$, le nombre σ est égal à zéro et la fonction $R(z, u)$ contient toujours $\nu - p + 1$ constantes arbitraires, quelle que soit la position des pôles sur la surface de Riemann. Si ν est inférieur ou égal à $2p - 2$, d'autres circonstances peuvent se présenter : 1° supposons d'abord

$$p - 1 < \nu \leqq 2p - 2;$$

il ne passe pas, en général, de courbe adjointe de degré $m - 3$ par ces ν points, s'ils sont pris arbitrairement sur la courbe (n° **140**). Mais, s'il en passe une ou plusieurs, nous dirons que ces points forment un *groupe spécial*. Il existe toujours de pareils groupes; il suffit, en effet, de considérer une courbe adjointe quelconque de degré $m - 3$ et de prendre $p - 1 + h$ de ses points d'intersection avec la courbe donnée; 2° soit $\nu \leqq p - 1$; par ces ν points passe, en général, un faisceau d'ordre $p - \nu - 1$ de courbes adjointes de degré $m-3$. Mais, pour certaines positions de ces ν points, il peut se faire que l'ordre du faisceau soit plus élevé, $p-\nu-1+h$ par exemple. On dira encore que les ν points forment un groupe spécial. En résumé, un groupe spécial est caractérisé par ce fait que la multiplicité des courbes adjointes d'ordre $m-3$ qui passent par les points de ce groupe, est d'ordre plus élevé qu'on ne devrait s'y attendre d'après le nombre des points de ce groupe. Il est clair, d'après cela, que ν points pris au hasard sur une courbe algébrique ($\nu \leqq 2p-2$) ne forment pas un groupe spécial.

Étant donné un groupe spécial, il existe toujours une fonction rationnelle, qui n'admet que des pôles du premier ordre, appartenant tous à ce groupe. Il suffit évidemment de supposer $\nu < p+1$. Si $\nu = p$, $p > 1$, on a un groupe de p points sur une même courbe adjointe de degré $m-3$; le nombre σ est au moins égal à un et $\nu - p + \sigma + 1$ est au moins égal à deux. Donc la fonction rationnelle existe. De même, si l'on a un groupe spécial de moins de p points, le nombre σ est égal à $p-\nu+h$, h étant un nombre entier positif, et le nombre $\nu-p+\sigma+1$ est égal à $h+1$, qui est au moins égal à deux. Les fonctions rationnelles ainsi obtenues s'appellent des *fonctions spéciales*.

Inversement, si une fonction rationnelle admet moins de $p+1$ pôles, tous du premier ordre, ces pôles forment un groupe spécial. En effet, si cette fonction admet p pôles simples, le nombre σ doit au moins être égal à l'unité, et, par suite, ces p points doivent être situés sur une même courbe adjointe de degré $m-3$. Si la fonction admettait ν pôles simples ($\nu < p$) ne formant pas un groupe spécial, on aurait $\sigma = p-\nu$, et la fonction rationnelle dépendrait de $\nu - p + (p-\nu) + 1 = 1$ paramètre arbitraire; or, nous avons remarqué que cette fonction n'existe que si le nombre des paramètres dont elle dépend est au moins égal à deux.

175. On doit à MM. Brill et Nöther une *loi de réciprocité* remarquable, relative au cas où σ n'est pas nul. Prenons les $2p-2$ points d'intersection de la courbe donnée avec une courbe adjointe d'ordre $m-3$, et partageons ces points en deux groupes G_ν, $\Gamma_{\nu'}$, composés respectivement de ν et de ν' points ($\nu+\nu' = 2p-2$). Soit σ le nombre des courbes adjointes linéairement indépendantes d'ordre $m-3$ qui passent par les points du groupe G_ν, et σ' le nombre analogue relatif à $\Gamma_{\nu'}$. Soit encore $f(z, u) = 0$ l'équation de la courbe adjointe d'ordre $m-3$ qui passe par G_ν et $\Gamma_{\nu'}$, et $\varphi(z, u) = 0$ l'équation générale des courbes adjointes d'ordre $m-3$ qui passent par G_ν; $\varphi(z, u)$ est une fonction linéaire et homogène de σ constantes arbitraires. La fonction rationnelle $\dfrac{\varphi(z, u)}{f(z, u)}$ est infinie du premier ordre aux ν' points de $\Gamma_{\nu'}$ seulement (ou en quelques-uns de ces points) et dépend de σ paramètres arbitraires. On a donc, d'après le théorème général de Riemann-Roch,

$$\nu' - p + \sigma' + 1 \geqq \sigma,$$

égalité qui subsiste alors même que σ serait égal à un; en intervertissant les deux groupes de points dans le raisonnement, on voit de même que l'on a

$$\nu - p + \sigma + 1 \geqq \sigma'$$

En ajoutant ces deux inégalités membre à membre, il vient

$$\nu + \nu' - 2p + 2 \geqq 0;$$

or $\nu + \nu' = 2p - 2$, et, par conséquent, le signe $>$ doit être exclu des relations précédentes. Il reste donc les deux égalités

$$\nu' - p + \sigma' + 1 = \sigma,$$
$$\nu - p + \sigma + 1 = \sigma',$$

qui se réduisent d'ailleurs à une seule

$$\nu' - \nu = 2(\sigma - \sigma');$$

c'est la loi de réciprocité de Brill et Nöther.

176. On peut se proposer de former explicitement l'expression de la fonction rationnelle la plus générale ne devenant infinie du premier ordre qu'en ν points donnés $(\alpha_1, \beta_1), \ldots, (\alpha_\nu, \beta_\nu)$ ou en quelques-uns de ces points. Lorsque ces ν points forment un groupe spécial G_ν, la solution est contenue implicitement dans le paragraphe précédent. Ces ν points sont situés sur une courbe adjointe C_{m-3}, qui rencontre encore la courbe donnée en ν' points formant un groupe $\Gamma_{\nu'}$. L'équation générale des courbes adjointes d'ordre $m-3$ passant par les ν' points de $\Gamma_{\nu'}$, dépend, nous venons de le voir, de $\nu - p + \sigma + 1$ paramètres arbitraires. Soit $\varphi(z, u) = 0$ cette équation générale et $f(z, u) = 0$ l'équation de la courbe particulière C_{m-3} qui passe par les points de G_ν et de $\Gamma_{\nu'}$. La fonction rationnelle $\dfrac{\varphi(z, u)}{f(z, u)}$ dépend de $\nu - p + \sigma + 1$ constantes et ne devient infinie du premier ordre qu'aux points donnés; c'est l'expression générale demandée.

On voit, d'après cela, que toute fonction spéciale $R(z, u)$ se présente sous forme du quotient de deux polynomes adjoints d'ordre $m - 3$. Voici une autre démonstration très simple de ce résultat, qui est due à M. Klein. Étant donnés ν points formant un groupe spécial, soit $Q = 0$ l'équation d'une courbe adjointe d'ordre $m - 3$ passant par ces ν points et $R(z, u)$ une fonction spéciale ne devenant infinie du premier ordre qu'aux ν points considérés. L'intégrale $\displaystyle\int \frac{QR}{F'_u} dz$ reste finie aux ν points de ce groupe, puisque la courbe $Q = 0$ passe par ces points; elle est finie également pour les points à l'infini, car la fraction $R(z, u)$ reste finie en ces points, et le polynome Q est du degré $m - 3$. Cette intégrale est donc une intégrale de première espèce, et, par suite, le produit QR est égal à un autre polynome adjoint Q_1 d'ordre $m - 3$.

Supposons, en second lieu, que les ν pôles donnés ne forment pas un groupe spécial; le nombre ν est plus grand que p, et les ν points ne sont pas situés sur une courbe adjointe d'ordre $m - 3$. Nous supposerons, pour plus de netteté, que la courbe considérée n'a que des points doubles ordinaires. Choisissons pour μ un nombre entier satisfaisant aux inégalités

$$\mu > m, \qquad \mu m > 2d + \nu,$$

et formons l'équation d'une courbe de degré μ passant par les d points doubles de C et par les ν points donnés $(\alpha_1, \beta_1), \ldots, (\alpha_\nu, \beta_\nu)$. Cette courbe C'_μ rencontre la courbe donnée en

$$k = \mu m - 2d - \nu$$

autres points (α'_i, β'_i). L'équation générale des courbes de degré μ, C''_μ, passant par les d points doubles de C et les k points (α'_i, β'_i), dépendra de

$$h = \frac{\mu(\mu + 3)}{2} + 1 - \mu m + d + \nu$$

paramètres. Soit

$$\varphi(z, u) = 0$$

l'équation générale des courbes C''_{μ} et

$$f(z, u) = 0$$

l'équation de la courbe particulière C'_{μ}; la fonction rationnelle

$$R(z, u) = \frac{\varphi(z, u)}{f(z, u)}$$

n'admet pour pôles que les points donnés ou quelques-uns d'entre eux; car elle conserve une valeur finie pour les points doubles et les k points (α'_i, β'_i).

Cette fonction rationnelle paraît contenir un nombre de constantes arbitraires supérieur à celui qu'indique la théorie. Pour expliquer ce paradoxe, remarquons qu'on ne diminue pas la généralité en remplaçant $\varphi(z, u)$ par

$$\varphi_1(z, u) = \varphi(z, u) - \psi(z, u)\,F(z, u),$$

$\psi(z, u)$ étant un polynome arbitraire de degré $\mu - m$.

On peut profiter des $\frac{(\mu - m)(\mu - m + 3)}{2} + 1$ coefficients indéterminés dont dépend $\psi(z, u)$ pour attribuer une valeur déterminée à un pareil nombre de coefficients de $\varphi_1(z, u)$. Il restera dans ce polynome

$$\frac{\mu(\mu+3)}{2} - \frac{(\mu - m)(\mu - m + 3)}{2} - \mu m + \frac{(m-1)(m-2)}{2} - p + \nu = \nu - p + 1,$$

coefficients arbitraires, comme l'indique la théorie.

Remarque. — Le cas où quelques-uns des pôles seraient d'ordre supérieur au premier est toujours à considérer comme cas limite et se traiterait de la même façon. Au lieu de prendre des courbes adjointes passant par les ν pôles donnés, on aurait, d'une façon générale, à prendre des courbes adjointes ayant avec la courbe donnée, en des points donnés, des contacts d'un certain ordre.

La même méthode permet d'obtenir explicitement une fonction

rationnelle dont on connaît les pôles avec les parties principales correspondantes. Si l'on a formé l'expression générale des fonctions rationnelles admettant les pôles donnés, cette expression contient un certain nombre de constantes arbitraires. En écrivant que les coefficients des parties principales ont des valeurs données, on a un certain nombre d'équations linéaires permettant de déterminer ces constantes. On opérerait de la même façon pour obtenir une fonction rationnelle, dont on suppose connus à l'avance les pôles et les zéros.

177. Toute fonction rationnelle $R(z, u)$ admettant ν pôles simples se présente, d'après ce qui précède, sous la forme suivante :

$$R(z, u) = \frac{\varphi(z, u)}{f(z, u)},$$

$\varphi(z, u)$ et $f(z, u)$ étant deux polynomes du même degré ; tous les points communs aux deux courbes $F = 0$, $f = 0$, sauf les ν pôles donnés, appartiennent aussi à la courbe $\varphi = 0$. Il suit de là que le faisceau de courbes

$$f + \lambda\varphi = 0$$

rencontre la courbe donnée en ν points seulement variables avec λ, ce groupe de ν points venant se confondre avec le groupe des ν pôles pour $\lambda = 0$. Inversement, d'un faisceau de courbes rencontrant la courbe donnée en μ points variables seulement, on déduit une fonction rationnelle devenant infinie du premier ordre en μ points seulement.

On a vu qu'il n'existait pas de fonction rationnelle admettant moins de $p + 1$ pôles simples, si ces pôles sont pris arbitrairement. Par conséquent, s'il existe un faisceau de courbes rencontrant la courbe donnée en ν points variables seulement, l'un de ces groupes de ν points pouvant être choisi arbitrairement, ν est au moins égal à $p + 1$. Nous retrouvons une proposition déjà établie directement (n° **143**).

178. Soit $F(z, u) = 0$ l'équation d'une courbe de genre supérieur à zéro ; il ne peut exister pour cette courbe de fonction rationnelle de z et de u, admettant un seul pôle du premier ordre.

En effet, s'il existait une pareille fonction $v = \varphi(z, u)$, à toute valeur de v correspondrait un seul point analytique (z, u) et les coordonnées d'un point de la courbe considérée seraient des fonctions rationnelles du paramètre v. Ceci prouve, soit dit en passant, que les courbes adjointes d'ordre $m-3$ n'ont, en dehors des points multiples, aucun point fixe commun avec la courbe. En effet, si l'on avait pour un point (α, β) de cette courbe

$$Q_1(\alpha, \beta) = Q_2(\alpha, \beta) = \ldots = Q_p(\alpha, \beta) = 0,$$

l'intégrale normale de seconde espèce $Z(z, u; \alpha, \beta)$ aurait toutes ses périodes nulles; elle serait donc égale à une fonction rationnelle de z et de u, ayant un seul pôle du premier ordre.

Il suit de là que, pour une courbe donnée, le nombre des pôles d'une fonction rationnelle (tous ces pôles étant supposés du premier ordre) ne peut descendre au-dessous d'un certain minimum. Ce nombre minimum r, qui se conserve évidemment dans toute transformation birationnelle, paraît devoir jouer un rôle important dans la théorie des courbes algébriques. On peut encore (n° **177**) le définir comme le nombre minimum de points d'intersection variables de la courbe donnée avec les courbes d'un faisceau. Le nombre r se présente aussi quand on cherche, parmi les différentes relations algébriques de même classe qu'une relation donnée, celle qui est du plus petit degré possible par rapport à une des variables. Soit

$$\Phi(Z, U) = 0 \tag{6}$$

une équation algébrique se déduisant de la relation $F(z, u) = 0$, au moyen des formules de transformation

$$Z = f(z, u), \qquad U = \varphi(z, u); \tag{7}$$

chacune des fonctions $f(z, u)$, $\varphi(z, u)$ admet au moins r infinis, et, par conséquent (n° **123**), la relation (6) est au moins du degré r par rapport à chacune des variables.

Inversement, supposons que la fonction rationnelle $f(z, u)$ ait r pôles du premier ordre $(\alpha_1, \beta_1), \ldots, (\alpha_r, \beta_r)$; prenons pour $\varphi(z, u)$ une fonction rationnelle ayant un seul pôle du premier ordre commun avec $f(z, u)$, par exemple le point (α_1, β_1). Les formules (7) définissent bien une transformation birationnelle, car la courbe transformée (6) a une direction asymptotique non parallèle aux axes de coordonnées; au point à l'infini dans cette direction ne correspond qu'un point unique de la courbe primitive, le point (α_1, β_1). D'ailleurs, la nouvelle équation (6) est bien de degré r par rapport à U.

Examinons les cas les plus simples. Si $p = 1$, il existe toujours une fonction rationnelle admettant deux pôles simples, pris d'une façon arbitraire; donc $r = 2$. Si $p = 2$, on a encore $r = 2$; en effet, soient Q_1 et Q_2 deux polynomes adjoints distincts d'ordre $m - 3$. Le quotient $\frac{Q_1}{Q_2}$ n'admet que deux pôles du premier ordre. D'une manière générale, lorsque p est supérieur à un, r est au plus égal à p; car, si l'on considère deux courbes adjointes d'ordre $m - 3$, $Q_1 = 0$, $Q_2 = 0$, ayant, avec la courbe proposée, $p - 2$ points communs en dehors des points doubles, le quotient $\frac{Q_1}{Q_2}$ a au plus p pôles du premier ordre. Lorsque p est plus grand que 3, on peut encore trouver pour r une limite inférieure, comme on le verra plus loin. Mais, pour $p = 3$, on peut avoir $r = 2$ ou $r = 3$. Il est facile de donner des exemples des deux cas. Ainsi, une courbe du cinquième degré avec un point triple est du genre 3 (nº 133); une droite passant par le point triple rencontre la courbe en deux points variables seulement, $r = 2$. Une courbe du quatrième degré sans point double est encore du genre 3, mais ici on a $r = 3$. En effet, s'il y avait une fonction rationnelle admettant seulement deux pôles du premier ordre (α, β), (α', β'), on devrait avoir pour ce groupe de deux points $\sigma = 2$, c'est-à-dire qu'il y aurait une infinité de courbes adjointes d'ordre $m - 3$ passant par ces deux points; or ces courbes adjointes sont des lignes droites.

179. Après ces généralités, considérons en particulier les courbes algébriques pour lesquelles $r = 2$. Soient (α_1, β_1) et (α_2, β_2) les deux pôles du premier ordre d'une fonction rationnelle $R(z, u)$, qui n'admet pas d'autres pôles que ces deux-là. Ces deux points (α_1, β_1) et (α_2, β_2) doivent former un groupe spécial; c'est-à-dire que les deux équations

$$\lambda_1 Q_1(\alpha_1, \beta_1) + \ldots + \lambda_p Q_p(\alpha_1, \beta_1) = 0,$$
$$\lambda_1 Q_1(\alpha_2, \beta_2) + \ldots + \lambda_p Q_p(\alpha_2, \beta_2) = 0$$

doivent se réduire à une seule. On a donc

$$\frac{Q_1(\alpha_2, \beta_2)}{Q_1(\alpha_1, \beta_1)} = \ldots = \frac{Q_p(\alpha_2, \beta_2)}{Q_p(\alpha_1, \beta_1)};$$

en langage géométrique, cela signifie que toutes les courbes adjointes d'ordre $m-3$ qui passent par le point (α_1, β_1) vont passer par un second point fixe (α_2, β_2). Or, le point (α_1, β_1) peut être pris arbitrairement, puisque c'est un des deux points d'intersection variables de la courbe donnée avec les courbes d'un faisceau. Les courbes considérées jouissent donc de la propriété suivante :

Toutes les courbes adjointes d'ordre $m-3$ qui passent par un point quelconque de la courbe donnée vont passer par un second point fixe de cette courbe [1].

Inversement, si une courbe C possède cette propriété, prenons, sur C, $p-2$ points fixes arbitraires. Les courbes adjointes d'ordre $m-3$ qui passent par ces $p-2$ points fixes vont passer par $p-2$ autres points fixes de C; le faisceau de ces courbes rencontre donc la courbe C en deux points variables seulement. Soit

$$f + \lambda\varphi = 0 \tag{8}$$

l'équation de ce faisceau; les coordonnées des deux points d'intersection variables s'obtiennent par la résolution d'une équation du second degré dont les coefficients sont rationnels en λ. On a donc, pour les coordonnées d'un point de C, les expressions suivantes :

$$\left\{\begin{aligned} z &= A + B\sqrt{R(\lambda)}, \\ u &= C + D\sqrt{Q(\lambda)}, \end{aligned}\right. \tag{9}$$

$R(\lambda)$ étant un polynome premier avec sa dérivée et A, B, C, D des fonctions rationnelles de λ. Inversement, des formules (8) et (9) on tire, pour λ et $\sqrt{R(\lambda)}$, des fonctions rationnelles de z

---

[1] Toutes les courbes adjointes d'ordre $m-3$ passant par un point donné (α, β) ne peuvent passer par plus d'un autre point fixe de C, en dehors des points doubles. Autrement, une courbe adjointe d'ordre $m-3$, qui serait assujettie à passer par $p-1$ points de C, aurait plus de $2p-2$ points communs avec C, en dehors des points doubles.

et de u, de sorte que la relation algébrique considérée peut être ramenée, par une transformation birationnelle, à la relation hyperelliptique

$$t^2 = R(\lambda). \tag{10}$$

Par extension, on appelle *courbes hyperelliptiques* toutes les courbes pour lesquelles $r = 2$.

Les points d'une courbe hyperelliptique se correspondent deux à deux par une transformation birationnelle. Si l'on considère, en effet, deux points (α_1, β_1), (α_2, β_2) formant un groupe spécial, il est clair que les coordonnées du point (α_2, β_2) sont des fonctions rationnelles des coordonnées du point (α_1, β_1) et inversement. Donc, *pour une courbe hyperelliptique quelconque, il existe une transformation birationnelle involutive qui change cette courbe en elle-même*. Mais cette propriété n'est nullement caractéristique. Elle appartient évidemment à toute courbe possédant un axe ou un centre de symétrie, par exemple à une courbe du quatrième degré ayant un axe de symétrie. Or, si cette courbe n'a pas de point double, elle n'est jamais de l'espèce hyperelliptique (n° **178**).

On emploie quelquefois, pour l'étude des relations algébriques hyperelliptiques, une autre forme normale que celle qui nous a servi dans les premiers Chapitres. L'équation d'une courbe hyperelliptique ayant été ramenée, par une transformation birationnelle, à la forme

$$u'^2 = P(z)\,Q(z), \tag{11}$$

où $P(z)$ et $Q(z)$ sont deux polynomes sans facteur commun, ni facteur multiple, le premier de degré $p+1$ ou $p+2$, le second de degré p, la transformation birationnelle

$$z = z', \qquad u = u'\,Q(z')$$

conduit à une nouvelle courbe de degré $p+2$

$$u'^2\,Q(z') = P(z'), \tag{12}$$

qui présente un point multiple d'ordre p à l'infini sur l'axe Ou'; les tangentes en ce point multiple sont toutes distinctes et chacune d'elles est une tangente d'inflexion. Inversement, toute courbe de degré $p+2$ possédant un seul point multiple d'ordre p à tangentes distinctes est une courbe hyperelliptique de genre p, car un pareil point singulier équivaut à $\frac{p(p-1)}{2}$ points doubles ordinaires, et l'on a

$$\frac{p(p+1)}{2} - \frac{p(p-1)}{2} = p;$$

d'ailleurs, une droite passant par le point multiple rencontre la courbe en *deux* points variables seulement. Donc, *à toute courbe de l'espèce hyperelliptique, de genre* p, *on peut faire correspondre, par une transformation birationnelle, une courbe de degré* $p+2$ *avec un point multiple d'ordre* p *à tangentes distinctes.*

Les courbes adjointes d'ordre $m-3$ sont ici des courbes de degré $p-1$ ayant un point multiple d'ordre $p-1$. Elles se décomposent donc en un sytème de $p-1$ lignes droites passant par le point multiple. Il est évident géométriquement que toute courbe adjointe passant par un point fixe de la courbe va passer par un second point fixe.

180. Comme application, proposons-nous d'appliquer à une courbe de cette espèce le théorème de Riemann-Roch, c'est-à-dire de chercher l'expression générale d'une fonction rationnelle de (z, u) qui devient infinie du premier ordre en ν points simples $(\alpha_1, \beta_1), \ldots, (\alpha_\nu, \beta_\nu)$. Soit C la courbe considérée de degré $p+2$, O le point multiple d'ordre p. On a deux cas à considérer :

1° Parmi les ν points donnés, il n'y en a pas deux en ligne droite avec le point O. Ces ν points ne forment pas un groupe spécial; pour qu'il existe une fonction rationnelle répondant à la question, il faut que ν soit au moins égal à $p+1$, et le nombre des paramètres dont dépend cette fonction est égal à $\nu-p+1$. Nous avons traité ce problème sous une autre forme au Chapitre I.

2° Les ν points donnés se partagent en deux groupes de 2μ points et de ρ points respectivement. Les 2μ points du premier groupe $(\alpha_1, \beta_1), \ldots, (\alpha_\mu, \beta_\mu)$; $(\alpha'_1, \beta'_1), \ldots, (\alpha'_\mu, \beta'_\mu)$ sont deux à deux en ligne droite avec le point O. Il en est ainsi des points (α_i, β_i) et (α'_i, β'_i). Parmi les ρ points $(\gamma_1, \delta_1), \ldots, (\gamma_\rho, \delta_\rho)$ du second groupe, il n'y en a pas deux en ligne droite avec le point O. On peut former une fonction rationnelle de (z, u) n'admettant que les deux infinis simples (α_i, β_i), (α'_i, β'_i); soit $f_i(z, u)$ une pareille fonction qui sera, par exemple, une fraction simple telle que

$$\frac{az+b}{z-\alpha_i},$$

si l'équation de la courbe hyperelliptique est de la forme (12). Soit $\Phi(z, u)$ une fonction rationnelle n'admettant que les $2\mu+\rho$ pôles du premier ordre (α_i, β_i), (α'_i, β'_i), (ρ_k, δ_k); on peut toujours trouver des coefficients constants $\lambda_1, \lambda_2, \ldots, \lambda_k$ tels que la différence

$$\Phi(z, u) - \lambda_1 f_1(z, u) - \ldots - \lambda_\mu f_\mu(z, u)$$

reste finie aux points $(\alpha'_1, \beta'_1), \ldots, (\alpha'_\mu, \beta'_\mu)$. Cette différence se réduit donc à une fonction rationnelle $\Psi(z, u)$ infinie du premier ordre aux $\mu+\rho$ points $(\alpha_1, \beta_1), \ldots, (\alpha_\mu, \beta_\mu), (\gamma_1, \delta_1), \ldots, (\gamma_\rho, \delta_\rho)$ seulement. Nous sommes donc ramenés au cas précédent.

Remarque. — Si l'on a $\mu+\rho<p+1$, il n'existe pas de fonction rationnelle $\Psi(z, u)$ n'admettant que les $\mu+\rho$ pôles du premier ordre $(\alpha_1, \beta_1), \ldots, (\alpha_\mu, \beta_\mu), (\gamma_1\, \delta_1), \ldots, (\gamma_\rho, \delta_\rho)$, et, par conséquent, la fonction rationnelle $\Phi(z, u)$ a pour expression générale

$$\Phi(z, u) = \lambda_1 f_1(z, u) + \ldots + \lambda_\mu f_\mu(z, u) + \lambda_{\mu+1}.$$

On voit qu'elle n'admet pour pôles du premier ordre que *quelques-uns* des $2\mu+\rho$ points donnés; on remarquera toutefois que le nombre des paramètres dont dépend cette fonction est bien égal au nombre donné par la formule de Riemann-Roch; on a, en effet, dans ce cas particulier,

$$\sigma = p - (\mu + \rho)$$

et, par suite,

$$2\mu + \rho - p + \sigma + 1 = \mu + 1.$$

181. Étant données deux courbes hyperelliptiques du même genre $p>1$, on peut se proposer de rechercher les conditions nécessaires et suffisantes pour que ces deux courbes appartiennent à la même classe, c'est-à-dire pour qu'on puisse passer de l'une à l'autre par une transformation birationnelle. Soit C une courbe hyperelliptique; supposons que l'on ait exprimé de deux façons différentes les coordonnées d'un point de cette courbe au moyen d'un paramètre et de la racine carrée d'un polynome, de telle façon qu'à un point corresponde une seule valeur du paramètre. On aura à la fois

$$(13)\quad z = A + B\sqrt{R(\lambda)}, \qquad u = C + D\sqrt{R(\lambda)}, \qquad \lambda = \varphi(z, u)$$

et

$$(14)\quad z = A_1 + B_1\sqrt{R_1(\mu)}, \qquad u = C_1 + D_1\sqrt{R_1(\mu)}, \qquad \mu = \varphi_1(z, u),$$

A, B, C, D étant des fonctions rationnelles de λ; A_1, B_1, C_1, D_1, des fonctions rationnelles de μ; $R(\lambda)$ et $R_1(\mu)$ deux polynomes de degré $2p+1$ ou $2p+2$. Cherchons la relation qui existe entre les valeurs des paramètres λ et μ qui correspondent à un même point de cette courbe. Remarquons pour cela qu'à une valeur de $\lambda = \varphi(z, u)$ correspondent deux points seulement; la fonction rationnelle $\varphi(z, u)$ ayant deux infinis seulement, est une fonction spéciale qui peut se mettre sous la forme suivante :

$$\lambda = \varphi(z, u) = \frac{Q_2(z, u)}{Q_1(z, u)},$$

Q_1 et Q_2 étant deux polynomes adjoints d'ordre $m = 3$ (n° 176). De même $\mu = \psi(z, u)$ est égale à

$$\mu = \frac{Q_4(z, u)}{Q_3(z, u)},$$

Q_3 et Q_4 étant aussi deux polynomes adjoints d'ordre $m - 3$. Soient (α, β) et (α', β') deux points correspondant à une même valeur λ_0 de λ; la fonction rationnelle $\frac{1}{\lambda - \lambda_0}$ n'admet que les deux pôles du premier ordre (α, β) et (α', β'). Ces points sont donc deux points *associés* de la courbe, c'est-à-dire que toute courbe adjointe d'ordre $m - 3$ qui passe par un de ces points passe aussi par le second. On a, en particulier,

$$\frac{Q_4(\alpha', \beta')}{Q_3(\alpha', \beta')} = \frac{Q_4(\alpha, \beta)}{Q_3(\alpha, \beta)},$$

et, par suite, μ reprend la même valeur en ces deux points. Ainsi à une valeur de λ correspond une seule valeur de μ; il est clair que la réciproque est vraie pour la même raison. On a donc entre λ et μ une relation homographique

$$a\lambda\mu + b\lambda + c\mu + d = 0,$$

et l'on passe des formules (13) aux formules (14) par la substitution linéaire

$$(15) \qquad \lambda = -\frac{c\mu + d}{a\mu + b}.$$

Or, après cette substitution, les invariants absolus de la forme binaire $\lambda_2^{2p+2}\,\mathrm{R}\left(\frac{\lambda_1}{\lambda_2}\right)$ sont les mêmes que ceux de la forme binaire

$$\mu_2^{2p+2}\,\mathrm{R}_1\left(\frac{\mu_1}{\mu_2}\right).$$

La réponse à la question posée est maintenant bien facile. Étant données deux courbes hyperelliptiques de même genre C, C′, supposons les coordonnées d'un point de C exprimées en fonctions rationnelles de λ et de $\sqrt{\mathrm{R}(\lambda)}$, de façon qu'à un point ne corresponde qu'une valeur de λ; supposons de même les coordonnées d'un point de C′ exprimées par des fonctions rationnelles de μ et de $\sqrt{\mathrm{R}_1(\mu)}$, de façon qu'à un point C′ ne corresponde qu'une valeur de μ. Pour que les deux courbes C et C′ appartiennent à la même classe, il est nécessaire, d'après ce qui précède, que *les invariants absolus des deux formes*

$$\lambda_2^{2p+2}\,\mathrm{R}\left(\frac{\lambda_1}{\lambda_2}\right), \qquad \mu_2^{2p+2}\,\mathrm{R}_1\left(\frac{\mu_1}{\mu_2}\right)$$

soient les mêmes.

Ces conditions nécessaires sont suffisantes. En effet, on peut remplacer les courbes C et C′ par les courbes

$$v^2 = \mathrm{R}(\lambda), \qquad w^2 = \mathrm{R}_1(\mu),$$

qui correspondent respectivement aux deux courbes C et C′. Si les invariants absolus sont égaux, on peut trouver une substitution linéaire telle que l'on ait

$$\mathrm{R}\left(\frac{a\mu + b}{c\mu + d}\right) = \frac{k^2}{(c\mu + d)^{2p+2}}\,\mathrm{R}_1(\mu);$$

on passe alors de la première courbe à la seconde par la transformation

$$\lambda = \frac{a\mu + b}{c\mu + d}, \qquad v = \frac{kw}{(c\mu + d)^{p+1}},$$

qui est évidemment birationnelle.

Une forme binaire de degré $2p + 2$ possède $2p - 1$ invariants absolus; il y a donc $2p - 1$ conditions pour que deux courbes hyperelliptiques de genre p appartiennent à la même classe. On exprime ceci en disant qu'*une classe de courbes hyperelliptiques de genre p possède $2p - 1$ modules.*

Il résulte aussi du raisonnement précédent que, si une courbe hyperelliptique se change en elle-même par une transformation birationnelle, le paramètre λ subit une substitution linéaire $\lambda' = \dfrac{a\lambda + b}{c\lambda + d}$. Il faudra donc que les racines du polynome $R(\lambda)$ s'échangent entre elles au moyen de la substitution précédente; il est clair qu'il n'existe jamais qu'un nombre *fini* de substitutions jouissant de cette propriété.

182. La même méthode ne s'applique plus lorsque $p = 1$.

Soient C et C' deux courbes du premier genre; supposons-les ramenées à la forme normale

$$v^2 = R(\lambda), \qquad w^2 = R_1(\mu),$$

$R(\lambda)$ et $R_1(\mu)$ étant deux polynomes du quatrième degré. Si ces deux courbes se correspondent point par point d'une façon univoque, la relation algébrique entre les valeurs de λ et de μ, qui donnent deux points correspondants sur les deux courbes, est évidemment du second degré par rapport à chacune des variables,

$$\lambda^2(A\mu^2 + B\mu + C) + \lambda(A_1\mu^2 + B_1\mu + C_1) + A_2\mu^2 + B_2\mu + C_2 = 0.$$

Pour que les deux valeurs de λ qui correspondent à une même valeur de μ soient égales, il faut que les deux points de C' que fournit cette valeur de μ viennent se confondre, c'est-à-dire que μ vérifie l'équation $R_1(\mu) = 0$. On a donc

$$R_1(\mu) = (A_1\mu^2 + B_1\mu + C_1)^2 - 4(A\mu^2 + B\mu + C)(A_2\mu^2 + B_2\mu + C_2),$$

à un facteur constant près. On a de même

$$R(\lambda) = (B\lambda^2 + B_1\mu + B_2)^2 - 4(A\lambda^2 + A_1\lambda + A_2)(C\lambda^2 + C_1\lambda + C_2),$$

à un facteur constant près. Or, il a été démontré plus haut (n° 132) que les deux polynomes $R(\lambda)$ et $R_1(\mu)$ ont même invariant absolu. La conclusion est analogue à celle de tout à l'heure; une courbe du premier genre possède *un seul module*, qui est l'invariant absolu de la forme biquadratique $\lambda_2^2 R\left(\frac{\lambda_1}{\lambda_2}\right)$.

183. On obtient une autre expression d'une fonction rationnelle $R(z, u)$ au moyen des zéros et des pôles de cette fonction. Soient

$$(\alpha'_1, \beta'_1), \quad (\alpha'_2, \beta'_2), \quad \ldots, \quad (\alpha'_q, \beta'_q)$$

les q pôles et

$$(\alpha_1, \beta_1), \quad (\alpha_2, \beta_2), \quad \ldots, \quad (\alpha_q, \beta_q)$$

les q zéros, chacun de ces points étant compté autant de fois qu'il y a d'unités dans son degré de multiplicité.

L'intégrale abélienne

$$\log R(z, u) = \int \frac{dR}{R}$$

admet les $2q$ points critiques logarithmiques (α_i, β_i), (α'_k, β'_k) et n'a aucun autre point singulier. Dans le domaine d'un pôle (α'_i, β'_i) d'ordre h_i, cette intégrale est de la forme

$$-h_i \log(z - \alpha_i) + P(z - \alpha_i),$$

$z - \alpha_i$ devant être remplacé par $(z - \alpha_i)^{\frac{1}{r}}$ si le point (α_i, β_i) est un point de ramification d'ordre $r - 1$, et $z - \infty$ par $\frac{1}{z}$. De même, dans le domaine d'un zéro, d'ordre h_k, (α_k, β_k), l'intégrale est de la forme

$$h_k \log(z - \alpha_k) + P(z - \alpha_k).$$

L'intégrale abélienne

$$\log R(z, u) - \Pi_{(\alpha'_1, \beta'_1)}^{(\alpha_1, \beta_1)} - \Pi_{(\alpha'_2, \beta'_2)}^{(\alpha_2, \beta_2)} - \ldots - \Pi_{(\alpha'_q, \beta'_q)}^{(\alpha_q, \beta_q)},$$

où $\Pi_{(\xi', \eta')}^{(\xi, \eta)}$ est l'intégrale normale de troisième espèce, n'admet plus de points singuliers; c'est donc une intégrale de première espèce

$$\lambda_1 w_1 + \ldots + \lambda_p w_p + \lambda_{p+1}$$

et l'on en déduit

$$(16)\qquad R(z,u) = C\,e^{\lambda_1 w_1 + \ldots + \lambda_h w_p + \sum_{i=1}^{q} \Pi_{(\alpha'_i,\beta'_i)}^{(\alpha_i,\beta_i)}}$$

$w_1, w_2, \ldots, w_p$ étant les intégrales normales.

Lorsque le chemin décrit par le point analytique (z, u) traverse une des coupures, le second membre est multiplié par un certain facteur. Comme le premier membre est une fonction uniforme, il nous faut écrire que tous ces multiplicateurs se réduisent à l'unité. Quand on traverse une coupure a_k, la fonction qui figure en exposant augmente de $2\pi i\lambda_k$, et le second membre est multiplié par $e^{2i\pi\lambda_k}$; $\lambda_1, \lambda_2, \ldots, \lambda_k$ doivent par conséquent être des nombres entiers

$$\lambda_1 = m_1, \qquad \ldots, \qquad \lambda_i = m_i, \qquad \ldots, \qquad \lambda_p = m_p,$$

et $R(z, u)$ est de la forme

$$(17)\qquad R(z,u) = C\,e^{m_1 w_1 + m_2 w_2 + \ldots + m_p w_h + \sum_{i=1}^{q} \Pi_{(\alpha'_i,\beta'_i)}^{(a_i,\beta_i)}}$$

Lorsque la variable traverse la coupure b_k, $R(z, u)$ est multiplié par

$$e^{2m_1 b_{k1} + 2m_2 b_{k2} + \ldots + 2m_p b_{kp} + \sum_{i=1}^{q} [w_k(\alpha_i,\beta_i) - w_k(\alpha'_i,\beta'_i)]}$$

Il faudra donc que l'on ait

$$(18)\qquad \left\{ \begin{array}{l} \displaystyle\sum_{i=1}^{q} w_k(\bar{\alpha}'_i, \beta'_i) + \sum_{i=1}^{q} w_k(\alpha_i, \beta_i) = 2m_1 b_{k1} + \ldots + 2m_p b_{kp} + 2n_k i\pi \\ \qquad\qquad\qquad (k = 1, 2, \ldots, p), \end{array} \right.$$

n_k étant un autre nombre entier. Dans les premiers membres de ces relations, les intégrales w_k sont toujours supposées prises suivant des chemins qui ne rencontrent pas les coupures. Réciproquement, si l'on peut trouver des nombres entiers $m_1, \ldots, m_p$, $n_1, \ldots, n_p$ vérifiant les relations précédentes (18), la fraction $R(z, u)$ représentée par la formule (17) présente bien tous les caractères d'une fonction rationnelle admettant les q pôles (α'_i, β'_i) et les q zéros (α_i, β_i). Les relations (18) expriment donc les conditions nécessaires et suffisantes pour qu'il existe une fonction rationnelle admettant les q pôles et les q zéros donnés.

Ces relations peuvent s'écrire sous une forme plus générale. Soit w une intégrale quelconque de première espèce et ω_1, ω_2, ..., ω_{2p} ses $2p$ périodes; il faudra que l'on ait

$$\sum_{i=1}^{q} w(\alpha'_i, \beta'_i) - \sum_{i=1}^{q} w(\alpha_i, \beta_i) = M_1\omega_1 + M_2\omega_2 + \ldots + M_{2p}\omega_{2p},$$

M_1, M_2, ..., M_{2p} étant des nombres entiers, qui sont les mêmes pour toutes les intégrales, les chemins suivis par la variable restant aussi les mêmes pour les intégrales qui figurent dans le premier membre. On écrit ces relations sous une forme plus condensée

$$(19) \qquad \sum_{i=1}^{q} w(\alpha'_i, \beta'_i) \equiv \sum_{i=1}^{q} w(\alpha_i, \beta_i).$$

Par conséquent, *la somme des valeurs d'une intégrale abélienne de première espèce pour les zéros d'une fonction rationnelle ne diffère de la somme des valeurs de la même intégrale pour les pôles que d'une somme de multiples des périodes.*

C'est, comme on le verra plus loin, une des formes qu'on peut donner à un cas particulier du théorème d'Abel.

Les conditions précédentes sont au nombre de p; elles expriment d'ailleurs toutes les relations entre les zéros et les infinis d'une fonction rationnelle, puisque, si elles sont vérifiées, on peut former une fonction rationnelle admettant les zéros et les infinis donnés. Ces relations se présentent sous une forme transcendante, quoiqu'elles soient en réalité algébriques. Imaginons, en effet, qu'on ait formé l'expression générale des fonctions rationnelles qui admettent les q pôles (α'_i, β'_i); cette expression est une fonction linéaire et homogène d'un certain nombre de coefficients arbitraires. Il faudra qu'on puisse disposer de ces coefficients de façon que la fonction admette les q zéros (α_i, β_i); ces conditions s'expriment évidemment par des relations algébriques entre les $2q$ points donnés. On a là un exemple remarquable de relations transcendantes équivalentes à des relations algébriques.

Si $p = 0$, le théorème ne nous donne rien. On peut prendre arbitrairement les zéros et les infinis. Il est facile de le vérifier, car z et u s'expriment par des fonctions rationnelles d'un paramètre t, et l'on est conduit à former une fonction rationnelle de t, connaissant ses pôles et ses zéros. Si $p = 1$, on a une seule relation entre les zéros et les infinis. Cette relation est d'ailleurs équivalente au théorème de Liouville sur les zéros et les infinis d'une fonction doublement périodique.

184. Les théorèmes généraux sur les fonctions uniformes d'une variable s'étendent aux fonctions uniformes d'un point analytique ([1]). Nous allons montrer comment on peut former l'expression générale d'une fonction uniforme n'ayant qu'un nombre fini de points singuliers sur toute la surface de Riemann. Pour plus de simplicité, supposons que ces points singuliers sont à distance finie et distincts des points de ramification. Soient $(\alpha_1, \beta_1), \ldots, (\alpha_n, \beta_n)$ les n points singuliers, $\Phi(z, u)$ la fonction uniforme considérée et

$$\frac{A_1^{(i)}}{z - \alpha_i} + \frac{A_2^{(i)}}{(z - \alpha_i)^2} + \ldots + \frac{A_\nu^{(i)}}{(z - \alpha_i)^\nu} + \ldots,$$

la partie principale de $\Phi(z, u)$ relative au point singulier (α_i, β_i), cette partie principale étant formée d'une série si le point (α_i, β_i) est un point singulier essentiel. La fonction

$$\Phi(\xi, \eta) \frac{d\Pi_{(\xi', \eta')}^{(\xi, \eta)}}{d\xi},$$

considérée comme fonction du point (ξ, η), admet les points singuliers $(\alpha_1, \beta_1), \ldots, (\alpha_n, \beta_n)$, (z, u), (z_0, u_0) et, en outre, les points de ramification. Écrivons que la somme des résidus de cette fonction uniforme sur toute la surface de Riemann est nulle. Les résidus relatifs aux points de ramification et aux points à l'infini sont tous nuls. Les résidus relatifs aux points (z, u) et (z_0, u_0) sont respectivement $-\Phi(z, u)$ et $\Phi(z_0, u_0)$ (n° 150). Dans le

---

([1]) Appell, *Sur les fonctions uniformes d'un point analytique* (*Acta mathematica*, t. I, p. 109-144).

domaine du point (α_i, β_i), on a

$$\Phi(\xi, \eta) = \frac{A_1^{(i)}}{(\xi - \alpha_i)} + \ldots + \frac{A_\nu^{(i)}}{(\xi - \alpha_i)^\nu} + \ldots + P(\xi - \alpha_i),$$

$$\frac{d\Pi_{(\xi', \eta')}^{(\xi, \eta)}}{d\xi} = Z(z, u; \alpha_i, \beta_i) + \ldots + \frac{(\xi - \alpha_i)^{\nu-1}}{1.2\ldots(\nu-1)} Z^{(\nu-1)}(z, u; \alpha_i, \beta_i) + \ldots;$$

le résidu est donc

$$A_1^{(i)} Z(z, u; \alpha_i, \beta_i) + \ldots + \frac{A_\nu^{(i)}}{1.2\ldots(\nu-1)} Z^{(\nu-1)}(z, u; \alpha, \beta_i) + \ldots,$$

et l'on a la relation

$$(20) \quad \Phi(z, u) = \Phi(z_0, u_0) + \sum_{i=1}^{n} \sum_{\nu=1}^{+\infty} \frac{A_\nu^{(i)}}{1.2\ldots(\nu-1)} Z^{(\nu-1)}(z, u; \alpha_i, \beta_i).$$

Chacune des séries

$$\sum_{\nu=1}^{+\infty} \frac{A_\nu^{(i)}}{1.2\ldots(\nu-1)} Z^{(\nu-1)}(z, u; \alpha_i, \beta_i)$$

est convergente tant que le point (z, u) est différent de (α_i, β_i), car elle représente le résidu du $\Phi(\xi, \eta)\frac{d\Pi}{d\xi}$ relatif au point (α_i, β_i). La fonction représentée par cette série n'admet plus que le point singulier (α_i, β_i); nous la représenterons par

$$G_i(z, u; \alpha_i, \beta_i) = \sum_{\nu=1}^{+\infty} \frac{A_\nu^{(i)}}{1.2\ldots(\nu-1)} Z^{(\nu-1)}(z, u; \alpha_i, \beta_i),$$

et la formule (20) peut s'écrire

$$\Phi(z, u) = \Phi(z_0, u_0) + \sum_{i=1}^{n} G_i(z, u; \alpha_i, \beta_i).$$

On voit que $\Phi(z, u)$ est la somme de n fonctions dont chacune n'a qu'un point singulier; mais ces fonctions ne sont pas, en général, uniformes.

En écrivant que les p périodes de $\Phi(z, u)$ relatives aux coupures b_k sont nulles, on a, entre les coefficients $A_\nu^{(i)}$ les p relations

$$(21) \quad \sum_{i=1}^{i=n} \sum_{\nu=1}^{+\infty} \frac{A_\nu^{(i)}}{1.2\ldots(\nu-1)} \varphi_k^{(1-\nu)}(\alpha_i, \beta_i) = 0 \qquad (k = 1, 2, \ldots, p),$$

que l'on obtiendrait aussi en écrivant que la somme des résidus de chacune des fonctions

$$\Phi(z, u)\,\varphi_k(z, u)$$

sur toute la surface est égale à zéro.

Les théorèmes de Weierstrass et de Mittag-Leffler, sur les fonctions uniformes, qui ont une infinité de points singuliers et sur la décomposition en facteurs primaires, s'étendent aussi aux fonctions uniformes d'un point analytique (Appell, *Acta mathematica*, t. I).

CHAPITRE IX.

THÉORÈME D'ABEL [1].

Théorème général. — Application aux intégrales de première, de seconde et de troisième espèce. — Formule générale. — Application aux intégrales hyperelliptiques. — Seconde démonstration. — Réduction d'une somme d'un nombre quelconque d'intégrales à p intégrales et à des quantités algébriques et logarithmiques. — Théorème d'addition pour les intégrales de première espèce. — Intégration d'un système d'équations différentielles. — Extension du théorème d'Abel aux courbes gauches algébriques.

185. On a déjà remarqué, dans certains Chapitres antérieurs, un cas particulier de la célèbre proposition, connue sous le nom de *théorème d'Abel*. L'illustre géomètre l'a énoncée dans un Mémoire présenté à l'Académie des Sciences de Paris en 1826, qui a pour titre : *Remarques sur quelques propriétés générales d'une classe de fonctions transcendantes*.

Pour l'établir ici dans toute sa généralité, considérons une fonction rationnelle quelconque $\varphi(z, u)$ de z et de u et une intégrale abélienne U attachée à la courbe

$$F(z, u) = 0, \tag{1}$$

de degré m et de genre p. L'intégrale

$$\int \mathrm{U}\, d \log \varphi,$$

prise dans le sens direct le long du contour total de la surface T',

(1) Auteurs à consulter : ABEL, *Remarques sur quelques propriétés générales d'une classe de fonctions transcendantes*; *Démonstration d'une propriété générale d'une certaine classe de fonctions transcendantes*; CLEBSCH et GORDAN, *Abelsche Functionen*, zweiter Abschnitt; Ch. MICHEL, *Sur les applications géométriques du théorème d'Abel* (*Annales de l'École Normale supérieure*, 3e série, t. 18, 1901).

c'est-à-dire le long des coupures a_ν, b_ν, c_ν, est égale à une somme de produits de deux facteurs, l'un des facteurs étant une période de l'intégrale U, le second facteur une période de l'intégrale $\log\varphi$. Mais toutes les périodes de cette dernière intégrale sont évidemment des multiples de $2\pi i$, et l'on a

$$(2) \qquad \int_{(C)} U\, d\log\varphi = 2\pi i(m_1\omega_1 + m_2\omega_2 + \ldots + m_{2p}\omega_{2p}),$$

$\omega_1, \omega_2, \ldots, \omega_{2p}$ étant les $2p$ périodes de l'intégrale U relatives aux coupures a_ν et b_ν, et $m_1, m_2, \ldots, m_{2p}$, des nombres entiers *qui ne dépendent que de la fonction rationnelle* $\varphi(z, u)$. Le produit $2\pi i m_1$, par exemple, est égal à l'intégrale

$$\int d\log\varphi,$$

prise le long de la coupure a_1, et les autres nombres m_i ont une signification analogue.

Nous supposerons d'abord que l'intégrale abélienne U n'a pas de points critiques logarithmiques; alors la fonction

$$U\frac{d\log\varphi}{dz}$$

est uniforme sur la surface T', et l'on peut appliquer le théorème de Cauchy à l'intégrale (2). D'après ce théorème, l'intégrale (2) est égale au produit de $2\pi i$ par la somme des résidus de $U\dfrac{d\log\varphi}{dz}$ sur toute la surface de Riemann. Ces résidus proviennent des pôles de U ou des pôles et des zéros de $\varphi(z, u)$. Soient

$$(\xi_1, \eta_1), \quad \ldots, \quad (\xi_q, \eta_q)$$

les zéros de la fonction rationnelle $\varphi(z, u)$ et

$$(\xi'_1, \eta'_1), \quad \ldots, \quad (\xi'_q, \eta'_q)$$

ses infinis, chacun d'eux étant compté autant de fois qu'il y a d'unités dans son degré de multiplicité. La somme des résidus provenant des pôles et des zéros de $\varphi(z, v)$ est égale à

$$D = \sum_{i=1}^{q} U(\xi_i, \eta_i) - \sum_{k=1}^{q} U(\xi'_k, \eta'_k).$$

Par conséquent, la somme

$$m_1\omega_1 + \ldots + m_{2p}\omega_{2p}$$

est égale à la différence qui précède D, augmentée de la somme des résidus de la fonction

$$U \frac{d \log \varphi(z, u)}{dz}$$

relatifs aux pôles de l'intégrale U. Si, en particulier, l'intégrale U est une intégrale de première espèce $w(z, u)$, cette dernière somme est nulle, et il reste

$$(3) \qquad \sum_{i=1}^{q} w(\xi_i, \eta_i) - \sum_{k=1}^{q} w(\xi'_k, \eta'_k) = m_1\omega_1 + \ldots + m_{2p}\omega_{2p},$$

ce que nous écrirons d'une façon condensée

$$(4) \qquad \sum_{i=1}^{q} w(\xi_i, \eta_i) \equiv \sum_{k=1}^{q} w(\xi'_k, \eta'_k).$$

Nous retrouvons la relation établie plus haut entre les pôles et les zéros d'une fonction rationnelle de z et de u (n° 186).

186. L'énoncé qui précède est purement analytique. On donne ordinairement à ce théorème une forme plus géométrique, qui en montre mieux la généralité. Soient

$$(5) \qquad f(z, u) = 0, \qquad \psi(z, u) = 0$$

les équations de deux courbes du même degré n; supposons, pour plus de netteté, que ces courbes n'ont aucun point commun à l'infini avec la courbe $F = 0$, et que les points d'intersection sont distincts des points multiples. Alors les zéros de la fonction rationnelle

$$(6) \qquad \varphi = \frac{f(z, u)}{\psi(z, u)}$$

sont les points d'intersection de la courbe donnée $F(z, u) = 0$, avec la courbe $f = 0$, et de même les infinis de φ sont les points d'intersection de $F = 0$ avec la courbe $\psi(z, u) = 0$. On peut donc énoncer le théorème d'Abel sous la forme suivante :

La somme des valeurs d'une intégrale abélienne de première espèce aux points d'intersection de la courbe donnée C *avec une autre courbe algébrique* C′ *est égale, à des multiples près des périodes, à la somme des valeurs de la même intégrale aux points d'intersection de* C *avec une autre courbe* C″, *de même degré que* C′.

Les restrictions que nous avons faites sur les points d'intersection ne sont d'ailleurs nullement nécessaires. Par exemple, supposons qu'en un point (ξ, η) à distance finie ou à l'infini, la courbe donnée $F = 0$ ait q points communs confondus avec la courbe $f = 0$ et q' points communs confondus avec $\psi = 0$. Si, pour plus de simplicité, nous admettons que les valeurs de u qui deviennent égales à η pour $z = \xi$ forment un seul système circulaire, le point (ξ, η) ne sera ni un pôle ni un zéro pour $\varphi(z, u)$ si $q = q'$; ce sera un pôle d'ordre $q' - q$ si q' est $> q$, un zéro d'ordre $q - q'$ si q est $> q'$ (n° 103). Dans tous les cas, on peut supposer que, dans l'égalité qui exprime le théorème sous sa première forme, le terme $w(\xi, \eta)$ figure q fois au premier membre et q' fois au second membre. On aura donc, d'une part, la somme des valeurs de l'intégrale w aux points de rencontre de $F = 0$ avec $f = 0$, chacun d'eux étant compté avec son degré de multiplicité; d'autre part, la somme analogue relative aux points d'intersection de $F = 0$ avec $\psi = 0$. De là résulte la généralité du second énoncé.

Tant qu'on ne fait aucune hypothèse sur les chemins suivis par la variable, il est clair qu'on ne peut obtenir une proposition plus précise. Mais on peut aller plus loin. Considérons une première courbe $f(z, u) = 0$, de degré n, qui coupe la courbe $F = 0$ en mn points que nous supposerons distincts, pour fixer les idées, $(\xi_1, \eta_1), \ldots, (\xi_{mn}, \eta_{mn})$; imaginons ensuite que les coefficients de $f(z, u)$ varient d'une manière continue depuis leurs valeurs initiales. Les mn points d'intersection de C avec la seconde courbe décrivent sur T certaines lignes continues à partir des valeurs initiales. Cela posé, *la somme des accroissements d'une intégrale de première espèce le long des lignes continues décrites par les points* (ξ_i, η_i) *est rigoureusement nulle.*

Il suffit évidemment de le démontrer pour une variation infiniment petite des coefficients de $f(z, u)$. La nouvelle courbe aura une équation de la forme

$$\psi(z, u) = f(z, u) + \varepsilon f_1(z, u),$$

ε étant un nombre très petit et $f_1(z, u)$ un polynome de même degré que $f(z, u)$. Supposons que les coupures a_ν, b_ν, c_ν aient été tracées de façon à ne pas rencontrer les lignes décrites par les points (ξ_i, η_i), ce qui est toujours possible si ces lignes sont suffisamment petites. D'après la proposition générale, la différence

$$\sum_{i=1}^{mn} w(\xi_i, \eta_i) - \sum_{i=1}^{mn} w(\xi'_i, \eta'_i)$$

est égale à la somme

$$m_1 \omega_1 + \ldots + m_{2p} \omega_{2p},$$

les produits tels que $2\pi i m_k$ représentant les périodes de l'intégrale abélienne

$$\log \varphi(z, u) = \log \frac{f(z, u) + \varepsilon f_1(z, u)}{f(z, u)}$$

relatives aux coupures a_ν, b_ν. Or il est aisé de voir que ces périodes sont toutes nulles. Par exemple, la période relative à la coupure a_ν est égale à l'intégrale

$$\int_{(b_\nu)} \frac{\varepsilon \, d\chi}{1 + \varepsilon \chi(z, u)},$$

où l'on a posé

$$\chi(z, u) = \frac{f_1(z, u)}{f(z, u)}.$$

Supposons, ce qui est évidemment permis, le module de $\chi(z, u)$ plus petit que l'unité tout le long de la coupure b_ν. Si l'on désigne par l la longueur de cette coupure, le module de l'intégrale est moindre que $\frac{\varepsilon l}{1 - \varepsilon}$; comme cette période doit être un multiple de $2\pi i$, on en conclut qu'elle est rigoureusement nulle.

Ainsi, si l'on considère les points d'intersection d'une courbe fixe C *avec une courbe variable de degré n, la somme des valeurs continues d'une intégrale abélienne de première espèce, attachée à la courbe* C, *aux points d'intersection variables reste constante.*

Le théorème subsiste évidemment si quelques-uns des points d'intersection vont à l'infini ou viennent aux points de ramification. Lorsque la courbe mobile passe par un certain nombre de points fixes de la courbe donnée, on peut en faire abstraction dans l'application du théorème.

187. Supposons, en second lieu, que l'intégrale U soit une intégrale de seconde espèce, admettant un seul pôle du premier ordre (a, b) en un point à distance finie et distinct des points de ramification, avec la partie principale

$$\frac{A}{z-a};$$

le résidu de la fonction $U\frac{d\log\varphi}{dz}$ au point (a, b) est égal à $A\frac{\varphi'(a, b)}{\varphi(a, b)}$, où $\varphi'(a, b)$ désigne la valeur de la dérivée $\frac{d\varphi(z, u)}{dz}$ pour $z = a$, $u = b$, et il reste

$$(7) \qquad \sum_{i=1}^{i=q} U(\xi_i, \eta_i) - \sum_{k=1}^{k=q} U(\xi'_k, \eta'_k) \equiv -A\frac{\varphi'(a, b)}{\varphi(a, b)}.$$

Si l'on pose, comme plus haut, $\varphi(z, u) = \frac{f(z, u)}{\psi(z, u)}$, où f et ψ sont des polynomes de même degré en z et u, on a

$$\frac{\varphi'(a, b)}{\varphi(a, b)} = \frac{f'(a, b)}{f(a, b)} - \frac{\psi'(a, b)}{\psi(a, b)}.$$

Les points (ξ_i, η_i) sont les points d'intersection de la courbe $f(z, u) = 0$ avec la courbe donnée $F = 0$; les points (ξ'_k, η'_k) les points d'intersection de $\psi = 0$ avec $F = 0$. Un cas particulier remarquable est le cas où, parmi les courbes du faisceau

$$f + \lambda\psi = 0,$$

il s'en trouve une qui coupe la courbe $F = 0$ *en deux points confondus au point* (a, b). Alors, pour une certaine valeur de la constante γ, on a

$$f(a, b) + \lambda\,\psi(a, b) = 0, \qquad f'(a, b) + \lambda\,\psi'(a, b) = 0,$$

d'où, en éliminant λ, on voit que la quantité $\frac{\varphi'(a, b)}{\varphi(a, b)}$ est *nulle*. On peut alors énoncer le théorème suivant, utile dans les applications géométriques : Soit U une intégrale de deuxième espèce avec un pôle simple (a, b); si l'on coupe la courbe $F = 0$ par deux courbes de même degré $f = 0$ et $\psi = 0$, telles que, parmi les courbes du faisceau $f + \lambda\psi = 0$, il s'en trouve une tangente à F au point (a, b), la somme des valeurs de U aux points d'intersection de F et de f est égale à la somme des valeurs de U aux points d'intersection de F et de φ.

188. Si le point (a, b) est un point de ramification, ou s'en va à l'infini, ou si ce pôle est d'un ordre supérieur au premier, les résidus de la fonction

$$U \frac{d \log \varphi(z, u)}{dz}$$

ont une expression moins simple. Mais, quels que soient l'ordre et la position du pôle sur la surface, si la fonction rationnelle $\varphi(z, u)$ dépend d'un certain nombre de coefficients arbitraires c_1, $c_2, \ldots, c_q$, dont elle est une fonction rationnelle, le résidu relatif au pôle (a, b) est toujours égal à une fonction rationnelle de ces coefficients indéterminés $c_1, c_2, \ldots, c_q$. Il en sera encore de même pour la somme des résidus, si l'intégrale abélienne U admet un nombre quelconque de pôles, sans admettre aucun point critique logarithmique. Pour plus de précision, supposons

$$\varphi(z, u) = \frac{P(z, u)}{Q(z, u)},$$

P et Q désignant deux polynomes entiers en u et z, dont nous désignerons les coefficients par $c_1, c_2, \ldots, c_q$. Le théorème d'Abel nous montre que *la différence entre la somme des valeurs de l'intégrale abélienne* U *pour les zéros de la fonction rationnelle* $\varphi(z, u)$ *et la somme des valeurs de la même intégrale pour les pôles de* $\varphi(z, u)$ *est égale à une fonction rationnelle des coefficients* $c_1, \ldots, c_q$ *des deux polynomes* P *et* Q, *abstraction faite d'une somme de multiples de périodes de l'intégrale* U.

Cette fonction rationnelle des coefficients $c_1, c_2, \ldots, c_q$ peut toujours être calculée dès qu'on connaît les pôles de U et les parties principales correspondantes. Pour donner à l'énoncé précédent une forme géométrique, il suffit de répéter ce qui a été fait pour les intégrales de première espèce. Soit $f(z, u) = 0$ l'équation d'une courbe de degré n qui rencontre la courbe donnée en mn points (ξ_1, η_1), ..., (ξ_{mn}, η_{mn}); imaginons que les coefficients de $f(z, u)$ varient d'une manière continue; les points (ξ_1, η_1), ..., (ξ_{mn}, η_{mn}) se déplacent sur la surface T d'une manière continue. Soient (ξ'_1, η'_1), ..., (ξ'_{mn}, η'_{mn}) les nouvelles positions de ces points d'intersection, correspondant à une autre courbe $\psi(z, u) = 0$ de même degré. Cela posé, on a

$$(8) \qquad \sum_{i=1}^{i=mn} \int_{(\xi_i, \eta_i)}^{(\xi'_i, \eta'_i)} dU = v,$$

v désignant une fonction rationnelle des coefficients des deux polynomes f et ψ, et les intégrales étant prises suivant les chemins décrits par les points (ξ_i, η_i), lorsque les coefficients du polynome f varient d'une manière continue depuis les valeurs initiales jusqu'à devenir égaux aux coefficients du polynome ψ.

Supposons donnés tous les coefficients du polynome f, les coefficients de ψ restant variables, l'égalité (8) peut s'écrire

$$(9) \qquad \sum_{i=1}^{mn} \int_{(z_0, u_0)}^{(\xi'_i, \eta'_i)} dU = \sum_{i=1}^{mn} \int_{(z_0, u_0)}^{(\xi_i, \eta_i)} dU + v.$$

La première partie du second membre reste constante; par conséquent, *la somme des valeurs d'une intégrale abélienne* U, *n'admettant aucun point critique logarithmique, prises depuis une origine commune* (z_0, u_0) *jusqu'aux* mn *points d'intersection de la courbe donnée avec une courbe variable de degré* n, $\psi(z, u) = 0$, *est égale à une constante* C, *augmentée d'une fonction rationnelle des coefficients du polynome* $\psi(z, u)$.

Rien n'empêche d'ailleurs de supposer que ces mn intégrales ont des limites inférieures différentes, pourvu qu'elles soient fixes, ce qui revient à modifier la constante C.

189. Lorsque l'intégrale U admet des points critiques logarith-

miques, la fonction

$$\mathrm{U}\frac{d\log\varphi(z,\,u)}{dz}$$

n'est plus uniforme sur la surface T′, et le raisonnement doit être modifié. Pour plus de netteté, supposons que U se réduise à une intégrale de troisième espèce avec les deux points critiques logarithmiques $(a,\,b)$, et $(a_1,\,b_1)$. Il faudra joindre aux coupures a_ν, b_ν, c_ν une nouvelle coupure L joignant ces deux points critiques et ne rencontrant pas les précédentes. Sur la nouvelle surface T″ la fonction sous le signe $\int$ est uniforme et l'on peut lui appliquer le théorème de Cauchy; l'intégrale

$$\int \mathrm{U}\, d\log\varphi(z,\,u),$$

prise le long des coupures a_ν, b_ν, c_ν, a la même expression que plus haut. Quant à l'intégrale prise le long des deux bords opposés de la coupure L dans le sens direct, elle a pour valeur (n° 153)

$$-2\pi i\int_{(a,\,b)}^{(a_1,\,b_1)} d\log\varphi(z,\,u) = -2\pi i\log\frac{\varphi(a_1,\,b_1)}{\varphi(a,\,b)}.$$

Il vient, par conséquent, l'égalité suivante :

$$(10)\qquad \sum_{i=1}^{q}\Pi_{(a_1,\,b_1)}^{(a,\,b)}(\xi_i,\,\eta_i) - \sum_{k=1}^{q}\Pi_{(a_1,\,b_1)}^{(a,\,b)}(\xi'_k,\,\eta'_k) = \log\frac{\varphi(a,\,b)}{\varphi(a_1,\,b_1)},$$

qui constitue le théorème d'Abel dans le cas des intégrales de troisième espèce.

De cette formule on déduit, en répétant les raisonnements déjà employés pour les intégrales de première et de seconde espèce, les conséquences suivantes :

1° Soient $f(z,\,u) = 0$, $\psi(z,\,u) = 0$ les équations de deux courbes de degré n. On a

$$(11)\qquad \sum_{i=1}^{mn}\int_{(\xi_i,\,\eta_i)}^{(\xi'_i,\,\eta'_i)} d\Pi_{(a_1,\,b_1)}^{(a,\,b)} = \log\frac{f(a,\,b)\,\psi(a_1,\,b_2)}{f(a_1,\,b_1)\,\psi(a,\,b)},$$

les points d'intersection de $\mathrm{F} = 0$ avec les deux courbes $f = 0$,

$\psi = 0$, étant représentés respectivement par (ξ_i, η_i), (ξ'_i, η'_i) $(i = 1, 2, \ldots, mn)$, et les chemins d'intégration étant fixés comme il a été déjà expliqué. On remarquera que la fonction sous le signe log est une fonction rationnelle des coefficients des deux polynomes f et ψ. Par exemple, si les deux points singuliers logarithmiques de l'intégrale II sont les deux points analytiques *superposés en un point double* dans des feuillets différents de la surface de Riemann (p. 201), on a $a = a_1$, $b = b_1$, et le logarithme du second membre est *nul*; la somme des intégrales (11) est alors nulle à des multiples de périodes près.

Il en est de même dans le cas plus général où il existe une courbe du faisceau $f(z, u) + \lambda\psi(z, u) = 0$ passant par les deux points (a, b) et (a_1, b_1). En effet, on a alors, pour une certaine valeur de λ,

$$f(a, b) + \lambda\,\psi(a, b) = 0, \qquad f(a_1, b_1) + \lambda\,\psi(a_1, b_1) = 0,$$

d'où

$$\frac{f(a, b)\,\psi(a_1, b_1)}{f(a_1, b_1)\,\psi(a, b)} = 1.$$

2° Soient U une intégrale abélienne quelconque, et $f = 0$, $\psi = 0$ les équations de deux courbes de degré n, qui coupent respectivement aux mn points (ξ_i, η_i) et (ξ'_i, η'_i) la courbe proposée. On a une relation de la forme

$$\sum_{i=1}^{mn} \int_{(\xi_i, \eta_i)}^{(\xi'_i, \eta'_i)} d\mathrm{U} = v + \mathrm{A}_1 \log v_1 + \ldots + \mathrm{A}_r \log v_r + \mathrm{C}, \tag{12}$$

$\mathrm{A}_1, \mathrm{A}_2, \ldots, \mathrm{A}_r$ étant des constantes, et $v, v_1, v_2, \ldots, v_r$ des fonctions rationnelles des coefficients des deux polynomes f et ψ. Il suffit, pour établir cette formule, de décomposer U en intégrales des trois espèces.

3° Si la courbe f est fixe et la courbe ψ variable, la formule (12) devient

$$\sum_{i=1}^{mn} \int_{(z_0, u_0)}^{(\xi'_i, \eta'_i)} d\mathrm{U} = \mathrm{C} + v + \mathrm{A}_1 \log v_1 + \ldots + \mathrm{A}_r \log v_r, \tag{13}$$

C désignant une constante. Par conséquent, *la somme des valeurs d'une intégrale abélienne quelconque* U, *prises depuis une origine commune* (z_0, u_0) *jusqu'aux mn points d'intersection de la courbe donnée avec une courbe variable de degré n,* $\psi(z, u) = 0$, *est égale à une fonction rationnelle des coefficients de* ψ, *augmentée d'une somme d'un nombre fini de logarithmes de fonctions rationnelles des mêmes coefficients, multipliés par des facteurs constants.*

On peut remarquer, comme plus haut, qu'il n'est pas nécessaire de prendre la même limite inférieure pour toutes les intégrales.

190. Tel est, dans le cas le plus général, le théorème d'Abel. Pour les applications, il est commode d'avoir une formule générale s'appliquant à tous les cas particuliers. Désignons toujours par $\varphi(z, u)$ une fonction rationnelle de z et de u dont les zéros et les infinis sont respectivement

$$(\xi_1, \eta_1), \quad \ldots, \quad (\xi_q, \eta_q),$$
$$(\xi'_1, \eta'_1), \quad \ldots, \quad (\xi'_q, \eta'_q),$$

et par

$$U = \int_{(z_0, u_0)}^{(z, u)} R(z, u)\, dz$$

une intégrale abélienne quelconque. Imaginons qu'on trace un contour fermé C sur T′, ce contour renfermant à son intérieur tous les points singuliers de l'intégrale U et laissant à l'extérieur tous les pôles et tous les zéros de $\varphi(z, u)$; soit T″ la surface connexe ainsi obtenue; l'intégrale

$$\int U \, d\log\varphi,$$

prise dans le sens direct le long du contour total de T″, est égale, d'une part, à

$$2\pi i \left[\sum_{i=1}^{q} U(\xi_i, \eta_i) - \sum_{k=1}^{q} U(\xi'_k, \eta'_k) \right];$$

d'autre part, la portion d'intégrale prise le long des coupures a_ν, b_ν, c_ν a pour valeur

$$2\pi i (m_1 \omega_1 + \ldots + m_{2p} \omega_{2p}).$$

Il reste à calculer la portion d'intégrale prise le long du contour C.

Or, on a

$$(14) \qquad d(\mathrm{U}\log\varphi) = \mathrm{U}\,d\log\varphi + \mathrm{R}(z,\,u)\log\varphi\,dz;$$

lorsque le point $(z,\,u)$ décrit le contour C, le produit $\mathrm{U}\log\varphi$ revient à sa valeur initiale, puisque ce contour ne renferme aucun point critique de $\log\varphi$ et renferme tous ceux de l'intégrale U. Il vient donc

$$\int_{(\mathrm{C})}\mathrm{U}\,d\log\varphi = -\int_{(\mathrm{C})}\mathrm{R}(z,\,u)\log\varphi\,dz.$$

A l'intérieur du contour C, la nouvelle fonction $\mathrm{R}(z,\,u)\log\varphi$ est uniforme et on peut lui appliquer le théorème de Cauchy. On a par conséquent, en remarquant que, si l'on décrit C de façon à avoir l'aire T″ à sa gauche, on a l'aire intérieure à droite,

$$(15) \qquad \sum_{i=1}^{q}\mathrm{U}(\xi_i,\,\eta_i) - \sum_{k=1}^{q}\mathrm{U}(\xi'_k,\,\eta'_k) \equiv \mathcal{E}[\mathrm{R}(z,\,u)\log\varphi],$$

le second membre désignant la somme des résidus du produit $\mathrm{R}(z,\,u)\log\varphi$ relatifs à tous les points singuliers de l'intégrale abélienne U.

Remarque. — Dans l'application de cette formule, il faut imaginer tracé le contour C, et choisir une des valeurs multiples de $\log\varphi(z,\,u)$ pour un point intérieur; les valeurs de ce logarithme pour tous les points singuliers de U s'en déduisent par continuité. Pour avoir un énoncé géométrique applicable aux points d'intersection d'une courbe variable avec la courbe fixe, nous procéderons comme plus haut, en prenant pour φ le quotient de deux polynomes de degré n, $\varphi = \dfrac{\psi(z,\,u)}{f(z,\,u)}\cdot$ Les notations étant les mêmes, la formule (15) devient

$$(16) \qquad \mathrm{I} = \sum_{i=1}^{mn}\int_{(\xi_i,\eta_i)}^{(\xi'_i,\eta'_i)} d\mathrm{U} = \mathcal{E}\left[\mathrm{R}(z,\,u)\log\frac{\psi(z,\,u)}{f(z,\,u)}\right].$$

Pour n'avoir aucune ambiguïté dans l'application de cette formule, il faut imaginer les coefficients d'une courbe variable de degré n variant d'une manière continue, depuis les valeurs qui conviennent à la courbe $f(z,\,u) = 0$ jusqu'aux valeurs qu'ils ont pour la courbe $\varphi(z, u) = 0$; les intégrales du premier membre sont prises suivant les chemins décrits par les points mobiles d'intersection, et, si le second membre présente des logarithmes, on déterminera les valeurs qu'il faut leur attribuer en suivant leur variation continue en même temps que celle des coefficients variables.

Supposons en particulier que les deux courbes $f = 0$, $\psi = 0$ fassent partie d'un faisceau de courbes de degré n

$$f(z, u) = \Theta(z, u) + \lambda_0 \Theta_1(z, u),$$
$$\psi(z, u) = \Theta(z, u) + \lambda\ \Theta_1(z, u),$$

et imaginons que, λ_0 restant fixe, λ seulement soit variable. De la formule qui donne I

$$I = \mathcal{E}\left[R(z, u) \log \frac{\Theta + \lambda\Theta_1}{\Theta + \lambda_0\Theta_1}\right],$$

on déduit

$$\frac{dI}{d\lambda} = \mathcal{E}\left[R(z, u) \frac{\Theta_1}{\Theta + \lambda\Theta_1}\right];$$

il est clair, en effet, que la dérivée d'un résidu par rapport au paramètre λ est égale au résidu de la dérivée par rapport à λ. On a par conséquent

$$(17) \qquad I = \int_{\lambda_0}^{\lambda} \mathcal{E}\left[R(z, u) \frac{\Theta_1}{\Theta + \lambda\Theta_1}\right] d\lambda,$$

le signe $\mathcal{E}$ s'étendant à tous les points singuliers de l'intégrale considérée ([1]).

On peut remarquer que Θ_1 et Θ sont deux courbes quelconques du faisceau $f + \lambda\psi = 0$. Supposons que f et ψ ne passent pas par les pôles de U, mais que, dans le faisceau $f + \lambda\psi = 0$, il s'en trouve une, que nous appellerons Θ_1, qui passe par tous les infinis de $R(z, u)$ d'ordre supérieur à l'unité, de telle façon que le produit $R(z, u)\Theta_1$ n'ait plus que des infinis d'ordre inférieur à l'unité. Alors les résidus de $R(z, u) \dfrac{\Theta_1}{\Theta + \lambda\Theta_1}$ sont nuls, quel que soit λ, et l'on a $I = 0$. Donc, dans ce cas particulier, la somme des intégrales $\int_{(\xi'_i, \eta'_i)}^{(\xi_i, \eta_i)} dU$, prises, depuis les points de rencontre

---

([1]) On trouvera d'intéressantes applications de cette formule dans un Mémoire de M. Humbert (*Journal de Mathématiques*, 4e **série**).

de F avec la courbe $f = 0$ jusqu'aux points de rencontre de F avec $\psi = 0$, est nulle à des multiples de périodes près. C'est la généralisation des remarques du n° **189**.

191. Appliquons la formule générale (15) aux intégrales hyperelliptiques. Soit

$$u^2 = R(z) \tag{18}$$

une relation algébrique, où $R(z)$ est un polynome de degré $2p+1$ ou $2p+2$, sans facteurs multiples, et

$$v(z, u) = \int_{(z_0, u_0)}^{(z, u)} \frac{P(z)}{u} dz, \tag{19}$$

une intégrale abélienne correspondante, $P(z)$ étant un polynome entier en z. Considérons les μ points d'intersection de la courbe (18) avec la courbe

$$\theta(z) - u\,\theta_1(z) = 0,$$

où θ et θ_1 sont des polynomes entiers en z. Soient (z_1, u_1), ..., (z_μ, u_μ) ces μ points; $z_1, z_2, \ldots, z_\mu$ sont racines de l'équation

$$\theta^2(z) - R(z)\,\theta_1^2(z) = 0.$$

Désignons par $\eta(z)$ et par $\eta_1(z)$ deux autres polynomes de même degré respectivement que θ et θ_1, et soient (z'_1, u'_1), ..., (z'_μ, u'_μ) les μ points de rencontre de la courbe (18) avec la courbe

$$\eta(z) = u\,\eta_1(z) = 0.$$

La fonction rationnelle

$$\varphi(z, u) = \frac{\theta(z) - u\,\theta_1(z)}{\eta(z) - u\,\eta_1(z)}$$

admet les μ zéros (z_i, u_i) et les μ pôles (z'_i, u'_i), et, si l'on suppose que les polynomes θ, θ_1, η, η_1 sont les plus généraux de leur degré, les points à l'infini de la surface ne sont ni des pôles ni des zéros pour $\varphi(z, u)$. Remarquons maintenant que l'intégrale $v(z, u)$ est régulière en tout point à distance finie; la formule (15) nous donne donc

$$\sum_{i=1}^{\mu} v(z_i, u_i) - \sum_{i=1}^{\mu} v(z'_i, u'_i) \equiv \mathcal{E}_\infty \frac{P(z)}{u} \log \varphi(z, u); \tag{20}$$

mais la somme de ces résidus n'est autre chose que le coefficient de $\frac{1}{z}$ dans le développement de

$$\frac{P(z)}{u}\log\left\{\frac{\varphi(z,u)}{\varphi(z,-u)}\right\} = \frac{P(z)}{u}\left(\log\frac{\theta-u\theta_1}{\theta+u\theta_1}-\log\frac{\eta-u\eta_1}{\eta+u\eta_1}\right)$$

dans le domaine du point à l'infini. Si l'on regarde maintenant les coefficients des polynome η, η_1 comme constants, les coefficients de θ, θ_1 restant seuls variables, il vient

$$(21) \qquad v(z_1,u_1)+\ldots+v(z_\mu,u_\mu) = C + r,$$

C étant une constante et r le coefficient de $\frac{1}{z}$ dans le développement de

$$\frac{P(z)}{u}\log\left(\frac{\theta-u\theta_1}{\theta+u\theta_1}\right).$$

On vérifiera sans peine que cette formule est identique à la formule (29) [théorème III] du Mémoire cité d'Abel.

Dans le domaine d'un point à l'infini de la surface de Riemann, le logarithme d'une fonction rationnelle de z et de u est de la forme $q\log z + P\left(\frac{1}{z}\right)$ ou de la forme $q\log z + P\left(\frac{1}{\sqrt{z}}\right)$, suivant que ce point à l'infini est un point ordinaire ou un point de ramification, $P(t)$ désignant une fonction régulière pour $t=0$. Si l'intégrale considérée est de première espèce, le développement de $\frac{P(z)}{u}$ commence par un terme en $\frac{1}{z^2}$ ou en $\frac{1}{z^{\frac{3}{2}}}$; il n'y a donc pas de terme en $\frac{1}{z}$ dans le produit $\frac{P(z)}{u}\log\left(\frac{\theta-u\theta_1}{\theta+u\theta_1}\right)$ et, par suite, $r=0$. C'est le théorème connu pour les intégrales de première espèce.

192. Il est intéressant de remarquer que r peut être nul ou indépendant des coefficients variables, pour certaines formes particulières des polynomes θ, θ_1, sans que l'intégrale $v(z,u)$ soit de première espèce. Par exemple, supposons que $R(z)$ soit un polynome du cinquième degré et $P(z)$ un polynome du deuxième degré; soit, en outre,

$$\theta(z) = z^p \qquad + A_1 z^{p-1} + A_2 z^{p-2} + \ldots,$$
$$\theta_1(z) = n z^{p-3} + B_1 z^{p-4} + B_2 z^{p-5} + \ldots,$$

n étant une constante et $A_1, A_2, \ldots, B_1, B_2, \ldots$, des coefficients arbitraires, dont le nombre est égal à $2p-3$. Dans le domaine du point à l'infini, le développement de $\frac{P(z)}{\sqrt{R(z)}}$ commence par un terme en $\frac{1}{\sqrt{z}}$; le second facteur $\log\frac{\theta-u\theta_1}{\theta+u\theta_1}$ peut s'écrire

$$\log\left(\frac{1-\Psi}{1+\Psi}\right)$$

en posant

$$\Psi=\frac{u\theta_1}{\theta}=\frac{u(nz^{p-3}+\ldots)}{z^p+A_1z^{p-1}+\ldots}.$$

Le développement de Ψ, pour $z=\infty$, commence par un terme en $\frac{1}{\sqrt{z}}$ et le coefficient de ce terme est indépendant des coefficients variables $A_1, A_2, \ldots$. Le coefficient de $\frac{1}{z}$ dans le produit

$$\frac{P(z)}{\sqrt{R(z)}}\log\left(\frac{1-\Psi}{1+\Psi}\right)$$

est donc indépendant des coefficients A et B. On déduit de là la conséquence suivante. Supposons, pour fixer les idées,

$$R(z)=(z-e_1)(z-e_2)\ldots(z-e_5),$$
$$P(z)=z^2;$$

soient $(z_1, u_1), \ldots, (z_{2p}, u_{2p})$ les points de rencontre de la courbe $u^2=R(z)$ avec la courbe variable

$$\theta(z)=u\,\theta_1(z)=0,$$

$z_1, z_2, \ldots, z_{2p}$ étant racines de l'équation de degré $2p$

$$\theta^2(z)-R(z)\,\theta_1^2(z)=0.$$

La somme

$$v(z_1, u_1)+v(z_2, u_2)+\ldots+v(z_{2p}, u_{2p})$$

reste constante, lorsque les coefficients A et B varient d'une manière quelconque, quoique l'intégrale $v(z, u)$ ne soit pas de première espèce [1].

Les autres énoncés que renferme le Mémoire d'Abel se dédui-

---

[1] On trouvera dans l'Ouvrage de M. Darboux (*Leçons sur la théorie générale des surfaces*, t. II, p. 311) une application intéressante de cette remarque.

raient de même de la formule générale (15). Par exemple, en considérant l'intégrale

$$v(z, u) = \int \frac{P(z)\,dz}{(z-\alpha)\sqrt{R(z)}}$$

et en conservant les mêmes notations, on a

$$v(z_1, u_1) + \ldots + v(z_\mu, u_\mu) = C + r + \frac{P(\alpha)}{\sqrt{R(\alpha)}} \log\left[\frac{\theta(\alpha) + \beta\,\theta_1(\alpha)}{\theta(\alpha) - \beta\,\theta_1(\alpha)}\right],$$

où

$$\beta^2 = R(\alpha)$$

et où r est le résidu de

$$\frac{P(z)}{\sqrt{R(z)}} \log\left[\frac{\theta(z) + u\,\theta_1(z)}{\theta(z) - u\,\theta_1(z)}\right]$$

pour le point à l'infini.

193. Nous allons donner une seconde démonstration du théorème d'Abel, d'un caractère plus élémentaire, et qui montre encore mieux la véritable origine de cette importante proposition. Elle est d'ailleurs identique à la démonstration donnée par Abel lui-même pour le cas le plus général d'une relation algébrique de forme quelconque.

Soit

$$F(z, u) = 0 \tag{22}$$

l'équation d'une courbe algébrique quelconque C de degré m, et soit

$$v(z, u) = \int_{(z_0, u_0)}^{(z, u)} R(z, u)\,dz$$

une intégrale abélienne quelconque attachée à cette courbe. Une courbe C′ de degré n

$$\Phi(z, u) = 0, \tag{23}$$

dont l'équation renferme un certain nombre de coefficients variables $a_1, a_2, \ldots, a_k$, rencontre la courbe C en mn points variables avec ces coefficients $(z_1, u_1), (z_2, u_2), \ldots, (z_{mn}, u_{mn})$. La somme des valeurs de l'intégrale abélienne $v(z, u)$, où l'on prend successivement chacun de ces points d'intersection pour limite supérieure

$$I = v(z_1, u_1) + \ldots + v(z_{mn}, u_{mn}) = \sum_{i=1}^{mn} \int_{(z_0, u_0)}^{(z_i, u_i)} R(z, u)\, dz,$$

est une fonction des paramètres $a_1, a_2, \ldots, a_k$, dont nous allons chercher la forme analytique.

Désignons d'une manière générale par δV la différentielle totale d'une fonction V par rapport aux paramètres $a_1, a_2, \ldots, a_k$. On a

$$\delta I = \sum_{i=1}^{mn} R(z_i, u_i)\, \delta z_i.$$

Des équations (22) et (23) on tire

$$\frac{\partial F}{\partial z_i}\delta z_i + \frac{\partial F}{\partial u_i}\delta u_i = 0,$$

$$\frac{\partial \Phi_i}{\partial z_i}\delta z_i + \frac{\partial \Phi_i}{\partial u_i}\delta u_i + \delta \Phi_i = 0,$$

et par suite

$$\delta z_i = \delta \Phi_i\, \Psi(z_i, u_i),$$

$\Psi(z_i, u_i)$ étant une fonction rationnelle de (z_i, u_i) et des coefficients $a_1, a_2, \ldots, a_k$, et Φ_i désignant $\Phi(z_i, u_i)$. En remplaçant δz_i par cette valeur dans δI, il vient

$$\delta I = \sum_{i=1}^{mn} R(z_i, u_i)\, \Psi(z_i, u_i)\, \delta \Phi_i.$$

Si l'on développe $\delta \Phi_i = \frac{\partial \Phi^i}{\partial a_1}\delta a_1 + \ldots + \frac{\partial \Phi_i}{\partial a_k}\delta a_k$, le coefficient de δa_1, par exemple, dans le second membre, est égal à

$$\sum_{i=1}^{mn} R(z_i, u_i)\, \Psi(z_i, u_i) \frac{\partial \Phi_i}{\partial a_1},$$

c'est-à-dire à une fonction rationnelle et symétrique des coordonnées des mn points $(z_1, u_1), (z_2, u_2), \ldots, (z_{mn}, u_{mn})$, fonction qui est en même temps rationnelle par rapport aux coefficients a_1, $a_2, \ldots, a_k$. Or, toute fonction rationnelle et symétrique des coordonnées des mn points communs aux deux courbes (22) et (23) est égale à une fonction rationnelle des coefficients des deux équations. Il reste donc en définitive

$$\delta I = \Pi_1 \delta a_1 + \Pi_2 \delta a_2 + \ldots + \Pi_k \delta a_k,$$

$\Pi_1, \Pi_2, \ldots, \Pi_k$ étant des fonctions rationnelles des k coefficients $a_1, a_2, \ldots, a_k$, ne renfermant plus les coordonnées des points (z_i, u_i). Par conséquent

$$I = \int \Pi_1 \delta a_1 + \Pi_2 \delta a_2 + \ldots + \Pi_k \delta a_k;$$

or, les fonctions $\Pi_1, \Pi_2, \ldots, \Pi_k$ étant rationnelles, l'intégration ne peut introduire d'autres transcendantes que des logarithmes. *La somme* I *est donc égale à une fonction rationnelle des coefficients* $a_1, a_2, \ldots, a_k$, *augmentée d'une somme de logarithmes de fonctions rationnelles des mêmes coefficients.*

Si l'intégrale abélienne considérée est de première espèce, la somme I doit être constante. En effet, si les fonctions $\Pi_1, \Pi_2, \ldots, \Pi_k$ n'étaient pas identiquement nulles, on pourrait trouver un système de valeurs $a'_1, a'_2, \ldots, a'_k$ pour les coefficients $a_1, a_2, \ldots,$ a_k, tel que I deviendrait infini pour $a_1 = a'_1, \ldots, a_k = a'_k$. Si les points de rencontre de la courbe C avec la courbe variable C', qui répond aux valeurs $a'_1, \ldots, a'_k$ des paramètres, sont $(z'_1, u'_1), \ldots,$ (z'_{mn}, u'_{mn}), il y aurait au moins une des valeurs de $v(z, u)$ qui deviendrait infinie lorsque le point (z, u) tendrait vers un des points (z'_i, u'_i); ce qui est impossible, puisque l'intégrale est de première espèce.

194. Si l'intégrale abélienne considérée est quelconque, on peut encore montrer que l'on arrive aux mêmes formules finales. Nous suivrons la méthode employée par M. Michel, en établissant d'abord les deux lemmes suivants :

Lemme I. — Soient $F = 0$, $F' = 0$, deux courbes algébriques ayant un point simple à l'origine avec une tangente distincte de l'axe des u; une courbe algébrique variable $f = 0$, passant par l'origine pour un système particulier de valeurs des paramètres, mais non constamment; soient enfin

$$(\xi_1, \eta_1), \quad \ldots, \quad (\xi_r, \eta_r)$$

les r points d'intersection infiniment voisins de l'origine des courbes F et f, et

$$(\xi'_1, \eta'_1), \quad \ldots, \quad (\xi'_{r'}, \eta'_{r'})$$

les r' points d'intersection infiniment voisins de l'origine des courbes F′ et f; je dis que les produits

$$\xi_1 \xi_2 \ldots \xi_r \quad \text{et} \quad \xi'_1 \xi'_2 \ldots \xi'_{r'}$$

sont des infiniment petits équivalents.

Il suffit de supposer que l'équation $f = 0$ contient linéairement le paramètre λ et que la courbe qu'elle représente passe par l'origine pour $\lambda = 0$, mais non pour λ quelconque; la branche de courbe $F = 0$ qui passe par l'origine étant représentée par le développement

$$u = kz + lz^2 + \ldots, \tag{24}$$

l'équation aux abscisses des points de rencontre de cette branche avec la courbe f, qui s'obtient en remplaçant u par ce développement dans f, contient λ linéairement; elle est donc de la forme

$$\lambda(d_0 + d_1 z + \ldots + d_{r-1} z^{r-1}) + (c_r + \lambda d_r) z^r + \ldots = 0, \tag{25}$$

car pour $\lambda = 0$ on doit avoir r racines nulles et r seulement; on a donc $c_r \neq 0$, et de plus $d_0 \neq 0$ puisque l'équation n'a pas de racine nulle pour λ quelconque. La relation précédente définit en fonction de λ les r abscisses $\xi_1, \xi_2, \ldots, \xi_r$ infiniment petites avec λ; on voit (*cf.* Chap. IX) qu'elles forment un seul cycle d'ordre r, leurs valeurs principales étant définies par la relation

$$\lambda d_0 + c_r \xi^r = 0;$$

elles sont donc de l'ordre de $\lambda^{\frac{1}{r}}$ et le produit $\xi_1 \xi_2 \ldots \xi_r$ est un infiniment petit équivalent à λ; il en est de même du produit $\xi'_1 \xi'_2 \ldots \xi'_{r'}$, ce qui démontre la proposition.

Lemme II. — Les hypothèses du lemme I étant conservées, supposons en outre que les courbes F et F′ aient même tangente à l'origine; je dis que l'expression

$$\left(\frac{1}{\xi_1} + \frac{1}{\xi_2} + \ldots + \frac{1}{\xi_r}\right) - \left(\frac{1}{\xi'_1} + \ldots + \frac{1}{\xi'_{r'}}\right)$$

a une limite finie.

Supposons $r=1$; alors la courbe f, pour $\lambda=0$, admet un point simple à l'origine avec une tangente distincte de celle des courbes F et F'; on aura donc également $r'=1$. L'équation (25) devient

$$\lambda d_0+(c_1+\lambda d_1)z+\ldots. \tag{26}$$

La racine ξ de cette équation, nulle pour $\lambda=0$ et régulière en ce point, a pour partie principale

$$-\frac{d_0}{c_1}\lambda,$$

le coefficient c_1 ne dépendant que des coefficients de f et du coefficient angulaire k de la tangente à F. On aura donc

$$\frac{1}{\xi}=-\frac{c}{d_0}\frac{1}{\lambda}+\text{quantité finie}$$

et la même expression pour $\frac{1}{\xi'}$; par suite

$$\frac{1}{\xi}-\frac{1}{\xi'}=\text{quantité finie}.$$

Si $r>1$, la courbe f pour $\lambda=0$ admet un point singulier à l'origine ou bien est tangente à F et par suite à F'; on a donc aussi $r'>1$. L'expression

$$\frac{1}{\xi_1}+\frac{1}{\xi_2}+\ldots+\frac{1}{\xi_r}$$

étant une fonction uniforme de λ au voisinage de $\lambda=0$, et de l'ordre de $\lambda^{-\frac{1}{r}}$ au plus, est donc régulière en ce point et cette somme reste finie; il en est de même, puisque $r'>1$, de la somme

$$\frac{1}{\xi'_1}+\ldots+\frac{1}{\xi'_{r'}}$$

et par suite de leur différence.

Ceci établi, soient deux courbes fixes $F=0$, $F'=0$, de degrés m et m', se coupant en deux points $A(a, b)$ et $A_1(a_1, b_1)$, simples sur chacune d'elles et ordinaires sur les surfaces de Riemann attachées aux deux courbes, et les deux intégrales normales de troisième espèce

$$\prod_{a_1,b_1}^{a,b}(z, u) \quad \text{et} \quad \prod_{a_1,b_1}^{\prime(a,b)}(z, u)$$

relatives à ces deux courbes que nous désignerons plus simplement par

$$\varpi(z, u) \quad \text{et} \quad \varpi'(z, u).$$

Une courbe variable $f = 0$, de degré n, rencontrant les deux courbes en des points d'abscisses $\xi_1, \xi_2, \ldots, \xi_{mn}$ et $\xi'_1, \xi'_2, \ldots, \xi'_{m',n'}$, formons la différence

$$U = \sum_{i=1}^{mn} \varpi(\xi_i, \eta_i) - \sum_{i=1}^{m'n} \varpi'(\xi'_i, \eta'_i).$$

U, qui est une fonction algébrico-logarithmique de forme connue des coefficients de f, reste finie tant que cette courbe ne passe ni par A ni par A_1; supposons qu'elle tende à passer par A et soient

$$(\xi_1, \eta_1) \ldots (\xi_r, \eta_r), \quad (\xi'_1, \eta'_1) \ldots (\xi'_{r'}, \eta'_{r'})$$

les points d'intersection avec les courbes fixes infiniment voisins de A; U est la somme d'une quantité finie et de l'expression

$$\sum_1^r \log(\xi_i - a) - \sum_1^{r'} \log(\xi'_i - a)$$

que l'on peut écrire

$$\log \frac{(\xi_1 - a) \ldots (\xi_r - a)}{(\xi'_1 - a) \ldots (\xi'_{r'} - a)}.$$

Mais la quantité sous le signe log ayant une limite finie et non nulle (lemme I), il en est de même de U qui reste donc finie pour toutes les valeurs des coefficients de f et se réduit par suite à une constante, à des multiples près des périodes des intégrales.

Ce résultat renferme comme cas particulier celui du n° 189, il suffit de supposer que $F' = 0$ est la droite AA_1; l'intégrale normale ϖ' devient alors $\log \frac{x - a}{x - a_1}$. Par suite la différence

$$U = \sum_1^{mn} \varpi(\xi_1, \eta_i) - \sum_1^{n} \log \frac{\xi'_i - a}{\xi'_i - a_1}$$

est, aux périodes près, une quantité constante, et de la forme nC, C étant indépendant du degré de f.

Pour retrouver la forme obtenue précédemment pour l'expression du théorème d'Abel dans ce cas, on opère comme il suit : la droite AA_1 étant représentée par

$$z = a + \alpha\rho, \qquad u = b + \beta\rho,$$

l'équation aux ρ des points d'intersection avec $f = 0$ s'écrit

$$f(a + \alpha\rho, \beta + \beta\rho) = f(a, b) + \ldots + \rho^n \varphi(\alpha, \beta)$$

et le produit $\rho_1 \rho_2 \ldots \rho_n$ des racines est égal a

$$\frac{(-1)^n f(a, b)}{\varphi(\alpha, \beta)}$$

De même, si l'on emploie pour AA_1 la représentation

$$z = a_1 + \alpha\sigma, \qquad u = b_1 + \beta\sigma,$$

le produit des valeurs de σ correspondant aux points d'intersection avec f est égal à

$$\frac{(-1)^n f(a_1, b_1)}{\varphi(\alpha, \beta)}.$$

Par suite

$$\frac{\rho_1 \rho_2 \ldots \rho_n}{\sigma_1 \sigma_2 \ldots \sigma_n} = \frac{f(a, b)}{f(a_1, b_1)}.$$

Or

$$\frac{\rho_i}{\sigma_i} = \frac{\xi'_i - a}{\xi'_i - a_1}.$$

Donc

$$\sum_i^n \log \frac{\xi'_i - a}{\xi'_i - a_1} = \log \frac{\rho_1 \rho_2 \ldots \rho_n}{\sigma_1 \sigma_2 \ldots \sigma_n} = \log \frac{f(a, b)}{f(a_1, b_1)}.$$

On obtient donc finalement

$$\sum_{i=1}^{mn} \varpi(\xi_i, \eta_i) = \log \frac{f(a, b)}{f(a_1, b_1)} + n\,C,$$

ce qui équivaut à la formule (11) du n° **189**.

Soient maintenant deux courbes fixes $F = 0$, $F' = 0$, se touchant en un point A simple sur chacune d'elles et distinct des points de ramification des surfaces de Riemann associées. Soient $I(z, u)$ et $I'(z, u)$ deux intégrales normales de seconde espèce respectivement attachées à ces deux courbes, avec le seul pôle A et la partie principale $\frac{1}{x - a}$. Si l'on coupe comme précédemment par $f = 0$

et que l'on forme la différence

$$V = \sum_{1}^{mn} I(\xi_i, \eta_i) - \sum_{1}^{m'n} I'(\xi'_i, \eta'_i),$$

on constate que V reste partout finie, même en A, car, si f tend à passer par A, V est la somme d'une quantité finie et de la quantité

$$\sum_{1}^{r} \frac{1}{\xi_i - a} - \sum_{1}^{r'} \frac{1}{\xi'_i - a},$$

qui est encore finie d'après le lemme II. On en déduit comme précédemment que V est de la forme

$$nC + \text{période}$$

(C, constante indépendante de n). En prenant $I' = \frac{1}{x-a}$, intégrale de seconde espèce relative à la droite AT tangente en A à F, on obtient

$$V = \sum_{1}^{mn} I(\xi_i, \eta_i) - \sum_{1}^{n} \frac{1}{\xi'_i - a} = nC + \text{période},$$

et l'on verra aisément que cette égalité équivaut à l'expression déjà obtenue du théorème d'Abel dans ce cas. Il résulte d'ailleurs immédiatement de la démonstration du lemme II que la somme

$$\sum_{1}^{mn} I(\xi_i, \eta_i)$$

reste finie quand f passe par A si $r > 1$, ce qui conduit à la remarque finale du n° 184.

Plus généralement, considérons avec M. Michel deux intégrales abéliennes, l'une $J(z, u)$ relative à $F = 0$, l'autre $J'(z, u)$ relative à $F' = 0$, ayant mêmes points singuliers, ces points étant simples sur les deux courbes et non de ramification sur les surfaces de Riemann correspondantes. En chaque point singulier les intégrales J et J' ont la même partie principale de la forme $A \log(x-a)$ si les deux courbes ne sont pas tangentes en ce point, de la forme

$$A \log(x-a) + \frac{B}{x-a},$$

A pouvant être nul, s'il y a contact. Si l'un des points est à l'infini, $x - a$ sera remplacé par $\frac{1}{x}$. Ceci posé, on démontre exactement comme plus haut que la différence

$$\sum_1^{mn} J(\xi_i, \eta_i) - \sum_1^{m'n} J'(\xi'_i, \eta'_i)$$

est égale, aux périodes près, à une constante de la forme nC, C étant une constante indépendante du degré n de la courbe sécante $f = 0$.

195. Après ces généralités, nous allons considérer en particulier le cas des intégrales hyperelliptiques. Soit

$$u^2 = R(z) \tag{27}$$

une relation hyperelliptique de genre p, et $\varphi(z)$ une fonction rationnelle quelconque de z. Si l'on veut considérer le système des points de rencontre de la courbe (27) avec une autre courbe algébrique quelconque $f(z, u)$, on peut supposer qu'on a remplacé, dans $f(z, u)$, une puissance paire de u, telle que u^{2k}, par $[R(z)]^k$ et une puissance impaire de u, telle que u^{2k+1}, par $[R(z)]^k u$, ce qui revient à prendre pour équation de la seconde courbe une équation du premier degré en u,

$$u = \frac{P(z)}{Q(z)}, \tag{28}$$

$P(z)$ et $Q(z)$ étant des polynomes de degré m. Les abscisses des points de rencontre des deux courbes (27) et (28) sont données par l'équation

$$P^2(z) - Q^2(z) R(z) = 0, \tag{29}$$

de degré $2m + 2p + 1$ ou $2m + 2p + 2$, suivant que $R(z)$ est de degré $2p + 1$ ou $2p + 2$. Soit q le degré de cette équation, z_1, z_2, ..., z_q ses q racines, et u_1, u_2, ..., u_q les valeurs correspondantes de u,

$$u_i = \frac{P(z_i)}{Q(z_i)}.$$

Posons toujours

$$I = \sum_{i=1}^{q} \int_{(z_0, u_0)}^{(z_i, u_i)} \frac{\varphi(z)\, dz}{u},$$

et désignons par la lettre δ la différentielle totale prise par rapport aux coefficients variables des polynomes $P(z)$ et $Q(z)$. On a

$$\delta I = \sum \frac{\varphi(z_i)}{u_i} \delta z_i;$$

de l'équation

$$\psi(z_i) = P^2(z_i) - Q^2(z_i) R(z_i) = 0.$$

on tire

$$\psi'(z_i)\, \delta z_i + \delta\, \psi(z_i) = 0,$$

c'est-à-dire en développant $\delta\psi(z_i)$,

$$\psi'(z_i)\, \delta z_i + 2\, P(z_i)\, \delta P_i - 2\, Q(z_i)\, R(z_i)\, \delta Q_i = 0,$$

et, par suite,

$$\delta I = \sum \frac{2\, \varphi(z_i)}{\psi'(z_i)} \frac{Q_i\, R(z_i)\, \delta Q_i - P_i\, \delta P_i}{\frac{P_i}{Q_i}}.$$

Remplaçons au numérateur $Q_i^2 R_i$ par P_i^2 et supprimons le facteur commun P_i, il reste

$$(30) \qquad \delta I = \sum \frac{2\, \varphi(z_i)}{\psi'(z_i)} (P_i\, \delta Q_i - Q_i\, \delta P_i).$$

Si l'intégrale $\int \frac{\varphi(z)}{u}\, dz$ est de première espèce, $\varphi(z)$ est un polynome de degré $p - 1$ au plus : le coefficient d'une différentielle quelconque telle que δa_k au numérateur est un polynome de degré $2m + p - 1$ au plus. On a donc comme coefficient de δa_k une somme telle que

$$\sum_{i=1}^{q} \frac{\Theta(z_i)}{\psi'(z_i)},$$

étendue à toutes les racines de l'équation $\psi(z) = 0$, $\Theta(z)$ étant un polynome de degré $2m + p - 1$ au plus; le numérateur est donc d'un degré inférieur de deux unités au moins au degré de $\psi(z)$. D'après une propriété élémentaire bien connue, cette somme est nulle.

Remarquons ici que le degré de l'équation (29) peut s'abaisser pour certaines valeurs particulières des coefficients des polynomes $P(z)$ et $Q(z)$. Dans ce cas, quelques-uns des points d'intersection des deux courbes qui sont variables avec les coefficients doivent être considérés comme s'étant éloignés à l'infini.

196. Nous allons nous occuper maintenant de quelques-unes des applications les plus importantes du théorème d'Abel. Étant donnée une courbe algébrique de genre p, $F(z, u) = 0$, et une intégrale abélienne quelconque $v(z, u)$ attachée à cette courbe, *la somme des valeurs de cette intégrale en un nombre quelconque de points analytiques*

$$v(z_1, u_1) + \ldots + v(z_\mu, u_\mu)$$

peut toujours se ramener à la somme des valeurs de la même intégrale en p points $(z'_1, u'_1), \ldots, (z'_p, u'_p)$, *se déduisant algébriquement des premiers, augmentée de quantités algébriques et logarithmiques.*

Il suffit évidemment de démontrer la propriété lorsque $\mu = p + 1$. En effet, si la somme de $p + 1$ intégrales se ramène à la somme de p intégrales, la somme de $p + 2$ intégrales se ramènera d'abord à la somme de $p + 1$ intégrales, puis à la somme de p intégrales. En continuant de même, on voit que le résultat sera général. Supposons donc qu'on ait la somme

$$v(z_1, u_1) + v(z_2, u_2) + \ldots + v(z_{p+1}, u_{p+1}).$$

D'après un résultat établi plus haut (n° **176**), on peut toujours trouver un faisceau de courbes (par exemple de courbes adjointes d'ordre $m - 2$) rencontrant la courbe donnée en $p + 1$ points variables seulement, de telle sorte que pour l'une des courbes du faisceau ces $p + 1$ points variables soient précisément les points donnés $(z_1, u_1), \ldots, (z_{p+1}, u_{p+1})$.

Soit

$$(31) \qquad f(z, u) = 0$$

l'équation de cette courbe particulière C' du faisceau,

$$(32) \qquad f(z, u) + \lambda f_1(z, u) = 0$$

l'équation d'une courbe quelconque du faisceau. Les polynomes

$f(z, u), f_1(z, u)$ ont leurs coefficients qui dépendent rationnellement des $p+1$ points donnés $(z_1, u_1), \ldots, (z_{p+1}, u_{p+1})$. Disposons maintenant du paramètre λ, de façon qu'une courbe du faisceau passe par un point donné à l'avance (α, β), par exemple, par le point pris pour origine des intégrales. Cette courbe C″ rencontre en outre la courbe donnée en p points $(z'_1, u'_1), \ldots, z'_p, u'_p)$ qui dépendent algébriquement des premiers; d'après le théorème général, la différence

$$v(z_1, u_1)+\ldots+v(z_{p+1}, u_{p+1})-[v(z'_1, u'_1)+\ldots+v(z'_p, u'_p)]$$

est égale à une fonction rationnelle des coefficients des deux courbes C″, C′, augmentée d'une somme de logarithmes de fonctions rationnelles des mêmes coefficients. On a donc bien

$$\begin{aligned}(53)\quad & v(z_1, u_1)+\ldots+v(z_{p+1}, u_{p+1}) \\ & \equiv v(z'_1, u'_1)+\ldots+v(z'_p, u'_p)+C+\varphi+A_1\log\varphi_1+\ldots+A_q\log\varphi_q,\end{aligned}$$

C, $A_1, \ldots, A_q$ étant des constantes et $\varphi, \varphi_1, \ldots, \varphi_q$ des fonctions rationnelles des coordonnées des $p+1$ points donnés $(z_1, u), \ldots, (z_{p+1}, u_{p+1})$. La proposition est donc établie.

Si, en particulier, l'intégrale $v(z, u)$ est de première espèce, la différence

$$\sum_{i=1}^{p+1} v(z_i, u_i)-\sum_{k=1}^{p} v(z'_k, u'_k)$$

se réduit à une constante $v(\alpha, \beta)$. La proposition générale peut, dans ce cas, s'énoncer ainsi : *La somme des valeurs d'une intégrale abélienne de première espèce en un nombre quelconque de points analytiques est égale, à une constante près, à la somme des valeurs de la même intégrale en p points analytiques seulement, qui dépendent algébriquement des premiers.*

C'est le théorème d'addition pour les intégrales de première espèce.

197. On déduit de là sans difficulté l'intégration des équations différentielles dites *abéliennes*, dans le cas le plus général. Soient

$$v_1=\int\varphi_1(z, u)\,dz, \qquad v_2=\int\varphi_2(z, u)\,dz, \qquad \ldots, \qquad v_p=\int\varphi_p(z, u)\,dz$$

p intégrales linéairement indépendantes de première espèce, attachées à une courbe de genre p. On donne le nom d'*équations différentielles abéliennes* au système d'équations suivant :

$$(34)\left\{\begin{array}{l}\varphi_1(z_1, u_1)\,dz_1+\varphi_1(z_2, u_2)\,dz_2+\ldots+\varphi_1(z_p, u_p)\,dz_p+\varphi_1(z_{p+1}, u_{p+1})\,dz_{p+1}=0,\\ \varphi_2(z_1, u_1)\,dz_1+\ldots\ldots\ldots\ldots\ldots\ldots+\varphi_2(z_{p+1}, u_{p+1})\,dz_{p+1}=0,\\ \ldots\ldots\ldots\ldots\ldots\ldots\ldots\ldots\ldots\ldots\ldots\ldots,\\ \varphi_p(z_1, u_1)\,dz_1+\ldots\ldots\ldots\ldots\ldots\ldots+\varphi_p(z_{p+1}, u_{p+1})\,dz_{p+1}=0,\end{array}\right.$$

où l'on suppose toujours z_i et u_i liés par la relation $F(z_i, u_i)=0$. Ces p équations définissent p des points analytiques (z_i, u_i) en fonction du $(p+1)^{\text{ième}}$, par exemple, $(z_2, u_2), \ldots, (z_{p+1}, u_{p+1})$, en fonction de (z_1, u_1), quand on se donne les valeurs initiales $(\xi_1, \eta_1), (\xi_2, \eta_2), \ldots, (\xi_{p+1}, \eta_{p+1})$. D'après les théorèmes généraux de Cauchy, la solution du système (34), où les valeurs initiales sont les précédentes, est complètement définie ([1]). Cette solution est d'ailleurs donnée par les équations

$$(35)\left\{\begin{array}{l}v_1(z_1, u_1)+v_1(z_2, u_2)+\ldots+v_1(z_{p+1}, u_{p+1})=v_1(\xi_1, \eta_1)+\ldots+v_1(\xi_{p+1}, \eta_{p+1})\\ \ldots\ldots\ldots\ldots\ldots\ldots\ldots\ldots\ldots\ldots\ldots\ldots,\\ v_p(z_1, u_1)+\ldots\ldots\ldots\ldots+v_p(z_{p+1}, u_{p+1})=v_p(\xi_1, \eta_1)+\ldots+v_p(\xi_{p+1}, \eta_{p+1}),\end{array}\right.$$

équivalentes aux équations (34), en tenant compte des valeurs initiales. Ces relations paraissent transcendantes, mais elles sont, en réalité, algébriques (*cf.* 183). Imaginons, en effet, qu'on ait l'équation d'un faisceau de courbes

$$(36)\qquad f(z, u)+\lambda f_1(z, u)=0$$

rencontrant la courbe donnée en $p+1$ points variables seulement, ces $p+1$ points variables se réduisant aux $p+1$ points donnés $(\xi_1, \eta_1), \ldots, (\xi_{p+1}, \eta_{p+1})$ pour une des courbes du faisceau, par exemple, pour la courbe $f(z, u)=0$. La courbe du faisceau (36)

$$(37)\qquad f(z, u)f_1(z_1, u_1)-f_1(z, u)f(z_1, u_1)=0$$

rencontre la courbe donnée au point (z_1, u_1) et, en outre, en p points $(z_2, u_2), \ldots, (z_{p+1}, u_{p+1})$ variables avec (z_1, u_1). Ce groupe de p points se réduit au groupe des points $(\xi_2, \eta_2), \ldots, (\xi_{p+1}, \eta_{p+1})$

([1]) Nous négligeons les cas exceptionnels où les $p+1$ points (ξ, η) seraient sur une courbe adjointe d'ordre $m-3$. On serait conduit à des solutions singulières que nous laissons de côté.

lorsque (z_1, u_1) coïncide avec le point (ξ_1, η_1). D'ailleurs, d'après le théorème d'Abel, ce groupe de p points satisfait toujours aux équations (35) et, par suite, aux équations (34). Il constitue donc l'intégrale de ce dernier système, qui est défini par les conditions initiales données.

198. Les calculs à effectuer sont plus ou moins compliqués, suivant les cas. Nous allons indiquer comment on peut les effectuer pour les intégrales hyperelliptiques, en modifiant légèrement la méthode générale.

Soit

$$(38) \qquad u^2 = A_0 z^{2p+2} + A_1 z^{2p+1} + \ldots + A_{2p+1} z + A_{2p+2} = R(z)$$

une relation de genre p, le coefficient A_0 pouvant être nul, mais le coefficient A_1 n'étant pas nul dans ce cas, et

$$(39) \qquad u = \alpha_0 z^{p+1} + \alpha_1 z^p + \ldots + \alpha_{p+1}$$

une courbe de degré $p+1$, où $\alpha_1, \alpha_2, \ldots, \alpha_{p+1}$ sont arbitraires et où l'on a pris $\alpha_0 = \sqrt{A_0}$. Ces deux courbes (38) et (39) se coupent en $2p+1$ points variables avec les paramètres $\alpha_1, \alpha_2, \ldots, \alpha_{p+1}$, et généralement situés à distance finie. Les abscisses de ces $2p+1$ points $(z_1, u_1), \ldots, (z_{2p+1}, u_{2p+1})$ sont fournies par l'équation

$$(40) \qquad (\alpha_0 z^{p+1} + \alpha_1 z^p + \ldots + \alpha_{p+1})^2 - A_0 z^{2p+2} - \ldots - A_{2p+2} = 0.$$

On peut disposer des $p+1$ paramètres $\alpha_1, \ldots, \alpha_{p+1}$ de façon que la courbe (39) passe par $p+1$ points donnés à l'avance de la courbe (38), $(z_1, u_1), \ldots, (z_{p+1}, u_{p+1})$. Les p points restants

$$(z_{p+2}, u_{p+2}), \quad \ldots, \quad (z_{2p+1}, u_{2p+1})$$

sont alors déterminés algébriquement en fonction des premiers. D'après le théorème général, si $v(z, u)$ est une intégrale attachée à la courbe (38), on a

$$(41) \qquad \begin{aligned} &\sum_{i=1}^{p+1} v(z_i, u_i) + \sum_{k=1}^{p} v(z_{p+1+k}, u_{p+1+k}) \\ &\qquad = C + \psi + A_1 \log\psi_1 + \ldots + A_q \log\psi_q, \end{aligned}$$

$A_1, \ldots, A_q$, C étant des constantes et $\psi, \psi_1, \ldots, \psi_q$ des fonctions rationnelles de $\alpha_1, \ldots, \alpha_{p+1}$ et, par suite, des $p+1$ points donnés $(z_1, u_1), \ldots, (z_{p+1}, u_{p+1})$. Si l'on remarque maintenant que la somme des valeurs d'une intégrale abélienne $\int \frac{\varphi(z)\,dz}{u}$ en deux points superposés (z, u), $(z, -u)$ est une constante, la formule (41) peut encore s'écrire

$$(42)\qquad \sum_{i=1}^{p+1} v(z_i, u_i) = \sum_{k=1}^{p} v(z'_k, u'_k) + C' + \psi + A_1 \log\psi_1 + \ldots + A_q \log\psi_q,$$

en posant $z'_k = z_{p+k+1}$, $u'_k = -u_{p+k+1}$. C'est au fond le théorème d'addition des intégrales abéliennes.

Si, en particulier, l'intégrale $v(z, u)$ est de première espèce, les formules (41) et (42) deviennent

$$(41)'\qquad \sum_{i=1}^{p+1} v(z_i, u_i) + \sum_{k=1}^{p} v(z_{p+k+1}, u_{p+k+1}) = C,$$

$$(42)'\qquad \sum_{i=1}^{p+1} v(z_i, u_i) = \sum_{k=1}^{p} v(z'_k, u'_k) + C'.$$

L'intégration des équations abéliennes se déduit de là bien aisément. Posons

$$v_1 = \int \frac{dz}{\sqrt{R(z)}}; \qquad v_2 = \int \frac{z\,dz}{\sqrt{R(z)}}, \qquad \ldots, \qquad v_p = \int \frac{z^{p-1}\,dz}{\sqrt{R(z)}};$$

de la relation (41)', on tire

$$(43)\quad \begin{cases} \dfrac{dz_1}{u_1} + \dfrac{dz_2}{u_2} + \ldots + \dfrac{dz_{p+1}}{u_{p+1}} = -\dfrac{dz_{p+2}}{u_{p+2}} - \ldots - \dfrac{dz_{2p+1}}{u_{2p+1}}, \\ \dfrac{z_1\,dz_1}{u_1} + \dfrac{z_2\,dz_2}{u_2} + \ldots + \dfrac{z_{p+1}\,dz_{p+1}}{u_{p+1}} = -\dfrac{z_{p+2}\,dz_{p+2}}{u_{p+2}} - \ldots - \dfrac{z_{2p+1}\,dz_{2p+1}}{u_{2p+1}}, \\ \ldots\ldots\ldots\ldots\ldots\ldots\ldots\ldots\ldots\ldots\ldots\ldots, \\ \dfrac{z_1^{p-1}\,dz_1}{u_1} + \dfrac{z_2^{p-1}\,dz_2}{u_2} + \ldots + \dfrac{z_{p+1}^{p-1}\,dz_{p+1}}{u_{p+1}} = -\dfrac{z_{p+2}^{p-1}\,dz_{p+2}}{u_{p+2}} - \ldots - \dfrac{z_{2p+1}^{p-1}\,dz_{2p+1}}{u_{2p+1}}. \end{cases}$$

Les p équations abéliennes

$$(44)\qquad \frac{z_1^i\,dz_1}{u_1} + \ldots + \frac{z_{p+1}^i}{u_{p+1}}\,dz_{p+1} = 0 \qquad (i = 0, 1, 2, \ldots, p-1)$$

sont donc équivalentes aux p relations

$$(45)\qquad \frac{z_{p+2}^i\,dz_{p+2}}{u_{p+2}}+\ldots+\frac{z_{2p+1}^i\,dz_{2p+1}}{u_{2p+1}}=0,$$

dont on obtient l'intégrale générale en posant

$$dz_{p+2}=0,\qquad \ldots,\qquad dz_{2p+1}=0,$$

c'est-à-dire $z_{p+2}=C_1, \ldots, z_{2p+1}=C_p$. En résumé, pour obtenir l'intégrale générale des équations (44), on détermine les coefficients $\alpha_1, \alpha_2, \ldots, \alpha_{p+1}$ de la courbe (39), de façon que cette courbe passe par les $p+1$ points $(z_1, u_1), \ldots, (z_{p+1}, u_{p+1})$; la courbe ainsi obtenue rencontre la courbe $u^2=R(z)$ en p autres points dont les coordonnées sont des fonctions algébriques des coordonnées des $(p+1)$ premiers points. En écrivant que ces p nouveaux points sont fixes, on obtient p relations, dépendant de p constantes arbitraires, entre les $p+1$ points

$$(z_1, u_1),\quad \ldots,\quad (z_{p+1}, u_{p+1}).$$

C'est l'intégrale générale des équations abéliennes (44).

199. Développons les calculs pour $p=1$ et $p=2$. Considérons d'abord la relation

$$u^2=R(z)=z^4+A_1z^3+A_2z^2+A_3z+A_4;$$

le système (44) se réduit à l'équation unique

$$(46)\qquad \frac{dz_1}{u_1}+\frac{dz_2}{u_2}=0,$$

qui est précisément l'équation d'Euler. Pour appliquer la méthode générale, il faut d'abord déterminer les coefficients α et α_1, de façon que la courbe auxiliaire

$$(47)\qquad u=z^2+\alpha z+\alpha_1$$

passe par les deux points (z_1, u_1), $z_2, u_2)$; on trouve ainsi

$$(48)\qquad \alpha=\frac{u_1-u_2}{z_1-z_2}-(z_1+z_2),\qquad \alpha_1=\frac{z_1u_2-z_2u_1}{z_1-z_2}+z_1z_2.$$

La courbe (47) rencontre la courbe donnée en un troisième point (z_3, u_3) dont l'abscisse z_3 est racine de l'équation du troisième degré

$$(z^2+\alpha z+\alpha_1)^2 = z^4+A_1 z^3+A_2 z^2+A_3 z+A_4$$

ou

$$(A_1-2\alpha)z^3+(A_2-\alpha^2-2\alpha_1)z^2+(A_3-2\alpha\alpha_1)z+A_4-\alpha_1^2=0;$$

les deux autres racines sont z_1 et z_2. On a entre ces racines les relations

$$z_1+z_2+z_3=\frac{\alpha^2+2\alpha_1-A_2}{A_1-2\alpha},$$

$$z_1 z_2+z_3(z_1+z_2)=\frac{A_3-2\alpha\alpha_1}{A_1-2\alpha},$$

$$z_1 z_2 z_3=\frac{\alpha_1^2-A_4}{A_1-2\alpha};$$

l'intégrale générale de l'équation (46) peut donc s'écrire sous l'une des trois formes suivantes :

$$\frac{\alpha^2+2\alpha_1-A_2}{A_1-2\alpha}-(z_1+z_2)=C,$$

$$\frac{A_3-2\alpha\alpha_1}{A_1-2\alpha}-z_1 z_2=C(z_1+z_2),$$

$$\frac{\alpha_1^2-A_4}{A_1-2\alpha}=C z_1 z_2,$$

où l'on suppose α et α' remplacés par leurs expressions (48). Si la relation considérée a été mise sous la forme normale

$$u^2=(1-z^2)(1-k^2z^2)=k^2\left(z^4-\frac{1+k^2}{k^2}z^2+\frac{1}{k^2}\right),$$

il suffit de prendre $A_1=0$, $A_2=-\frac{1+k^2}{k^2}$, $A_3=0$, $A_4=\frac{1}{k^2}$. Si l'on adopte la seconde des formes précédentes pour l'intégrale générale, il reste

$$\alpha_1-z_1 z_2=C(z_1+z_2)$$

ou

$$C=\frac{z_1 u_2-z_2 u_1}{z_1^2-z_2^2};$$

on retrouve la formule habituelle qui donne l'intégrale générale de l'équation d'Euler.

200. Soit, en second lieu,

$$u^2=R(z)=A_0 z^5+A_1 z^4+A_2 z^3+A_3 z^2+A_4 z+A_1;$$

pour intégrer le système abélien

$$(49)\qquad \begin{cases} \dfrac{dz_1}{u_1}+\dfrac{dz_2}{u_2}+\dfrac{dz_3}{u_3}=0, \\ \dfrac{z_1\,dz_1}{u_1}+\dfrac{z_2\,dz_2}{u_2}+\dfrac{z_3\,dz_3}{u_3}=0, \end{cases}$$

déterminons les coefficients α, α_1, α_2 de la courbe auxiliaire

$$(50)\qquad u=\alpha z^2+\alpha_1 z+\alpha_2,$$

de façon qu'elle passe par les trois points (z_1, u_1), (z_2, u_2), (z_3, u_3), on trouve

$$(51)\qquad \begin{cases} \alpha=\dfrac{u_1(z_2-z_3)+u_2(z_3-z_1)+u_3(z_1-z_2)}{(z_1-z_2)(z_1-z_3)(z_2-z_3)}, \\ \alpha_1=\dfrac{u_1(z_3^2-z_2^2)+u_2(z_1^2-z_3^2)+u_3(z_2^2-z_1^2)}{(z_1-z_2)(z_1-z_3)(z_2-z_3)}, \\ \alpha_2=\dfrac{u_1 z_2 z_3(z_2-z_3)+u_2 z_3 z_1(z_3-z_1)+u_3 z_1 z_2(z_1-z_2)}{(z_1-z_2)(z_1-z_3)(z_2-z_3)}. \end{cases}$$

La courbe (50) rencontre la courbe proposée en deux autres points (z_4, u_4), (z_5, u_5), dont les abscisses sont données par l'équation du cinquième degré

$$\begin{aligned} A_0 z^5+(A_1-\alpha^2)z^4+(A_2-2\alpha\alpha_1)z^3+(A_3-\alpha_1^2-2\alpha\alpha_2)z^2& \\ +(A_4-2\alpha_1\alpha_2)z+A_5-\alpha_2^2=0;& \end{aligned}$$

les trois autres racines sont z_1, z_2, z_3. On a donc les cinq relations

$$z_1+z_2+z_3+z_4+z_5=\frac{\alpha^2-A_1}{A_0},$$

$$z_1z_2+z_1z_3+z_2z_3+(z_1+z_2+z_3)(z_4+z_5)+z_4z_5=\frac{A_2-2\alpha\alpha_1}{A_0},$$

$$\begin{aligned} z_1z_2z_3+(z_1z_2+z_1z_3+z_2z_3)(z_4+z_5)& \\ +(z_1+z_2+z_3)z_4z_5&=\frac{\alpha_1^2+2\alpha\alpha_2-A_3}{A_0}, \end{aligned}$$

$$z_1z_2z_3(z_4+z_5)+(z_1z_2+z_1z_3+z_2z_3)z_4z_5=\frac{A_4-2\alpha_1\alpha_2}{A_0},$$

$$z_1z_2z_3z_4z_5=\frac{\alpha_2^2-A_5}{A_0}.$$

Il suffit de remplacer dans deux de ces relations z_4 et z_5 par des constantes arbitraires et α, α_1, α_2 par leurs valeurs tirées des formules (51) pour avoir l'intégrale générale du système (49).

201. On peut former des systèmes d'équations différentielles, analogues aux systèmes précédents, et dont l'intégrale générale est algébrique, alors même que les intégrales qui y figurent ne sont plus de première espèce. Par exemple nous avons vu que l'intégrale générale de l'équation différentielle

$$\frac{dz_1}{\sqrt{(1-z_1^2)(1-k^2 z_1^2)}} + \frac{dz_2}{\sqrt{(1-z_2^2)(1-k^2 z_2^2)}} = 0$$

est donnée par la relation

$$C = \frac{z_1\sqrt{(1-z_2^2)(1-k^2 z_2^2)} - z_2\sqrt{(1-z_1^2)(1-k^2 z_1^2)}}{z_1^2 - z_2^2}.$$

Il est clair que la vérification directe, qui est facile, s'effectue quelle que soit la valeur de k. Si l'on fait $k = 0$, on en conlut que l'intégrale générale de l'équation

$$\frac{dz_1}{\sqrt{1-z_1^2}} + \frac{dz_2}{\sqrt{1-z_2^2}} = 0$$

est fournie par l'équation

$$\frac{z_1^2 - z_2^2}{z_1\sqrt{1-z_2^2} - z_2\sqrt{1-z_1^2}} = C,$$

qui peut s'écrire aussi

$$z_1\sqrt{1-z_2^2} + z_2\sqrt{1-z_1^2} = C'.$$

On voit de même, en faisant $k = 1$, que l'équation

$$\frac{z_1 + z_2}{1 + z_1 z_2} = C$$

représente l'intégrale générale de l'équation

$$\frac{dz_1}{1-z_1^2} + \frac{dz_2}{1-z_2^2} = 0.$$

L'application directe du théorème d'Abel aux intégrales de troisième espèce conduit aisément aux mêmes résultats. Étant donnée la relation

$$u^2 = 1 - z^2,$$

considérons la fonction rationnelle

$$\varphi(z, u) = \frac{1 + \alpha z + \beta z^2 - u}{1 + \gamma z + \delta z^2 - u},$$

qui admet trois zéros (z_1, u_1), (z_2, u_2), (z_3, u_3) et trois infinis (z'_1, u'_1), (z'_2, u'_2), (z'_3, u'_3), et l'intégrale de troisième espèce $\int \frac{dz}{u}$, qui a ses deux points critiques rejetés à l'infini. La fonction $\varphi(z, u)$ reprend la même valeur $\frac{\beta}{\delta}$ en ces deux points critiques; donc, d'après la formule générale (10), on a

$$\int_{(z_0, u_0)}^{(z_1, u_1)} \frac{dz}{u} + \int_{(z_0, u_0)}^{(z_2, u_2)} \frac{dz}{u} + \int_{(z_0, u_0)}^{(z_3, u_3)} \frac{dz}{u}$$
$$= \int_{(z_0, u_0)}^{(z'_1, u'_1)} \frac{dz}{u} + \int_{(z_0, u_0)}^{(z'_2, u'_2)} \frac{dz}{u} + \int_{(z_0, u_0)}^{(z'_3, u'_3)} \frac{dz}{u}.$$

Laissons fixes les coefficients γ, δ, et faisons varier α et β; le second membre de l'égalité précédente conserve une valeur constante. On a donc

$$\frac{dz_1}{u_1} + \frac{dz_2}{u_2} + \frac{dz_3}{u_3} = 0$$

(z_1, u_1), (z_2, u_2), (z_3, u_3) désignant les coordonnées des trois points d'intersection variables de la courbe donnée $u^2 = 1 - z^2$ avec la courbe mobile $u = 1 + \alpha z + \beta z^2$.

L'intégrale générale de l'équation

$$\frac{dz_1}{u_1} + \frac{dz_2}{u_2} = 0$$

s'obtient donc en posant $z_3 = \text{const.}$ Le calcul s'achève comme au n° 199.

202. Le théorème d'Abel s'étend aux courbes gauches algébriques. Soit C une courbe plane de genre p, représentée par l'équation

$$(52) \qquad F(z, u) = 0;$$

le point de coordonnées (X, Y, Z),

$$(53) \qquad X = f(z, u), \qquad Y = \varphi(z, u), \qquad Z = \psi(z, u),$$

où $f(z, u)$, $\varphi(z, u)$, $\psi(z, u)$ sont des fonctions rationnelles, décrit une courbe gauche Γ, qui correspond point par point à la courbe plane C, si les fonctions f, φ, ψ n'ont pas été prises d'une façon particulière, ce que nous supposerons; de telle sorte qu'inversement z et u sont des fonctions rationnelles de X, Y, Z. Toute intégrale de la forme

$$\int \alpha\, dX + \beta\, dY + \gamma\, dZ, \tag{54}$$

prise le long de la courbe Γ, où α, β, γ sont des fonctions rationnelles de X, Y, Z, se change, par la substitution (53), en une intégrale abélienne $\int R(z, u)\, dz$ relative à la courbe C. D'autre part, soit

$$\Pi(X, Y, Z) = \frac{P(X, Y, Z)}{Q(X, Y, Z)}$$

une fonction rationnelle, P et Q étant deux polynomes du même degré; si l'on y remplace X, Y, Z par $f(z, u)$, $\varphi(z, u)$, $\psi(z, u)$, il vient

$$\Pi(X, Y, Z) = \Pi_1(z, u),$$

$\Pi_1(z, u)$ étant une fonction rationnelle du point analytique (z, u), dont les zéros correspondent aux points d'intersections de la courbe gauche Γ avec la surface S, qui a pour équation $P(X, Y, Z) = 0$, et les pôles aux points d'intersection de Γ avec la surface S′ représentée par l'équation $Q(X, Y, Z) = 0$. On peut donc, en appliquant le théorème d'Abel, exprimer, au moyen de quantités algébriques et logarithmiques, la différence entre la somme des valeurs de l'intégrale (54) aux points d'intersection de la courbe gauche Γ et de la surface S, et la somme analogue aux points d'intersection de Γ et de S′. En particulier, si l'intégrale considérée est de première espèce, il en est de même de l'intégrale $\int R(z, u)\, dz$, et le théorème d'Abel peut s'énoncer ainsi :

La somme des valeurs d'une intégrale de première espèce

$$\int \alpha\, dX + \beta\, dY + \gamma\, dZ,$$

attachée à une courbe gauche algébrique Γ, *prises depuis une origine fixe jusqu'aux points d'intersection de cette courbe avec une surface algébrique variable de degré m, reste constante lorsque les coefficients du premier membre de l'équation de cette surface varient d'une façon arbitraire.*

CHAPITRE X.

LE PROBLÈME DE L'INVERSION [1].

Recherche des courbes dont les coordonnées sont des fonctions uniformes d'une intégrale abélienne attachée à cette courbe. — Les trois formes possibles de l'intégrale. — Inversion de l'intégrale de première espèce attachée à une courbe du premier genre. — Généralités sur les fonctions doublement périodiques. — Recherche des équations $F(u, u') = 0$, qui admettent une intégrale uniforme. — Méthode de M. Hermite. — Application aux équations binomes. — Fonctions qui admettent un théorème d'addition algébrique. — Généralisation du problème. — Le problème d'inversion de Jacobi. — Extension du problème de Jacobi.

203. Le problème que nous allons d'abord traiter peut se formuler ainsi : *Étant donnée une relation algébrique irréductible*

$$F(z, u) = 0, \tag{1}$$

peut-on trouver une fonction rationnelle $R(z, u)$ *telle qu'en posant*

$$w = \int_{(z_0, u_0)}^{(z, u)} R(z, u)\, dz, \tag{2}$$

à une valeur de w *ne corresponde qu'un point analytique* (z, u)?

S'il en est ainsi, les coordonnées z et u d'un point de la courbe (1) sont des fonctions uniformes de w. D'après la façon dont ce problème est posé, il est clair qu'on peut effectuer sur la courbe considérée une transformation birationnelle quelconque. Nous pouvons donc supposer que la surface de Riemann T, composée de m feuillets, qui correspond à l'équation $F = 0$, n'a aucun point de ramifica-

---

[1] Auteurs à consulter : JACOBI, *De functionibus duarum variabilium quadrupliciter periodicis, quibus theoria transcendentium Abelianarum innititur* (*Journal de Crelle*, t. 15). — BRIOT et BOUQUET, *Recherches sur la théorie des fonctions* (*Journal de l'École Polytechnique*, XXXVIe Cahier); *Théorie des fonctions doublement périodiques*, Livre V, Chap. IV.

tion à l'infini. Cela posé, la fonction $R(z, u)$ doit satisfaire aux conditions suivantes :

1° *Cette fonction ne peut s'annuler pour aucun point de la surface de Riemann à distance finie.* En effet, soit d'abord (a, b) un point non de ramification à distance finie. Si $R(a, b)$ était nul, on aurait, dans le domaine du point (a, b),

$$R(z, u) = A(z-a)^n + B(z-a)^{n+1} + \dots$$

et, par suite,

$$(3) \qquad w = w(a, b) + \frac{A(z-a)^{n+1}}{n+1} + \frac{B(z-a)^{n+2}}{n+2} + \dots.$$

Par un raisonnement bien connu, on en conclut que, à une valeur de w voisine de $w(a, b)$, correspondent, pour z, $(n+1)$ valeurs voisines de a qui se permutent circulairement lorsque le point qui figure la variable w décrit dans son plan un petit cercle autour du point $w(a, b)$.

Soit, en second lieu, (a, b) un point de ramification d'ordre $r-1$ à distance finie. Si l'on pose $z = a + t^r$, on en déduit $u = b + \varphi(t)$, $\varphi(t)$ désignant une fonction uniforme de t dans le voisinage de l'origine; le domaine du point de ramification (a, b) correspond d'une façon univoque au domaine du point $t = 0$ sur le plan où l'on représente la valeur de t. En substituant ces valeurs de z et de u dans la fonction rationnelle $R(z, u)$, il vient

$$R(z, u) = t^k(A_0 + A_1 t + \dots),$$

le coefficient A_0 n'étant pas nul. On a de même

$$w = \int R(z, u)\, dz = \int t^k(A_0 + A_1 t + \dots) r t^{r-1}\, dt;$$

si le nombre entier k était positif, on voit, comme tout à l'heure, que t et, par suite, z et u ne pourraient être des fonctions uniformes de w dans le voisinage de $w(a, b)$.

Il en serait encore de même si le nombre entier $k + r - 1$ était positif. On doit donc avoir $k \leq 1 - r$, c'est-à-dire que le développement de $R(z, u)$ doit commencer par un terme à exposant négatif, la valeur absolue de cet exposant étant égale à $r - 1$. Par conséquent :

2° *Tout point de ramification d'ordre $r-1$ à distance finie doit être un pôle de $R(z, u)$, d'ordre $r-1$ au moins.*

Enfin, en étudiant ce qui se passe aux points à l'infini, on voit que :

3° *Les m valeurs de $z^2 R(z, u)$ pour z infini sont différentes de zéro.*

Si l'on pose, en effet, $z = \frac{1}{z'}$, il vient

$$w = \int R(z, u)\, dz = -\int R\left(\frac{1}{z'}, u\right) \frac{dz'}{z'^2}.$$

D'après la première propriété, le produit

$$R\left(\frac{1}{z'}, u\right) \frac{1}{z'^2}$$

ne peut être nul pour $z' = 0$; par conséquent $z^2 R(z, u)$ ne peut être nul pour z infini. Il suit de là que les m développements de la fonction rationnelle $R(z, u)$ pour des valeurs très grandes de z commenceront par un terme en $\frac{1}{z}$ ou en $\frac{1}{z^2}$, à moins de contenir des puissances positives de z ou de commencer par un terme constant. Mais aucun de ces développements ne peut commencer par un terme en $\frac{1}{z^3}$ ou un terme de degré supérieur. Si donc un point à l'infini de la surface de Riemann est un zéro pour la fonction rationnelle $R(z, u)$, l'ordre de ce zéro est au plus égal à 2.

204. Rapprochons les propriétés qui viennent d'être démontrées pour la fonction $R(z, u)$. D'après la première et la troisième, le nombre des zéros de $R(z, u)$ est au plus égal à $2m$, et cette limite n'est atteinte que si chaque point à l'infini est un zéro du second ordre. D'après la seconde propriété, chaque point de ramification d'ordre $r-1$ de la surface de Riemann est un pôle d'ordre $r-1$ au moins de $R(z, u)$. Le nombre des pôles est donc au moins égal à $\Sigma(r-1)$, et cette limite inférieure n'est atteinte que si chaque point de ramification d'ordre $r-1$ est un pôle d'ordre $r-1$ et si la fonction $R(z, u)$ n'admet pas d'autres pôles. Comme le nombre des zéros est égal au nombre des infinis, on a donc

$$\Sigma(r-1) + \delta = 2m, \tag{4}$$

δ *étant nul ou positif*. Portons la valeur de $\Sigma(r-1)$ dans la relation fondamentale qui donne le genre

$$\frac{\Sigma(r-1)}{2} - m + 1 = p, \tag{5}$$

il reste

$$p = 1 - \frac{\delta}{2}, \tag{6}$$

et cette équation n'admet que deux solutions

$$p = 1, \qquad \delta = 0,$$
$$p = 0, \qquad \delta = 2.$$

Nous voyons déjà que *le problème proposé n'admet une solution que si le genre de la courbe considérée est zéro ou un.*

Si $p=1$, $\delta=0$, les seuls pôles de $R(z, u)$ sont les points de ramification de la surface et tout un point de ramification d'ordre $r-1$ est un pôle d'ordre $r-1$. Les m points de la surface à l'infini sont des zéros du second ordre, c'est-à-dire que, dans le domaine de chacun de ces points, $R(z, u)$ a un développement de la forme

$$R(z, u) = \frac{\alpha}{z^2} + \frac{\beta}{z^3} + \ldots.$$

On voit que l'intégrale $\int R(z, u)\,dz$ reste finie en tous les points de T, et, comme il n'existe qu'une intégrale de première espèce pour la courbe $F=0$, de genre *un*, cette condition détermine complètement la fonction rationnelle $R(z, u)$, à un facteur constant près.

Prenons la seconde solution $p=0$, $\delta=2$. On peut faire plusieurs hypothèses sur les pôles et les zéros de $R(z, u)$. On peut supposer d'abord que le nombre des pôles est égal à $\Sigma(r-1)+2$, chaque point à l'infini étant alors un zéro du second ordre. Cette hypothèse se subdivise elle-même en plusieurs autres, que nous allons énumérer :

1° Chaque point de ramification d'ordre $r-1$ est un pôle d'ordre $r-1$ de $R(z, u)$, qui admet en outre deux pôles simples ou un pôle double, distincts des points de ramification;

2° Un des points de ramification d'ordre $r-1$ est un pôle

d'ordre r de $R(z, u)$, qui admet en outre un pôle simple, distinct des points de ramification;

3° Deux points de ramification d'ordre $r-1$ et $r'-1$ sont respectivement des pôles d'ordre r et r';

4° Un point de ramification d'ordre $r-1$ est un pôle d'ordre $r+1$ de $R(z, u)$.

Si le nombre des pôles est $\Sigma(r-1)+1$, le nombre des zéros est $2m-1$; la fonction a un zéro simple et $(m-1)$ zéros doubles à l'infini. A distance finie, elle a un pôle simple distinct des points de ramification, ou bien un point de ramification d'ordre $r-1$ est un pôle d'ordre r.

Enfin, si le nombre des pôles est $\Sigma(r-1)=2m-2$, la fonction a deux zéros simples et $(m-2)$ zéros doubles à l'infini, ou bien $m-1$ zéros doubles, le dernier point à l'infini de la surface n'étant alors ni un pôle ni un zéro pour $R(z, u)$.

Si l'on passe en revue tous les cas qui viennent d'être énumérés, on reconnaît immédiatement que l'intégrale

$$\int R(z, u)\, dz$$

est, dans tous ces cas, soit une intégrale de seconde espèce avec un seul pôle simple, soit une intégrale de troisième espèce.

205. Les conditions sur lesquelles nous nous sommes appuyés pour déterminer la fonction rationnelle $R(z, u)$ sont simplement *nécessaires*. Il nous reste à examiner si ces conditions sont *suffisantes*, en d'autres termes, si les solutions que nous venons d'obtenir répondent à la question ([1]).

Considérons d'abord le dernier cas, c'est-à-dire le cas d'une

(1) C'est là un point sur lequel les raisonnements de Briot et Bouquet prêtent à des objections. On voit bien sans difficulté que, dans le voisinage de toute valeur w_0 de w, z, u sont des fonctions uniformes de $w-w_0$, mais cela ne suffit pas pour prouver que z et u sont des fonctions qui n'admettent qu'une détermination pour chaque valeur de w. L'étude approfondie des équations linéaires du second ordre a conduit à une conclusion toute opposée. Pour plus de détails, nous renverrons le lecteur aux Mémoires de M. Poincaré sur la théorie des fonctions fuchsiennes, à une Lettre de M. Fuchs à M. Borchardt, insérée dans le *Bulletin des Sciences mathématiques* (t. IV, 2e série, p. 334), ainsi qu'aux *Leçons sur la théorie analytique des équations différentielles* de M. Painlevé.

courbe de genre zéro $F(z, u) = 0$ et d'une intégrale

$$w = \int_{(z_0, u_0)}^{(z, u)} R(z, u)\, dz$$

de troisième espèce, ou de seconde espèce avec un pôle simple. Nous avons vu plus haut (n° 134) que z et u peuvent s'exprimer en fonctions rationnelles d'un paramètre t

$$z = f(t), \qquad u = \varphi(t);$$

par ce changement de variable, une intégrale de seconde espèce se change en une fraction simple, telle que

$$w = \frac{A}{t - a},$$

tandis qu'une intégrale de troisième espèce a pour expression

$$w = A \log\left(\frac{t - \xi}{t - \xi'}\right).$$

On voit que, dans le premier cas, z et u sont égales à des fonctions rationnelles de w, et, dans le second cas, à des fonctions rationnelles de $e^{\frac{w}{A}}$.

Soit, en second lieu, $F(z, u) = 0$ l'équation d'une courbe de genre *un*, et

$$w = \int_{(z_0, u_0)}^{(z, u)} R(z, u)\, dz$$

l'intégrale de première espèce attachée à cette courbe. A une valeur de w ne correspond qu'un point analytique (z, u); si, en effet, on pouvait trouver deux points (z_1, u_1), (z_2, u_2) tels que l'on ait

$$w(z_1, u_1) = w(z_2, u_2),$$

ou, plus généralement, tels que $w(z_1, u_1)$ et $w(z_2, u_2)$ ne diffèrent que d'une période, on pourrait former une fonction rationnelle de z et de u, admettant un seul pôle simple (z_2, u_2) et un seul zéro simple (z_1, u_1) (n° 183). Or, sur une surface de Riemann de genre $p > 0$, il ne peut exister de fonction uniforme admettant un seul infini du premier ordre (n° 178).

En résumant tout ce qui précède, on peut donc énoncer le théorème suivant :

Étant donnée une courbe algébrique de genre p,

$$F(z, u) = 0, \tag{7}$$

pour qu'il existe une fonction rationnelle $R(z, u)$ *de z et de u telle qu'en posant*

$$w = \int_{(z_0, u_0)}^{(z, u)} R(z, u)\, dz,$$

les coordonnées z et u soient des fonctions uniformes de w, il faut et il suffit que le genre soit égal à zéro ou à un. Si $p = 0$, il suffira de choisir $R(z, u)$, *de façon que w soit une intégrale de troisième espèce, ou une intégrale de seconde espèce, avec un pôle du premier ordre. Si $p = 1$, on prendra pour w l'intégrale de première espèce attachée à la courbe.*

Dans le cas d'une courbe de genre zéro, on a deux solutions différentes. Si l'on prend pour w une intégrale de seconde espèce, à un point de T correspond une seule valeur de w et inversement. La surface T correspond donc, point par point, à un plan ou à une sphère. C'est, au fond, le mode de représentation ordinaire des courbes unicursales. Si l'on prend pour w une intégrale de troisième espèce, à un point de T correspondent une infinité de valeurs de w comprises dans la formule $w + 2m\pi i$, m étant un nombre entier. Divisons le plan des w en bandes indéfinies de largeur 2π par des parallèles à l'axe des quantités réelles. Lorsque la variable w parcourt une de ces bandes, le point (z, u) passe une fois et une seule fois par tout point de la surface T. Pour transformer la surface d'une de ces bandes en une surface fermée, il suffit de réunir les deux bords opposés en appliquant l'un sur l'autre les deux points qui correspondent aux valeurs w et $w + 2\pi i$. On obtient ainsi une surface fermée analogue à un cylindre de révolution indéfinie ou à un fuseau très allongé ; cette surface est bien du genre zéro, et les deux sommets du fuseau correspondent aux points critiques logarithmiques de l'intégrale de troisième espèce.

206. Soient enfin $F(z, u) = 0$ une courbe du premier genre

et w l'intégrale de première espèce. A un point analytique (z, u) correspondent une infinité de valeurs de w comprises dans la formule $w + m\omega + m'\omega'$, m et m' étant deux nombres entiers et ω, ω' les deux périodes distinctes, dont le rapport est toujours imaginaire, tandis qu'à une valeur de l'intégrale w ne correspond qu'un point analytique (z, u). Imaginons qu'on ait ramené la surface T à une surface simplement connexe T' au moyen de deux coupures a et b. Nous pouvons supposer qu'on a pris pour ω et ω' les périodes qui correspondent respectivement à ces deux coupures. Lorsque le point (z, u) décrit la surface T', le point qui figure la valeur de w décrit dans son plan une portion finie de surface Ω et les deux surfaces T' et Ω se correspondent point par point d'une façon univoque. Il est aisé de se rendre compte de la forme de Ω. En effet, lorsque le point (z, u) décrit le bord de la coupure a, le

Fig. 77.

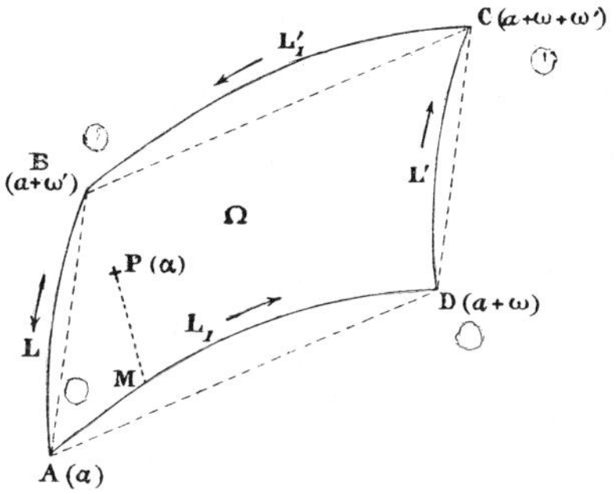

point w décrit une certaine ligne L; lorsque (z, u) décrit le bord opposé de a, w a augmenté de ω, et, par conséquent, à ce bord correspond une ligne égale à L, qui se déduirait de L par une translation de la quantité ω. De même, aux deux bords opposés de la coupure b correspondent deux lignes L_1 et L'_1, qui se déduisent l'une de l'autre par une translation égale à ω'. L'aire Ω a donc la forme d'un parallélogramme curviligne (*fig.* 77).

Le point (z, u) décrivant le contour total de T', le point w décrit le contour ADCBA. Soit maintenant P un point à l'intérieur de Ω, qui représente la quantité imaginaire α. Lorsque le point (z, u) décrit la surface T', l'intégrale w passe une fois et une seule fois par la valeur α. Il est évident d'abord, d'après ce que l'on sait déjà, qu'elle ne peut prendre la valeur α plus d'une fois; mais rien ne prouve jusqu'ici que w atteint bien toutes les valeurs intérieures à l'aire Ω. Pour le démontrer, considérons l'intégrale

$$\int \frac{dw}{w-\alpha}$$

prise le long du contour total de T', dans le sens direct; elle a pour valeur l'accroissement de $\log(w-\alpha)$ lorsque w décrit dans le sens direct le contour ADCBA, c'est-à-dire $2\pi i$. D'ailleurs elle est égale, d'après le théorème de Cauchy, au produit de $2\pi i$ par la somme des résidus de $\frac{dw}{dz}\,\frac{1}{w-\alpha}$ à l'intérieur de T'. Ces résidus ne peuvent provenir que des pôles de $\frac{dw}{dz}$ ou des racines de $w-\alpha$. Les résidus provenant des pôles de $\frac{dw}{dz}$ sont tous nuls, puisque w est une intégrale de première espèce, et toute racine de $w-\alpha$ donne un résidu égal à $+1$. La comparaison de ces deux valeurs de l'intégrale définie $\int d\log(w-\alpha)$ prouve donc que l'équation $w=\alpha$ admet une racine et une seule sur la surface T'. Le même raisonnement prouve d'ailleurs que, si β est une quantité imaginaire représentée par un point extérieur à Ω, l'équation $w=\beta$ n'admet aucune racine sur la surface T'.

Si l'on joint les deux bords opposés L et L', puis les deux bords L_1 et L'_1, en réunissant les points qui correspondent à un même point analytique (z, u), on obtient une surface fermée analogue à un tore, qui correspond point par point, d'une façon univoque, à la surface de Riemann T. Cette surface fermée est bien du premier genre.

Si maintenant on fait mouvoir le point analytique (z, u) d'une façon quelconque sur la surface T, le point qui figure la valeur de w atteindra un point quelconque du plan. Par exemple, imaginons que le point (z, u) franchisse une seule fois la coupure a et décrive ensuite de nouveau la surface T', on obtient pour w des valeurs qui se déduisent des valeurs déjà obtenues par l'addition de la période ω. Ces valeurs de w recouvrent une aire Ω_1 qui se déduit de Ω par une translation égale à ω; en franchissant un nombre quelconque de fois la coupure ω dans un sens ou dans l'autre, on obtient ainsi une suite de parallélogrammes curvilignes tous égaux, deux parallélogrammes consécutifs ayant un côté commun. On obtiendrait de même une suite de parallélogrammes se déduisant du premier par des translations égales à $\pm\omega'$, $\pm 2\omega'$, $\pm 3\omega'$, ..., si le point (z, u) franchit un nombre quelconque de fois la coupure b. Enfin, si le point (z, u) décrit sur la surface T un chemin quelconque, on obtient une infinité de parallélogrammes se déduisant de Ω par des translations $m\omega + n\omega'$. Ces parallélogrammes recouvrent tout le plan, une fois et une seule fois. A chaque point du plan des w correspond ainsi un point et un seul de la surface T, et à tous les points du plan des w qui représentent les quantités imaginaires $w + m\omega + n\omega'$ correspond le même point de T.

207. Les fonctions z et u de w sont donc des fonctions uniformes définies dans tout le plan de cette variable. Ces fonctions ne présentent que des discontinuités *polaires* à distance finie. Pour le démontrer, il est évidemment permis, comme on l'a fait plus haut, de supposer que la surface de Riemann, composée de m feuillets, n'a aucun point de ramification à l'infini. Soit

$$w = \int_{(z_0, u_0)}^{(z, u)} R(z, u)\, dz$$

l'intégrale de première espèce; la fonction rationnelle $R(z, u)$ admet m zéros du second ordre à l'infini, et tout point de ramification d'ordre $r - 1$ est un pôle du même ordre. Ce sont là les seuls pôles et les seuls zéros de $R(z, u)$ (n° 204). Imaginons que la variable w, partant de zéro, arrive à un point w_α du plan; le point analytique (z, u) arrive à un certain point (α, β) de T. Si ce point est à distance finie, comme $R(\alpha, \beta)$ n'est pas nul, on a dans le domaine de ce point,

$$w - w_\alpha = A(z - \alpha) + B(z - \alpha)^2 + \ldots,$$

et l'on en tire pour $z - \alpha$ un développement de la forme

$$z - \alpha = \frac{w - w_\alpha}{A} + B_1(w - w_\alpha)^2 + \ldots.$$

D'ailleurs, $u - \beta$ est dans le domaine de ce point une fonction uniforme de $z-\alpha$, représentée par un développement tel que

$$u-\beta=(z-\alpha)^k[A_0+A_1(z-\alpha)+\ldots].$$

En remplaçant $z-\alpha$ par sa valeur, on en conclut que le point w_α est un pôle ou un point ordinaire pour u.

Si le point (α, β) est un point de ramification d'ordre $r-1$, on a dans le domaine de ce point

$$R(z, u)=\frac{A}{(z-\alpha)^{\frac{r-1}{r}}}+\frac{B}{(z-\alpha)^{\frac{r-2}{r}}}+\ldots \qquad (A\neq 0).$$

On en tire, en posant $z=\alpha+z'^r$,

$$w=r\int(A+Bz'+\ldots)\,dz'=w_\alpha+A\,r\,z'+\ldots.$$

Par suite, z' est régulier dans le domaine du point $w=w_\alpha$; il en est donc de même de z. Quant à u, $u-\beta$ est une fonction uniforme de z' et par suite de w, ne présentant jamais qu'un nombre fini de termes à exposants négatifs. Le point w_α est donc un pôle ou un point ordinaire pour u. Le calcul précédent met bien en évidence ce fait que la variable z tourne r fois autour du point α lorsque w décrit un petit cercle autour de w_α.

Enfin, supposons que le point analytique (z, u) s'en aille à l'infini, lorsque w prend la valeur finie w_∞. Dans le domaine d'un point à l'infini de T, on a

$$R(z, u)=\frac{A}{z^2}+\frac{B}{z^3}+\ldots \qquad (A\neq 0),$$

et par suite, en posant $z=\frac{1}{z'}$,

$$w=\int R(z, u)\,dz=-\int\frac{R\left(\frac{1}{z'}, u\right)}{z'^2}\,dz'=-\int(A+Bz'+\ldots)\,dz'$$

ou

$$w-w_\infty=-A\,z'-\frac{B\,z'^2}{2}+\ldots.$$

On en conclut que le point w_∞ est un pôle du premier ordre pour z. C'est un pôle ou un point ordinaire pour u, suivant que le point analytique est un pôle ou un point ordinaire pour u.

Nous pouvons donc énoncer le théorème suivant :

Les coordonnées d'un point quelconque d'une courbe algébrique du premier genre peuvent être représentées par des fonctions uniformes doublement périodiques d'un paramètre n'admettant que des discontinuités polaires à distance finie. (Ce paramètre est précisément l'intégrale de première espèce attachée à la courbe.)

208. La proposition réciproque est bien connue. Nous l'énoncerons ainsi : *Entre deux fonctions uniformes doublement périodiques, aux mêmes périodes, n'ayant que des discontinuités polaires, il existe une relation algébrique* (*qui est, en général, du premier genre, mais qui peut être de genre zéro*).

Rappelons en quelques mots la première partie de la démonstration ([1]). Soient $u_1 = f_1(w)$, $u_2 = f_2(w)$ deux fonctions doublement périodiques aux mêmes périodes ω, ω'. A une valeur de l'une d'elles, u_1 par exemple, ne correspondent qu'un nombre fini de valeurs pour w, abstraction faite de multiples de périodes, et par suite qu'un nombre fini de valeurs pour u_2. Si l'on cherche ensuite la nature des discontinuités de u_2, considérée comme fonction de u_1, on trouve, en examinant tous les cas possibles, que les seuls points singuliers sont des pôles ou des points critiques algébriques. Cet examen est analogue à ceux que nous avons déjà faits plusieurs fois et, pour abréger, nous ne le reproduirons pas. On en conclut (n° 84) que u_1 et u_2 sont liées par une relation algébrique

$$F(u_1, u_2) = 0. \tag{8}$$

La relation (8) est évidemment du genre *un*, si à un point analytique (u_1, u_2) ne correspond qu'un point à l'intérieur d'un parallélogramme élémentaire, car la surface de Riemann T et la surface du parallélogramme ou, si l'on aime mieux, la surface fermée obtenue en joignant les bords opposés de ce parallélogramme, se correspondent point par point d'une façon univoque, et, par conséquent, sont du même genre. On peut aussi le faire voir en reprenant une démonstration tout à fait pareille à celle qui a été

([1]) Nous supposons connues ici les propriétés fondamentales des fonctions doublement périodiques.

employée pour démontrer la conservation du genre dans toute transformation birationnelle (n° 126).

Si à un point analytique (u_1, u_2) correspondent plusieurs point à l'intérieur d'un parallélogramme, la démonstration ne s'applique plus. La relation (8) peut être de genre zéro ou un, mais non de genre supérieur à un. Il suffit de faire voir que, si les coordonnées d'un point d'une courbe $F(z, u) = 0$ sont des fonctions uniformes doublement périodiques d'un paramètre n'ayant que des discontinuités polaires, il ne peut y avoir plus d'une intégrale de première espèce attachée à la courbe. Soit, en effet, U une intégrale de première espèce attachée à la courbe considérée; quand on exprime z et u au moyen du paramètre w, U devient une fonction $\Phi(w)$ de w *qui est régulière pour toutes les valeurs finies de cette variable* [1]; il en est de même de sa dérivée $\Phi'(w)$. Or, lorsque w décrit un contour fermé, le point (z, u) décrit aussi un contour fermé et $\Phi(w)$ augmente d'une période; $\Phi'(w)$ est donc une fonction uniforme de w; lorsque w augmente de ω ou de ω', le point (z, u) décrit encore un contour fermé, et $\Phi(w)$ augmente d'une période; la dérivée $\Phi'(w)$ est donc doublement périodique, et, comme elle est régulière pour toute valeur finie de w, c'est une constante et la fonction $\Phi(w)$ se réduit, à une constante près, à Cw. Il suit de là qu'il ne peut exister sur la surface T deux intégrales distinctes de première espèce.

Les fonctions doublement périodiques λ, μ fournissent un exemple bien simple de fonctions doublement périodiques liées par une relation de genre zéro

$$\lambda^2 + \mu^2 = 1.$$

Conformément à la démonstration précédente, à un système de valeurs pour ces fonctions correspondent deux points à l'intérieur d'un parallélogramme élémentaire [2].

Il est toujours aisé de choisir deux fonctions doublement périodiques u_1 et u_2, aux mêmes périodes telles qu'à un point analytique (u_1, u_2) ne corresponde qu'un point à l'intérieur d'un paral-

---

(1) Il suffit de remarquer que, si (α, β) est un point de ramification d'ordre r correspondant à la valeur w_α de w, $z' = (z - \alpha)^{\frac{1}{r}}$ est régulière au point w_α.

(2) BRIOT et BOUQUET, *Théorie des fonctions elliptiques*, p. 351 et suiv.

lélogramme élémentaire. Il suffit, par exemple, de prendre deux fonctions ayant un seul infini commun du premier ordre, w_0. La courbe $F(u_1, u_2) = 0$ possède alors une seule asymptote non parallèle aux axes, et à ce point à l'infini de la courbe ne correspondent que les points $w_0 + m\omega + n\omega'$.

209. L'étude des fonctions uniformes sur une surface de Riemann du premier genre revient donc à l'étude des fonctions uniformes doublement périodiques et inversement.

Résumons en quelques mots la correspondance qui vient d'être établie. Soient

$$F(z, u) = 0 \tag{9}$$

une relation algébrique de genre un, ω et ω' les périodes de l'intégrale de première espèce w. A toute valeur finie w_0 de w correspond un seul point (α, β) de la surface T. Si ce point (α, β) n'est pas un point de ramification, on a, dans le domaine du point w_0,

$$z - \alpha = A(w - w_0) + B(w - w_0)^2 + \ldots \qquad (A \neq 0)$$

si le point (α, β) est à distance finie, et

$$\frac{1}{z} = A(w - w_0) + B(w - w_0)^2 + \ldots$$

si ce point (α, β) est à l'infini. Lorsque le point (α, β) est un point de ramification d'ordre $r - 1$, on a

$$z' = A(w - w_0) + B(w - w_0)^2 + \ldots \qquad (A \neq 0),$$

où l'on a posé $z = \alpha + z'^r$ si le point (α, β) est à distance finie, et $z = \frac{1}{z'^r}$ si ce point analytique est à l'infini.

De là se déduisent quelques conséquences immédiates. Etant donnée une fonction du point analytique (z, u), $\Phi(z, u)$, si l'on y remplace z et u par leurs expressions au moyen du paramètre w, $\Phi(z, u)$ devient une fonction de la variable w, $\Psi(w)$. Si $\Phi(z, u)$ est régulière au point (α, β), $\Psi(w)$ est régulière au point w_0; si (α, β) est un zéro de $\Phi(z, u)$, w_0 est un zéro du même ordre de $\Psi(w)$. Lorsque (α, β) est un pôle ou un point singulier essentiel pour $\Phi(z, u)$, w_0 est un pôle du même ordre ou un point singulier essentiel pour $\Psi(w)$. De même, un point critique logarithmique sur la surface T se change en un point critique logarithmique sur le plan des w. Par suite, toute fonction rationnelle de z et de u se change en une fonction uniforme doublement périodique à discontinuités polaires. Inversement, toutes les fonctions uniformes doublement périodiques à discontinuités polaires sont des fonctions rationnelles de deux d'entre elles, convenablement choisies.

Toute intégrale abélienne I sur la surface T admet des périodes cycliques et des périodes polaires. Lorsque le point (z, u) décrit un cycle, w augmente de $m\omega + n\omega'$; par suite, l'intégrale abélienne I se change en une fonction $J(w)$ qui vérifie deux relations de la forme

$$J(w + \omega\ ) = J(w) + K,$$
$$J(w + \omega') = J(w) + K'.$$

Si l'intégrale I n'admet pas de périodes polaires, $J(w)$ est une fonction uniforme de w. Si I admet des points critiques logarithmiques, il en sera de même de $J(w)$. Mais, dans tous les cas, $J'(w)$ est une fonction uniforme doublement périodique n'ayant que des discontinuités polaires. Les intégrales abéliennes relatives à une surface de genre un se changent donc en des intégrales de fonctions uniformes doublement périodiques à discontinuités polaires. Par exemple, l'intégrale normale de seconde espèce avec un pôle simple (α, β) se change en une fonction uniforme admettant un seul pôle simple à l'intérieur d'un parallélogramme élémentaire et vérifiant les deux relations

$$(10) \qquad Z(w + \omega) = Z(w), \qquad Z(w + \omega') = Z(w) + C.$$

Ce qui précède explique l'analogie parfaite qui existe entre les propriétés des fonctions rationnelles d'un point analytique sur une surface de Riemann du premier genre et les propriétés des fonctions uniformes doublement périodiques d'une variable. On a rappelé ci-dessous les plus importantes :

Sur une surface de Riemann du premier genre.	*Sur un plan indéfini.*
I_a. Toute fonction rationnelle du point analytique (z, u), qui est régulière en tout point de la surface, est une constante.	I_b. Toute fonction uniforme doublement périodique d'une variable w, régulière pour toute valeur finie de la variable, est une constante.
II_a. Il n'existe pas de fonction rationnelle $R(z, u)$ admettant un seul pôle du premier ordre.	II_b. Il n'existe pas de fonction doublement périodique admettant un seul pôle simple à l'intérieur d'un parallélogramme élémentaire.
III_a. Le nombre des zéros d'une fonction rationnelle $R(z, u)$ est égal au nombre des pôles, chacun d'eux étant compté avec son degré de multiplicité.	III_b. Le nombre des zéros d'une fonction doublement périodique à l'intérieur d'un parallélogramme élémentaire est égal au nombre des pôles, chacun d'eux étant compté avec son degré de multiplicité.
IV_a. La somme des résidus d'une fonction rationnelle $R(z, u)$ sur toute la surface est égale à zéro.	IV_b. La somme des résidus d'une fonction doublement périodique à l'intérieur d'un parallélogramme élémentaire est nulle.
V_a. La somme des valeurs de l'intégrale de première espèce pour les zéros d'une fonction rationnelle $R(z, u)$ ne diffère de la somme des valeurs de la même intégrale pour les infinis de $R(z, u)$ que d'une somme de multiples des périodes.	V_b. La somme des zéros d'une fonction doublement périodique et la somme des infinis contenus dans un même parallélogramme élémentaire ne diffèrent que par une somme de multiples des périodes.

Les propositions mises en regard se déduisent l'une de l'autre par la transformation que nous étudions, sauf les propositions IV_a et IV_b. En effet, si un point de ramification (α, β) d'ordre $r - 1$ est un pôle pour $\Phi(z, u)$, le résidu relatif à ce pôle est égal à r fois le coefficient de $\frac{1}{z-\alpha}$ dans le développement, tandis que le coefficient de $\frac{1}{w - w_0}$ dans $\Psi(w)$, provient du terme en $\frac{1}{(z-\alpha)^{\frac{1}{r}}}$ dans $\Phi(z, u)$. Le théorème IV_b correspond au théorème suivant : *La somme des résidus du produit* $\Phi(z, u)\frac{dw}{dz}$ *sur toute la sur-*

face T *est nulle*. En effet, remarquons que cette somme est égale, au facteur $2\pi i$ près, à l'intégrale

$$\int \Phi(z, u)\frac{dw}{dz}\,dz$$

prise le long du contour total de T′, et cette intégrale est elle-même égale à l'intégrale

$$\int \Psi(w)\,dw$$

prise le long du contour d'un parallélogramme élémentaire; cette dernière intégrale est à son tour égale au produit de $2\pi i$ par la somme des résidus de $\Psi(w)$ dans ce parallélogramme : ce qui donne la proposition IV_b.

Le théorème IV_a transformé donnerait celui-ci : *La somme des résidus du produit* $\Psi(w)\frac{dz}{dw}$ *dans un parallélogramme élémentaire est nulle*; proposition qui, au fond, ne diffère pas de la proposition IV_b, puisque $\frac{dz}{dw}$ est aussi une fonction doublement périodique.

Le théorème V_b est connu sous le nom de *théorème de Liouville;* on voit que c'est une simple conséquence du théorème général d'Abel. Du reste, la démonstration peut se faire de la même façon; si l'on considère en effet l'intégrale

$$\int w\,d\log\Psi(w),$$

prise le long du contour total du parallélogramme élémentaire, on en déduit sans peine la relation entre les zéros et les infinis de $\Psi(w)$. Or, c'est précisément le procédé qui nous a servi pour établir le théorème d'Abel dans le cas le plus général.

On pourrait de même se proposer de déduire de toutes les propriétés que nous avons obtenues pour les fonctions rationnelles d'un point analytique (z, u) et leurs intégrales, les propriétés correspondantes des fonctions doublement périodiques et de leurs intégrales. Mais il est à remarquer que l'on n'obtient ainsi rien d'essentiellement nouveau, ni quant aux résultats (dont les plus importants sont antérieurs aux recherches de Riemann), ni quant aux méthodes de démonstration. En effet, le procédé qui nous a servi constamment consiste à évaluer de deux façons une certaine intégrale prise le long du contour total de T'. Si, dans le cas de $p = 1$, on passe de la surface de Riemann au plan des w, l'intégrale prise le long du contour total de T' devient une nouvelle intégrale prise le long du contour du parallélogramme élémentaire. Or la considération de pareilles intégrales convenablement choisies constitue précisément un des moyens les plus simples d'établir les propriétés fondamentales des fonctions doublement périodiques et de leurs intégrales.

Nous nous bornerons à ces indications, notre but n'étant pas d'écrire un traité des fonctions doublement périodiques.

210. Dans leurs célèbres recherches sur les équations différentielles, Briot et Bouquet s'étaient posé la question suivante :

Étant donnée une équation différentielle du premier ordre

$$F\left(u, \frac{du}{dz}\right) = 0, \tag{11}$$

où F *est un polynome entier en* u *et* $\frac{du}{dz}$, *reconnaître si cette équation admet une intégrale uniforme.*

Ce problème n'est au fond qu'un cas particulier de celui qui vient d'être traité. Posons, en effet, $U = \frac{du}{dz}$; la relation (11) devient

$$F(u, U) = 0, \tag{12}$$

et l'on a

$$dz = \frac{du}{U},$$

d'où

$$z = \int \frac{du}{U}.$$

Si u est une fonction uniforme de z, il en est de même de $U = \frac{du}{dz}$, et l'on voit que les coordonnées d'un point de la courbe (12) sont des fonctions uniformes de l'intégrale abélienne $z = \int \frac{du}{U}$, attachée à cette courbe. Inversement, si u et U sont des fonctions uniformes de l'intégrale abélienne z, on a $\frac{du}{dz} = \mathrm{U}$, et la fonction uniforme u de z vérifie bien l'équation proposée (11).

Donc, *pour que l'équation* (11) *admette une intégrale uniforme, le genre de la relation* $\mathrm{F}(u, \mathrm{U}) = 0$ *doit être égal à zéro ou à un; si le genre de cette relation est égal à zéro, l'intégrale abélienne* $\int \frac{du}{\mathrm{U}}$ *doit être une intégrale de seconde espèce avec un seul pôle du premier ordre, ou une intégrale de troisième espèce avec deux points critiques logarithmiques; si le genre de la relation est égal à un, l'intégrale* $\int \frac{du}{\mathrm{U}}$ *doit être de première espèce.*

Suivant les trois cas qui peuvent se présenter, l'intégrale de l'équation (11) est une fonction rationnelle de z, ou une fonction rationnelle de e^{az}, ou une fonction doublement périodique, n'admettant que des discontinuités polaires. On vérifiera facilement que les conditions précédentes ne diffèrent que par la forme de celles qui ont été obtenues par Briot et Bouquet.

211. Lorsqu'on se trouve dans l'un des cas où l'intégrale est uniforme, on peut effectuer l'intégration au moyen d'une méthode très simple, qui a été donnée par M. Hermite dans son cours de l'École Polytechnique, en 1873. Supposons que la courbe représentée par l'équation (12) soit du genre zéro; alors on peut exprimer u et $\frac{du}{dz}$ en fonctions rationnelles d'un paramètre t

$$u = f(t), \qquad \frac{du}{dz} = \varphi(t),$$

et l'équation proposée donne

$$f'(t)\frac{dt}{dz} = \varphi(t).$$

Si l'on a pris pour t le paramètre qui correspond d'une façon univoque aux points de la courbe (12), la nouvelle équation

$$\frac{dt}{dz} = \frac{f'(t)}{\varphi(t)}$$

doit admettre une intégrale uniforme, ce qui exige que l'intégrale $\int \frac{f'(t)\,dt}{\varphi(t)}$ admette un seul pôle du premier ordre, ou deux points critiques logarithmiques. On sera donc ramené à l'une des équations suivantes :

$$\frac{dt}{dz} = \frac{A}{t-a}, \qquad \frac{dt}{dz} = \frac{A}{t-a} - \frac{A}{t-b}, \qquad \frac{dt}{dz} = \frac{A}{(t-a)^2}, \qquad \frac{dt}{dz} = A,$$

dont l'intégration est immédiate.

De même, si la relation (12) est du premier genre, on peut exprimer u et $\frac{du}{dz}$ par des fonctions rationnelles d'un paramètre t et de la racine carrée d'un polynome $R(t)$, du troisième ou du quatrième degré. Soient

$$u = f\left[t, \sqrt{R(t)}\right], \qquad \frac{du}{dz} = \varphi\left[t, \sqrt{R(t)}\right];$$

on en déduit une nouvelle équation

$$\frac{dt}{dz} = P\left[t, \sqrt{R(t)}\right],$$

où P est une fonction rationnelle, qui doit admettre une intégrale uniforme, si le paramètre t a été choisi convenablement. Ceci exige, nous venons de le voir, que l'intégrale abélienne

$$\int \frac{dt}{P\left[t, \sqrt{R(t)}\right]}$$

soit de première espèce, c'est-à-dire que P se réduise à $C\sqrt{R(t)}$, C désignant une constante, et l'équation différentielle proposée est ramenée à la forme classique

$$\frac{dt}{dz} = C\sqrt{R(t)}. \tag{13}$$

Remarquons que le procédé de M. Hermite s'applique à toutes les équations différentielles algébriques du premier ordre ne contenant pas la variable indépendante, pourvu que le genre soit zéro ou un.

212. Considérons en particulier les équations binomes

$$\left(\frac{du}{dz}\right)^m = F(u),$$

$F(u)$ étant une fonction rationnelle de u, dont l'intégrale générale est uniforme. Pour qu'il en soit ainsi, il faut d'abord que la relation $U^m = F(u)$ soit du genre zéro ou un. Or, nous avons énuméré, à la page 245, toutes les équations binomes du genre zéro ou un; il suffira donc de prendre les équations binomes de genre zéro pour lesquelles l'intégrale $\int \frac{du}{U} = \int \frac{du}{\sqrt[m]{F(u)}}$ est une intégrale de seconde ou de troisième espèce et les équations de genre un pour lesquelles cette intégrale est de première espèce. Cet examen ne présente aucune difficulté, et il nous suffira de donner le Tableau des équations binomes dont l'intégrale générale est uniforme :

1° Équations dont l'intégrale est une fonction rationnelle de z :

$$\frac{du}{dz} = g, \qquad \frac{du}{dz} = g(u-a)^2, \qquad \frac{du}{dz} = g(u-a)^{\frac{m+1}{m}}(u-b)^{\frac{m-1}{m}},$$

$$\frac{du}{dz} = g(u-a)^{\frac{m+1}{m}}, \qquad \frac{du}{dz} = g(u-a)^{\frac{m-1}{m}};$$

2° Équations dont l'intégrale est simplement périodique :

$$\frac{du}{dz} = g(u-a)(u-b), \qquad \frac{du}{dz} = g(u-a),$$

$$\frac{du}{dz} = g(u-a)\sqrt{(u-b)(u-c)}, \qquad \frac{du}{dz} = g\sqrt{(u-b)(u-c)},$$

$$\frac{du}{dz} = g(u-a)\sqrt{u-b}.$$

3° Équations dont l'intégrale générale est uniforme et doublement périodique :

$$\left(\frac{du}{dz}\right)^2 = G(u-a)(u-b)(u-c)(u-d), \tag{14}$$

$$\left(\frac{du}{dz}\right)^2 = G(u-a)(u-b)(u-c), \tag{15}$$

$$\left(\frac{du}{dz}\right)^3 = G(u-a)^2(u-b)^2(u-c)^2, \tag{16}$$

$$\left(\frac{du}{dz}\right)^3 = G(u-a)^2(u-b)^2, \tag{17}$$

$$\left(\frac{du}{dz}\right)^4 = G(u-a)^2(u-b)^3(u-c)^3, \tag{18}$$

$$\left(\frac{du}{dz}\right)^4 = G(u-a)^2(u-b)^3, \tag{19}$$

et

$$\left(\frac{du}{dz}\right)^4 = G(u-a)^3(u-b)^3, \tag{20}$$

$$\left(\frac{du}{dz}\right)^6 = G(u-a)^3(u-b)^4(u-c)^5, \tag{21}$$

$$\left(\frac{du}{dz}\right)^6 = G(u-a)^3(u-b)^4, \tag{22}$$

$$\left(\frac{du}{dz}\right)^6 = G(u-a)^3(u-c)^5, \tag{23}$$

$$\left(\frac{du}{dz}\right)^6 = G(u-b)^4(u-c)^5. \tag{24}$$

Les équations dont l'intégrale est rationnelle ou simplement périodique s'intègrent immédiatement. Pour ramener les équations dont l'intégrale est doublement périodique à la forme canonique (14) ou (15), il suffit d'employer la méthode de M. Hermite. On a déjà vu (n° 137) comment on peut exprimer les coordonnées d'un point d'une courbe de genre un, représentée par une équation binome, par des fonctions rationnelles d'un paramètre t et de la racine carrée d'un polynome $R(t)$ du troisième ou du quatrième degré. L'application de la méthode de M. Hermite n'offre donc aucune difficulté. Nous indiquerons rapidement les résultats.

On passe de l'équation (16) à l'équation (17) en changeant u en $c + \frac{1}{u}$. Si l'on pose, dans l'équation (17), $\frac{du}{dz} = Gt^2$, on en tire

$$Gt^3 = (u-a)(u-b),$$

et par suite

$$u = \frac{a+b}{2} + \frac{1}{2}\sqrt{(a-b)^2 + 4Gt^3};$$

la nouvelle fonction inconnue t est déterminée par l'équation

$$3\frac{dt}{dz} = \sqrt{(a-b)^2 + 4Gt^3}. \tag{25}$$

Les trois équations (18), (19) et (20) forment un seul groupe, car on passe de l'équation (18) à l'équation (19) en changeant u en $c + \frac{1}{u}$, et de l'équation (20) à l'équation (19) en changeant u en $a + \frac{1}{u}$. Il suffit donc de considérer l'équation (19); en posant

$$u = b + Gt^2,$$

il vient

$$\frac{du}{dz} = \mathrm{G}t\sqrt{(b-a+\mathrm{G}t^2)t},$$

et, par suite,

(26) $$2\frac{dt}{dz} = \sqrt{t(b-a+\mathrm{G}t^2)}.$$

De même, les quatre équations (21), (22), (23), (24) se ramènent par une substitution linéaire à l'équation (22). Si l'on pose dans cette dernière

$$u = b + t^3,$$

il vient

$$\frac{du}{dz} = \mathrm{G}^{\frac{1}{6}}t^2\sqrt{b-a+t^3},$$

et l'on a, pour déterminer t, l'équation différentielle

(27) $$3\frac{dt}{dz} = \mathrm{G}^{\frac{1}{6}}\sqrt{b-a+t^3}.$$

On trouvera d'autres exemples intéressants dans la *Théorie des fonctions doublement périodiques* (p. 393-416).

213. Voici une autre application importante des résultats obtenus. Étant donnée une fonction analytique uniforme $f(z)$ d'une variable z, on dit que cette fonction admet un *théorème d'addition*, s'il existe une relation algébrique entre $f(z)$, $f(t)$ et $f(z+t)$, quelles que soient les valeurs de z et de t. Soit

(28) $$\mathcal{F}[f(z), f(t), f(z+t)] = 0$$

cette relation, $\mathcal{F}$ désignant un polynome entier en $f(z)$, $f(t)$, $f(z+t)$. Posons, pour simplifier, $u=f(z)$, $v=f(t)$, $w=f(z+t)$; en différentiant l'équation (28) par rapport à z et par rapport à t successivement, il vient

$$f'(z)\frac{\partial\mathcal{F}}{\partial u} + \frac{\partial\mathcal{F}}{\partial w}f'(z+t) = 0,$$

$$f'(t)\frac{\partial\mathcal{F}}{\partial v} + \frac{\partial\mathcal{F}}{\partial w}f'(z+t) = 0.$$

En éliminant $f'(z+t)$ entre ces deux relations, on trouve

(29) $$\frac{\partial\mathcal{F}}{\partial u}f'(z) - \frac{\partial\mathcal{F}}{\partial v}f'(t) = 0;$$

enfin, si l'on élimine $f(z+t)$ entre les équations (28) et (29), on obtient une nouvelle relation algébrique

$$\Phi[f(z), f'(z), f(t), f'(t)] = 0. \tag{30}$$

Attribuons à t une valeur fixe quelconque t_0; on voit qu'il existe une relation algébrique entre $f(z)$ et $f'(z)$. Donc (n° 206), *les seules fonctions uniformes qui puissent admettre un théorème d'addition sont : 1° les fonctions rationnelles de z; 2° les fonctions rationnelles de e^{az}; 3° les fonctions doublement périodiques de z, n'admettant que des discontinuités polaires à distance finie.*

Nous n'insisterons pas sur la démonstration de la proposition réciproque, qui est bien connue.

214. Le problème résolu au début de ce Chapitre peut être généralisé de différentes façons. Considérons encore une intégrale abélienne

$$w = \int_{(z_0, u^0)}^{(z, u)} R(z, u)\, dz,$$

attachée à une courbe algébrique du genre p,

$$F(z, u) = 0. \tag{31}$$

Si l'on ne se trouve pas dans l'un des trois cas qui viennent d'être examinés, à une valeur de l'intégrale w correspondent plusieurs points analytiques (z, u) sur la surface de Riemann. Nous allons rechercher quelle doit être la nature de l'intégrale w pour qu'à une valeur quelconque de cette intégrale ne correspondent qu'un nombre *fini* de points analytiques qui donnent la même valeur à l'intégrale w; il est clair que, si l'on se donne un de ces r points (z, u), les $r-1$ autres points $(z_1, u_1), (z_2, u_2), \ldots, (z_{r-1}, u_{r-1})$ sont déterminés par là même. Donc, toute fonction symétrique des coordonnées de ces $r-1$ points est une fonction *uniforme* du point analytique (z, u). Si l'on prend, en particulier, une fonction *rationnelle* et symétrique de ces coordonnées, on voit aisément que, considérée comme fonction de (z, u), elle ne peut admettre que des discontinuités polaires; *c'est donc une fonction rationnelle de z et de u.* Cela posé, soit $\varphi(z, u)$ une fonction rationnelle quelconque; la somme

$$\Phi(z, u) = \varphi(z, u) + \varphi(z_1, u_1) + \ldots + \varphi(z_{r-1}, u_{r-1})$$

est encore une fonction rationnelle et il est clair, d'après la forme du second membre, que cette fonction rationnelle reprend la même valeur en tous les points d'un même groupe. Soit $\psi(z, u)$ une autre fonction rationnelle et

$$\Psi(z, u) = \psi(z, u) + \psi(z_1, u_1) + \ldots + \psi(z_{r-1}, u_{r-1})$$

la fonction correspondante. Si l'on pose

$$Z = \Phi(z, u), \qquad U = \Psi(z, u),$$

le point de coordonnées (Z, U) décrit une courbe auxiliaire C_1, qui est une transformée simplement rationnelle de C. Si à un point (Z, U) correspond un point (z, u), il est clair qu'au même point (Z, U) correspondent tous les points de C qui appartiennent au même groupe que (z, u). Je dis qu'on peut choisir les fonctions φ et ψ de telle façon qu'à un point (Z, U) ne correspondent que les points d'un même groupe sur C. En effet, prenons pour $\varphi(z, u)$ une fonction rationnelle admettant ν pôles simples (α_1, β_1), ..., (α_ν, β_ν) appartenant à des groupes différents g_1, g_2, ..., g_ν et pour $\psi(z, u)$ une fonction admettant ρ pôles simples (α_1, β_1), (α'_2, β'_2), ..., $(\alpha'_\rho, \beta'_\rho)$ appartenant à des groupes différents g_1, g'_2, ..., g'_ρ, les groupes g_2, ..., g_ν, g'_2, ..., g'_ρ étant tous différents. Les fonctions $\Phi(z, u)$ et $\Psi(z, u)$ deviendront simultanément infinies pour les points du groupe g_1 et pour ceux-là seulement. La courbe auxiliaire C_1 a donc un point à l'infini auquel ne correspondent, sur la courbe C, que les points du groupe g_1. A un point de C_1 voisin de ce point à l'infini ne peut correspondre qu'un groupe de points sur C, voisin de g_1. S'il en était autrement, à une valeur très grande de Z devraient correspondre plusieurs points voisins de (α_1, β_1), ce qui n'a pas lieu puisque ce point est un pôle simple de $\Phi(z, u)$.

Soit

$$\mathcal{F}(Z, U) = 0 \tag{32}$$

l'équation de la courbe auxiliaire C_1. A un point (Z, U) de cette courbe correspondent r points de la première courbe, en chacun desquels l'intégrale w reprend la même valeur, à des multiples près des périodes; donc $\frac{dw}{dZ}$ est une fonction uniforme du point analytique (Z, U). D'ailleurs, il est clair que cette dérivée est une fonction algébrique de Z; par conséquent, w est égale à une intégrale abélienne attachée à la courbe auxiliaire (32). A une valeur de cette intégrale w correspondent r points de la courbe primitive (31) et un seul point de la courbe auxiliaire C_1; nous sommes donc ramenés au problème primitif. A chaque solution de ce premier problème correspond une solution du problème généralisé.

Si la courbe (32) est du genre zéro, l'intégrale w peut être de seconde ou de troisième espèce; dans le premier cas, w est une fonction rationnelle de (Z, U) et, dans le second cas, w est égale au produit d'une constante par le logarithme d'une fonction rationnelle de (Z, U). Si l'on revient à la courbe primitive, on voit que w est égale à une fonction rationnelle de z et de u, ou au logarithme d'une pareille fonction, multiplié par une constante.

Lorsque la courbe auxiliaire C_1 est du genre un, l'intégrale w est de première espèce et a *deux* périodes, nécessairement distinctes (n° 70). Après la transformation rationnelle qui conduit de la courbe C_1 à la courbe donnée (31), w se change en une intégrale de première espèce relative à cette courbe, dont toutes les périodes se réduisent à deux. En résumé, *si à une valeur de l'intégrale abélienne w ne correspondent qu'un nombre fini de points de la courbe* $F(z, u) = 0$), *il peut se présenter trois cas : 1° w est une fonction rationnelle de z et de u; 2° w est égale au produit d'une constante par le logarithme d'une fonction rationnelle de z et de u; 3° w est une intégrale de première espèce, dont toutes les périodes se réduisent à deux périodes distinctes.*

On a vu plus haut (n° 162) les conditions nécessaires et suffisantes pour qu'une intégrale abélienne w se réduise à une fonction rationnelle. Il est plus difficile d'obtenir des conditions suffisantes pour que l'intégrale appartienne à une des deux autres catégories (n°s 165-170). Remarquons que chacune de ces trois espèces d'intégrales fournit bien une solution du problème proposé. Ainsi, dans les deux premiers cas, on a

$$w = \varphi(z, u)$$

ou

$$w = A \log[\varphi(z, u)],$$

$\varphi(z, u)$ étant une fonction rationnelle de z et de u; les points analytiques (z, u) qui correspondent à une valeur de w sont fournis par la résolution de deux équations

$$F(z, u) = 0, \qquad \varphi(z, u) = w$$

ou

$$F(z, u) = 0, \qquad \varphi(z, u) = e^{\frac{w}{A}}.$$

Lorsque w est une intégrale de première espèce n'admettant que deux périodes ω, ω', le rapport $\frac{\omega'}{\omega}$ est nécessairement imaginaire (n° 170). Soit $\lambda(w)$ une fonction uniforme doublement périodique, aux périodes ω, ω', n'ayant que des discontinuités polaires à distance finie; si l'on remplace w par l'intégrale précédente, $\lambda(w)$ devient une fonction rationnelle $\varphi(z, u)$ de z et de u. Les coordonnées des points (z, u) qui correspondent à une valeur de w s'obtiennent par la résolution des équations simultanées

$$F(z, u) = 0, \qquad \varphi(z, u) = \lambda(w).$$

215. Étant donnée une équation différentielle algébrique du premier ordre

$$F\left(u, \frac{du}{dz}\right) = 0,$$

pour que cette équation admette une intégrale qui ne prenne qu'un nombre *fini* de valeurs pour chaque valeur de z, il faut et il suffit, d'après cela, que l'intégrale abélienne

$$z = \int \frac{du}{U}, \qquad \text{où} \qquad F(u, U) = 0,$$

appartienne à une des trois catégories précédentes; nous n'avons qu'à répéter le raisonnement du n° 210.

Par conséquent, *si l'intégrale d'une équation de la forme* $F\left(u, \frac{du}{dz}\right) = 0$, *où* F *est un polynome entier en* u *et* $\frac{du}{dz}$, *n'admet qu'un nombre limité de valeurs pour chaque valeur de* z, *cette intégrale est racine d'une équation algébrique entière en* u, *dont les coefficients sont, soit des fonctions rationnelles de* z, *soit des fonctions rationnelles de e^{az}, soit des fonctions uniformes doublement périodiques, aux mêmes périodes, n'ayant que des discontinuités polaires à distance finie* ([1]).

216. Quand on ne se trouve pas dans l'un des cas qui viennent d'être examinés, l'inversion d'une intégrale abélienne conduit à des fonctions qui admettent une *infinité* de valeurs pour chaque valeur de la variable. Par exemple, la fonction inverse de l'intégrale elliptique de seconde espèce ou, ce qui revient au même, une intégrale de l'équation différentielle

$$\left(\frac{du}{dz}\right)^2 = \frac{(1-u^2)(1-k^2u^2)}{u^4},$$

admet une infinité de valeurs pour chaque valeur de z ([2]). Dans son célèbre Mémoire sur les fonctions quadruplement périodiques de deux variables (*Journal de Crelle*, t. 13), Jacobi a posé d'une autre façon le problème de l'inversion pour les intégrales hyperelliptiques de genre 2. L'énoncé a été ensuite étendu aux intégrales abéliennes relatives à une courbe quelconque de genre p; le problème ainsi généralisé est appelé le *problème de l'inversion de Jacobi*. On peut le formuler de la manière suivante :

Soient $w_1, w_2, \ldots, w_p$ les p intégrales distinctes de première espèce attachées à une courbe de genre p; nous supposerons qu'on a pris une même limite inférieure (z_0, u_0) pour toutes ces intégrales. Les p équations

$$(33)\quad \left\{\begin{array}{l} \displaystyle\int_{(z_0,u_0)}^{(z_1,u_1)} dw_1 + \int_{(z_0,u_0)}^{(z_2,u_2)} dw_1 + \ldots + \int_{(z_0,u_0)}^{(z_p,u_p)} dw_1 = v_1, \\ \displaystyle\int_{(z_0,u_0)}^{(z_1,u_1)} dw_2 + \int_{(z_0,u_0)}^{(z_2,u_2)} dw_2 + \ldots + \int_{(z_0,u_0)}^{(z_p,u_p)} dw_2 = v_2, \\ \cdots\cdots\cdots\cdots\cdots\cdots\cdots\cdots\cdots\cdots\cdots\cdots, \\ \displaystyle\int_{(z_0,u_0)}^{(z_1,u_1)} dw_p + \int_{(z_0,u_0)}^{(z_2,u_2)} dw_p + \ldots + \int_{(z_0,u_0)}^{(z_p,u_p)} dw_p = v_p, \end{array}\right.$$

où les intégrales qui ont même limite supérieure sont supposées

---

([1]) Briot et Bouquet, *Journal de l'École Polytechnique*, XXXVIe Cahier.

([2]) On pourra consulter sur ce sujet deux Mémoires de M. Casorati (*Acta mathematica*, t. VIII, p. 345-386).

prises suivant le même chemin, déterminent les p points analytiques (z_1, u_1), (z_2, u_2), ..., (z_p, u_p) en fonction des p variables v_1, v_2, ..., v_p. C'est la détermination effective de ces p limites supérieures au moyen de v_1, v_2, ..., v_p qui constitue le problème de Jacobi. La solution a d'abord été obtenue pour les intégrales ultra-elliptiques de genre 2 par Göpel (1), et par Rosenhain dans son Mémoire couronné (2). Weierstrass (3) a ensuite étendu la solution aux intégrales hyperelliptiques de genre quelconque. Enfin Riemann et Weierstrass ont obtenu simultanément la solution du problème dans toute sa généralité au moyen des fonctions Θ de p variables. L'étendue de cet Ouvrage ne nous permet pas de l'exposer ici; nous nous bornerons à montrer comment, à un système de valeurs de v_1, v_2, ..., v_p, il ne correspond, en général, qu'un seul système de points analytiques (z_1, u_1), ..., (z_p, u_p).

Remarquons que les équations (33) peuvent être remplacées par un système d'équations aux différentielles totales du premier ordre :

$$(34)\quad \begin{cases} \varphi_1(z_1, u_1)\,dz_1 + \ldots + \varphi_1(z_p, u_p)\,dz_p = dv_1, \\ \varphi_2(z_1, u_1)\,dz_1 + \ldots + \varphi_2(z_p, u_p)\,dz_p = dv_2, \\ \ldots\ldots\ldots\ldots\ldots\ldots\ldots\ldots\ldots, \\ \varphi_p(z_1, u_1)\,dz_1 + \ldots + \varphi_p(z_p, u_p)\,dz_p = dv_p, \end{cases}$$

où l'on a posé

$$w_i = \int_{(z_0, u_0)}^{(z, u)} \varphi_i(z, u)\,dz \qquad (i = 1, 2, \ldots, p).$$

Si l'on applique à ce système d'équations différentielles les théorèmes généraux, on reconnaît qu'à l'exception de certains systèmes de valeurs de v_1, v_2, ..., v_p, pour lesquels il y a indétermination, à des valeurs de v_1, v_2, ..., v_p ne correspond qu'un seul système de points analytiques (4). Ce résultat peut aussi se déduire du théorème d'Abel.

(1) Göpel, *Theoriæ transcendentium Abelianarum primi ordinis adumbratio levis* (*Journal de Crelle*, t. 35, 1847).

(2) Rosenhain, *Mémoire sur les fonctions de deux variables et à quatre périodes qui sont les inverses des intégrales ultra-elliptiques de la première classe* (*Mémoires des savants étrangers*, t. XI, p. 361-468).

(3) Weierstrass, *Zur theorie der Abel'schen Functionen* (*Journal de Crelle*, t. 47, p. 289-306; t. 52, p. 285-380).

(4) *Voir* Briot, *Théorie des fonctions abéliennes* (Chap. IX). Le raisonnement est soumis aux mêmes objections que pour $p = 1$.

Supposons, en effet, qu'à un système de valeurs pour $v_1, v_2, \ldots, v_p$, il corresponde deux systèmes de points analytiques

$$(z_1, u_1), \quad \ldots, \quad (z_p, u_p)$$

et

$$(z'_1, u'_1), \quad \ldots, \quad (z'_p, u'_p).$$

Les équations (33) nous donnent

$$\sum_{h=1}^{p} w_i(z_h, u_h) = \sum_{h=1}^{p} w_i(z'_h, u'_h) \qquad (i = 1, 2, \ldots, p).$$

Ce sont les conditions nécessaires et suffisantes pour qu'il existe une fonction rationnelle $\varphi(z, u)$ admettant pour pôles du premier ordre les p points $(z_1, u_1), \ldots, (z_p, u_p)$ et pour zéros les p points $(z'_1, u'_1), \ldots, (z'_p, u'_p)$ (n° **183**). Cette fonction, ne devenant infinie du premier ordre qu'en p points seulement, est une fonction spéciale, et l'on peut faire passer par ces p pôles une courbe adjointe d'ordre $m-3$ (n° **174**). Cette courbe adjointe rencontre en outre la courbe proposée en $p-2$ points simples $(\alpha_1, \beta_1), \ldots, (\alpha_{p-2}, \beta_{p-2})$ et l'on voit que $v_1, v_2, \ldots, v_p$ doivent être de la forme

$$(35) \quad v_1 = 2K_1 - \sum_{k=1}^{p-2} w_1(\alpha_h, \beta_h), \qquad \ldots, \qquad v_p = 2K_p - \sum_{k=1}^{p-2} w_p(\alpha_h, \beta_h),$$

$2K_i$ désignant la somme constante des valeurs de l'intégrale w_i aux $2p-2$ points d'intersection variables de la courbe proposée avec une courbe adjointe de degré $m-3$. Par conséquent, si les valeurs de $v_1, v_2, \ldots, v_p$ ne sont pas de la forme (35), il ne peut y avoir plus d'un système de points analytiques vérifiant les équations (33). Mais si $v_1, v_2, \ldots, v_p$ sont de la forme (35), il y a une infinité de systèmes de p points analytiques répondant à la question. En effet, si l'on fait passer par les $p-2$ points (α_h, β_h) une courbe adjointe d'ordre $m-3$, elle rencontre la courbe proposée en p autres points distincts des points multiples qui, d'après le théorème d'Abel, satisfont bien aux équations (33). En résumé, lorsqu'on fait décrire aux variables indépendantes $v_1, v_2, \ldots, v_p$ des contours fermés dans leurs plans respectifs, les p points analytiques $(z_1, u_1), \ldots, (z_p, u_p)$ ne peuvent que s'échanger entre eux, sauf pour des systèmes de la forme (35) où il y a indétermination. Toute fonction rationnelle et symétrique des coordonnées de ces p points est une fonction *uniforme* des p variables indépendantes $v_1, v_2, \ldots, v_p$, devenant *indéterminée* pour les valeurs de la forme (35). C'est une *fonction abélienne;* elle s'exprime au moyen des fonctions Θ de p variables, où les arguments sont précisément $v_1, v_2, \ldots, v_p$. Si l'on fait décrire à un des points (z_i, u_i) un cycle sur la surface de Riemann, $v_1, v_2, \ldots, v_p$ augmentent d'une période; on voit donc que les fonctions abéliennes sont des fonctions de p variables, admettant $2p$ systèmes de périodes simultanées [1].

217. Le problème d'inversion de Jacobi a été étendu par différents géomètres au cas où l'on ajoute, aux p intégrales de première espèce, un certain nombre d'intégrales abéliennes présentant des points de discontinuité sur la surface de Riemann [2]. Supposons, pour fixer les idées, que l'on prenne, avec les p intégrales de première espèce $w_1, w_2, \ldots, w_p$, q intégrales de seconde espèce avec un seul pôle du premier ordre, $\zeta(z, u; \alpha_1, \beta_1), \ldots, \zeta(z, u; \alpha_q, \beta_q)$, et r intégrales de troisième espèce $\varpi_{\gamma_1, \delta_1}^{\gamma'_1, \delta'_1}, \ldots, \varpi_{\gamma_r, \delta_r}^{\gamma'_r, \delta'_r}$, quelques-uns des points (α_h, β_h) pouvant aussi être des points critiques pour quelques-unes des intégrales de troisième espèce. La méthode que nous allons suivre s'applique d'ailleurs au cas général. Considérons les $n = p + q + r$ équations

$$(36) \quad w_i(z_1, u_1) + w_i(z_2, u_2) + \ldots + w_i(z_n, u_n) = v_i \quad (i = 1, 2, \ldots, p),$$

$$(37) \quad \zeta(z_1, u_1; \alpha_h, \beta_h) + \ldots + \zeta(z_n, u_n; \alpha_h, \beta_h) = t_h \quad (h = 1, 2, \ldots, q),$$

$$(38) \quad \varpi_{\gamma_k, \delta_k}^{\gamma'_k, \delta'_k}(z_1, u_1) + \ldots + \varpi_{\gamma_k, \delta_k}^{\gamma'_k, \delta'_k}(z_n, u_n) = \pi_k \quad (k = 1, 2, \ldots, r).$$

où l'on suppose que l'on prend la même limite inférieure (z_0, u_0) pour toutes les intégrales, et où les intégrales qui ont la même limite supérieure sont prises suivant le même chemin. Si l'on

(1) Pour la solution effective du problème de l'inversion de Jacobi, nous renvoyons au tome II du *Cours d'Analyse*, de C. Jordan (Chap. VII).

(2) On trouve déjà des exemples dans le Mémoire de Rosenhain (*Savants étrangers*, t. XI). — *Voir* aussi Clebsch (*Journal de Crelle*, t. 64); Clebsch et Gordan (*Abel'schen Functionen*); Elliot (*Annales de l'École Normale*, 2e série, t. XI); Appell (*Journal de Mathématiques*, 4e série, t. I); Goursat (*Comptes rendus*, t. CXV, 1892, p. 787-790).

regarde dans ces équations v_i, t_h, π_k comme des variables indépendantes, elles définissent, en fonction de ces n variables, les n points analytiques (z_1, u_1), ..., (z_n, u_n). Nous allons montrer qu'*à un système de valeurs arbitrairement choisi pour les variables* v_i, t_h, π_k, *il ne correspond en général qu'un seul système de points analytiques* (z_1, u_1), ..., (z_n, u_n).

Prenons sur la surface de Riemann $n+p$ points (ξ_1, η_1), ..., (ξ_{n+p}, η_{n+p}), absolument quelconques. La fonction rationnelle la plus générale du point analytique (z, u), qui devient infinie du premier ordre en ces $n+p$ points seulement, dépend de $n+1$ constantes arbitraires, si ces points n'ont pas été choisis d'une façon particulière comme nous le supposons (n° **173**). Soit

$$F(z, u) = \frac{\Phi(z, u)}{\Phi_1(z, u)}$$

l'expression générale de cette fonction; $\Phi_1(z, u)$ est un polynome parfaitement déterminé, tandis que $\Phi(z, u)$ est une fonction linéaire et homogène de $n+1$ coefficients arbitraires A_0, A_1, ..., A_n. Cette fonction $F(z, u)$ admet $n+p$ zéros variables avec A_0, A_1, ..., A_n; nous allons chercher à déterminer les coefficients A_i en fonction des quantites v_i, t_h, π_k, de façon que n de ces zéros soient précisément les n points analytiques (z_i, u_i) définis par les équations (36), (37) et (38). Le problème étant supposé résolu, désignons par (z'_1, u'_1), ..., (z'_p, u'_p) les p zéros restants de $F(z, u)$. D'après le théorème d'Abel, on a

$$\begin{aligned} &w_i(z_1, u_1) + \ldots + w_i(z_n, u_n) + w_i(z'_1, u'_1) + \ldots + w_i(z'_p, u'_p) \\ &= \sum_{j=1}^{n+p} w_i(\xi_j, \eta_j) = M_i; \end{aligned}$$

les équations (36) peuvent donc être remplacées par les suivantes :

$$(39) \quad w_i(z'_1, u'_1) + \ldots + w_i(z'_p, u'_p) = M_i - v_i \qquad (i = 1, 2, \ldots, p),$$

et nous venons de voir qu'à un système de valeurs de v_1, v_2, ..., v_p, il ne correspond en général, qu'un seul système de points analytiques (z'_1, u'_1), ..., (z'_p, u'_p). Les p équations

$$\Phi(z'_1, u'_1) = 0, \qquad \ldots, \qquad \Phi(z'_p, u'_p) = 0,$$

sont aussi équivalentes aux p équations

$$(40)\quad (z'_1)^i\,\Phi(z'_1, u'_1)+\ldots+(z'_p)^i\,\Phi(z'_p, u'_p)=0 \quad (i=0, 1, 2, \ldots, p-1),$$

qui sont encore linéaires par rapport aux coefficients $A_0, A_1, \ldots, A_n$, mais qui, de plus, sont des fonctions symétriques des p points $(z'_1, u'_1), \ldots, (z'_p, u'_p)$. On a donc ainsi p équations linéaires et homogènes en $A_0, A_1, \ldots, A_n$, dont les coefficients sont des fonctions abéliennes de $v_1, v_2, \ldots, v_p$.

Appliquons maintenant le théorème d'Abel aux intégrales ζ et ϖ. On a (n[os] **187**, **189**).

$$\zeta(z_1, u_1; \alpha_h, \beta_h)+\ldots+\zeta(z_n, u_n; \alpha_h, \beta_h)+\zeta(z'_1, u'_1; \alpha_h, \beta_h)+\ldots+\zeta(z'_p, u'_p; \alpha_h, \beta_h)$$
$$=\sum_{j=1}^{n+p}\zeta(\xi_j, \eta_j; \alpha_h, \beta_h)-\frac{d}{dz}\log F(\alpha_h, \beta_h),$$

$$\varpi_{\gamma_k,\delta_k}^{\gamma'_k,\delta'_k}(z_1, u_1)+\ldots+\varpi_{\gamma_k,\delta_k}^{\gamma'_k,\delta'_k}(z_n, u_n)+\varpi_{\gamma_k,\delta_k}^{\gamma'_k,\delta'_k}(z'_1, u'_1)+\ldots+\varpi_{\gamma_k,\delta_k}^{\gamma'_k,\delta'_k}(z'_q, u'_p)$$
$$=\sum_{j=1}^{n+p}\omega(\xi_j, \eta_j)+\log\frac{F(\gamma'_k, \delta'_k)}{F(\gamma_k, \delta_k)}.$$

Les équations (37) et (38) sont donc équivalentes aux équations

$$(41)\quad \frac{d}{dz}\log[F(\alpha_h, \beta_h)]$$
$$=-t_h-\zeta(z'_1, u'_1; \alpha_h, \beta_h)-\ldots-\zeta(z'_p, u'_p; \alpha_h, \beta_h)+\sum_{j=1}^{n+p}\zeta(\xi_j, \eta_j; \alpha_h, \beta_h),$$

$$(42)\quad \left\{\begin{array}{l}\dfrac{F(\gamma'_k, \delta'_k)}{F(\gamma_k, \delta_k)}e^{\pi_k+\omega(z'_1,u'_1)+\ldots+\omega(z'_p, u'_p)-\sum_{j=1}^{n+p}\omega(\xi_j,\eta_j)}\\ (h=1, 2, \ldots, q;\ k=1, 2, \ldots, r).\end{array}\right.$$

Les $q+r$ équations (41) et (42) sont encore linéaires et homogènes par rapport aux coefficients inconnus $A_0, A_1, \ldots, A_n$. Les seules quantités qui figurent dans ces équations et qui ne soient pas connues directement sont les suivantes :

$$\zeta(z'_1, u'_1; \alpha_h, \beta_h)+\ldots+\zeta(z'_p, u'_p; \alpha_h, \beta_h),$$
$$e^{\varpi(z'_1, u'_1)+\ldots+\varpi(z'_p, u'_p)};$$

ces quantités sont des fonctions *uniformes* de $v_1, v_2, \ldots, v_p$. En effet, les p points $(z'_1, u'_1), \ldots, (z'_p, u'_p)$ sont définis, en fonction de $v_1, v_2, \ldots, v_p$, par les équations (39), et nous savons déjà qu'à un système de valeurs de $v_1, v_2, \ldots, v_p$ ne correspond qu'un seul système de points analytiques $(z'_1, u'_1), \ldots, (z'_p, u'_p)$. Par conséquent, lorsque les variables indépendantes $v_1, v_2, \ldots, v_p$ décrivent, dans leurs plans respectifs, des chemins fermés quelconques, les p points (z', u') décrivent des chemins fermés ou se permutent entre eux. On peut évidemment supposer que chacun de ces points décrit un chemin fermé, puisque quelques-uns d'entre eux se permutent sans que les nouveaux chemins décrits franchissent aucune des coupures a, b, c. Or, après que ces p points auront décrit de pareils chemins, la somme v_i aura diminué de la quantité

$$m_1 \omega_{i,1} + \ldots + m_{2p} \omega_{i,2p},$$

$m_1, \ldots, m_{2p}$ étant des nombres entiers, et $\omega_{i,1}, \ldots, \omega_{i,2p}$ les $2p$ périodes de l'intégrale w_i; la somme

$$\zeta(z'_1, u'_1; \alpha_h, \beta_h) + \ldots + \zeta(z'_p, u'_p; \alpha_h, \beta_h)$$

aura augmenté de la période

$$m_1 k_1 + \ldots + m_{2p} k_{2p},$$

$k_1, \ldots, k_{2p}$ étant les $2p$ périodes correspondantes de $\zeta(z, u; \alpha_h, \beta_h)$, et la somme

$$\varpi(z'_1, u'_1) + \ldots + \varpi(z'_p, u'_p)$$

aura augmenté de même de

$$m_1 H_1 + \ldots + m_{2p} H_{2p} + 2m'\pi i,$$

$H_1, \ldots, H_{2p}$ étant les $2p$ périodes cycliques de $\varpi(z, u)$ et m' étant un autre nombre entier. Pour que $v_1, \ldots, v_p$ reviennent à leurs valeurs initiales, il faut que tous les nombres entiers $m_1, \ldots, m_{2p}$ soient nuls, car on ne peut avoir les p relations

$$m_1 \omega_{i,1} + \ldots + m_{2p} \omega_{i,2p} = 0 \qquad (i = 1, 2, \ldots, p),$$

pour des valeurs entières des coefficients m, sauf pour

$$m_1 = \ldots = m_{2p} = 0 \qquad (\text{n}^\text{o}\ 74).$$

Par conséquent, lorsque les valeurs $v_1, \ldots, v_p$ reviennent à leurs valeurs initiales, il en est de même de la somme

$$\zeta(z'_1, u'_1; \alpha_h, \beta_h) + \ldots + \zeta(z'_p, u'_p; \alpha_h, \beta_h)$$

et de

$$e^{\varpi(z'_1, u'_1) + \ldots + \omega(z'_p, u'_p)}.$$

En résumé, les $n+1$ inconnues $A_0, A_1, \ldots, A_n$ sont déterminées par n équations linéaires et homogènes dont tous les coefficients sont des fonctions uniformes de $v_1, \ldots, v_p, t_1, \ldots, t_q, \pi_1, \ldots, \pi_r$. Les équations (36), (37) et (38) définissent donc un seul système de points analytiques, sauf les cas d'indétermination qui peuvent se présenter.

CHAPITRE XI.

COURBES NORMALES. MODULES [1].

Théorème de M. Schwarz. — Transformations birationnelles d'une courbe de genre un en elle-même. — Courbe normale de Clebsch. — Courbe normale de Nöther. — Modules d'une classe de courbes algébriques. — Généralités sur les transformations simplement rationnelles.

218. Nous allons d'abord compléter, sur un point essentiel, la théorie des transformations birationnelles des courbes algébriques. On a déjà remarqué (nos 135, 138) que les courbes de genre zéro *un* se changent en elles-mêmes par une infinité de transformations birationnelles; ce sont les seules courbes qui jouissent de cette propriété. Nous commencerons par démontrer le théorème suivant, dû à M. Schwarz : *Il ne peut exister de transformation birationnelle, renfermant un paramètre arbitraire, qui change en elle-même une courbe de genre supérieur à un* [2].

Soient, en effet,

$$f(z, u) = 0 \tag{1}$$

l'équation d'une courbe algébrique C de genre $p > 1$, et

$$\left\{\begin{aligned} z' &= R(z, u, t), \\ u' &= R'(z, u, t) \end{aligned}\right. \tag{2}$$

des formules définissant une transformation birationnelle dépen-

---

(1) Auteurs à consulter : RIEMANN, *Abel'schen Functionen*; BRILL et NÖTHER, *Mathematische Annalen*, t. VII; CLEBSCH et GORDAN, *Theorie der Abel'schen Functionen*; KLEIN, *Theorie der elliptischen Modulfunctionen*, t. I; E. PICARD, *Traite d'Analyse*, t. II, p. 436-458; PAINLEVÉ, *Leçons sur la théorie analytique des équations différentielles* (Paris, Hermann), p. 92-103.

(2) SCHWARZ, *Journal de Crelle*, t. 87. La démonstration que nous donnons ici est due à M. Picard.

dant d'un paramètre arbitraire t. Admettons, pour un moment, que le point (z', u') décrit la courbe C, lorsque le point (z, u) décrit la même courbe, quelle que soit la valeur attribuée au paramètre t. Considérons p intégrales distinctes de première espèce attachées à la courbe C

$$\int \frac{Q_1(z, u)\,dz}{f'_u}, \quad \int \frac{Q_2(z, u)\,dz}{f'_u}, \quad \ldots, \quad \int \frac{Q_p(z, u)\,dz}{f'_u};$$

puisque, par une transformation birationnelle, toute intégrale de première espèce se change en une nouvelle intégrale de première espèce, l'intégrale $\int \frac{Q_1(z'.u')dz'}{f'_{u'}}$ doit en particulier se changer en une nouvelle intégrale de la forme

$$(3) \qquad \int \frac{Q_1(z', u')\,dz'}{f'_{u'}} = \int \frac{A_1 Q_1(z, u) + \ldots + A_p Q_p(z, u)}{f'_u}\,dz,$$

$A_1, \ldots, A_p$ étant des constantes indépendantes de (z, u). Nous allons montrer que ces coefficients ne dépendent pas non plus du paramètre t. En effet, donnons à ce paramètre une valeur fixe t_0, d'ailleurs arbitraire, et faisons décrire au point (z, u) un cycle sur la surface de Riemann; le point (z', u') décrira aussi un cycle. Lorsque le paramètre t prend ensuite une valeur voisine $t_0 + h$, le cycle décrit par (z', u') ne diffère qu'infiniment peu du premier et la période reste la même. Soient $\omega_1, \omega_2, \ldots, \omega_p$ les périodes des p intégrales de première espèce correspondant au cycle décrit par le point (z, u) et ω' la période de l'intégrale

$$\int \frac{Q_1(z', u')\,dz'}{f'_u}$$

correspondant au cycle décrit par le point (z', u'); on a entre les coefficients $A_1, A_2, \ldots, A_p$ la relation

$$\omega'_1 = A_1\omega_1 + A_2\omega_2 + \ldots + A_p\omega_p.$$

Faisons maintenant décrire au point (z, u) les p cycles dont chacun franchit une seule coupure a_ν; on établit ainsi, entre les coefficients $A_1, A_2, \ldots, A_p$, p relations linéaires, dont le déterminant n'est pas nul, où ne figure pas le paramètre t. Ces coefficients sont donc des constantes indépendantes de t. En prenant une nouvelle intégrale de première espèce, on aura de même

$$(4) \qquad \int \frac{Q_2(z', u')\,dz'}{f'_{u'}} = \int \frac{B_1\,Q_1(z, u) + \ldots + B_p\,Q_p(z, u)}{f'_u}\,dz,$$

les coefficients $B_1, \ldots, B_p$ ne dépendant pas de t. Des équations (3) et (4), on tire

$$(5) \qquad \frac{Q_1(z', u')}{Q_2(z', u')} = \frac{A_1\,Q_1(z, u) + \ldots + A_p\,Q_p(z, u)}{B_1\,Q_1(z, u) + \ldots + B_p\,Q_p(z, u)},$$

relation entre les coordonnées des deux points (z, u) et (z', u') qui ne dépendent pas de t. Or, une telle relation est impossible ; car, à un point (z, u), l'équation (5), jointe à l'équation $f(z', u') = 0$ de la courbe donnée, ne fait correspondre qu'un nombre *fini* de points (z', u'). Le point (z', u') défini par les formules (2) ne varierait donc pas d'une manière continue avec le paramètre t, contrairement à l'hypothèse.

219. Le même raisonnement permet de démontrer qu'une courbe de genre supérieur à l'unité ne peut se reproduire par une infinité *discontinue* de transformations birationnelles, c'est-à-dire ne dépendant pas de paramètres arbitraires. En effet, il résulte du paragraphe précédent que toutes les transformations birationnelles qui reproduisent la courbe C, de genre supérieur à un, sont données par une relation de la forme (5), où l'on attribue aux constantes A et B des valeurs convenables. Or, si l'on part d'une relation de cette forme donnée *a priori*, et si l'on cherche les conditions pour qu'elle définisse une transformation birationnelle de la courbe en elle-même, on établit évidemment un certain nombre de relations *algébriques* entre les constantes A et B. Ces relations peuvent être incompatibles ou admettre un nombre *fini* de solutions, mais il ne peut pas arriver que quelques-unes de ces constantes restent arbitraires, car la courbe donnée admettrait des transformations birationnelles dépendant d'un paramètre arbitraire, contrairement à ce qui vient d'être démontré. En résumé, *une courbe de genre supérieur à un ne peut se changer en elle-même que par un nombre fini de transformations birationnelles.*

220. Il est aisé de former l'équation de courbes algébriques qui admettent un nombre *fini*, mais aussi grand qu'on le veut, de transformations birationnelles en elles-mêmes. Supposons que la courbe C, représentée par l'équation (1), se reproduise par la transformation birationnelle

$$(6) \qquad \begin{cases} z_1 = P(z, u), \\ u_1 = R(z, u), \end{cases}$$

si l'on applique deux fois de suite cette transformation, on obtient une nouvelle transformation qui reproduit aussi la courbe C,

$$(7) \qquad \begin{cases} z_2 = P[P(z, u), R(z, u)] = P_1(z, u), \\ u_2 = R[P(z, u), R(z, u)] = R_1(z, u); \end{cases}$$

d'une manière générale, si l'on pose

$$z_i = P(z_{i-1}, u_{i-1}) = P_{i-1}(z, u),$$
$$u_i = R(z_{i-1}, u_{i-1}) = R_{i-1}(z, u),$$

on a une suite de transformations birationnelles

$$(8) \qquad \begin{cases} z_i = P_{i-1}(z, u), \\ u_i = K_{i-1}(z, u), \end{cases}$$

qui reproduisent toutes la courbe C. Si la courbe proposée est de genre supérieur à *un*, on ne peut obtenir ainsi qu'un nombre fini de transformations distinctes et, par conséquent, au bout d'un nombre fini d'opérations, on doit retrouver la substitution identique $z' = z$, $u' = u$. Supposons que cela arrive après q opérations, de telle sorte que l'on ait identiquement

$$P_{q-1}(z, u) = z, \qquad R_{q-1}(z, u) = u;$$

la transformation considérée est dite d'*ordre* q. On a

$$P_q(z, u) = P(z, u), \qquad R_q(z, u) = R(z, u),$$

et, d'une manière générale,

$$P_{q+i}(z, u) = P_i(z, u), \qquad R_{q+i}(z, u) = R_i(z, u).$$

Soient $\varphi(z, u)$, $\psi(z, u)$ deux fonctions rationnelles de z et de u.

Posons

$$(9)\qquad \begin{cases} Z = \varphi(z, u) + \varphi(z_1, u_1) + \ldots + \varphi(z_{q-1}, u_{q-1}), \\ U = \psi(z, u) + \alpha\,\psi(z_1, u_1) + \ldots + \alpha^{q-1}\,\psi(z_{q-1}, u_{q-1}), \end{cases}$$

α désignant une racine primitive de l'équation $\alpha^q = 1$.

Lorsque le point (z, u) décrit la courbe C, le point (Z, U) décrit une autre courbe C_1 qui correspond point par point à la première, si les fonctions $\varphi(z, u)$ et $\psi(z, u)$ ont été prises convenablement. Prenons, par exemple, pour φ et ψ deux fonctions rationnelles ayant un seul pôle commun du premier ordre (a, b), et telles que tous les autres pôles, ainsi que les points qu'on en déduit par l'application répétée de la transformation (6) soient distincts. Alors la courbe C_1 a un point à l'infini, avec une direction asymptotique non parallèle aux axes, auquel ne correspond qu'un seul point de la courbe C, le point (a, b). Remarquons maintenant que, lorsqu'on change z et u en $P(z, u)$ et $R(z, u)$ respectivement, Z ne change pas, tandis que U se change en $\frac{U}{\alpha}$; la nouvelle courbe C_1 admet donc la transformation birationnelle $Z' = Z$, $\alpha U' = U$, et, par suite, elle est représentée par une équation de la forme $F(Z, U^q) = 0$, entière par rapport à Z et à U^q (¹).

221. Proposons-nous, pour finir ce sujet, de déterminer toutes les transformations birationnelles qui font revenir sur elle-même une courbe du premier genre. Soit $w(z, u)$ l'intégrale de première espèce attachée à cette courbe. Entre les coordonnées (z, u) et (z', u') de deux points correspondants, on doit avoir une relation de la forme (n° 218)

$$(10)\qquad w(z', u') = A\,w(z, u) + B,$$

A et B étant des constantes indépendantes de (z, u). Réciproquement, pour qu'une relation de la forme (10) définisse une correspondance birationnelle entre les coordonnées (z, u) et (z', u') des deux points, il faut et il suffit, d'après les explications du

(¹) Pour plus de détails sur ces courbes, nous renverrons à un Mémoire de M. Hurwitz (*Göttinger Nachrichten*, 1887; *Mathematische Annalen*, t. 32). L'étude de certaines propriétés des groupes fuchsiens nous permettra de compléter cette étude sur quelques points, ainsi qu'on le verra à la fin du tome II.

n° 207, que $w(z', u')$ augmente d'une période lorsque $w(z, u)$ augmente d'une période, et inversement. Soient ω et ω' les deux périodes distinctes de l'intégrale; on doit avoir

$$(11)\qquad \begin{cases} A\omega = m\,\omega + n\,\omega', \\ A\omega' = m'\omega + n'\omega', \end{cases}$$

m, m', n, n' étant des nombres entiers; de plus, les deux périodes $A\omega$, $A\omega'$ doivent former un parallélogramme équivalent au parallélogramme élémentaire (ω, ω'), ce qui exige que l'on ait

$$(12)\qquad mn' - m'n = \pm 1.$$

Des équations (11) on tire

$$(13)\qquad m'\omega^2 + (n' - m)\omega\omega' - n\omega'^2 = 0,$$

équation qui se réduit à une identité si l'on a

$$m' = n = 0, \qquad m = n',$$

et, en tenant compte de la relation (12), $m = n' = \pm 1$. On a donc toujours deux séries de transformations, définies par les formules

$$(14)\qquad \begin{cases} w(z', u') = + w(z, u) + t, \\ w(z', u') = - w(z, u) + t, \end{cases}$$

t désignant un paramètre arbitraire.

Si l'équation (13) ne se réduit pas à une identité, on en tire

$$\frac{\omega}{\omega'} = \frac{m - n' \pm \sqrt{(m - n')^2 + 4m'n}}{2m'},$$

ou, en tenant compte de la relation (12),

$$\frac{\omega}{\omega'} = \frac{m - n' \pm \sqrt{(m + n')^2 \mp 4}}{2m'}.$$

Comme le rapport $\frac{\omega}{\omega'}$ doit être imaginaire, on doit prendre le signe + dans la formule (12) et, en outre, le nombre entier $m + n'$ doit être égal à zéro ou à ± 1. On voit donc que, *si le module de la courbe de genre un est quelconque, elle n'admet pas d'autres transformations birationnelles que celles qui sont définies par les formules* (14). Pour qu'il en existe d'autres, il faut que le rapport des périodes soit racine d'une équation à coefficients entiers de la forme (13), où l'on a $mn' - m'n = 1$, $(m + n')^2 < 4$. Le coefficient A s'obtient en éliminant le rapport $\frac{\omega}{\omega'}$ entre les équations (11); on trouve ainsi l'équation

$$(A - m)(A - n') - m'n = 0$$

ou

$$A^2 - (m + n')A + 1 = 0,$$

et comme $m + n'$ ne peut prendre que les valeurs $0, +1, -1$, on voit que A doit être racine de l'une des équations

$$A^2 + 1 = 0, \qquad A^3 - 1 = 0, \qquad A^3 + 1 = 0.$$

En résumé, on obtient toutes les transformations birationnelles qui changent en elle-même une courbe de genre un en combinant la transformation

$$w(z', u') = w(z, u) + t,$$

qui dépend d'un paramètre t, avec quelques-unes des transformations

$$w(z', u') = A\, w(z, u),$$

A désignant une racine primitive de l'une des équations

$$A^2 - 1 = 0, \qquad A^3 - 1 = 0, \qquad A^4 - 1 = 0, \qquad A^6 - 1 = 0.$$

222. Voici une application, qui nous sera utile, du théorème de M. Schwarz. Cherchons, d'une manière générale, les courbes C_m de degré m et de genre p, telles que toutes les adjointes d'ordre $m - 3$ qui passent par h points *quelconques* $(\alpha_1, \beta_1), \ldots, (\alpha_h, \beta_h)$ de C_m aient en commun, avec la courbe donnée, k points fixes $(\gamma_1, \delta_1), \ldots, (\gamma_k, \delta_k)$ dépendant des premiers; on suppose, bien entendu, $h < p - 1$. Plaçons-nous d'abord dans l'hypothèse où les coordonnées des points (γ, δ) dépendent des coordonnées de *tous* les points (α, β); à chacun de ces groupes correspond un groupe de k points et ces points sont *distincts* puisque les points M_i sont arbitraires et que chaque groupe de k points (γ, δ) dépend de *tous* les points du premier groupe de h points. La courbe C_{m-3} aura donc en commun avec la courbe C_m, en dehors des points multiples, $p - 1 + kC_{p-1}^h$ points simples, C_{p-1}^h désignant le nombre de combinaisons de $p - 1$ lettres h à h. Il faut donc que l'on ait

$$k\,C_{p-1}^{h} \leq p - 1\,;$$

ceci n'a lieu que si l'on a $h = k = 1$ ou $h = p - 2$, $k = 1$. Dans le premier cas, toutes les courbes adjointes passant par un point fixe vont passer par un second point fixe dépendant du premier et la courbe est hyperelliptique. Examinons la seconde solution $h = p - 2$, $k = 1$; si $p = 3$, elle se confond avec la première. Si $p > 3$, elle est inadmissible. En effet, il faudrait que toutes les courbes adjointes d'ordre $m - 3$ qui passent par $p - 2$ points *quelconques* de C_m aillent passer par un autre point fixe. Les coordonnées (z', u') de ce nouveau point seraient évidemment des fonctions *rationnelles* des coordonnées de ces $p - 2$ points, dépendant à la fois de tous ces points. Soient

$$(15) \qquad \begin{cases} z' = R\,(z_1, u_1; z_2, u_2; \ldots; z_{p-2}, u_{p-2}), \\ u' = R_1(z_1, u_1; z_2, u_2; \ldots; z_{p-2}, u_{p-2}) \end{cases}$$

les expressions de ces coordonnées. Inversement, toutes les courbes adjointes passant par les $p - 2$ points (z', u'), $\ldots$, (z_{p-2}, u_{p-2}) doivent passer par un autre point fixe qui est forcément le point (z_1, u_1), et l'on a aussi

$$(16) \qquad \begin{cases} z_1 = R\,(z', u'; z_2, u_2; \ldots; z_{p-2}, u_{p-2}), \\ u_1 = R_1(z', u'; z_2, u_2; \ldots; z_{p-2}, u_{p-2}). \end{cases}$$

En considérant $z_2, \ldots, z_{p-2}$ comme des paramètres variables, on voit que la courbe C_m admettrait une transformation birationnelle, dépendant de paramètres, ce qui est impossible puisqu'on suppose $p > 3$.

Si les coordonnées de quelques-uns des k points (γ, δ), ne dépendaient que des coordonnées de h' points (α, β) $(h' < h)$, il faudrait en conclure que toutes les courbes adjointes d'ordre $m - 3$ qui passent par h' points *quelconques* vont passer par un certain nombre d'autres points fixes dépendant de ceux-là, et l'on serait ramené au cas précédent. La conclusion est donc la suivante : les seules courbes qui répondent à la question sont les courbes hyperelliptiques.

223. *Courbes normales.* — Parmi toutes les courbes algé-

briques appartenant à la même classe, on peut en prendre une, présentant quelque caractère particulier, pour servir de *type* ou de *courbe normale* à la classe considérée. On a cherché surtout jusqu'ici à obtenir pour courbes normales des courbes dont le degré soit aussi peu élevé que possible, mais il est évident que ce n'est pas là une règle absolue; il pourrait y avoir avantage, dans certains cas, à définir la courbe normale par d'autres propriétés. Nous nous sommes déjà occupés de cette question, à diverses reprises, pour les courbes de genre 0, 1, 2, et, plus généralement, pour les courbes hyperelliptiques (n[os] **136**, **139**, **179**). Dans ce qui suit, nous supposerons qu'on a affaire à une classe de courbes non hyperelliptiques et, par conséquent, que le genre est au moins égal à trois.

Soit C_m une courbe non hyperelliptique de genre p; prenons sur cette courbe $p-3$ points arbitraires $M_1, M_2, \ldots, M_{p-3}$, et soient $Q_1=0$, $Q_2=0$, $Q_3=0$ les équations des trois courbes adjointes linéairement indépendantes d'ordre $m-3$ passant par ces $p-3$ points. Les points M_i étant pris arbitrairement, on peut toujours supposer que ces trois courbes n'ont aucun point commun sur C_m, en dehors des points M_i. Cela posé, lorsque le point (z, u) décrit la courbe C_m, le point de coordonnées

$$(17) \qquad Z = \frac{Q_1(z, u)}{Q_3(z, u)}, \qquad U = \frac{Q_2(z, u)}{Q_3(z, u)}$$

décrit une certaine courbe C', qui correspond point par point à la courbe C_m. En effet, soit (a, b) un point quelconque de C_m et (A, B) le point correspondant de C'; à ce point (A, B) correspond sur C_m le seul point (a, b). Pour qu'il en fût autrement, il faudrait que, quel que fût le point (a, b) de C_m, on pût trouver un autre point (a', b') tel que l'on eût

$$(18) \qquad \frac{Q_1(a', b')}{Q_3(a', b')} = \frac{Q_1(a, b)}{Q_3(a, b)}, \qquad \frac{Q_2(a', b')}{Q_3(a', b')} = \frac{Q_2(a, b)}{Q_3(a, b)}.$$

Toutes les courbes adjointes d'ordre $m-3$ passant par les $p-3$ points M_i et le point (a, b) iraient passer par un autre point (a', b'); ce qui est impossible, puisque les $p-2$ points peuvent être pris arbitrairement. Les formules (17) définissent donc une transformation birationnelle entre les points des deux courbes C_m

et C'. Il est facile d'avoir le degré de la courbe C'. La fonction

$$\alpha Z + \beta U + \gamma = \frac{\alpha Q_1(z, u) + \beta Q_2(z, u) + \gamma Q_3(z, u)}{Q_3(z, u)},$$

où α, β, γ sont des constantes quelconques, admet $p+1$ pôles du premier ordre, les $p+1$ points de rencontre de la courbe $Q_3 = 0$ avec la courbe C_m, autres que les points $M_1, M_2, \ldots, M_{p-3}$; la courbe C est donc de degré $p+1$. Ainsi, *étant donnée une classe de courbes non hyperelliptiques de genre p, on peut prendre pour courbe normale une courbe de degré $p-1$.*

Ce théorème a d'abord été énoncé par Clebsch et Gordan (*Abels'che Functionen*, p. 65), mais leur démonstration manquait de rigueur. C'est M. Picard qui l'a mise à l'abri de toute objection, grâce à la remarque du paragraphe précédent.

La courbe C' possède en général un certain nombre de points doubles provenant des couples de points (a, b), (a', b') satisfaisant aux relations (18). On obtient immédiatement le nombre δ de ces points doubles, en remarquant que la courbe C' est du genre p; on trouve ainsi

$$\frac{p(p-1)}{2} - \delta = p \qquad \text{ou} \qquad \delta = \frac{p(p-3)}{2}.$$

Si $p > 3$, la courbe normale a nécessairement des points multiples; une droite variable passant par un de ces points rencontre C' en $p-1$ points mobiles au plus; *le nombre r est donc au plus égal à $p-1$* (n° **178**).

224. M. Nöther emploie une autre courbe normale. Soient $Q_1(z, u), Q_2(z, u), \ldots, Q_p(z, u)$ les p polynomes adjoints linéairement indépendants de degré $m-3$; posons

$$(19) \quad X_1 = Q_1(z, u), \qquad X_2 = Q_2(z, u), \qquad \ldots, \qquad X_p = Q_p(z, u),$$

et regardons $X_1, X_2, \ldots, X_p$ comme les coordonnées homogènes d'un point dans l'espace à $p-1$ dimensions. Lorsque le point analytique (z, u) décrit la courbe C, le point de coordonnées $(X_1, X_2, \ldots, X_p)$ décrit dans l'espace à $p-1$ dimensions une courbe gauche Γ qui correspond point par point à la courbe C si celle-ci n'est pas hyperelliptique. Si, en effet, on avait deux points (a, b)

et (a', b') de C correspondant à un même point de Γ, on en conclurait les relations

$$\frac{Q_1(a', b')}{Q_1(a, b)} = \frac{Q_2(a', b')}{Q_2(a, b)} = \ldots = \frac{Q_p(a', b')}{Q_p(a, b)},$$

et toutes les adjointes d'ordre $m - 3$ passant par (a, b) passeraient aussi par (a', b'); ce qui ne peut avoir lieu si la courbe C n'est pas hyperelliptique. Le degré de Γ est égal, on le voit immédiatement, à $2p - 2$.

Lorsque $p = 3$, la courbe Γ coïncide avec la courbe normale de Clebsch. Il n'en est plus de même si $p > 3$, mais on peut passer de l'une à l'autre. Par exemple, si $p = 4$, la courbe Γ est une courbe gauche du sixième ordre de l'espace à trois dimensions; en projetant cette courbe sur un plan, le point de vue étant un point de Γ, on obtient une courbe plane C′ qui correspond point par point à Γ et dont le degré est égal à $6 - 1 = 5$. On retrouve la courbe normale de Clebsch. A l'aide de considérations empruntées à la Géométrie à n dimensions, que nous laissons au lecteur le soin de développer, on peut étendre ce procédé au cas général. Ainsi, en projetant la courbe gauche Γ de l'espace à $p - 1$ dimensions dans un espace plan à $p - 2$ dimensions, le point de vue étant un point de Γ, on obtient une nouvelle courbe gauche Γ_1 de degré $2p - 3$, dans l'espace à $p - 2$ dimensions, qui correspond point par point à la courbe Γ. En opérant de même sur la courbe Γ_1, et ainsi de suite, on finit par arriver à une courbe plane C′ de degré $2p - 2 - (p - 3) = p + 1$, qui correspond point par point à la courbe Γ et, par suite, à la courbe C.

Remarque. — Le raisonnement qui précède est soumis à une objection. Plaçons-nous, pour fixer les idées, dans le cas d'une courbe gauche Γ de l'espace à trois dimensions. Soit C′ la perspective de cette courbe sur un plan, le point de vue étant un point S de Γ; les deux courbes Γ et C′ se correspondent point par point, à moins que toutes les sécantes passant par S et un autre point quelconque A de Γ ne rencontrent cette courbe en un troisième point. Pour que ceci ait lieu, quel que soit le point S choisi pour point de vue, il faudrait que toutes les sécantes doubles de Γ fussent des sécantes triples. Cette hypothèse est inadmissible si la courbe Γ n'est pas une courbe plane. En effet, prenons sur Γ deux points quelconques A et B; la sécante AB rencontre Γ en un troisième point C. Prenons ensuite sur Γ un point A' voisin du point A; la sécante A'C doit rencontrer Γ en un point B' voisin de B. Lorsque le point A' se rapproche indéfiniment du point A, les sécantes AA', BB' ont pour limites les tangentes aux points A et B à la courbe Γ et, comme les droites AA', BB' sont toujours dans un même plan CAA', on en conclut que les tangentes en deux points *quelconques* de Γ sont toujours dans un même plan, propriété qui n'appartient qu'aux courbes planes. On lève de même l'objection dans le cas général.

La courbe normale de Clebsch n'est pas du plus petit degré possible. MM. Brill et Nöther ont montré, en effet, qu'on peut en général faire correspondre, à une courbe de genre p, une courbe de degré $p - \pi + 2$, π désignant la partie entière du quotient $\frac{p}{3}$; mais leur démonstration prête à des objections, et ce point appelle de nouvelles recherches.

225. *Modules.* — Étant donnees deux courbes hyperelliptiques du même genre p, on a vu plus haut que $2p - 1$ conditions devaient être remplies pour que ces courbes appartiennent à la même classe; ces conditions s'expriment par l'égalité de $2p - 1$ fonctions des coefficients des deux équations. De même, toutes les courbes de genre p dépendent d'un nombre fini de paramètres, si l'on ne considère pas comme distinctes les courbes qui appartiennent à la même classe, puisqu'on peut supposer (n° 219) que ces courbes sont de degré $p + 1$. Riemann s'est proposé de chercher le nombre de ces paramètres, dont dépend *essentiellement* une classe de courbes de genre p; il faut entendre par là qu'à des valeurs de ces paramètres, prises arbitrairement, correspond une classe de courbes ou un nombre limité de classes. Ce sont ces paramètres qu'on appelle les *modules;* il est clair qu'ils se conservent dans toute transformation birationnelle. Riemann a démontré de deux manières différentes que le nombre des modules d'une classe de courbes est égal à $3p - 3$ $(p > 1)$; on trouvera l'exposé de ces méthodes dans le *Traité d'Analyse* de M. Picard (t. II, p. 482). On peut s'en rendre compte au moyen de la courbe normale de Clebsch, de degré $p + 1$. Toute courbe

de degré $p+1$ dépend de $\frac{(p+1)(p+4)}{2}$ paramètres; si elle est de genre p, elle doit avoir $\frac{p(p-3)}{2}$ points doubles, ce qui établit entre les coefficients de l'équation ce même nombre d'équations. Il reste donc

$$\frac{(p+1)(p+4)-p(p-3)}{2}=4p+2$$

coefficients arbitraires. D'un autre côté, la transformation birationnelle, par laquelle on passe d'une courbe quelconque de genre p à une courbe de degré $p+1$, dépend de $(p-3)$ points indéterminés; on peut imaginer que l'on ait choisi ces $p-3$ points de façon à attribuer des valeurs données à l'avance à $p-3$ des coefficients de la courbe normale. Enfin, si l'on fait subir à la courbe normale la transformation homographique générale, qui dépend de huit arbitraires, on peut encore attribuer à huit des coefficients des valeurs données à l'avance. Il restera donc en tout un nombre de paramètres égal à

$$4p+2-(p-3)-8=3p-3.$$

Remarque. — Si l'on désigne par ρ le nombre de paramètres arbitraires dont dépend la transformation birationnelle la plus générale qui fait revenir sur elle-même une courbe de genre p, le nombre des modules est toujours représenté par $3p-3+\rho$. Si $p=0$, $\rho=3$, on trouve zéro pour le nombre des modules, comme on devait s'y attendre. Si $p=1$, $\rho=1$; il y a un seul module (n° 182). Enfin, si $p>1$, on a toujours $\rho=0$ (n° 218).

226. Du nombre des modules, il est facile de déduire une limite inférieure pour le degré de la courbe normale du genre p.

Soit C_q une courbe de degré q et de genre p; le nombre δ des points doubles doit être égal à

$$\delta=\frac{(q-1)(q-2)}{2}-p.$$

On doit donc avoir d'abord

$$(q-1)(q-2)\geqq 2p. \tag{20}$$

Cette inégalité étant supposée satisfaite, on démontre, comme au paragraphe précédent, que la courbe C_q dépend, en tenant compte de la transformation homographique générale, de

$$\frac{q(q+3)}{2} - \frac{(q-1)(q-2)}{2} + p - 8$$

paramètres arbitraires; ce qui nous donne une nouvelle inégalité

$$(21) \qquad \frac{q(q+3)-(q-1)(q-2)}{2} + p - 8 \geqq 3p - 3$$

pour que la courbe C_q puisse servir de courbe normale de genre p. De cette dernière inégalité, on tire

$$(22) \qquad q \geqq \frac{2p}{3} + 2.$$

Soit π le quotient de la division par 3 du nombre p, de façon qu'on ait $p = 3\pi$, ou $3\pi + 1$, ou $3\pi + 2$. L'inégalité (22) peut s'écrire

$$q \geqq p - \frac{p}{3} + 2,$$

et la limite inférieure de q est, dans les trois cas, $p - \pi + 2$. C'est le degré de la courbe normale de Brill et Nöther. Cela ne veut point dire qu'il n'y ait pas de courbe de genre p dont le degré soit inférieur à cette limite. Par exemple, la courbe du cinquième ordre, sans point multiple, est du genre 6; il faut conclure seulement de ce qui précède qu'une courbe quelconque du sixième genre ne peut pas correspondre point par point à une courbe du cinquième degré.

227. A la recherche des modules se rattache la solution de la question suivante : Étant données deux courbes de même genre p, non hyperelliptiques, C et C_1, d'ordres m et n, représentées par les équations

$$F(z, u) = 0, \qquad \Phi(z', u') = 0,$$

reconnaître si elles appartiennent à la même classe.

Soient $Q_1(z, u)$, $Q_2(z, u)$, ..., $Q_p(z, u)$ les p polynomes adjoints d'ordre $m-3$ correspondant à la courbe C, et $R_1(z', u')$, ..., $R_p(z', u')$ les p polynomes adjoints d'ordre $n-3$ de la courbe C_1. Si l'on peut établir une correspondance point par point entre les points des deux courbes, toute intégrale de première espèce se change en une intégrale de première espèce, et l'on doit avoir entre les coordonnées de deux points correspondants des deux courbes p relations de la forme

$$(23) \qquad \frac{Q_i(z, u)}{F'_u(z, u)} dz = \frac{A_i R_1(z', u') + \ldots + L_i R_p(z', u')}{\Phi'_{u'}(z', u')} dz' \quad (i = 1, 2, \ldots, p);$$

A_i, B_i, ..., L_i désignant les constantes.

On en déduit $p - 1$ relations ne contenant plus dz et dz'

$$(24) \qquad \frac{Q_1(z, u)}{A_1 R_1(z', u') + \ldots + L_1 R_p(z', u')} = \frac{Q_i(z, u)}{A_i R_1(z', u) + \ldots + L_i R_p(z', u')}.$$

Soient Γ et Γ_1 les deux courbes normales de l'espace à $p - 1$ dimensions qui correspondent aux deux courbes données C et C_1; les coordonnées homogènes d'un point de Γ sont

$$X_1 = Q_1(z, u), \qquad \ldots, \qquad X_p = Q_p(z, u),$$

et les coordonnées homogènes d'un point de Γ_1

$$X_1^1 = R_1(z', u'), \qquad \ldots, \qquad X_p^1 = R_p(z', u').$$

Les formules (24) montrent que, si les deux courbes C et C_1 sont de même classe, les deux courbes normales Γ et Γ_1 peuvent se déduire l'une de l'autre par une transformation homographique. Cette condition est d'ailleurs suffisante; en effet, si elle est remplie, les courbes Γ et Γ_1 et, par suite, C et C_1 se correspondent point par point. Donc, *pour que les courbes du même genre* C *et* C_1 *appartiennent à la même classe, il faut et il suffit que les courbes normales* Γ *et* Γ_1 *puissent se déduire l'une de l'autre par une transformation homographique.*

Par exemple, une courbe C_4 du quatrième degré, sans point double, coïncide avec la courbe normale Γ; on en conclut que les seules transformations birationnelles qui reproduisent une courbe du quatrième ordre et du troisième genre sont des transformations homographiques.

228. Il semblerait, d'après les raisonnements employés jusqu'ici, que les courbes de genre p se partagent en deux grandes

classes : les courbes générales et les courbes hyperelliptiques doivent plutôt être considérées comme un cas limite. Prenons en effet une courbe C de genre $p > 3$, non hyperelliptique, et soit

$$\lambda_1 Q_1(z, u) + \lambda_2 Q_2(z, u) + \lambda_3 Q_3(z, u) + \lambda_4 Q_4(z, u) = 0$$

l'équation générale des courbes adjointes d'ordre $m-3$, qui passent par $p-4$ points fixes quelconques de cette courbe; posons

$$X = \frac{Q_2(z, u)}{Q_1(z, u)}, \qquad Y = \frac{Q_3(z, u)}{Q_1(z, u)}, \qquad Z = \frac{Q_4(z, u)}{Q_1(z, u)}.$$

On démontre, comme au n° 223, que, lorsque le point (z, u) décrit la courbe C, le point (X, Y, Z) décrit une courbe gauche Γ, de degré $p+2$, qui correspond point par point à la courbe C. Si l'on projette Γ sur un plan, le point de vue étant sur Γ, on obtient la courbe normale de Clebsch; mais, si le point de vue est en dehors de Γ, la projection est une courbe de degré $p+2$, qui, devant être de genre p, possède $\frac{p(p-1)}{2}$ points doubles. Ainsi, à la courbe générale de genre p, on peut faire correspondre, point par point, une courbe de degré $p+2$ avec $\frac{p(p-1)}{2}$ points doubles. La conclusion s'applique encore pour $p=3$; car, si l'on applique à la courbe générale du quatrième ordre une transformation quadratique avec trois points fondamentaux pris sur cette courbe, on obtient une courbe du cinquième ordre avec trois points doubles.

Imaginons maintenant que ces $\frac{p(p-1)}{2}$ points doubles viennent se confondre en un seul; on obtient à la limite une courbe de degré $p+2$ avec un point multiple d'ordre p, c'est-à-dire une courbe hyperelliptique.

229. Nous terminerons ce Chapitre par quelques remarques sur les transformations simplement rationnelles. Soient C et C′ deux courbes algébriques de degré m et m' respectivement, la première de genre p, la seconde de genre p', représentées par les deux équations

$$F(z, u) = 0, \tag{25}$$

$$\Phi(z', u') = 0; \tag{26}$$

nons supposons qu'en posant

$$(27) \qquad \begin{cases} z = \varphi(z', u'), \\ u = \psi(z', u'), \end{cases}$$

où φ et ψ désignent deux fonctions rationnelles, le point (z, u) décrit la courbe C lorsque le point (z', u') décrit la courbe C'. Nous savons déjà que l'on a $p' \geqq p$; mais on peut avoir pour p' une limite plus précise. Soit μ l'*ordre* de la transformation (27), c'est-à-dire le nombre de points (z', u') de C' qui correspondent à un même point (z, u) de la courbe C. Supposons $p > 1$ et soient $Q_1(z, u)$, $Q_2(z, u)$ deux polynomes adjoints d'ordre $m - 3$ relatifs à la courbe C; on doit avoir, pour la transformation considérée,

$$\int \frac{Q_1(z, u)}{F'_u} dz = \int \frac{R_1(z', u')\, dz'}{\Phi'_u}, \qquad \int \frac{Q_2(z, u)\, dz}{F'_u} = \int \frac{R_2(z', u')\, dz'}{\Phi'_u},$$

$R_1(z', u')$, $R_2(z', u')$ étant deux polynomes adjoints d'ordre $m' - 3$ relatifs à la courbe C', et par suite

$$\frac{Q_1(z, u)}{Q_2(z, u)} = \frac{R_1(z', u')}{R_2(z', u')}.$$

Le faisceau des courbes adjointes $Q_1(z, u) + \lambda Q_2(z, u) = 0$ rencontre la courbe C en $2p - 2$ points variables avec λ, si les deux courbes adjointes $Q_1 = 0$, $Q_2 = 0$ n'ont aucun point commun avec la courbe C, en dehors des points doubles, ce qu'on peut toujours supposer. A ces $2p - 2$ points de C correspondent $\mu(2p - 2)$ points de C, variables avec λ, situés sur la courbe adjointe

$$R_1(z', u') + \lambda R_2(z', u') = 0;$$

on a donc

$$(28) \qquad \mu(2p - 2) \leqq (2p' - 2),$$

relation qui subsiste si $p = 0$, ou $p = 1$.

La formule (28) nous fait connaître une limite inférieure de p', connaissant les deux nombres μ et p; mais il est impossible de trouver une limite supérieure pour ce même nombre ([1]).

([1]) E. GOURSAT, *Sur les transformations des courbes algébriques* (*American Journal of Mathematics*, vol. XVI; 1894).

Si les deux nombres p et p' sont égaux et supérieurs à *un*, on déduit de la relation (28) $\mu \leqq 1$ et, comme μ est un nombre entier, on a nécessairement $\mu = 1$.

Nous pouvons donc énoncer le théorème suivant, dû à M. Weber: *Si une transformation rationnelle conduit d'une courbe de genre supérieur à* un *à une autre courbe du même genre, la transformation est birationnelle* [1].

---

[1] *Journal de Crelle*, t. LXXVI.

Pour de plus amples détails sur les transformations simplement rationnelles des courbes algébriques, nous renverrons le lecteur au Mémoire de M. Painlevé *Sur les équations différentielles du premier ordre* (*Annales de l'École Normale supérieure*; 1891), ainsi qu'aux leçons déjà mentionnées sur le théorème analytique des équations différentielles.

CHAPITRE XII.

APPLICATIONS DU THÉORÈME D'ABEL A LA GÉOMÉTRIE (¹).

Étude des groupes de points obtenus en coupant une courbe algébrique donnée par d'autres courbes algébriques. — Applications aux cubiques et aux quartiques. — Polygones inscrits dans une conique et circonscrits à une autre conique. — Application du théorème d'Abel aux aires, aux angles et aux arcs des courbes de direction. — Biquadratiques gauches.

230. Le théorème d'Abel, appliqué à la Géométrie, donne des résultats qui se présentent sous une forme intuitive des plus simples. En nous bornant presque exclusivement aux courbes du troisième et du quatrième ordre, nous indiquons sur des exemples précis les idées essentielles de la théorie. Nous commencerons par les courbes du troisième ordre.

Il existe deux espèces de courbes du troisième ordre : 1° celles qui n'ont pas de point singulier ; 2° celles qui ont un point double ou de rebroussement.

Si la courbe du troisième ordre $F(x, y) = 0$ n'a pas de point singulier, elle est du genre un. L'intégrale

$$u = \int_{(x_0, y_0)}^{(x, y)} \frac{dx}{F'_y}$$

est alors de première espèce. A chaque point (x, y) de la courbe correspondent une infinité de valeurs de u qui se déduisent de l'une d'elles par l'addition ou la soustraction de deux périodes ω et ω'. A chaque valeur de u ne correspond qu'un point (x, y) de la courbe, comme il résulte du problème de l'inversion : les coor-

(¹) Ouvrages à consulter : *Mémoires de Clebsch* (*Journal de Crelle*, t. LXIII et LXIV). — *Leçons de Géométrie de Clebsch*, par Lindemann. — *Mémoire de M. Humbert* (*Journal de Mathématiques*, 4ᵉ série, t. III; 1887).

données x et y de ce point sont des fonctions elliptiques de u, aux périodes ω et ω'.

Une droite

$$\psi(x, y) = \alpha x + \beta y + \gamma = 0$$

coupe la courbe en trois points : soit u_1, u_2, u_3 un système de valeurs de u correspondant respectivement à ces trois points ; on a, en vertu du théorème d'Abel appliqué aux intégrales de première espèce,

$$(1) \qquad u_1 + u_2 + u_3 = P + n\omega + n'\omega';$$

P étant une constante indépendante de la droite considérée et n et n' des entiers positifs, négatifs ou nuls.

Cette relation nécessaire entre les paramètres de trois points en ligne droite est *suffisante*. En effet, prenons sur la courbe trois points M_1, M_2, M_3 dont les paramètres u vérifient la relation (1). La droite qui joint les deux points M_2 et M_3 coupe la courbe en un point M'_1 de paramètre u'_1 ; il faut montrer que M'_1 coïncide avec M_1. Les points M'_1, M_2, M_3 étant en ligne droite, on a

$$u'_1 + u_2 + u_3 = P + m\omega + m'\omega';$$

en comparant avec (1), on voit que u_1 et u'_1 ne diffèrent que par des multiples des périodes ω et ω' : les deux points M_1 et M'_1 sont donc confondus. On prouve, par un raisonnement identique, que la condition nécessaire et suffisante pour que six points de la cubique soient sur une conique est que les valeurs de u, relatives à ces six points, vérifient une relation de la forme

$$(2) \qquad u_1 + u_2 + \ldots + u_6 = 2P + n\omega + n'\omega',$$

où la constante est $2P$, comme on le voit en supposant la conique décomposée en deux droites.

Comme application de ces relations, cherchons d'abord les points d'inflexion. Si u est le paramètre d'un point d'inflexion, la tangente d'inflexion coupe en trois points confondus avec celui-là ; il faudra donc faire dans (1), à des multiples près des périodes,

$$u_1 = u_2 = u_3 = u;$$

d'où

$$u = \frac{P}{3} + \frac{n\omega + n'\omega'}{3}.$$

Dans cette formule, on peut donner à n et n' toutes les valeurs entières; mais deux valeurs de u qui diffèrent par des multiples de ω et ω' donnent le même point d'inflexion. Il suffit donc de donner à n et n' les valeurs 0, 1 et 2, associées de toutes les manières possibles. On trouve ainsi *neuf* points d'inflexion dont les paramètres sont donnés par le tableau suivant, où $u_{n,n'}$ désigne la valeur de u correspondant à un choix déterminé des entiers n et n' :

$$u_{0,0} = \frac{P}{3}, \qquad u_{0,1} = \frac{P+\omega'}{3}, \qquad u_{0,2} = \frac{P+2\omega'}{3}.$$

$$u_{1,0} = \frac{P+\omega}{3}, \qquad u_{1,1} = \frac{P+\omega+\omega'}{3}, \qquad u_{1,2} = \frac{P+\omega+2\omega'}{3},$$

$$u_{2,0} = \frac{P+2\omega}{3}, \qquad u_{2,1} = \frac{P+2\omega+\omega'}{3}, \qquad u_{2,2} = \frac{P+2\omega+2\omega'}{3}.$$

Ces points sont trois à trois en ligne droite; la droite qui joint deux quelconques d'entre eux passe par un troisième; on a, par exemple,

$$u_{0,0} + u_{1,1} + u_{2,2} = P + \omega + \omega',$$

ce qui prouve que les points correspondants sont en ligne droite.

Comme autre application, on pourra chercher les points où la conique osculatrice a un contact du *cinquième ordre*, c'est-à-dire coupe en six points confondus; les valeurs de u correspondantes sont données par

$$u = \frac{2P + n\omega + n'\omega'}{6},$$

où n et n' peuvent prendre toutes les valeurs de 0 à 5, ce qui donne $6^2 = 36$ points. On trouve parmi ces points les neufs points d'inflexion qu'on obtiendrait en considérant les tangentes d'inflexion comme des droites doubles, puis

$$6^2 - 3^2 = 27$$

points de contact de véritables coniques surosculatrices. Ces points sont six par six sur des coniques.

Si l'on coupe la cubique par une courbe $C_s = 0$ d'ordre s supérieur ou égal à 3, il y a $3s$ points d'intersection sur lesquels $3s - 1$ peuvent être choisis arbitrairement, le dernier étant alors bien déterminé.

Soit en effet $N = \frac{s(s+3)}{2}$ le nombre des points qui déterminent une courbe de degré s. Prenons $N - (3s - 1)$ points P arbitraires dans le plan ; par ces points et les $(3s - 1)$ points de la cubique on peut faire passer au moins une courbe de degré s. Il pourrait arriver qu'une telle courbe se décomposât en la cubique et une courbe de degré $s - 3$; on pourrait alors faire passer une courbe de degré $(s - 3)$ par les N points P qu'on suppose extérieurs à la cubique ; mais ceci ne peut avoir lieu si les points P sont pris au hasard, car ces points sont au nombre de $\frac{s(s-3)}{2} + 1$, nombre supérieur d'une unité au nombre des points qui déterminent une courbe de degré s. La courbe obtenue coupe alors la cubique en $3s$ points, qui sont les $3s - 1$ points donnés et un dernier point qui est déterminé par la relation entre les valeurs $u_1, u_2, \ldots, u_{3s}$ du paramètre u en ces divers points que donne le théorème d'Abel

$$u_1 + u_2 + \ldots + u_{3s} = sP + m\omega + m'\omega'.$$

Cette condition nécessaire est donc en même temps suffisante pour que les $3s$ points soient sur une courbe de degré s ; la valeur de la constante est bien sP comme on le voit en supposant la courbe sécante décomposée en un système de s droites.

231. Supposons maintenant que la cubique ait un point singulier : prenons ce point pour origine d'un système d'axes xOy. L'équation de la courbe peut s'écrire

$$F(x, y) = y^2 - \alpha^2 x^2 - x^3 f\left(\frac{y}{x}\right) = 0,$$

$f\left(\frac{y}{x}\right)$ designant un polynome du troisième degré en $\frac{y}{x}$ et α^2 une constante positive, négative ou nulle. En posant $y = tx$, on a immédiatement

$$x = \frac{t^2 - \alpha^2}{f(t)}, \qquad y = \frac{t(t^2 - \alpha^2)}{f(t)}. \tag{3}$$

La courbe étant de genre zéro, il n'y a pas d'intégrale de première espèce correspondant à la relation

$$F(x, y) = 0.$$

Supposons α différent de zéro, ce qui exclut le cas de rebroussement, et considérons l'intégrale abélienne

$$\varpi(x, y) = -2\alpha \int_{(x_0, y_0)}^{(x, y)} \frac{dx}{F'_y} = -2\alpha \int_{(x_0, y_0)}^{(x, y)} \frac{dx}{2y - \omega^2 f'\left(\frac{y}{x}\right)}.$$

D'après le n° **148**, c'est là une intégrale de troisième espèce admettant comme points singuliers logarithmiques les deux points de la courbe superposés au point double. C'est ce qu'on vérifie immédiatement en faisant, dans l'intégrale ϖ, $y = tx$, puis remplaçant x par sa valeur (3); on trouve ainsi

$$(4) \qquad \varpi(x, y) = -\int_{t_0}^{t} \frac{2\alpha\, dt}{t^2 - \alpha^2} = \log \frac{t + \alpha}{t - \alpha} \frac{t_0 - \alpha}{t_0 + \alpha};$$

cette intégrale a un seul module de périodicité $2\pi i$.

Il faut actuellement distinguer deux cas, suivant que l'on coupe la ligne par une courbe ne passant pas par le point double ou passant par ce point. Nous supposerons d'abord que la courbe sécante ne passe pas par le point singulier. Une droite quelconque

$$\psi(x, y) \equiv ux + vy + w = 0$$

rencontre la courbe en trois points (x_1, y_1), (x_2, y_2), (x_3, y_3) correspondant aux valeurs t_1, t_2, t_3 de t. On a vu (n° **189**) que, si $\varpi(x, y)$ est une intégrale de troisième espèce aux points singuliers (a, b) et (a', b'), la quantité

$$\varpi(x_1, y_1) + \varpi(x_2, y_2) + \varpi(x_3, y_3) - \log \frac{\psi(a, b)}{\psi(a', b')}$$

est indépendante de la droite considérée, c'est-à-dire de u, v, w. Comme actuellement les deux points (a, b) et (a', b') sont placés au point double $a = 0$, $b = 0$ et $a' = 0$, $b' = 0$, le logarithme est nul et l'on a

$$\varpi(x_1, y_1) + \varpi(x_2, y_2) + \varpi(x_3, y_3) = C,$$

C étant une constante indépendante de u, v, w et déterminée à des multiples de $2\pi i$ près. D'après la valeur (4) de $\varpi(x, y)$, cette relation s'écrit enfin

$$(5)\qquad \log\frac{t_1+\alpha}{t_1-\alpha}+\log\frac{t_2+\alpha}{t_2-\alpha}+\log\frac{t_3+\alpha}{t_3-\alpha}=\mathrm{K}+2n\pi i,$$

où K désigne une nouvelle constante indépendante de u, v, w et n un entier positif, négatif ou nul. Cette relation, facile à établir par une voie algébrique, donne la condition nécessaire et suffisante pour que les trois points t_1, t_2, t_3 soient en ligne droite.

On verra de même, en prenant pour $\psi(x, y)$ le premier membre de l'équation d'une conique, que les six valeurs de t correspondant aux points d'intersection de la courbe et d'une conique sont liées par la relation

$$(6)\qquad \log\frac{t_1+\alpha}{t_1-\alpha}+\log\frac{t_2+\alpha}{t_2-\alpha}+\ldots+\log\frac{t_6+\alpha}{t_6-\alpha}=2\mathrm{K}+2n\pi i,$$

où la première constante du second membre est évidemment le double de K, car la relation (6) doit être vérifiée encore dans le cas où la conique est décomposée en deux droites.

Pour avoir les points d'inflexion il suffit de supposer, dans (5), que t_1, t_2 et t_3 aient une valeur commune t; on a ainsi

$$(7)\qquad \log\frac{t+\alpha}{t-\alpha}=\frac{\mathrm{K}+2n\pi i}{3},$$

ce qui donne trois points d'inflexion en ligne droite, correspondant aux valeurs 0, 1 et 2 de n, comme on le voit en résolvant (7) par rapport à $\frac{t+\alpha}{t-\alpha}$.

On écrira sous la même forme la condition nécessaire et suffisante pour que $3s$ points de la cubique soient sur une courbe $\mathrm{C}_s=0$ d'ordre s ne passant pas par le point singulier : cette relation est

$$(8)\qquad \sum_{\nu=1}^{\nu=3s}\log\frac{t_\nu+\alpha}{t_\nu-\alpha}s=\mathrm{K}+2n\pi i.$$

Nous avons supposé α différent de 0 : si α était nul, l'origine serait un point de rebroussement, l'intégrale appelée $\varpi(x, y)$ deviendrait une intégrale de seconde espèce infinie en ce point et les relations (5) et (6) devraient être remplacées par les suivantes, comme on pourra le vérifier :

$$\frac{1}{t_1} + \frac{1}{t_2} + \frac{1}{t_3} = C,$$

$$\frac{1}{t_1} + \frac{1}{t_2} + \ldots + \frac{1}{t_6} = 2C.$$

Les théorèmes suivants doivent être modifiés en conséquence.

Examinons maintenant le cas où la courbe sécante passerait par le point double. La relation précédente (8) devient illusoire, car, deux des points d'intersection étant confondus avec le point double, une des $3s$ valeurs de t est α et l'autre $-\alpha$: de sorte qu'il y a dans la relation deux termes infinis de signes contraires. *Dans ce cas il n'existe plus aucune relation* entre les $3s - 2$ autres points où la courbe C_s coupe la cubique. Ainsi on peut toujours faire passer une conique par quatre points pris arbitrairement sur la cubique et par le point double.

En général, on peut toujours faire passer une courbe d'ordre s par $3s - 2$ points pris sur la courbe et par le point double, car cela ne fait que $3s - 1$ équations de condition et, d'après le raisonnement de la page 491, on dispose de $3s$ paramètres entrant d'une façon linéaire et homogène.

Le même fait a lieu si le point double devient un point de rebroussement.

232. *Courbes du quatrième ordre sans points doubles* (genre *trois*). — Soit

$$F(x, y) = 0 \tag{9}$$

l'équation d'une courbe du quatrième ordre sans points singuliers. Il résulte des formules générales que cette courbe est du genre 3. L'intégrale la plus générale de première espèce est

$$\int \frac{\alpha x + \beta y + \gamma}{F'_y} dx$$

avec trois constantes arbitraires α, β, γ. Nous appellerons $u(x, y)$, $v(x, y)$, $w(x, y)$ ou simplement u, v, w les intégrales *normales* de première espèce relatives à la courbe (9), et nous écrirons comme il suit le tableau des périodes normales de ces intégrales :

	a_1	a_2	a_3	b_1	b_2	b_3
u	$2\pi i$	o	o	A	B″	B′
v	o	$2\pi i$	o	B″	A′	B
w	o	o	$2\pi i$	B′	B	A″

Si l'on coupe d'abord la courbe par une droite quelconque, on obtient quatre points d'intersection M_1, M_2, M_3, M_4, de coordonnées (x_1, y_1), (x_2, y_2), (x_3, y_3), (x_4, y_4). Nous appellerons u_1, u_2, u_3, u_4 les valeurs $u(x_1, y_1)$, $u(x_2, y_2)$, ..., de l'intégrale $u(x, y)$ en ces quatre points; de même v_1, v_2, v_3, v_4 et w_1, w_2, w_3, w_4 les valeurs des deux autres intégrales de première espèce aux mêmes points. D'après le théorème d'Abel, on a, entre ces valeurs, les trois relations

$$(10)\quad \begin{cases} u_1 + u_2 + u_3 + u_4 = P + 2\lambda\pi i + lA + mB'' + nB', \\ v_1 + v_2 + v_3 + v_4 = Q + 2\mu\pi i + lB'' + mA' + nB, \\ w_1 + w_2 + w_3 + w_4 = R + 2\nu\pi i + lB' + mB + nB'', \end{cases}$$

où P, Q, R sont des *constantes indépendantes de la sécante onsidérée*, λ, μ, ν, l, m, n désignant des nombres entiers positifs, négatifs ou nuls. Pour abréger, on peut dire que les seconds membres de ces relations (10) sont égaux respectivement à P, Q, R, *à des multiples des périodes près*, et les écrire

$$\begin{aligned} u_1 + u_2 + u_3 + u_4 &\equiv P, \\ v_1 + v_2 + v_3 + v_4 &\equiv Q, \\ w_1 + u_2 + w_3 + w_4 &\equiv R, \end{aligned}$$

en employant la même notation qu'à la page 396.

Sur les quatre points M_1, M_2, M_3, M_4 on peut en prendre deux arbitrairement; la droite qui les joint coupe alors la quartique en deux autres points bien déterminés. Les équations (10) doivent donc déterminer sans ambiguïté deux des quatre points quand les deux autres sont donnés. L'une d'elles est donc une conséquence des deux autres. Ce fait que les trois équations (10) fournies par le théorème d'Abel se réduisent actuellement à deux est *spécial aux systèmes de points d'intersection par des droites;* cela tient à ce que les droites sont des courbes dont l'ordre est inférieur de trois unités à celui de la courbe.

Si nous coupons la courbe par une conique $C_2 = 0$, nous obtenons huit points d'intersection $M_1, M_2, \ldots, M_8$; les valeurs des intégrales u, v, w en ces huit points sont liées par les relations

$$(11)\quad \begin{cases} u_1 + u_2 + \ldots + u_8 = 2P + 2\lambda\pi i + lA + mB'' + nB', \\ v_1 + v_2 + \ldots + v_8 = 2Q + 2\mu\pi i + lB'' + mA' + nB, \\ w_1 + w_2 + \ldots + w_8 = 2R + 2\nu\pi i + lB' + mB + nA'', \end{cases}$$

où les premières constantes $2P$, $2Q$, $2R$ sont les doubles des constantes qui figurent dans les relations (10).

Sur ces huit points d'intersection, $M_1, M_2, \ldots, M_8$ on peut en prendre cinq, $M_4, M_5, \ldots, M_8$ arbitrairement; la conique passant par ces cinq points coupe la quartique en trois points M_1, M_2, M_3, bien déterminés. Les coordonnées de ces trois points sont données par les trois relations (11); pour les calculer effectivement, on aurait donc à résoudre le problème de l'inversion qui donne, comme on le sait, un seul système de valeurs pour les coordonnées des trois points M_1, M_2, M_3. On peut donc dire que les relations (11) sont *les conditions nécessaires et suffisantes pour que les huit points de la quartique soient sur une conique.*

Pour faire une application de ces conditions, cherchons les coniques qui sont tangentes à la quartique en quatre points M_1, M_2, M_3, M_4. Pour cela, il faut et il suffit que les points M_5, M_6, M_7, M_8 coïncident respectivement avec les quatre premiers.

Les relations (11) deviennent alors

$$2u_1 + 2u_2 + 2u_3 + 2u_4 = 2P + 2\lambda\pi i + lA + mB'' + nB', \qquad \ldots,$$

ou, en divisant par 2,

$$(12)\quad \begin{cases} u_1 + u_2 + u_3 + u_4 = P + \dfrac{2\lambda\pi i + lA + mB'' + nB'}{2}, \\ v_1 + v_2 + v_3 + v_4 = Q + \dfrac{2\mu\pi i + lB'' + mA' + nB}{2}, \\ w_1 + w_2 + w_3 + w_4 = R + \dfrac{2\nu\pi i + lB' + mB + nA''}{2}. \end{cases}$$

D'après ces équations, on voit qu'on peut prendre arbitrairement l'un des quatre points de contact, M_4 par exemple ; les trois autres M_1, M_2, M_3 sont ensuite déterminés par les équations (12). Une fois les nombres entiers λ, μ, ν, l, m, n choisis, les équations (12) donnent pour les coordonnées de M_1, M_2, M_3 un seul système de valeurs qui varient d'une manière continue quand le point M_4 se déplace sur la courbe. Donc, à chaque système de valeurs des entiers λ, μ, ν, l, m, n correspond un système de coniques tangentes en quatre points à la courbe. Si l'on ajoute aux nombres λ, μ, ν, l, m, n des nombres entiers *pairs* quelconques, le système de coniques reste le *même*, car cela revient à ajouter aux seconds membres des équations (12) des périodes simultanées ; l'inversion donne alors les mêmes valeurs pour (x_1, y_1), (x_2, y_2), (x_3, y_3) en fonction de (x_4, y_4).

Il suffit donc, pour obtenir tous les systèmes de coniques tangentes en quatre points, de donner à chacun des six entiers qui figurent dans les relations (12) les valeurs 0 et 1. En associant ces valeurs 0 et 1 de toutes les manières possibles, on obtient $2^6 = 64$ systèmes de valeurs pour λ, μ, ν, l, m, n. Il existe donc 64 systèmes distincts de coniques tangentes en quatre points à la quartique. Mais un de ces systèmes, celui que l'on obtient en prenant $\lambda = \mu = \nu = l = m = n = 0$, est composé *des droites du plan* regardées comme des droites doubles ; en effet, pour cette détermination des six entiers, les équations (12) expriment que les quatre points M_1, M_2, M_3, M_4 sont *en ligne droite*. Il n'y a donc que 63 systèmes de coniques véritables tangentes en quatre points.

Nous obtiendrons des résultats analogues en coupant la quartique donnée par une cubique $C_3 = 0$. Il y a alors 12 points d'intersection, sur lesquels 9 peuvent être choisis arbitrairement : les trois autres sont déterminés sans ambiguïté. Les conditions nécessaires et suffisantes pour que 12 points de la biquadratique soient sur une cubique sont donc

$$\begin{aligned} u_1 + u_2 + \ldots + u_{12} &= 3P + 2\lambda\pi i + lA + mB'' + nB', \\ v_1 + v_2 + \ldots + v_{12} &= 3Q + 2\mu\pi i + lB'' + mA' + nB, \\ w_1 + w_2 + \ldots + w_{12} &= 3R + 2\nu\pi i + lB' + mB + nA''. \end{aligned}$$

On pourrait, par exemple, employer ces relations à déterminer les systèmes de cubiques ayant un contact du deuxième ordre en nieres constantes des seconds membres étant $2P$, $2Q$, $2R$, on le voit, en supposant que la conique C_2 se décompose x droites. Ces équations (13) donnent les conditions néces- t suffisantes pour que huit points de la quartique soient conique. Pour calculer, à l'aide de ces relations, les coor- s de trois des points quand les cinq autres sont donnés, on oudre le problème d'inversion généralisé (n° **217**).

ne application, cherchons encore les systèmes de coniques es en quatre points M_1, M_2, M_3, M_4 à la quartique; nous en supposant que les quatre autres points M_5, M_6, M_7, M_8 nt respectivement avec les quatre premiers

$$\left\{\begin{aligned} u_2+u_2+u_3+u_4 &= P+\frac{2\lambda\pi i+lA+mB}{2},\\ v_1+v_2+v_3+v_4 &= Q+\frac{2\mu\pi i+lB+mC}{2},\\ \varpi_1+\varpi_2+\varpi_3+\varpi_4 &= R+\frac{2\nu\pi i+lD+mE}{2}.\end{aligned}\right.$$

btenir tous les systèmes de coniques tangentes en quatre l suffit de donner aux cinq entiers λ, μ, ν, l et m les et 1 associées de toutes les manières possibles; c'est ce rrait comme plus haut (p. 497), car les valeurs de M_1, éduites des relations (14) en fonction de M_4, ne changent d on augmente ou diminue un quelconque des cinq un nombre pair; il y a donc $2^5=32$ systèmes de coniques mais l'un d'eux, celui qu'on obtiendrait en prenant

$$\lambda=\mu=\nu-l-m=0,$$

sant des droites du plan regardées comme doubles, il y a nes de coniques proprement dites tangentes en quatre a quartique.

coupe la biquadratique par une courbe C_s d'ordre s, non on voit de même que les coordonnées des $4s$ points d'in- sont liées par les trois relations nécessaires et suffisantes

$$\begin{aligned} u_1+u_2+\ldots+u_{4s} &= sP+2\lambda\pi i+lA+mB,\\ v_1+v_2+\ldots+v_{4s} &= sQ+2\mu\pi i+lB+mC,\\ \varpi_1+\varpi_2+\ldots+\varpi_{4s} &= sR+2\nu\pi i+lD+mE.\end{aligned}$$

quatre points : on en trouverait 3^6 dont un formé par les droites du plan comptées comme triples.

En général, si l'on coupe la quartique par une courbe $C_s=0$ d'ordre $s>3$, il y a $4s$ points d'intersection sur lesquels $4s-3$ peuvent être pris arbitrairement, les trois autres étant alors complètement déterminés. En effet, le nombre N de points qui déterminent une courbe de degré s est $N=\frac{s(s+3)}{2}$. Par $N-(4s-3)$ points P arbitraires du plan et les $(4s-3)$ points donnés sur la quartique, il passe au moins une courbe de degré s; on peut choisir les points P de manière que cette courbe ne se décompose pas en la quartique et une courbe de degré $(s-4)$; en effet, si cette dernière circonstance se produisait, on pourrait faire passer une courbe de degré $s-4$ par les points P, dont le nombre $\frac{s^2-5s}{2}+3$ surpasse d'une unité le nombre des points qui déterminent une courbe de degré $s-4$, savoir :

$$\frac{(s-1)(s-4)}{2}=\frac{s^2-5s}{2}+2.$$

Si donc les points P sont pris au hasard, la courbe de degré s obtenue ne contiendra pas la quartique et la rencontrera en trois points de plus que les points donnés.

Une fois ces $4s-3$ points choisis, le théorème d'Abel fournit les trois relations

$$\begin{aligned} u_1+u_2+\ldots+u_{4s} &\equiv sP,\\ v_1+v_2+\ldots+v_{4s} &\equiv sQ,\\ w_1+w_2+\ldots+w_{4s} &\equiv sR,\end{aligned}$$

ayant lieu à des multiples de périodes près et permettant de calculer les coordonnées des trois derniers points d'intersection. Les constantes des seconds membres sont nécessairement sP, sQ, sR; car ces relations doivent être vérifiées en particulier quand la courbe C_s se décompose en s droites.

233. Supposons maintenant que la courbe du quatrième ordre acquière un point double $x=a$, $y=b$ à *tangentes distinctes*. La courbe $F(x,y)=0$ est alors de genre *deux*; il n'existe plus que deux intégrales distinctes de première espèce. L'intégrale la plus générale de première espèce est

$$\int \frac{\alpha(x-a)+\beta(y-b)}{F'_y}\,dx,$$

où α et β sont des constantes arbitraires, car le numérateur égalé à zéro doit représenter une droite passant par le point double. Nous appellerons $u(x, y)$ et $v(x, y)$, ou simplement u et v les deux intégrales *normales* de première espèce ; les périodes de ces intégrales relatives aux coupures a_1, a_2 et b_1, b_2 sont données par le tableau

	a_1	a_2	b_1	b_2
u	$2\pi i$	0	A	B
v	0	$2\pi i$	B	C

La troisième intégrale qui figure dans les relations précédemment établies, pour la quartique sans singularités, est actuellement remplacée par une *intégrale de troisième espèce admettant pour points singuliers logarithmiques* les deux points analytiques distincts superposés au point double. L'intégrale de troisième espèce la plus générale remplissant ces conditions est

$$\int \frac{\alpha x+\beta y+\gamma}{F'_y}\,dx,$$

où α, β, γ sont des constantes; cette intégrale est la limite vers laquelle tend l'intégrale la plus générale de première espèce considérée dans le n° 232, lorsque la courbe $F = 0$ acquiert un point double; elle est composée linéairement avec les deux intégrales de première espèce u et v et une intégrale *normale* de troisième espèce $\varpi(x, y)$ ayant pour points singuliers logarithmiques les deux points analytiques superposés au point double $x = a$, $y = b$. Cette intégrale normale $\varpi(x, y)$ admet une période polaire $2\pi i$ et deux périodes D et E relatives aux coupures b_1 et b_2; les périodes relatives aux coupures a_1 et a_2 sont nulles.

Cela posé, il faut distinguer deux cas pour l'étude des systèmes de points d'intersection de la courbe $F = 0$ avec une autre courbe,

2° *Courbes adjointes.* — Quand on coupe la quartique par une courbe passant par le point double, ce point compte pour *un* dans le nombre des points nécessaires pour déterminer la courbe sécante, mais il compte pour *deux* dans le nombre de points d'intersection de la courbe avec la quartique. D'autre part, l'intégrale ϖ devient infinie aux deux points d'intersection confondus avec le point double et la somme des deux valeurs de l'intégrale ϖ en ces deux points doit être regardée comme indéterminée. Les relations précédentes doivent alors être modifiées. Mais cette modification est des plus simples : elle consiste à effacer la dernière relation, celle qui contient l'intégrale ϖ et à ne conserver que les deux premières.

Coupons d'abord par une droite issue du point donble; soient M_1 et M_2 les deux autres points où cette droite coupe la courbe, u_1, u_2 et v_1, v_2 les valeurs des intégrales u et v en ces points, u' et u'', v' et v'' leurs valeurs aux deux points analytiques superposés au point double. Le théorème d'Abel pour les intégrales de première espèce s'applique toujours et donne

$$(15)\qquad \begin{cases} u_1 + u_2 = P' + 2\lambda\pi i + lA + mB, \\ v_1 + v_2 = Q' + 2\mu\pi i + lB + mB, \end{cases}$$

P' et Q' désignant les constantes $P - u' - u''$ et $Q - v' - v''$. Ces relations (15) doivent se réduire à une, car un des points M_1 et M_2 peut être choisi arbitrairement. On a encore là un cas où le problème de l'inversion est indéterminé.

Si l'on coupe par une conique C_2 passant par le point double, cette conique coupe en six points distincts du point double entre lesquels ont lieu les relations

$$(16)\qquad \begin{cases} u_1 + u_2 + \ldots + u_6 = P' + P + 2\lambda\pi i + lA + mB, \\ v_1 + v_2 + \ldots + v_6 = Q' + Q + 2\mu\pi i + lB + mC. \end{cases}$$

Sur ces six points, quatre peuvent être choisis arbitrairement; les deux autres sont déterminés par les équations (16) en vertu du problème d'inversion. On a donc obtenu les conditions *nécessaires et suffisantes* pour que six points de la courbe soient sur une conique passant par le point double. Ces conditions pourraient servir, par exemple, à déterminer les coniques passant par le point double et tangentes en trois points à la quartique. Enfin, pour que $4s-2$ points de la quartique soient sur une courbe C_s d'ordre s, passant par le point double, il faut et il suffit que l'on ait

$$u_1+u_2+\ldots+u_{4s-2}\equiv P'+(s-1)P,$$
$$v_1+v_2+\ldots+v_{4s-2}\equiv Q'+(s-1)Q.$$

234. *Quartique avec deux points doubles δ et δ' à tangentes distinctes.* — Dans ce cas, le genre est *un*; l'intégrale

$$\int\frac{\alpha x+\beta y+\gamma}{F'_y}\,dx,$$

où α, β, γ sont des constantes, est de première espèce quand la droite $\alpha x+\beta y+\gamma=0$ passe par les deux points doubles. Mais si α, β, γ sont arbitraires, cette intégrale est une fonction linéaire de l'intégrale normale de première espèce u et de deux intégrales normales de troisième espèce ϖ et ϖ devenant infinies, la première aux points superposés au point double δ, la deuxième aux points superposés en δ'.

L'intégrale u admet les périodes $2\pi i$ et A sur les coupures a et b; l'intégrale ϖ admet la période polaire $2\pi i$, la période o sur a et B sur b; ϖ' admet de même la période polaire $2\pi i$, les périodes o et C sur a et b.

Il faudra, pour l'étude des systèmes de points d'intersection, distinguer trois cas, suivant que la courbe sécante ne passe par aucun point double, passe par un point double ou par les deux.

1° *Courbes ne passant par aucun point double.* — On trouve comme plus haut les relations suivantes en distinguant par des indices les valeurs des intégrales u, ϖ, ϖ aux points d'intersection.

Droites sécantes :

$$u_1+u_2+u_3+u_4=P+2\lambda\pi i+lA,$$
$$\varpi_1+\varpi_2+\varpi_3+\varpi_4=Q+2\mu\pi i+lB,$$
$$\varpi'_1+\varpi'_2+\varpi'_3+\varpi'_4=R+2\nu\pi i+lC.$$

où P, Q, R sont des constantes, λ, μ, ν, l des entiers. Ces relations se réduisent à deux.

Coniques sécantes :

$$u_1 + u_2 + \ldots + u_8 = 2\mathrm{P} + 2\lambda\pi i + l\mathrm{A},$$
$$\varpi_1 + \varpi_2 + \ldots + \varpi_8 = 2\mathrm{Q} + 2\mu\pi i + l\mathrm{B},$$
$$\varpi'_1 + \varpi'_2 + \ldots + \varpi'_8 = 2\mathrm{R} + 2\nu\pi i + l\mathrm{C}.$$

Cherchons, par exemple, les coniques tangentes en quatre points. Comme actuellement il n'y a plus que quatre entiers λ, μ, ν, l, on trouve $2^4 - 1 = 15$ systèmes de coniques véritables tangentes en quatre points.

2° *Courbes passant par un des points doubles* δ'. — Il y a alors une relation de moins entre les points d'intersection et deux de ces points sont situés au point double δ'. La relation qui contient l'intégrale ϖ' n'a plus de sens. Il reste alors les relations suivantes, dans lesquelles P' et Q' désignent de nouvelles constantes.

Droites passant par δ' :

$$u_1 + u_2 = \mathrm{P}' + 2\lambda\pi i + l\mathrm{A},$$
$$\varpi_1 + \varpi_2 = \mathrm{Q}' + 2\mu\pi i + l\mathrm{B}.$$

Ces relations se réduisent à une.

Coniques passant par δ' :

$$u_1 + u_2 + \ldots + u_6 = \mathrm{P}' + \mathrm{P} + 2\lambda\pi i + l\mathrm{A},$$
$$\varpi_1 + \varpi_2 + \ldots + \varpi_6 = \mathrm{Q}' + \mathrm{Q} + 2\mu\pi i + l\mathrm{B},$$

et ainsi de suite.

3° *Courbes passant par les deux points doubles* δ *et* δ'. — Il n'y a plus alors qu'une relation entre les points d'intersection : c'est celle qui est donnée par l'intégrale de première espèce.

Coniques passant par δ *et* δ'. — Elles coupent en quatre points variables dont trois arbitraires; ces quatre points sont liés par la relation

$$(17) \qquad u_1 + u_2 + u_3 + u_4 = \mathrm{P} + 2\lambda\pi i + l\mathrm{A}.$$

La constante est nécessairement P, car la relation doit être vérifiée en particulier si la conique se décompose en deux droites, l'une joignant les deux points doubles et l'autre quelconque ; elle doit donc être vérifiée par quatre points en ligne droite. La relation (17) ainsi obtenue est nécessaire et suffisante pour que les quatre points soient sur une conique passant par δ et δ', car elle donne une seule position pour M_1 quand M_2, M_3, M_4 sont choisis arbitrairement.

De même, une cubique passant par les deux points doubles coupe la courbe en 8 points variables dont 7 peuvent être choisis arbitrairement, le huitième alors étant terminé et unique. Ces huit points sont liés par la relation

$$u_1 + u_2 + \ldots + u_8 = 2P + 2\lambda\pi i + lA,$$

où la constante est $2P$, car la relation doit être vérifiée quand la cubique se décompose en trois droites dont une joignant les points δ et δ'.

On vérifiera en général que, si une courbe C_s d'ordre s passe par les deux points doubles, elle coupe la quartique en $4s-4$ points dont $4s-5$ peuvent être choisis arbitrairement; ce raisonnement est identique à celui de la page 491. Les valeurs de u aux $4s-4$ points sont liées par la relation nécessaire et suffisante

$$u_1 + u_2 + \ldots + u_{4s-4} = (s-1)P + 2\lambda\pi i + lA.$$

235. Il nous reste à examiner le cas simple où la courbe a trois points doubles à tangentes distinctes; elle est alors unicursale : les coardonnées d'un point de la courbe s'expriment en fonctions rationnelles d'un paramètre t, de telle façon qu'à chaque point de la courbe corresponde une seule valeur de t et réciproquement. La courbe étant du genre *zéro*, il n'y a pas d'intégrale de première espèce correspondante.

Soient δ_1, δ_2, δ_3 les trois points doubles; a_1, b_1 les deux valeurs de t qui donnent le point δ_1; a_2, b_2 et a_3, a_3 celles qui donnent les points δ_2 et δ_3. Si $Q(x, y) = 0$ désigne l'équation de la droite $\delta_2\delta_3$, l'intégrale

$$\varpi(x, y) = \int_{(x_0\, y_0)}^{(x,y)} \frac{Q(u, y)}{F'_y(u, y)}\, dx$$

est une intégrale de troisième espèce admettant pour points singuliers logarithmiques les deux points superposés au point double δ_1. Si donc on l'exprime en fonction de t, en y remplaçant x et y par leurs expressions en t, on doit trouver

$$(18) \qquad \varpi(x, y) = \log \frac{t - a_1}{t - b_1} \frac{t_0 - a_1}{t_0 - b_1}.$$

Cette intégrale n'a plus qu'une période polaire $2\pi i$.

1° *Intersection avec des courbes ne passant par aucun point double :*

Appelons t_1, t_2, t_3, t_4 les valeurs du paramètre correspondant aux quatre points d'intersection (x_1, y_1), (x_2, y_2), (x_3, y_3), (x_4, y_4) de la courbe avec une droite; d'après le théorème d'Abel appliqué aux intégrales de troisième espèce, la somme

$$\varpi(x_1, y_1) + \varpi(x_2, y_2) + \varpi(x_3, y_3) + \varpi(x_4, y_4)$$

a une valeur constante indépendante des coefficients de la droite considérée; la partie logarithmique disparaît, car les points singuliers logarithmiques de $\varpi(x, y)$ sont superposés au point double. Remplaçant dans cette somme $\varpi(x_1, y_1)$, ... par les valeurs tirées de (18), on a une relation de la forme

$$(19) \quad \log \frac{t_1 - a_1}{t_1 - b_1} + \log \frac{t_2 - a_1}{t_2 - b_1} + \log \frac{t_3 - a_1}{t_3 - b_1} + \log \frac{t_4 - a_1}{t_4 - b_1} = K_1 + 2 n_1 \pi i,$$

K_1 étant une constante et n_1 un entier quelconque. La considération des deux intégrales de troisième espèce devenant respectivement infinies aux points superposés en δ_2 et δ_3 donne de même les deux relations

$$(19') \quad \left\{ \begin{aligned} &\log \frac{t_1 - a_2}{t_1 - b_2} + \log \frac{t_2 - a_2}{t_2 - b_2} + \ldots + \log \frac{t_4 - a_2}{t_4 - b_2} = K_2 + 2 n_2 \pi i, \\ &\log \frac{t_1 - a_3}{t_1 - b_3} + \log \frac{t_2 - a_3}{t_2 - b_3} + \ldots + \log \frac{t_4 - a_3}{t_4 - b_3} = K_2 + 2 n_3 \pi i_3 \end{aligned} \right.$$

Ces *trois* relations (19) et (19') se réduisent nécessairement à *deux*, car deux des points d'intersection d'une droite avec la courbe peuvent être choisis arbitrairement; les deux autres sont alors déterminés sans ambiguïté. Donc, t_3 et t_4 étant pris arbitrairement, les valeurs de t_1 et t_2 tirées des deux équations (19') doivent vérifier (19), ce qui exige l'existence des relations entre les constantes K_1, K_2, K_3 et les quantités a_1, b_1, a_2, b_2, a_3, b_3. Certaines de ces relations s'obtiennent immédiatement; par exemple, la droite $\delta_2\delta_3$, joignant deux des points doubles, rencontre la courbe aux points

$$t_1 = a_2, \qquad t_2 = b_2, \qquad t_3 = a_3, \qquad t_4 = b_3;$$

ces valeurs doivent donc vérifier l'équation (19); en écrivant ce fait, on a l'expression de K_1 en fonction de a_1, b_1, a_2, b_2, a_3, b_3.

Ces équations (19) et (19'), dans lesquelles t_4 a une valeur arbitraire, fournissent donc un exemple du cas où le problème d'inversion généralisé est indéterminé, car ces trois équations ne déterminent pas t_1, t_2, t_3; on peut encore y prendre arbitrairement une de ces quantités.

On verra de même que, si huit points de la courbe $t_1, t_2, \ldots, t_8$ sont sur une conique, on a

$$(20)\quad \left\{\begin{aligned} &\log\frac{t_1-a_1}{t_1-b_1}+\log\frac{t_2-a_1}{t_2-b_1}+\ldots+\log\frac{t_8-a_1}{t_8-b_1}=2K_1+2n_1\pi i,\\ &\log\frac{t_1-a_2}{t_1-b_2}+\log\frac{t_2-a_2}{t_2-b_2}+\ldots+\log\frac{t_8-a_2}{t_8-b_2}=2K_2+2n_2\pi i,\\ &\log\frac{t_1-a_3}{t_1-b_3}+\log\frac{t_2-a_3}{t_2-b_3}+\ldots+\log\frac{t_8-a_3}{t_8-b_3}=2K_3+2n_3\pi i. \end{aligned}\right.$$

Les trois conditions (20) sont les conditions nécessaires et suffisantes pour que huit points de la courbe soient sur une conique; elles sont nécessaires, comme nous venons de le voir : elles sont suffisantes, car cinq des points t_4, t_5, t_6, t_7, t_8 étant choisis arbitrairement, la conique de ces cinq points coupe la courbe en trois autres points bien déterminés, et ces trois points coïncident nécessairement avec les points t_1, t_2, t_3 définis par les équations (20), qui donnent pour t_1, t_2, t_3 un seul système de valeurs.

Appliquons, par exemple, ces relations à la détermination des points d'inflexion.

Pour un point d'inflexion t on a, en coupant par la tangente d'inflexion, $t_2 = t_3 = t_4 = t$. Donc les équations (19') donnent

$$3\log\frac{t-a_2}{t-b_2}+\log\frac{t_1-a_2}{t_1-b_2}=K_2+2n_2\pi i,$$

$$3\log\frac{t-a_3}{t-b_3}+\log\frac{t_1-a_3}{t_1-b_3}=K_3+2n_3\pi i.$$

Si l'on passe des logarithmes aux nombres, et si l'on élimine t_1

entre les deux équations linéaires en t_1 ainsi obtenues, on a une équation du sixième degré en t : il y a donc six points d'inflexion.

Appliquons de même les relations (20) à la détermination des systèmes de coniques tangentes en quatre points de paramètres t_1, t_2, t_3, t_4. Les relations (20) deviennent

$$(21)\qquad \log\frac{t_1-a_k}{t_1-b_k}+\log\frac{t_2-a_k}{t_2-b_k}+\log\frac{t_3-a_k}{t_3-b_k}+\log\frac{t_4-a_k}{t_4-b_k}=\mathrm{K}_k+2n_k\pi i,$$

où $k=1, 2, 3$. Ces formules montrent que t_4 peut être pris arbitrairement : t_1, t_2, t_3 sont alors déterminés. On obtiendra huit systèmes différents de coniques quadruplement tangentes en donnant à n_1, n_2, n_3 les valeurs 0 et 1 associées de toutes les manières possibles. Mais la combinaison

$$n_1=n_2=n_3=0$$

donne des groupes de quatre points en ligne droite; c'est une solution fournie par les droites du plan regardées comme doubles. Il ne reste donc que *sept* systèmes de coniques tangentes en quatre points.

On obtiendrait de même les trois relations nécessaires et suffisantes pour que douze points de la courbe soient une cubique ne passant pas par un point double, et l'on pourrait en déduire les cubiques ayant en trois points un contact du troisième ordre, ou en quatre points un contact du second ordre, etc.

2° *Courbes passant par un ou plusieurs points doubles :*

Si une courbe sécante passe par un point double, il y a entre les points d'intersection une relation de moins, celle qui contient l'intégrale de troisième espèce infinie au point double.

Si la courbe passe par deux points doubles, il disparaît les deux relations contenant les intégrales de troisième espèce devenant infinies en ces deux points : il ne reste donc alors qu'une relation.

Par exemple, une conique passant par deux points doubles coupe la courbe en quatre points variables, dont trois arbitraires.

Si la courbe sécante passe par les trois points doubles, il n'y a plus aucune relation entre les points d'intersection. Ainsi une conique passant par les trois points doubles coupe la courbe en deux points variables que l'on peut prendre arbitrairement.

Remarque. — Si certains des points doubles devenaient des rebroussements, il suffirait de remplacer l'intégrale de troisième espèce devenant infinie au point double par l'intégrale de seconde espèce admettant le point de rebroussement comme pôle du premier ordre.

236. Laissant de côté le problème de la détermination des tangentes doubles des quartiques ([1]), problème qui, pour être traité dans le cas général, exigerait l'étude préalable de certaines propriétés des fonctions abéliennes, nous allons nous occuper maintenant d'un autre problème qui a joué un grand rôle dans le développement des théories géométriques au siècle dernier.

Considérons une quartique à deux points doubles distincts δ et δ' et une ligne polygonale inscrite

$$P_0,\quad Q_0,\quad P_1,\quad Q_1,\quad P_2,\quad Q_2,\quad \ldots$$

dont les côtés passent alternativement par les points δ et δ'; cette ligne est donc déterminée sans ambiguïté par le sommet initial P_0. Cherchons à quelles conditions cette ligne sera fermée. Le fait peut se produire de deux manières : ou bien le premier sommet qui coïncide avec P_0 est un sommet de même nom, P_n; le polygone obtenu sera dit de la première sorte et aura $2n$ côtés, ou bien le premier sommet qui coïncide avec P_0 est un sommet Q, soit Q_{n-1}, et le polygone obtenu, dit de seconde sorte, aura $2n-1$ côtés.

Occupons-nous d'abord des polygones de la seconde sorte. Effectuons sur les sommets en coïncidence, P_0 et Q_{n-1}, successivement les opérations S et T qui consistent à remplacer un point de la quartique par le second point d'intersection avec celle-ci de la droite qui joint le premier à δ et à δ' respectivement. Comme S et T sont des opérations involutives, c'est-à-dire identiques à leurs

([1]) Nous renverrons le lecteur désireux d'approfondir cette question à la première édition de ces Leçons (§ 232), ainsi qu'aux *Leçons sur la Géométrie*, de Clebsch-Lindemann. Voir aussi les *Leçons sur les fonctions modulaires*, de Klein et Fricke (t. II, Chap. VI, 509).

inverses, on voit successivement que P_{n-1} coïncide avec Q_0, Q_{n-2} avec P_1, P_{n-2} avec Q_1, ..., P_{n-k} avec Q_{k-1}.

Si $n = 2\mu$, on voit que P_μ coïncide avec $Q_{\mu-1}$. Si la courbe est du genre 1 et n'a pas, par conséquent, de point double distinct de δ et de δ', la coïncidence en question ne peut avoir lieu que si ce point est un point de contact d'une tangente menée par δ' à la courbe. La suite de sommets est alors

$$P_0,\quad Q_0,\quad P_1,\quad Q_1,\quad \ldots,\quad P_{\mu-1},\quad Q_{\mu-1},\quad Q_{\mu-1},\quad P_{\mu-1},\quad \ldots,\quad Q_1,\quad P_1,\quad Q_0,\quad P_0$$

et l'on obtient en réalité une ligne ouverte parcourue deux fois en sens contraire, avec un côté évanouissant à l'extrémité $Q_{\mu-1}$.

Si $n = 2\mu + 1$, P_μ coïncide avec Q_μ, et par suite, avec un point de contact d'une tangente issue de S. On aura alors la suite de sommets

$$P_0,\quad Q_0,\quad P_1,\quad Q_1,\quad \ldots,\quad Q_{\mu-1},\quad P_\mu,\quad P_\mu,\quad Q_{\mu-1},\quad \ldots,\quad Q_1,\quad P_1,\quad Q_0,\quad P_0,$$

c'est-à-dire une ligne polygonale de même nature que dans le cas précédent. Les polygones de la seconde sorte ne sont donc pas de véritables polygones fermés. Au contraire, les polygones de la première sorte sont des polygones à sommets en général tous distincts comme nous le verrons dans un instant.

Remarquons enfin que si la quartique possède un point double δ'' distinct de δ et δ', ce point coïncide avec ses transformés par S et T et constitue ainsi un polygone de la première ou de la seconde sorte réduit à un point.

Étudions maintenant les polygones de la première sorte. Si la quartique est de genre 1, et si l'on désigne par u_i et v_i les valeurs d'une intégrale abélienne de première espèce aux points P_i et Q_i, on a les relations

$$u_i + v_i \equiv b, \qquad u_{i+1} + v_i \equiv 0$$

qui résultent comme on l'a vu de l'application du théorème d'Abel et expriment analytiquement les opérations S et T, le signe $\equiv$ exprime l'égalité à des multiples près des périodes. On peut choisir l'intégrale de manière que la constante b soit nulle. On a alors

$$v_i \equiv -u_i, \qquad u_{i+1} \equiv c + u_i.$$

On aura un polygone de la première sorte et de $2n$ côtés si

$$u_n \equiv u_0,$$

c'est-à-dire si

$$nc \equiv 0,$$

autrement dit si nc est une période de l'intégrale : condition indépendante de la valeur initiale u_0. Si elle est remplie et si n est le plus petit entier positif pour lequel elle a lieu, un point pris au hasard sur la courbe sera le sommet d'un polygone de la première sorte et dont les sommets seront tous distincts, car on n'aura jamais

$$u_p \equiv u_{p+q}$$

si p et $p+q$ sont inférieurs à n, ni

$$u_p \equiv v_{p+q} \equiv -u_{p+q}$$

si u_0 est pris au hasard.

Remarquons que les polygones de la seconde sorte dérivent comme on l'a vu des points de contact des tangentes issues de δ et δ', points qui s'obtiennent en posant

$$2u \equiv 0,$$

$$2v \equiv c,$$

et le nombre des solutions distinctes de chacune de ces congruences est égal à 4.

Supposons maintenant que la quartique ait un point double. Il résulte, soit de l'application du théorème d'Abel pour les intégrales de troisième espèce, soit plus simplement des remarques du paragraphe 135 sur les transformations birationnelles en elles-mêmes des courbes unicursales que les opérations S, T, ainsi que leur produit équivalent à des substitutions linéaires effectuées sur la variable t en fonction de laquelle les coordonnées d'un point de la courbe s'expriment rationnellement et d'une manière propre. Si α et β sont les valeurs de t correspondant aux deux points superposés en δ'', il est clair que S et T permutent chacune α et β puisqu'elles échangent les deux branches de courbe qui y passent; par suite, ST et TS laissent ces points invariants. TS équivaut donc à la substitution

$$\frac{t_1-\alpha}{t_1-\beta} = k\,\frac{t_0-\alpha}{t_0-\beta},$$

d'où

$$\frac{t_n - \alpha}{t_n - \beta} = k^n \frac{t_0 - \alpha}{t_0 - \beta}.$$

Pour que l'on obtienne un polygone de la première sorte et de $2n$ côtés à partir du point initial P_0 de paramètre t_0, il faut donc et il suffit que l'on ait

$$k^n = 1,$$

en laissant toutefois de côté les solutions $t = \alpha$, $t = \beta$ qui donnent un polygone réduit au point double δ'', solution sans intérêt. Si cette condition est remplie, on peut prendre t_0 arbitrairement, et le polygone construit se ferme de lui-même après $2n$ opérations. Sinon, il n'y a pas de véritable polygone fermé répondant à la question, mais seulement des polygones de la seconde sorte qui se construisent à partir des points de contact des tangentes menées par δ et δ' à la courbe; les paramètres de ces points sont les racines des équations

$$t = S(t), \qquad t = T(t),$$

$S(t)$ et $T(t)$ étant des fonctions homographiques qui représentent les substitutions équivalentes aux opérations géométriques de même nom. Ces équations ont chacune deux racines, en général distinctes.

Si δ'' était un point de rebroussement, l'équation qui définit TS devrait être remplacée par

$$\frac{1}{t_1 - \alpha} = \frac{1}{t_0 - \alpha} + \gamma,$$

d'où

$$\frac{1}{t_n - \alpha} = \frac{1}{t_0 - \alpha} + n\gamma.$$

Dans ce cas, on n'aura jamais $t_n = t_0$, et il n'y a pas de polygone répondant à la question.

On peut enfin examiner le cas où la quartique ayant un quatrième point double se décompose en un système de deux coniques; la question est d'un caractère tout à fait élémentaire, les relations entre les paramètres t_i, θ_i des points P_i et Q_i pouvant alors être ramenées à la forme

$$\theta_i = t_i, \qquad t_{i+1} = k\theta_i = kt_i$$

ou dans le cas de contact des deux coniques en δ'',

$$\theta_i = t_i, \qquad t_{i+1} = t_i + h.$$

Dans le premier cas, la condition de possibilité est toujours que k soit une racine $n^{\text{ième}}$ de l'unité; dans le second cas, il y a impossibilité.

237. On ramène bien facilement au problème précédent le problème classique de Poncelet, qui consiste à trouver un polygone de n côtés inscrit dans une conique donnée et circonscrit à une autre conique. Soient x un paramètre au moyen duquel les coordonnées d'un point de la première conique C s'expriment rationnellement et y un paramètre par lequel les coordonnées d'une tangente à la seconde eonique C' s'expriment rationnellement. La condition pour qu'un point x se trouve sur une tangente y sera évidemment du second degré par rapport à chacune des variables x et y puisque chaque tangente y coupe C en deux points x et que par tout point x on peut mener deux tangentes y; le degré en x ou en y ne s'abaisse jamais si les coniques C et C' ne sont pas évanouissantes, et la relation obtenue

$$F(x, y) = 0,$$

considérée comme une équation cartésienne, est l'équation d'une courbe du quatrième degré ayant deux points doubles à l'infini dans les directions des axes. Si C et C' sont tangentes en un point (x_0, y_0), à la valeur $x = x_0$ correspond la racine double $y = y_0$, et de même à la valeur $y = y_0$ correspond la racine double $x = x_0$, ce qui exprime que (x_0, y_0) est un point double de la quartique S qui devient unicursale; la réciproque est d'ailleurs exacte. Si C et C' sont bitangentes, Γ ayant quatre points doubles se décompose en un système de deux coniques.

A un point d'intersection de C et C' associé avec la tangente en C', correspond sur Γ le point de contact d'une tangente parallèle à l'axe des y et réciproquement; à une tangente commune à C et C', associée avec son point de contact sur C, correspond sur Γ le point de contact d'une tangente parallele à l'axe des x et réciproquement; il y a seulement exception dans le cas du contact de C et C' comme on vient de le voir.

Ces remarques faites, à tout polygone inscrit dans C et circonscrit à C′, correspond un polygone inscrit dans Γ, de l'espèce étudiée au paragraphe précédent et dont les côtés sont alternativement parallèles aux deux axes, un côté du premier correspondant à deux sommets consécutifs du second; ces polygones seront fermés en même temps. Si Π′ est un polygone fermé de la première sorte inscrit dans Γ et de $2n$ sommets, tout point de Γ peut être choisi comme sommet d'un tel polygone; il lui correspond dans le plan des deux coniques un polygone Π de n sommets satisfaisant aux conditions du problème et dont l'un des sommets peut être pris arbitrairement sur C; mais un tel polygone n'existe que s'il existe entre les coefficients des équations de C et de C′ une relation, naturellement invariante par une transformation homographique. Si cette condition n'est pas remplie, il n'existe qu'un polygone Π′ de la seconde sorte auquel correspond dans le plan des coniques un polygone analogue formé d'une suite de côtés parcourus deux fois en sens inverse et qui s'obtiennent, soit à partir d'un point d'intersection de C et C′ (n pair), soit à partir du point de contact d'une tangente commune (n impair). Ces résultats subsistent si les coniques sont tangentes ou bitangentes. En laissant de côté les polygones de la seconde sorte qui sont sans intérêt, ainsi que les polygones réduits à un point dans le cas du contact, on peut donc dire qu'il n'y a en général aucun polygone répondant à la question, mais que s'il y en a un, il y en a une infinité.

238. Les cas particuliers que nous avons traités montrent comment le théorème d'Abel donne les conditions nécessaires et suffisantes pour qu'un système de points situés sur une courbe donnée d'ordre m soit le système complet des points d'intersection de cette courbe avec une courbe d'un degré donné. Si la courbe n'a pas de points doubles, les conditions seront exprimées à l'aide d'intégrales de première espèce. S'il y a des points doubles, il faut employer, en outre, des intégrales de troisième espèce devenant infinies respectivement aux points superposés aux points doubles. S'il y a des rebroussements, ces intégrales de troisième espèce sont remplacées par des intégrales de deuxième espèce ayant respectivement les points de rebroussement comme pôles du premier ordre. Quand la courbe sécante passe par des points doubles ou de rebroussement, les relations qui contiennent les intégrales correspondantes disparaissent. Enfin, si le degré de la courbe sécante est inférieur ou égal à $m-3$, les relations fournies par le théorème d'Abel de la façon que nous venons d'indiquer ne sont pas toutes distinctes. On peut étendre le champ de ces applications du théorème d'Abel en examinant ce qui se passe quand la courbe sécante passe constamment par un point singulier de l'intégrale; la relation d'Abel, appliquée par exemple à l'intégrale normale de troisième espèce, conduit à une indétermination mais il est possible de lever cette indétermination en faisant une hypothèse supplémentaire sur la loi de variation de la courbe sécante. Imaginons que la courbe $f=0$ ait une branche simple infiniment voisine de A et, qu'à la limite, quand cette branche passe par A, la tangente soit distincte à la fois de la droite AA_1 et de la tangente à $F=0$; soient $m_1(\xi_1, \eta_1)$ et $\mu_1(\xi'_1, \eta'_1)$ les points de rencontre, infiniment voisins de l'origine, de la courbe variable avec la courbe fixe et la droite AA_1. La droite $m_1\mu_1$ rencontre la courbe $F=0$ en $(m-1)$ points (ξ''_i, η''_i) autres que μ_1. On a à la fois

$$\varpi(\xi_1, \eta_1)+\sum_2^{mn}\varpi(\xi_i, \eta_i)=\log\frac{\xi'_1-a}{\xi'_1-a_1}+\sum_2^{n}\log\frac{\xi'_i-a}{\xi'_i-a_1}+nC,$$

$$\varpi(\xi_1, \eta_1)+\sum_2^{m}\varpi(\xi''_i, \eta''_i)=\log\frac{\xi'_1-a}{\xi'_1-a_1}+C,$$

d'où, en retranchant membre à membre,

$$\sum_2^{mn}\varpi(\xi_i, \eta_i)-\sum_2^{n}\log\frac{\xi'_i-a}{\xi'_i-a_1}=(n-1)C+\sum_2^{m}\varpi(\xi''_i, \eta''_i).$$

Il est facile de démontrer qu'à la limite la droite $\mu_1 m_1$ devient la tangente en A à la courbe $f=0$. Si la tangente en A à cette courbe est fixe, le second membre de la relation a une valeur limite fixe et finie; il en est de même du premier et l'on obtient une relation de même forme que dans le cas général, le point de rencontre fixe A étant éliminé. On verra comme au paragraphe **194** qne la relation obtenue s'écrit :

$$\sum_{2}^{mn} \varpi(\xi_i, \eta_i) = \log \frac{(a-a_1)\dfrac{\partial f}{\partial a} + (b-b_1)\dfrac{\partial f}{\partial b}}{f(a_1, b_1)} + \mathrm{K}.$$

On a d'ailleurs

$$\mathrm{K} \equiv (n-1)\mathrm{C} + \sum_{2}^{m} \varpi(\xi_i'', \eta_i'')$$

et

$$\alpha \frac{\partial f}{\partial a} + \beta \frac{\partial f}{\partial b} = 0,$$

α et β étant les paramètres directeurs de la tangente en A à la courbe $f = 0$.

On pourra examiner comment doit être modifiée cette formule dans divers cas que nous avons laissés de côté, par exemple celui où la droite AA_1 est tangente en A à $\mathrm{F} = 0$, celui où A et A_1 sont superposés en un point double de $\mathrm{F} = 0$. Prenons ce dernier cas; le théorème d'Abel nous donne quand la courbe sécante ne passe pas par ce point double (§ 189, 1°)

$$\sum_{1}^{mn} \varpi(\xi_i, \eta_i) \equiv n\mathrm{C}.$$

Si les points (ξ_1, η_1) et (ξ_2, η_2) sont infiniment voisins du point double, sur les deux branches respectivement, on a en coupant par la droite qui joint ces deux points

$$\varpi(\xi_1, \eta_1) + \varpi(\xi_2, \eta_2) + \sum_{3}^{m} \varpi(\xi_i'', \eta_i'') \equiv \mathrm{C};$$

d'où, par soustraction,

$$\sum_{3}^{mn} \varpi(\xi_i, \eta_i) \equiv (n-1)\mathrm{C} + \sum_{3}^{m} \varpi(\xi_i'', \eta_i'').$$

En faisant tendre la courbe sécante vers une courbe limite contenant le point double avec une tangente déterminée, distincte des tangentes à $F = 0$, on obtient

$$\sum_{3}^{mn} \varpi(\xi_i, \eta_i) = K,$$

K étant fixe, si la tangente au point singulier est elle-même fixe.

On déduira de là, par exemple, la condition nécessaire et suffisante pour que quatre points d'une cubique à point double soient une conique passant par le point double et ayant une tangente donnée en ce point.

Cette relation sera, avec les notations du paragraphe 231,

$$\sum_{1}^{\nu} \log \frac{t_\nu + \alpha}{t_\nu - \alpha} = \text{const.}$$

De même les conditions nécessaires et suffisantes pour que quatre points d'une quartique de genre 1, à deux points doubles δ et δ', appartiennent à une conique d'un faisceau linéaire, tangente en δ et δ' à des droites fixes, est que l'on ait, avec les notations du paragraphe 234,

$$u_1 + u_2 + u_3 + u_4 \equiv 2P - H,$$
$$\varpi_1 + \varpi_2 + \varpi_3 + \varpi_4 \equiv 2Q - K,$$
$$\varpi'_1 + \varpi'_2 + \varpi'_3 + \omega'_4 \equiv 2R - L,$$

H, K, L étant des constantes, et ces relations déterminent le triplet (1, 2, 3) quand on se donne le quatrième point. Ces relations sont de même forme que celles qui expriment que quatre points sont en ligne droite; cela tient à ce que, si les tangentes données aux points δ et δ' coïncident avec la droite $\delta\delta'$, les coniques du faisceau se décomposent en la droite $\delta\delta'$ et une droite arbitraire du plan.

On pourra étendre de la même manière les divers problémes d'intersection d'une courbe fixe avec une courbe variable que nous avons traités.

239. Dans les applications précédentes, nous avons cherché les conditions nécessaires et suffisantes pour que ms points, pris sur la courbe d'ordre m, appartiennent à une courbe quelconque d'ordre s qui n'est assujettie à aucune condition. Le théorème

d'Abel se prête aussi à l'étude des groupes de points d'intersection d'une courbe donnée avec des courbes d'ordre s assujetties à passer par des points fixes donnés pris en dehors de cette courbe.

Prenons par exemple, une cubique plane sans point double et coupons-la par des droites passant par un point fixe A non sitné sur la cubique. Une de ces droites coupe la courbe en trois points M_1, M_2, M_3; l'un de ces points étant choisi arbitrairement, les deux autres sont déterminés : il y a donc deux relations distinctes entre les trois points analytiques M_1, M_2, M_3. Nous les obtiendrons comme il suit : d'abord en appelant u l'intégrale de première espèce attachée à la cubique, et u_1, u_2, u_3 les valeurs de cette intégrale aux points M_1, M_2, M_3, on a la relation déjà indiquée

$$(34) \qquad u_1 + u_2 + u_3 = P + m\omega + m'\omega',$$

qui exprime que les trois points sont en ligne droite. Menons ensuite par A une sécante déterminée $AN_1N_2N_3$ et appelons $\varpi(x, y)$ l'intégrale de troisième espèce ayant pour points singuliers logarithmiques les points N_1, N_2. La somme $\varpi_1 + \varpi_2 + \varpi_3$ des trois valeurs de ϖ aux points M_1, M_2, M_3, où une droite variable $f = 0$, passant par A, coupe la courbe, est *constante*. En effet, soit $\Psi = 0$ une seconde droite, passant par A; la somme $\varpi_1 + \varpi_2 + \varpi_3$ est la même pour les deux droites $f = 0$ et $\Psi = 0$, car, dans le faisceau $f + \mu\Psi = 0$, il y a une droite passant par les points critiques logarithmiques de l'intégrale ϖ, à savoir la droite $AN_1N_2N_3$ (n° 189). On a donc une nonvelle relation

$$(35) \qquad \varpi_1 + \varpi_2 + \varpi_3 = Q + 2\lambda\pi i + m\Omega + m'\Omega',$$

Ω et Ω' étant les périodes de ϖ correspondant aux mêmes coupures que ω et ω' pour u.

Voici un deuxième exemple.

Soient une conique fixe $F(x, y) = 0$ et deux points fixes A et B non situés sur la courbe. Une conique quelconque passant par A et B coupe $F = 0$ en quatre points dont trois peuvent être choisis arbitrairement; il y a donc une relation entre ces quatre points : cette relation est fournie par le théorème d'Abel. Soient N_1 et N_2 les deux points fixes où la droite AB coupe la conique; formons l'intégrale de troisième espèce $\varpi(x, y)$, relative à $F(x, y) = 0$, admettant comme points singuliers logarithmiques les deux points N_1 et N_2.

La somme $\varpi_1 + \varpi_2 + \varpi_3 + \varpi_4$ des quatre valeurs que prend ϖ aux quatre points d'intersection de $F = 0$ avec une conique $f = 0$ passant par les deux points A et B reste *constante* quand cette conique varie. En effet, si l'on considère une deuxième conique $\psi = 0$ passant par les points A et B, la somme $\varpi_1 + \varpi_2 + \varpi_3 + \varpi_4$ est la même pour les points d'intersection de $F = 0$ avec les deux coniques $f = 0$ et $\psi = 0$, car dans le faisceau $f + \mu\psi = 0$, il se trouve une conique passant par N_1 et N_2. Si l'on exprime les coordonnées d'un point de la conique $F = 0$ en fonction rationnelle d'un paramètre t, et si l'on appelle a et b les valeurs de t correspondant aux points fixes N_1 et N_2, on a

$$\varpi = \text{Log}\,\frac{t-a}{t-b}.$$

La relation entre les valeurs t_1, t_2, t_3, t_4 du paramètre t aux quatre points d'intersection de $F = 0$ avec une conique variable passant par A et B est donc de la forme

$$\text{Log}\,\frac{t_1-a}{t_1-b} + \text{Log}\,\frac{t_2-a}{t_2-b} + \text{Log}\,\frac{t_3-a}{t_3-b} + \text{Log}\,\frac{t_4-a}{t_4-b} = K + 2n\pi i,$$

où K est une constante qui sera déterminée dès que l'on connaîtra les points d'intersection de $F = 0$ avec une conique particulière passant par A et B.

Ainsi, coupons l'ellipse $\frac{x^2}{a^2} + \frac{y^2}{b^2} - 1 = 0$ par des cercles, c'est-à-dire des coniques passant par les deux points circulaires à l'infini A et B. On peut exprimer les coordonnées d'un point de l'ellipse, en posant

$$x = a\cos\varphi = a\,\frac{1-t^2}{1+t^2}, \qquad y = b\sin\varphi = b\,\frac{2t}{1+t^2},$$
$$t = \text{tang}\,\frac{\varphi}{2}.$$

La droite de l'infini AB coupe l'ellipse en deux points N_1 et N_2 correspondant aux valeurs $t = \sqrt{-1}$ et $t = -\sqrt{-1}$. L'intégrale de troisième espèce avec ces deux points singuliers logarithmiques est

$$\varpi = i\int_0^t \frac{2\,dt}{1+t^2},$$

c'est-à-dire $\varpi = i\varphi$. Soient alors φ_1, φ_2, φ_3, φ_4 les valeurs de φ correspondant à quatre points de l'ellipse situés sur un cercle; comme la somme des valeurs de l'intégrale ϖ en ces quatre points est constante, on a

$$\varphi_1 + \varphi_2 + \varphi_3 + \varphi_4 = C + 2n\pi,$$

où C est une constante et n un entier. Le cercle homographique de l'ellipse lui est bitangent aux deux sommets : pour ce cercle particulier, on a

$$\varphi_1 = \varphi_2 = 0, \qquad \varphi_3 = \varphi_4 = \pi.$$

La constante C est donc nulle et l'on a

$$\varphi_1 + \varphi_2 + \varphi_3 + \varphi_4 = 2n\pi.$$

240. On obtient des théorèmes de géométrie, d'énoncés parfois assez simples, en appliquant le théorème d'Abel à des intégrales abéliennes ayant une signification géométrique : aire, longueur, angle, etc.

Soit par exemple $F = 0$ une courbe de degré m à directions asymptotiques distinctes. L'aire d'un secteur de cette courbe compté autour du point O, dont le choix est arbitraire, est

$$S = \int x\,dy - y\,dx = xy - 2\int y\,dx.$$

C'est une intégrale abélienne relative à la courbe, devenant infinie seulement à l'infini. Une branche infinie de la courbe étant représentée par

$$y = \alpha x + \beta + \frac{\gamma}{x} + \frac{\delta}{x^2} + \ldots,$$

on aura

$$\frac{dS}{dx} = -\beta - \frac{2\gamma}{x} - \frac{3\delta}{x^2} + \ldots,$$

$$S = c - \beta x - 2\gamma \log x + \frac{3\delta}{x} + \ldots.$$

S est donc une intégrale du type $\zeta(x, y)$ envisagé au paragraphe 194.

Si donc l'on considère une seconde courbe $F' = 0$, ayant les mêmes points à l'infini que la première et ayant avec elle un contact du second ordre en chacun de ces points, les constantes β et γ

ayant les mêmes valeurs pour les deux courbes, S et S′ ont même partie principale en chaque point singulier et le théorème obtenu à cet endroit est applicable. Donc étant données deux courbes de même degré, ayant mêmes points à l'infini supposés distincts, et ayant en chacun de ces points un contact du second ordre, la différence entre les sommes des aires décrites par les rayons vecteurs qui vont d'un point fixe aux points de rencontre de chacune d'elles avec une courbe variable $f = 0$ de degré n est constante

$$\Sigma S_i - \Sigma S'_i = nC.$$

Coupons maintenant la courbe $F = 0$ par une courbe variable $f = 0$, assujettie à avoir ses n asymptotes fixes et non parallèles à celles de F. f est donc de la forme

$$f = A_1 A_2 \ldots A_n + \varphi_{n-2},$$

les A_i étant les premiers membres des équations des asymptotes et φ_{n-2} un polynome du degré $n - 2$ au plus. Le faisceau linéaire déterminé par deux des courbes f contient donc toujours une courbe de degré $n - 2$. Le résultat obtenu à la fin du paragraphe 190 est donc ici applicable, car la fonction

$$R = \frac{dS}{dx} = -\beta - \frac{2\gamma}{x} \cdots$$

est d'ordre zéro à l'infini, tandis que la fonction désignée à cet endroit par $\frac{\Theta_1}{\Theta + \lambda\Theta_1}$ prend ici la forme $\frac{\varphi_{n-2}}{f}$; elle est donc d'ordre -2 aux points à l'infini de F, et par conséquent le produit $\frac{R\varphi_{n-2}}{f}$ a ses résidus nuls. Par conséquent la somme

$$S_1 + S_2 + \ldots + S_{mn}$$

des secteurs limités aux points de rencontre de F et de f est constante, c'est-à-dire indépendante des coefficients du polynome φ_{m-2}.

On trouvera d'autres applications analogues dans la thèse de M. Michel.

241. Voici un exemple des théorèmes relatifs aux angles. Soient $F(x, y) = 0$ une courbe fixe d'ordre m et θ l'angle que fait, avec une direction fixe, Ox, la droite OM joignant un point arbitraire O au point M pris sur la courbe. Le point O étant choisi comme origine, on a

$$\operatorname{tang}\theta = \frac{y}{x}, \qquad d\theta = \frac{x\,dy - y\,dx}{x^2+y^2},$$

ou encore, comme

$$F'_x\,dx + F'_y\,dy = 0,$$

$$d\theta = -\frac{xF'_x + yF'_y}{x^2+y^2}\,\frac{dx}{F'_y}$$

L'angle θ est donc donné par une intégrale abélienne relative à la relation algébrique $F(x, y) = 0$. Cette intégrale abélienne, étant égale à

$$\operatorname{arc\,tang}\frac{y}{x} = \frac{1}{2i}\operatorname{Log}\frac{y-ix}{y+ix},$$

n'a d'autres singularités sur la surface de Riemann que des points singuliers logarithmiques; elle n'a d'ailleurs qu'une période π.

D'après son expression sous forme finie, cette intégrale est finie en tous les points de la courbe $F = 0$, à distance finie ou infinie, excepté aux points de rencontre de la courbe avec les droites isotropes

$$x^2+y^2 = 0.$$

Le théorème d'Abel, appliqué à l'intégrale θ sous la forme du n° **190**, donne alors le théorème suivant, que nous énonçons en adoptant une dénomination due à Laguerre; nous dirons que deux systèmes de droites ont *la même orientation* si la somme des angles que font les droites d'un des systèmes avec un axe fixe, égale, à un multiple de π près, la somme des angles que font les droites de l'autre système avec le même axe. *Les deux systèmes formés par les droites qui joignent respectivement un même point* O *aux points où la courbe donnée* $F = 0$ *est traversée par deux courbes* $C = 0$ *et* $C' = 0$ *de même degré ont* même orientation *si, parmi les courbes du faisceau* $C + \lambda C' = 0$, *il en est une qui passe par les points de rencontre de* $F = 0$ *avec un cercle de rayon nul de centre* O (1). Par exemple, on peut prendre pour C et C' deux cercles de centre O.

On obtient des propositions analogues en employant les coor-

(1) Humbert, *Journal de Mathématiques*, 4e série, t. III, p. 356; 1887. — Michel, *loc. cit.*, p. 105 et suiv.

données tangentielles. Soient $f(u, v) = 0$ l'équation tangentielle d'une courbe algébrique et θ l'angle de la tangente

$$ux + vy + 1 = 0$$

avec l'axe Ox. On a

$$\theta = -\operatorname{arc\,tang} \frac{u}{v}, \qquad d\theta = \frac{v\,du - u\,dv}{u^2 + v^2},$$

$$d\theta = -\frac{uf'_u + vf'_v}{u^2 + v^2} \frac{du}{f'_v}.$$

L'angle θ est donc encore une intégrale abélienne relative à la relation algébrique $f(u, v) = 0$: cette intégrale devient infinie comme un logarithme pour les valeurs de u et v correspondant aux tangentes menées à la courbe par les points circulaires à l'infini $u + iv = 0$ et $u - iv = 0$. On en conclut le théorème suivant :

Les deux systèmes de tangentes respectivement communes à la courbe $f(u, v) = 0$ et à deux courbes algébriques $\varphi(u, v) = 0$ et $\psi(u, v) = 0$ ont même orientation si, parmi les courbes du faisceau tangentiel $\varphi + \lambda\psi = 0$, il en est une qui touche les tangentes menées à $f = 0$ par les points cycliques du plan (¹).

Par exemple, les deux systèmes de tangentes communes à une courbe algébrique et à deux courbes homofocales ont même orientation (²).

242. Terminons enfin par quelques exemples relatifs aux arcs. Soit

$$F(x, y) = 0$$

l'équation d'une courbe algébrique. L'arc σ de cette courbe est défini par

$$d\sigma = \sqrt{dx^2 + xy^2} = \sqrt{F'^2_x + F'^2_y} \frac{dx}{F'_y}.$$

Comme $\dfrac{d\sigma}{dx}$ est une fonction *irrationnelle* de x et y, σ est donné par une intégrale abélienne relative à une relation algébrique *différente* de $F(x, y) = 0$. Il y a exception pour les

---

(¹) HUMBERT, *loc. cit.*, p. 358.

(²) LAGUERRE, *Comptes rendus*, janvier 1865.

courbes que Laguerre a appelées *courbes de direction* ([1]) et qui sont caractérisées par cette propriété que $\sqrt{F'^2_x + F'^2_y}$ puisse s'exprimer rationnellement en fonction des coordonnées x et y d'un point de la courbe.

Supposons cette condition remplie

$$\sqrt{F'^2_x + F'^2_y} = f(x, y);$$

alors σ est une intégrale abélienne relative à la courbe elle-même $F = 0$. La courbe $f(x, y) = 0$ est une courbe adjointe, car la fonction f s'annule en tous les points singuliers de F.

En appliquant à l'intégrale σ le théorème d'Abel, on aura des relations entre les longueurs des arcs de la courbe de direction $F = 0$ comptés depuis un point fixe jusqu'aux points où cette courbe est coupée par une courbe variable d'un degré déterminé. Nous nous contenterons d'en indiquer un exemple élégant.

La courbe du sixième ordre, qui a pour équation en coordonnées polaires

$$r^3 = a^3 \cos 3\theta,$$

est du genre un, comme étant la transformée par rayons vecteurs réciproques d'une cubique sans point double. Cette courbe est d'ailleurs une courbe de direction, car on a

$$d\sigma^2 = dr^2 + r^2\, d\theta^2 = \frac{a^6\, d\theta^2}{r^4},$$

$$d\sigma = \frac{a^3\, d\theta}{r^2} = \frac{a^3}{x^2 + y^2}\, d \operatorname{arc\,tang} \frac{y}{x}.$$

La différentielle $d\sigma$ est donc bien rationnelle en x et y. On vérifie en outre que σ est une intégrale *de première espèce;* en effet, il suffit de l'exprimer en fonction de r,

$$\sigma = \int \frac{a^3\, dr}{\sqrt{a^6 - r^6}}$$

pour reconnaître qu'elle est partout finie.

Donc, en appelant $\sigma_1, \sigma_2, \ldots, \sigma_{6n}$ les arcs comptés depuis des points fixes de la courbe jusqu'aux points de rencontre de la courbe donnée avec une courbe algébrique quelconque C_n

---

([1]) *Comptes rendus,* t. XCIV, 1882.

d'ordre n, on a

$$\sigma_1 + \sigma_2 + \ldots + \sigma_{6n} = \mathrm{K},$$

K désignant une constante indépendante des coefficients de C_n ([1]). Par exemple, un cercle passant par l'origine coupe la courbe considérée en douze points dont six à l'infini aux points cycliques, trois à l'origine; il en reste donc trois variables seulement A,

Fig. 78.

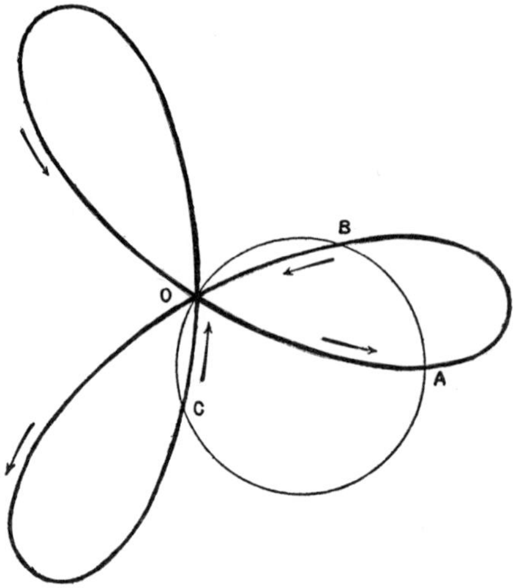

B, C; les trois arcs OA, OB, OC comptés à partir de l'origine dans un même sens de circulation sur la courbe ont donc une somme *constante* quand le cercle varie, et cette constante est nulle, car la somme s'annule évidemment avec le rayon du cercle. On a donc en valeur absolue, en supposant que OA est le plus grand des arcs,

$$\mathrm{arc}\,\mathrm{OA} = \mathrm{arc}\,\mathrm{OB} + \mathrm{arc}\,\mathrm{OC}.$$

L'arc de cette courbe a déjà été étudié par M. M. Roberts (*Journal de Mathématiques*, t. XII).

243. Le théorème d'Abel appliqué aux courbes gauches coupées par des surfaces algébriques permet également d'étudier les

([1]) HUMBERT, *Journal de Mathématiques*, 4e série, t. III, 1887, p. 394.

groupes de points sur ces courbes. Par exemple, une biquadratique gauche sans point double effectif est du genre un. En appelant u l'intégrale elliptique attachée à la courbe, on a, pour les quatre points d'intersection de la courbe avec un plan, une relation de la forme

$$(37) \qquad u_1 + u_2 + u_3 + u_4 = C + m\omega + m'\omega',$$

m et m' étant des entiers, ω et ω' les périodes de u. La théorie de ces courbes est alors analogue à celle des cubiques sans point singulier.

Si l'on prend, sur la biquadratique, deux points variables M_1 et M_2, assujettis à la condition

$$u_1 + u_2 = A + m\omega + m'\omega',$$

où A est une constante arbitraire, la droite M_1M_2 engendre une quadrique passant par la courbe. D'après (37), les génératrices de l'autre système de cette quadrique rencontrent la courbe en deux points M_3 et M_4 tels que

$$u_3 + u_4 = C - A + m\omega + m'\omega'.$$

Remarquons que si l'on projette cette biquadratique gauche sur un plan, du point de vue O, la projection est une quartique du premier genre, dont les points doubles sont les traces sur le plan des deux génératrices de la quadrique du faisceau contenant la courbe qui passe par O; les génératrices des deux systèmes de cette quadrique se projettent suivant des droites passant respectivement par les deux points doubles S et S'. S'il existe un polygone fermé de $2n$ côtés incrit dans la courbe gauche et dont les côtés sont ces génératrices de la quadrique Q, ce polygone sera projeté suivant un polygone fermé satisfaisant aux conditions du n° 236; et réciproquement à un polygone de cette espèce inscrit dans la quartique plane, correspond un polygone de l'espace ayant la structure indiquée. Il existe donc une infinité de polygones de cette sorte s'il en existe un, ce qui exige une condition. On peut le vérifier au moyen des formules indiquées au début de ce numéro. Soient en effet $u_1, u_2, \ldots, u_{2n+1}$ les valeurs de u aux sommets d'une ligne polygonale inscrite. Si l'on exprime que les côtés sont, alternativement, des génératrices des deux systèmes de Q on a

$$\begin{aligned} u_1 + u_2 &\equiv A, \\ u_2 + u_3 &\equiv C - A, \\ u_3 + u_4 &\equiv A, \\ &\ldots\ldots\ldots\ldots, \\ u_{2n-1} + u_{2n} &\equiv A, \\ u_{2n} + u_{2n+1} &\equiv C - A, \end{aligned}$$

d'où

$$u_{2n+1} \equiv u_1 - 2nA + nC.$$

Le polygone se fermera si

$$u_{2n+1} \equiv u_1,$$

c'est-à-dire si

$$n(C - 2A) = m\omega + m\omega'.$$

Telle est la condition d'existence d'un polygone fermé de $2n$ côtés ainsi constitué.

Si l'on projette la biquadratique sur un plan en prenant comme point de vue le sommet de l'un des cônes du second ordre qui la contiennent, les projections des génératrices étant tangentes à la conique C' de contour apparent de Q, on retrouve le théorème relatif aux polygones de Poncelet dans le cas de n pair.

Enfin on pourra appliquer ces formules à d'autres problèmes, par exemple à la recherche des plans osculateurs stationnaires; on verra facilement que leur nombre est égal à 16.

FIN.

TABLE DES MATIÈRES.

CHAPITRE III.

Connexion des surfaces a deux feuillets. — Périodicité des intégrales hyperelliptiques.

CHAPITRE IV.

Les fonctions algébriques d'une variable et les surfaces de Riemann correspondantes.

CHAPITRE V.

Connexion des surfaces de Riemann. — Périodicité des intégrales abéliennes.

CHAPITRE VI.

Transformations birationnelles.

CHAPITRE VII.

Intégrales normales. — Décomposition d'une intégrale abélienne en éléments simples. — Cas de réduction.

CHAPITRE VIII.

Fonctions uniformes sur une surface de Riemann.

CHAPITRE IX.

Théorème d'Abel.

CHAPITRE X.

Le problème de l'inversion.

CHAPITRE XI.

Courbes normales. — Modules.

CHAPITRE XII.

Applications du théorème d'Abel a la Géométrie.

FIN DE LA TABLE DES MATIÈRES.